VERA BUCK

Runa

Vera Buck

RUNA

Roman

LIMES

MIX
Papier aus verantwortungsvollen Quellen
FSC® C014496

Verlagsgruppe Random House FSC® N001967
Das für dieses Buch verwendete FSC®-zertifizierte Papier
EOS liefert Salzer Papier, St. Pölten, Austria.

2. Auflage

Umschlaggestaltung: www.buerosued.de
Umschlagmotive: Trevillion Images/Jake Olson; www.buerosued.de
Satz: Uhl + Massopust, Aalen
Druck und Bindung: GGP Media GmbH, Pößneck
Printed in Germany
ISBN 978-3-8090-2652-5

www.limes-verlag.de

Widmung des Erzählers

Für M. Lecoq, dem ich diese Geschichte verdanke, und für Runa, der ich sie schulde.

MAXIME CHEVRIER,
12. Dezember 1903

PROLOG

Ich holte Luft, als wir uns aufstellten und ich nun selbst sah, was man sich vorhin, beim Umkleiden, nur hinter vorgehaltener Hand zu erzählen gewagt hatte. Zweihundertdreizehn Besucher. Die Zahl hatte die Runde gemacht, war von Mund zu Mund weitergegeben worden wie ein geflüsterter Kanon. Sie hatte uns Chorknaben erreicht, den Pfarrer und am Ende den Kaplan, der das Registerbuch beschwingter aufschlug, als es seine Art war. Zweihundertdreizehn Besucher in der Saint-Médard. Das also würde die Zahl meiner ersten Leserschaft sein.

»Alles in Ordnung, Maxime?«

Ich konnte nur nicken, während ich weiter Luft in meine Wangen blies und durch den Mund ausstieß, als sei ich ein Blasebalg. Ich hielt nach meinem Vater Ausschau und entdeckte ihn hinten an der Tür. Mit vor dem Körper verschränkten Händen stand er da und sah klein aus. Vielleicht wäre es mir lieber gewesen, er wäre nicht gekommen. Gustave legte mir die Hand auf die Schulter und brachte seinen Mund so nah an mein Ohr, dass ich eine Gänsehaut bekam.

»Mach dir keine Sorgen. Du kannst ja beim Minuit Chrétiens einfach ein bisschen leiser singen.«

Ich kniff die Lippen zusammen und nickte. Gustaves Worte klangen wie eine Bitte. Seine Hand hinterließ einen brennenden Fleck auf meiner Haut, als er sich abwandte.

Er konnte ebenso wenig wie alle anderen ahnen, dass es heute kein Minuit Chrétiens geben würde. Dass stattdessen eine Vernissage geplant war, die das Potenzial hatte, die Ordnung von Paris innerhalb einer Nacht auf den Kopf zu stellen.

Ich ballte die Hände zu Fäusten, nahm meinen Platz ein und schloss die Augen. Die Stimmen im Raum wurden leiser. Dann begannen das Husten und Räuspern, einer nach dem anderen gab noch einmal einen gutturalen Laut von sich, bevor man endgültig in Stille versank. Ich hörte mein Blut in den Ohren rauschen und den Sturm, der draußen um die Kirche pfiff. Neben mir stand Gustave. Ich hätte es gern gehabt, wenn er meine Hand genommen hätte.

Es war genau 22.30 Uhr, als wir das Lied anstimmten. Der erste Höhepunkt der heiligen Messe. Alles verlief nach Plan. Dröhnend drangen die Klänge aus den Orgelpfeifen. Sie brandeten durch das Kirchenschiff, prallten an den Wänden ab und wurden zurückgeworfen auf die Kirchgänger, die nach ihren Gesangbüchern griffen. Es waren nicht genügend für alle da, aber man hatte sich arrangiert. Einige der Bücher waren zum Rand gewandert und befanden sich jetzt in den Händen der Stehenden, so weit zumindest reichte die Nächstenliebe an Weihnachten. Ich reckte den Hals, um nach meinem Vater zu sehen, doch im hinteren Teil der Kirche war es nun dunkel. Die hohen Kerzenständer waren nach vorn getragen worden, alles Licht strahlte auf uns. Es beleuchtete den Chor, den Altar und die ersten Sitzreihen. Im schummrigen Rest der Kirche reichte die Helligkeit gerade aus, um die Noten auf den Seiten zu entziffern und die Worte, die darüber geschrieben waren. »Dans une étable obscure.« Im Nachhinein, so würde man mir sagen, hätte ich den Liedtitel nicht besser wählen können. Dans une étable obscure – in einem dunklen Stall.

Den ersten Personen entgleisten die Gesichtszüge, als der Knabenchor zu singen begann. Ich hörte, wie Gustave neben mir zusammen mit den anderen die Verse anstimmte, die wir so oft zusammen einstudiert hatten. Doch die Menschen im Kirchenraum begleiteten sie nicht. Verunsichert brachen die Jungen ihren Gesang ab, einer nach dem anderen, als ertränken sie in der Sprachlosigkeit, die sich in der Kirche ausgebreitet hatte. Nur die Orgel dröhnte weiter durch den Raum, bis auch der Organist merkte, dass etwas nicht stimmte. Ein einzelner Pfeifenton blieb zwischen den Kirchenbänken hängen, verzerrt und düster wie die Sätze, auf die die Menschen starrten.

Da war ein Text über das Lied geschrieben, mit schwarzer Tinte, schwarz wie die Blumen des Bösen. Eine Botschaft, Zeilen, ein Gedicht. Ich spürte ein Kribbeln durch meinen Körper fahren, als ich sah, wie man sich zu mehreren über die Bücher beugte. Aus der bestürzten Stille erwuchs ein Flüstern.

ERSTER TEIL
Entdeckungen

»Vielleicht hätte ich zuerst an Tieren Versuche anstellen sollen. Die geeignetsten, nämlich Kälber, waren indessen ihrer Kosten wegen schwer zu beschaffen und zu erhalten, weshalb ich – mit gütiger Erlaubnis des Oberarztes ... meine Experimente im allgemeinen Findelhaus zu Stockholm begann und darnach vielleicht Experimente mit Tieren zu machen gedachte.«

CARL JANSON (1891)
Schwedischer Arzt

Marguerite Desens hatte im hofeigenen Stall ihre Unschuld, ihr Kind und ihr Leben verloren. Alles in derselben Pferdebox, aber nicht alles zur selben Zeit. Der verwitwete Gatte führte Jori an den Pferchen mit den Schweinen vorbei, während er die wichtigsten Ereignisse im Leben der Madame Desens in rückwärtiger Reihenfolge auflistete: 1881 Tod durch eine Heugabel, beim Ausmisten in die Zinken gestürzt, ein tragischer Unfall. Acht Jahre zuvor Fehlgeburt durch einen Huftritt. Und '73 die Zeugung des verlorenen Kindes selbst. Der Bauer blickte versonnen. Von allen drei Ereignissen hatte das letztgenannte wohl den nachhaltigsten Eindruck bei ihm hinterlassen.

Die Schweine steckten ihre Köpfe durch die Holzbretter und grunzten erwartungsvoll. Sie stießen sich drängelnd zur Seite. In Paris lernte man schnell, was man tun muss, um den besten Platz beim Fressen zu ergattern.

Ein paar Meter weiter standen die Pferde. Jori spähte über die niedrigen Bretterwände. Beim Anblick des verdreckten Strohs wollte er sich die Szenen, die der Bauer ihm beschrieb, lieber nicht ausmalen.

»Wie lange halten Sie sie schon hier drin?«, fragte er, um zum eigentlichen Grund seines Besuchs zurückzukehren.

»Drei Monate. Seit sie die Küchenstühle zertrümmert hat.«

»Sie sperren sie seit drei Monaten hier ein?«

Der Bauer zuckte die Achseln. »Hat den Verstand verloren«, sagte er, als wisse Jori das nicht längst, und drehte mit dem rechten Zeigefinger kleine Kreise neben der Schläfe. Jori roch den schlechten Atem des Bauern, als dieser sich vertrauensvoll zu ihm hinüberlehnte, und wandte sich ab.

Monsieur Desens stieß die Holztür am Ende des Stalls auf, und Jori folgte ihm in einen Raum, der mit Säcken und Arbeitsgeräten voll gestellt war. Im Halbdunkeln konnte er einen alten Pferdepflug erkennen und eine schmale Treppe, die auf den Dachboden führte. Sie war nicht viel breiter als eine Hühnerleiter. Es war kühler in diesem Raum als drüben im Stall. Und es roch nach Staub, Lederfett und Schweinen. Monsieur Desens deutete auf einen Verschlag unter der Treppe, in dem er vor einigen Jahren einmal Kaninchen gehalten hatte.

»Da drin?«

»Ist größer, als es aussieht. Man kann sie ja schlecht hier mit den Sensen und dem Pflug allein lassen.«

Jori ordnete seine Gesichtszüge. Er hatte geglaubt, die Zeiten, in denen man Geisteskranke ankettete und in Ställen einsperrte, seien vorbei.

»Dann öffnen Sie!«

»Können Sie selber machen«, sagte der Bauer und legte die verschränkten Arme auf seinem Bauch ab wie auf einem Tisch. Die Hände schob er unter die schweißbefleckten Achseln. »Ich bin froh, dass ich sie überhaupt da reinbekommen hab.«

Jori wandte sich verärgert um und näherte sich der Treppe. Im Verschlag schien alles ruhig. Er strich über die raue Oberfläche des Holzes. Die Box erinnerte ihn an früher. In Finsterhennen hatte er mit seinen Eltern auf einem kleinen Hof gelebt, nicht zu vergleichen mit der Größe dieses Gehöfts. Lediglich ein paar Kühe, Kaninchen und Hühner hatten sie besessen, alles zum Eigenbedarf, dazu ein Pferd, das den Pflug ziehen konnte. Doch der Geruch war der gleiche gewesen wie auf diesem Hof. Dazu der Anblick der Arbeitsgeräte, die schwere Luft, die Schatten, alles erinnerte Jori an sein Zuhause – selbst die Tatsache, dass in diesem Stall eine Frau gestorben war. Sie hatten vielleicht mehr gemeinsam, als ihm lieb war, Jori und der Bauer Desens.

»Seien Sie vorsichtig«, sagte dieser nun, und Jori zuckte zusammen. »Die ist irre, wie gesagt.«

Jori verzog das Gesicht: »Haben Sie Angst vor Ihrer eigenen Tochter, Monsieur Desens?«

Doch der Bauer hatte es nicht nötig zu antworten. Er war in der überlegenen Position, hinten an der Wand. Jori betrachtete die Vorrichtung, mit der die Tür des Bretterverschlags verschlossen war. Ein einfacher Holzblock, mit einem Nagel am Rahmen befestigt, sodass man ihn drehen und vor die Tür schieben konnte. Sie waren in jedem Land gleich, diese Schlösser, hinter denen man seine Tiere wegsperrte – oder seine Kinder.

Jori ging zur Seitenwand und spähte durch eine Lücke zwischen den Holzbrettern. Im Innenraum war es finster. In dem wenigen Licht, das durch die Bretterspalten fiel, schwebten Staubkörnchen. Sie zogen leuchtende Schlieren und lösten sich dann in der Dunkelheit auf wie das Pulver einer Tablette, die man in ein Wasserglas geworfen hatte. Sonst war nichts zu sehen. Wenn sich ein Mensch hinter diesen Brettern befand, dann musste er an der Wand liegen, an der Jori stand, der Verschlag bot keinen Platz für weitere Versteckspiele. Jori blickte nach unten und entdeckte ein kleines Büschel brauner Haare, das sich durch die Lücke zwischen Verschlag und Boden drückte. Die Kranke lag direkt vor seinen Füßen.

»Die Nachbarn ham schon komisch geguckt«, es lag so viel Trotz in der Stimme des Bauern, dass man den Kommentar mit etwas Wohlwollen für eine Rechtfertigung halten konnte. »Eine Irre auf dem Hof haben – da können Sie auch gleich die Seuche haben. So was spricht sich eben rum.«

Jori schob den Riegel zur Seite. Die Tür war nachlässig gezimmert und wackelte unter seinem Griff. Die äußerste Kante hinterließ einen halbrunden Kratzer auf dem Boden, auf dem angetrockneter Kaninchendreck klebte. Jori kniff die Augen zusammen und blickte ins Dunkel, doch selbst jetzt konnte er nicht mehr als die vage Form eines Körpers erkennen, der an der Seitenwand kauerte, einen nackten Fuß und Haare. Eine Strähne hing an einem Astloch des rauen Holzes, wahrscheinlich war die Kranke die Wand hinuntergerutscht. Jori brauchte eine Weile, um zu erkennen, wo vorne und wo hinten war. Der Kopf zeigte zur Rückwand, die durch die Treppe wie eingedrückt wirkte, das linke Bein war unter den Leib gezogen, das rechte nach vorne ausgestreckt, in Richtung der Tür. Erst jetzt, wo Jori so etwas wie eine Frau erkennen konnte, fiel ihm auf, dass er sich nicht nach dem Namen der Kranken erkundigt hatte.

»Wie heißt sie?«

»Marguerite. Wie ihre Mutter.«

»Hm.« Jori hatte das ungute Gefühl, dass Mutter und Tochter nicht nur den Namen, sondern auch ihr Schicksal miteinander teilen würden, wenn er die junge Frau nicht schleunigst aus diesem Stall befreien würde. Probeweise stieß er mit dem Schuh gegen den rechten Fuß, der sich zurückzog wie eine Schlange, die man mit dem Spazierstock berührte. Jori hörte ein Atmen. Marguerite Desens hatte seine Anwesenheit registriert.

»Kann sie sprechen?«, fragte er über seine Schulter hinweg, ohne die Aufmerksamkeit von der Gestalt im Halbdunkeln abzuwenden.

»Keine Ahnung, glaub schon noch. Aber da kommt eh nur Unsinn aus ihrem Mund. Wollen Sie sie nicht untersuchen?«

Jori beugte sich zu der Kranken hinunter. Sein Blick fiel auf den leeren Holznapf, der neben ihrem Rocksaum lag. Hastig in den Käfig geworfen und offenbar ebenso hastig geleert.

»Wann hat sie die letzte Mahlzeit bekommen?«

»Gestern.«

»Heute noch nichts?«

»Ich fütter sie abends zusammen mit den anderen«, sagte der Bauer und ließ offen, ob er damit die anderen Kinder oder die Tiere meinte. Vom Stall nebenan drang das Grunzen der Schweine. »Isse denn jetzt vom Teufel geritten?«

Jori richtete sich auf, so gut das im Verschlag möglich war, trat einen Schritt näher und stieß noch einmal mit dem Schuh gegen den Körper der Frau, sanft, dorthin, wo er ihre Hüfte vermutete. Sie gab nach, Jori vernahm ein Stöhnen, dann war es wieder still im Kabuff. Er warf einen Blick auf die verfilzten Haare und die Krümmung der Wirbelsäule. In der Dunkelheit und Enge war es unmöglich, eine Diagnose zu stellen.

»Ich denke, sie ist hysterisch. Die genauere Untersuchung übernimmt Doktor Charcot in der Klinik. Ich bin nur für ein erstes Gutachten hier.«

»Ich zahle nichts, wie gesagt«, erwiderte Monsieur Desens, den das Wort Gutachten offenbar alarmierte. Er kannte das schon mit diesen Stempeln. Für alles Mögliche brauchte man plötzlich Gutachten, selbst auf einem Schweinehof.

»Ja, Monsieur, das sagten Sie.«

»Ich zahle nichts.«

»Sie zahlen nichts. Die Kutsche kommt in etwa einer Stunde und holt sie ab.«

»Ist mir recht.« Es klang so gleichgültig, dass Jori sich zu dem Bauern umdrehte. Der Mann hatte die Hände noch tiefer unter die Achseln gegraben und den Mund vorgeschoben.

»Hat Ihre Tochter irgendwelche persönlichen Gegenstände, die sie mitnehmen will? Kleider? Unterwäsche?«

»Damit Sie die ihr in der Klinik wegnehmen können? Ne. Glauben Sie nicht, ich wüsste nicht, wie das läuft.«

Jori biss sich auf die Unterlippe. Es war nicht das erste Mal, dass man ihn beschuldigte, die Familien arm zu rauben, wenn er neben den Kranken auch noch deren persönliche Dinge mitnehmen wollte, man hatte doch ohnehin schon von allem zu wenig, außer von Familienmitgliedern. Die gab man ihm überall mehr als freiwillig mit.

»Kleider und Schmuck werden bei uns aufbewahrt und der Kranken wieder zugeführt, sobald sie nach Hause zurückkehrt.« Jori musste sich um einen gemäßigten Ton bemühen. »Nach ihrer Genesung.«

»Junger Mann, ich rechne weder mit ihrer Genesung noch mit ihrer Rückkehr.« Die Stimme des Bauern war hart geworden, und als die Blicke der beiden Männer sich trafen, prallten sie regelrecht voneinander ab. Jori mahnte sich zur Ruhe. Es gab keinen Grund für Feindseligkeiten. Der eine hatte eine Tochter loszuwerden, der andere sollte eine abholen, ihre Interessen ergänzten sich also ganz wunderbar.

»In einer Stunde dann. Geben Sie ihr vorher noch was zu essen, damit sie den Weg übersteht.«

Jori warf einen letzten Blick auf das Bündel Frau am Boden, es widerstrebte ihm, sie so liegen zu lassen, doch für den Moment konnte er nichts mehr tun, und so schloss er die wackelige Brettertür hinter sich. Er hatte noch eine weitere Person abzuholen an diesem Tag, eine, an der er mehr Freude haben würde als an Marguerite Desens.

Es war ja nicht so, als ob es die Gattung Mensch an sich gewesen wäre, die Jori störte. An der Salpêtrière hatte er ständig mit Menschen zu tun. Die Krankensäle waren überfüllt mit ihnen. Und trotzdem hatte dort alles seine Ordnung. Jeder hatte seinen Platz. Man wusste, wo man wen fand und wer in welchem Bett lag. In der Pariser Innenstadt dagegen herrschten Tag und Nacht Disziplinlosigkeit und unkontrollierbares Chaos.

Er wich den mit Koffern und Personen hoch beladenen Kutschen aus, die wie Zirkuskarawanen durch das Getümmel wankten, in einer Reihe hintereinander her. Dann drückte er sich an das schmiedeeiserne Tor, das zum Haupteingang des Gare de l'Est führte. Den Rücken gegen die Stäbe gepresst, blickte er zum Himmel. Die Nachmittagssonne hing wie ein schwefelgelber Gallenstein über der Stadt, halb verdeckt vom Dampf und Ruß der Züge, die am Bahnhof ankamen und weitere Ladungen Menschen in ein ohnehin schon menschensattes Paris karrten, ein übersättigtes Paris. Rund um das Zentrum wurde in den Banlieus gebaut und erweitert, ohne dem Ansturm je gerecht zu werden. Noch längere Straßen und noch höhere Häuser, oder was man hier eben Häuser nannte. In Finsterhennen, wo Jori aufgewachsen war, hatten Häuser immer eine klare Form gehabt: vier Wände, ein Dach und einen Garten mit einer Kuh darin oder einem Birnbaum. Es gab blauen Himmel und grüne Wiesen und Felder, über die man in die Ferne gucken konnte, so weit, dass man die Berge sah. In Paris dagegen sah man nur Fassaden, Steinfassaden mit Fensterreihen, und hier und da Balkone, die ungenutzt über der Straße hingen. Manche lagen direkt über einem Restaurant oder einem Café. Man hätte den Gästen in ihren Café au lait spucken können.

Ein gekrümmt gehender Mann, der einen Leierkasten vor sich herschob, löste sich aus der Menge. Er überquerte die Straße und steuerte auf Jori zu, den Blick vor sich auf den Boden gerichtet, als dürfe er die ratternden Räder des Kastens nicht aus den Augen verlieren. Er trug eine Jacke aus abgewetztem Samt, hatte weiße Haare und ein rot nässendes Geschwür auf dem Nasenrücken. Auf dem Bürgersteig angekommen, blieb er stehen und blinzelte Jori überrascht an. Offenbar hatte dieser ihn um seinen Stammplatz vor dem Haupteingang gebracht. Joris Blick fiel auf das rote Ulkus in seinem Gesicht. Aus der Entfernung konnte er nicht sagen, ob es ansteckend war, doch sollte der Mann seinen Platz für sich beanspruchen, würde Jori ihm nicht im Weg stehen. Er wollte einen Schritt zur Seite machen, aber der Leierkastenmann musterte Jori eindringlich, die Lider schwer über den Augäpfeln. Dann drehte er sich um wie ein alter Hund, der zu müde oder zu hungrig zum Kämpfen war, und schob den Leierkasten mitten in die Menschen auf dem Gehweg. Kurz darauf wehten seine Klänge schief und traurig von der anderen Seite des Eingangs herüber. Es klang wie ein verspäteter Vorwurf.

Jori fischte nach seiner Taschenuhr und ließ sie aufschnappen, es war zwanzig vor vier. In einer Viertelstunde sollte der Zug eintreffen, Jori hätte sich mehr Zeit lassen können. Er schloss den goldenen Deckel wieder und betrachtete leidenschaftslos den Schützen, der darauf abgebildet war. Er hatte die Uhr vor vielen Jahren auf einem Flohmarkt in der Schweiz gekauft, ein hässliches Ding, aber so verlässlich, dass er keinen Grund hatte, auf eine neue Uhr zu sparen. Er ließ die Schützenuhr in seine Tasche zurückgleiten.

Sein Blick fiel auf einige Aushänge am Zaun neben ihm, auf dünnen Brettern angebracht und zahlreich überklebt. Auf einem wurde Werbung für einen 20-Schuss-Lefaucheux-Revolver gemacht. Ein anderer pries eine neue amerikanische Maschine an, in der sich angeblich 80 Wäschestücke gleichzeitig waschen ließen, und das ganz ohne Handarbeit. Amerika war groß in Mode. Wer mit seinem Leben unzufrieden war und sich irgendwie eine Fahrkarte leisten konnte, der ging dorthin. Wer nicht, der kam zumindest nach Paris, wo es Unterhaltung gab, Arbeit und kokainhaltigen Wein.

Eine Werbung für die *Folies Bergère* fiel Jori auf. Sie zeigte drei Tänzerinnen in roten Kleidern. Der Rock der vordersten war beim Tanzen leicht hochgerutscht und gab den Blick auf ein seltsam proportioniertes Bein frei, das im Vergleich zum Standbein überlang war und in unnatürlichem Winkel aus der Hüfte stach. Beinlängendifferenz durch Hüftkopfnekrose – Jori stellte die Diagnose fast automatisch.

Er zog noch einmal die Schützenuhr hervor, ließ sie aufschnappen, zuschnappen, es hatte sich nicht viel verändert. Sein Blick wanderte zurück zu den Plakaten. Irgendetwas hatte ihn irritiert. Etwas, das mit der Anordnung der Plakate zu tun hatte oder mit dem Text, er konnte es nicht genau sagen. Erneut betrachtete er das Becken der Frau, die nackten Beine, an denen der Rocksaum hochkroch, aber dort war das Problem nicht zu finden, also wandte er seine Aufmerksamkeit dem Rest des Plakats zu, dem Schriftzug, den verzierten Rändern. Dann entdeckte er, was ihn verunsichert hatte. An der oberen Kante des Plakats war eine überklebte Notiz zu erkennen, auf der, blass und mit krakeligem Bleistiftstrich, ein Zeichen zu erkennen war:

☿

Der Rest wurde von dem Werbeplakat verdeckt. Jori strich mit dem Daumen leicht über das Zeichen, und der Bleistift verwischte. Ein Kreuz unten und ein Kopf darauf. Das war das Symbol für Weiblichkeit, doch auf diesem hier saßen zwei Spitzen, die nach oben ragten, als hätte man der Frau Hörner aufgesetzt. Ein weiblicher Teufel. Jori ließ den Daumen sinken und massierte mit ihm die Außenseite seines Zeigefingers. Seine Hände waren feucht.

Ohne darauf zu achten, dass der kleine Zeiger der Vier bereits ziemlich nahe gerückt war, begann er damit, den Aushang von dem darunter liegenden Zettel zu lösen. Doch das Plakat der Folies Bergère war mit billigem Knochenleim festgeklebt. Die grauen Grafitspuren des Bleistifts hatten sich darin eingefressen wie Lepra in Haut. Und als Jori das Blatt schließlich freigelegt hatte, konnte er nicht einmal die Hälfte der ursprünglichen Informationen lesen. Der Kleber hatte die Buchstaben förmlich aus der Papieroberfläche herausgerissen:

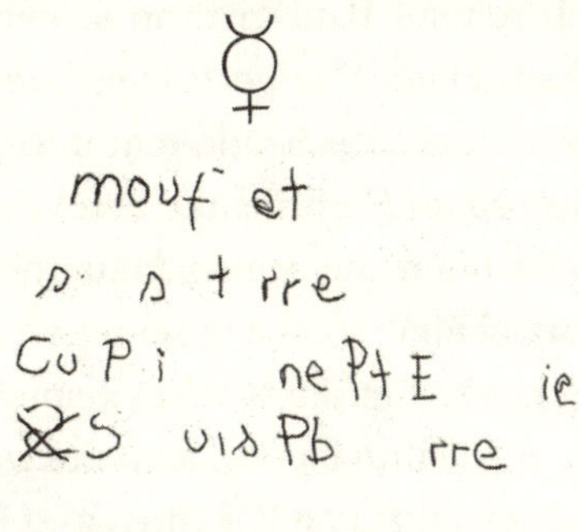

Er brachte sein Gesicht näher an das Papier, das nach feuchter Kellerwand roch. Die Notiz sah aus, als habe ein Kind sie verfasst, die Buchstaben verschieden groß und mehr gemalt als geschrieben – das kleine »t« wie ein Grabkreuz und das »r« wie ein Spazierstock, so hatte Jori das Alphabet damals auch gelernt. Sein Daumen strich fester über die Wurzel seines Zeigefingers. Weitere Symbole oder Zeichnungen fand er nicht. Nur diese mehr oder weniger sinnlose Aneinanderreihung von Buchstaben.

»Jori!«

Jori schreckte auf und fuhr herum zu dem blonden jungen Mann, der da plötzlich strahlend vor ihm stand. Eine Sekunde lang war er verdattert, dann konnte er gar nicht anders, als ebenso zu strahlen. Paul war da! Paul Eugen Bleuler, sein Jugendfreund aus Studienzeiten. Jori hätte am Bahnsteig auf ihn warten sollen.

»Alles in Ordnung? Hast du vergessen, mich abzuholen?«

»Ich war zu früh hier, und in der Halle …«

»Ich weiß, es war zu voll.« Pauls Augen lachten warm. Hellblau und klar, dachte Jori, ein Bleulerblau. Der gleiche Farbton, den auch Paulines Augen hatten, wenn ihre graue Stimmung für ein paar Tage aufgerissen war. Jori hatte die Farbe vermisst, vermisste sie noch immer.

»Du hast abgenommen. Ich glaube, dir fehlt die Schweizer Küche«, sagte Paul.

»Und du bist haariger geworden.«

»Macht mich reifer.« Paul griff an seinen Bart, der ebenso licht war wie sein Haar. Wie gestutztes Gras wuchs er an seinem Kinn, Rasen, nicht Wiese, da fein und akkurat getrimmt. Jori verkniff sich einen Kommentar. Seit vor 15 Jahren ein erstes schwarzes Barthaar aus seiner Haut geschossen war und wie der Stechrüssel einer Zecke in seiner Wange gesteckt hatte, rasierte er sich jeden Tag. Er mochte keine Bärte. Schon beim bloßen Anblick juckte ihm das Gesicht – ganz abgesehen davon, dass er sie für einen Hort von Parasiten und Bakterien hielt. Ein Bart würde ihm das Gefühl geben, nach jeder Patientenbehandlung die Krankheit im Gesicht mit nach Hause zu tragen.

»Was ist das?«, fragte Paul und griff nach dem abgerissenen Werbeplakat, von dem Jori nicht mehr gewusst hatte, dass er es in der Hand hielt. Nun war es zu spät, es verschwinden zu lassen.

»Die ›Folies Bärgär‹?« Paul grinste, als er die halbnackten Frauen sah, und Jori fiel auf, dass sein Französisch ziemlich deutsch klang. »Ist das unser Plan für heute Abend?«

»Nein!« Mit rotem Kopf nahm Jori das Plakat wieder an sich, peinlich berührt, als sei es etwas Anstößiges, in Paris ein Varieté aufzusuchen. »Heute Abend ist Dienstagsvorlesung in der Salpêtrière.«

»Ich weiß. Du hast es in deinen Briefen hundertmal erwähnt. Als ob Hippokrates persönlich uns die Patienten vorstellen würde.« Paul lachte, während Jori sich nach einem Ort umsah, an dem er das Plakat entsorgen konnte. Er steuerte auf den Mülleimer zu, der ein paar Schritte entfernt an der Straßenlaterne festgemacht war, und warf das zerknüllte Plakat hinein. Öffentliche Abfalleimer waren die neueste Erfindung der Stadt. Ein gewisser Monsieur Poubelle hatte sie erst in diesem Jahr installieren lassen. Und demnächst sollte es sogar eine Trennung der Abfälle geben. Poubelle wollte alle Vermieter dazu verpflichten, drei Tonnen vor das Haus zu stellen: eine für Essensreste, eine für Papier und Lumpen und eine dritte für Austernschalen. Jori fand die Idee hervorragend, auch wenn der Erfolg bislang bescheiden war. Allein in einem Umkreis von einer Armlänge um die Mülleimer herum schien es zu funktionieren.

»Besser. Es ist Doktor Charcot, der die Vorlesung hält«, sagte er, plötzlich in gehobener Stimmung. »Und ich sag's dir, diese Tänzerinnen mit den Hysterikerinnen an der Salpêtrière zu vergleichen ist wie – wie Äther mit Spanischer Fliege zu vergleichen!«

»Mit was?«

»Eben.«

Paul bedachte ihn mit einem Gesichtsausdruck, den Jori nicht deuten konnte. Einen Moment lang hingen ihre Blicke aneinander, warm und vertraulich, als würden sie erst jetzt begreifen, dass sie sich nach so langer Zeit endlich wiedersahen. Und dann auch noch in Paris und mit der Aussicht auf einen Abendvortrag von Prof. Dr. Jean-Martin Charcot, dem berühmtesten Nervenarzt der Welt, über dessen Schriften sie an der Universität in Zürich gemeinsam gebrütet hatten.

Paul stellte seinen Koffer ab, wobei er darauf achtete, dass er nicht umfiel. Dann machte er einen Schritt auf Jori zu, um ihn zu umarmen.

»Gut, dich zu sehen!«, sagte er, und Jori meinte, in den Falten von Pauls Reisemantel noch einen Rest Schweizer Sauberkeit zu schnuppern.

»Willkommen in Paris.« Er atmete tief ein und war sich mit einem Mal nicht mehr sicher, ob dem Freund die Stadt tatsächlich gefallen würde.

Die Reisenden strömten vorbei. Sie besahen sich die beiden Männer neben dem Eingang, wie sie alles besehen wollten, was es in dieser Stadt zu besehen gab. Dutzende Augenpaare auf der Suche nach der nächsten Attraktion, dem nächsten Skandal oder dem nächsten Verbrechen. Und eins dieser Augenpaare saß im Café gegenüber dem Bahnhof und blinzelte über den Rand eines halb vollen Glases Vin Mariani.

Lecoq war kein Mann der kleinen Schlucke. Er bestellte sich kein Getränk, nur um daran zu nippen, ebenso wenig, wie er sich ein Kotelett bestellte, nur um daran herumzunagen. Darum war das hier sein viertes Glas Vin Mariani. Er wusste nicht, wie lange er noch warten musste. Der blonde, bartlose Mann auf der Straßenseite gegenüber schien keine Eile zu haben, auch wenn er noch so oft auf die Uhr sah.

Als er sich neben das Bahnhofstor gestellt hatte, hatte Lecoq noch angenommen, es handele sich um einen ganz gewöhnlichen Taschendieb, obwohl die schmale Gestalt und die wie an den Kopf genähten Verbrecherohrläppchen eher auf einen Brandstifter schließen ließen. In jedem Fall war der Mann jung und unerfahren, man könnte ihn leicht mit ein paar Handgriffen auf den Boden zwingen. Dann aber hatte der Kerl sich an den Aushängen am Zaun zu schaffen gemacht und einen von ihnen abgerissen, als habe er etwas gesucht, bevor er von einem Mann mit einem Koffer unterbrochen worden war. Der Zweite war ein Reisender, offenbar, und von weit her, der altmodische Mantel warf knittrig eingesessene Falten. Lecoq hatte direkt gesehen, dass beide Männer Ausländer waren, Deutsche wahrscheinlich, die Deutschen kamen in Massen nach Paris, schon seit Jahrzehnten. Sie bauten ihre Nester in die Lücken, die von der Revolution und der Pariser Kommune in die Stadt gerissen worden waren. Und wo sie keine natürlichen Lücken fanden, da schufen sie welche – zum Beispiel durch den Deutsch-Französischen Krieg 1870.

Eine junge Frau kam an den Tisch geschlendert, Lecoq bemerkte sie erst, als sie schon vor ihm stand und ihm das abgetragene lila Kleid die Sicht auf den Bahnhof nahm. Verärgert blickte er zu ihr auf, zu ihrem runden Kindsgesicht. Er schätzte, dass sie nicht älter als vierzehn oder fünfzehn Jahre war.

»Mademoiselle.« Er hob die Hand und wollte sie zur Seite schieben, doch sie blieb stehen und drückte ihre Hüfte gegen seine Finger; ihre eigenen Hände hatte sie seitlich in die Taille gestützt. Ein aufdringlicher Duft nach Veilchen umwehte Lecoq. Die junge Frau hatte ein Parfüm gewählt, das zu ihrer Art passte.

»Vier Francs«, sagte sie, und an ihrem Akzent erkannte Lecoq, dass auch sie aus dem Ausland war, aus Ungarn vielleicht. Eines dieser jungen Mädchen, die eigentlich ins Land kamen, um als Kinderfrauen oder Ammen für Neugeborene zu arbeiten und früher oder später feststellten, dass eine andere Klientelgruppe interessierter an ihren Brüsten war. Vier Francs, und das für Veilchen! Lecoq warf ihr einen verärgerten Blick zu. Ihm gefiel nicht, was die junge Frau da tat, und ihr gefiel es offensichtlich auch nicht. Das Lächeln auf ihrem Gesicht wurde nur von einer Schicht Lippenstift und Puder an Ort und Stelle gehalten.

»Excusez-moi, Mademoiselle.« Er packte sie mit beiden Händen und schob sie fort. Ihre Stiefel klackerten auf dem Kopfsteinpflaster, als sie zur Seite stolperte. Sie sagte noch etwas in einer Sprache, die er nicht verstand. Ihre Stimme klang verärgert, aber nicht enttäuscht, Lecoq machte sich da keine Illusionen, er war ein alter Mann.

Der Verdächtige und sein Freund standen noch zwischen den Säulen, wo er sie zuletzt gesehen hatte, und unterhielten sich. Das Plakat hatte die Hände gewechselt, von dem Mann mit den Verbrecherohrläppchen zu dem Bärtigen. Jetzt wanderte es wieder zurück. Der Verdächtige knüllte es zusammen und ging zum Mülleimer, um es hineinzuwerfen, und auch das war verdächtig, hoch verdächtig. Niemand nutzte diese neumodischen öffentlichen Eimer, man warf den Müll auf die Straße, wenn man nichts zu verbergen hatte!

Lecoq nahm noch einen Schluck, den letzten, die Gläser wurden in diesen Tagen immer kleiner. Die zwei Gestalten auf der anderen Straßenseite umarmten sich lange und schienen dann bereit zum Gehen. Der junge Mann mit den Verbrecherohrläppchen nahm dem Reisenden die Tasche ab und deutete in eine Richtung, in die der Bärtige auch gleich losmarschierte, während der andere sich noch einmal umdrehte und zurück zum Tor sah, vor dem er zuvor gestanden hatte. Einen Moment lang schien er sich über irgendetwas unschlüssig zu sein, Lecoq konnte es spüren. Dann trat er vor, riss mit einer einzigen ruckartigen Bewegung einen weiteren Zettel von dem Brett, zerknüllte ihn, trat drei Schritte auf den Mülleimer zu, drehte sich erneut um, unschlüssig, hektisch, und warf das Papier schließlich auf den Boden, bevor er dem Bärtigen mit eiligen Schritten hinterherrannte.

Lecoq sah ihm nach und wippte mit den Knien. Wäre dies ein Auftrag gewesen, hätte er die beiden Männer nun in sicherem Abstand verfolgt. Doch es war kein Auftrag, nur die zufällige Entdeckung eines weiteren potenziellen Verbrechers – eine mehr oder weniger zufällige Entdeckung, Lecoq wusste schon, warum er sich trotz der kleinen Gläser immer wieder in dieses Café setzte. Alle neuen Verbrecher mussten irgendwann an einem der Pariser Bahnhöfe ankommen. Die Bahnhöfe waren die Nadelöhre für den Dreck, der in das Stadtzentrum und in die Außenbezirke gespült wurde, in die Banlieus, wo das Leben kürzer war und die Armut größer. Wäre auch nur einer dieser jungen Pariser Polizistentölpel mit Lecoqs Talent ausgestattet, hätte man die Verbrecher gleich abfangen können, bevor sie ihre Taten begingen.

Er sah, wie das Mädchen in Lila zum nächsten Café stakste. Sie hatte dünne, lange Beine, auf denen sie sich bewegte, als seien sie ihr unerwartet über Nacht gewachsen. Irgendwo würde sie jemanden finden, der lange genug die Luft anhalten konnte, um ihren Veilchenduft zu ertragen.

Die Nachmittagssonne und der Wein machten Lecoqs Kopf schwer. Er hätte sich längst etwas zu essen bestellen sollen, aber er hatte parat sein wollen, um gleich aufzuspringen, wenn seine ermittlerischen Fähigkeiten gefragt waren. Jetzt ärgerte ihn sein Verhalten. Noch nach 17 Jahren, die er nicht mehr für die Sûreté arbeitete, benahm er sich wie ein Bluthund, den man an die Kette gelegt hatte, sobald er eine verdächtige Gestalt sah. Und dabei sollte er doch gerade selbst das nächste große Verbrechen planen.

Er entdeckte einen letzten Rest Wein auf dem Boden des Glases, dort, wo der Stiel auf den tulpenförmigen Bauch traf, doch der Tropfen wollte auch dann nicht herausfließen, als er den

Kopf in den Nacken legte und das Glas senkrecht hielt, mit der Öffnung über die Nase gestülpt. Auf halbem Weg zu seinen Lippen blieb er an der Glasinnenseite hängen, sosehr Lecoq auch die Luft einsog. Er stellte das Glas ab. Sein Blick fiel auf den Mülleimer auf der anderen Straßenseite. Was war schon dabei, wenn er sich ansah, was der Mann da weggeworfen hatte? Das hatte doch nichts mit Schnüffeln zu tun. Und nachgehen würde er den Männern ja zumindest nicht, so viel stand fest. Er blickte die Straße hinunter. Die Verdächtigen waren bereits verschwunden.

Lecoq legte das Geld für die Getränke auf den Tisch, dazu ein Trinkgeld von 15 Centime. Das war mehr, als er sich leisten konnte, aber vielleicht würde es dem Kellner bei seinem nächsten Besuch helfen, ein größeres Glas zu finden.

Er steckte die Hände in die Taschen und schlenderte über die Straße wie ein harmloser Passant.

Der Aushang im Abfalleimer war das Erste, worum Lecoq sich kümmerte. Er lag zuoberst auf einem kleinen Haufen Zeitungen. Lecoq hatte einen politischen Aufruf erwartet, ein revolutionäres Flugblatt oder irgendein anderes Dokument brisanten Inhalts und fand es fast ernüchternd, dass sich lediglich ein paar knapp bekleidete Frauen vor ihm entfalteten. Warum sollte jemand so ein Plakat entsorgen? Religiöse Gründe? War der Mann vielleicht ein Moralapostel? Man mochte es sich schon vorstellen, bei dieser unsicheren Körperhaltung, schmal und aufrecht, wie auf einen Stock gesteckt. Und dann die steife Art, mit der sich die Männer umarmt hatten.

Lecoq trat in den Schatten der Säule und bückte sich nach dem zweiten Blatt, das der Verdächtige weggeworfen hatte. Es war deutlich älter und mitgenommener, Bleistift auf altem Papier, eine leicht vergilbte Seite, nicht einmal alle Wörter waren mehr lesbar. Und obendrüber ein Zeichen, das ähnlich aussah wie das Symbol einer Kirche, doch das Kreuz schaute nach unten. Es war das Planetenzeichen des Merkurs.

Lecoq straffte das Blatt und zog es in die Breite, bis die Falten sich glätteten. Er versuchte die krakelige Schrift zu entziffern und murmelte die Worte vor sich hin, um ihren Klang zu erfassen.

»Mouf…et s…s t…rre, mouffette s…s t…rre, mouffette sans terre?« Seine ergrauenden Augenbrauen berührten sich in der Mitte, als er die Stirn in Falten legte. Er ging die Buchstaben erneut durch, doch es schien keine andere Möglichkeit zu geben. Mouffette sans terre, das hieß: Stinktier ohne Erde. Er drehte das Blatt um 90 Grad in die eine und die andere Richtung, doch an der Bedeutung änderte sich dadurch nichts. Mit einer Handschriftenanalyse würde man natürlich Hinweise auf den Verfasser finden, wenn man wollte: auf sein Geschlecht, sein Alter, seine kriminalistischen Absichten et cetera. Aber wollte man? Nein, wollte man nicht, entschied Lecoq. Was für einen Sinn sollte es schon haben, eine Notiz zu analysieren, die man nur gefunden hatte, weil ein Ausländer mit Verbrecherohrläppchen sie von der Wand gerissen hatte – noch dazu, wenn man das mit dem Ermitteln längst aufgegeben hatte. Er klappte sein Notizbuch zu und betrachtete dann noch einmal das Papier der Nachricht genauer. Die rechte Kante war ungleichmäßig ausgerissen und die Oberfläche beschädigt. Es war dünn, so dünn, wie nur Seiten in Gebetsbüchern oder Bibeln waren. Wenn Lecoq es schräg gegen den Himmel hielt, konnte er das Licht durchscheinen sehen. Er kannte jemanden, der das Alter des Buchs bestimmen konnte, allein anhand dieser Seite. Ein befreundeter Antiquar. Wenn Lecoq wollte, könnte er ihm jetzt noch einen Besuch abstatten. Aber man wollte ja nicht.

Energisch faltete er das Blatt zusammen und steckte es zu seinem Notizbuch in die Manteltasche.

Paul und Jori hatten sich an jenem Tag kennengelernt, als beide zum ersten Mal ihren Fuß in die obere Klasse des Zürcher Gymnasiums setzten: Paul in seinen *Bally*-Schuhen und Jori in Schnürstiefeln, unter denen noch der Dreck vom heimatlichen Hof klebte – auf dem Weg zur Postkutsche hatte er über das Feld laufen müssen.

Für die Dauer der Ausbildung sollte Jori bei seinem Onkel in Zürich wohnen und nur am Wochenende nach Hause kommen. Das hatte die Mutter so entschieden und irgendwie gegen den Vater durchgesetzt. Jeder im Ort wusste, dass die Mutter nicht glücklich mit ihrem Leben war, dass sie keine Bäuerin war wie die anderen Frauen der Gemeinde. Man sah es an ihrer Körperhaltung und an den vorsichtigen Schritten, mit denen sie sich über den Hof bewegte. Von Zürich aufs Land zu ziehen, um einen Bauern zu heiraten, war ihr Entschluss gewesen, doch ihren Sohn wollte sie da nicht mit reinziehen, Jori sollte selbst einmal entscheiden können, ob er den Hof übernahm oder nicht. Was das betraf, tat die Mutter immer so, als sei Jori allein ihr Sohn und nicht der des Vaters. Als hätte sie ihn sowieso geboren, egal ob in Zürich oder Finsterhennen.

Paul, mit seinen gestriegelten Haaren und der tadellosen Kleidung jedenfalls, hätte sich optisch nicht mehr von Jori unterscheiden können, und trotzdem fanden die beiden Jungen zueinander – vielleicht wegen des Taschenmessers, mit dem Paul Joris Schnürsenkel eines Tages vom Stuhlbein abschneiden musste. Pauls Taschenmesser hatte fünf Klingen, die immer gut geschliffen waren, und Jori durfte jede einzelne von ihnen zum Stöckeschnitzen benutzen, wenn er wollte. Es war der Beginn einer tiefgehenden Freundschaft.

Auch Paul wohnte nur unter der Woche in Zürich und kehrte am Freitagabend zu seinen Eltern zurück, die eine gute Gehstunde entfernt am Ufer des Zürichsees wohnten. Die restliche Zeit verbrachten die beiden Jungen gemeinsam, meistens am Ufer der Limmat oder rücklings auf der Wiese im Botanischen Garten liegend. Wenn sie zusammen lernten, hielt Jori das Schulbuch an lang ausgestreckten Armen gegen die Sonne und las die Texte und Aufgaben laut vor, während Paul mit einem gebügelten weißen Taschentuch auf der Stirn im Schatten lag. Aus einem Grund, den kein Arzt feststellen konnte, hatte Paul ständig Kopfschmerzen und musste schließlich die erste Klasse des Gymnasiums wiederholen. Und Jori, der sich einen Unterricht ohne Paul nicht vorstellen konnte, wiederholte freiwillig mit ihm. In diesen Tagen glaubte Jori fest daran, dass es keinen Menschen auf der Welt geben konnte, den er je so gernhaben würde wie Paul. Und dann kam Pauline.

Jori war fast einen Kopf kleiner als sie, als er sie zum ersten Mal sah, doch schon die Kinnhöhe reichte für eine Bewunderung, die an Andacht grenzte. Denn Pauline, mit ihren geflochtenen Zöpfen, der blassen Haut und den strahlenden Augen, die immer in die Ferne blickten, als erwarteten sie Großes von der Welt, sah nicht nur wie das goldig Bethli aus Joris altem Märchenbuch aus, sondern war auch das perfekte weibliche Spiegelbild ihres Bruders.

»Das ist meine Schwester«, sagte Paul überflüssigerweise, und fast hätte Jori sich verneigt. Er dachte an den Dreck unter seinen Sohlen, der dort immer noch oder schon wieder hing, tief in die Rillen geklemmt, so tief, dass nur Jori wusste, er war da. Nervös wischte er sich die Hand an der Hose ab und steckte sie dann doch bloß in die Tasche.

Pauls Eltern waren geschäftlich mit der Kutsche nach Zürich gekommen und hatten Pauline mitgebracht. Und als diese gehört hatte, dass Paul und Jori verabredet waren, hatte sie unbedingt mitgenommen werden wollen.

Jori hatte nichts dagegen, im Gegenteil. Nur war das, was er entdeckt hatte und Paul an diesem Nachmittag zeigen wollte, ganz sicher nichts für Mädchen, und das verkündete er nun auch entschuldigend. Er wusste ja noch nicht, dass Pauline selbst entschied, was für Mädchen angemessen war und was nicht. Und dass ein Nein für sie überhaupt nur funktionierte, wenn es von ihr ausging.

Am Ende machten sie sich also zu dritt auf den Weg zu der Bahnschiene am grasbewachsenen Berghang, ein paar Hundert Meter oberhalb des Sees. Es war ein schöner Tag, der Himmel trug Wolkenschleier, und die Wiese lockte zum Hineinlegen, doch Jori hatte nur Augen für Pauline, die viel lachte, während sie sprach. Sie hatte eine schöne Stimme, die Jori sich gut in Begleitung eines Klaviers vorstellen konnte, und ständig lachte sie, ein helles, zerbrechliches Lachen. Wenn Jori zu jenem Zeitpunkt doch nur schon gewusst hätte, wie zerbrechlich es war.

An einer Stelle gab es unter den Bahnschienen ein Loch, etwa doppelt so groß wie ein Dachsbau, aber breiter, und sie quetschten sich zu dritt hinein, nachdem Pauline versichert hatte, dass das Kleid, das sie trug, ohnehin schon alt war. Sie kicherte, als sie unter die Schiene krabbelte, um sich flach auf den Rücken zu legen, den Blick zum Himmel hinter den Verstrebungen aus Holz und Eisen gerichtet. Rechts von Pauline lag Jori in der gleichen Stellung, und links kroch Paul als Letzter hinzu. Jori konnte in seinen Augen sehen, dass er Angst hatte.

»Wie spät ist es?«, fragte Jori, und Paul versuchte im Liegen an seine Taschenuhr zu kommen.

»Genau sechs nach vier.«

»Dann noch drei Minuten.«

Sie lagen schweigend und mit klopfendem Herzen da und warteten. Dann war plötzlich in der Ferne ein Rumpeln zu hören. Die Bahnschienen über ihnen begannen zu zittern, als das Geräusch näher kam, es war, als hätte es das schlafende Eisen aufgeweckt, als fließe plötzlich Blut durch die Schienen. Joris Schulter berührte die von Pauline, er spürte, wie sie sich verspannte und ihr Atem schneller ging. Er selbst hielt die Luft an. Das Rumpeln wurde noch lauter, es schwoll zu einem Poltern an, ba-bam, ba-bam, ba-bam. Die Bahnschienen begannen zu beben und zu hüpfen, sie stemmten sich gegen die Nägel, die sie am Boden festhielten. Lauter und noch lauter wurde der Zug, dann schrie Paul plötzlich auf, und Jori fuhr zusammen. Aus den Augenwinkeln sah er, wie der Freund mit dem Kopf gegen die springenden Schienen stieß, als er sich aufrichtete und entsetzt aus dem Loch robbte. Pauline neben Jori zuckte ebenfalls zusammen und blickte Paul nach, offensichtlich trieb sie der Impuls, ihrem Bruder zu folgen. Verunsichert drehte sie das Gesicht zu Jori, doch es war zu spät für ein Wort oder auch nur ein aufmunterndes Lächeln. Der Zug gab ein Tuten von sich, und im nächsten Moment wurde es in dem Loch auch schon schlagartig dunkel, und die Lok ratterte ohrenbetäubend laut über sie hinweg, sie schraken zusammen, beide gleichzeitig, Pauline griff nach Joris Hand, oder vielleicht war es auch umgekehrt, in der Dunkelheit verschränkten sich ihre Finger und drückten ineinander, während die Zugräder nur wenige Zentimeter über ihren Gesichtern Funken sprühten. Jori spürte Paulines Schulter an seiner, er spürte, wie sie zitterte, und dachte daran, dass sie bestimmt die Augen zusammenkniff. Doch in Wahrheit starrte sie genauso fasziniert wie er auf die Lichtstreifen, die wie Blitze aufleuchteten, wo ein Zugwaggon aufhörte und der nächste begann. Dann wieder Funken. Das Zittern in Paulines Schulter nahm zu, jetzt erst merkte Jori, dass sie lachte. Sie lachte mit weit geöffnetem Mund zu den Schienen hinauf, und es war ein befreiendes, irgendwie verzücktes Lachen, das im Lärm des Zuges unterging, ein Lachen aus vollem Hals, das noch anhielt, als der letzte Waggon über sie hinweggedonnert war. Jori blickte Pauline an, die Sonne schien jetzt wieder in ihr Gesicht, und er konnte gar nicht anders, als in ihr Lachen einzustimmen. Sie gackerten ihre Erleichterung aus den angespannten Hälsen hinaus, während das Rattern und Tuten des Zuges sich in der Ferne verloren. Und noch immer hielten sie sich an den Händen.

»Sie wird bald sechzehn«, sagte Paul später leise zu Jori, als sie über die Wiese zurückschlenderten und Jori und Pauline sich immer wieder verschämte Blicke zuwarfen und grinsten. Er sagte es verstimmt und so, als mache das irgendeinen Unterschied für Jori. In der Schule hatten sie gerade den Dreisatz und Bruchrechnen gelernt, und Jori war gut darin: Er wusste, wenn er erst einmal achtzehn wäre, würde Pauline zweiundzwanzig sein, und wenn er zwanzig wäre, würde sie vierundzwanzig sein. Damit wäre sie dann nur noch zwei Zehntel älter als er. Zwei Zehntel, was war das schon. Das waren zwei von zehn Kuchenstücken oder eine von fünf Murmeln, an die würde Jori sich bestimmt nicht klammern. Wozu brauchte man schon Murmeln.

Das letzte Stück den Hang hinunter bis zur Stadt rannten sie über das Gras.

Man roch die Frau, bevor man sie sah. Ihr Urin tropfte gelb von der Matratze, auf die sie für die Vorführung gelegt worden war, und der Geruch nach krankem Kot empfing die zwölf Männer wie eine höhnische Umarmung.

Das war wieder typisch für Anabelle Bouchon. Jedes Mal, wenn sie von den Pflegerinnen aus dem Bett geholt und für die Besucher zurechtgemacht wurde, ließ sich kein Tropfen Flüssigkeit aus ihrem hageren Körper pressen – und selbst mit Klistierspritzen war sie nicht zum Koten zu bewegen. Doch sobald man sie aus dem Schlafsaal isolierte und die Männer sich auf dem Rundgang dem Vorführbett näherten, zahlte sie ihnen ihr Interesse regelrecht heim.

Die nobleren Besucher der Runde hielten sich dezent ein mit Chlor getränktes Taschentuch vor die Nase. Andere setzten eine betont gleichgültige Miene auf und sahen über den Gestank hinweg, als seien sie derlei Gerüche längst gewohnt, abgehärtete und erfahrene Ärzte, denen so schnell nichts etwas anhaben konnte. Doch auch ihre Augen flackerten bei jedem Schrei, der aus den überfüllten Räumen drang, unruhig hin und her. Die Salpêtrière mochte die berühmteste Klinik in ganz Frankreich sein. Sie mochte die modernste sein. Doch nichts konnte über die Tatsache hinwegtäuschen, dass inmitten all dieser Modernität rund 4000 Kranke, Alte und Verrückte lagen, die jammerten, weil sie starben, oder heulten, weil sie noch lebten.

Jori sah zu Paul hinüber. Die widerwillige Faszination, die vom Anblick der angebundenen Körper ausging, hatte auch ihn ergriffen. Charcot hatte die Anstalt einmal als lebendes pathologisches Museum bezeichnet, und die Beschreibung hätte nicht treffender sein können. Alles, was man sonst nur aus dem Lehrbuch und von Zeichnungen kannte, war hier vereint, sorgsam auf die insgesamt 80 Gebäude verteilt und nach Krankheitsbild und Chancen der Genesung geordnet. Unter Charcot hatte sich die Salpêtrière von einem Hospiz zu einem gigantischen Forschungszentrum entwickelt, in dem es einen ständigen Nachschub an Kranken gab. Es ging nicht mehr allein darum, die Irren zu verwahren und den Alten beim Sterben zuzusehen. Es ging um Wissenschaft. Darum hätte die Klinik sich gar keinen Besseren ins Haus holen können als Doktor Jean-Martin Charcot.

Am Kopfende des Bettes hob Georges Guinon gerade die Mappe mit dem Krankenbericht: »Und bei dieser Patientin handelt es sich um eine 43-jährige Spastikerin. Sie wurde vor sechs Jahren bei uns eingeliefert und litt zu diesem Zeitpunkt bereits seit zwei Jahren an schlagartig auftretenden Verkrampfungen der Gliedmaßen, die vor allem die linke Körperhälfte betrafen. Das Gesicht war hiervon ausgenommen.« Er hielt inne und suchte in der Kartei nach einer Information, die er vergessen haben könnte. Guinon war seit etwas mehr als einem Jahr der Assistent von Jean-Martin Charcot und als solcher für die Sekretärsarbeiten zuständig. Er musste Anamnesen protokollieren, Bericht erstatten und bei den Vorführungen assistieren. Aber Jori war sich ziemlich sicher, dass der 35-Jährige inzwischen auch alle möglichen anderen Arbeiten für den Nervenarzt übernahm. Und er tat es mit einer Lust und Unterwürfigkeit, die Jori anekelte. Wo immer Charcot auftauchte, konnte der staubleckende Guinon nicht weit sein. Er folgte ihm über das Gelände der Salpêtrière wie ein Schoßhündchen, immer einen Schritt hinter seinem Herrn, liebdienerte und schnappte nach jedem, der Charcot zu nahe kam. Aber er war ein Angstbeißer, das sah man, sobald man Guinon ohne sein Herrchen begegnete. So wie heute. Charcot war zu einem Vortrag außerhalb der Stadt eingeladen und hatte seinen Assistenten deshalb allein auf den Besucherrundgang durch die Anstalt geschickt, der jeden Dienstagnachmittag vor der großen Leçon du Mardi stattfand. Und obwohl Guinon mit den Patientinnen vertraut war und Charcot bei dessen wöchentlichen Erläuterungen so sehr an den Lippen hing, dass er dessen Worte auswendig herunterbeten konnte, stand der Assistent nun mit hängenden Schultern da und nuschelte die Krankengeschichte in seinen Bart, als wolle er sie und sich darin verstecken.

»Es ist wichtig, dass unsere Patientinnen gute und regelmäßige Monatsblutungen haben. Bei dieser Kranken hier aber blieb die Regel häufig aus, dann kam sie wieder heftig. Beides führt bekannterweise zur Entwicklung hysterischer Störungen. Wir haben dem mit warmen Sitzbädern Abhilfe geschaffen, fünf pro Woche, à dreieinhalb Stunden. Zur Unterstützung behandelten wir sie außerdem mit der Ovarienpresse, einem Gerät zur Druckausübung auf den Unterleib, deshalb auch Eierstockkompressor genannt. Das Befinden besserte sich zunächst, dann begannen die Spastiken auf der rechten Körperhälfte und befielen im März '79 auch das Gesicht. Die Krämpfe können spontan auftreten, besonders bei Annäherung oder durch Körperberührung, weswegen wir von einer hysterisch bedingten Spastik ausgehen. Dafür spricht auch der instabile Nervenzustand der Patientin.«

Es war kaum auszuhalten. Von Charcot geleitet glichen die

Führungen durch die Gebäude dem faszinierenden Besuch eines Gruselkabinetts auf dem Jahrmarkt. Der berühmte Nervenarzt fand stets die richtige Mischung aus körperlichen Anomalien, offenen Rücken, hysterischen Schönheiten, Essensverweigerinnen und schwindsüchtigen Greisinnen, um das Interesse des Publikums zu fesseln und die Spannung bis zum Schluss aufrechtzuerhalten – nicht zuletzt deshalb, weil er zu jeder Patientin eine amüsante Anekdote zu erzählen hatte. Und gerade um Pauls willen ärgerte es Jori, dass sie ausgerechnet heute mit Guinon abgespeist wurden, der die Krankenakten herunterlas wie ein Kochrezept und sich auf die nackten Diagnosen beschränkte.

»Die Spastiken lassen sich am leichtesten im Gesicht auslösen. Ich werde dies nun anhand einer Demonstration vorführen.«

Der Rundgang durch ein Leichenschauhaus hätte nicht ermüdender sein können. Und dabei war Anabelle, trotz all ihrer Unarten, einer der anschaulichsten Fälle in der Salpêtrière. Unter Hypnose konnte sie mit ihrem Körper alle vier Phasen des hysterischen Bogens vorführen und streckte den Zuschauern eine krampfende Zunge entgegen, wenn man ihr mit einem Stab gegen den Kehlkopf drückte. Aber für eine solche Darbietung war natürlich eine entsprechende Einführung notwendig. Man musste die Zuschauer neugierig machen, ihre Sensationslust wecken. So wie Guinon es anstellte, würden die Männer sich noch nicht einmal die Mühe machen, die Hälse zu recken, um dem Schauspiel folgen zu können.

Der Assistent zog einen Holzstift aus der Tasche, mit dem er sich Anabelle unsicher näherte. Die Kranke riss die Augen auf, versteifte sich in ihrem Bett und drückte den Rücken durch, bis Kopf und Hals tief in das Kissen gepresst waren. Einen Moment lang sah es so aus, als ob sie schreien wollte, dann aber verkrampfte sich lediglich ihr linker Mundwinkel und zog sich in Richtung Kinn. Sie brachte den Kopf auf die rechte Seite, um Guinon und dem hölzernen Werkzeug auszuweichen. Guinons

Hand zitterte. Unbeholfen versuchte er, die Stelle an Anabelles Kehlkopf zu treffen, die den Anfall auslösen sollte, aber sie drückte die rechte Gesichtshälfte nur noch stärker ins Kissen und entwand sich dem Instrument. Guinon musste fast blind stochern und rutschte mit dem Stab immer wieder ab. Jori sah die Schweißperlen auf der Stirn des Assistenten, der einen Schritt zur Seite machte, um Anabelles Hals besser zu erreichen, und nun fast auf der Patientin lag, was peinlich war, peinlich und sehr unprofessionell, denn er stellte sich dabei genau ins Blickfeld der umstehenden Besucher. Jori warf einen Blick auf Paul, der völlig zu Recht enttäuscht dreinblickte, und hatte das Bedürfnis, sich für Guinons Verhalten zu entschuldigen. Doch noch in diesem Moment stieß Anabelle endlich den gurgelnden Schrei aus, der den Anfall ankündigte. Es klang, als ertrinke sie in ihrem Bett. Wie auf Kommando drängten die Männer vor, um an Guinon vorbeizusehen und einen Blick auf das Gesicht der Patientin zu erhaschen. Man hatte sie ihrer Sicht genau in dem Moment beraubt, als der Anfall ausgelöst wurde. Das war zwar ein Ärger, erregte aber auch die Spannung, schließlich wollten sie die Krämpfe beobachten, die man ihnen versprochen hatte: den verzogenen Mund, die gespenstischen Augen, die zuckende Masse der 50 Muskeln, die sich nach neuesten wissenschaftlichen Erkenntnissen unter der Gesichtshaut verbargen. Jori sah die Gier in Pauls Augen, legte die Hand auf die Schulter des Kameraden und brachte den Mund nahe an sein Ohr.

»Wenn dir das gefällt, mein Freund, dann warte erst mal die Leçon ab!«

Paul nickte abwesend. Er drehte sich nicht zu Jori um.

Seit 1823 hieß die Salpêtrière offiziell »Hospice de la Vieillesse-Femmes«, das Altershospiz für Frauen. Doch obwohl es tatsächlich mehr ein Hospiz als ein Krankenhaus war, da man in den meisten Fällen nicht herkam, um zu genesen, sondern um zu sterben, bildeten den Großteil der Insassen noch immer die Nervenkranken und Verrückten. Paul staunte über die Größe der Klinik, über die Parks, Gärten und Springbrunnen, die zwischen den einzelnen Gebäuden lagen. Er staunte über die Modernität des Fotostudios, in dem ebenjene Aufnahmen der Hysterikerinnen gemacht wurden, die man in allen medizinischen Fachzeitschriften fand. Und er staunte über den Raum, den Charcot extra für die Anfertigung von Gipsabdrücken eingerichtet hatte. Dort ließ er lebensgroße Figuren herstellen, Kopien der Kranken, die dann in seinem Museum ausgestellt wurden. Es glich einem kuriosem Wachsfigurenkabinett, dieses Museum, und seit Charcot es vor neun Jahren im Keller der Division Pariset eingerichtet hatte, war es sein erklärtes Ziel, es jeden Tag um eine neue anatomische Absonderlichkeit zu bereichern, um einen Gipsabguss, eine Fotografie, ein Skelett, einen deformierten Knochen oder eine Zeichnung. Es war das tote Pendant zu dem lebenden Museum, das Charcot bei seiner Ankunft an der Salpêtrière vorgefunden hatte – und doch wirkte es überhaupt nicht tot. Links neben der Eingangstür lag eine alte Syphiliskranke auf einer Matratze, nackt und abgemagert bis auf die Knochen, die unter der matt glänzenden Haut hervorstachen. Die eine Hand ruhte abgeknickt auf dem Bett, die andere auf ihrem Schambein. Und man musste schon nahe genug herantreten, um zu sehen, dass es sich nur um eine Wachsfigur handelte. Selbst der halb geöffnete Mund und die kurz geschnittenen Haare wirkten so echt, dass man meinte, es hafte noch ein Geruch nach Krankheit an ihr.

Hinter der Alten stand die Büste einer weiteren Frau, deren Gesicht durch eine halbseitige Lähmung entstellt war. Sie hielt ein Taschentuch in der rechten Hand und sah aus, als sei sie erschrocken über die Gruppe der Männer, die da in den Raum trat.

Erst dort, wo die Frauen nicht mehr aus Wachs waren, endete

Pauls Begeisterung. Er konnte mit dem Leid nicht umgehen, das sich in den Schlafsälen anhäufte. Die Räume stanken trotz der verbesserten Belüftungssysteme. Und das Klagen und Schreien der Gefesselten in den Betten machten ihm zu schaffen. Eine Frau, die man nicht festgebunden hatte, warf sich plötzlich vor den Männern auf den Boden. Sie simulierte einen Anfall, und drei kräftige Wärterinnen waren nötig, um sie festzuhalten und fortzubringen.

Jori bemerkte, wie Paul sich dichter bei der Gruppe hielt, wenn er solche Dinge mit ansah, und wie sein Gesicht sich veränderte. Die Eindrücke drangen in ihn, mehr als dass er sie freiwillig in sich aufnahm, und sie würden sich dort festsetzen und ihn nie wieder verlassen, das wusste Jori aus Erfahrung. Doch Paul würde sich daran gewöhnen, dachte er, er würde sich daran gewöhnen, wie alle hier.

Nach der Rundführung machten sie sich auf den Weg zum Auditorium, in dem es bereits von Ärzten, Studenten, Schriftstellern, Journalisten und Schauspielern wimmelte. Wie immer hatte sich *tout Paris* vor der Bühne des großen Jean-Martin Charcot versammelt.

Paul und Jori gesellten sich zu einer Gruppe junger Männer, die am Eingang standen und sich unterhielten. Zwei der vier Gesichter in der Runde kamen Jori bekannt vor, wobei es eigentlich nur ein Gesicht in doppelter Ausführung war. Es gehörte zwei dicklichen Brüdern, die als Praktikanten in der Apotheke aushalfen und bis hin zu einer breiten Lücke zwischen den Schneidezähnen so exakt gleich aussahen, dass Jori sie insgeheim Chang und Eng Bunker taufte, nach dem ersten Siam-Zwillingspärchen, das jemals wissenschaftlich beschrieben worden war.

Außer Chang und Eng war noch ein Medizinabsolvent aus Südfrankreich unter den Männern, der wie Jori an die Salpêtrière gekommen war, um von dem berühmten Jean-Martin Charcot in die Geheimnisse der Hysterie eingeführt zu werden, sowie zwei Intellektuelle aus Montmartre, denen man ansah, dass ihnen eine Einführung in die Frauen selbst wohl am liebsten gewesen wäre. Seit das Gerücht die Runde gemacht hatte, im Auditorium der Salpêtrière ginge es dienstagabends nicht weniger zügellos zu als im Moulin Rouge, war ein Besuch von Charcots Vorlesungen für die Boheme ebenso obligatorisch wie der offene Mantel und die Zigarre, die sie leger im Mundwinkel trugen.

»Man munkelt, dass Charcot die Frauen durch das Aktivieren bestimmter Druckpunkte auf ihrer Gebärmutter zum Tanzen bringt«, sagte einer der Zigarrenträger gerade. »Man sagt, er habe ein Werkzeug, das Sex Bâton heiße. Und mit dem kann man die Weiber dazu bringen, zu kreischen und Verrenkungen zu machen, bis das eine oder andere Kleid verrutscht. Ein guter Bekannter von mir war vor zwei Wochen hier und hat mir von einer erzählt, bei der der Kittel bis zum Bauchnabel hochgerutscht ist.« Er zeigte die Höhe mit der Hand, wohl für den Fall, dass die Medizinstudenten vergessen hatten, wo der Bauchnabel sich befand. Neid blitzte in allen Augen. »Haben Sie davon gehört, Eugén?«

Alle Blicke wandten sich Paul zu. Solange Jori denken konnte, hatte dieser sich immer mit Eugen Bleuler vorgestellt. Jori war der Einzige, der den Freund bei seinem ersten Vornamen nannte: Paul, der Bruder von Pauline. Es machte die Beziehung zwischen Paul und Jori zu etwas Besonderem, und dennoch störte ihn die Art und Weise, wie der Franzose den Namen aussprach: Eugén, mit der Betonung auf der letzten Silbe und das »g« halb verschluckt, als hätte man den Namen bereits ins Französische integriert und Paul gleich mit. Paul zuckte die Schultern.

»Ich habe nicht gewusst, dass man einen Sex Bâton braucht, um die Frauen zum Kreischen zu bringen«, sagte er in seiner steifen Art und seinem ungelenken Französisch, dessentwegen der Zigarrenträger wohl einen Moment länger brauchte, um den Scherz zu verstehen. Dann brachen er und sein Freund in ein geradezu unintellektuelles Gewieher aus, und Chang und Eng schoben ihre speckigen Wangen zur Seite, um ihre Zahnlücken zu zeigen. Andere Männer im Raum blickten zu der Gruppe hinüber, neugierig und zugleich enttäuscht, einen guten Witz verpasst zu haben. Oder einen schlechten, wie Jori fand.

Paul hatte bislang herzlich wenig Frauen zum Kreischen gebracht, Jori wusste es, und Paul wusste es auch. Obwohl sein Freund früher immer der beliebtere Kamerad in der Schule und im studentischen Bierverein gewesen war, immer der mit dem größeren Portemonnaie und den besseren Sprüchen, hatten sich die Mädchen jedes Mal eher für den stilleren Jori interessiert. Nicht, dass der sich etwas daraus gemacht hätte. Für Jori gab es nur ein Mädchen, und das war Pauline. Er hätte gut in einer Welt glücklich werden können, die nur aus der Familie Bleuler bestand, dann hätte er einen besten Freund gehabt und ein Mädchen, das er heiraten wollte.

Doch was Jori vollkommen unangebracht fand, war, dass Paul sich über Charcots Erfindungen lustig machte, keine zwei Stunden nach seiner Ankunft in Paris. Der Sex Bâton war großartig, Jori hatte ihn schon oft in Aktion gesehen, und zudem war er unabdinglich im Einsatz gegen die Hysterie. Hätte Charcot ihn nicht entwickelt, müsste man die hysterogenen Punkte noch immer mit der Faust bearbeiten.

Er war froh, als die Glocke schellte und den Beginn der Vorstellung ankündigte. Charcots neues Auditorium bot Platz für 400 Personen, und die meisten Männer beeilten sich, eine Sitzgelegenheit in den vorderen Reihen zu ergattern. Jori steuerte seinen Lieblingsplatz links außen an, von wo er und Paul einen tadellosen Ausblick genießen würden, ohne sich an den Beinen der anderen Zuschauer vorbeidrängeln zu müssen. Krampfhaft aufrechterhaltene Gespräche verebbten. Das Stimmengewirr wich einem mehrkehligen Gemurmel und Hüsteln. Eine Stimmung wie in der Kirche – das Spektakel konnte beginnen.

Charcot betrat den Raum durch einen Vorhang, gefolgt von Guinon, der sich sofort in den Schatten des Nervenarztes drückte. An der Seite seines Herrn hatte der Assistent zur alten Borniertheit zurückgefunden und zückte gewissenhaft Stift und Notizblock, um den Ablauf der Vorlesung zu dokumentieren. Die Mitschrift würde dafür sorgen, dass die Genialität von Charcots Inszenierungen auch für die Nachwelt erhalten blieb.

Jori blickte zu Paul. Er wusste noch genau, wie er selbst reagiert hatte, als er den berühmten Jean-Martin Charcot zum ersten Mal gesehen hatte. Obwohl er klein war und in etwa so aussah wie ein Geier, über den man eine schwarze Jacke geworfen hatte, umgab den Nervenarzt eine Aura, die jeden in seinem Umkreis sofort in Ehrfurcht verstummen ließ. Vielleicht lag es an den kleinen, kalten Augen, mit denen er sein Gegenüber so präzise fixierte, als steche er Nadeln in einen Käfer. Das Haar hatte er stets mit viel Pomade zurückgekämmt. Eine einzelne weiße Strähne verlief mittig über den Scheitel. Sein Gesicht war blass und glatt rasiert, mit einer fliehenden Stirn und buschigen Brauen, die zusätzliche Schatten auf die Augenhöhlen warfen. Die Wangen und Mundwinkel hingen herab und gaben ihm ein mürrisches Aussehen. Dazu hatte er fleischige, fast sinnliche Lippen, über die jedoch nie auch nur ein einziges weiches Wort kam. Im Gegenteil. Charcots Stimme war herrisch und hart, und seine Sprüche waren sarkastisch. Und wenn er wütend wurde, schwoll sein Hals mitsamt dem fleischigen Nacken zu einem Wulst an, bis er aussah wie ein Diphtheriekranker. Charcot wurde gefürchtet, von den Patienten ebenso wie von den Pflegern und Studenten, die an die Salpêtrière kamen, um die schlaffe, fleischige Hand des Nervenarztes zu küssen und in den Kreis seiner zahlreichen Jünger aufgenommen zu werden.

Paul aber konnte von all dem noch nichts wissen. Er war Teil des unbedarften Publikums, und das Publikum liebte Charcot, den Magier, der Frauen tanzen ließ wie Marionetten und die Zuschauer in die schaurig schöne Welt menschlicher Abgründe entführte. Sie wollten eine Show. Und eine Show wurde ihnen geboten.

»Meine Herren!« Charcot stand mitten vor dem Vorhang und hob die Arme, wie um eine Menge zum Schweigen zu bringen, die angesichts seiner herrschaftlichen Aura schon längst verstummt war. »Meine Herren, wie Sie dem Programmheft auf Ihren Sitzen entnehmen können, werden wir uns heute ein letztes Mal mit dem Phänomen der choreaartigen Bewegungen beschäftigen und das Herbstprogramm zu diesem Thema mit einer Vorführung abschließen, die ich sicherlich als Höhepunkt unserer Unterrichtsreihe beschreiben darf.«

Charcot trat einen Schritt zur Seite, und die Zuschauer richteten sich auf ihren Plätzen auf wie hungrige Hühner, als der Vorhang zur Seite fuhr.

Eine schmale Frau wurde auf die Bühne geführt. Sie trug einen einfachen Rock und eine Bluse, die man ihr vor der Vorstellung anstelle des grauen Kittels angezogen hatte. Ihr Gesichtsausdruck war furchtsam, ein wenig diffus, doch sie war bei Bewusstsein. Charcot hatte für sie also keine Hypnosevorführung geplant. Das war schade für Paul. Mit der Hypnose ließen sich die kuriosesten Dinge anstellen, und es gab keinen Ort auf der Welt, wo sie so umfangreich betrieben wurde wie in Paris. Einmal hatte Jori sogar gesehen, wie bei einer Frau Brandblasen auf der Haut erschienen waren, als Charcot ihr unter Hypnose suggerierte, er setze ein glühendes Eisen auf ihren Arm. Die Patientin hatte geschrien, als könne sie den Schmerz tatsächlich fühlen.

Jori beugte sich auf seinem Stuhl vor und kniff die Augen zusammen.

»Lunette Roche«, entfuhr es ihm. Er hätte die junge Frau fast nicht mehr erkannt. Zu Beginn des Jahres hatte er Georges Gilles de la Tourette dabei zugesehen, wie dieser seine Elektroexperimente an Lunette durchführte. Doch sie war blasser und schmaler, als Jori sie in Erinnerung hatte. Ihre Augen waren eingesunken, die damals nussbraunen Locken standen ihr heute fedrig vom Kopf ab. Und obwohl man ihre Kleider vor der Vorführung gewaschen und gestärkt hatte, machte sie insgesamt einen verfilzten und schmutzigen Eindruck.

An Lunettes Seite humpelte eine Wärterin, deren Beine und Rücken krumm waren wie ineinandergesteckte Fragezeichen. Doch sie hatte Kraft in den Armen. Als Lunette mit dem Fuß gegen das Podest stieß, auf das man sie schieben wollte, hob sie die Kranke kurzerhand hoch und platzierte sie vor dem Publikum, als sei sie eine Strohpuppe.

»Bei der ersten Patientin an diesem Abend handelt es sich um ein 17-jähriges Mädchen von, wie Sie sehen können, zarter und eher kindlicher Statur.« Charcot trat an Lunette heran und fuhr die mickrigen Rundungen des Körpers mit einem Zeigestock nach. Sofort versteifte Lunette sich. Jori bemerkte ein leichtes Zucken in ihrem linken Augenlid. »Sie wirkt unscheinbar, fast zurückhaltend, und als sie zu uns kam, war sie nicht mit all den Blumen und Bändern behangen, mit denen sich die Hysterikerinnen so gern herausputzen. Aber lassen Sie sich nicht von dieser Schlichtheit täuschen, meine Herren, in der jungen Frau steckt eine Hysterikerin par excellence.« Er hielt inne und ließ die Worte auf das Publikum wirken. Charcot war ein guter Redner. Er wusste, welche Dinge er aussprechen musste und welche er lieber ungesagt ließ, um die Fantasie der Männer zu beflügeln. Vor allem aber wusste er, dass man besser zeigen als reden sollte. Das hatte er vielen anderen Rednern voraus.

»Als Lunette im September '81 zum ersten Mal zu uns an die Salpêtrière kam, hatte sich die Chorea bereits stark bei ihr festgesetzt. Die Anfälle dauerten eine bis anderthalb Stunden und waren zunächst nur durch kurze Pausen voneinander getrennt. Konstant dagegen war ein rechtsseitiger Ovarialschmerz, wie er typisch für die Hysterie ist. Dank der regelmäßigen Elektrotherapiebehandlung meines Assistenten de la Tourette …«, er nickte ins Publikum, und Jori drehte den Kopf, um den Angesprochenen ausfindig zu machen, »... hat sich ihr Zustand jedoch stabilisiert. Die Anfälle kommen nur noch selten spontan, lassen sich aber durch gewisse Eingriffe hervorrufen, etwa durch Berührung bestimmter Körperstellen mit der Hand oder mit einem spitzen Gegenstand.« Er ließ den Zeigestock langsam an Lunettes Arm herabgleiten, nur wenige Zentimeter von ihrem Körper entfernt. Ihre Augen weiteten sich vor Entsetzen. Das Zucken im linken Augenlid wurde stärker.

»Bevor wir aber zu der Demonstration übergehen ...«, die Spitze des Stocks fiel herab, und Charcot drehte sich wieder zu seinem Publikum um, das sichtlich in sich zusammensank, »... lassen Sie mich ein paar Worte zum Hintergrund unserer Patientin sagen. Über eine erbliche Vorbelastung ist uns nichts bekannt, die Eltern kamen bei einem Kutschunfall ums Leben, als das Mädchen drei Jahre alt war. Die Patientin selbst wurde hierbei unter dem Vorderrad eingeklemmt und erlitt schwere Quetschungen. Wir dürfen davon ausgehen, dass die damit verbundene heftige Erregung bereits den Grundstein für ihr hysterisches Gemüt legte.« Charcot hatte damit begonnen, vor dem Publikum auf und ab zu schreiten, die Hände hinter dem Rücken verschränkt. Er war ganz der Lehrer, der er sein wollte, und genoss die gebannte Stille im Saal, die lediglich von Guinons eifrigem Gekritzel auf den Notizblock durchbrochen wurde.

»Nach dem tragischen Tod der Eltern wurde das Mädchen zunächst in die Obhut eines Ordens gegeben, wo man sich vergeblich um das Heil seines moralischen Zustands bemühte. Aus dem Bericht, den die Ordensschwester im Mai '77, kurz nach seinem zehnten Geburtstag, abgab, ist zu lesen: ›Sie liebt ihre Freiheit außerordentlich; ihre Reden und ihr Gemüt sind nicht gut.‹ Sie mögen noch nicht ahnen, was hinter dieser klösterlichen Formulierung steckt, meine Herren, aber Sie werden es bald erfahren ...« Charcot hatte das Ende der Bühne erreicht und schritt nun in enger werdenden Bögen um die Kranke herum, die mit einem Gesichtsausdruck auf dem Podest stand, als warte sie auf ihre Exekution.

»Kurz nach der Abfassung dieses Berichts jedenfalls wurde sie von den Ordensschwestern in ein Armenhaus gegeben, wo sie sich fast zwei Jahre aufhielt. Hier muss es der Patientin gelungen sein, ihre hysterische Natur hinter vorgetäuschtem Liebreiz zu verbergen, dem im März '79 ein 46-jähriger Bauer aus Igny zum Opfer fiel. Der Bauer nahm die damals Zwölfjährige zunächst als Magd zu sich und heiratete sie kurz darauf, im Dezember '79. Von der widerspenstigen Natur und der heftigen Wortwahl der Patientin ahnte er damals wohl noch nichts. Die ersten Anfälle beschränkten sich, wie der Bauer uns angab, anfangs aufs Ehebett, sodass er ihre Verrenkungen und Ausbrüche zunächst mit vermeintlichen ...«, Charcot dehnte das folgende Wort genüsslich, bevor er es an sein Publikum weiterreichte, »... Lustekstasen verwechselte. Erst später wurde ihm der Irrtum dieser Annahme deutlich, als die Anfälle nämlich auch ganz ohne sein Zutun und am helllichten Tag auftraten.«

Jori sah, wie sich einige der Zuschauer mit den Ellbogen heimlich in die Seite stießen. Die Vorstellung, dass ihre Frauen oder Freundinnen zu Hause ganz unerwartet von einem Orgasmus befallen würden, amüsierte sie. Doch sie kannten ja auch noch nicht das volle Ausmaß von Lunettes Symptomen.

Auf Charcots Kommando trat die fragezeichenförmige Wärterin vor und zog die Gardinen der Fenster zu. Die Lampen wurden heruntergedreht, und im Halbdunkeln sah man Charcot zu einer Maschine schreiten, die am vorderen Rand der Bühne stand. Er betätigte einen Schalter, und das Gerät begann zu summen. Im nächsten Moment war die gesamte Wand hinter der Bühne in helles weißes Licht getaucht. Charcot legte das erste Bild auf, und die Umrisse einer Frau erschienen an der Wand, dargestellt in Vorder- und Rückansicht. Ein Raunen ging durch die Menge. Nicht alle hatten schon Begegnung mit dem elektrischen Projektionsapparat gemacht, doch man redete viel darüber. Charcots Auditorium war mit der modernsten Technik ausgestattet. Die Frau an der Wand war überdimensional im Vergleich zu Lunette Roche, deren Körper einen schmalen schwarzen Schatten auf die Projektionsfläche warf.

»Meine Herren, Sie sehen hier eine Karte des weiblichen Körpers, auf dem die hysterogenen Zonen verortet sind. Die gleiche Darstellung liegt außerdem Ihren Programmheften bei. Es ist eine interessante und merkwürdige Tatsache, dass man die hysterogenen Punkte nie an den Extremitäten findet. Man findet sie aber an der Vorderseite des Rumpfes, am Vorderkopf, im Bereich des Brustbeins, unterhalb der Brüste, in der Ovarialgegend, an der Leiste und an der Rückseite zwischen den Schulterblättern. Seltener auch über dem Schulterblattwinkel, in der Lendengegend und am Steißbein.« Mit dem Stock deutete Charcot auf die angegebenen Stellen. Die hysterogenen Punkte waren seine Erklärung für fast jedes Leiden in der Klinik, weswegen er diesen Teil des Vortrags alle paar Wochen wiederholte. Es handelte sich um mehr oder weniger gut begrenzte Körperstellen, meist nicht größer als ein Fünf-Franc-Stück, die Sitz einer besonderen Empfindsamkeit waren. Ein Druck auf diese Stellen konnte messerstichartige Schmerzen auslösen, ein einfaches Reiben die Phänomene der hysterischen Aura hervorrufen. Und wenn man den Druck erhöhte oder die Reibung intensiv und lange genug ausführte, erfolgte der hysterische Anfall. Ein Kinderspiel.

Hinter ihnen tippte jemand Paul auf die Schulter; im Dunkeln konnte Jori nur erahnen, dass es der rauchende Intellektuelle aus Montmartre sein musste, der leise sagte: »Wenn der weibliche Körper nur in allen Dingen so einfach zu handhaben wäre.« Zu seiner Enttäuschung lachte Paul.

Das Licht wurde wieder aufgedreht und der Apparat abgeschaltet. Einige Studenten zogen die Darstellung aus dem Programmheft, um sie weiter zu studieren. Sie hatte die Größe einer Postkarte. Charcot klemmte sich den Stock in einer Art

Offiziershaltung unter den Arm und trat zurück zu Lunette. Als er wieder zu sprechen begann, klang es, als verkünde er die Eröffnung eines Banquetbuffets:

»Tatsächlich hat eine eingehende Untersuchung ergeben, dass die Kranke nicht nur eine ausgeprägte hysterogene Zone in der rechten inneren Leistengegend hat«, er zückte den Stock und deutete auf die angegebene Stelle an Lunettes Hüfte, »sondern auch an der Innenseite der Schamlippe auf derselben Körperseite.« Die Spitze des Stocks wanderte tiefer. »Das ist selten, meine Herren, deshalb finden Sie die Stelle auch nicht auf der Karte verortet. Und es zeigt uns, wie gründlich wir bei der Untersuchung vorgehen müssen, um keinen noch so kleinen hysterogenen Punkt auf dem weiblichen Körper zu übersehen.«

Ein junger Student in der Reihe vor Jori und Paul zückte seinen Stift und trug den beschriebenen Punkt mit eifriger Gewissenhaftigkeit auf der Zeichnung aus dem Programmheft ein. Die Zungenspitze schaute zwischen seinen Lippen hervor, als er den Bleistiftkringel auf der Schamlippe platzierte.

Charcots Stockspitze hing noch immer zwischen Lunettes Beinen. Ihr Augenlid zuckte stärker denn je, und Jori bemerkte ein Schwanken in ihrem rechten Knie, dem bald ein Vibrieren der Unterlippe folgte. Es sah aus, als würde die junge Frau jeden Moment in Tränen ausbrechen.

»Sie sehen, es bedürfte nun kaum noch eines Aufwands, um den Anfall auszulösen. Die hysterogene Zone ist so sensibel, dass schon die bloße Annäherung ausreicht, um das Zittern zu provozieren. Und nun stellen Sie sich vor, welch eine Wirkung es haben muss, wenn die Zone beim Geschlechtsakt angetastet wird!«

Sie stellten es sich vor. Und wie sie es sich vorstellten. Zu Joris Rechten tupfte sich ein Mann im Anzug die Stirn mit einem Taschentuch. Und zu seiner Linken saß Paul, noch aufrechter und angespannter als sonst, und starrte Lunette an.

»Aber das erklärt doch nur einen Teil der Anfälle, werden

Sie nun denken«, fuhr Charcot fort, obwohl keiner der Männer so aussah, als dächte er gerade besonders viel. »Und Sie haben recht! Denn wie ich bereits erwähnte, befällt unsere Patientin das Zittern ja selbst dann, wenn sie nicht berührt wird.« Lunette atmete schneller. Endlich ließ Charcot den Stock sinken.

»Diese spontanen Anfälle scheinen nur durch ein Zittern des linken Augenlids eingeleitet zu werden, wir kennen ihre Ursache nicht. Vermutlich ist es die Macht der Gedanken, die der jungen Frau hier einen Streich spielen, oder aber die Nachwehen des traumatischen Schocks, den der Verlust ihrer Eltern mit sich brachte. Künstlich erzeugen können wir die Anfälle jedenfalls durch die Berührung der eben genannten Zonen, durch ein Ziehen am rechten Arm oder, wie ich es in wenigen Augenblicken tun werde, indem man auf eine der beiden Patellasehnen mit dem Hammer schlägt.« Charcot drehte sich um. Hinter ihm stand Guinon schon mit einem gummierten Holzhammer und einer Art Federboa bereit und machte ein dienstbeflissenes Gesicht.

»Da es nach der Veranstaltung von letzter Woche einige Klagen darüber gab, dass das Zittern in der letzten Reihe nicht sichtbar gewesen sei, habe ich mir erlaubt, für diese Vorführung etwas Besonderes vorzubereiten.« Charcot griff nach dem, was aussah wie eine Federboa, und hielt es in die Höhe. Es handelte sich um verschieden lange Lederriemen, an die man große bunte Straußenfedern genäht hatte. Jori fragte sich, ob es die gleichen waren, mit denen der Nervenarzt Anfang der Achtzigerjahre Geschichte geschrieben hatte. Es hatte damals einen Streit darüber gegeben, wie sich das Zittern von Parkinsonpatienten von anderen Zitterformen unterschied, und Charcot sollte eine ganze Reihe von Patienten im Auditorium aufgestellt haben, jeder von ihnen mit einer Feder an den Kopf gebunden, damit die Zuschauer die unterschiedlichen Formen des Tremors vergleichen konnten. Das war vor Joris Zeit an der Salpêtrière gewesen. Doch er hatte sich oft gewünscht, dabei gewesen zu sein.

»Darf ich nun vielleicht zwei Personen aus dem Publikum bitten, uns beim Anlegen dieser Federn zu helfen?« Charcot nickte in die erste Reihe, und zwei Studenten stürzten vor, um ihm zur Hand zu gehen.

»Einen Riemen um die Stirn, jeweils einen um die Knie, zwei für die Ellbogen und einen für jedes Handgelenk – wobei Sie sehen werden, dass die großen Schwenkbewegungen der Arme ohnehin bis weit in die letzte Reihe sichtbar sein werden.« Wohlwollend beobachtete Charcot die Bemühungen der jungen Männer, die Bänder an den angegebenen Körperpartien zu befestigen. Immer wieder rutschten die Enden aus ihren schweißnassen Fingern. »Aber lassen Sie uns trotzdem diesen Spaß machen, meine Herren, dann können Sie umso deutlicher beobachten, wie Kopf und Körper völlig sinnwidrig und unabhängig voneinander Stöße auf eigene Rechnung erhalten, ganz anders als bei den regelmäßigen Erschütterungen der Parkinson'schen Krankheit.«

Endlich hatten die Studenten die Federn befestigt. Charcot prüfte noch einmal die Knoten und zurrte den Lederriemen am rechten Arm fester. Lunette stand mit weit aufgerissenen Augen vor dem Publikum und schien sich zu konzentrieren. Sie presste die Lippen zusammen. Das rechte Knie zuckte. In dem Federkostüm sah sie aus wie ein gerupfter Fasan.

Dann ging es los.

Charcot trat einen Schritt zurück und schlug Lunette mit einem Hämmerchen auf das linke Knie, das stabile, auf das die junge Frau ihr Fliegengewicht stützte. Lunette geriet aus dem Gleichgewicht, knickte ein, und kurz sah es aus, als würde sie fallen, dann aber fuhr ein Ruck durch das linke Bein, der sie geradezu nach oben katapultierte. Lunette fing sich, die federbesetzten Arme nach oben gestreckt wie an unsichtbaren Fäden, dann begannen ihre Beine intensiv zu zittern. Charcot bemerkte es mit Zufriedenheit.

»Meine Herren, Sie sehen hier eindrücklich, warum man bei

der großen, epidemischen Chorea Major auch von einem Veitstanz spricht«, kommentierte er das Zucken auf dem Podest. »Wenn die Erregung die Beine erst einmal befallen hat, geraten diese in große Unruhe. Die Kranke trippelt abwechselnd auf den einen und den anderen Fuß und führt geradezu die Nachahmung eines Zigeunertanzes auf.«

Das Publikum war in eine Art erhitzte Atemlosigkeit verfallen. Guinon versuchte blind weiterzuschreiben, während er gleichzeitig das Mädchen beobachtete. »Und sehen Sie die Stöße, die die Arme durchfahren!« Lunettes Arm sauste nach vorn, verfehlte Charcots Adlernase knapp und schlug dann gegen ihre flache Brust. Noch immer presste sie angestrengt die Lippen aufeinander, wie um einen Schrei zu unterdrücken. Jori wusste, was kommen würde.

»Die Kranke schleudert ihre Hand heftig und rhythmisch gegen ihren Körper, in sogenannten Hämmerbewegungen, und reibt sie zum wiederholten Male an ihrem Oberschenkel. Ich hoffe, Sie können es diesmal auch in der letzten Reihe sehen, meine Herren?« Wie auf Kommando sprangen die Männer aus dem hinteren Teil des Saals auf, um einen noch besseren Blick auf die Bühne zu haben, was angesichts der bunt wackelnden und wippenden Federmasse völlig überflüssig war. Jori starrte auf Lunettes zusammengekniffene Lippen und wartete auf das, was sie dahinter zurückhielt. Langsam zählte er von zehn herunter.

Zehn.

»Endlich erscheinen taktmäßige Bewegungen des Kopfes nach rechts und links, rapide Bewegungen, die sich jeder Deutung entziehen.«

Neun.

»Mmmmh … mhhhhh«, machte Lunette. Ihre Beine zitterten nun so stark, dass es sie fast vom Podest warf.

Acht.

»Achten Sie auch darauf, wie die widerspruchsvollen Gebärden die allgemeine Richtung der Bewegung von ihrem Ziel ablenken, denn gerade hier besteht der fundamentale Unterschied zum Zittern der Multiplen Sklerose!«

Sieben.

»Und sehen Sie, wie die Arme nun in immer rhythmischere Bewegungen verfallen. Ein weites Kreisen, das den Eindruck macht, als ob die Kranke Eier rühren wollte.«

Sechs.

»Mhhhhh … mhhhhhhhhh«, machte Lunette und riss die Augen noch weiter auf, während ihr Kopf zuckend gegen ihre hochgezogene Schulter schlug. Ihre Füße trommelten laut auf das hölzerne Podest.

Fünf.

»Dennoch, ich wiederhole es nochmals, bleiben die Bewegungen des Kopfes völlig unabhängig von denen der Extremitäten.«

Vier.

Lunettes Gesicht lief puterrot an. Sie schien fast zu platzen, und Jori fragte sich, ob er zu spät zu zählen begonnen hatte.

Drei.

»Und ob Sie es glauben oder nicht: Während der gesamten Dauer des Anfalls bewahrt die Patientin ein ungestörtes Bewusstsein. Sie kann sich an alles erinnern, was gesagt und …«

Zwei.

»Mmm … mmbbb … Baiseur!«, brach es aus Lunettes Mund hervor. Ja, Jori hatte zu spät zu zählen begonnen. Die Herren schraken auf ihren Sitzen zurück und blickten mindestens so entsetzt drein wie Lunette selbst. Hurenbock. Die Patientin hatte Hurenbock gesagt! Eine Sekunde, dachte Jori, nur eine Sekunde.

»Hoppla!« Charcot spielte den Erstaunten, doch ein Lächeln schlich sich auf sein Gesicht. Er genoss den Schrecken des Publikums.

»Mmmhhh … Vicieux!«, schrie Lunette nun aus vollem Halse, und ihr Gesicht zuckte so stark, dass es ihren Kopf nach hinten warf. Einige der Männer begannen aufgeregt miteinander zu tuscheln. Anderen hatte es die Sprache verschlagen. Das Mädchen hatte doch wohl nicht etwa »perverse Lüstlinge« gerufen? Doch, es hatte. Jori sah die Verwirrung in Pauls Gesicht und hatte schlagartig gute Laune.

»Enculé!«

Die Männer sprangen von ihren Sitzen auf. Und so etwas aus dem Mund einer jungen Frau! Lunette sah aus, als wolle sie weinen. Sie litt sichtlich unter den eigenen Ausbrüchen.

»Salopard! Mmmmmmhhh … Enculé!« Ein erneutes Zucken. Jori drehte sich um und suchte im aufgewühlten Publikum nach de la Tourette. Er war schnell gefunden. Der Assistenzarzt war der Einzige im Saal, der wie Jori entspannt sitzen geblieben war und den Ausbruch mit einem Lächeln hatte kommen sehen.

»Was sagt sie?«, fragte Paul aufgeregt von der Seite. Sein Französisch reichte für dieses Vokabular nicht aus.

»Wenn wir den Anfall nicht unterbänden, würde die Kranke nun noch eine gute Stunde, vielleicht auch länger, mit diesen Beschimpfungen fortfahren. Aber das möchte ich weder meinem Gemüt noch dem Ihren zumuten, meine Herren – obwohl doch einige interessante Wortneuschöpfungen unter diesen Flüchen sind, die zumindest die Schreiber unter Ihnen anregend fänden, nicht wahr, Monsieur Daudet?« Charcot nickte einem blassen, etwa 50-jährigen Mann mit kinnlangem braunem Haar im Publikum zu. Sein extravaganter Bart war wie zwei Teufelshörner geformt. Er war Schriftsteller und ein enger Freund von Charcot. Jori hatte die beiden schon oft gemeinsam die langen Gänge der Salpêtrière entlangschreiten sehen, immer auf der Suche nach neuer Inspiration. Der Angesprochene erwiderte den Gruß lächelnd und zeigte eine Reihe tabakgelber Zähne.

»In der Tat, sehr anregend, Doktor Charcot. Vielleicht können Sie mir das Mädchen ja einmal ausleihen, wenn ich in einer kreativen Schaffenskrise stecke.«

»Da müssen Sie den Ehemann der Kranken fragen, Monsieur.«

»Mmmhhh … Urodèle!«

Das Publikum hatte den Schock überwunden und lachte selbstgefällig. Charcot konnte zufrieden sein mit dem Verlauf der ersten Vorstellung. Er gab der Wärterin ein Zeichen, und sie trat herbei, um die strampelnde und kreischende Lunette vom Podest zu heben. Ihre krummen Arme schlossen sich wie Schraubstöcke um die Brust des Mädchens.

»›Sie liebt ihre Freiheit außerordentlich; ihre Reden und ihr Gemüt sind nicht gut‹«, wiederholte Charcot die Worte der Nonne und schlug damit einen Bogen zum Beginn der Vorlesung, während Lunette aus dem Raum getragen wurde. »Ahnen Sie nun, was die arme Schwester des Konvents gemeint haben könnte? Hat das Mädchen die klösterliche Andacht am Ende mit derlei Schmähreden verhöhnt?« Charcot spuckte die Worte geradezu aus. Er verschränkte die Arme erneut hinter dem Rücken, eine Pose, in der sein stattlicher Bauch dem Publikum entgegenstach. »Wir mögen es vermuten, meine Herren, denn in allen Fällen verbaler Entgleisung, die wir bislang beobachten durften, kündigte sich das Verhalten bereits in früher Kindheit an und verstärkte sich dann zunehmend während der Pubertät. Ob dieses Leiden eine Begleiterscheinung der Chorea ist oder eine eigenständige Krankheit darstellt, wissen wir noch nicht. De la Tourette führt derzeit intensive Untersuchungen zur Beantwortung dieser Frage durch. Bislang lässt sich nur sagen, dass nicht jedes Zittern von Schimpftiraden begleitet ist. Andersherum haben wir aber noch keinen Fall beobachtet, in dem das krankhafte Fluchen ohne ein Zittern vonstattengeht. Die gute Madame Minck bildet hier vielleicht eine Ausnahme.«

Erneutes Gelächter ertönte im Saal. Die burschikose Mme Minck war allen Männern ein Begriff. Sie galt als eine der radikalsten Frauenrechtlerinnen Frankreichs, war Mitbegründerin der sozialistischen Partei Ouvrier Français und war bereits mehrmals für ihre feministischen Parolen verhaftet worden. Erst im vergangenen Monat hatte sie Schlagzeilen damit gemacht, dass sie ihr neugeborenes Kind auf den Namen Spartacus-Blanqui-Révolution taufen wollte – ein Skandal, den das Zivilgericht glücklicherweise zu verhindern gewusst hatte. Auch Jori hatte davon gehört. Seit er bei der alten Mme Villon ein Zimmer bezogen hatte, fühlte er sich manchmal so, als lebe er direkt in der Redaktion eines Klatschblattes. Er wollte sich zu Paul drehen und ihm den Witz erklären, doch da sprach Charcot schon weiter, und die ausgelassene Stimmung im Saal legte sich.

»Vielleicht können Sie sich vorstellen, welches Schicksal einem Mädchen mit solchen Symptomen in den vergangenen Jahrhunderten zuteilgeworden wäre. Erst heute, im Zuge des Fortschritts unserer modernen Medizin, sind wir in der Lage, die wahre Ursache für ihr Leiden zu erkennen und der Patientin eine entsprechende Behandlung angedeihen zu lassen.« Charcot straffte die Brust, um noch einmal klarzustellen, wem all das zu verdanken war. »Isolierung, Deckelbäder und Elektrotherapie!«, rief er, als handele es sich um den Schlachtruf der Französischen Revolution. Er erntete stürmischen Applaus. In dem Tumult fiel niemandem auf, dass Lunettes Schreie im Flur verstummt waren.

Lecoq zog eine Zigarette aus der Tasche und verlangsamte seine Schritte, um sie anzuzünden. Der Himmel war grau verhangen, und es nieselte, doch noch war es warm. Die Stadt klammerte sich an die letzten Sommerabende.

An der Straßenecke stand ein etwa vierjähriger Junge mit heruntergelassener Hose und fingerte an seinem Penis. Delinquente Gesichtszüge, die Wangen rund und schlaff wie bei einem Mops, dazu eine fliehende Stirn. Moralischer Verfall, dachte Lecoq, und: Der Junge ist verloren! Er schaute sich nach der Mutter um und entdeckte sie ein paar Schritte weiter auf dem Gehweg. Abgelenkt von dem Säugling auf ihrer Hüfte, hatte sie nicht gemerkt, dass ihr Sohn stehen geblieben war. Nun aber drehte sie sich um und fing Lecoqs Blick auf. Erschrocken blickte sie zu dem Jungen. Mit drei Schritten war sie bei ihm und schlug ihm so heftig auf die Finger, dass er schrie. Ein weiterer beschämter Blick zu Lecoq, dann zerrte sie ihren Sohn fort. Das Auge über ihrem rechten Lid war grünblau geschwollen. Delinquenter Vater, dachte Lecoq, sicherlich hatte er das gleiche Mopsgesicht wie das Kind, die gleiche fliehende Stirn. Kriminelle Väter zeugen kriminelle Söhne.

Er war noch etwa 20 Meter von seinem Haus in der Rue de la Verrerie entfernt, als er die Gestalt vor dem dunklen Hauseingang sah. Reglos stand da ein Mann auf dem nassen Kopfsteinpflaster und blickte zu dem Fenster von Lecoqs Zimmer im ersten Stock hinauf. Lecoq duckte sich in den Schatten eines Gebäudes, durch dessen geschlossene Tür Stimmen und Gelächter zu hören waren: Eine Weinbar stärkte ihm den Rücken. Der Unbekannte trug Stiefel und Mantel, beides von teurer Qualität, dazu einen hohen schwarzen Zylinder, den er in den Händen hielt. Wahrscheinlich war er dem Mann vom Kopf gerutscht, als er zum Fenster hinaufgeblickt hatte. Auch einen blondroten Haarschopf sah Lecoq, der mit viel Pomade zur Seite gekämmt war. Doch ohne einen Blick auf das Gesicht konnte er nicht viel über die Identität sagen, er musste das Gesicht sehen, um zu bestimmen, ob er Freund oder Feind war, Metzger oder Priester.

Lecoq beobachtete den Mann noch einige Minuten. Sah, wie er vortrat. Auf die Klingel drückte. Zum Fenster hinaufblickte. Sich den pomadeglänzenden Kopf kratzte. Sich umsah. Fälschernase, jetzt konnte Lecoq es sehen, die Straßenlaterne hatte seine Züge kurz beleuchtet. Doch Fälscher hatten in der Regel schmale, dunkle Augen, der Blick dieses Mannes hingegen war glasig und starr, die Augen hell und leicht hervortretend wie die eines Mörders. Ein Mörder also. Lecoq warf die Zigarre auf den Boden und zertrat sie. In der Bar gab es mehrere Butzenfenster, von denen aus er den Hauseingang würde beobachten können. Die lauten Stimmen und der Geruch nach Wein und Tabak nahmen ihn fest und verlässlich in die Arme, als er die Tür öffnete und eintrat.

Fast erwartete man einen Trommelwirbel, als Charcot zur Seite trat. Doch der Vorhang öffnete sich geräuschlos. Das Erste, was Jori sah, war das Fußende eines Bettes, das auf Rollen hereingefahren wurde. Der Assistenzarzt, der es schob, hieß Georges Semelaigne. Er hatte kurz geschnittenes, welliges Haar, das aussah, als sei es bloß eben so auf seinen Schädel gelegt worden, und trug einen sandfarbenen Anzug, mit dem er unfreiwillig aus der Menge herausstach. Verstört blinzelte er in die Augen des erwartungsvoll dreinblickenden Publikums, beinahe verängstigt, als sei er und nicht das Mädchen Objekt ihrer Begierde.

Jori streckte den Hals, um zu sehen, wer oder was dort auf der Matratze lag, doch obwohl Semelaigne sich redlich darum bemühte, unsichtbar zu werden, warf sein Körper einen langen Schatten auf das Bett. Nur die Zuschauer in der vordersten Reihe hatten eine glücklichere Sicht. Einer von ihnen drehte sich zu seinen Kollegen um, und seine Lippen formten ein Wort. Viermal klappte sein Kiefer auseinander, vier A: Anastasia – an dem Namen bestand kein Zweifel. Er machte im Publikum die Runde, noch bevor Semelaigne die Bettdecke fortgezogen hatte: »Anastasia! Anastasia!«, und automatisch fiel Jori in den Kanon ein.

»Anastasia«, flüsterte er Paul zu, als sei damit alles gesagt. Als wüsste der Freund, welch eine Attraktion das war.

Charcot wartete, bis Semelaigne sich entfernte, das Laken zusammengeknüllt unter dem Arm. Dann hob er die Handflächen zur Decke. Er rief nicht. Er versuchte nicht, sich über das Getuschel hinweg Gehör zu verschaffen. Er wartete nur in dieser priesterlichen Haltung, bis sich Stille über das Publikum legte und aller Augen auf ihm ruhten, dem Arzt aller Ärzte, und dem Bett neben ihm, in dem die Frau auf der nackten Matratze lag und sich nicht rührte.

»Meine Herren, bei unserem letzten Fall für heute handelt es sich um ein 16-jähriges, noch nicht menstruierendes Judenmädchen aus Sankt Petersburg, das einigen von Ihnen bereits bekannt sein dürfte.«

Jori nickte unvermittelt. Charcot hatte so seine Lieblinge unter den Frauen, die er immer wieder vorführte, dressierbare Tiere, ebenso schwachsinnig wie schwachwillig und nachgiebig wie Lymphödeme, aber hübscher.

Wie die meisten aus der Abteilung für Nervenkranke trug Anastasia einen Kittel aus grobem Leinenstoff, der an der Vorderseite mit Lederschnallen verschlossen war. Die Ärmel waren zugenäht und an den Enden verstärkt, um zu verhindern, dass sie sich kratzte oder masturbierte. Nicht unbedingt à la mode in Paris, aber Anastasias Anziehungskraft tat das zweifelhafte Kleidungsstück keinen Abbruch. Jori besah sich die schmalen weißen Beine, die unter dem Kittel hervorstachen, die leicht geöffneten Oberschenkel, das blasse Gesicht, die langen schwarzen Haare, die wie zu einem Rahmen drapiert auf dem Kissen lagen, das schlaffe rechte Augenlid. Friedlich sah sie aus, klein, weiß und zerbrechlich wie ein dünner Knochen.

»Ihr Vater brachte sie vor gut zehn Monaten in unsere Klinik in der Hoffnung, dass sie hier die Heilung fände, die sie anderswo nicht erlangen konnte.« Charcot richtete den Kragen seines Jacketts, um die Korrektheit dieser Hoffnung zu unterstreichen. »Wir behandelten sie zunächst einige Wochen lang extern. Aufgrund der Eigentümlichkeit ihres Leidens ist sie seit dem 27. Mai aber stationär in unser Siechenhaus aufgenommen, was wahrlich ein Glück ist! Denn so haben wir die Möglichkeit, ihren hochinteressanten Fall näher in Augenschein zu nehmen.« Charcot bohrte den Blick in die Kranke. »Der Grund für ihre Einweisung in Sankt Petersburg war damals das Auftreten von

Zuckungen im Gesicht. Die Ärzte diagnostizierten einen nicht schmerzhaften Facialiskrampf und führten eine Nervendurchtrennung auf der rechten Seite durch.«

»Warum hat man die Nerven durchtrennt, wenn der Krampf nicht schmerzhaft war?«, flüsterte Paul Jori zu, doch der schüttelte den Kopf, er wusste es auch nicht.

»Optik wahrscheinlich«, flüsterte er zurück und war mit seiner Aufmerksamkeit schon wieder auf der Bühne.

»Da unsere Patientin die Augen geöffnet hat, können Sie gut sehen, wie das rechte Augenlid seitdem herunterhängt. Sie kann es nicht mehr bewegen. Der Facialiskrampf aber wanderte einfach auf die linke Seite, was doch schon einigen Grund zur Verwunderung bietet.«

»Optik?« Paul deutete mit einer unbestimmten Handbewegung in Richtung Bühne, die Stimme noch immer gesenkt. »Findest du es optisch hübscher, wenn das Auge hängt, statt zu zucken?«

Jori blickte nervös zu Charcot herüber, ohne zu antworten. Während der Vorlesung wurde nicht getuschelt. Es wurde still gesessen und zugehört. Außerdem war es schließlich nicht Charcot, der die Nerven durchtrennt hatte.

»Ich möchte es gleich vorwegnehmen, meine Herren, denn Sie ahnen es wahrscheinlich ohnehin schon: Die Krämpfe waren hysterischer Art. Das Mädchen simulierte, oder wenigstens, es übertrieb. Aufgedeckt haben wir den Schwindel durch einen einfachen Trick, nämlich, indem wir die Patientin auf eine weitere Nervendurchtrennung vorbereiteten, diesmal auf der linken Gesichtshälfte. Sie wurde chloroformiert und in den Operationssaal gebracht, ohne dass der Eingriff allerdings durchgeführt wurde. Der Gesichtskrampf aber verschwand, wie wir es vermutet hatten, beziehungsweise, er griff auf den Körper über und zeigt sich seitdem in den vier Phasen der hysterischen Kontraktur, die wir in wenigen Augenblicken sehen werden.« Er drehte sich zu Semelaigne um, der ein schweres Werkzeug aus Metall und Leder herbeischleppte und dabei versuchte, seine Langsamkeit mit einem umso eilfertigeren Gesichtsausdruck auszugleichen. Der Gegenstand in seinen Armen hatte die Form eines umgedrehten Sattels mit zwei Lederriemen in der Mitte, deren Länge sich mithilfe von Schnallen verstellen ließ. Darüber bog sich eine Stange mit einem metallenen Bohrer, dessen Ende in einem stumpfen, etwa faustgroßen Knüppel auslief. Das Instrument sah aus, als hätte Semelaigne es aus der Werkzeugkammer eines Hufschmieds entwendet.

»Meine Herren, vermehrt habe ich Klagen darüber vernommen, dass man die viel diskutierte Ovarienpresse nie zu Gesicht bekäme, diesen Apparat, den ich vor nunmehr sechs Jahren entwickelt und seitdem mit großem Erfolg angewendet habe.« Charcot unterdrückte mit Mühe ein Ächzen, als er den Sattel zur Demonstration mit beiden Händen in die Höhe streckte, und ein Student kam ihm zu Hilfe geeilt. Jori erkannte Arthur Binet, einen schlaksigen 19-Jährigen, der im ersten Jahr an der École studierte. Er war zwar größer als der Professor, hatte aber nur ein Viertel seiner Körpermasse und sackte deutlich in sich zusammen, als Charcot ihm das Instrument in die Arme hievte.

»Der Grund, warum ich Ihnen die Ovarienpresse bislang nicht präsentiert habe, ist der, dass wir in der Vorlesung für gewöhnlich einfacher auf den Sex Bâton zurückgreifen können.« Charcot tupfte sich die Stirn mit einem Taschentuch ab und ließ den verunsicherten Arthur einfach stehen, als er nach einem blank polierten, etwa unterarmlangen Holzstab langte, der seitlich an das Podest gelehnt stand. Der Sex Bâton sah aus wie ein zu kurz geratener Spazierstock mit bronzenem Knauf.

»Da könnte man ja direkt neidisch werden«, flüsterte der Intellektuelle von hinten, als Charcot ihnen das Instrument stolz entgegenstreckte, und Jori verdrehte die Augen. Er verstand nicht, warum die anderen die Vorlesung nicht mit der stummen Ergriffenheit verfolgen konnten, die Charcot gebührte. Er blickte zu Paul, und dessen Bart war zu licht, als dass er das

Grinsen hätte verbergen können. So war Paul immer schon gewesen, er hatte keinen Respekt vor der Größe anderer. In seiner bürgerlichen Familie hatten die Eltern ihn mit ein bisschen zu viel Selbstwertgefühl ausgestattet.

»Da die Zeit voranschreitet, meine Herren, müssen wir an diesem Abend leider auf eine Demonstration des Sex Bâton verzichten.« Charcots Gesicht verriet, dass er selbst diesen Umstand am meisten bedauerte. Er liebte es, seinen Instrumentenkasten zu demonstrieren. Und der Sex Bâton war sein persönliches Prunkstück. Wenn der Nervenarzt durch die Gänge der Salpêtrière schritt, hatte er ihn oft fest unter den Arm geklemmt, den hölzernen Teil unter der Achsel, die Hand um das bronzene Ende geschlungen.

»Doch wie Sie gleich sehen werden, meine Herren, funktioniert die Ovarienpresse in ganz ähnlicher Weise. Ja, sie erleichtert uns die Arbeit sogar.« Charcot schritt um das Bett herum und winkte Arthur zu sich, der seine Hilfsbereitschaft schon bereute. Mit schweren Armen schleppte er sich und das Metallgerät zu Charcot. Die Schnallen der Lederriemen schlugen bei jedem Schritt gegen seine Beine. Es machte tatsächlich den Eindruck, als wollten die Herren ein Pferd satteln.

Die krumme Wärterin kam mit einer zweiten Helferin zurück auf die Bühne. Sie trugen beide das gleiche schwarze Kleid mit der weißen Schürze, doch bei der Zweiten spannte der Stoff. Sie war hochgewachsen und breit wie ein Schrank – eine Schränkin, dachte Jori. Es musste sich um die neue Aufseherin handeln, die Charcot kürzlich auf dem Fischmarkt rekrutiert hatte. Jori selbst hatte sie noch nicht gesehen, aber gehört, dass sie anpacken konnte, Gestank gewöhnt war und keine hohen Lohnansprüche stellte. Das machte sie zur optimalen Besetzung für den Posten.

Tatsächlich war die Leichtigkeit, mit der sie die Kranke aus dem Bett hob, beeindruckend. Die Krumme hielt Anastasia an den Schultern fest, während die Größere Arthur dabei half, den Sattel unter dem Körper hindurchzuschieben.

»Sobald die Ovarienpresse auf der richtigen Höhe angelegt ist und die Ledergurte geschlossen sind, beginnt die Behandlung. Ich ertaste zunächst den genauen Sitz der Eierstöcke mit den Fingern meiner rechten Hand und dringe einige Zentimeter tief in den Bauchraum der Patientin ein.« Charcot streckte Zeige- und Mittelfinger in die Luft, die so kurz und dick waren wie seine Gestalt. Arthur dagegen stand schmal, lang und hölzern neben ihm und hatte noch am ehesten Ähnlichkeit mit einem Zungenspatel. Der Junge hatte keine Ovarienpresse mehr zu halten und war damit auf der Bühne überflüssig geworden. Doch vor lauter Aufregung hatte er vergessen, sich wieder zu setzen. Mit leuchtenden Augen sah er zu, wie Charcot Anastasias Nachthemd anhob und seine Hand bis zum Unterarm darunter verschwinden ließ. Jori schielte zu Anastasias Gesicht, doch sie sah teilnahmslos an die Decke. Nur wenn man ganz genau hinsah, konnte man erkennen, dass sie die Lippen aufeinanderpresste und den Atem anhielt. Charcot ächzte ein wenig und legte den Ellbogen auf dem Bett ab, als er den Winkel des Arms veränderte.

»Habe ich den Sitz der Eierstöcke ertastet, kommt die Ovarienpresse zum Einsatz. Gegenüber dem Sex Bâton bietet sie uns den Vorteil, dass wir ihre Stellung und Intensität peinlich genau einstellen können. Das verhindert ein Abrutschen, wenn die Patientin sich im Krampf bewegt.« Charcot gab Guinon ein Zeichen, und der trat herbei, um den Kopf des Bohrers auf die Stelle zu richten, die Charcot ihm anzeigte. Sie standen nun zu viert am Bett. Die beiden Wärterinnen hielten Anastasia an Schultern und Füßen fest.

»Doch auch die Nachteile der Ovarienpresse für eine Vorführung sind offensichtlich. Das Gerät ist aufwendiger anzulegen und zudem so schwer, dass es die Kranke oft niederdrückt. Kontraktionen wie den wunderschönen großen Bogen lassen sich bei der Verwendung der Presse meist nicht beobachten. Wir gebrauchen sie deshalb nur für Anwendungen über 36 Stunden, bei denen ein konstanter Druck auf den Bauch die Lage der Eierstöcke korrigieren soll. Aber Zuversicht, meine Herren! Ich habe Ihnen eine gute Patientin ausgesucht, und trotz der augenscheinlichen Zartheit ihres Körpers hat sie im Laufe der Behandlungen eine beachtenswerte Rückenmuskulatur aufgebaut.«

Charcot nickte Guinon zu, der von den Schrauben abließ und nun ein Junker'sches Narkosegerät herbeiholte. Er stülpte Anastasia die Maske über Mund und Nase. Ihre Augen weiteten sich. Jori konnte sie hinter der Maske atmen hören.

»Wir werden mit ein wenig Amylnitrit nachhelfen und sehen, wie hoch sie die Presse stemmen kann.«

»Amylnitrit?«, fragte Paul leise, und Jori beugte sich dicht an sein Ohr.

»Das erweitert die Herzkranzgefäße für einige Minuten. Man verstärkt dadurch den Anfall.«

Aus der Ferne betrachtet sah die Apparatur auf Anastasias Körper aus wie ein Bohrturm zur Förderung von Erdöl. Jori hatte einmal ein Bild davon auf einem Werbeplakat für amerikanische Lampen gesehen. Mit der linken, freien Hand drehte Charcot an der oberen Winde des Geräts, und der Metallknüppel schraubte sich einige Zentimeter herab. Hinter der Maske gab Anastasia ein Stöhnen von sich.

»Wollen wir den Anfall nun direkt und in der Heftigkeit sehen, die wir für diese Vorführung anstreben, so muss der Druck der Presse stark genug sein. Denn ein ruckartiges Stoßen erzielt bei den Frauen bekanntlich immer noch die größte Wirkung.«

Das Publikum lachte über den Witz, und am lautesten der Intellektuelle, der diesen Beinamen immer weniger verdiente. Man war in bester Stimmung. Eine weitere Drehbewegung, und der Kopf des Bohrers schwebte wenige Millimeter über Anastasias Bauch. Auf Charcots Nicken hin traten Guinon und die beiden Wärterinnen still zur Seite, dann drehte er die Schraube mit einer letzten kräftigen Handbewegung ein weiteres Mal, zog seine Hand fort und trat zurück. Er hob die Arme. Die dramatische Pose eines Magiers. Der ganze Raum wartete mit angehaltenem Atem und starrte auf den festgezurrten Bohrer, der sich nun eine halbe Faustbreit in die Bauchdecke des Mädchens grub. Es war, als hätte Charcot einen Sprengzünder ausgelöst.

Anastasias Körper zuckte so plötzlich nach oben, als hätte sie einen Fausthieb in den Rücken bekommen, und wurde gleich darauf von dem Bohrturm zurück auf die Matratze geworfen.

»Die Anfälle beginnen immer auf die gleiche Weise, nämlich mit einer schmerzhaften Auraempfindung, die eine Kontraktion der Muskeln bewirkt. Der Hals schnürt sich zu, und die Patientin meint, keine Luft mehr zu bekommen. Würden wir nun den Kieferspreizer einsetzen, so könnten Sie sehen, dass die Zunge tatsächlich vollkommen schlaff in der Mundhöhle liegt und leicht in den Rachenraum rutscht. Die Kranke ist weder in der Lage zu sprechen noch zu schlucken.« Jori konnte die Anstrengung in Anastasias verzerrtem Gesicht sehen. Die langen schwarzen Haare klebten an ihrer Stirn und fielen ihr in Mund und Augen.

»Sehen Sie nun die sogenannte epileptoide Phase, in der sich die Krämpfe auf den Körper ausweiten«, kommentierte Charcot das Geschehen ungerührt. »Die Extremitäten werden ausgestreckt, die Hände zu Fäusten geballt und nach innen gedreht. Die Augen stellen sich nach oben. Durch ein Zusammenziehen der Brustmuskeln werden die Arme vor dem Körper aneinandergepresst, mit den Schultern voran, als wolle die Patientin durch eine schmale Tür passen. Darauf folgt die Periode der großen Verdrehungen, die sich vor allem durch ein Auf- und Abschleudern der Arme auszeichnet, ganz so, als wolle die Kranke uns heftig grüßen. Sagen Sie ihr ruhig Hallo, meine Herren, und winken Sie zurück, wenn es Ihnen gefällt. Anastasia hat nur für Sie den langen Weg aus Sankt Petersburg gemacht!«

Das Publikum lachte, und tatsächlich richtete sich weiter

vorn ein junger Mann auf und winkte dem Mädchen mit alberner Geste zu, nur um gleich darauf wieder zwischen seinen grinsenden Kollegen zu verschwinden. Sie klopften ihm auf die Schulter und beglückwünschten ihn zu seinem Scherz, während Jori seinen Rücken mit dem finstersten Blick strafte, den er zustande brachte. Leider drehte sich der Kerl nicht zu ihm um.

Die dritte Phase kam und ging, die Charcot als Clownismus bezeichnete. Die Männer verfolgten gespannt die Verrenkungen. Anastasia wand sich, bog plötzlich den Rücken durch und streckte den Unterleib mitsamt dem metallenen Sattel hoch in die Luft, bis nur noch ihre Füße und Schultern die Matratze berührten. Der berühmte Arc de Cercle: der Kreisbogen.

»Sehen Sie nur, meine Herren!«, rief Charcot stolz, als sei er es, der das Kunststück vorführte, und nicht das Mädchen. »Habe ich Ihnen zu viel versprochen? Die Streckmuskulatur des Rumpfes ist nun derart verkrampft, dass der Rücken sich zu einem wahren Opisthotonus aufwölbt, eine vortreffliche Kontraktur! Die Hüfte ist gute …«, er bückte sich, die Hände auf die Knie gestützt, und schätzte den Abstand mit zusammengekniffenen Augen, »… fünfzig Zentimeter über das Bett erhoben! An manchen Tagen schafft unsere Patientin sogar noch mehr und steht dann allein auf den Fußspitzen und dem Scheitel. Aber wir wollen nicht zu viel verlangen, meine Herren, bedenken Sie bloß, welches Gewicht auf ihrem schmalen Leib lastet.«

Die Ovarienpresse thronte auf der zitternden Hüfte wie ein metallener König. Anastasia war auf gutem Weg, der Star unter Charcots Zirkustierchen zu werden. Jori hatte die letzten Arbeiten aus dem fotografischen Labor gesehen. Auf Knopfdruck konnte sie lethargisch sein, verliebt, verträumt oder erbost. Sie konnte wie ein Hund bellen oder vor den Männern wie ein Kaninchen hoppeln. Und sie warf dem Publikum sogar Küsse zu, wenn Charcot es von ihr verlangte.

»Dieser Teil des Anfalls ist bei Anastasia, wenn ich mich so ausdrücken darf, wunderschön. Und ohne Ihnen – und ihr –

den Spaß daran nehmen zu wollen, erinnere ich Sie noch einmal daran, dass es sich um hysterische Simulation handelt.«

»Simulation?«, raunte Paul Jori zweifelnd zu. »Warum sollte man denn so was simulieren?«

»Meine Herren, Sie werden mir nun einwenden: Welches Interesse sollte dieses Mädchen daran haben zu simulieren?«, fuhr Charcot fort und enthob Jori damit einer Antwort. »Ich habe schon Gelegenheit gehabt, Ihnen zu sagen, dass die Hysterischen oft ohne bestimmte Absicht simulieren, sie pflegen diese Kunst um ihrer selbst willen. Aber steckt nicht auch die Sucht, Aufsehen zu erregen, dahinter? Die Ärzte von Sankt Petersburg zu täuschen, danach die von der Fakultät in Wien, dann die in Paris, und so am Ende ganz Europa zu durchlaufen, wäre das nicht Beweggrund genug?« Charcots Stimme klang laut und anklagend durch den Raum und war ganz offensichtlich an das Mädchen gerichtet, das sich nun heulend im Bett wand und aussah, als wolle es die Ovarienpresse abschütteln.

»Und seht nur, wie weit sie es gebracht hat!« Charcot streckte die Arme in Richtung Publikum, als wolle er es umarmen. »Bis ins renommierte Auditorium des Doktor Charcot hat sie es geschafft. Hochgebildete Herren aus dem In- und Ausland sind gekommen, um ihren Anfall zu beobachten.«

Einige Herren strichen sich zustimmend über die gepinselten Bäuche. Man liebte Charcot, man konnte gar nicht anders, als ihn zu lieben.

Ein intensives Stöhnen lenkte alle Aufmerksamkeit wieder auf die Bühne. Anastasia hatte sich zurück ins Bett geworfen. Ihr Körper bog sich nun in die entgegengesetzte Richtung. Beine, Kopf und Hals waren in die Luft gestreckt, während sich ihr Steiß in die Matratze drückte. Sie zitterte vor Anstrengung. Das Hemd war ihr durch das Auf- und Abbäumen bis zur Ovarienpresse hochgerutscht. Jori wusste, wen im Publikum das freuen würde. Besonders, da Anastasia anstelle einer Unterhose eine leuchtend gelbe Onanie-Bandage trug. Sie bestand aus einem einfachen ledergepolsterten Metallgurt, der um die Hüfte führte und über der Klitoris in einem kleinen Dreieck zusammenlief.

Jori wollte Paul auf die Bandage aufmerksam machen, doch es war nicht notwendig. Pauls Gesichtszüge entgleisten in genau dem Moment, als Jori sich begeistert zu ihm drehte.

»Sehen Sie nun die Phase der leidenschaftlichen Stellungen!«, rief Charcot. »Der Mund ist zum Schrei geöffnet, ohne dass wir mehr zu hören bekämen als ein gelegentliches hohes Fiepen, dem Ruf eines Kalbes nicht unähnlich.«

Jori stieß den völlig erstarrten Paul an und formte mit den Lippen überdeutlich das Wort »O-N-A-N-I-E«, für den Fall, dass der Freund den Zweck des Gürtels nicht erkannt hatte.

Charcot fuhr fort, ohne auf die entblößte Bandage zu achten. Sie war nichts Besonderes, statistisch gesehen trug jede dritte Kranke eine. Doch mit dem aufgewühlten Paul an seiner Seite fiel es Jori zunehmend schwer, sich auf Charcots Worte zu konzentrieren. Er betrachtete den Freund von der Seite und ahnte das Schlimmste.

Charcot tat einen Schritt auf Anastasia zu und griff nach ihrem überstreckten Arm, der wie ein dünner weißer Ast aus dem Bett herausragte. Er beugte sich zu ihr hinunter, um ihr etwas zuzuflüstern und den hysterischen Anfall aufzulösen. Anastasia stieß einige grunzende Laute aus. Ein Speichelfaden rann aus ihrem geöffneten Mund. Das Theater auf der Bühne ging in die Endphase, ohne dass Paul Notiz davon nahm.

»Was ist los?«, fragte Jori, doch Paul antwortete nicht. Sein Verhalten machte Jori nervös. Er spürte, wie Paul unruhig auf seinem Stuhl herumrutschte, er konnte seine Anspannung fühlen, seinen Wunsch, aufzustehen und den Raum zu verlassen. Tu's nicht, dachte er, warte bis zum Ende der Vorstellung!

Die nach hinten gekämmten Haare klebten Charcot nass am Kopf, als er sich zum Publikum umdrehte. Hinter ihm lag Anastasia schlaff auf der Matratze, die Augen geschlossen, die Onanie-Bandage noch immer entblößt, ein leuchtend gelber Fleck im weißen Bett, fast wie ein Spiegelei.

Jori nahm eine Bewegung an seiner linken Seite wahr und krallte die Finger im gleichen Moment in Pauls Schulter, als dieser im Begriff war aufzustehen. Es polterte laut, als der unerwartete Widerstand ihn auf den Stuhl zurückwarf. Es kam zu einem kurzen Gerangel, in dem Paul Joris Hand abschütteln wollte.

»Was ist denn los, verdammt?«, zischte Jori, flehentlich diesmal, und warf einen ängstlichen Blick zu Charcot herüber, der die Unruhe mit einem unheilvollen Stirnrunzeln bedachte. In seiner Vorstellung wurde nicht gerauft. Es wurde still gesessen und zugehört! Jori fing Pauls Blick ein. Er war ebenso wässrig wie seine Stimme.

»Pauline«, sagte er nur, und augenblicklich riss Jori die Hände hoch, um ihn am Weiterreden zu hindern. An einem Ort wie diesem von Pauline zu sprechen, sie mit irgendwem aus dieser Klinik zu vergleichen und am allermeisten mit den simulierenden Hysterikerinnen, war nicht richtig, war verräterisch! Doch er konnte nicht rückgängig machen, was ausgesprochen war, und als Paul die Hände des Freundes verärgert abwehrte, legte sich eine Schwärze in Joris Nacken, die er lange Zeit verdrängt hatte.

Der Wirsing auf ihren Tellern war kalt, als Paul seinen Bericht beendet hatte. Er hatte Jori alles erzählt. Davon, was nach Joris Abreise mit Pauline geschehen war. Von der Klinik, den Anschuldigungen und der bevorstehenden Operation.

Jori stützte die Ellbogen auf den Tisch und strich sich mit der rechten Hand über die Schläfen, die Stirn entlang, durch das wirre Haar. Die Schwärze war noch immer da und machte ihn schwindelig. Er hatte das Gefühl, die Stuhlbeine müssten unter ihm nachgeben. Er verstand nicht, wie die Ärzte zu so etwas fähig waren. Immerhin ging es um Pauline.

»Wann ist die Operation?« Jori hatte Mühe, die Worte zwischen den Zähnen hervorzupressen. Mit der linken Hand hielt er sich an seiner Gabel fest. Paul schüttelte den Kopf.

»Sie wollten sie eigentlich schon längst operiert haben. Ich habe es bislang aufschieben können, aber das war, bevor Vater unterschrieben hat.« Er fuhr mit der Handfläche über die Tischdecke, als wolle er ihre weiße Unschuld von Krümeln befreien.

»Er hat was?«

Mme Villon trat ins Speisezimmer, und Jori verstummte. Sie blickte auf die kaum angerührten Teller und schnalzte verärgert mit der Zunge, sagte aber nichts, sondern begann mit betonter Langsamkeit, den Tisch abzuräumen. Paul starrte verlegen auf seine Hände, während Jori aus den Augenwinkeln das Gesicht der Alten betrachtete. Er meinte, eine auffällige Delle in ihrer stets perfekten Frisur zu erkennen. Auf der rechten Seite des Kopfes waren die grauen Haare ein wenig eingedrückt, dort, wo sie das Ohr an die Tür gelegt haben musste.

Jori wohnte seit zwei Jahren bei Mme Villon in Pension. Für Zimmer, Frühstück, Abendessen, Badbenutzung und eine Wäsche pro Woche opferte er ihr monatlich zwei Drittel seines Studentengeldes sowie seine Privatsphäre. Denn Neugierde war wohl der einzig nennenswerte Charakterzug seiner Gastmutter. Mme Villon war über 60 Jahre alt und klammerte sich an das Leben anderer Leute, als sei es ihr eigenes. Jahrzehntelang war sie den Geschichten der Nachbarn hinterhergerannt. Und erst als die Knie das Rennen nicht mehr so gut mitmachten, hatte sie entschieden, sich die Geschichten ins Haus zu holen. Im Frühjahr 1882 hatte sie das ehemalige Wohnzimmer in ein Speisezimmer umbauen lassen und das ehemalige Speisezimmer in ein Fremdenzimmer, weil dieses näher an ihrem eigenen dünnwandigen Schlafzimmer lag. Auch einen zweiten Sessel hatte sie im Wohnzimmer aufstellen lassen, direkt neben ihrem eigenen, damit ihr

Gast es beim Erzählen gemütlich hatte, ohne die Zierkissen auf dem Sofa platt sitzen zu müssen. Wie hätte Mme Villon auch ahnen können, dass ihr ersehnter Gast ausgerechnet Jori sein würde, der in der Welt der Neuigkeiten bestenfalls einen Zweizeiler abgab. Seit er bei ihr wohnte, hatte sie nicht mehr über ihn erfahren, als dass er ein angehender Arzt war, fast noch Student, dass er aus der Schweiz kam und keine Erbsen mochte.

Am Anfang hatte sie noch versucht, Jori zu löchern, erst höflich, dann immer hartnäckiger, wie ein Vogel, der seinen Schnabel in ein Schneckenhaus sticht, um das Innere daraus hervorzupulen. Aber Jori war ebenso hartnäckig wie Mme Villon. Er hatte sich zurückgezogen, tiefer als ihr Schnabel reichte. Welch ein Glück war es deshalb für die alte Dame, heute Abend einen zweiten Mann in ihrem Haus zu beherbergen, ausnahmsweise, wie sie betonte. Jori wurde somit quasi zu einem Gespräch gezwungen – zudem über Dinge, die von äußerster Brisanz zu sein schienen. Viel konnte Mme Villon zwar nicht verstehen, denn ihre beiden jungen Gäste sprachen in einer fremden, kehligen Sprache miteinander, aber Begriffe wie Masturbation und Sterilisation unterschieden sich nicht allzu sehr von den französischen Varianten. Es war ein gefundenes Fressen für den grauen Vogel, *escargot à la crème*.

Missmutig beobachtete Jori, wie sich Mme Villon zurückzog, mit dem Geschirrstapel und einer Ruhe, als hoffe sie, die Männer könnten irgendwann einfach vergessen, dass sie noch im Raum war, wenn sie sich nur langsam genug bewegte. Er wartete auf das Klicken der Tür, doch es blieb aus. Mme Villon hatte sich verbesserte Lauschkonditionen geschaffen.

»Was hat er unterschrieben?« Jori senkte die Stimme, aber länger warten konnte er nicht, Gastmutter hin oder her. Paul saß zerschlagen auf seinem Stuhl.

»Sie haben gesagt, man könne Pauline nicht länger in der Klinik ein und aus gehen lassen. In ihrer jetzigen Verfassung sei sie eine Gefährdung für ihre Umwelt und für sich selbst.

Du müsstest sie sehen, Jori, ihr Zustand hat sich wirklich verschlechtert.« Es klang wie eine Entschuldigung, und Joris Mund wurde trocken.

»Was habt ihr unterschrieben, Paul?« Er hörte seine Stimme, schriller als gewohnt, und richtete sich auf seinem Stuhl auf, während Paul immer mehr in sich zusammensank.

»Ich habe überhaupt nichts unterschrieben! Ich habe es Vater gesagt: ›Du verkaufst sie‹, habe ich gesagt, ›du verkaufst deine Tochter an die Klinik.‹ Aber wir sollten versuchen, ihn zu verstehen, Jori. Wir haben so viel ausprobiert, meine Eltern, wir alle ... und die Ärzte haben gesagt, es besteht wirklich Hoffnung diesmal ...«

»Paul!«

Paul schloss die Augen, als würde das etwas nutzen. Als könnte er sich hinter seinen Lidern vor dem verstecken, was er nun aussprach.

»Es war eine Einverständniserklärung. Wir übergeben Pauline in die Hände der Ärzte und vertrauen darauf, dass sie das Richtige mit ihr tun, um vielleicht endlich eine Heilung herbeizuführen.«

Jori vermochte nicht zu antworten. Das Blut pochte ihm in den Ohren. Das Richtige mit ihr tun, dachte er, das Richtige mit ihr tun.

»Sie haben gute Erfahrungen mit dieser Operation gemacht. Im letzten Jahr haben sie zig Frauen auf diese Weise behandelt, und bestimmt zwei Drittel davon konnten entlassen werden, ich habe es in den Akten gesehen. Die Onanie ist nicht nur eine Ausprägung der Geisteskrankheit, sondern verstärkt sie auch. Die Klitoridektomie ist die einzige Möglichkeit, diesen Teufelskreis zu durchbrechen.«

»Das ist doch Unsinn! Da gibt es noch einen Haufen anderer Möglichkeiten!«

»Ach ja? Welche würdest du denn vorschlagen? Soll sie lieber ihr Leben lang Handfesseln tragen?«

»Jetzt tu bitte nicht so, Paul. Du kennst die Methoden. Keuschheitsgürtel, spezielle Unterhosen und so weiter.«

»Das haben wir alles schon durch. Es gibt so Korken, die sie am Burghölzli verwenden. Man setzt sie den Frauen unten ein, und dann…«

»Korken?«

Vor der Tür wurde etwas Schweres abgestellt, dann klapperte Geschirr. Mme Villon hatte sich entschieden, im Flur zu spülen.

»So Apparaturen aus Kork. Ein bisschen wie Weinkorken«, sagte Paul, und Jori blickte unwillkürlich zu der Flasche, die unangerührt zwischen ihnen auf dem Tisch stand. Ihm wurde schlecht bei dem Gedanken.

»Es wird doch wohl trotzdem noch eine andere Möglichkeit geben, als ihr gleich die ganze Klitoris wegzuschneiden!« Er hörte das Poltern eines Glases, das im Flur zu Boden fiel und gegen die Tür rollte, ohne zu zerspringen. Klitoris, dachte er, das hatte sie sicher verstanden, *clitoris à la crème* für den grauen Vogel. Doch sei's drum, es war ihm egal. Man hatte Pauline in die Hände von ein paar Provinzärzten am Burghölzli gegeben, und niemand hatte ihm auch nur Bescheid gesagt!

»Die Alternative wäre, Pauline nie wieder nach Hause zu holen, sie wollten eine Dauerinternierung erzwingen.«

Jori dachte an Pauline. An ihre bleulerblauen Augen. An ihr Lächeln und das lilafarbene Adergeflecht, das sich über ihren Hals zog wie Marmorspuren. Er wollte nicht, dass sie unter einem fremden Messer landete. Auf dem Tisch eines Mannes, der sein Werk möglicherweise unter Viehärzten gelernt hatte. Die Schweiz erschien Jori plötzlich rückständig, altertümlich. Seine früher so behütete Heimat war zu einem gefährlichen Ort für Pauline geworden.

»Jori, sieh mal, wenn die Ärzte recht haben und Paulines Geisteszustand tatsächlich auf die Onanistische Psychose zurückzuführen ist…«

»Wer sagt, dass sie auf die Onanistische Psychose zurückzuführen ist? Hat sich jemals ein wirklicher Experte mit Pauline beschäftigt?«

»Ein Experte wie Charcot, meinst du?« Der Spott in Pauls Stimme war nicht zu überhören, und Jori war sich plötzlich nicht mehr sicher, auf wessen Seite sein Freund eigentlich stand.

»Ich meine es ernst, Paul. Die Ärzte am Burghölzli müssen eine Fehldiagnose gestellt haben! Wir müssen eine zweite Meinung einholen. Pauline ist doch nicht – irre!« Jori wurde von Sekunde zu Sekunde verzweifelter, Paul dagegen saß nun wieder gefasster auf dem Stuhl, den Rücken kerzengerade aufgerichtet.

»Jori«, sagte er, und er sagte es wie eine Mutter, die ihren Sohn zur Vernunft bringen will, die Vokale gedehnt und mit beruhigender Stimme, fast ein wenig tadelnd. Doch das machte Jori nur noch wütender. Immerhin ging es hier um Pauline! Paul hat seinen Frieden mit dieser Sache gemacht, dachte er, jetzt, wo er es mir erzählt hat, hat er seinen Frieden mit der Sache gemacht!

»Du willst, dass sie diese Operation durchführen!« Jori hoffte inständig, dass er dem Freund damit unrecht tat.

»Sei nicht albern, Jori. Ich war am Anfang genauso schockiert wie du. Aber wenn es ihr denn hilft… warum sollten wir uns weiter dagegenstellen? Und dadurch eventuell ihre Genesung vereiteln? Ich habe wirklich viel recherchiert und bislang nur positive Berichte über die Folgen dieser Operation…«

»Positive Berichte?«, rief Jori. »Hast du die Frauen auch mal gesehen, von denen du sprichst? Hast du gesehen, wie sie aussehen, wenn ihnen die Klitoris weggeschnitten wurde? Von wem stammen diese Berichte? Von den Patientinnen oder deinen Provinzärzten?«

Pauls Augen wurden schmal.

»Vorsicht, Jori, du kommst auch aus dieser *Provinz*, vergiss das nicht. Und es sind nicht meine Ärzte, also tu nicht so, als hätte ich mir die Situation so gewünscht. Ich bin lediglich für eine saubere…«

»Ich frage dich, ob du sie gesehen hast?« Jori knallte die Hände auf den Tisch. Seine Stimme überschlug sich, sie war das Schreien nicht gewohnt. Vor der Tür war das Geschirrgeklapper verstummt. Vielleicht lag das Glas noch immer vor dem Türspalt. Paul zwinkerte nervös mit den Augen.

»Ich habe die einzelnen Schritte in einem Medizinbuch …«

»In einem Medizinbuch!« Jori lachte bitter, und es fiel ihm mit einem Mal auf, was für Welten mittlerweile zwischen ihm und seinem besten Freund lagen, drei Jahre, nur drei Jahre, aber sie hatten so viel verändert, hatten ihn, Jori, verändert, während der Freund in der behüteten Schweiz eine behütete Assistenzstelle bei Dr. Schärer innehatte, wo eine Lungenentzündung wohl das Aufregendste war, was er je zu Gesicht bekommen hatte.

»Komm mit.« Jori stand von seinem Stuhl auf und ging zur Tür, ohne sich noch einmal umzudrehen. »Ich will dir etwas zeigen.«

Die Klinik lag wie ein düsteres Schloss Versailles zwischen den Schornsteinen und Industriegebäuden, die hier das Stadtbild prägten. Es war dunkel, aber nicht still, denn es war niemals still in der Salpêtrière. Die Geräusche waren nachts lediglich von anderer Art als am Tag, wenn der Betrieb einem Zoo glich, einem einzigen Durcheinander aus exotischem Schreien, Brüllen und Fiepen, Wimmern und Klagen. Nachts dagegen waren die Laute hohler. Sie versumpften mehrheitlich in den Böden und Wänden der Gebäude. Und nur vereinzelt klangen helle Klagen bis zum Boulevard de l'Hôpital, wie Gasblasen, die im Geräuschmorast aufstiegen und an der Oberfläche zerplatzten.

Nachts war nur der Haupteingang der Klinik geöffnet, und sie mussten das gesamte Gelände überqueren, um dorthin zu gelangen, wo die unheilbaren Fälle untergebracht waren. Aus dem Schlafsaal auf der Westseite kam einer von Charcots Studenten, Jori erinnerte sich, dass sein Nachname Gomet war. Er hatte einen räudigen Gesichtsausdruck, die Haare waren wirr, die Schnüre seiner offenen Stoffhose baumelten lose gegen die Beine. Nur kurz blieb er stehen und sah Jori und Paul überrascht an, dann schlug er bußbereit die Augen nieder und drückte sich an ihnen vorbei, plötzlich gehetzt, in Richtung Ausgang. Aus dem Innenraum des Schlafsaals hörte man leises Wimmern. Jori war froh, nicht früher gekommen zu sein.

Auf dem gesamten Weg zur Salpêtrière hatten er und Paul kein Wort miteinander gewechselt. Jori fühlte sich so machtlos, so hilflos angesichts dieser Situation, er hier in Paris und Pauline in Zürich. Pauls Vater hatte das Dokument bereits unterschrieben. Was, wenn sie morgen schon operiert würde? Die Hitze in Joris Nacken reichte bis zum Rand seines Schädels.

Wo der Mond einen Spalt zwischen den schweren Vorhängen fand, tauchte er die Metallbetten in blank poliertes Silberlicht. Ansonsten war es dunkel im Schlafsaal. Ein Zustand ewiger Dämmerung. Die Vorhänge blieben auch am Tag geschlossen, um den Patienten so viel Ruhe wie möglich zu gönnen. So viel Ruhe, wie sie eben bekamen, bei ungeplanten Zwischenvisiten wie dieser.

Ein wenig brüsker als beabsichtigt zog Jori die Decke von der jungen Mathilde, die sofort erwachte und aufschrie. Jori murmelte eine leise Entschuldigung, dann packte er ihre Beine und drängte sie auseinander. Mathilde zappelte und schrie, doch Jori war kräftiger, er drückte ihre gespreizten Schenkel auf die Matratze, ihr Nachthemd schob sich dabei von selbst nach oben. Er machte eine nickende Kopfbewegung in Pauls Richtung, der zögernd herantrat und die Gaslampe hob. Das Licht begann zu zittern, als es auf Mathildes entblößten Unterleib fiel.

Jori konnte Pauls Gesicht hinter der Lampe nicht sehen, aber er hörte ihn ausatmen, ein Keuchen, dann Stille von seiner Seite. Mathildes Geschrei wich einem leisen Weinen. Die Laken der

Nachbarbetten leuchteten weiß zu den beiden Männern herüber, eine lange Reihe, beide Wände entlang. Die Patientinnen waren stumm und verängstigt, die Decken bis zum Kinn hochgezogen, doch Jori meinte, das Glänzen einiger Augenpaare zu erkennen, die zu ihnen hinübersahen. Der doppelte Besuch, erst von Gomet und dann von Paul und Jori, hatte die 24 Patientinnen endgültig verschreckt. Sie hatten nicht mehr alle Sinne beisammen, doch sie begriffen wohl alle, dass es besser war, sich tot zu stellen, als die Nächste zu sein.

Mit einem Mal fühlte Jori sich erschöpft. Er ließ von Mathildes Beinen ab. Und als hätte er ein gestrafftes Gummiband losgelassen, zog sie sich zusammen, die Knie an die Brust, Fötusstellung, halbnackter Leib auf nackter Matratze, sie zitterte. Als Jori zu ihr trat und das Nachthemd wieder an Ort und Stelle rückte, zuckte sie unter seiner Berührung zusammen. Jori breitete die Decke über ihr aus. Eine Zeit lang blieb es still zwischen den Männern und im Schlafsaal, wo die Frauen die Luft anhielten. Dann sagte Paul: »So also.« Mehr sagte er nicht. Die Lampe baumelte vergessen an seinem hängenden Arm. Sie beleuchtete den Boden und ihre Schuhe. Paul wich Joris Blick aus, er starrte auf den Lichtkegel, der zwischen ihnen hin und her schwang, obwohl sich Pauls Körper gar nicht zu bewegen schien. Schließlich räusperte er sich und fragte, ob sie dann gehen könnten. Sie konnten.

Draußen hatte sich der Nachthimmel wieder zugezogen. Jori führte Paul durch die Bindfäden aus Regen hinüber zur Bibliothek der Klinik, wo er nachts manchmal arbeitete, wenn Mme Dupuis ihn ließ. Doch natürlich war die Bibliothekarin um diese Zeit schon gegangen, und Jori rüttelte vergeblich an der Eingangstür. Nur die Salle de Garde, der Versammlungsraum für die Studenten auf der anderen Seite des Gebäudes, war unverschlossen.

Der Raum war dunkel und wenig einladend, mehr ein Schuppen als ein Zimmer. Die Luft war abgestanden und roch nach einer üblen Mischung aus Schmutz, Tabak und Alkohol. Hygienisch war dieser Raum kaum an den Standard der Klinik angepasst. Doch es war der einzige Ort in der Salpêtrière, der allein den Studenten gehörte. Deshalb war er allgemein beliebt – und deshalb sah es hier auch aus wie auf einem Schlachtfeld. Schmutziges Geschirr stand herum, und Abfall lag auf dem Boden. Es gab viele zusammengewürfelte Stühle und einen einfachen großen Tisch, der verklebt war mit glasbodengroßen Weinrändern und alten Essensresten. Paul blieb irritiert am Türabsatz stehen, als er die Zeichnungen sah, die an der rechten Wand neben dem Eingang hingen. Es waren Bilder von Frauen in eindeutigen Posen. Bilder, die nicht aus wissenschaftlichem Interesse entstanden waren. Auf einer der Darstellungen war allein ein Unterleib abgebildet, durch zwei weit gespreizte Beine entblößt. Davor stand, mit einigen weniger exakten Strichen skizziert, eine Fotokamera auf einem Stativ. Der Fotograf hinter der Kamera hatte sich ganz unter dem Tuch seines Apparats verkrochen. Wahrscheinlich sollte er Monsieur Londe darstellen, den neuen Chef von Charcots Fotolabor.

In Frankreich hatte jedes Hospital eine Salle de Garde, und alle waren ähnlich perfide dekoriert. Es gab fast eine Art Wettstreit unter den Studenten der verschiedenen Einrichtungen, und wie in den meisten Dingen hielt die Salpêtrière auch hier den Rekord.

Paul sah aus, als wolle er etwas sagen. Am Ende aber setzte er sich an den Tisch, ohne ein Wort über die zweifelhaften Bilder zu verlieren. Es war schon genug Nacktheit für einen Tag gewesen.

Sie saßen ganz am Ende des Tischs, Jori auf der einen, Paul auf der anderen Seite, und starrten stumm in die Gaslampe, die Paul in die Mitte gestellt hatte. Joris Gedanken waren flatterhaft und zittrig wie die Flamme selbst. Der Regen prasselte gegen die Fensterscheibe, die mit einem Fetzen Stoff verhangen war. Paul war der Erste, der wieder zu sprechen begann.

»Du bist aber auch nicht unschuldig«, sagte er, und es klang wie das Fazit eines Streits, bei dem Jori nicht dabei gewesen war. »Hättest du Pauline damals nicht ... also, wärst du nicht mit ihr zusammen gewesen, hätte sie doch gar nicht angefangen mit dieser Perversion!«

»Willst du behaupten, ich hätte sie zur Onanie getrieben?« Ausgesprochen klang die Anschuldigung noch viel lächerlicher, lachhaft fast, und noch dazu in dieser Umgebung und mit diesen Bildern an den Wänden. Es war grotesk. Doch Paul blickte Jori ernst an. Er meinte tatsächlich, was er da sagte.

»Du wusstest, dass sie keinen Besuch empfangen durfte, Jori. Warum bist du trotzdem zu ihr gegangen?«

»Was soll das heißen? Warum bist du denn zu ihr gegangen?«

»Sie ist meine Schwester.«

»Und ich bin – ein Freund.«

»Du hättest sie sehen sollen, als ... Aber das hast du ja nicht. Du warst schon auf dem Weg nach Paris. Sehr einfach hast du es dir gemacht. Doch Pauline war noch immer da, Jori, in der Klinik, und sie haben sie bestraft. Kalte Bäder, körperliche Züchtigung, Zwangsjacke, Essigeinreibungen, das volle Programm, du wirst dich damit auskennen. Und dann diese Anschuldigung: Onanistische Psychose. Weißt du, was es für einen Eindruck macht, mit einer Schwester im Park spazieren zu gehen, deren Hände noch weiß sind vom Gips, den sie ihr nachts angelegt haben? Die bei jedem Schritt leise klingelt, weil die Schlösser gegen ihren Züchtigkeitsgürtel schlagen? Sie sagen, diese Gürtel seien so geschnitten, dass man sie unter den Kleidern nicht sieht, aber das funktioniert nicht. Jeder, wirklich jeder, konnte sehen, was sie tat!« Paul klang nicht verzweifelt, nur sehr verbittert, er sprach die Worte aus, als wäre er sie im Kopf bereits zigmal durchgegangen, als hätte ihm einfach drei Jahre lang der Adressat gefehlt, an den sie zu richten waren. Jori saß auf seinem Stuhl und schwieg.

»Es ging ihr immer schlechter. Jedes Mal, wenn sie selbst

Hand an sich gelegt hat, ist sie ein bisschen blöder im Kopf geworden, immer verwirrter. Die Masturbation hat sie kaputt gemacht. Und dann kommen die Ärzte und sagen: Sie kann vielleicht geheilt werden, es besteht Aussicht auf Besserung, ein kleiner Schnitt, und ...«

»Vier«, unterbrach Jori ihn.

»Was?«

»Es sind vier Schnitte.«

Diesmal war es Paul, dem es die Sprache verschlug.

»Willst du jetzt wirklich mit mir über Einzelheiten der Operation streiten? Was wirfst du mir eigentlich vor? Du bist es doch, der einfach abgehauen ist und uns mit der ganzen Sache alleingelassen hat. Es hat dich doch offenbar die letzten Jahre auch nicht interessiert ...«

»Ich habe immer geschrieben!«

»Geschrieben!« Paul schüttelte den Kopf. »Na blendend, was für eine große Hilfe du bist.«

»Es gibt einen Grund, warum ich nach Paris gegangen bin, Paul.« Jori presste die Worte zwischen den Zähnen hervor. »Glaub nicht, dass es einfach war. Meinst du vielleicht, ich sitze hier nur untätig herum?«

Paul sah ihn lange an, bevor er antwortete.

»Um ehrlich zu sein, ich weiß es nicht. Was ich sehe, ist, dass du dem großen Charcot die Füße küsst wie alle hier. Du hast seit drei Jahren dein Medizindiplom in der Tasche und hast immer noch keine Doktorarbeit angefangen. Sag mir bitte, wenn ich da irgendeine Großartigkeit übersehe.«

Da war er wieder, Pauls überheblicher Tonfall, jede Silbe einzeln platziert, die Wörter wie Dominosteine, präzise abgezählt und aufgereiht.

»Ich bin hier, um eine Heilung für Pauline zu finden«, entgegnete Jori, doch seine Stimme klang schwach, und natürlich wusste er, dass für Paul alles ganz anders aussehen musste: Jori hatte sich aus der Verantwortung gestohlen und in der Pariser

Salpêtrière verkrochen, wo er seit Jahren im Dunkeln stocherte. Dabei hatte alles so gut angefangen. Sie hatten so großartige Pläne gehabt damals, Dr. Luys und er, auch wenn es am Ende nicht so funktioniert hatte, wie sie wollten. Jori konnte es wieder schaffen, mit einer anderen Idee. Man brauchte nur Zeit, um eine zu finden. Er klappte den Mund auf, klappte ihn wieder zu, es zerriss ihn fast, dass er in dieser Sache nicht offen mit seinem Freund sprechen durfte. Doch die Experimente mit Dr. Luys waren nicht für die Öffentlichkeit bestimmt.

Paul stand vom Tisch auf und zuckte die Schultern, nicht gleichgültig, eher resigniert. Kurz sah es so aus, als wolle auch er noch etwas sagen, dann aber starrte er nur auf die Krümel vor sich auf dem Tisch und wandte sich ab.

»Paul, bitte, ich verspreche dir, ich kann Pauline helfen, irgendwann werde ich eine Lösung für sie finden, aber du musst diese Operation verhindern!«

Paul sah auf Jori hinunter und schüttelte enttäuscht den Kopf.

»Du belügst dich doch selbst, Jori. Und wenn du morgen die Wundermethode zur Heilung aller Krankheiten finden würdest, glaubst du im Ernst, sie würden dich Pauline überhaupt behandeln lassen? Du bist viel zu jung und unerfahren!«

»Bitte, Paul! Sag deinem Vater, er soll noch mal mit den Ärzten sprechen. Es gibt andere Möglichkeiten!« Jori sprang nun auch vom Tisch auf. In der Stille des muffigen Raums klang seine Stimme zu laut.

»Vielleicht kommst du mit mir nach Zürich und sagst es ihm selbst«, entgegnete Paul und setzte damit das letzte Dominosteinchen in der langen Kette aus Vorwürfen, präzise platziert, kurz angestoßen: Du hast mich alleingelassen. Du hast dich nicht um Pauline gekümmert. Du bist schuld an ihrer Krankheit. Jori sah die Anschuldigungen auf sich zurattern, tack-tack-tack. Du hast keine Lösung gefunden. Du hast es nicht geschafft, deinen Doktortitel zu machen. Und nun bist du zu feige, ohne ihn in die Schweiz zurückzukehren.

Jori sah zu, wie Paul die Tür aufstieß. Frische Nachtluft schwappte mit einer Dringlichkeit in den Raum, als wüsste sie, dass sie später keine Gelegenheit mehr dazu haben würde. Jori zog den Mantel um sich. Wie konnte Paul einfach gehen, jetzt, wo alles zusammenbrach? Paul, der Fels, auf den Jori sein Medizindiplom gebaut hatte, Paul, sein bester Freund. Es musste eine Lösung geben, für Jori und Paul und Pauline, es gab für jedes Problem eine Lösung, für jede Krankheit eine Behandlung.

Die Tür fiel zu. Der Ort war mit einem Mal noch unerträglicher als zuvor. Jori hätte Paul nicht herbringen sollen, das erkannte er jetzt. Auch das hier war kein Ort, an dem man über Pauline sprach. Nicht mit diesen Bildern an den Wänden. Unschlüssig stand er inmitten des Chaos, mit hängenden Armen und hängendem Kopf, nur den Rücken hielt er aufrecht, die Wirbelsäule gerade und wie mit dem Lot gefällt. Als sei sie das Einzige, was seinen Körper jetzt noch vor dem Zusammenklappen bewahren konnte. Einer der Kommentare, die Paul ihm an den Kopf geworfen hatte, hatte Jori am tiefsten getroffen, und das musste wohl bedeuten, dass er wahr war: Es reichte nicht aus, die Vorlesungen zu besuchen und vielleicht durch Zufall auf eine Behandlungsmethode für Pauline zu stoßen. Jori musste auch seinen Doktortitel machen, damit man ihn überhaupt ernst nahm. Er brauchte diesen Titel, wenn er Pauline jemals helfen wollte.

Als Jori nach dem Streit in der Bibliothek nach Hause kam, stand Mme Villon mit Nachthäubchen in der Schlafzimmertür und verengte ihre müden Augen zu vorwurfsvollen Schlitzen. Bis ein Uhr hatte sie wach gelegen und auf die Rückkehr ihrer jungen Gäste gewartet. Und als dieser bärtige Mann allein zurückgekommen war, um wortlos seinen Koffer zu holen, hatte ihr Kopf einen wahren Erzählband darüber ersponnen, was sich zwischen ihm und Jori abgespielt haben mochte. Sie hatte sie abwechselnd in Alkoholorgien gesehen, in leidenschaftlichen Kämpfen, im erbitterten Streit. Und mindestens neunmal war Jori, ihr Schützling, in diesen Geschichten gestorben. Doch stattdessen kam er zu dieser unchristlichen Stunde putzmunter zur Tür herein, mit geröteten Augen zwar, aber ansonsten unversehrt, noch nicht einmal betrunken war er. Mehr noch, er war sich keiner Schuld bewusst und tat ganz überrascht, dass sie, Mme Villon, überhaupt noch wach sei. Als würde es sie nicht interessieren, was er so trieb! Als wäre es nicht taktlos von ihm gewesen, in ihrem Haus in einer Fremdsprache zu reden, Wörter in den Raum zu werfen, von denen sie nur die Hälfte verstand, und dann einfach zu gehen, obwohl sie so viele Zugeständnisse gemacht hatte. Sogar einen zweiten Mann hatte sie in ihrem Haus beherbergen wollen, auf ihrem Sofa, weiß Gott, was da alles hätte passieren können!

»Das Zimmer muss der Monsieur aber trotzdem zahlen«, sagte sie, und weil Jori nur ergeben nickte, anstatt sich zu wehren, und Mme Villons einziger nennenswerter Charakterzug eben ihre Neugierde war, fügte sie hinzu: »Wo isser denn überhaupt hin, der Herr, so mitten in der Nacht, Sie scheinen ja ganz schön im Zwist mit ihm zu sein?«

Jori zog die Tür zu seinem Zimmer zu und antwortete nicht mehr.

Pauline hatte die Lippen so eng zusammengepresst, als sei zwischen Kinn und Nase nicht genügend Platz für sie. Sie waren blau wie der Zürichsee vor ihr, blau wie Paulines Augen und wie überhaupt das ganze Gesicht. Die Farbe zog sich von der Iris herunter, durch die Adern, die durch ihre Haut schimmerten, bis hin zu ihrem Mund. Ihr Mund war ein tiefer See.

»Ist dir kalt?«, fragte Jori, und obwohl sie den Kopf schüttelte, legte er den Arm um ihre Schultern. Ein Jackett hatte er nicht, das er ihr hätte geben können, denn es lag bereits unter ihr. Jori hatte es auf dem Rasen ausgebreitet, damit Pauline sich das Kleid nicht schmutzig machte. Keiner von ihnen hatte an eine Picknickdecke gedacht.

»Warum schaust du so?«, fragte er besorgt und dachte bei sich, dass er doch mehr ein schmales Flussdelta war, dieser Mund, als ein See. Die Ufer zu beiden Seiten waren so eng, dass sich dort keine Menschen ansiedeln konnten.

»Wie schaue ich denn«, sagte sie, und darauf wusste Jori auch keine Antwort. Pauline schaute, wie sie seit einigen Jahren immer schaute, wenn sie am See saßen oder sonst wo, traurig und versunken. Selbst der Anblick der Sonnenpunkte, die auf der Wasseroberfläche hüpften, konnte ihre Stimmung nicht heben, oder die Kinder, die etwas abseits im knietiefen Wasser standen und sich quietschend bespritzten, so wie auch Pauline und Jori es früher getan hatten. Früher, als Pauline schon von Weitem gelacht hatte, wenn sie Jori gesehen hatte. Als sie einfach ihr Kleid hochgerafft hatte und in den See gesprungen war, um Jori das kalte Wasser mit beiden Händen entgegenzuschaufeln, bis die Hose ihm an den Beinen geklebt hatte. Sie war immer schneller im Wasser gewesen als er, und er hatte sich gebückt, um sich zu revanchieren. Es war weniger ein gegenseitiges Bespritzen gewesen als ein gründliches Durchnässen, durch und durch, und das war das Ziel gewesen. Denn je nasser sie gewesen waren, desto länger hatten sie später Hand in Hand am Ufer liegen und gemeinsam trocknen können.

Ein Boot trieb vorbei mit eingezogenen Segeln. In der Ferne erhob sich das Panorama der Alpen. Es roch nach Gras und Seewasser und nach Paulines Seife. Das Gras war so warm, dass Jori fast Lust bekam, die Schuhe auszuziehen. Man hätte glücklich sein können.

Er sah zu einem Pärchen hinüber, das in wohlerwogener Entfernung auf einer karierten Decke saß. Es waren ein junger

Mann mit Hut und Sonntagsjacke und eine Frau, die ein Messer in der Hand hielt. Sie knieten einander gegenüber und warfen sich vielsagende Blicke zu, während das Messer in den weichen Rhabarberkuchen zwischen ihnen drang. Die Frau nahm zwei blank polierte Teller aus dem Picknickkorb und füllte ihnen auf. Es waren Portionen für Verliebte.

Joris Arm lag noch immer um Paulines Schulter, und er begann, mit dem Daumen kleine Kreise zu ziehen. Heimlich nur, damit die Spaziergänger es nicht merkten, und vielleicht auch Pauline nicht, vielleicht wäre das Jori lieber gewesen. Man wusste nie, wie sie reagierte.

Der Knochen von Paulines Schulter zeichnete sich deutlich unter dem Kleid ab, noch durch die Naht konnte Jori ihn spüren. Zerbrechlich war sie. Jori hätte sich gerne um sie gelegt wie eine Decke, um sie zu wärmen und zu beschützen. Er hätte sie gerne auch mit großen Stücken Rhabarberkuchens gefüttert. Wann hatte Pauline eigentlich angefangen, immer dünner zu werden?

»Liest du mir was vor«, sagte sie, ohne den Blick vom See abzuwenden. Drei Schwäne schwammen vorbei, zwei mit weißen Federn, die in der Sonne strahlten, als hätte man sie extra für diesen Auftritt gewaschen. Daneben trieb ein gräulicher, der jünger war als die anderen beiden. Pauline blickte ihnen so traurig nach, als müsse sie für immer Abschied von ihnen nehmen.

»Ich habe leider nichts zum Lesen dabei.«

»Du hast doch eine ganze Tasche voll.«

»Ja, schon.« Widerwillig löste Jori die Hand von Paulines Schulter, um nach seiner Studientasche zu greifen. Er brauchte sie nicht zu öffnen, um zu wissen, dass sie nichts enthielt, was für Pauline geeignet wäre, noch dazu an einem Mainachmittag wie diesem.

»Es ist nicht sehr interessant, fürchte ich.«

»Warum beschäftigst du dich dann jeden Tag damit?«

»Nein, ich meine, für dich ist es nicht interessant.«

Sie zuckte die Achseln, es war ihr egal. Sie wollte einfach etwas vorgelesen bekommen. Zögerlich ließ Jori die Metallschnallen aufschnappen. Die Tasche enthielt einen schmalen Ordner mit wissenschaftlichen Artikeln, einen Schreibblock und zwei Bücher, von denen eins unpassender war als das andere.

»Ich habe Wundts ›Physiologische Psychologie‹ dabei und Lotzes ›Medizinische Psychologie‹«, sagte er und musste seiner Stimme nicht einmal einen gelangweilten Ton geben, um die Lektüre trocken klingen zu lassen. Doch Pauline zuckte nur erneut die Schultern und sagte dann: »Wundt.«

Jori zog das Buch aus seiner Tasche und schlug es auf. Vielleicht wollte Pauline wirklich wissen, womit er seine Zeit verbrachte, immerhin waren sie schon seit Jahren fast so etwas wie ein Paar.

»Vorwort?«, fragte er, und als er keine Antwort erhielt, sagte er: »Vorwort also.« Er holte Luft.

»›Das Werk, das ich hiermit der Öffentlichkeit übergebe, versucht ein neues Gebiet der Wissenschaft abzugrenzen. Wohl bin ich mir bewusst, dass dieses Unternehmen vor allem dem Zweifel begegnen kann, ob jetzt schon die Zeit für dasselbe gekommen sei …‹« Er hielt inne. Es war vielleicht doch keine gute Idee gewesen, beim Vorwort anzufangen. Wer las schon das Vorwort eines medizinischen Fachbuchs. Paulines Augen waren noch immer auf den See gerichtet. Sie erhob keine Einwände oder blickte sich auch nur zu ihm um, als Jori sich mitten im Satz unterbrach. Vielleicht hörte sie überhaupt nicht zu. »›… stehen doch teilweise sogar die anatomisch-physiologischen Grundlagen der hier bearbeiteten Disziplin durchaus nicht sicher.‹«

Je weiter Jori mit dem Text fortfuhr, desto mehr verfiel seine Stimme in einen monotonen Singsang, der selbst ihn müde machte. Aus den Augenwinkeln schielte er hinüber zu dem Pärchen auf der karierten Decke, das die Teller beiseitegestellt hatte. Der des Mannes war leer bis auf ein paar Krümel, ihrer noch halbvoll, die Kuchengabel lag neben dem angebissenen

Stück. Der Mann war dabei, nach der Hand der Frau zu greifen, Jori konnte die Spannung zwischen ihnen spüren. Er hoffte nur, dass sie ihn nicht lesen hörten. »›Die mikroskopische Erforschung des Gehirnbaus fordert freilich ihren eigenen Mann, darum musste ich mich hier darauf beschrä…‹«

»Hast du nichts Selbstgeschriebenes?« Die Frage kam so plötzlich, dass Jori noch im Wort abbrach und Pauline erschrocken anblickte. Sie will ein Gedicht, schoss es ihm durch den Kopf. Jori schrieb keine Gedichte, er las nicht einmal welche. Doch wenn er vorher gewusst hätte, dass sie sich etwas Selbstgeschriebenes wünschte, hätte er sich auch daran versucht.

»Ihr arbeitet doch im Moment an diesem Buch, du und mein Bruder.«

»Ja.«

»Hast du es dabei?«

»Einen Teil, ja.«

»Dann lies, bitte.«

»Es ist aber noch lange nicht fertig.«

Zum ersten Mal drehte Pauline sich zu ihm um, und ein Lächeln erschien auf ihren blauen Lippen, so flüchtig und fragil wie ihre ganze Gestalt. Sie zog ihre Beine zu sich heran, breitete das Sommerkleid darüber, umarmte ihre Knie und bettete den Kopf darauf. Jori wünschte sich, sie würde ihn für immer so ansehen.

»Ich glaube nicht, dass Paul…«

»Ich frage nicht meinen Bruder, ich frage dich.« Sie lächelte weiter, und die Art und Weise, wie sie »dich« sagte, weichte jeden Widerstand auf. Intim klang es und liebevoll, und es erinnerte Jori daran, dass er doch etwas Besonderes für Pauline war. So sprach sie mit niemandem, außer mit ihm. Er griff nach dem Schreibblock, in den er den Entwurf für den zweiten Abschnitt lose hineingelegt hatte. Das Papier leuchtete so hell in der Sonne, dass es ihn blendete. Jori konnte die Sätze kaum lesen, zumal es nicht seine eigene Handschrift war. Karl Lehmann hatte das Kapitel entworfen und es Paul und Jori zur Durchsicht mitgegeben. Doch das brauchte Pauline nicht zu wissen. Jori, Paul und Karl arbeiteten zu dritt an der Publikation, also konnte man das Kapitel durchaus als Joris Arbeit ansehen. Pauline wünschte sich etwas Selbstgeschriebenes.

»›Benedikt verweist auf die Erblichkeit der Sekundärempfindungen als Beweis für ihre Zugehörigkeit zu den Psychosen. Auch uns war der Zusammenhang nach den ersten Beobachtungen aufgefallen und hatte uns veranlasst, gleich von Anfang an Rücksicht auf den psychischen Zustand der ausgefragten Familien zu nehmen. Von unseren 76 Belasteten kannten wir bei 36 die familiären Verhältnisse so genau, dass wir uns ein Urteil über ihren Geisteszustand erlauben durften: Zehn von ihnen haben psychopatische Anlagen im weitesten Sinne …‹«

Jori brach ab, noch bevor er den ersten Absatz beendete. Er hatte schon Wundts Publikation für ungeeignet gehalten. Doch das hier vorzulesen war ein großer Fehler. Der Text war die Erläuterung zum Bleuler'schen Stammbaum, den die Freunde im Anhang der Publikation einfügen wollten. Es ging um das Thema der Erblichkeit von Geisteskrankheiten und um ein Phänomen, das die Freunde »Sekundärempfindungen« getauft hatten und das die Fähigkeit beschrieb, Farben zu riechen oder Töne zu schmecken. Paul hatte diese Sekundärempfindungen ebenso wie Pauline. Der Umlaut »ü« beispielsweise war für Pauline schmutzig gelb, das »ä« dagegen dunkelbraun. Sie schmeckte Wörter und Buchstaben und ordnete ihnen teilweise einen Klang zu, wobei sie diese Eigenart mit dem Bruder teilte. Als Paul dem Professor im Chemiekurs einmal nicht erklären konnte, was »Ketone« waren, hatte er spontan geantwortet: »Die Ketone sind gelb, weil ein ›o‹ in ihnen steckt.«

So war die Idee entstanden, eine Studie zu dem Thema zu machen. Der Stammbaum darin sollte als Beweis dafür dienen, dass Sekundärempfindungen und Geisteskrankheiten sich zwar beide über das weibliche Geschlechtschromosom vererbten, aber nicht aneinandergekoppelt waren. Pauline diente als zentraler Beweis für diese These. Und obwohl niemand es aussprach, war Jori klar, dass Paul auch einen ganz persönlichen Zweck mit der Publikation verfolgte: Er wollte sich und allen anderen beweisen, dass seine Sekundärempfindungen nichts mit der Geisteskrankheit seiner Schwester zu tun hatten.

»Warum liest du nicht weiter?«

»Es ist unpassend.«

»Warum?«

Jori schlug den Schreibblock zu. Er wusste, dass Pauline bei all ihrer Trauer und Abwesenheit Momente hatte, in denen sie klar sah, in denen ihr Verstand hellwach war, und er fürchtete diese Momente. Er wollte nicht, dass sie begriff, was alle anderen längst glaubten zu wissen. Nämlich, dass Pauline und Jori keine gemeinsame Zukunft hätten. Dass sie niemals gesunde Kinder bekommen könnten. Es war der Grund, warum ihre Liebe von allen Seiten argwöhnisch beobachtet wurde. Er warf rasch einen Blick zu der Karodecke links von ihnen, doch die zwei Verliebten waren mit sich selbst beschäftigt.

Jori hätte etwas Schöneres mitnehmen müssen als diese Texte. Die Novellen von Gottfried Keller vielleicht.

»Ist das die Publikation, für die ihr mich befragt habt?« Paulines Stimme war noch immer sanft, doch Jori kannte sie gut genug, um zu wissen, dass sie etwas ahnte. Er biss sich auf die Unterlippe.

»Ja.«

»Lies mir die Stelle vor, an der ich vorkomme.«

»Die habe ich nicht dabei.«

»Ich glaube dir nicht.«

»Doch, Pauline, sie ist noch nicht einmal geschrieben.«

»Dann denk dir etwas aus. Du wirst doch über mich schreiben, nicht wahr?« Sie schlang die Arme noch fester um ihre Beine und sah ihn aufmerksam an. Ihre Vertrauensseligkeit irritierte Jori. In der Publikation war Pauline nur eine Nummer im Befragungskatalog, Nummer 75, und schon das war schwer genug. Unmöglich, ihr zu sagen, mit welcher Knappheit und Härte sie dort würde verzeichnet werden, wenn sie hier vor ihm im Gras saß: »(75) Weiblich, 26, sehr musikalisch, gebildet, mit Vokal- und Wortphotismen, geisteskrank, Schwester von (1).« Und mit »(1)« war Paul Eugen Bleuler gemeint.

Wenn Paul den Stammbaum richtig ausgearbeitet hatte, dann hatten er und Pauline die Veranlagung zur Sekundärempfindung von der Mutter geerbt. Die Veranlagung zur Psychose hingegen kam vom X-Chromosom des Vaters. Paul hatte Glück gehabt, denn als Junge hatte er nur das männliche Geschlechtschromosom vom Vater erben können, das unbelastete Y. Pauline dagegen hatte es zwangsläufig erwischt. Sie hatte das X-Chromosom der Mutter, auf dem die Sekundärempfindungen lagen, und das belastete X-Chromosom des Vaters. In der Schlussfolgerung hieß das, dass Paul ruhigen Gewissens eine Familie würde gründen können, während seine Schwester Gefahr lief, psychisch kranke Nachkommen zu produzieren – und zwar mit einer Wahrscheinlichkeit von 50 Prozent. Jori hatte nicht vor, Pauline diese Rechnung beizubringen.

»Anna Pauline Bleuler ist gebildet und sehr musikalisch. Mit ihren Künsten im Rechnen und Schreiben stellt sie selbst ihren Bruder Paul Eugen manchmal in den Schatten.« Jori hielt die Rückseite seines Schreibblocks mit einer Armlänge Abstand vor sich. Er hatte die Augenbrauen hochgezogen und tat, als lese er die Sätze ab. »Zudem ist sie äußerst schön. Das schönste Mädchen von ganz Zollikon, möchte man meinen. Und niemand würde das abstreiten.«

»Lass das! Das steht da nicht!« Pauline lachte wie jemand, der sich erst wieder daran erinnern musste, wie Lachen funktionierte. Sie schlug nach dem Block, den Jori vor ihr in Sicherheit brachte.

»Doch, doch, meine Liebe. Hier steht es. Schwarz auf weiß, ich kann es doch lesen!« Jori zog die Brauen noch höher, kniff die Augen zusammen und tat, als müsse er die Sätze entziffern. »Und die schönsten Kleider trägt sie immer, steht da, gefertigt aus feinster persischer Seide, geschneidert von hundert persischen Schneidern und hergebracht vom Kalifen Rudolfos Bleulerius persönlich.«

»Das Kleid hat mir mein Vater geschenkt!« Pauline lachte erneut, und diesmal klappte es besser. Sie griff nach dem Schreibblock, doch sie musste sich strecken und über Jori lehnen, um überhaupt an seinen Arm zu kommen. Ihr lachender Mund kam ihm dabei so nahe, dass er ihre Zähne vor sich aufblitzen sah. Sie waren gepflegt, doch auch sie schimmerten an der Wurzel bläulich, als würde sich die Farbe ihrer Lippen in ihnen spiegeln. Durchscheinend wirkten sie, und Jori stellte sich vor, dass diese Zähne zerbrechen müssten, wenn Pauline einmal versehentlich auf einen Kirschkern biss. Sie würden zerbrechen wie die feinen Porzellantassen, die sie in einem Anfall einmal im Hause Bleuler vom Kaffeetisch gefegt hatte. Jori ließ den Block sinken, ergriff Paulines Schultern und brachte seinen Mund an ihren. Er küsste ihr Lachen, er konnte einfach nicht anders, als es zu küssen, und sie erwiderte seinen Kuss erst überrascht und dann beinahe dringlich, fast so als bliebe ihr nicht viel Zeit. Ihre kalten Finger berührten seine Wangen, und er legte seine darauf, um sie festzuhalten. Dann schloss sie abrupt die Lippen. Jori merkte, wie ihr Körper sich versteifte. Sie schubste ihn von sich.

»Hör auf…«, stieß sie hervor, und als er ihr Gesicht sah, hatte sich ihre Miene völlig verändert. Unnahbar sah sie nun aus, das Flussdelta zwischen Kinn und Nase angewidert verzogen, als hätte es geregnet und das Wasser sei über die Ufer getreten. Sie verhielt sich, als hätte sie Jori nie zurückgeküsst, schlimmer noch, als sei Jori irgendein dahergelaufener Fremder. Er blickte beschämt zu Boden. Seine Hand griff nach einem Grashalm. Es war ihm peinlich, dass er sich von seinen Gefühlen hatte überwältigen lassen, doch noch schlimmer waren Paulines Abweisung und die Anwesenheit des Rhabarberkuchens. Jori spürte die Blicke des Pärchens auf seiner Wange und wagte nicht hinüberzusehen. Die Röte stieg ihm ins Gesicht.

»Pauline …«

»Fass mich nicht an!«

Jori hatte nicht vorgehabt, sie anzufassen, im Gegenteil. Am liebsten wäre er aufgesprungen und gegangen, doch Pauline saß noch immer auf seiner Jacke, und er würde sie später nach Hause bringen müssen. Pauline durfte nirgendwo alleingelassen werden. Was würden die Eltern denken.

»Es tut mir leid.«

Sie rückte von ihm fort und starrte wütend auf den See. Aus dem aufwendigen Flechtwerk auf ihrem Kopf hatte sich eine Strähne gelöst und hing ihr wild in die Augen. Jori wusste nicht, was er tun oder sagen sollte, um sie zu beruhigen.

»Ich hoffe, du verzeihst mir.«

»Ich weiß noch nicht.«

Sie schwiegen gemeinsam, Pauline aus Wut und Jori aus Überforderung. Er sah nun doch zu dem Pärchen auf der Decke hinüber und begegnete dem Blick der jungen Frau. Sie wurde rot und wandte sich schnell ab, um ein Gespräch mit ihrem Begleiter vorzutäuschen.

»Vielleicht ist es besser, wenn du mich vorläufig nicht mehr siehst«, sagte Pauline plötzlich.

»Bitte?«

»Ich möchte nicht mehr, dass du mich besuchen kommst, Johann Richard.«

Die Äußerung schmerzte mehr als eine Faust in den Magen. Jori wollte nicht, dass Pauline ihn von sich stieß, und er wollte nicht, dass sie ihn Johann Richard nannte. Niemand tat das, außer sein Vater. Sie ist krank, versuchte er sich zu beruhigen. Sie braucht Ruhe, sie weiß ja gar nicht, was sie da redet.

»Ich möchte dich aber nach wie vor gerne besuchen, Pauline. Immerhin sind wir …« Er wusste nicht, wie er den Satz beenden sollte. Er wusste nicht, was sie waren. Für Jori stand schon lange fest, dass er und Pauline zusammengehörten, auch wenn noch keiner von ihnen es ausgesprochen hatte.

»Ich bin gern mit dir zusammen«, sagte er schließlich und errötete noch mehr. Der Satz kam einem Liebesgeständnis näher als alles, was er bisher zu ihr gesagt hatte. Und sie reagierte auf die schlimmste Weise, die er sich überhaupt vorstellen konnte. Sie legte den Kopf in den Nacken und gackerte so laut, wie es nur eine Geisteskranke in aller Öffentlichkeit tun konnte.

»Du hast doch wohl nicht gedacht – du und ich?«

Jori hätte sich am liebsten im Kragen seines Hemds verkrochen. Er hatte Pauline den Satz auf einem blank polierten Teller dargeboten, wie die junge Frau vorhin ihren Rhabarberkuchen, und Pauline hatte schonungslos die Gabel hineingerammt.

»Jori, bitte, schau uns doch an. Wie sollte das wohl funktionieren?« Pauline lachte noch einmal, doch diesmal klang es verzweifelt. Sie blickte in die Luft und tippte mit den kleinen Fingern an den Augenwinkeln herum, als müsse sie Tränen fortwischen. Doch Jori konnte sehen, dass ihre Augen trocken waren und glasklar.

»Was meinst du?«, fragte er beleidigt.

»Ist das nicht offensichtlich?«

Und natürlich war es das.

»Ich weiß, es würde schwierig werden. Aber es macht mir nichts, dass du …« Jori machte eine hilflose Geste mit den Händen und suchte wiederum nach den richtigen Worten.

»Dass ich eine Frau bin und du ein Junge?«

»Wie? Nein, das habe ich nicht gemeint.«

»Was hast du dann gemeint?«

Pauline blickte ihn prüfend an, und nach einem Moment des Unverständnisses lag plötzlich wieder dieser Spott in ihren Augen.

»Dass ich irre bin, wolltest du sagen?«

»Schscht, bitte, Pauline.«

»Was denn, hast du Angst, dass die Leute es erfahren? Ich dachte, du wolltest ein Buch dazu herausgeben. Spätestens dann wissen es doch eh alle!« Sie drehte sich zu dem jungen Pärchen um, das Pauline und Jori offenbar genauso verstohlen beobachtete wie Jori sie, und rief ihnen zu: »Der Freund von meinem Bruder hier denkt nämlich, dass ich verrückt bin!«

Joris erster Impuls war es, Pauline den Mund zuzuhalten, doch stattdessen ging seine Hand hoch zu seinem eigenen Gesicht, das er vor Scham verdeckte. Er sah sich um und erblickte eine ältere Dame, die am Arm ihres Mannes stehen geblieben war und neugierig zu ihnen herüberblickte. Ein zweites Ehepaar gesellte sich zu den beiden, und am Seeufer hielten die Kinder in ihrem Spiel inne und sahen zu ihnen herauf. Auf der Decke nebenan saß das Rhabarberkuchenpärchen und wusste offenbar nicht, wie es reagieren sollte. Jori hob entschuldigend die Hand in eine unbestimmte Richtung und wagte es dann, sie Pauline vorsichtig auf die Schulter zu legen. Wie wild fuhr sie herum. Jetzt hatte sie Tränen in den Augen.

»Was denn? Das denkt ihr doch alle, oder? Du und Paul und Mama und Papa und diese Männer in der Klinik.«

»Wir wollen dir doch alle nur helfen.«

»Warum haben sie mich denn überhaupt entlassen, wenn ich nicht gesund bin?«

Jori schwieg. Man hatte Pauline entlassen, weil ihr Vater ein ebenso einflussreicher wie wohlhabender Mann in Zürich war und beides zu nutzen wusste. Doch das mochte er Pauline nicht sagen.

»Du bist gesund. Du hast eben nur diese Phasen, das ist alles. Sie wollen die Traurigkeit von dir nehmen.«

Die Tränen in Paulines Augen schwollen an, dazu hatte allein das Wort »Traurigkeit« gereicht. Pauline blickte wieder auf den See.

»Die Traurigkeit kann man mir nicht nehmen. Niemand kann das.«

»Ich würde es aber gern versuchen.«

»Und wie willst du das anstellen? Mit ein paar Fragebögen, die dir verraten sollen, dass ich geisteskrank bin und mein Bruder nicht? Oder mit Medikamenten vielleicht wie in der Klinik? Willst du werden wie die Männer dort und mich dann auch ans Bett binden und in eiskalte Wannen stecken?«

Jori schluckte und unterdrückte die Bilder, die in ihm hochdrängten. Er hätte gern geantwortet: Nein, ich werde dich glücklich machen, indem ich dich heirate. Doch er traute sich nicht. Die Klarheit, mit der Pauline die Situation analysiert hatte, erschreckte ihn.

»Wir werden schon einen Weg finden.«

Das Versprechen galt vor allem ihm selbst. Pauline war mit ihren Gedanken schon wieder weit weg. Jori wusste selbst nicht, woher er nach der Abfuhr den Mut nahm, wieder näher an sie heranzurücken, nur einige Zentimeter. Er fühlte sich zu dieser verwundbaren Pauline hingezogen. Die mit den messerscharfen Worten war vorläufig verschwunden, vielleicht untergehakt bei der alten Dame, die ihren Spaziergang hinter ihnen fortgesetzt hatte.

»Wirst du mich jemals dorthin mitnehmen?«

»Wohin?«

Joris Frage schien Pauline zu verwirren.

»An diesen Ort, an dem alles traurig ist.«

»Wie kommst du auf die Idee, dass es ein Ort ist?«

»Weil es so sein muss. Und ich glaube, der Ort ist irgendwo da.« Er klopfte Pauline sanft mit dem Zeigefinger auf den Kopf, mitten in ihre Flechtfrisur.

»Du bist wirklich ein kleiner Junge, Jori.« Sie verscheuchte seine Hand, als sei sie eine lästige Fliege, doch zumindest erschien ein kleines trauriges Lächeln auf ihrem Gesicht.

»So groß ist unser Altersunterschied auch nicht. Außerdem kann es doch gut sein. Es gibt Studien dazu, dass alles, was wir tun und fühlen, im Gehirn …«

»Und mit meinem Gehirn stimmt demnach etwas nicht?«

Jori zuckte die Schultern und antwortete nicht. Er wollte keinen weiteren Streit heraufbeschwören.

Pauline blickte ihn lange an und schien zu überlegen, ob er es ernst meinte. Dann wandte sie sich wieder ab. Sie zog die Knie zurück an ihre Brust und umarmte sich selbst. Es sah schön aus, wie ihre Haare in der Sonne schimmerten. Das junge Pärchen links saß nun näher zusammen, als hätte der Anblick des Streits zwischen Jori und Pauline sie in ihrer eigenen Zusammengehörigkeit noch bestärkt. Jori hielt nach dem Segelboot Ausschau, das zuvor an ihnen vorbeigetrieben war. Weit hinten auf der flimmernden Seeoberfläche glaubte er den Mast zu sehen.

»Bist du denn nie traurig?«, fragte Pauline schließlich.

»Doch, schon. Natürlich.«

»Und warum stecken sie dich dann nicht in eine Klinik?«

Später brachte Jori Pauline nach Hause, wie er es immer tat, und sie verabschiedeten sich so distanziert voneinander, wie die Etikette es von ihnen erwartete. Eine unsichtbare Hand öffnete von innen die Tür, und Pauline verschwand, nachdem sie sich noch ein letztes Mal zu ihm umgedreht hatte. Seit jenem Tag trug Jori immer ein schmales Heftchen mit Gedichten bei sich, wenn er Pauline traf. Sie waren selbst geschrieben. Doch sie hatte ihn nicht noch einmal gebeten, ihr etwas vorzulesen.

Lecoq erwachte mit Kopfschmerzen. Er brauchte die üblichen fünf Minuten, um sich davon zu überzeugen, dass er die Augen öffnen konnte, ohne zu erblinden, dann setzte er sich schwerfällig auf, um sich aus dem Bett zu wälzen und nach der Hose zu greifen, die über dem Stuhl hing. Er hatte sie im Suff ausgezogen, das rechte Hosenbein war noch auf links gekrempelt und hing über der Stuhllehne. In der Tasche fand er drei Centimes, das war nicht gerade üppig, erklärte aber die Sache mit seinem

Brummschädel. Wie viel hatte er getrunken? Und wie war er überhaupt nach Hause gekommen? Er konnte froh sein, dass man ihm nicht die Kehle durchgeschnitten hatte. Er fasste sich an den Hals, um diese Tatsache noch einmal zu überprüfen, und ärgerte sich über seine Unvernunft.

Vor dem Fenster lag die Straße friedlich da wie immer. Von dem Besucher von gestern war nichts zu sehen. Lecoq streckte sich und schmatzte. Sein Mund fühlte sich trocken an. Am Waschbecken in der Ecke des kleinen Zimmers füllte er ein Glas und trank einen Schluck. Das Wasser schmeckte nach Metall. Er goss sich den Rest der trüben Flüssigkeit über den Kopf.

Es dauerte lange, bis er die Habseligkeiten in seinem Zimmer zusammengepackt hatte. Es hatte sich zu viel angesammelt. Eine Tasche voll mit Kostümen. Die andere gefüllt mit den Zeitungsartikeln, die er aufbewahrt hatte, sein Kriminalarchiv, man konnte sich einfach so schlecht von den alten Gewohnheiten trennen. Den Koffer packte er mit Büchern voll: »Causes célèbres et intéressantes« von de Pitaval und »The Murders in the Rue Morgue« von Edgar Allan Poe, zudem Fachliteratur von Lombroso, »Die Physiognomie der Verbrecher«. Damit war schon kaum noch Platz für seine Kleidung.

Bevor Lecoq zur Tür ging, warf er einen Blick auf den Tisch. Um das schmutzige Geschirr wollte er sich nicht mehr kümmern, am Ende würde er noch beim Spülen sterben. Ein Messer in der Kehle und der Spülschwamm in der Hand, das wäre ein unwürdiger Tod für einen geborenen Verbrecher. Aus der alten Korbflasche auf dem Küchenschrank zog er ein kleines Bündel Scheine. Viel war es nicht, Lecoq hatte seine Ersparnisse zu oft in die falschen Flaschen gesteckt. Er zählte das Geld ab und wollte die fehlende halbe Monatsmiete eben unter eines der dreckigen Gläser auf dem Tisch schieben, als ihm auffiel, dass das seines Berufsstandes nicht unbedingt würdig war. Unentschlossen blickte er auf das leere Glas und die halb leere Brieftasche. Der Anblick machte ihn durstig, und so steckte er das Geld wieder ein.

Weniger diskret als geplant polterte Lecoq mit seinem Gepäck die Treppen hinunter und blieb dann abrupt stehen. Die Frau des Schiffbaumeisters aus dem zweiten Stock stand vor dem Treppenabsatz in der Haustür. Mme Foret, 34 Jahre, Mutter von zwei Kindern, das dritte war unterwegs. Sie hatte einen schlanken geraden Hals, der Unschuld im Charakter versprach, und Haare, die ebenso geordnet waren wie ihr ganzes Familienleben. Nie hatte Lecoq einen anderen Mann in ihre Wohnung kommen oder herausgehen sehen.

Mme Foret hatte ihm den Rücken zugewandt und sprach mit einer Person vor der Tür. Lecoq fluchte leise und trat den Rückzug an. Drei Stufen hatte er geschafft, da stießen die beiden Koffer noch einmal laut gegen Geländer und Treppe. Diesmal drehte Mme Foret sich zu ihm um. Sie trug ihr Unschuldslächeln auf dem Gesicht und eine Küchenschürze über dem gewölbten Bauch.

»Da ist er ja!«, sagte sie mit ehrlicher Arglosigkeit und trat beiseite, um dem Besucher vor der Tür den Blick auf Lecoq freizugeben. Lecoq hielt in der Bewegung inne und wusste, dass es eine schlechte Idee gewesen war, das Haus nicht schon im Morgengrauen verlassen zu haben. Er blickte zur Tür und erkannte den Mann sofort: das blasse Gesicht, die rotblonden Haare, den teuren Anzug, Hut in der Hand, Mörderstatur. Doch im Tageslicht wirkte der Blick des Mannes weniger starr und der Körper schmaler, alles in allem weniger furchteinflößend als am Abend zuvor. Oder vielleicht war es auch nur der unschuldige Ausdruck von Mme Foret, der auf ihn abfärbte.

Das beflissene Lächeln des Besuchers verschwand, als er Lecoqs Koffersammelsurium bemerkte, und auf Mme Forets ansonsten runzelfreier Stirn zeigte sich kurz die Andeutung einer kleinen Falte. Dann hatte sie sich wieder gefasst; als Mutter von zwei Kindern war sie einiges gewöhnt.

»Sie haben Besuch, Monsieur de Gentilly«, sagte sie.

Lecoq versuchte seine Gedanken in eine Reihenfolge zu bringen, die einem logischen System folgte. Mörder klopften nicht am frühen Vormittag bei ihren Opfern an, um einen Plausch mit den Nachbarn zu halten. Und sie nahmen dabei nicht obendrein vor lauter Höflichkeit den Hut ab. Mörder hatten auch keine schmalen Schultern und kein Fälschergesicht. Bei diesem Mann schien so einiges nicht zusammenzupassen.

»Comte de Commarin sagt, er habe schon des Öfteren versucht, Sie zu erreichen. Aber Sie haben ja auch immer so schrecklich viel zu tun, nicht wahr?« Lecoq brummte zur Antwort und war froh darüber, dass Mme Foret nicht zur Ironie neigte.

»Hm, ja, is' immer recht viel zu tun«, brummte er, und weil sonst niemand etwas sagte und aller Augen auf ihn gerichtet waren, fügte er hinzu: »Was kann ich denn für Sie tun, Monsieur?«

Der Rothaarige sah ihm fest in die Augen.

»Ich habe einen Auftrag für Sie, Monsieur Lecoq.«

Lecoq beobachtete seinen unwillkommenen Gast genau, als dieser in sein Zimmer trat. Mit seinem teuren Mantel und den blank polierten Stiefeln wirkte der Vicomte seltsam fehl am Platz, und Lecoq entging das Gesicht nicht, das er machte, als er die ausgeräumten Schränke sah, die aufgerissenen Schubladen, das schmutzige Geschirr auf dem Tisch. Lecoq wünschte sich, er hätte das Zimmer nicht in so einem Zustand hinterlassen.

»Es tut mir leid, dass ich persönlich vorbeikommen musste, und noch dazu unangekündigt, Monsieur«, entschuldigte sich der ehemalige Graf nun schon zum dritten Mal. »Ich habe eine Botschaft schicken wollen. Aber Sie scheinen Ihren Briefkasten nicht allzu oft zu leeren. Und der Bote mit meiner Visitenkarte wurde von einer älteren Dame fortgejagt, die etwas, sagen wir, antifeudalistisch eingestellt war.« Der Vicomte machte ein verschnupftes Gesicht, als warte er auf eine Entschuldigung, die nicht kam. Lecoq hatte nicht gedacht, dass es so angenehm sein konnte, mit einer alten, aufklärerischen Witwe im selben Haus zu wohnen.

»Schon gut. Persönlich ist es mir eh lieber.« Er versuchte mit seinem Fuß unauffällig eine herumliegende Socke unter das Bett zu schieben. Das Gegenstück dazu musste im Koffer liegen. Um ein Haar hätte er sie vergessen. »Setzen Sie sich doch.«

Zusammengefaltet auf dem kleinen Holzstuhl wirkte der ehemalige Vicomte noch deplatzierter, und er fühlte sich unwohl, das sah Lecoq an der Art, wie er die Umgebung einem prüfenden Blick unterzog. Die Nase hatte er skeptisch gerümpft, die Brauen hochgezogen. Er wollte den rechten Arm zunächst locker auf den Tisch legen, zog ihn aber mit einem entsetzten Blick auf das dreckige Tischtuch zurück und legte die Hände schließlich in den Schoß.

»Darf ich Ihnen etwas zu trinken anbieten?«, fragte Lecoq, doch de Commarin schüttelte den Kopf. Er wartete offenbar darauf, dass Lecoq sich setzte, doch der konnte stehend besser einen Teil des Chaos im Zimmer verdecken. Das ungemachte Bett zum Beispiel und den Socken darunter.

»Sie verreisen?«, fragte de Commarin und deutete auf die Koffer, als habe er sie gerade erst entdeckt. Lecoq deutete ein Lächeln an.

»Monsieur de Commarin, Sie haben gesagt, Sie hätten einen Auftrag für mich. Krimineller oder kriminalistischer Art?«

Der Besucher zog die Augenbrauen hoch, überrascht; er hatte eine vergleichsweise starke Augenbrauenmimik, dieser Vicomte, untypisch für Fälscher wie für Mörder. Aber im Garten am Vorabend war es schließlich schon dunkel gewesen.

»Kriminalistischer natürlich, Monsieur.« Die Mundwinkel unter dem Schnurrbart bewegten sich flüchtig und unsicher. De Commarin war verwirrt. Er hatte nicht damit gerechnet, so schnell auf den Punkt kommen zu müssen. Und dann mit so einer Frage. »Ich bin gekommen, um …«

»Ich bin nicht interessiert«, sagte Lecoq.

»Wie bitte?«

»Ich bin nicht interessiert.«

Der Gesichtsausdruck des Vicomtes wurde noch unsicherer.

»Wollen Sie sich nicht erst einmal anhören …«

»Nein.«

»Aber ich habe …«

»Nein.«

Der Vicomte schwieg betreten, und Lecoq holte Luft.

»Um es gleich vorwegzunehmen, Monsieur, ich arbeite nicht mehr als Kommissar. Schon seit vielen Jahren nicht. Wenn Ihr Auftrag also kriminalistischer Art ist, wie Sie sagen, kann ich nichts für Sie tun.«

De Commarin lehnte sich zurück und vergaß, dass sein teurer Mantel nicht in Kontakt mit den Möbelstücken in diesem Raum kommen sollte. Er legte den Arm auf den Tisch.

»Das sagte man mir bereits, als ich mich auf die Suche nach Ihnen machte.«

»Sie waren an der Sûreté?«

»Ja.«

»Und?«

»Und?«

»Und warum haben Sie mich dann überhaupt noch gesucht?«

Wieder dieses nervöse Flackern eines Lächelns. Der ehemalige Adelige war es nicht gewohnt, dass man so direkt mit ihm sprach.

»Nun, ich hoffte, ich könnte Ihre Meinung ändern, wenn ich Ihnen von dem Auftrag erzähle.«

»Nein, das können Sie nicht.«

»Aber ich habe ja noch gar nicht …«

»Brauchen Sie auch nicht.«

De Commarin schwieg kurz. »Ich bezahle gut«, sagte er dann, und Lecoq entging nicht, dass er dabei seinen Blick durch den Raum schweifen ließ. Der Mann wurde ihm immer unsympathischer.

»Ich bin trotzdem nicht interessiert.«

»500 Franc.«

»Nein.«

»700.«

Lecoq bemühte sich um einen gleichgültigen Gesichtsausdruck. 700 Franc. Das war ein halbes Jahresgehalt. Und das auf einen Schlag.

»Ich bin kein Privatdetektiv und war es nie, Monsieur. Die Police Nationale wird und wurde vom Staat bezahlt.«

»1000.«

»Gehen Sie zurück zur Sûreté, und tragen Sie Ihr Anliegen dort vor, Monsieur. Man wird Ihnen gewiss weiterhelfen.«

»Ich war bereits dort. Man sucht meine Frau schon seit Monaten! Ich möchte Sie beauftragen, Sie!«

Lecoq wunderte sich nicht, dass die Police Nationale noch keine Spur hatte. Außer ihm war schon damals kein fähiger Ermittler bei der Sûreté gewesen. Er beobachtete de Commarin aus den Augenwinkeln. Ihm fiel die stille Verzweiflung in dessen Gesicht auf. Der Vicomte litt, nicht nach außen hin, da war er ganz würdevoller Adeliger, aber innerlich. Auf seiner Stirn waren junge Falten. Und die Schultern hingen tiefer, als es sich für einen Nachfahren der Adelsklasse gehörte.

»Das tut mir leid für Sie, aber ich kann Ihnen trotzdem nicht helfen.«

»Sie kennen sie. Claire d'Arlanges.«

»D'Arlanges?«

»Meine Frau.«

Lecoq sah ihn an. Mit einem Mal wusste er nicht mehr, wie er so blind hatte sein können.

Als er Albert de Commarin zum letzten Mal gesehen hatte, war dieser noch ein Junge gewesen, keine achtzehn Jahre alt. Man hatte ihn für einen Mord beschuldigt, den er nicht begangen hatte: den Mord an der Witwe Lerouge, seiner Amme. Lecoq hatte damals eine nicht zu verachtende Rolle in der Richtigstellung der Sache gespielt und damit im wahrsten Sinne Alberts Kopf gerettet. Er rechnete nach. Der Fall musste gut 22 Jahre her sein. Er konnte sich nur noch vage an den blassen Rothaarigen erinnern, der im Polizeipräsidium gesessen und seine Unschuld beteuert hatte. Claire d'Arlanges' Bild dagegen stand ihm deutlich vor Augen. Sie hatte in dem Fall ausgesagt und mit ihrer Schönheit selbst dem Untersuchungsrichter Daburon den Kopf verdreht. Und dabei war der bekannt für seine Starrhalsigkeit. Jetzt hatten sie und de Commarin also geheiratet.

»Sie erinnern sich.«

»Ich erinnere mich auch an Sie, Albert de Commarin. Sie haben also den Platz Ihres Vaters eingenommen.«

Vicomte de Commarin verzog das Gesicht.

»Da gab es nicht mehr viel einzunehmen, Monsieur. Nach der Revolution.«

»Sie nennen sich trotzdem Vicomte.«

»Sie nennen sich Monsieur de Gentilly.«

Lecoq vergaß die Socke unter dem Bett und trat zum Fenster. Er blickte auf die Straße, die genauso verlassen dalag wie am Morgen. Mit dem Unterschied, dass die Person, nach der er Ausschau gehalten hatte, jetzt in seinem Zimmer saß.

»Ihre Taktik ist nicht schlecht, Monsieur. Aber ich durchschaue sie trotzdem. Erst bieten Sie mir Geld an, und dann graben Sie alte Geschichten aus, die längst keine Relevanz mehr haben, nur um sich als alter Bekannter bei mir anzubiedern. Wie haben Sie mich überhaupt gefunden?« Die Frage hatte unter Lecoqs tabakverfärbten Nägeln gebrannt, seit de Commarin das Zimmer betreten hatte. Die Tatsache, dass jeder dahergelaufene Adelige ihn ohne Weiteres finden konnte, beunruhigte ihn.

»Man hat mich in der Sûreté darüber informiert.«

»Die Sûreté weiß, wo ich mich aufhalte?«

»Der zuständige Leiter sagte mir, man habe ein Auge auf Sie.«

»So, sagt er das.«

»Den Grund habe ich allerdings nicht sehr gut verstanden. Irgendetwas mit einer neuen Profession, der Sie nachgehen.«

»Das Wort ›Berufung‹ gefällt mir besser.«

»Berufung welcher Natur, wenn ich fragen darf?«

»Verbrecherischer Natur.« Es gab keinen Grund, es dem Vicomte nicht zu sagen. Lecoq trug seine Bestimmung ohnehin für jedermann offenkundig im Gesicht mit sich herum. »Haben Sie Lombroso gelesen?«, fragte er.

De Commarin schwieg verwirrt. Es brauchte etwas Zeit, bis die Frage zu ihm durchdrang.

»Den, der die Operette Morali geschrieben hat?«, fragte er dann zögernd.

»Nein.«

»Ich glaube, in dem Fall nicht.«

»Nun, dann kann ich Ihnen die Lektüre nur ans Herz legen. Auch Lombrosos Kommentare zur Revolution könnten Sie interessieren. Sein Hauptwerk allerdings befasst sich mit empirischer Kriminologie. Lombroso hat herausgefunden, dass das Schicksal jedes Menschen von Geburt an determiniert ist. Soll heißen: Das Schicksal und die Gesinnung sind uns am Gesicht abzulesen, an unserem Körperbau, unseren Augen. Ob jemand ein Verbrecher wird oder ein Heiliger, ist eine Frage der Vererbung. Das ist der Grundpfeiler von Lombrosos Kriminalanthropologie. Wir sind also, was wir sind, weil wir so geboren wurden: Polizist, Schneider oder Verbrecher – und man kann all dies *en detail* an physiologischen Merkmalen erkennen. Betrachten Sie meine Nase. Was sehen Sie?«

De Commarins Zweifel an der Gesamtsituation waren ihm deutlich ins Gesicht geschrieben.

»Eine Nase?«

»Genauer.«

»Monsieur Lecoq, ich weiß wirklich nicht …«

»Sieht meine Nase aus wie Ihre Nase?«

De Commarin seufzte. »Wahrscheinlich nicht.«

»Natürlich nicht. Meine Nase ist stumpf und breit, während Ihre Nase schmal und grobporig ist.«

»Monsieur!«

»Seien Sie froh darüber. Ich zum Beispiel habe eine Nase, wie sie bei Mördern, Ehebrechern, Fälschern, Irren und Räubern zu finden ist – und zwar zu vier Prozent häufiger als bei normalen Menschen. Zudem ist mein Schädel rund, meine Stirn viereckig, Wangenknochen und Kiefer sind breit und hervorstehend, die Augenhöhlen stehen schräg. Meine Lippen sind ebenfalls breit, wulstig fast. Auch das alles ist typisch für Verbrecher, ja, man könnte sagen, ich habe ein idealtypisch verbrecherisches Gesicht.«

»Sie klingen beinahe fröhlich, wie Sie das so auflisten.«

»Mit Fröhlichkeit hat das nichts zu tun. Ich liste lediglich Fakten auf, Monsieur. Das ist meine Art. Persönliches Empfinden spielt dabei keine Rolle. Am Ende muss man sich ohnehin mit seinem Schicksal abfinden. Wir haben nur das eine Gesicht, und niemand gibt uns ein anderes.«

De Commarin war noch immer damit beschäftigt, die Ernsthaftigkeit des Gesprächs abzuschätzen. Seine Miene verriet Skepsis, er wusste nicht, was er sagen sollte.

»Und weil Sie die Züge eines Verbrechers in Ihrem Gesicht entdeckt haben, haben Sie sich entschieden …?«

»Es gibt da nichts zu entscheiden, das sagte ich ja gerade. Ich bin Verbrecher. Selbst die Villella-Hinterhauptsgrube habe ich.«

»Die bitte was?«

Lecoq führte die rechte Hand zum Hinterkopf, dorthin, wo das Haar mit den Jahren licht geworden war. »Lombroso hat '72 eine Autopsie an einem berühmten Verbrecher durchgeführt, ein Mann aus Kalabrien, dessen Name Villella war. Dabei hat er eine Verformung am Hinterkopf entdeckt, die er mittlere Hinterhauptsgrube nannte. Wie sich später herausstellte, ist sie maßgebend für den Verbrechertypus.«

»Und jetzt glauben Sie …«

»Die Theorien sind wissenschaftlich und empirisch bewiesen, Monsieur. Mit Glauben hat das nichts zu tun.«

De Commarin schwieg betroffen.

»Seit wann wissen Sie es?«

»Dass ich ein Verbrecher bin?« Lecoq dachte nach. »Wahrscheinlich wusste ich es schon immer. Wollen Sie wissen, was ich gemacht habe, bevor ich zur Sûreté kam? Ich habe einen komplexen, äußerst intelligenten Plan geschrieben, wie ich illegal an sechshundert Francs aus London kommen könnte, nur mithilfe von zwei Briefen und einem Telegramm. Ich habe die Idee meinem damaligen Chef gezeigt. Damals habe ich noch bei einem Astronomen gearbeitet. Er hat sich den Plan angesehen und mich entlassen. Darum war ich ein so guter Polizist, Monsieur, weil ich hier drin ticke wie diejenigen, denen ich jahrelang nachgejagt bin.« Er tippe sich mit dem Zeigefinger an die Schläfe. »Ich weiß, was die Gauner vorhaben, weil ich so denke wie sie.«

Erneut entstand eine Pause, bevor de Commarin antwortete: »Sie sind also freiwillig von der Sûreté weggegangen?«

»Was man so freiwillig nennt. Lombrosos Theorien haben Einzug in die Polizeipräsidien dieses Landes genommen. Man hat mich beobachtet, man hat mir misstraut. Dann bin ich gegangen.«

»Ich hatte eher den Eindruck, man schätzt Sie dort noch immer als fähigen Polizisten.«

»Es steht außer Frage, dass ich das auch war, Monsieur.«

»Ich wollte es nie infrage stellen.«

»Sie meinen, weil ich Ihren Kopf aus der Schlinge gezogen habe? Die Gründe für mein Talent habe ich Ihnen bereits genannt.«

»Aber warum versuchen Sie dann nicht einfach...?«

»Monsieur de Commarin, können Sie schwimmen?«

Zum wiederholten Mal warf Lecoq den Vicomte mit seinen unerwarteten Fragen aus der Bahn.

»Ja, schon. Wieso?«

»Gut?«

»Ich denke schon, ganz passabel, ja.«

»Und warum versuchen Sie dann nicht einfach, sich einen Schnabel wachsen zu lassen und mit den Enten zu leben?«

»Monsieur Lecoq, ich bitte Sie!«

»Ich verrate Ihnen, wieso …«

»Bitte, Monsieur …«

»Sie sind nicht dafür gemacht!«

»Bitte, Monsieur. Hören Sie auf damit. Ich möchte doch einfach nur, dass Sie meine Frau finden!« Mit einem Mal war de Commarins Ton laut und voll unterdrückter Verzweiflung, die einem Vicomte ganz und gar unangemessen war. Er schlug mit der flachen Hand auf den Tisch, dass die Gläser klirrten und die Krümel hochflogen. Lecoq blickte ihn überrascht an, und als er in das verzerrte Gesicht sah, fiel ihm auf, wie viel jünger de Commarin war als er selbst, vielleicht ein viertel Jahrhundert jünger.

Auch de Commarin war überrumpelt von seinem Ausbruch. Er richtete sich auf seinem Stuhl auf, nahm den Ellbogen vom Tisch, seine Hand, an der nun Krümel klebten, er strich sie weg. Beherrschter Gesichtsausdruck, Würde in Sekundenschnelle, er musste lange dafür geübt haben. Er räusperte sich.

»Es ist nun fast ein halbes Jahr her«, sagte er in gemäßigterem Ton. »Am 27. März ist meine Frau verschwunden, und es gibt noch immer nicht die geringste Spur von ihr. Ich hatte darauf gewartet, dass sie abends nach Hause kam. Sie war sonst immer vor 18 Uhr daheim, und im März wird es ja abends noch früh dunkel …«

»Monsieur de Commarin, Sie verschwenden Ihre Zeit!«

Der Vicomte schüttelte den Kopf und verzog den Mund zu einer bitteren Grimasse, die ihm besser stand als sein künstliches Lächeln.

»Nein, Monsieur, meine Zeit verschwende ich, wenn ich weiter darauf warte, dass die Polizei eine Spur findet.«

»Dann engagieren Sie halt einen Privatdetektiv, die Stadt ist voll davon!«

»Das habe ich bereits, Monsieur, zwei, und sie sind ebenfalls nicht weitergekommen. Ich möchte Sie engagieren, Sie!«

»Ich stehe aber nicht zur Verfügung.«

»Um Claire d'Arlanges willen.«

»Sie haben meine Antwort bereits.«

»Monsieur Lecoq ...«

»Nein.«

De Commarin blickte auf seine entkrümelte Hand. »Und wenn ich Ihnen nun erzählte, dass das Geld, das ich Ihnen geben will, illegal erworben ist?«

Lecoq wusste nicht, ob er die Schlichtheit dieses Vorschlags lachhaft oder unmoralisch finden sollte. »Wollen Sie mich zu einem Verbrechen anstiften, Monsieur? Oder zu einem Komplizen machen?«

»Ich habe nur theoretisch gefragt.«

»Dann kennen Sie meine Antwort.«

De Commarin nickte und ließ den Kopf hängen. Er blieb noch eine Weile sitzen, dann stand er auf. »Sollte es dennoch irgendetwas geben, was Ihre Meinung ändern sollte ... Ich lege Ihnen meine Karte auf den Tisch.« Er schob eine Visitenkarte unter das gleiche Glas, unter das Lecoq vor einer Stunde noch das Geld für die fehlende Miete hatte legen wollen. Eine golden geränderte Karte mit weißem Adler auf blauem Grund. De Commarin gebrauchte noch das veraltete Wappen seiner adeligen Familie. Sein Blick wanderte ein letztes Mal zu den Koffern. Die Frage, ob Lecoq ihm die neue Adresse nennen würde, stand ihm ins Gesicht geschrieben, denn natürlich hatte er erkannt, dass Lecoq nicht lediglich verreisen würde. Er stand vor dem ehemaligen Kommissar, seinem einstigen Retter, den Hut in der Hand, die pomadisierten Haare glänzend wie eine Kupferpfanne. So hatte Lecoq ihn am Vorabend gesehen.

Als er ging, starrte Lecoq auf den leeren Stuhl und lauschte auf die Schritte im Flur. Schlurfend klangen sie und zu leise für die Größe seines Körpers. Aus der Gangart eines Mannes konnte man einiges herauslesen, auch das hatte Lombroso beschrieben, und andere hatten es bestätigt: Schrittlänge, das Aufsetzen der Füße, Zehen- oder Fersengang – all das konnte Aufschluss darüber geben, ob man es mit einem Epileptiker, Brandstifter, Mörder oder Homosexuellen zu tun hatte.

Lecoq zählte die Schritte ab, die de Commarin bis zur Treppe brauchte. Es waren acht auf fünf Meter, Lecoq kannte die Entfernungen in diesem Haus. Er rieb sich mit der Hand über das unrasierte Kinn. Am 27. März diesen Jahres sei Claire d'Arlanges verschwunden, hatte de Commarin gesagt. Lecoq musste es in den Zeitungen überlesen haben. Oder aber es war ihm nicht aufgefallen, weil nicht ihr Mädchenname genannt worden war. Er starrte weiter auf die Visitenkarte des Vicomte. Claire de Commarin hieß sie jetzt. Das konnte ihm entgangen sein. In Paris verschwanden täglich Frauen. Aber mit etwas Glück würde er die Meldung im Kriminalarchiv entdecken können. Lecoq hatte noch nicht alle Artikel ausgewertet, die er eingeheftet hatte.

Ein Stockwerk tiefer fiel die Haustür geräuschvoll ins Schloss, und Lecoq spürte die Nervosität im Magen. Er hätte zu gern gewusst, wohin Claire de Commarin verschwunden war.

Jori saß in der letzten Reihe des leeren Auditoriums und versuchte, nicht an Pauline zu denken. Er hatte die ganze Woche an Pauline gedacht, so lange, bis sein Hirn und sein ganzer Körper randvoll waren mit Pauline. Ein Gedankenhappen Pauline mehr, und er müsste platzen wie von einem guten Gericht, und dann würde er sie vielleicht nie wieder anrühren wollen.

Er sah auf die Uhr. Noch zwanzig Minuten bis zum Beginn der Vorlesung. Um nicht an Pauline denken zu müssen, dachte er an Paul. Letzte Woche hatte der Freund noch hier neben ihm gesessen. Jetzt lag da nur das Programmheft für die Veranstaltung am Abend. Abwesend blätterte Jori darin herum. Es hatte eine Änderung gegeben: Statt des angekündigten Falls von Wortblindheit sollte es heute im ersten Teil der Vorlesung um die traumatisch bedingte Hysterie beim Kinde gehen, das konnte interessant werden, Paul würde sich ärgern, nicht mitgekommen zu sein, zumindest hoffte Jori das. Seit dem Streit in der Bibliothek hatten die beiden Freunde kaum mehr miteinander gesprochen. Paul war in ein Hotel gezogen und besuchte nun die Vorträge von Dr. Valentin Magnan an der Sainte-Anne, vermutlich aus reinem Trotz, wie Jori vermutete, denn er konnte sich nicht erklären, aus welchem anderen Grund man Magnans Theorien der Schule des berühmten Professor Charcot vorziehen mochte. Magnan war Psychiater, ein Irrenarzt, und stand damit auf der Leiter der medizinischen Wissenschaft schon per se weit unter dem Neurologen Charcot. Mit dem Fach der Nervenheilkunde kannte er sich ebenso wenig aus wie mit Neurosen und Hysterie. Es gab nicht wenige Ärzte in Paris, die meinten, mit seiner irrationalen Theorie über die Degeneration des Menschen sollte Magnan sich am besten in seine eigene Abteilung einweisen.

Jori legte das Programmheft beiseite. Es war mittlerweile dunkel geworden im Auditorium, zu dunkel zum Lesen, und er wartete darauf, dass jemand kam und die großen Wandleuchten neben den Sitzreihen anzündete.

Aber vielleicht war genau das sein Problem, dachte er dann. Er schien immer nur zu warten. Darauf, dass Charcot seine Kranken vorführte, darauf, dass jemand die ausgeliehenen Bücher in der Bibliothek zurückbrachte, darauf, dass jemand kam, um das Licht anzuzünden oder um ihm einen Doktortitel zu verleihen – für eine Forschungsarbeit, die er nie geschrieben hatte. Er schloss die Hände um den Rand der Sitzlehne vor sich. Es stimmte schon, so konnte es nichts werden mit der Rettung für Pauline. Aber woher die Idee für eine Doktorarbeit nehmen, wenn alles, was es in dieser Zeit noch zu erforschen gab, schon auf den Behandlungstischen zu liegen schien? Jori betrachtete seine Knöchel, die weiß aus den Händen hervortraten und sich zusammenzogen, wenn er die Lehne fester umschloss. Er bog die Finger nach oben und konnte nun die Mittelknochen seiner Hand sehen, deutlich zeichneten sich der zweite, dritte und vierte Finger ab: Ossa metacarpalia, Basis ossis metacarpi, Corpus ossis metacarpi. Es war faszinierend. Da hatte er sich im Studium das Anatomiemodell einer Hand gekauft und nicht bemerkt, dass er schon seit 27 Jahren mit einem herumlief. Abrupt ließ er die Lehne los und stand auf, entschlossen, die Gasleuchten nun selbst anzuzünden, er suchte eine Weile nach dem Stab, fand ihn nicht und setzte sich dann aus lauter Trotz mittig in die vorderste Reihe. Zumindest hier wollte er der Erste sein, schon bereit, wenn die Türen sich öffneten und die anderen hereinströmten. Jori zählte die Stühle links von sich und rechts, rutschte dann noch einen Platz weiter in Richtung Fenster. Er wollte keine weiteren drei Jahre damit verbringen, übersehen zu werden. Mit seiner Präsenz würde er sich Charcot ins Gedächtnis rufen. Fünfzehn Stühle links von ihm und vierzehn rechts, mittiger konnte man nicht sitzen. Er schaute auf die Uhr und wartete auf das Verstreichen der letzten Minuten.

Sie hatten die Kutsche schon aus den Augen verloren, als das Kind auf Isabelles Arm zu weinen begann.

»Lass uns umdrehen, sie ist weg.« Frédéric stand am Fuß der Brücke, die den Quai de Bercy vom gegenüberliegenden Ufer trennte, und drückte mit der Fußspitze Löcher in den lehmigen Boden. Der Himmel wurde schon dunkel. Sie würden Ärger bekommen, wenn sie nicht rechtzeitig mit den Zigaretten zurück waren. Und dann auch noch mit dem Säugling.

»Wir hätten sie nicht mitnehmen sollen«, sagte Frédéric und deutete auf das Bündel in Isabelles Arm, das wie zur Antwort lauter plärrte.

»Dalassen können hätten wir sie aber auch nicht«, antwortete Isabelle und hockte sich hin, um auf dem Boden nach Spuren zu suchen. Doch es hatten zu viele Wagen die Brücke passiert und ihre Räder in den feuchten Untergrund gedrückt, die Furchen der Kutsche, die sie suchten, waren nicht von denen der anderen zu unterscheiden.

»Ich gehe jetzt«, sagte Frédéric, ohne sich vom Fleck zu rühren, und kickte ein paar lose Steinchen in Richtung seiner Schwester.

»Lass das!« Verärgert stand sie auf. Sie legte dem Säugling die Hand auf den Mund und reckte das Kinn in Richtung Fluss, lauschend. Frédéric betrachtete sie stumm, ihre zusammengekniffenen Augen, die kleine Furche zwischen den Brauen, den entschlossenen Ausdruck in ihrem Gesicht. Warum konnte er keine Schwester haben, die so war wie andere auch? Ein bisschen schreckhafter vielleicht, mädchenhafter, eine, die er beschützen konnte – und nicht umgekehrt. Das Baby wand sich unter ihrem Griff und ließ ein ersticktes Quengeln hören. Blieb zu hoffen, dass es sich anders entwickeln würde als die große Schwester.

»Da entlang!«, sagte Isabelle plötzlich, ließ vom Mund des Kindes ab und betrat entschlossen die Brücke. Frédéric seufzte laut. Isabelle war gar nicht erst auf seine Warnung eingegangen, allein zurückzugehen, und natürlich waren es nur leere Worte gewesen. Was hätte er den Eltern auch sagen sollen, wenn er ohne seine beiden Schwestern heimkäme?

Er sah die dunklen Wassermassen, die der Fluss unter ihren Füßen hindurchspülte, als sie den Pont de Bercy überquerten, und wünschte sich plötzlich, sie hätten sie nie gesehen, diese schwarz gestrichene Bretterkutsche ohne Fenster und den dürren Kutscher, der ausgerechnet bei ihrer Straßenecke hatte anhalten müssen, um zu pinkeln. Und dann diese Geräusche aus dem Innenraum. Frédéric verlangsamte sein Tempo, schloss aber gleich wieder auf, als er merkte, dass er hinter seiner

Schwester zurückfiel. Der Kopf des Säuglings wippte bei jedem Schritt gegen Isabelles Schulter.

»Und hast du dir schon überlegt, was wir machen, wenn wir sie finden?« Er war außer Atem und warf einen besorgten Blick auf die spärlichen Haare des Kindes, die vom Wind hin und her bewegt wurden wie Wasserpestpflanzen im Fluss. Es roch nach Gewitter. Sie sollten wirklich besser umkehren.

»Wir gucken nach, was drin ist«, sagte Isabelle, als sei es das Selbstverständlichste der Welt. Das hatte Frédéric befürchtet. Isabelle liebte Tiere. Etwas musste nur vier Beine und ein Fell haben, und schon hatte es ihr Herz gewonnen, nein, eigentlich musste es noch nicht einmal Fell haben, korrigierte er sich, einen Schwanzlurch hatte sie letzte Woche auch angeschleppt, und der war vollkommen unbehaart gewesen.

»Da ist sie ja!« Isabelle deutete auf das dunkle Ufer, an dem sich nicht viel mehr ausmachen ließ als eine lehmfarbene Straße und die Schornsteine von Fabriken, die sich, Schwarz in Grau, vor dem Himmel abzeichneten. Nicht mehr lange, und es würde regnen.

»Wo?«

»Sie ist gerade dahinten um die Ecke verschwunden.«

Frédéric bezweifelte, dass Isabelle das hätte sehen können, aber trotzdem folgte er seiner Schwester, die nun lief, die Arme um das Kind geschlungen. Bei jedem ihrer Schritte gab es einen glucksenden Ton von sich, für ein beständiges Weinen wurde es zu sehr durchgeschüttelt. Frédéric schaute auf den Boden, der unter seinen Füßen hindurchflog. Fast sah es so aus, als ob weit hinter ihm jemand stünde und an der Straße zöge, sie unter seinen Füßen wegzöge, schneller und schneller liefen sie, bis sie zu der Stelle kamen, an der Isabelle meinte, die Kutsche das letzte Mal gesehen zu haben. Sie bogen nach links ab und liefen eine Zeit lang eine hohe Mauer entlang. Dann blieb Isabelle so schlagartig stehen, dass Frédéric fast in sie hineinlief. Sie blickte ihn an und legte den Finger auf den Mund, was angesichts des weinenden Kindes auf ihrem Arm völlig zwecklos war. Gemeinsam duckten sie sich hinter einer hohen Hecke. Isabelles Wangen waren rot vom Laufen und von der Aufregung, als sie die Zweige auseinanderschob.

Vor den Geschwistern eröffnete sich die Hofeinfahrt eines Gebäudes, groß wie ein Schloss, aus dessen Zentrum sich eine Kuppel erhob. Das Eingangsportal wurde von langen Fensterreihen gesäumt, dreistöckig, jedes einzelne der Fenster dabei von einer Höhe, die die Zimmerdecke in ihrem Elternhaus übertraf. Doch die Gardinen waren zugezogen. Und vor dem Eingangsportal stand die Kutsche. Das Pferd war noch eingespannt. Von dem Kutscher aber war weit und breit nichts zu sehen.

»Komm mit«, flüsterte Isabelle, und geduckt liefen sie die Hecke entlang, der Säugling in den Armen musste ihr langsam schwer werden, dachte Frédéric, aber sie beklagte sich nicht, für sie war das Ganze ein einziges großes Abenteuer, ein einziges Spiel. Er wünschte, sie wären schon wieder zu Hause.

Von ihrem neuen Platz aus konnten sie die Kutsche besser sehen, sie hatten sich von hinten an sie herangeschlichen, Frédéric hörte sogar das Pferd kauen, das Metall seines Geschirrs knatschte zwischen den Zähnen. Zum Glück hatte das Kind aufgehört zu schreien.

»Los!«, sagte Isabelle und versetzte ihrem Bruder einen Knuff in die Seite. »Los, geh schon, bevor der Kutscher wiederkommt.« Er drehte sich zu ihr um und sah sie fassungslos an.

»Was soll ich denn tun?«, zischte er, obwohl er es längst wusste, und sie verdrehte die Augen und schnalzte mit der Zunge, wie sie es neuerdings immer tat, weiß Gott, wo sie sich das abgeschaut hatte. Ungeduldig deutete sie auf den schwarzen Kasten vor sich. Frédéric konnte nicht erkennen, ob die Tür geöffnet oder geschlossen war.

»Nun mach schon, oder soll ich etwa gehen? Ich habe unsere Schwester!«, zischte Isabelle, und Frédéric sah jetzt doch die Furcht in ihren Augen: Hinter der gespannten Aufregung glomm ein Fünkchen Angst.

»Nein, nein«, murmelte er und versuchte sein Gesicht vor ihr zu verbergen. Er war der große Bruder, er hatte keine Angst. Er hatte bloß auch kein Interesse daran zu sehen, was sich in dem Wagen befand. Er lauschte mit angehaltenem Atem, der Körper gespannt, das Herz hämmerte in seiner Brust. Doch er hörte es nicht mehr, das Kratzen und Brüllen, das sie zuvor am Wegrand überhaupt erst auf den Wagen aufmerksam gemacht hatte. Etwas hatte den Wagen von innen zum Wackeln gebracht, jetzt aber stand er ganz still da. Wahrscheinlich war er leer.

»Sie haben es bestimmt schon mit reingenommen«, flüsterte Frédéric, »da gibt's nichts mehr zu sehen.« Es war sein letzter Versuch, sie endlich zum Umkehren zu bewegen. Doch erwartungsgemäß scheiterte er.

»Vielleicht schläft es nur«, schlug Isabelle vor. »Jetzt mach schon, bevor der Kutscher wiederkommt.« Weder die eine noch die andere dieser Aussichten trug zu Frédérics Beruhigung bei. Doch Isabelle würde keine Ruhe geben, und sie waren der Kutsche schließlich nicht so weit gefolgt, nur um sie noch einmal von außen zu betrachten, diese hässliche Kiste. Etwas in Frédérics Kopf wehrte sich gegen den Anblick. Warum waren die Fenster der Kutsche zugenagelt und die des Gebäudes verhangen? Was machte ein solcher Verschlag auf Rädern überhaupt vor einem Schloss? Und dann dieses Tier – sie waren doch am Anfang ihrer Verfolgungsjagd davon ausgegangen, dass der Wagen sie zu einem Zirkus bringen würde? Er spürte Isabelles kleine Hand in seinem Kreuz. Sie schob ihn an, drückte ihn förmlich durch die Hecke hindurch, und was sollte er machen, wenn er nicht nachsah, dann würde sie wahrscheinlich gar nicht mehr mit ihm nach Hause gehen. Das Herz stolperte in seinem schmalen Oberkörper, als er durch die Äste brach wie ein erschrockenes Reh, es stolperte über die eigene Tollkühnheit. Dann stand Frédéric auf dem Hof, schutzlos, sichtbar, stürzte auf die Kutsche zu und blieb erst wieder stehen, als er die geöffnete Brettertür erreicht hatte.

»Frédéric?«, drang es leise aus der Hecke, und Frédéric zuckte zusammen. Wenn seine Schwester dachte, er würde nun auch noch laufend Bericht erstatten, während sie im Gebüsch hockte und nichts tat, täuschte sie sich gehörig. Doch ihre Stimme hatte flehentlich geklungen, unsicher. Vielleicht fürchtete sie sich ohne ihn im Gebüsch, gewiss fürchtete sie sich.

»Ich bin da«, sagte er leise, plötzlich wieder ganz großer Bruder, und näherte sich der geöffneten Tür. Der Puls schlug so heftig in seinen Ohren, dass er meinte, man müsse es bis ins Schloss hinein hören. Man würde die Tür nicht offen lassen, wenn das Tier noch drin wäre, versuchte er sich zu beruhigen, sie ist leer, bestimmt ist sie leer. Und er betete, dass er recht behalten würde, als er den Kopf in das schwarze Loch steckte und sich zu beiden Seiten umsah.

»Frédéric?«

Seine Augen gewöhnten sich nur langsam an die Dunkelheit in dem Verschlag, der auch von innen mehr einer Kiste als einer Kutsche glich. Es gab weder Sitze noch Fenster, nur die nackten Bretterwände, die man von dieser Seite nicht einmal gestrichen hatte. Dazu einen Metallring an der vorderen Wand, kein Stroh, wie Frédéric vermutet hätte, kein Tiermist.

»Frédéric!«

»Isabelle«, antwortete Frédéric flüsternd, »Isabelle, sie ist leer.«

An der Seitenwand entdeckte er die Kratzer. Das Geräusch hatten sie von außen gehört. Er beugte sich noch ein wenig weiter vor, in der Hoffnung, er könne erkennen, um was für ein Tier es sich gehandelt haben mochte, die Kratzer kamen ihm seltsam vor.

»Frédéric!«

Buchstaben.

»Frédéric!«

Frédéric versuchte die Schrift zu entziffern und wünschte

sich plötzlich, er hätte beim Lesenlernen doch ein wenig besser aufgepasst. Er war schlecht im Lesen, so schlecht, ein »S« konnte er erkennen, und jetzt, wo ein bisschen mehr Licht in die Kutsche fiel, auch einen senkrechten Strich. Das musste ein »I« sein. Und darüber gab es drei Halbkreise.

»Frédéric!«

»Isabelle, hier steht etwas!«

Ein bisschen mehr Licht? Woher kam das Licht?

»Frédéric, der Kutschmann!«

Frédéric fuhr in genau dem Moment herum, als der Kutscher sich schimpfend auf ihn stürzte. Instinktiv machte er einen Satz zur Seite und entwischte der Hand des Mannes knapp, dann sprang er auf die Hecke zu, erinnerte sich aber im letzten Moment daran, dass Isabelle sich mit dem Kind auf dem Arm darin versteckte, schlug einen Haken und rannte so schnell er konnte quer über den Hof. Die Flüche des Kutschers verfolgten ihn noch, als er auf der Straße war und zu der Stelle zurücklief, an der er und Isabelle abgebogen waren. Dort erst blieb er stehen, schwer atmend, die Hände auf die Knie gestützt. Er blickte in Richtung Schloss zurück.

Der Kutscher war ihm nicht nachgekommen.

Isabelle aber auch nicht.

»Meine Herren, die heutige Vorstellung ist eine Premiere, auch für mich.« Charcot stand vor dem Vorhang wie einer, der ein neues Monument enthüllen wollte. »Die Patientin, die ich Ihnen sogleich vorstellen möchte, traf erst vor knapp einer Stunde bei uns ein. Ihr Leiden aber ist so eindrücklich, dass ich nicht bis zur nächsten Woche warten wollte, um sie Ihnen zu präsentieren. Ich hoffe, Sie sehen mir die Programmänderung nach. Die Zusammensetzung unseres klinischen Materials hängt eben immer vom Zufall ab.«

Jori war lange genug an der Klinik, um zu ahnen, dass Charcot improvisieren musste – wahrscheinlich weil die Wortblinde aus dem Programm im Laufe der vergangenen Woche gestorben war. Charcot war sonst nicht der Mann für Spontaneitäten. Er plante und studierte lieber alles bis ins letzte Detail ein.

»Während die Kranke hinter der Bühne auf die Hypnose vorbereitet wird, habe ich Gelegenheit, Ihnen den Fall kurz zu schildern: Es handelt sich um die derzeit jüngste Patientin in unseren Reihen, ein Mädchen von zarten acht oder neun Jahren, so vermuten wir zumindest, denn ihr genaues Alter ist uns ebenso wenig bekannt wie ihre Familiengeschichte oder ihr Name.« Charcot schritt vor dem Vorhang auf und ab, die Hände hinter dem Rücken verschränkt, als müsse er nachdenken und hätte die Ansprache nicht längst geplant. Im Hintergrund stand wie immer Guinon und machte sich Notizen.

»Um mich kurz zu fassen, meine Herren, das Kind weigert sich, mit uns zu sprechen, was nicht bedeutet, dass es stumm sei. Im Gegenteil. Es besitzt ein vortrefflich funktionierendes Stimmorgan! Diejenigen von Ihnen, die sich vor etwa einer Stunde in der Nähe der Abteilung für idiotische Mädchen aufgehalten haben, werden dies bestätigen können.«

Jori sah das Grinsen auf den Gesichtern um sich. Er hatte das ungute Gefühl, dass sich abgesehen von ihm selbst jeder der Anwesenden zur angegebenen Zeit dort herumgetrieben hatte.

»Bis wir also unter dem Einfluss der Hypnose mehr über das Kind erfahren, werden wir uns an den Namen halten, den man ihm im Saint-Vincent-de-Paul gegeben hat: Runa, ein eigentümlicher Name, dessen Ursprung mir schleierhaft ist, aber nicht halb so eigentümlich wie das Verhalten des Kindes selbst. Tatsächlich hat unsere kleine Runa nämlich eine wahre Odyssee an Klinik- und Waisenhausaufenthalten hinter sich. Vier Kliniken in nur zweieinhalb Monaten, dieser Turnus kommt einem Rekord gleich. Und überall zeigte sich das Kind dermaßen sonderbar, dass man sich mit seiner Diagnose, ja, mit der bloßen

Pflege überfordert sah und es schnell weiterreichte. ›Widerspenstiges Gebaren‹, ›Hochgradige Schwachsinnigkeit‹, ›Nervöse Apathie‹ – in dem Aktenstapel des Kindes lassen sich Beschreibungen in einem Umfang lesen, mit dem man ein ganzes Medizinbuch füllen könnte. Aber nicht eine einzige plausible Diagnose befindet sich darunter, meine Herren, nicht eine einzige.« Charcot schüttelte den Kopf und sah selbst dabei ehrwürdig aus. Es war eine wohl überlegte Bewegung des Hauptes nach rechts und links.

»Natürlich stellt sich nun die Frage, warum man sie nicht gleich hergebracht hat, in dieses Siechenhaus, damit sich Fachmänner der Sache annehmen und feststellen können, was ohnehin auf der Hand liegt. Nämlich, dass dieses Mädchen an Hysterie leiden muss, und zwar in ihrer klassischsten Form!« Charcot stützte den Sex Bâton auf seiner Hüfte ab. Das stumpfe Ende des Stabs bohrte sich in seine Seite und verschwand fast in der fülligen Körpermasse. »Hypnose!«, sagte er. »Der Zauber der Hypnose.«

Jori lehnte sich in seinem Sitz vor.

Das Mädchen, das auf die Bühne gefahren wurde, hatte die Augen geschlossen, als schlafe es. Blass und dürr war es und viel zu klein für sein Alter. Es verlor sich fast in dem Bett, in dem man es auf die unbespannte Matratze gelegt hatte.

Charcot beugte sich hinunter und brachte seinen Mund nahe an Runas Ohr. Sein Flüstern war eindringlich, aber nicht laut genug, als dass die im Raum Anwesenden es ebenfalls hätten hören können. Dabei bemühten sich die Studenten so sehr, keine noch so kleine Passage von Charcots Hypnosesuggestion zu verpassen. Niemand im Saal regte sich. Noch nicht einmal das Kind selbst.

Jori sah, wie Charcots Miene sich verfinsterte. Seine Augen glitten tiefer in die dunklen Höhlen.

Er drückte den Sex Bâton gegen Runas Schulter. Doch das Mädchen schlug noch immer nicht die Augen auf. Die Studenten warfen sich erschrockene Blicke zu.

Vielleicht war etwas bei der Vorbereitung der Hypnose hinter der Bühne schiefgelaufen. Vielleicht hatte jemand gepfuscht. Charcots Assistenten wurden abwechselnd mit dieser Aufgabe betraut, wer war heute dafür zuständig gewesen?

»Babinski!« Charcot brüllte den Namen durch das Auditorium, und das Publikum fuhr erschrocken zusammen. Dann wurden schadenfrohe Blicke ausgetauscht. Joseph Babinski war Charcots Lieblingsschüler, seine Entdeckung, wie Charcot ihn nannte – sein polnischer Schoßkater, wie alle anderen ihn nannten. Und so hatte wohl niemand etwas dagegen, dass nun endlich einmal der Musterschüler selbst eine Abreibung erhielt. Die heutige Vorstellung war tatsächlich eine Premiere.

Babinski trat durch den Vorhang, mit einer Kerze in der Hand und der blanken Angst in den Augen. Er sah aus wie einer von Charcots hysterischen Zitterpatienten. Mit drei Schritten war der Professor bei ihm und riss die Kerze an sich, während Guinon ihm unterwürfig folgte, als habe er Angst, ohne Charcots Schatten plötzlich nackt auf der Bühne zu stehen.

Jori stützte den rechten Ellbogen auf sein Knie, um an Charcot vorbeizusehen, als dieser die Hypnoseeinleitung wiederholte. Er bewegte die Kerze vor den geschlossenen Augen des Kindes hin und her und murmelte Worte, als wolle er Geister beschwören. Dann nahm er den Sex Bâton und tippte das Kind erneut an, zunächst leicht und dann immer verbissener, bis er den Stock regelrecht in die Seite des reglosen Körpers stieß. Es sah aus, als wolle er einen trägen Hund zum Aufstehen bewegen.

Mach die Augen auf!, dachte Jori eindringlich, als ob Telepathie helfen könnte, wo Hypnose versagte. Komm schon, mach die Augen auf! Doch Runa hielt die Augen noch immer geschlossen, und fast konnte man meinen, sie kniffe sie sogar zusammen. Rings um die Augenlider waren kleine angestrengte Falten zu sehen.

»Babinski, halten Sie die Augen offen!«, befahl Charcot barsch, und Babinski, noch immer zitternd, kam angetrabt und riss folgsam die Augen auf. Er drückte die Augäpfel regelrecht aus seinem Kopf heraus, als er nach vorn starrte, und wagte nicht zu blinzeln. Erst das Gelächter im Saal machte ihm seinen Irrtum bewusst. Verlegen blickte der Pole zu Boden und zog den Kopf ein, bis er fast in seinem Körper versank. Dann legte er beide Zeigefinger an die geschlossenen Augen des Mädchens. Er hob die Lider an und zuckte schon im nächsten Moment zurück, als habe er einen Stromschlag erhalten. Babinski und Charcot tauschten einen erschrockenen Blick, und der Ärger über den Lieblingsschüler war für zwei Sekunden vergessen. Dann hatte Charcot sich wieder unter Kontrolle. Er wandte den Blick ab und machte eine herrische Bewegung: Babinski sollte es noch einmal versuchen.

Jori richtete sich auf seinem Stuhl auf. Er hätte zu gern gewusst, was die beiden Männer so aus der Bahn geworfen hatte. Doch das Gesicht des Mädchens und seine Augen, von Babinski offen gehalten, verschwanden hinter dem Licht der Flamme, die Charcot nun hin und her bewegte.

»Ich bin Doktor Charcot, dein behandelnder Arzt, und du wirst mir gehorchen. Wenn ich gleich die Kerze fortnehme, wirst du mich ansehen. Du wirst mir deinen Namen nennen und deine Geschichte erzählen. Hast du verstanden?« Charcots Stimme hatte jedes Pathos verloren, er zischte die Worte nun, eindringlich und für jedermann hörbar. Das war keine Suggestion mehr. Das war eine Warnung. Und keiner, der Charcot kannte, hätte es je gewagt, eine Warnung von ihm zu ignorieren. Doch die Augen des Mädchens klappten zu, als Babinski die Hände fortzog, und es lag unverändert da. Der gesamte Saal hielt die Luft an. Jori hatte Charcot noch nie so fassungslos gesehen.

Es wäre alles weniger schlimm gewesen, wenn das Kind wenigstens geschrien hätte. Wenn es sich gewehrt hätte, um sich gebissen und an den Fesseln gezerrt. Wenn es die wilde

Bestie gewesen wäre, die man dem Publikum versprochen hatte. Doch es tat ganz einfach nichts. Und das war für eine gelungene Hypnosevorstellung definitiv zu wenig.

Als Charcot sich zum Publikum wandte, verengten sich seine Pupillen gefährlich in den Höhlen, und auch das Lächeln auf seinen fleischigen Lippen konnte nicht über die Tatsache hinwegtäuschen, dass in dieser Vorlesung etwas gehörig schieflief.

»Aaach!«, machte er in einem Ton, der wie ein zufriedenes Seufzen klingen sollte und Babinski dazu brachte, den Kopf noch tiefer zwischen die Schultern zu ziehen. Ein blutrotes Adergeflecht zog sich über seinen Nacken, als er sich abwandte.

»Aaach, meine Herren, die unvorhersehbaren Freuden einer Premiere, ist es nicht so?« Der Satz blieb im Raum hängen, ohne dass die Männer wussten, was sie mit ihm anfangen sollten. Einige lächelten probeweise, für den Fall, dass es sich um gut versteckte Ironie handelte, andere starrten betreten in die Luft oder in ihre Programmhefte. Jori hingegen betrachtete das sonderbare Kind auf der Bühne. Sollte es tatsächlich möglich sein, dass Runa sich dem Willen des Nervenarztes widersetzen konnte?

»Ja, meine Herren, welch eine Überraschung!« Charcots Heiterkeit war aufgesetzt, er schindete Zeit, um zu überlegen, wie er fortfahren sollte. Der Text, den er für diese Vorlesung vorbereitet hatte, konnte ihm jedenfalls nicht mehr helfen. Er gab Guinon am Rand der Bühne ein Zeichen, mit dem Stenografieren aufzuhören, und der Assistent ließ enttäuscht den Stift sinken.

»Meine Herren, endlich führt uns einmal eine Patientin vor Augen, was ich Ihnen schon Dutzende Male gesagt habe, aber bislang nie demonstrieren konnte.« Charcot hob den Zeigefinger. »Hypnotisierbar sind nur die echten Hysterikerinnen!«

Das Publikum nickte zustimmend. Das war in der Tat ein vertrauter Satz, er machte Mut und suggerierte, dass nun alles wieder in altbekannten Bahnen verlaufen würde.

»Wenn die Kranke also nicht hysterisch ist …«, sagte Charcot, als hätte er nie etwas anderes behauptet, und verschränkte die Arme hinter dem Rücken, »… wenn sie also nicht hysterisch ist, und ich glaube, dies gerade eindrücklich bewiesen zu haben, ja, woran leidet sie dann?«

In Charcots Vorlesungen unterschied sich das Fragezeichen vom Punkt für gewöhnlich nur durch die Art der Betonung, eine reine Stilfrage. Jori konnte sich nicht daran erinnern, dass der Nervenarzt jemals eine Frage gestellt hätte, die nicht von vornherein rhetorisch gemeint war, und so wartete man einfach darauf, dass er mit seinem Satz fortfuhr. Doch heute fuhr er nicht fort. Er zögerte. Und das allein reichte aus, um Jori in einen Zustand verstörender Aufregung zu versetzen.

War Runa das ungeklärte wissenschaftliche Phänomen, auf das er gewartet hatte? Vielleicht war es größenwahnsinnig zu denken, man selbst könnte am Ende eine Patientin heilen, an der Charcot, der große Charcot, gescheitert war. Doch selbst wenn, wäre dieser Größenwahn dann nicht eine Doktorarbeit wert?

Es war de la Tourette, der Charcot zu Hilfe eilte, während Jori noch auf seinem Stuhl saß wie auf dem Schemel der klinikeigenen Elektrisiermaschine.

»Wenn ich richtig verstanden habe«, sagte de la Tourette und stand aus dem Publikum auf, »wenn ich richtig verstanden habe, fordert uns Doktor Charcot am heutigen Abend dazu auf, unser Hirn zu aktivieren und gemeinsam über die Störung der jungen Kranken nachzudenken, bevor er uns den wahren Grund für ihr Leiden offenbart. Ist es nicht so, Professeur?« Er nickte dem Nervenarzt zu, und Jori wurde plötzlich klar, welche Qualitäten de la Tourette im vergangenen Sommer zu der Assistenzstelle bei Charcot verholfen hatten.

»Und ohne mich mit seinem Können und seinem Sinn für intelligente Schlussfolgerungen messen zu wollen, möchte ich in dieser Sache gern einen Anfang wagen.« Geradezu demutsvoll wartete de la Tourette darauf, dass der überraschte Charcot nun seinerseits mit dem Kopf nickte. »Mir kam die Idee, als ich vor drei Wochen nach Loudun reiste und auf dem Weg zu meinem Elternhaus ein Kaninchen auf der Straße liegen sah, das am ganzen Leib zitterte.« De la Tourette wandte sich dem Publikum zu und machte eine Handbewegung in Richtung Boden, als ob das Tier in diesem Augenblick vor seinen Füßen läge. Er sprach laut und sicher wie einer, der es gewöhnt war, eine Trinkrunde mit seinen Späßen zu unterhalten, und ließ den Blick über Charcots Publikum schweifen, das in diesen wenigen wertvollen Minuten plötzlich zu seinem eigenen wurde. »Es hatte keine Angst und schnappte sogar nach mir, als ich es berühren wollte, was mich doch schon ein wenig verwunderte, und kurz darauf konnte ich Krämpfe beobachten. Das Tier verdrehte den Körper in die seltsamsten Stellungen, die Augen waren aufgerissen, und die ganze Zeit knurrte und fauchte es in einem fort, als handele es sich nicht um ein Kaninchen, sondern um einen bissigen Hund oder eine Katze. Ich beobachtete dieses Verhalten vielleicht eine halbe Stunde lang, dann zeigte das Tier Lähmungserscheinungen am ganzen Körper und starb schließlich, nach vielleicht noch einmal 40 Minuten.« De la Tourette machte eine Kunstpause, wie Charcot es getan hätte. Hommage oder Parodie auf den großen Nervenarzt, Jori hätte es nicht sagen können. Er warf einen prüfenden Blick auf Charcot, konnte aber nicht mehr als das übliche Maß an Unmut in dessen Gesicht lesen. Vielleicht war es ihm gar nicht aufgefallen, dass er nachgeahmt wurde.

»Ich nahm das Tier daraufhin mit ins Haus und stellte Bisswunden am Hinterlauf fest. Das Kaninchen hatte die berüchtigte Rage, Tollwut, natürlich, jeder Veterinärmediziner hätte es sofort erkannt. Aber mich …«, de la Tourette schlug einen unterwürfigen Ton an, »mich, in meiner jugendlichen Unwissenheit, haben die Symptome tatsächlich an Hysterie erinnert, und zwar dergestalt, wie es unser allseits geschätzter Professor Doktor Charcot soeben von diesem Kind …«

»Unsinn! Tiere können keine Hysterie bekommen!«, unterbrach ihn jemand aus dem hinteren Teil des Vortragssaals, und Jori meinte, die Stimme von Adolphe Murat zu erkennen, einem talentlosen Medizinstudenten mit klobigen Händen, der sich auf Zahnmedizin spezialisieren wollte. Jori drehte den Kopf, konnte Murat aber nirgends entdecken. Und niemand stand auf, um sich zu dem armseligen Kommentar zu bekennen. De la Tourette versuchte sich in einem nachsichtigen Lächeln. Es misslang ihm.

»Das habe ich auch nicht behauptet«, erklärte er mit unterdrücktem Ärger. »Alles, was ich sage, ist, dass die Symptome der Tollwut denen der Hysterie sehr ähnlich sein können. Vielleicht tendieren wir manchmal aus reiner Gewohnheit dazu, Diagnosen zu stellen, die unserem Fachgebiet …«

»Ja, Murat! Vielleicht hättest du das Tier gesehen und ihm einen Zahn gezogen«, unterbrach ihn eine weitere Stimme aus dem Publikum. Der Kommentar erntete Gelächter.

»Meine Herren! Wir wollen doch den Beitrag von Monsieur de la Tourette nicht ins Lächerliche ziehen«, sagte Charcot. »Dass es keine hysterischen Kaninchen gibt, darüber sind wir uns wohl einig. Aber wie steht es mit tollwütigen Kindern? In der Tat gibt es einige Parallelen zwischen der Rage und der Hysterie, die nicht von der Hand zu weisen sind.«

Das Publikum schwieg. Jetzt, da der Nervenarzt die Möglichkeit in Betracht zog, zeigte man sich gewillt, über de la Tourettes Idee nachzudenken. Tatsächlich hätte die Tollwut einiges erklärt: die Apathie, die Schreie, die Aggressivität des Mädchens, auch wenn man von Letzterer noch nicht allzu viel gesehen hatte.

»Monsieur de la Tourette, wie wird die Tollwut verbreitet?«

»Durch einen Erreger, Docteur.«

»Ein Erreger!«, echote Charcot und breitete die Arme aus, bevor er sich umdrehte und mit dem Finger auf Babinski deutete, der noch immer neben dem Bett des Mädchens stand. »Ein Tollwut-Erreger im Nervensystem. Und nun sagen Sie mir, Monsieur Babinski, ließe sich ein Erreger etwa hypnotisieren?«

Babinski blickte auf den Finger, der auf seine Brust gerichtet war, und schüttelte verstört den Kopf. Charcot drehte sich zurück zu seinem Publikum, das Babinskis Erniedrigung mit Verzückung verfolgte. Das Mädchen und die missglückte Hypnosevorführung waren vergessen.

»Nichtsdestotrotz gibt es an Ihrem Vorschlag einen Haken, Monsieur de la Tourette, und das ist die Inkubationszeit. Zweieinhalb Monate in vier verschiedenen Kliniken...« Charcot schüttelte wiederum den Kopf. »Ein Kind in diesem Alter würde die Krankheit keine zehn Tage überleben. Ich bitte also um einen nächsten Vorschlag, meine Herren.«

Wenig überraschend kam er von Babinski. Charcots Schoßkater hatte sich von dem verbalen Tritt erholt, den sein Lehrer ihm versetzt hatte, und sprang herbei, um dem Nervenarzt etwas ins Ohr zu schnurren. Das war geschickt, dachte Jori. Es gab Charcot die Möglichkeit, die Idee als seine darzustellen, falls es denn eine gute Idee war. Und daran musste man bei Babinski in der Regel nicht zweifeln.

Charcot nickte ein paar Mal, seine Miene hellte sich auf, und er trat in die Mitte der Bühne, während Babinski sich zurückzog und neben Guinon stellte. Zusammen waren sie wie zwei Schatten für einen Mann.

»Meine Herren, Monsieur Babinski hat mich soeben an einen Artikel erinnert, den ich kürzlich mehr durch Zufall in einer kleinen Fachzeitschrift entdeckte und ihm zu lesen empfahl«, sagte Charcot. »Es handelt sich um den Artikel eines Arztes aus Neuchâtel in der Schweiz, der eine psychochirurgische Methode zur Besserung von paranoiden, aggressiven und gewalttätigen Patienten vorschlägt. Sein Name ist Doktor Burckhardt.«

Jori horchte auf. Paul hatte vor zwei Jahren bei einem Dr. Gottlieb Burckhardt gearbeitet, aber das war in der Waldau-Klinik in Bern gewesen, nicht in Neuchâtel.

»Doktor Burckhardt will festgestellt haben, wo im Gehirn die krankhaften Aggressionen und Halluzinationen liegen, und schlägt vor, die betreffenden Regionen einfach fortzuschneiden. Mir persönlich schienen die Ergebnisse seiner Tierversuche recht ähnlich zu denen von Goltz, weswegen ich die Sache nicht weiter verfolgte. Doch in Anbetracht der besonderen Umstände erwäge ich nun doch einen Brief an diesen Doktor Burckhardt zu schicken. Vielleicht können wir …«

»Professeur!« Ohne nachzudenken, sprang Jori vom Stuhl auf und erschrak im nächsten Moment über sich selbst. Er hatte Charcot unterbrochen. Niemand unterbrach Charcot! Und warum stand er? Hundert Augenpaare waren auf ihn gerichtet. Es war zu spät, um sich unsichtbar zu machen. Noch dazu in der ersten Reihe.

»Ich wollte nicht stören, Professeur, entschuldigen Sie vielmals«, sagte er mit einer Stimme, die ihn nur entfernt an seine eigene erinnerte, und nestelte am Saum seiner Jacke. »Es ist nur, dass ich ja ebenfalls aus der Schweiz bin, und äh, ich kenne Doktor Burckhardt sozusagen persönlich …«

»Und Ihr Name ist …?«

Jori starrte den Nervenarzt an.

»Johann Richard Hell, Docteur.«

In Charcots Gesicht machte sich kein Anzeichen von Erkenntnis bemerkbar, dafür begriff Jori nun umso mehr. Selbst nach drei Jahren hatte Charcot keine Ahnung, wer er war. Es fühlte sich an wie ein Schlag in den Nacken. Jori schoss das Blut ins Gesicht.

»Und was können Sie zu dieser Sache beitragen, *Monsieur 'ell?*«

»Ich – ich bin mit Doktor Burckhardts Theorien vertraut, und ich … arbeite derzeit an einer ähnlichen Sache.« Die Lügen sickerten aus Joris Mund wie Blut aus einer Wunde. Er begegnete Charcots Blick, dessen Ausdruck sich veränderte. Er kam Jori nicht mehr verärgert vor, vielmehr spiegelte sich eine Mischung aus Erheiterung und Interesse darin.

»Ist das so«, sagte er, und es war Jori unmöglich, den Tonfall zu deuten. Jori begann zu stottern.

»Ich … könnte mir vorstellen, mich des Mädchens anzunehmen, wenn Sie erlauben. Um eine Doktorarbeit über, ja, über das Mädchen und diese, äh, spezielle Methode zu schreiben, an der ich schon arbeite, sozusagen.«

Charcot blickte Jori an wie ein Insektensammler einen besonders drolligen Käfer, bevor er ihn aufspießte und in seine Sammlung einsortierte. Pauline, dachte Jori und versuchte, seine weichen Knie durchzudrücken. Ich tue es für Pauline!

»Ich bin ein guter Chirurg, Professeur.« Joris Stimme zitterte noch immer.

»Nun, das hoffe ich für Sie, wenn Sie einen solchen Eingriff vornehmen wollen. Inwiefern hängen denn Ihre Thesen mit denen von Doktor Burckhardt zusammen?«

»Es sind, ja also, die gleichen Thesen, Professeur.«

Charcot zog die Augenbrauen hoch.

»Das heißt, Sie wollen eine Operation am offenen Hirn einer Nervenkranken vornehmen?«

Was tat er da? Nie im Leben wollte Jori der Erste sein, der so etwas versuchte. Allein die Vorstellung war furchterregend. Jori überlegte, wie er zurückrudern oder seine Aussage zumindest abschwächen konnte. Doch bevor er auch nur den Mund aufmachte, drang Murats abfällige Stimme durch den Saal.

»Größenwahnsinnig!«, rief er, und Jori musste zugeben, dass dies eine berechtigte Diagnose war. Im Saal machte sich Gemurmel breit.

»Doktor Charcot, klären Sie uns bitte auf, wer ist dieser vorlaute Junge?«, rief einer, dessen Stimme Jori nicht zuordnen konnte. Doch Charcot antwortete nicht. Er blickte noch immer Jori an. Spießen Sie mich auf, Doktor Charcot, dachte Jori und fürchtete sich zugleich davor. Nehmen Sie mich in Ihre Sammlung auf, bitte! Der ängstliche Wunsch danach brannte plötzlich wie ein Fieber in seinen Wangen und seiner Stirn und ließ ihn die Vernunft vergessen, die ihn eben noch überkommen hatte. Jori war im Studium immer derjenige mit den ruhigsten Händen gewesen, den sichersten Schnitten. Aus ihm würde noch einmal etwas werden, hatten die Professoren gesagt, und Jori hatte ihnen geglaubt. Aber wann denn nur, wann? Er hielt Charcots Blick stand.

Die allgemeine Unruhe hinter ihm wurde größer. Die Ersten ließen vernehmen, man solle den jungen Burschen rauswerfen. Doch natürlich tat das niemand, bevor nicht Charcot den Befehl dazu gab. Gespannt wartete man auf das Urteil des Nervenarztes, das das einzig Entscheidende im Saal war.

»Doktor Charcot, wenn Sie erlauben, ich finde den Ehrgeiz dieses jungen Studenten ganz erstaunlich«, verschaffte sich plötzlich ein Mann Gehör, der sich unter den Studenten mit seinen Forschungen zur alkoholischen Gärung und der besseren Konservierung von Bier und Wein einen Namen gemacht hatte. Es war Louis Pasteur. »Nehmen wir einmal an, er könnte, was er behauptet zu können – dann würde das die Salpêtrière zur ersten Klinik machen, an der ein solcher Eingriff vorgenommen würde. Warum lassen wir ihn sein Können nicht beweisen? Ich schlage eine Wette vor …«

»Wir sind doch hier nicht beim Pferderennen!«

Normalerweise lauschte man Pasteurs öffentlichen Vorträgen mit wohlwollender Anerkennung. Jetzt aber löste er heftige Proteste aus.

»Docteur!« Ein etwa vierzigjähriger Mann mit teurem Anzug und Monokel stand aus dem Publikum auf. »Ich muss darauf hinweisen, dass die Anwesenheit eines erfahrenen Arztes für eine solche Operation absolut vonnöten wäre. Deshalb würde ich …«

»Hell soll das machen!«, unterbrach ihn eine weitere Stimme aus dem Publikum, und Jori glaubte, dass es de la Tourette war. Innerhalb kürzester Zeit schien plötzlich jeder eine unumstößliche Meinung zu dem Thema entwickelt zu haben, jeder außer Charcot, der Jori noch immer mit nachdenklichem Gesicht betrachtete und sich in Schweigen hüllte.

Als er schließlich die Arme hob, wurde es so schnell still im Saal, wie es laut geworden war.

»Meine Herren, meine Herren! Es macht mir fast den Eindruck, als habe sich die *Colère* der Patientin auf ihre Zuschauer übertragen. Zumindest sehe ich die Anzeichen der Hysterie derzeit eher jenseits der Bühne als diesseits«, sagte Charcot mit gespieltem Vorwurf in der Stimme, und die Herren lachten beschämt. Das Kind, das noch immer reglos im Bett auf der Bühne lag, hatte man in der Aufregung tatsächlich ganz vergessen.

»Ich schlage vor, dass der Student sich nun aus dem Vortragssaal entfernt. Und zwar ohne dass mit Wetteinsätzen nach ihm geworfen wird. Ich erwarte ihn dann nach der Vorlesung in meinem Büro.«

Jori blickte Charcot an, flehentlich, als hätte Flehen jemals etwas in dieser Klinik genützt. Der Blick des Nervenarztes war hart wie immer. Sein Urteil kam einem Richterspruch gleich. Und in diesem Moment begann Runa aus vollem Hals zu brüllen.

Es war dunkel geworden. Als Frédéric die Hecke erreichte, fielen die ersten Regentropfen. Pferdeäpfel lagen dort, wo vorher noch die Kutsche gestanden hatte. Sie zerflossen im Regen und wurden in den Rinnstein gespült und von dort auf den Boulevard. Der Kutscher war mitsamt seinem Karren verschwunden. Er hat sie mitgenommen, dachte Frédéric, er hat sie beide mit ins Schloss genommen. Das Herz flatterte ihm in der Brust wie ein Vogel.

»Isabelle?« Selbst wenn seine Schwester noch an der Stelle gehockt hätte, an der sie ins Gebüsch gekrochen waren, hätte sie sein Flüstern kaum gehört. Es war nicht lauter als das Geräusch, das die Regentropfen machten, wenn sie auf die Blätter trafen. Frédéric lauschte, doch auch den Säugling konnte er nicht hören. Weit und breit kein Lebenszeichen von seinen Schwestern. Frédéric hatte zu lange gezögert. Er hätte direkt zurückgehen sollen und sich nicht verkriechen dürfen wie ein

Angsthase. Der Regen wurde stärker. Begossen stand Frédéric vor der Hecke.

»Isabelle!«, rief er noch einmal, und diesmal war seine Stimme laut. Es war ihm egal, ob irgendwer im Schloss ihn hörte. Er konnte nicht ohne seine Schwestern zurückkehren!

»Isabelle!«

Nichts regte sich. Ungerührt ragte das Gebäude vor ihm auf, dunkel in der Dunkelheit, nicht einmal ein Fenster war erleuchtet. Ich muss hinein, dachte Frédéric. Ich muss sie rausholen! Doch sein Mut reichte nur für zwei Schritte, zu unheimlich war das Portal. Er blieb stehen, machte kehrt, lief zurück zur Hecke, hockte sich dahinter und schrie und brüllte den Namen seiner Schwester, bis er heiser wurde: »Isabelle!«

Dann rannte er auf die Straße zurück und die Mauer entlang, die das Grundstück des Schlosses umzog. Er fand keinen Baum, an dessen Ästen er sich hätte hochziehen können, doch an einer Stelle waren die Steine ungleichmäßig. Sie ragten aus der Wand heraus, nicht weit, aber doch weit genug für einen kleinen Fuß, um sich daraufzustellen. Dreimal rutschte Frédéric ab, dann schaffte er es, nach der oberen Kante der Mauer zu greifen und darüberzuspähen.

Auf der anderen Seite befand sich ein großer Hof mit mehreren lang gezogenen Gebäuden und einem Garten, in dem Wäschespinnen standen. In der Dunkelheit sahen sie aus wie dürre Wächter. Plötzlich vernahm er ein Klagen und Quieken. Frédéric zog den Kopf ein.

»Isabelle?«, flüsterte er. Doch es konnte nicht Isabelle sein und auch nicht der Säugling. Es klang eher so, als hätte jemand eine Horde Schweine in einem Stall aufgescheucht. Erneut spähte er über die Mauer. Es hörte sich an, als käme das Geräusch aus dem Gebäude vor ihm, doch der Regen prasselte nun so laut, dass er es nicht mit Sicherheit sagen konnte. Frédéric blinzelte. Sein Gesicht war nass vom Regen, der die Tränen fortspülte. Was für Tiere sperrte man hier ein? Plötzlich löste sich eine Gestalt aus der Nacht und lief über den Hof. Frédéric duckte sich erneut, doch die Person hatte gar keine Augen für die Mauer und den Jungen darauf. Sie trug irgendetwas in den Armen. Ein Bündel, ein verschnürtes Tier – oder ein verschnürtes Kind? Seine kleine Schwester!, dachte Frédéric, und Panik überfiel ihn. Im nächsten Moment hörte er einen Schrei. Deutlich drang er durch den Regen zu ihm herüber. Es klang nicht menschlich, eher wie ein verletzter Vogel. Vielleicht war es der flatternde Vogel in Frédérics Brust gewesen. Im nächsten Moment brandete von irgendwo Applaus auf. Das Klatschen der Hände unterschied sich deutlich vom Geräusch des Regens, aber Frédéric konnte nicht sagen, woher es kam. Da ertönte der Schrei erneut.

»Frédéric!«

Frédéric spürte die Hand an seinem Schuh und quiekte auf. Er ließ die Mauer los, stürzte und kam schief mit dem rechten Fuß auf, sodass er umknickte und auf den Hintern fiel. Seine linke Hand schlug in den Rinnstein, der zwischen Mauer und Straße entlangführte. Er blickte auf. Vor ihm stand Isabelle mit dem Säugling im Arm. Sie war ebenso durchnässt wie er selbst.

»Isabelle!«

»Was hast du da oben gemacht, Frédéric?«

»Wo hast du gesteckt? Ich hab die ganze Gegend nach dir abgesucht!«

»Kann man von dort etwas sehen?«

»Ich dachte schon, der Kutscher hätte dich mitgenommen.«

»Unsere Schwester ist mir zu schwer.«

Erleichterung überkam Frédéric. Er richtete sich auf und nahm Isabelle das Kind ab, das sofort zu weinen begann. Frédéric wollte seine Schwester umarmen und ließ es dann doch.

»Warum hast du nicht geantwortet, als ich dich gerufen hab?«

»Ich habe mich versteckt.«

Frédéric schaukelte den Säugling im Arm, doch er war selbst zu aufgebracht, als dass er ihn hätte beruhigen können. Das

Kind weinte noch lauter, während Isabelle sich die lahmen Arme rieb und zur Mauer hinaufblickte.

»Hast du etwas dahinter gesehen?«

»Nein, dahinter ist nichts. Alles dunkel. Hast du mich nicht rufen gehört?«

»Nein.«

»Wo bist du gewesen?«

»Ich bin nur ein bisschen weitergegangen, damit der Kutscher mich nicht entdeckt. Ich hab mich hinter eine Mauer gehockt. Der Kutscher ist fortgefahren. In die Richtung.« Sie deutete die Straße hinauf, in die entgegengesetzte Richtung, aus der sie zuvor gekommen waren.

»Tu das nie wieder!«, sagte Frédéric mit der strengsten Vaterstimme, die er nachmachen konnte, doch er war viel zu erleichtert, als dass ihm der Tonfall geglückt wäre.

»Was denn?«

»Wegzulaufen und mich dann so zu erschrecken.«

»Ich habe mich doch nur versteckt.«

»Trotzdem.«

»Frédéric, ich habe Hunger.«

Er konnte ihr nicht böse sein.

»Wir gehen jetzt nach Hause«, sagte er und legte den freien Arm um Isabelles Schultern, mehr um sie unter seine Aufsicht zu bringen, als um sie zu trösten. Den Säugling trug er auf der Hüfte. Das Päckchen mit den Zigarettenstummeln hing sicher an Isabelles Rock. Frédéric spürte es, als sie nebeneinander die Straße hinuntergingen und der Lederbeutel gegen sein nasses Hosenbein drückte. Er wollte weg von dem Schloss, dem Kutscher und dem Haus mit den unheimlichen Schreien hinter der Mauer. Er ließ die Schulter der Schwester nicht los, bis sie den Fluss erreicht hatten. Zu groß war seine Angst, sie könne es sich anders überlegen und doch noch der Kutsche nachrennen. Die Kutsche, dachte Frédéric.

Er erzählte weder Isabelle etwas von den Kratzern, die er

darin gesehen hatte, noch dem Vater, der ihn später in der Nacht übers Knie legte und gründlich versohlte.

»Ich verstehe nicht, warum du dir das überhaupt antust!« Paul hatte Mühe, mit Jori Schritt zu halten, als dieser entschieden zu Charcots Büro in der Division Pariset marschierte. »Bist du so versessen auf Charcots Abreibung?«

Die beiden Freunde redeten wieder miteinander, seit Jori aus dem Auditorium geworfen worden war. Paul hatte Hoffnung geschöpft, Jori würde nun doch noch mit ihm kommen, von Frankreich nach London und Wien und dann zurück nach Zürich. So hatten sie es während ihres Studiums geplant. Aber das war vor einer halben Ewigkeit gewesen.

»Er hat mich in sein Büro bestellt, also muss ich hingehen.« Jori achtete darauf, seine Schritte mit Entschiedenheit zu setzen, um den Freund nicht merken zu lassen, wie unsicher er war. Wenn man auf einem Felsen stand und ins Wasser springen sollte, musste es schnell geschehen. Man konnte keinen Freund gebrauchen, der einem die ganze Zeit versicherte, wie schmerzhaft der Aufprall sein würde.

»Jori, er hat dich für gestern Abend in sein Büro bestellt. Du warst da und er nicht!«, erinnerte Paul ihn zum zehnten Mal. »Was kannst du dafür? Man läuft doch nicht seiner eigenen Tracht Prügel hinterher, verdammt!«

»Paul, bitte! Nicht so laut. Es war schon schlimm genug, gestern im Zentrum der Aufmerksamkeit zu stehen.«

»Was denn, du siehst hier doch ohnehin niemanden mehr wieder!« Paul drehte sich zu den beiden Wärterinnen um, die sie gerade auf dem Flur passiert hatten und die nun mit großen Augen und Ohren stehen geblieben waren. Manchmal war der Freund so einfühlend wie eine Amputationssäge.

Es stimmte natürlich, Jori hätte einfach seine Koffer packen und gehen können, ohne Konfrontation. Aber das hatte er in seinem Leben viel zu oft getan. Plötzlich musste er daran denken, dass er Pauline noch immer einen Abschiedskuss schuldete. Er kniff die Lippen zusammen.

»Jori«, sagte Paul.

Jori war nicht dabei gewesen, als seine Mutter starb. Und er war nicht geblieben, als sie tot war. Er war abgehauen, auch damals schon.

»Jori!«

Die Vorstellung von seiner toten Mutter hatte sich in Joris Gedächtnis gefressen, als habe er sie tatsächlich dort liegen sehen. Der Stall, das verklebte Stroh. Es war eine widerliche Antithese zu dem druckfrischen Diplom, das er an jenem Tag in den Händen gehalten hatte. Das Diplom hatte er seiner Mutter zeigen wollen. Den Beginn seines neuen Lebens als Arzt. Und jetzt sollte er nicht einmal das erreichen?

»Jori!«, rief Paul noch einmal, und endlich drehte Jori sich um. Paul stand drei Meter hinter ihm und deutete auf eine Tür. Er war zu weit gelaufen.

Jori hatte noch nie Charcots Büro betreten. Niemand, von dem er wusste, hatte das – und hinter vorgehaltener Hand hieß es deshalb, es sei bislang einfach noch niemand lebend von dort zurückgekommen.

Nach Joris erstem Jahr an der Salpêtrière hatte er einmal den Grundriss des Klinikgeländes zur Hand genommen und war mit den Fingerspitzen über die Stelle gefahren, an der das Zimmer des Nervenarztes als weißes Kästchen eingezeichnet war. Ein blinder Fleck in einem Plan, der ihm ansonsten so vertraut war wie die Lage der Organe in einem Körper. Jori hatte sich vorgestellt, was Charcot in diesem Raum aufbewahren mochte, wie er ihn möbliert hatte und wie Jori selbst ihn einrichten würde, wenn er an Charcots Stelle wäre, der Machthaber über dieses kranke Imperium, über diese »entsetzliche Kloake«, wie Charcot sie selbst genannt hatte, bevor ihm vor über 20 Jahren die Leitung angeboten wurde.

Einen großen Eichenschreibtisch mit verschließbaren Schubladen wollte Jori haben und eine ganze Sammlung Schreibfedern, für jede Diagnose eine. Den Sex Bâton würde er neben dem Schreibtisch auf einen Beistellhocker platzieren, zusammen mit einem Chirurgenkoffer voll glänzender Knochensägen und Zangen – alles aus bestem Stahl von *Ceramics & Paris*. Und dann natürlich die Bücherregale. An jeder Wand würde eins stehen, hochgebaut bis zur Decke, selbst über dem Fenster wäre ein Brett. Wände aus Büchern, Joris eigene Bibliothek. So hatte er es sich immer gewünscht.

»Entrez!« Charcots Stimme klang knarzig und verzerrt. Sie kam Jori fremd vor. Die Tür quietschte in den Angeln, und Jori kniff die Augen zusammen. Er hätte sie gern leise und unaufdringlich geöffnet.

Charcots Büro sah aus wie das Zimmer eines Herrschers. Die Wände waren weiß vertäfelt und mit Verzierungen und Spiegeln versehen. Ein Kronleuchter hing im Raum, an der linken Wand gab es einen Kamin, der von Bildern und noch mehr Spiegeln umhangen war. Der Boden war mit teurem Teppich ausgelegt, in dem goldene Fäden schimmerten. Es war, als trete man von den muffigen, nackten Fluren der Salpêtrière in eine andere Welt.

Jori blickte sich irritiert um. Der mahagonifurnierte Schreibtisch in der Mitte des Raums war leer. Von Charcot war nichts zu sehen. Unsicher machte er drei Schritte in den Raum, sein Mund war trocken. Charcot hat mich doch hereingebeten, dachte er. Dann entdeckte er das Biest, das auf den Gitterstäben eines Käfigs vor der bücherlosen Rückwand des Zimmers hockte. Es war ein Kapuzineräffchen jener Art, wie man sie oft im Zirkus und noch häufiger in medizinischen Laboren sah: klein, mit graubraunem Fell und Augen, die so dunkel in dem hautfarbenen Gesicht lagen, als seien es Brandlöcher. Der Affe hatte die

Lefzen nach oben gezogen und übernahm die zähnefletschende Begrüßung, die Jori von Charcot erwartet hatte.

»Entrez!«, sagte plötzlich erneut jemand, und als Jori erschrocken herumfuhr, dämmerte ihm, dass es nicht der Nervenarzt gewesen war, der ihn auf sein Klopfen hereingebeten hatte.

»Entrez!«

In einer Ecke hinter der Tür saßen zwei leuchtend gelbe Papageien, fett gefüttert und zufrieden. Mit ihren krummen Schnäbeln und den starren Augen waren sie das genaue Abbild ihres Besitzers. Und einen ähnlich zynischen Humor wie Charcot hatten sie auch. Der eine von ihnen klappte den Schnabel auf und gab einige klickende Laute von sich, die wie ein höhnisches Gekicher klangen.

Jori brauchte nur eine Sekunde, um zu begreifen, dass er soeben ungebeten den heiligsten Teil der Klinik betreten hatte.

Mit zwei Schritten war er zurück bei der Tür und griff nach dem Türknauf, doch es war zu spät. Der Knauf stieß gegen seine Handfläche, die Tür flog ihm entgegen, und ins Zimmer kam der Nervenarzt persönlich, mit einer Teetasse und einem kleinen weißen Hund, der ihm um die Füße sprang. Jori erstarrte. Er hatte Charcot noch nie so gesehen, so ganz und gar privat. Mit dieser Tasse anstelle des Sex Bâton in der Hand wirkte er fast menschlich. Es hätte Jori nicht peinlicher sein können, wenn er Charcot auf der Toilette überrascht hätte. Die beiden Männer prallten voreinander zurück. Charcot blieb auf der Türschwelle stehen.

Einige Sekunden lang brachte Jori kein Wort heraus, dann kramte er von irgendwo eine Stimme her.

»Der da hat mich hereingebeten!«, sagte er und zeigte auf den Papageien, der nun verstummt war.

Charcot blickte von Joris ausgestrecktem Arm zu dem Vogel und zurück, sein Blick war abwesend, dann trat er wortlos an Jori vorbei und stellte die Teetasse auf dem Schreibtisch ab. Der kleine Löffel klirrte auf der Untertasse.

Er griff nach Feder und Papier, um noch im Stehen etwas aufzuschreiben, die Feder bewegte sich schwungvoll über das Blatt, und nur ein paar Mal setzte Charcot ab, um die fleischigen Lippen zu bewegen und den Text lautlos zu rezitieren. Hin und wieder machte er mit seiner linken Hand Bewegungen wie ein Musiker, der sich eine neue Tonfolge ausdachte. Als er schließlich die Feder sinken ließ, hatte er fast die ganze Seite vollgeschrieben. Der zufriedene Ausdruck auf seinem Gesicht änderte sich erst wieder, als ihm die Anwesenheit des zitternden Studenten bewusst wurde.

»Ja?«, fragte er in einem Ton, der eher zu einem Nein gepasst hätte, und holte den konsternierten Gesichtsausdruck nach, für den er zuvor auf der Türschwelle keine Zeit gehabt hatte.

»Doktor Charcot …« Panisch versuchte Jori sich an einen der vielen Satzanfänge zu erinnern, die er sich in der letzten Nacht zurechtgelegt hatte. Doch Charcot fuhr dazwischen.

»Wer sind Sie?«

Jori starrte ihn an. Er konnte nicht fassen, dass Charcot ihn das schon wieder fragte. Der Nervenarzt konnte ihn doch unmöglich von gestern auf heute aufs Neue vergessen haben.

»Johann Richard Hell«, sagte er, und schon sein Name klang wie eine Entschuldigung. »Sie haben mich gestern aus dem Vortragssaal geworfen, Docteur.«

Charcot hob die buschigen Brauen.

»Ach, der übermütige Schweizer!«, sagte er, und Jori ließ die Schultern hängen. Er musste sich eingestehen, dass Übermut sicher keine Eigenschaft war, die ihn auf der Karriereleiter weit nach oben bringen würde. Pauls Worte fielen ihm ein. Nun stand er tatsächlich hier und erinnerte Charcot an die ausstehende Bestrafung.

Charcot schritt zu dem Äffchen, das auf dem Käfig auf und ab zu springen begann und dabei wie verrückt quiekte. Erst jetzt sah Jori, dass das Tier mit einer Leine am Käfig festgebunden war. Charcot hob die Hand und versuchte, den weiß umrandeten Kopf des Affen zu streicheln, doch das Tier klammerte sich sofort an seinen dicken Finger und begann daran herumzuknabbern. Jori hielt alarmiert die Luft an, doch Charcot ließ den Affen gewähren.

»Sie sind uns in vielem sehr ähnlich.« Er hatte Jori den Rücken zugewandt und schien mehr zu dem Affen zu sprechen als zu seinem Gast.

»Wie bitte?«

»Die Tiere. Sie sind uns in vielem sehr ähnlich.«

Jori hatte die Worte verstanden, es war vielmehr der liebevolle Ton, der ihn verwirrte. Charcot hob die Hand, und das Äffchen klammerte sich spielerisch daran. Es gab einige fiepende Laute von sich, während es versuchte, auf Charcots Handrücken zu klettern. Doch die Leine um seinen Hals war zu kurz und hielt es am Käfig. Das Fiepen wurde dringlicher.

»Kennen Sie den therapeutischen Wert der Unterwerfung?«

Charcot drehte sich so plötzlich wieder zu Jori um, dass das Äffchen laut kreischend von seiner Hand fiel und an der Leine hing wie am Strick eines Galgens. Die Arme und Beine des Tiers zappelten in der Luft, dann langte es nach dem Gitter des Käfigs und kletterte schnatternd daran empor, zurück auf den alten Platz.

»Unterwerfung«, wiederholte Charcot und lenkte Joris Aufmerksamkeit damit auf sich. Er bohrte seinen Blick in den des Studenten. »Die moralische und physische Unterwerfung ist das höchste Gebot zur Heilung der Schwachsinnigkeit. Und der erste Schritt dazu besteht in der Isolierung des Kranken.« Charcot wurde es nie müde, den therapeutischen Wert der Isolierung zu unterstreichen, seit Jahren betonte er sie schon in seinen Vorlesungen.

»Sperren wir ein Tier ein, isoliert, ohne seine Artgenossen. Lassen wir es hungern, quälen wir es vielleicht ein bisschen. Ich habe es tun müssen, 1854, und ich habe es nicht gern getan, aber was für eine Schule das für mich war, was für eine Schule!«

Charcot kniff die Augen zusammen und sah Jori so eindringlich an, als wolle er ihn hypnotisieren. Hinter ihm begann das Äffchen erneut nach seinem Herrn zu rufen.

»Ich habe viel gelernt in dieser Zeit über die Macht der Isolierung. Und welche Macht das ist!« Er führte seinen Daumen und Zeigefinger nah vor Joris Gesicht, ohne den Blick von ihm zu wenden, und machte eine Bewegung, als wolle er ein Insekt zwischen den Fingern zerquetschen. »Das Geheimnis dabei ist die Furcht. Die Furcht lässt uns klein und schwach werden, wo wir groß und kämpferisch sein könnten. Meinen Sie, auch nur einer der Hunde hätte versucht, mich zu beißen, als ich sie auf den Versuchstisch hob? Nicht einer! Sie hatten Zähne, natürlich, aber die Angst hat sie das vergessen lassen. Und die Isolation, natürlich. Denn sie haben keine Zähne mehr gesehen, und ihre eigenen Zähne haben ihnen nichts mehr genutzt, als sie Hunger hatten. Stattdessen haben sie gewinselt und geheult, sich in den Ecken der Versuchskäfige verkrochen – und dennoch wären sie bis zum Schluss noch bereit gewesen, sich völlig an mich zu binden, wenn ich sie nur losgelassen hätte, wenn ich sie nur gefüttert und ihnen über den Kopf gestreichelt hätte. In diesem Stadium kennen sie nur noch die Flucht nach vorn – oder aber die totale Unterwerfung. Das, mein Junge, ist das Geheimnis der Hypnose.«

Jori fühlte, wie ihm schwindelig wurde. Er konnte sich kaum mehr auf die Augen des Nervenarztes konzentrieren, die ihn so durchdringend anstarrten. Seine Augäpfel müssten bald austrocknen, dachte er, wenn er nicht endlich die Lider schließen und fortsehen dürfte. Aber er durfte nicht.

»Wissen Sie, was bei einer normalen Hypnose im Kopf einer hysterischen Patientin geschieht?«

Nach drei Jahren an der Salpêtrière glaubte Jori es zu wissen, doch wie immer stellte Charcot keine Frage. Er stellte fest.

»Sie baut eine emotionale Bindung zu der Person auf, die ihr Befehle erteilt. Antoinette, Sophie, Blanche, all diese jungen, unglücklichen Frauen. Glauben Sie wirklich, dass unter normalen

Umständen auch nur eine von denen etwas an einem alten Mann wie mir finden würde? Aber durch die Macht der Hypnose...«, Charcot ballte die Hand zur Faust, »...durch die Macht der Suggestion lieben sie mich!« Er atmete hörbar durch die Nase ein, und seine Brust schwoll an. Es bestand kein Zweifel daran, dass Charcot sich in dieser Rolle gefiel. »Deshalb tun diese Frauen alles, was ich ihnen sage, mein Junge, sie lieben mich so abgöttisch, dass sie sich selbst aufgeben. Sie sind wie dieser Affe dort, sie sind wie meine Hunde, 1854, sie kriechen vor mir auf dem Boden, ohne jeden Stolz. Sie würden alles tun, nur um ihrem Herrchen zu gefallen.« Charcots Blick nahm einen verträumten, fast entrückten Ausdruck an, und Jori trat unruhig von einem Bein aufs andere. Die neue Rollenverteilung machte ihn nervös. »Mein Junge« hatte Charcot ihn genannt und sich selbst einen alten Mann. Jori hatte den Nervenarzt nie für alt gehalten, eher für zeitlos.

Noch einmal versuchte er, die Augen abzuwenden, doch es gelang ihm nicht.

»Und das Mädchen?«, brachte er schließlich mit kratziger Stimme hervor. »Warum hat es bei dem Mädchen nicht geklappt?«

Der verträumte Gesichtsausdruck fiel schlagartig von Charcot ab. Seine Augen wurden wieder kühl und durchdringend, und eine kleine Zornesfalte zeigte sich zwischen den dichten Brauen.

»Hoffnungsloser Fall!« Er wandte sich abrupt ab, um zum Schreibtisch zu gehen. Jori sackte in sich zusammen wie ein Mantel, unter dem man den Kleiderständer weggezogen hatte.

Charcot ließ sich in den hohen Lehnstuhl fallen, der vor dem Tisch stand, und nahm sich noch einmal das Blatt vor, das er zuvor beschrieben hatte. Innerhalb von Sekunden war er wieder in seinen Text vertieft. Der weiße Hund, der neben dem Stuhl gelegen hatte, stand auf und trippelte zu Jori hinüber. Er inspizierte sein Hosenbein, Jori spürte die kalte Schnauze durch den Stoff. Für alle anderen im Raum war er von einem Moment auf den anderen Luft. Nicht einmal die Papageien in der Ecke interessierten sich noch für ihn.

Er wandte den Blick zur Tür. Er hätte das Zimmer nun einfach verlassen können, Charcot schien fertig mit ihm, und er hatte nicht einmal eine Andeutung gemacht, dass er Jori von der Salpêtrière verweisen wollte. Vielleicht hatte er es über Nacht vergessen oder vielleicht auch nie vorgehabt. Der Rauswurf aus dem Vortragssaal mochte nur ein Kunstgriff gewesen sein, um die Schadenfreude des Publikums zu befriedigen und von der misslungenen Hypnosevorstellung abzulenken.

Jori fixierte den Türknauf, als könne er ihn allein durch die Kraft seiner Gedanken drehen. Er dachte an Paul, der ein paar Schritte weiter im Flur auf ihn wartete. Er würde ihm sagen, dass er nun doch an der Salpêtrière bleiben durfte, er könnte weitermachen wie bisher. Doch er wusste, was Paul antworten würde. Drei weitere Jahre, in denen Jori nichts anderes tat, als Assistent der Assistenten zu sein, Patientenanamnese und hier und dort eine kleine Operation, wenn er Glück hatte. Und währenddessen siechte Pauline im Burghölzli dahin und wartete vergeblich auf seine Hilfe. Jori blickte zu dem angebundenen Affen auf dem Käfig, der noch immer fiepte und zappelte.

»Professeur«, seine Stimme klang ungelenk, »es geht um die Idee mit der Doktorarbeit. Ich würde gern ...«

»Haben Sie sich das Mädchen mal genau angesehen? Haben Sie ihm mal in die Augen geschaut?« Charcot knallte den Zettel so plötzlich auf den Tisch, dass die Papageien mit den Flügeln schlugen. Jori zuckte zusammen, Federn flogen ihm entgegen. Charcot beugte sich über den Tisch und blickte ihn an. Eine Kunstpause, viel mehr als das Warten auf eine Antwort. Seine Stimme senkte sich zu einem Flüstern.

»Dieses Kind hat überhaupt keine Angst. Es ist stumpf gegen jede Empfindung, als wäre es immun gegen meine Suggestion!« Er trommelte mit den Fingern auf den schweren Schreibtisch. »Es schläft ein, wenn ich es will, es durchläuft die erste

Phase der Somnolenz, aber sobald ich sein Bewusstsein ausschalten und es in den somnambulen Zustand überführen will, zack...«, er schnipste mit Daumen und Mittelfinger, und Jori blinzelte erschrocken, »nichts! Keine Gefühlsregung. Keine emotionale Bindung. Nicht die Spur von Liebe. Sie haben die Vorstellung ja gestern gesehen. Ich sage Ihnen, dieses Kind hat noch nicht einmal Ehrfurcht vor mir!« Charcot schlug mit der flachen Hand auf den Tisch. Seine Miene verfinsterte sich weiter. In seinem überdimensionalen Lehnstuhl sah er aus wie ein dickes, schmollendes Kind. Jori räusperte sich. Er hatte das Gefühl, etwas sagen zu müssen. Ein, zwei Sätze der Entrüstung vielleicht oder des Trostes, was kam wohl besser an?

»Vielleicht...«, begann er und suchte nach den richtigen Worten, doch er war noch nie gut mit richtigen Worten gewesen, nicht einmal mit falschen. Er wartete darauf, dass Charcot ihn wieder unterbrach, doch auch diese Hoffnung zerschlug sich. Der Nervenarzt sah ihn erwartungsvoll an, die Brauen über der Adlernase zusammengezogen. Jori musste irgendetwas sagen.

»Vielleicht ist Ehrfurcht ohne Furcht nicht möglich.«

Charcot blickte kühl.

»Ah, ein Wortwitz«, sagte er dann, und es klang wie eine Diagnose. Jori biss sich auf die Zunge. »Aber Sie treffen schon den Kern der Sache, es geht um Furcht, wie gesagt.« Charcots Augenbrauen schoben sich zurück an ihren Platz, über die dunklen Höhlen. In der Bewegung erinnerten sie Jori an zwei haarige Blutegel.

»Sagen Sie mir also, wie kann das sein? Ist das Kind vielleicht zu naiv, um Angst zu empfinden? Zu gutgläubig? Ein kleiner Wurm, ein Insekt ohne Verstand, und darum nicht in der Lage, gefährliche Situationen zu erkennen?« Charcot stand auf und ging wieder zu dem Affen hinüber, als sei dieser untrennbar mit seinen Überlegungen zu Furcht und Unterwerfung verbunden. Erneut hielt er dem Tier seine Hand hin, und die Szene von vorher wiederholte sich. Jori fiel auf, dass das Tier vier lange Narben am Rücken hatte, zwei entlang der Wirbelsäule und zwei quer verlaufende. Es sah aus wie der Deckel eines Kästchens, das man öffnen könnte.

»Handelt es sich um eine Störung des Gehirns? Der Nerven? Einen Erreger? Oder sollte ich mich am Ende tatsächlich täuschen, wenn ich sage, dass das Mädchen an Hysterie leidet?«

Jori schüttelte entschieden den Kopf. Doch Charcot hatte ihm ohnehin den Rücken zugedreht und konnte die Bewegung nicht sehen.

»Doktor Charcot, wenn Sie erlauben, ich würde bitte gern versuchen…«

»Ich weiß, was Sie bitte gern versuchen würden.« Der Affe zappelte an Charcots Hand, als er sich halb zu Jori umdrehte. Seine großfleischigen Lippen verzogen sich zu einer Grimasse, die man mit etwas gutem Willen als Lächeln bezeichnen konnte. »Die Wette, die Monsieur Pasteur vorschlug. Und ich dachte, Sie hätten es nur angesprochen, um die Vorlesung zu retten.«

»Ja, das auch, natürlich. Aber eigentlich geht es eher um meine Doktorarbeit, Professeur, ich…«

»Unwissenheit ist der Motor der Furcht, und Furcht ist die Grundlage unserer Arbeit, wussten Sie das?«

Jori ließ die Schultern hängen. Es war unmöglich, den sprunghaften Gedankengängen des Arztes zu folgen. Er sah das Gespräch in einer Dauerschleife enden.

»Nein, Professeur.«

»Das sollten Sie aber! Wir müssen die Instrumente kennen, mit denen wir täglich umgehen. Haben Sie Angst, eine Erkältung zu bekommen oder, sagen wir, sich den Daumen zu quetschen?«

Jori antwortete nicht.

»Natürlich nicht! Weil wir die Ursache dieser simplen Leiden kennen. Die Furcht kommt erst da ins Spiel, wo wir keine Kenntnis mehr vom Lauf der Dinge haben, keine Kenntnis von der Natur. Die Furcht beginnt da, wo wir unwissend und hilflos sind – und erst an diesem Punkt sind wir bereit, uns voll und ganz in die

Hände eines anderen zu begeben, der uns wissender erscheint, mächtiger. Deswegen hat die Religion jahrhundertelang funktioniert, mein Junge. Sie ist auf Furcht gebaut. Und auf Unwissenheit. Früher haben sie ihr Schicksal in die Hände der Kirche gelegt, heute sind es die Hände der Wissenschaft. Früher haben sie Gott geliebt und gefürchtet, heute lieben und fürchten sie ihren Docteur, von dem sie sich Heilung erhoffen und Kontrolle. Furcht und Ehrfurcht, Sie haben es richtig gesagt, eines funktioniert nicht ohne das andere.« Charcot machte ein zufriedenes Gesicht, als sei ihm gerade erst klar geworden, was für eine glänzende Zukunft ihm noch bevorstand. Mit plötzlichem Eifer drehte er sich um und ging zum Schreibtisch zurück, um eine weitere Notiz zu machen. Der Affe fiel und zappelte kreischend an seinem Galgen.

»Doktor Charcot…«

»Machen Sie nur.«

»Bitte?«

»Sie wollen doch diese Operation ausprobieren? Machen Sie nur.« Er wedelte beiläufig mit der Hand, als wolle er eine nervige Fliege verscheuchen, und griff sich dann mit Daumen und Zeigefinger an die krumme Nasenwurzel.

Jori starrte ihn fassungslos an. Er wusste, es wäre besser gewesen, Charcot erst zu Ende denken zu lassen. Jori sah ja, dass er in Ruhe seine Notiz machen wollte. Er sah ja, dass er störte. Er sah das alles, aber er konnte einfach nicht länger warten.

»Das heißt, ich kann das Mädchen haben?«

Charcot ließ entnervt die Hand sinken.

»Na, an sich selbst wollen Sie die Operation wohl kaum ausprobieren!« Sein Tonfall erinnerte nun wieder viel mehr an den Charcot, den Jori kannte, hart und beißend, mit weniger großväterlicher Weisheit in der Stimme und weniger beschwingter Zuversicht. Jori war auch nicht mehr »sein Junge«. Die Tatsache erleichterte ihn. Wer hätte ihm garantieren können, dass die Zustimmung dieses anderen Charcots, dieses fremden, menschlichen Mannes, überhaupt zählte?

Jori nickte und buckelte und erinnerte sich selbst ein bisschen an Guinon, als er sich rückwärts zur Tür zurückzog, fassungslos über die Wende, die das Gespräch genommen hatte, und über die Leichtigkeit, mit der seiner Bitte stattgegeben worden war. Machen Sie nur, hatte Charcot gesagt, machen Sie nur. Joris Hände begannen vor Aufregung zu kribbeln, als er sich der Bedeutung dieser Worte bewusst wurde. Er würde eine Doktorarbeit schreiben, mit Charcot als Doktorvater, eine höhere Auszeichnung gab es wohl kaum. Er könnte in die Schweiz zurückkehren und Pauline zu seiner Patientin machen. Und später dann zu seiner Frau.

Jori war bereits an der Tür, als Charcot ihn noch einmal zurückrief.

»Ach, und«, sagte er, »Monsieur ...«

»Hell.« Jori schabte den Namen aus seiner trockenen Kehle hervor.

»Monsieur Hell, richtig. Mein Einsatz für unsere Wette ist offenbar, nicht wahr?«

Jori nickte automatisch, obwohl überhaupt nichts offenbar war. Charcot blickte von seinem Schreiben auf.

»Meine Unterschrift auf Ihrer Dissertation, wenn die Operation gelingt«, sagte er, und die Blutegel über seinen dunklen Augenhöhlen krochen wieder aufeinander zu. Sie warteten auf eine Reaktion, die einzige Reaktion, die in Charcots Gegenwart möglich war.

»Ja, Docteur.«

ZWEITER TEIL
Nachforschungen

»… da wir uns nicht mit einigen isolierten Fällen begnügen konnten, suchten wir bei der oberen Hospitaladministration um Erlaubnis (…), unser Metallarsenal in die Salpêtrière bringen zu dürfen. Hier in einem einzigen weiten Flügel, der traurigen Zuflucht aller Unheilbaren, sind unglückliche Frauen zu Hunderten, einige noch im jugendlichen Alter stehend, eingeschlossen (…). Es ist erbarmungswürdig anzuschauen, wenn 10, 20 dieser Unglücklichen, gefesselt durch feste Banden (…), schreien, brüllen, schäumen und sich gleichzeitig winden und gegen den oft unmächtigen Widerstand, den man ihnen entgegensetzt, kämpfen.«

VICTOR BURQ (1823–1884)
Französischer Mediziner und Hypnotiseur

Dieses Mal war es das Gesangbuch der katholischen Kirche. Monsieur Dupont holte aus und knallte es mir mit einer Präzision hinter die Ohren, die eine langjährige Erfahrung im Bücherhinterdieohrenknallen bewies. Gebetsbücher, Dichtungen und Abenteuerromane von Jules Verne – ich hatte zu diesem Zeitpunkt bereits alles um den Kopf gehauen bekommen, eine Woche zuvor sogar die Bibel. Doch das Gesangbuch lag heute näher, Monsieur Dupont hatte es ohnehin in der Hand gehalten.

»Wir waren also mal wieder zu faul, das Lied anständig einzuüben, und halten lieber den ganzen Chor auf, wie?«, schimpfte er und machte ein Gesicht, als wolle er am liebsten noch einmal ausholen. Ich kniff die Augen zusammen, hob die Schultern und betete, dass ich hinter den Ohren irgendwann eine Hornhaut entwickeln würde, so wie ich damals Hornhaut an den Fingern bekommen hatte, als ich einen Sommer lang beim Zäuneziehen half, ebenfalls auf Vaters Wunsch.

Ora pro nobis pecatoribus
Ora, ora pro nobis
Ora, ora pro nobis pecatoribus

Ich kannte den Wortlaut auswendig, schwierig war er schließlich nicht. Immer nur ora, ora, ora und so weiter, nicht sehr einfallsreich. Aber die Töne wollten mir in letzter Zeit einfach nicht mehr gelingen. Monsieur Dupont wusste das. Er wusste es, und trotzdem zwang er mich dazu, laut zu singen. Als hätte ich mich nicht absichtlich darum bemüht, die Wörter nur unauffällig mit den Lippen nachzuformen. So laut hatte ich singen müssen, dass alle anderen die Kiekser gehört hatten, die meine Stimme machte.

»Nein, Monsieur. Es tut mir leid, Monsieur«, sagte ich leise, und wieder quiekten die Worte aus mir heraus, als hätte ich Schluckauf. Ich konnte den Mund nicht aufmachen, ohne dass ein unkontrollierbarer Ton herauskam. Die anderen Jungen im Chor lachten.

»Du hältst das wohl für lustig, wie?«

»Nein, Monsieur.«

Er gab ein Geräusch von sich, das klang, als würde ein Hund niesen.

»Und wenn ich dir sage, dass du den Nachmittag hierbleibst und das Lied einstudierst, und zwar so lange, bis es klappt, findest du es auch noch lustig, wie?«

Ich kniff die Lippen zusammen. Ich hatte keine Lust, den Nachmittag zu bleiben. Ebenso wenig, wie ich am Morgen hatte herkommen wollen. Ich wollte viel lieber in die Bibliothek gehen und sehen, ob ich Gérard traf.

Ich schob die geschlossenen Lippen zwischen die Zähne und biss aufs Fleisch, bis es schmerzte. Gleich wirst du wieder losheulen, dachte ich verärgert, die Tränen sitzen dir doch schon im Hals. Und um mich abzulenken, fragte ich mich, warum das so war, warum man Tränen in der Kehle spürte, obwohl sie eigentlich aus den Augen kamen.

»Ich kann dich nicht verstehen, wie?«

»Nein, Monsieur. Ich danke Ihnen, Monsieur«, kiekste ich, und die Jungen kicherten. Natürlich musste ich den Nachmittag in der Kirche verbringen.

Die Sonne fiel durch das Portal und zeichnete Punkte auf den kalten Steinboden. Sie rotteten sich zusammen wie eine Schar bunter Käfer. Ich sah mich verstohlen um, um sicherzugehen, dass mich niemand beim Denken solcher Dinge beobachtete. Rührseligkeiten, würde mein Vater sagen, Gefühlsduseleien. Ich zog das zusammengefaltete Schulheft unter meinem Ministrantengewand hervor. Auf der letzten Seite hatte ich Beobachtungen, Skizzen und kurze Gedichte eingetragen, die mir in den Sinn kamen, wann immer ich allein war. Sie ließen mir keine Ruhe, bis ich sie niederschrieb, heimlich und in Schnörkelschrift. »Mädchenschrift« nannte Vater das. Noch einmal sah ich mich um. Das Heft würde hinter den Ohren nicht sehr wehtun, dafür war es zu dünn und zu weich, nicht einmal einen festen Umschlag hatte es. Ich hatte nur Angst davor, dass jemand die letzte Seite entdeckte und sie laut vorlesen könnte, oder noch schlimmer, dass ich selbst sie vorlesen müsste und dabei auch noch kiekste. Hirnabfall, würden sie denken und mich für einen Spinner halten.

Mir fielen sechs Begriffe ein, die sich auf Glas reimten.

Ich schrieb sie nieder und steckte mein Schulheft zurück unter das Gewand, das ich ausziehen würde, sobald die anderen gegangen waren. Es war mir irgendwie peinlich, mich vor ihnen zu entkleiden, früher nicht, aber heute, vor allem, seit Gustave zu der Gruppe gekommen war, von dem ich spürte, dass er anders war als die anderen und dass er auch kein Priester werden wollte.

Ich lauschte darauf, wie die Jungen sich im Nebenraum umzogen, hastig, das Gekicher unterdrückt, die Stimmen gemäßigt, später dann befreit und laut, als sie durchs Seitenportal ins Freie strömten. Der Nachmittag lag noch vor ihnen, vor mir dagegen nur das scheußliche Gesangbuch.

Ich schlug es von hinten auf und wendete die Seiten lustlos um, von vorn oder von hinten, die Lieder waren so oder so einschläfernd und unoriginell, nicht eine gute Metapher war darin zu finden. Ich stieß meinen Daumen in die Schnittkante des Buchs und beobachtete, wie die goldenen Seiten unter meinem Finger hindurchblätterten. Von vorne nach hinten, von hinten nach vorne, ich mochte das Geräusch der Blätter, wenn sie aufeinanderprasselten, und den leisen Luftzug, den das erzeugte.

Dann hielt ich plötzlich inne. Mir war, als hätte ich etwas gesehen, das die Gleichförmigkeit der Seiten durchbrach, ein Text mit anderem Schriftbild oder enger stehenden Zeilen, genau konnte ich es nicht sagen. Ich blätterte das Buch erneut durch, langsamer diesmal, das dünne Papier raschelte unter meinen Fingern. Ich fand die Stelle im hinteren Teil des Buchs. Bleistiftschrift über der Druckerschwärze, eine ganze Seite war beschrieben und bemalt, das ganze Lied Nr. 28. Ich wendete die Seite, auch das nächste Lied, *Qu'elle est douce*, und das übernächste – fünf oder sechs Seiten insgesamt. Der Gedanke packte mich, dass ich das Buch die ganze Zeit in der Hand gehalten hatte, ohne etwas von dem zu ahnen, was sich auf den letzten Seiten verbarg, eine geheime Botschaft inmitten der Kirchenlieder. Ich sprang von der Kirchenbank auf und nahm das Gesangbuch mit zum Seitenportal, wo die Sonne durch die bunt verglasten Fenster fiel. Dort hielt ich es ins Licht und betrachtete zunächst die Zeichnungen, die ungelenk wie die eines Kindes waren und noch dazu auf den Kopf gestellt. Erst als ich das Buch drehte, begriff ich, dass es jemand verkehrt herum benutzt hatte. Die letzte Seite war zur ersten gemacht worden und beschrieben. Und jede andere, schon existierende Schrift war dabei mit beeindruckender Hartnäckigkeit ignoriert worden. Ganz so, als ob es die Liedstrophen in dem Gesangbuch gar nicht gäbe. Ich konnte Menschen erkennen, in Strichen dargestellt, ein Viereck auf Rädern, Haken und Symbole, die aussahen wie Fische mit langen Nasen. Ich sah einen Topf, in dem ein kleiner Mensch steckte. Und dazwischen Buchstaben – Buchstaben über Buchstaben. Ich versuchte, die ersten Wörter zu entziffern, und musste enttäuscht feststellen, dass ich sie nicht lesen konnte. Sie schienen in einer anderen Sprache verfasst zu sein, oder in Geheimschrift:

FeCuAgRtSnPbAuHgFe

Ohne den Blick von den Zeichen zu nehmen, hockte ich mich auf den kalten Kirchenboden, genau in den bunten Fleck, den die Sonne auf die Steine zeichnete. Ich versuchte ein System zu erkennen. Den krakeligen Buchstaben nach zu urteilen war das Kind, das diesen Text verfasst hatte, jünger als ich, deshalb nahm ich an, der Schlüssel könnte so kompliziert nicht sein.

Ich zog mein Schulheft hervor, blätterte bis zur Mitte und schrieb das ABC in zwei langen Reihen senkrecht aufs Papier, mit etwas Platz hinter jeder Spalte, dort, wo die verschlüsselten Buchstaben stehen sollten. Mit der Zungenspitze zwischen den Zähnen trug ich die wahrscheinlichsten Kombinationen ein, strich alte Möglichkeiten weg, probierte neue aus. Der Text musste eine Bedeutung haben, niemand schrieb in ein Gesangbuch und dachte sich dabei Wörter aus, die keinen Sinn ergaben, es sei denn, es war tatsächlich eine fremde Sprache, aber diese Möglichkeit schloss ich lieber von vornherein aus. Ein Geheimcode musste es sein, den konnte ich wenigstens entschlüsseln!

Ich hielt inne, als mir die Wiederholung in den Wörtern auffiel. Der geheime Text bestand eigentlich nur aus neun Buchstabenkombinationen, wie ich jetzt sah: Mit »H-g« hörte er auf und begann dann immer und immer wieder von vorne, wie eine Beschwörung. Ich blätterte die Seite um. Eineinhalb weitere Seiten waren in dieser Art beschrieben und mit Bildern übersät, dann riss die Zeichenkette plötzlich ab. Und mitten in der dritten Zeile, dort, wo die Zeichnung eines Männchens war, das sich über ein anderes beugte, entdeckte ich endlich ein Wort, das ich verstand oder zumindest lesen konnte: Ouvre-corps, der Körperöffner.

Aufgeregt und ein wenig verstört beugte ich mich vor. Ich dachte zunächst, ich hätte das Wort falsch entziffert, doch es gab keinen Zweifel: Körperöffner stand da, zwischen den Strophen des Lieds 29. Das Wort war fürchterlich und gleichzeitig poetisch, und dann auch noch zusammen mit dieser Zeichnung! Mir wurde kalt. In der nächsten Zeile konnte ich nicht viel lesen. Wo der blasse Bleistiftstrich auf die schwarzen Druckbuchstaben traf, waren die Wörter schlecht zu erkennen. Sie wurden verschluckt von den kopfstehenden Noten. Nur dort, wo die Strophe aufhörte und der Zwischenraum Platz zum Schreiben gelassen hatte, war wieder etwas zu lesen, etwas von Fröschen und einem Sammler. Ich hielt mir das Gesangbuch so dicht vor die Nase, als könne der Geruch der alten Seiten mir beim Entziffern helfen.

Ein geschlossener Text war es nicht, nur hier und dort konnte ich einen halbwegs vollständigen Satz entziffern: »nennt uns Frösche« stand da. Und: »Ils me disent que je suis folle« – sie sagen mir, ich bin verrückt. Ich schauderte.

Ein Geräusch vom Eingang der Kirche schreckte mich auf, und ich hob den Kopf und lauschte mit angehaltenem Atem. Wenn mich Monsieur Dupont mit dem Gesangbuch erwischte, würde er sicher denken, ich selbst hätte die Seiten vollgeschrieben. Und ich wollte mir gar nicht ausmalen, was er dann mit mir anstellen würde. Erst in diesem Moment wurde mir die Unverfrorenheit des Vergehens bewusst. Man kritzelte doch nicht einfach in ein Buch, das der Kirche gehörte, so unoriginell dieses auch sein mochte! Wahrscheinlich stimmte es sogar, und das Kind, das diese Botschaft geschrieben hatte, war verrückt. Am Ende würden sie dann alle mich für irre halten, mich! Ich hörte Schritte und steckte das Buch schnell unter mein Gewand, um aufzustehen. Doch ich hatte kaum mehr Zeit, den Kopf zu drehen, als der Rock eines schwarzen Mantels auf mich zuflog. Monsieur Dupont trägt doch gar keinen schwarzen Mantel, dachte ich noch. Dann wurde ich am Kragen gepackt und hochgerissen.

Jori hatte nicht damit gerechnet, Paul so bald wieder verabschieden zu müssen. Er spürte das Gewicht des Koffers an seinem rechten Arm und hatte für einen Augenblick den irrsinnigen Gedanken, dass Paul gar nicht abfahren könnte, wenn Jori den Koffergriff nur lange genug umklammert hielt, so lange, bis der Zug aus der Bahnhofshalle verschwunden war. Paul würde nicht ohne seinen Koffer fahren können.

Als habe er Joris Gedanken gelesen, nahm Paul ihm das Gepäckstück ab. Die Wut stand ihm deutlich ins Gesicht geschrieben, trotz Bart und trotz seines Versuchs, sich in der Öffentlichkeit zu beherrschen. Jori ließ den Griff los und wusste, dass nun etwas gesagt werden musste. Er wollte den Freund nicht einfach so abfahren lassen, ganz ohne Abschied. Er suchte nach Worten, die noch nicht zwischen ihnen gefallen waren. Aber da schien es nichts mehr zu geben. Nichts außer Rechtfertigungen und Anschuldigungen.

Paul behauptete, Jori würde sich in Paris verkriechen und sei selbst eine von Charcots Marionetten geworden. Er hatte ihm vorgeworfen, gar nicht nach Zürich zurückkehren zu wollen. Und dabei war doch genau das Gegenteil der Fall. Jori wollte so schnell wie möglich zurück, aber eben nicht ohne seinen Doktortitel.

»Du hast doch selbst gesagt, dass sie mich gar nicht an Pauline ranlassen würden ohne Promotion! Jetzt habe ich die Möglichkeit, eine Doktorarbeit zu schreiben, und es ist dir wieder nicht recht.«

Jori hielt sich dicht neben Paul, als dieser zum Fahrkartenschalter ging, den Rücken durchgestreckt und den Kopf stolz erhoben, nur rechts knickte er ein wenig ein, das Gepäck wog schwer. Jori versuchte ihm den Koffer wieder abzunehmen und schob die Hand unter den Griff, neben die Finger des Freundes, doch Paul scheuchte ihn weg, so wie man ein bettelndes Kind vertrieb. Zusammen reihten sie sich in die Schlange der Wartenden, damit Paul seine Fahrkarte lösen konnte.

»Überleg doch nur, Paul, ich als Doktor! Und dann komme ich zurück und werde Pauline aus dem Burghölzli befreien und sie heiraten. Und dann sind wir zwei sogar miteinander verwandt!« Er hatte seiner Stimme einen optimistischen Klang verliehen, musste aber zugeben, dass die Geschichte, in dieser Heiterkeit erzählt, eher wie ein Märchen klang.

»Paul?«

Paul schwieg verbissen.

»Komm schon, Paul, rede mit mir.«

»Herrgott, es geht doch nicht immer nur um Pauline!«, brach es aus Paul hervor, und der aggressive Ton in seiner Stimme ließ Jori zurückschrecken. Einen Moment lang blieb ihm die Sprache weg. Dann dämmerte ihm, wo das Problem lag.

»Bist du eifersüchtig?«

»Un billet à London, silwu-plä.« Paul ignorierte die Frage. Er hatte den Anfang der Schlange erreicht und stand vor dem Fahrkartenhäuschen.

»Du bist eifersüchtig!«

»Que souhaitez-vous, Monsieur?« Der Mann am Schalter hatte Paul nicht verstanden.

»Red keinen Unsinn, Jori.«

»Messieurs?«

»Wie soll ich deinen Kommentar dann verstehen?«

»Messieurs, s'il vous plaît?«

Hinter ihnen beugten sich die ersten Köpfe aus der Schlange. Die Wartenden wollten sehen, warum es vorne nicht weiterging.

»Du hast mir den Erfolg ja schon damals nicht gegönnt, im Studium. Und dass Pauline irgendwann mehr Zeit mit mir verbracht hat als …«

»Un billet à London, silwu-plä«, wiederholte Paul und bekam hektische rote Flecken im Gesicht. »Es geht nicht um Pauline, verdammt«, zischte er an Jori gewandt. »Gibt es eigentlich kein anderes Thema für dich? Warum suchst du dir nicht irgendein anderes Mädchen?«

Jori war fassungslos.

»Messieurs, que désirez-vous?« Der Billettverkäufer in seiner Kiste wurde ungeduldig, und auch die Wartenden in der Schlange begannen zu murmeln, leise zunächst, als müssten sie die Resonanz auf ihre Missbilligungen erst an sich selbst ausprobieren, bevor sie die Gruppe daran teilhaben ließen, dann zunehmend lauter.

»Er will ein Zugbillett nach London … Londres, s'il vous plaît!«, fuhr Jori den Fahrkartenverkäufer an. Er glaubte nun einiges zu begreifen. Paul hatte schon immer ein auffällig enges Verhältnis zu seiner Schwester gehabt. Als er sie zum ersten Mal mit in die Uni gebracht hatte, war es nur, um sie vorzuführen, wie auf einer Zuchtschau. Paul hatte es genossen, wie die anderen Studenten über die Schönheit seiner Schwester gestaunt hatten, über ihre angebliche Geistesverwirrung und darüber, wie Paul die Suggestion an ihr durchgeführt hatte. Hilflos war sie gewesen und voll und ganz auf Paul angewiesen, der dastand, ihre Hand auf seinem Arm. Und dabei war sie die große Schwester. Jori erinnerte sich daran, dass es ein Vormittag im Juni gewesen war, Juni '77. Doch Pauline war blass gewesen, als wäre es Winter.

»À quelle heure?«, fragte der Fahrkartenverkäufer.

Und dann hatte sich die Situation eben geändert. Paulines Hand hatte auf seinem, Joris, Arm, gelegen, nicht mehr auf dem des Bruders. Und nun war Jori auch noch auf dem besten Wege, ihr das Leben zu retten – was sie dann dazu bringen würde, sich emotional für immer an ihn zu binden. Sollte er sich da wundern, dass Paul sich als Verlierer fühlte?

»Messieurs, à quelle heure?«, wiederholte der Fahrkartenverkäufer ungehalten und gab bekannt, dass es hinter ihnen Fahrgäste gebe, die ihren Zug bekommen wollten.

Zustimmendes Gebrumme aus dem Hintergrund. Ein kleiner Junge begann auf dem Arm seiner Mutter zu plärren und war damit der Erste, der seinen Protest laut kundtat.

»Du willst nicht, dass ich Pauline rette, weil du sie retten willst!«

»Was?«

»Du willst der Held sein in dieser Sache und kannst es nicht ertragen, dass sie mich mehr liebt als dich.«

»So ein Quatsch!« Mittlerweile war Pauls gesamtes Gesicht ein einziger roter Fleck. Jori sah die Wut bis in die kahl werdenden Ecken seines Haaransatzes hinein.

»Messieurs!«

»Gib's doch zu, Paul. Wenn sie nicht deine Schwester wäre …«

»Wie oft hat sie dir denn in den letzten drei Jahren geschrieben, hm? Wenn sie so verliebt in dich ist? Wach aus deinem Traum auf, Jori! Du bist nicht der Prinz, und sie wartet nicht im Turm auf deine Rettung! Und im Übrigen haben sie ihr die Haare abrasiert.«

Jori wich einen Schritt zurück. Die Information war so plötzlich und ohne jede Vorwarnung gekommen. Ohne jeden Zusammenhang. Er stieß mit dem Schuh gegen den Koffer einer der Wartenden. Der Mann fluchte.

»Messieurs, pour la dernière fois …!«, rief der Fahrkartenverkäufer.

Hinter Paul und Jori meckerten die Menschen jetzt übereinstimmend laut. Sie sahen sich an, deuteten nach vorn und schüttelten die erhitzten Köpfe, während das Kind noch immer plärrte. Der Fahrkartenverkäufer ließ vernehmen, dass die Herrschaften nun ein Billett kaufen oder den Schalter augenblicklich verlassen müssten, dass er aber, falls man sich zum Fahrkartenkauf entschließe, noch die gewünschte Uhrzeit der Abfahrt wissen müsse.

»Ich fahre sofort, mäntnant!«, brüllte Paul durch die Öffnung im Fenster, obwohl es nun eigentlich an Jori gewesen wäre zu brüllen. Er stellte sich Pauline mit kahlrasiertem Kopf vor, mit blondem Flaum auf dem nackten Schädel anstelle ihrer langen Zöpfe. Ja, ihm war zum Brüllen zumute.

»Première classe?«, fragte der Mann. Er arbeitete seinen Fragenkatalog trotz allem sehr gewissenhaft ab.

Hinter ihnen hatte die Unruhe eine weitere Stufe erreicht. Nachdem man sich davon überzeugt hatte, dass die Empörung kollektiv war, adressierten die Wartenden nun die beiden Herren direkt und befahlen ihnen, das Kassenhäuschen freizugeben. Jori nahm ihr Schimpfen nur sehr entfernt wahr. Der Tumult in seinem Innern war viel lauter als der Zorn der Franzosen. Pauline hatte Jori tatsächlich nie geantwortet, auf keinen seiner 37 Briefe, er hatte sie gezählt.

»Ich dachte, sie dürfe im Burghölzli vielleicht keine Briefe schreiben …«

»Oui, prämier, merci«, sagte Paul und zog sein Portemonnaie hervor.

»… oder dass es ihr vielleicht so schlecht ging, dass sie nicht antworten konnte.«

»Jori, sie hat deine Briefe am Ende noch nicht einmal mehr geöffnet.« Paul nahm den Fahrschein entgegen. Er verstaute ihn ordentlich in seiner Geldbörse. Noch immer blockierten sie den Schalter.

»Das ist nicht wahr!«

»Ist es leider. Als ich ihr die Post in die Klinik geschmuggelt habe, hat sie sie mir zurückgegeben und gesagt, sie wolle keine Briefe mehr von dir.« Sein Blick war mitleidig. Jemand aus der Reihe rief: »Allez! Magnez-vous!«

»Was sagt er?«, fragte Paul genervt und drehte sich um. Doch Jori interessierte die allgemeine Aufregung noch immer herzlich wenig.

»Sie muss verwirrt gewesen sein. Oder unter Drogen! Du weißt doch selbst, wie Medikamente das Gemüt verändern.«

»Jori, sie hat auch in der Zeit, in der sie zu Hause war, nie von dir gesprochen!«

Jori starrte auf die Glaskante im Loch des Fahrkartenhäuschens. Sie war präzise geschnitten, keinen noch so kleinen Sprung konnte er entdecken. Er glaubte Paul nicht, der musste sich das ausdenken, um ihm wehzutun. Wäre es wahr, hätte er es Jori doch schon viel früher gesagt, bei ihrem ersten Streit in der Wohnung von Mme Villon oder später in der Salle de Garde. Paul konnte es einfach nicht ertragen, dass sein Freund und seine Schwester sich liebten, so musste es sein.

Paul drehte sich zu dem Mann hinter ihnen um und bat mit entschuldigender Geste um noch einen kleinen Moment Geduld, bevor er sich wieder Jori zuwandte.

»Also, was jetzt, kaufe ich dir ein zweites Billett?«, fragte er. »Ich zahle dir die Fahrt, ich habe es dir gesagt. London, Jori, London, zu Doktor Maudsley! Und erste Klasse.«

Joris Antwort musste nicht ausgesprochen werden, sie lag auf der Hand, er hatte es in den letzten Tagen oft genug gesagt. Außerdem hatte er nicht einmal einen Koffer dabei. Als Paul ihm ins Gesicht sah, verriet der Ausdruck darin, dass er nicht glauben konnte, dass es so zu Ende gehen sollte. Dann wandte Paul sich ab, ohne ein Wort, ohne ein Nicken. Er nahm seinen Koffer vom Boden auf.

»Paul!« Jori stellte sich ihm in den Weg, aber von hinten drängelte sich jetzt der nächste Wartende vor und beanspruchte vehement den Platz vor dem Kassenhäuschen. Sie waren beide gezwungen, zur Seite zu treten. Jori lief Paul nach, als dieser sich zum Bahnsteig durchquetschte. Er war wütend, richtig wütend, aber er wusste, dass er noch weit mehr zu verlieren hatte als nur seine Selbstbeherrschung: Einen Freund hatte er zu verlieren.

»Paul, überleg dir das mit der Abfahrt noch mal.« Es fiel ihm schwer, ruhig zu sprechen, und ein »Bitte« brachte er erst recht nicht hervor, nicht nach dem, was Paul gesagt hatte.

»Ich hatte gehofft, wir könnten diese Operation zusammen durchführen«, fuhr er kleinlaut fort. »Immerhin bist du der Experte für Doktor Burckhardts Theorien und diese Hirndurchschneidungsgeschichte.«

»Es gibt keine Experten für Hirndurchschneidungen, Jori.«

Paul blieb nicht stehen. »Die Operation wurde noch nie durchgeführt, und Doktor Burckhardt wäre mit Sicherheit der Letzte, dem ich sie zutrauen würde. Er hat die Fingerfertigkeit eines Landtierarztes.«

»Das heißt, du lässt mich jetzt hier einfach mit der Sache allein?« Jori fixierte Pauls Rücken, sah, wie dessen Schultern zuckten, schaudernd oder resigniert, er konnte es nicht sagen. Paul drehte sich nicht einmal um.

»Mach's gut, Jori. Ich wünsche dir Glück. Dir und vor allem diesem – Kind.« Dann verschwand er mitsamt seinem Koffer und dem Erste-Klasse-Billett in der Menge.

Jori beobachtete, wie er sich hinter den braunen und schwarzen Rücken verlor. Am Ende der Halle stieg der Dampf der ankommenden und abfahrenden Züge auf wie Nebel über einem Feld.

Die Salpêtrière war die erste Klinik, die eine Trennung der Insassinnen nach Krankheitsbild vorgenommen hatte. Nachdem Charcot sein pathologisches Museum aufgeräumt hatte, gab es nicht mehr einfach nur »die Alten« und »die Irren«, sondern auch die Nervenkranken, die Gehirnweichen und die Epileptischen; es gab die Tumorpatienten und die Muskelkranken, es gab Frauen, denen man die Chance auf Genesung zusprach, und solche, bei denen man jede Hoffnung aufgegeben hatte. Und dank der Größe der Klinik stand für jede dieser Gruppen eine eigene Abteilung zur Verfügung.

Runa hatten sie in die Gebäude der Sektion Esquirol gesteckt, zu den »jungen idiotischen Mädchen«.

Jori blickte in ängstliche Gesichter, als er den stickigen Raum betrat. Die elektrischen Lampen an der niedrigen Decke flackerten. Anders als die alten Frauen im Bâtiment de la Vierge und den Gebäuden Sainte Claire hatten die Mädchen weder Nachttische noch Stühle für ihre Habseligkeiten. Alles, was man ihnen bei der Einweisung gab, trugen sie am Körper, und die Schuhe, die sie selten brauchten, standen links neben dem Bett. Darüber hingen die Krankenakten, keine anderthalb Meter voneinander entfernt. Sie übersäten die Wände wie Informationsschilder einen botanischen Garten.

Jori sah sofort, dass die anderen Kinder Runa argwöhnisch beäugten. Eine etwa zwölfjährige Bettnachbarin mit kurz geschorenem Haar hatte sich mit den nackten Füßen auf die Bettkante gehockt und ließ die Neue nicht aus den Augen. Sie sah aus wie ein Geier, der auf einem Ast saß.

Runa hielt die Augen geschlossen, als schliefe sie. Ihre Hände waren an die Seiten des Bettes gebunden, sodass sie flach auf dem Rücken lag, die Arme seitlich ausgebreitet. Ein langer Ledergurt führte über den Bauch und fixierte ihren Körper. Das Mädchen hatte sich gewehrt, als man es ausgezogen und festgebunden hatte. Jetzt aber lag es ganz still. Die nackten Füße schauten unter der Decke hervor. Klein wirkten sie auf der Matratze, die knorpeligen Zehen wie rosa Wurstzipfel an den Sohlen.

Jori nahm Runas Akte von der Wand und sah sie durch. Sie war weniger umfangreich, als er es nach Charcots Vorrede im Auditorium erwartet hatte. Bis auf einen einzigen Zwischenfall, bei dem Runa einer Wärterin offenbar ins Gesicht gebissen hatte, zeichnete sich ihr Krankheitsbild eher durch Nicht-Verhalten aus. Runa war apathisch, sie aß nicht und zeigte schlechte Muskelreflexe. Den Berichten zufolge war ihr ganzer Körper unterentwickelt und blutarm. Zudem wies sie Narben und schlecht verheilte Wunden am Oberschenkel und an den Händen auf, die von einem Brand oder einer Säureverätzung stammen mussten. Jori fand den Vermerk einer Anisokorie, verschiedenartige Pupillenreaktionen, wie sie manchmal bei Syphilispatienten auftraten. Er hatte davon in Fachbüchern gelesen, doch nie selbst eine zu Gesicht bekommen. Über den Rand der Akte hinweg warf er einen interessierten Blick auf das Mädchen. Doch es hatte die Augen noch immer geschlossen.

Als Nächstes sah er sich die Tabelle mit den alten Urinwerten an, die in der letzten Anstalt peinlich genau erfasst worden waren. Offenbar schwankte die Farbe zwischen gelb und rötlich, was nicht ungewöhnlich war. Bei vielen Patientinnen der Salpêtrière war der Urin ebenfalls rot, das kam von den Medikamenten. Und der Akte zufolge hatte man Runa eine ganze Menge davon verabreicht.

Jori zog seinen Stift aus der Hosentasche und setzte ein Fragezeichen hinter die Tabelle, damit er nicht vergaß, die Sache weiter zu beobachten. Ganz vorne in der Akte war der genormte Zettel für die Messwerte der Salpêtrière. Man hatte bei der Einweisung alles erfasst, außer der Körpertemperatur. »P. nimmt Thermometer nicht an«, hatte jemand in die leere Zeile geschrieben.

Jori hängte die Akte zurück an ihren Platz und schlug behutsam die Decke zurück. Runas Körper war knochenbleich und dürr. Die Narbe am Oberschenkel war deutlich zu erkennen, doch für Jori sah sie eher nach einem Schnitt als nach einer Verätzung aus, vielleicht von einer Operation. Vom Oberschenkel abwärts hatte das Mädchen die Beine in einem seltsamen Winkel nach innen gedreht, wie zum Schutz, sodass die Fußspitzen zueinander zeigten. Die Haut war so durchsichtig, dass Jori glaubte, die Organe mit bloßem Auge erkennen zu können. Dünne, von Adern durchzogene Haut, da musste ein Schnitt mit dem Skalpell umso sanfter gesetzt werden. Jori spürte seine Fingernägel in den Handflächen. Erst jetzt wurde ihm bewusst, dass er sie zur Faust geballt hatte. Paul hat mich verlassen, dachte er und wusste selbst nicht, warum die Panik ihn ausgerechnet jetzt überfiel.

Die Zwölfjährige hockte noch immer hinter Jori. Er spürte ihren Blick in seinem Rücken, als er nach vorn griff und eine von Runas verfilzten Locken zu fassen bekam. Im Lampenlicht des Auditoriums hatte er gedacht, sie seien blond. Jetzt aber, da er das Mädchen zum ersten Mal aus der Nähe sah, stellte er fest, dass sie in Wahrheit fahl waren, farblos, als seien sie schneller gealtert als das Kind.

Er zog an der Haarsträhne des Mädchens, und sie glättete sich. Sie würde fast bis zur Hüfte reichen. Er zog noch ein bisschen fester und beobachtete, wie sich die Haarwurzeln mitsamt dem Stückchen Kopfhaut, in dem sie verankert waren, vom Schädel abhoben, widerstrebend und nur ein paar Millimeter, als spanne sich ein kleines Zelt auf Runas Kopf auf. Jori ließ die Strähne los, und das Zelt fiel in sich zusammen. Das Haar kräuselte sich wieder.

Er hätte zu gern gewusst, was diesen Effekt auslöste, ob der Grund dafür in der Haarsträhne selbst lag oder im Körper, vielleicht sogar im Gehirn. Er zog das Messer aus der Tasche, ein zusammenfaltbares Skalpell der Marke Mongin, und sah aus den Augenwinkeln, wie das Kind im Bett neben ihm zurückwich.

Die Klinge fühlte sich kalt und schwer an und erinnerte Jori wieder daran, warum er Chirurg hatte werden wollen. Der erste saubere Schnitt war stets der interessanteste, das Metall, das zum ersten Mal in unberührte Haut stach. Er brachte Organe zum Vorschein, die noch nie das Tageslicht gesehen hatten. Innenleben, das vor einem ausgebreitet lag, wie ein Schatz in einer aufgebrochenen Truhe. Jori sehnte sich danach, Tumore auszuheben. Er wollte Haut aufklappen, Organe wiegen und nach der Seele schürfen. Wofür war er überhaupt an die Salpêtrière gekommen, wenn all die neuen Praktiken, Hypnoseverfahren, Wassertherapien und Magnete, ja selbst Charcots Ovarienpresse ihn am Ende um das effektivste und mächtigste Instrument bringen würden, das die Medizin hervorgebracht hatte?

Erneut griff Jori nach der Strähne, doch diesmal öffnete das Mädchen die Augen, und er schrak zurück. Es brannte zwischen Zeigefinger und Daumen, als das Skalpell ihm durch die Finger glitt und klingend zu Boden fiel.

Jetzt sah Jori, warum Charcot und Babinski in der Vorlesung diesen verstörten Blick ausgetauscht hatten. Es lag an der verschiedenen Größe von Runas Pupillen. Während die rechte rund und dunkel in der Iris lag, ein schwarzer Knopf in einem blassen Gesicht, war die linke klein wie eine Nadelspitze. Sie verschwand fast im wässrigen Blau der Iris. Unheimlich sah das aus und falsch, als habe das Kind ein helles und ein dunkles Auge. Es gab Runas Blick etwas Starres, Starrendes. Und das Gefühl von Kälte, das darin lag, kroch Jori bis ins Rückgrat, trotz der stickigen Luft im Raum.

»Haben Sie sich das Mädchen mal genau angesehen? Haben Sie ihm mal in die Augen geschaut?«, hatte Charcot gefragt. »Dieses Kind hat überhaupt keine Angst. Es ist stumpf gegen jede Empfindung, als wäre es immun gegen meine Suggestion.«

Jetzt sah Jori, was der Professor gemeint hatte.

Ohne das Mädchen aus den Augen zu lassen, bückte er sich und hob das Skalpell vom Boden auf, als müsse er Angst haben, dem Kind unbewaffnet entgegenzutreten. Und dabei lag Runa gefesselt im Bett. Jori schluckte, schloss einmal kurz die Augen und öffnete sie wieder, in der Hoffnung, sie könne den Blick abgewendet haben. Doch Runa starrte ihn noch immer an. Immun gegen jede Empfindung – der Gedanke ging ihm nicht aus dem Kopf.

Doch Charcot musste sich getäuscht haben. Runa war nicht immun gegen jede Empfindung. Sie empfand Verachtung, das konnte Jori jetzt sehen – Verachtung und das unausgesprochene Wissen darum, dass sie es war und nicht er, die hier die Oberhand hatte.

Der Gedanke war absurd. Und trotzdem überkam Jori eine Feigheit, die ihn beklommen das Skalpell sinken und einen weiteren Schritt zurücktreten ließ.

Gérard hatte den Papst gewählt. Er mochte den Papst, sie hatten viel gemeinsam, fand er, die Spiritualität, die Berufung, die Tugend, den kosmischen Rückenwind. Zudem würden beide bald den gleichen Bart haben, wenn Gérard den seinen noch ein wenig züchtete. Doch nun lag der Papst unter dem Magier. Und der Magier unter dem vom Blitz getroffenen Turm. Und das änderte die Situation grundlegend.

Gérard zog das aufgeschlagene Buch näher zu sich heran. Im unruhigen Licht der Kerze torkelten die Buchstaben über die Seiten, hektisch, dem Falz entgegen, als wollten sie sich hineinstürzen, bevor man sie lesen konnte. Gérard legte den Zeigefinger auf das Wort »destin«. Es sollte ihm nicht entkommen.

Die zweite Karte über dem Papst zeigte die Hindernisse an, die das Vorhaben durchkreuzen konnten. »Das kreuzt ihn«, hätte Gérard sagen sollen, als er die Karte aufdeckte. Aber er hatte es nur gedacht. Die Stille des Raums war so makellos, dass er sie nicht hatte stören wollen.

Zwei Männer fallen von einem Turm, der eine gekrönt, der andere ungekrönt. Ein Sturz. Die Zerstörung des Magiers.

Vielleicht hätte er wirklich laut sprechen sollen. Vielleicht galt die Karte nicht ihm.

Destin. Magie.

Gérards dünnhäutige Finger huschten über die Seiten und legten sich auf die einzelnen Wörter.

Pouvoir. Secret fatale.

In der Dunkelheit glänzten die Buchstaben, als wären sie gerade erst frisch gedruckt worden. Sie glänzten wie die Federn der Krähe, deren Füße noch aus Gérards Mantel schauten. Und dabei war das Buch älter als die ganze Bibliothek.

Secret fatale, ein tödliches Geheimnis.

Secret fatale.

Er drehte die Karte in der Hand.

Wofür stand die Nummer sechzehn?

Das Papier knisterte, als Gérard umblätterte. Vergilbt war es, dünn und mürbe, die tiefschwarzen Buchstaben schimmerten schon zur nächsten Seite durch, als wären die Wörter von einer Substanz, der das Papier nicht gewachsen war. Hartnäckig dunkelten sie nach, statt zu verblassen. Sie würden auch dann noch existieren, wenn das Papier längst zu Staub zerfallen war. Nach zweihundert weiteren Jahren würde jemand dieses Buch öffnen, und die Buchstaben würden ihm entgegenfallen, druckerschwärzenschwarz, papierlos. Der Gedanke gefiel Gérard.

Sechzehn: Ajin. Ajin war der sechzehnte Buchstabe des hebräischen Alphabets. Gleiche Bedeutung wie die Sechs (Vau), nur materialisiert. Ajin als entartete Sechs. Verschoben. Verrückt. Falsch. Pervers. Böse.

Gérards Blick flog über die Seiten, schneller als sein Finger.

Gekrönt wurde der unter Turm und Magier begrabene Papst vom Ass der Kelche. Zu seinen Füßen lag die Gerechtigkeit.

Gérard nahm die fünfte Karte vom Stapel und platzierte sie links von der Anordnung. Die kleine Flamme der Kerze hatte kein Licht für beides, das Buch und die Karten auf dem Tisch. In der Dunkelheit sah das Eichenholz schwarz aus. Es war, als ob Gérard die Karte in ein rechteckiges Loch fallen ließe.

»Dies ist hinter ihm, Vergangenheit«, murmelte er, und fast erwartete er ein Echo in der Stille des verbotenen Raums. Doch einmal ausgesprochen, zerfielen seine Wörter in ihre Bestandteile. Die Bücherregale schluckten jeden Ton wie Staubkörner. Es war das geschriebene Wort, das an Orten wie diesem etwas zählte.

»Und dies ist vor ihm.« Eine weitere Karte, zur Rechten des verdeckten Papstes. Die Anordnung hatte nun die Form eines Kreuzes, mit Papst, Magier und Turm in der Mitte.

Gérard drehte die Karten in der Reihenfolge um, in der er sie gelegt hatte.

Fünf: Die Acht der Schwerter.

Sechs: Der Gehängte.

Beide Karten waren auf den Kopf gestellt.

Gérard spitzte die Lippen, bis die feinen Härchen des Barts gegen seine Nase stießen. Es kratzte, aber er würde sich schon noch daran gewöhnen.

Im Buch gab es keinen Hinweis darauf, wie mit umgedrehten Karten zu verfahren war. Kehrte sich die Bedeutung dadurch ebenfalls um? Es konnte kaum gleichgültig sein, ob der Gehängte nun hing oder aufgestellt war.

Ein Galgen, daran der Mann, sein linker Fuß in der Schlaufe. Er baumelt, die Augen geöffnet, die Hände auf dem Rücken gefesselt. Der Galgen aus Holz. Baumstämme. Sechs abgeschnittene Äste auf jeder Seite.

Sechs abgeschnittene Äste.

Die entartete Sechs.

Secret fatale.

Gérard berührte die Karten mit einer Vorsicht, als könnten sie seine Fingerkuppen verbrennen. Er wusste nicht, was passieren mochte, wenn er sie richtig herum drehte. Wenn er dem Schicksal ins Handwerk pfuschte. Aber dass der Gehängte nicht hing, erschien ihm auch nicht richtig.

Er drehte beide Karten um, sodass die Spitzen der acht Schwerter ebenfalls in die richtige Richtung zeigten. Auf dem Bild steckten sie im regennassen Boden und bildeten einen Halbkreis, in dem eine junge Frau stand. Sie war gefesselt. Um Hände und Arme wand sich ein langes weißes Band, das ihren Körper verschnürte. Und im Gegensatz zum Gehängten hatte man ihr die Augen verbunden, sie konnte nichts sehen von dem Berg, der sich weit in der Ferne hinter ihr erhob, auch nichts von dem Schloss darauf und dem Turm.

Der Turm.

Zwei Männer fallen von einem Turm, der eine gekrönt, der andere ungekrönt. Ein Sturz. Die Zerstörung des Magiers.

Gérard nahm den Stapel der übrig gebliebenen Karten, mischte noch einmal und legte die letzten vier Bilder verdeckt auf den Tisch. Sie bildeten eine senkrechte Reihe neben dem Kreuz. Dann begann er sie von unten nach oben aufzudecken.

Sieben: Der Eremit.

Acht: Der Narr.

Neun: Der Herrscher.

Seine Hand schwebte über der zehnten und letzten Karte des Legesystems. Sie würde ihm zeigen, worauf letztendlich alles hinauslief. Er hielt inne und zögerte den Moment hinaus. Er wollte möglichst viel Zeit mit seiner Zukunft verbringen.

Der Tod ist noch im Spiel, dachte er. Der Tod. Er wusste nicht, ob ihn das ängstigte oder reizte.

Aus dem Lesesaal nebenan drang ein Geräusch. Gérard hielt die Luft an. Er musste sich nun doch beeilen.

Hastig drehte er die Karte um, starrte einen Moment auf das Motiv und steckte sie dann zu dem toten Raben in die Tasche. Aus der Halle waren Schritte zu hören. Gérard würde die Bedeutung an einem anderen Abend nachlesen müssen. So schnell es ging, räumte er die restlichen Karten zusammen, schlug das Buch zu und schob es zurück an seinen Platz im Regal, ganz hinten im Raum, wo der Staub zentimeterdick auf den Brettern und Buchblöcken lag. Er blies die Kerze aus.

Ein kleiner unscheinbarer Durchgang führte in den verlassenen Lesesaal. Auf der anderen Seite der Wand war die Fassade prunkvoll. Gérard zog die Tür hinter sich zu und schloss ab. Seine Schritte hallten in der Stille des großen Raums, als er zum Ausleihschalter hinüberging und den Schlüssel zurück in das Holzkästchen hängte. Das Metall gab ein leises Geräusch von sich, als es gegen die Rückwand stieß. Gérards Nackenhaare stellten sich auf. Als er sich langsam umdrehte, entdeckte er den Mann. Er stand in der Mitte des Raums zwischen den Lesetischen und starrte zu Gérard herüber. Sein Mund war ausdruckslos, die Augenbrauen zusammengezogen. Er musterte Gérard, abschätzend und überlegend. Das weiße Haar lag um seinen Kopf wie ein Vogelnest. Erst jetzt bemerkte Gérard den großen Schlüsselbund in der Hand des Mannes. Der Hausmeister. Sicher war es der Hausmeister. Und er war gekommen, um Gérard zu kontrollieren.

Gérard senkte den Blick. Der Alte konnte nicht gesehen haben, aus welcher Tür er gekommen war, aber Gérards Eile hatte ihn verdächtig gemacht. Man erwartete, dass er faul war. Langsam. Gelangweilt.

»Bonsoir, Monsieur«, sagte er mit gespielter Trägheit in der Stimme. Dann bückte er sich nach Eimer und Scheuerlumpen, die er hinter dem Ausleihtresen hatte stehen lassen. Die tote Krähe schob er ein Stück tiefer in seine Tasche.

Viel zu früh für seinen Geschmack stand Lecoq in einer Bäckerstube in der Avenue d'Eylau und sah zu, wie die pausbäckige Mme Bellier Teigklumpen auf die bemehlte Arbeitsfläche schmetterte. Er war müde. In seiner Tasche steckte die Vermisstenanzeige von Claire de Commarin, geborene d'Arlanges.

»Wissen Se, Monsieur. Die Madame war am Ende so dünn, die hätte in der Kirchenbank vor mir sitzen können, und ich hätt se nicht gesehen«, sagte Mme Bellier und machte dabei ein Gesicht, das dem gekneteten Brotlaib unter ihren Fingern verblüffend ähnlich sah.

Mme de Commarin habe gehungert, wusste die Bäckerin zu berichten, gehungert, um von der Heiligen Jungfrau ein Kind zu erbitten, ach was, erpresst habe sie die Maria, Gott bewahre. Drei Monate lang habe sich die Madame von nichts anderem ernährt als von den Hostien in der Kirche, Mme Bellier müsse es schließlich wissen. Die Bäckerin schnaubte so stark, dass das Mehl zur Seite staubte. Düster blickte sie Lecoq über die Arbeitsfläche hinweg an, die Gestalt ebenso klumpig wie ihre Haare, die ihr wie schlecht gerührtes Eiklar vom Schädel tropften. Als sei Lecoq persönlich schuld daran, dass sie eine Kundin an die Kirche verloren hatte.

»Madame Bellier …«

»Mademoiselle!«

Lecoqs Verwunderung über ihren Familienstand hielt sich in Grenzen.

»Wenn ich fragen darf, ist die Heilige Jungfrau denn auf den Kuhhandel eingestiegen?«

»Wie meinen Se das?«

»Ich meine, ob die Madame schwanger geworden ist.«

Mlle Bellier ließ ein Pfeifen vernehmen, das klang, als habe man ein Loch in einen großen Ball gestochen.

»Nein, isse nicht. Aber Sie werden's nich' glauben, Monsieur, eines Tages is' das Flittchen trotzdem mit 'nem Kind um die Ecke gekommen. Kein Säugling, aber so 'n richtiges Kind halt, vielleicht sieben oder acht Jahre. Hatte ganz verlotterte Kleidung. Und schmutzig war es! Ich hab's genau gesehen, hier aus meinem Fenster.« Plötzlich eifrig und mit vor Aufregung glänzenden Augen, die Klatschweiber immer dann bekamen, wenn sie etwas aus erster Hand zu berichten wussten, wackelte Mlle Bellier zum Fenster und drückte ihren Finger gegen die staubige Scheibe, an der sich deutlich die verschmierten Abdrücke einer Nase ausmachen ließen.

»'n paar Monate is' das erst her, ne, warten Se mal, im Frühjahr irgendwann. Die Zeit geht so schnell rum. Na jedenfalls sind se hier entlang. Und die Vicomtesse hat sich die ganze Zeit umgedreht. Ich sag Ihnen, die wurde verfolgt. Bestimmt hat se das Kind irgendwo geklaut. Und das nich' in guter Nachbarschaft, das sag ich Ihnen. Ganz verlaust war das Mädchen, und ich kann's Ihnen nich' beschreiben, aber irgendwas war falsch mit dem. Irgendwas konnte einem Angst machen.«

Lecoq sah Mlle Bellier von der Seite an. Ihre Augen waren klein und dunkel wie Rosinen, die in einem Hefekloß steckten. Es war ihm nicht entgangen, dass sich ihr Tonfall geändert hatte, als sie von dem Mädchen sprach. Der Klang ihrer Stimme war mit einem Mal nicht mehr herrisch gewesen. Kein Zetern, kein Kläffen. Ein Zittern hatte die Worte geschüttelt.

»Wenn Se mich fragen, Monsieur«, Mlle Bellier lehnte sich vor, ein Flüstern auf den blassen, teigfarbenen Lippen, »das war 'n Wechselbalg, das kam aus'er Hölle. Es hat mich gesehen, hier hinter dem Fenster, es wusste, dass ich es beobachte – und ich schwöre bei Gott und allen Heiligen, es hatte zweifarbige Augen, eins schwarz, eins blau. Es hatte den bösen Blick, Monsieur. Und da ham Se Ihre Erklärung, warum die Vicomtesse wie vom Erdboden verschwunden is'.«

Monsieur Lecoq bedankte sich artig und lüftete den Hut. Gott, die Hölle und auch die Heilige Jungfrau gehörten nicht zum Kreis der Verdächtigen. Doch im Gehen drehte er sich noch einmal zu der Bäckerin um. Ihre Figur füllte das Fenster so exakt aus, als seien beide mit der gleichen Form ausgestochen worden.

»Hat die Vicomtesse jemals gesagt, woher das Kind kam?«

Mlle Bellier hob die breiten Schultern, mehr eine schwerfällige Bewegung von Masse als ein Zucken.

»Sie hat behauptet, dass se das Kind aus'er Kirche hat. Völliger Unsinn natürlich. Oder ham Sie schon mal 'nen Blag in'er Kirche gefunden?«

Lecoq hielt eine Fahrt zur Hölle für nicht viel wahrscheinlicher, doch er nickte freundlich und zog noch einmal seinen Hut. Mlle Bellier würde es ihm nicht nachtragen. Sie war die Art Frau, die gerne das letzte Wort hatte – auch wenn es sich dabei um eine Frage handelte.

Er nahm sich eine Zigarrenlänge Zeit, um die Szene in der Bäckerei noch einmal genau durchzugehen. Dann löste sich Mlle Belliers Gesicht mit dem letzten Qualm auf. Die rot glühende Spitze zappelte am Zigarrenstummel, als wolle sie sich festkrallen. Lecoq warf den brennenden Rest in den Rinnstein. Im Haus rechts von ihm bellte ein Hund. Das Kläffen hallte in der leeren Gasse wider.

Auch wenn man die Hölle aus der Geschichte herausrechnete, blieb die Sache mit dem Mädchen seltsam. De Commarin habe sich umgedreht, als sei sie verfolgt worden. Verfolgt von wem?

Lecoq schob die Hände in die Taschen und kramte nach einer

weiteren Zigarre. Im Frühjahr, hatte Mlle Bellier gesagt – und am 27. März war Claire verschwunden. Ihr Ehemann hatte nichts von einem Kind gesagt. Andererseits hatten sie auch noch keine Gelegenheit gehabt, über den Vorfall zu reden. Lecoqs Finger fanden die Visitenkarte von Albert de Commarin in der Tasche. Hier, im Zwielicht der schmalen Gasse, wo es selbst am Tag dunkel war, weil die Häuser die Sonne aussperrten, erschien ihm das adelige Familienwappen noch unpassender. Der Ehemann der Vermissten war der Einzige, den Lecoq bislang von seinen Befragungen ausgenommen hatte.

Er zündete ein Streichholz an und versengte dabei fast den Goldrand der Karte, die er zwischen Zeige- und Mittelfinger hielt. Sein Auftraggeber wusste noch nicht einmal, dass er vor drei Tagen mit der Suche begonnen und seitdem bereits den gesamten Bekannten- und Freundeskreis abgeklappert hatte. Lecoq suchte Claire de Commarin aus reinem Vergnügen. Was er mit ihr anstellen wollte, wenn er sie fand, wusste er noch nicht. Vielleicht würde er nicht einmal jemandem etwas davon sagen. Er konnte tun und lassen, was er wollte. Lecoq war ein Verbrecher. Es war nicht seine Aufgabe, jemanden zu finden, und das war das Beste an der ganzen Suche.

Jori ließ die Hand über den Kopfschnitt der Bücher gleiten wie über die Tasten eines Klaviers. Schwere, ledergebundene Bände waren darunter und solche mit glatten Pappumschlägen. BAI-ESQ, seine Finger ratterten über die Seiten und Einbände, ertasteten die verschiedenen Buchhöhen. Er schritt die Reihen ab. Baillarger, Barr, Bennet, es gab noch so viele, die er nicht gelesen hatte.

Unter »H« wie »Hell« fand Jori nichts.

An einem breiten, mehrfach eingeknickten Lederrücken blieb er hängen. Der Band trug die Aufschrift »Handbuch der allgemeinen und speciellen Chirurgie«, wobei der Begriff Handbuch wohl ein bisschen verniedlichend war, denn der Wälzer war fast 900 Seiten stark. Jori zog das schwere Buch aus dem Regal. Es war die deutsche Originalausgabe.

Er erinnerte sich daran, dass er die Publikation schon einmal in den Händen gehalten hatte, kurz nach seiner Ankunft an der Klinik, als der Wissensdurst ihn noch in Aufregung versetzt hatte, wann immer er ein neues Buch aufschlug. Damals hatte er Tage in der Bibliothek der Salpêtrière zugebracht, nur um Bücher zu berühren und Worte in sich aufzunehmen, zusammenhangslos, einen Satz aus diesem Buch und den nächsten aus einem anderen, solange sie nur neu waren.

Das Gehirn eines Mannes war rund anderthalb Kilo schwer, Jori hatte es selbst einmal gewogen. Aber im Kopf spürte man das Gewicht nur nach einem langen Tag in der Bibliothek, wenn das Wissen heraustroff wie aus einem vollgesogenen Schwamm.

Er trug das Buch zum Tisch wie ein exotisches Tier und legte es neben den Stapel, den er bereits durchgegangen war: »Gemeine Rachsucht, unerlaubte Selbsthilfe oder Wahnsinn?«, »Ein Fall von Brandstiftung« und »Movements of the Brain«, alle drei von Gottlieb Burckhardt. Der jüngste Band, »Ein Fall von Worttaubheit«, war noch nicht angekommen. Madame Dupuis, die Bibliothekarin, hatte für Jori alle Bücher von Burckhardt bestellt und dazu drei Fachzeitschriften, in denen der Schweizer Arzt mit Artikeln vertreten war. Eine davon lag aufgeschlagen auf dem Tisch. Es war der Artikel, von dem Charcot und Babinski geredet hatten. Weitergebracht hatte er Jori allerdings nicht. Drei Zeilen widmete der Text der Operation, das hieß, Burckhardt erwähnte ihre Idee: »Es stellt sich mir die Frage: Könnte man durch das Fortschneiden eines Gehirnteils nicht die Impulsivität aus dem Gehirnmechanismus wegnehmen und dadurch aus einer aufgeregten Patientin eine ruhige machen? Und an diese schließt sich die Frage an: Wo wäre dieselbe zu suchen?«

Dann beschrieb Burckhardt die Ergebnisse seiner Tierversuche, die nicht besonders glücklich ausgefallen waren. Und auch hier gab es keine Details. Der Artikel war knapp gehalten. Immer öfter fragte Jori sich nun, was ihn geritten hatte, als er behauptete, an Burckhardts Stelle die Operation durchführen zu können. Doch er wusste es. Pauline hatte ihn geritten. Er errötete angesichts der Zweideutigkeit dieses Gedankens.

Pauline konnte so sanft sein, während ihrer guten Phasen. So weich und liebebedürftig. Jori hatte es erlebt. Mehr als einmal hatte sie ihn an sich herangezogen, als hinge ihr Leben von einer Umarmung ab. Sie hatte ihn gebeten, sie festzuhalten. Denn das wollte Pauline am dringendsten: festgehalten werden, bevor wieder die Wellen kamen, jene Flut, die die Traurigkeit mitbrachte. Jori hatte sie nie kommen hören, Paulines Wellen, so reißend sie auch gewesen waren. Sie hatten sich leise angeschlichen und waren dann erst donnernd über ihnen beiden zusammengeschlagen. Sie hatten Pauline fortgerissen, bevor Jori noch etwas mit seiner Umarmung hatte ausrichten können. In einem Meer so wild wie Paulines war auch er verloren gewesen.

Jori stützte die Ellbogen auf den Tisch, mitten in die Zeitschrift hinein, und schob die Hände in den Nacken. Pauline und er gehörten zusammen, egal was Paul sagte. Wie sollte der es auch besser wissen? Paul sah nur die schlechten Phasen, nur die kranke Pauline, jene Fremde, die man in der Klinik aus ihr gemacht hatte. Paul wollte sie so sehen, denn ihre Krankheit war der Grund, warum er sich für ein Medizinstudium entschieden hatte.

Paul hatte nicht gesehen, was Jori in den letzten drei Jahren gesehen hatte, nämlich was Geisteskrankheit wirklich bedeutete. Hier an der Salpêtrière gab es Frauen, die irre waren. Aber so war Pauline nicht. Pauline mochte schon immer zu Traurigkeit geneigt haben, aber nicht zu Sittenlosigkeit. Was Pauline jetzt war, was sie sich selbst antat, daran war allein das Burghölzli schuld – und die Medikamente. Man hätte sie nie in diese Klinik stecken dürfen.

Er schlug das Inhaltsverzeichnis des Handbuchs für Chirurgie auf und versuchte sich wieder auf das zu konzentrieren, was vor ihm lag. Wie die Seitenzahl erwarten ließ, war das Buch umfangreich. Verschiedene große Ärzte hatten ihre Handschrift darin hinterlassen, unter anderem Prof. Dr. von Bergmann, einer der meistgerühmten Experten auf dem Gebiet der Chirurgie.

Von Bergmann hatte sein Handwerk auf den Schlachtfeldern Europas erlernt. Vom Militärarzt war er zum Operationskünstler geworden, und entsprechend detailliert konnte er sich über die Verschiedenartigkeit der Kopfverletzungen bei Soldaten auslassen. Jori trommelte mit den Fingern auf den Tisch, als er merkte, dass er mit den Gedanken noch immer bei Pauline war. Er musste sich jetzt konzentrieren, sagte er sich, gerade weil sie ihm wichtig war! Mehrere Seiten las er lustlos durch, ohne irgendetwas zu behalten. Dann endlich weckte ein Abschnitt über Schädelbohrung sein Interesse.

Jori hatte nicht gewusst, dass die Wurzeln der Trepanation bis zu Hippokrates zurückreichten. Im Laufe der Zeit hatte die Medizin eine ganze Palette von Werkzeugen hervorgebracht, mit denen man den Schädel öffnen konnte: antike Spitzbohrer, Hebel und Knochenzangen, um den menschlichen Kopf, je nach Belieben, von Blut, Eiter, Druck oder Geistern zu befreien. Einige Ärzte hatten sogar versucht, Medikamente und Heilsalben direkt auf das Gehirn aufzutragen. Und selbst bei chronischen Kopfschmerzen war der Schädel aufgebohrt worden, keine 200 Jahre war das her. Jori schauderte bei dem Gedanken daran.

Er betrachtete die Auflistung der Instrumente. Die meisten von ihnen kannte er aus dem Studium, zumindest aus der Theorie. Sie wurden nach wie vor verwendet, aber nur wo es sinnvoll war, und die Wunden konnten natürlich ganz anders behandelt werden als früher. Nur ein Pfuscher käme in fortschrittlichen Zeiten wie diesen auf die Idee, eine Schädelöffnung ohne Narkose und vorherige Desinfektion der Instrumente vorzunehmen. Dass die Sterberate, laut Bergmann, trotzdem noch bei guten 46 Prozent lag, verunsicherte Jori allerdings. Genauso gut könnte man eine Münze werfen. Und mit der reinen Öffnung von Runas Schädel würde es ja noch nicht getan sein.

Er blätterte weiter und fand eine ausführliche Beschreibung zur Technik der Trepanation. Es gab sogar einen eigenen Abschnitt darüber, wie man den Kopf mithilfe eines Meißels und einer Kreissäge öffnete, beispielsweise um einen Abszess zu entfernen. Jori beugte sich vor. Man konnte nicht ausschließen, dass sich auch im Hirn des Mädchens ein Abszess oder Thrombus fand. Ein kleiner Wurm auf der Hirnmasse: schwarz, wenn es ein Thrombus war, gelb, wenn es sich um einen Abszess handelte. Eine übermäßige Ansammlung von Blut im Gehirn konnte alle möglichen Symptome hervorrufen, sicherlich auch Geistesstörungen.

In Joris kleinem Finger zuckte ein Muskel, als wolle er sich verselbstständigen. Nur ein kleiner Schnitt, und der Wurm wäre entfernt. Nur wo sollte man schneiden? Er rutschte noch näher zur Stuhlkante, wippte mit den Knien und blätterte weiter, doch in Bergmanns Publikation fand er keine Antwort auf seine Frage. Der ehemalige Feldarzt war interessiert daran gewesen, seine Patienten zusammenzuflicken. Auf die Idee, ihre Köpfe aus Gründen geistiger Gesundheit zu öffnen, war er nicht gekommen.

Jori dachte nach. Die Publikation war über 10 Jahre alt. Es war gut möglich, dass von Bergmann noch nicht einmal gewusst hatte, dass jeder Region im Hirn eine spezifische Funktion zukam. Früher hatte man angenommen, das Hirn sei eine homogene Masse, in der jede Windung die Aufgabe einer anderen übernehmen konnte. Und es hatte einen jahrelangen Streit um dieses Thema gegeben, der sich eigentlich erst vor drei Jahren auf dem Internationalen Medizinischen Kongress in London endgültig entschieden hatte.

Der deutsche Arzt Dr. Goltz war dort mit einem seiner Versuchshunde dem Neurowissenschaftler Sir Ferrier gegenübergetreten. Über Monate hinweg hatte Goltz Dutzenden von Hunden mit einem starken Wasserstrahl immer größere Teile des Gehirns weggespritzt, um zu beweisen, dass das Hirn als geschlossenes Ganzes funktionierte und selbst eine fast vollständige Entfernung das Tier kaum einschränkte. Der »enthirnte« Hund, den er im Auditorium vorführte, war zwar verblödet, konnte aber noch fressen, bellen und laufen. Demgegenüber stand Ferrier mit seinen zwei Orang-Utans. Einem der Affen hatte der Brite den Teil des Gehirns entfernt, der seiner Meinung nach für die Muskelfunktion der rechten Körperhälfte zuständig war, dem anderen Affen den Teil, der das Hörzentrum darstellen sollte. Das erste Tier war halbseitig gelähmt, das zweite taub, Ferrier bewies es dem begeisterten Publikum mithilfe einer Schreckschusspistole. Um zu wissen, wer nun recht hatte, hatte man nach der Veranstaltung allen drei Tieren den Schädel geöffnet und festgestellt, dass Goltz viel weniger Gehirnmasse weggespritzt hatte, als er in den Forschungsberichten angab. Lediglich der Frontallappen des Hirns war verwüstet, während man bei den Affen Schnitte an genau den Stellen fand, die Ferrier angegeben hatte. Damit hatte Ferrier den Streit gewonnen.

Ein leises Knarren des Holzfußbodens ließ Jori zusammenfahren, und er blickte von seinem Buch auf. Auf der anderen Seite des Büchergestells war jemand stehen geblieben. Jori konnte zwei Schuhspitzen unter dem Spalt des untersten Regalbretts ausmachen. Beobachtete ihn da jemand? Er lehnte sich nach rechts, die eine Hand auf den Bücherstapel abgestützt, doch auch so konnte er nicht um das Regal herumsehen. Die Schuhe standen eine Zeit regungslos, dann sah Jori, wie sie sich auf die Spitzen hoben. Er hörte das Schaben eines Buches, das aus dem Regal gezogen wurde, und es entstand eine Lücke, in der im nächsten Moment ein rundliches Gesicht auftauchte.

»Babinski?«

Der Pole kam um das Regal herum, und als Jori das freundliche Lächeln auf seinem runden Gesicht sah, wurde ihm beinahe schlecht.

»Ach, Jo'annrischard«, sagte er und tat überrascht. Babinski war der Einzige unter den Studenten, der Jori mit seinem Doppelnamen ansprach – und das so zusammengezogen, als sei es nur ein einziges Wort, ohne Pause zwischen Johann und Richard.

»Was machst du denn hier?«, fragte er, als sei das nicht offensichtlich angesichts der Bücher, die sich stapelweise um Jori türmten. Babinski trat näher, um einen Blick auf das Sammelsurium zu werfen, und Jori widerstand dem Impuls, die Arme auszubreiten und die Titel zu verbergen.

»In dem wirst du nicht viel finden.« Babinski deutete auf Burckhardts »Movements of the Brain«.

Jori konnte sich nicht entscheiden, ob er sich mehr über Babinskis Indiskretion ärgern sollte oder darüber, dass der Pole das Buch schon gelesen hatte. Und seit wann redeten er und Babinski überhaupt miteinander?

»Hast du dich mal mit dem Fall Phineas Gage beschäftigt? Der könnte für dein Vorhaben interessant sein.«

Jori antwortete nicht.

»Das ist der Amerikaner, der im September '48 bei einem Arbeitsunfall eine Eisenstange in den Kopf gerammt bekommen hat«, erklärte Babinski geduldig. »Vorne in den Kopf rein und hinten wieder raus – und Gage konnte trotzdem noch selbstständig zum Arzt gehen und hat die Behandlung …«

»Ich weiß, wer Phineas Gage ist!«, sagte Jori.

Die Geschichte des jungen Amerikaners, der mit der Eisenstange im Kopf die Treppen zum Krankenhaus hochmarschierte, war ein fester Bestandteil in den Medizinvorlesungen jeder Universität. Sie war einer der Gründe gewesen, warum sich so lange Zeit die Theorie gehalten hatte, das Gehirn sei eine homogene Masse.

»Jedenfalls ist Gage in den Sechzigerjahren gestorben«, fuhr Babinski unbeirrt fort. »Und erst als man nach seinem Tod den Schädel öffnete, stellte man fest, dass die Eisenstange nur das Stirnhirn in Mitleidenschaft gezogen hatte.«

Genau wie bei Goltz' Hunden, dachte Jori und schwieg. Dieser Teil der Geschichte war ihm tatsächlich neu. Er schielte auf das Buch, das Babinski in den Armen hielt: »De la démence mélancolique«. Es war kein Zufall, dass der Pole vorbeigekommen war.

»Und jetzt kommt das Spannendste!« Babinski war selbst völlig begeistert. »Als der Fall kürzlich wieder aufgerollt wurde und man die Mutter und einige Kollegen von Gage befragte, gaben sie alle an, Gage habe nach dem Unfall zwar nie körperliche Gebrechen gezeigt, sei aber auffällig launisch, streitsüchtig und faul geworden. Und das, obwohl er vor dem Unfall ein äußerst vergnügter und freundlicher Geselle gewesen war! Was sagt uns das also über die Lage der Emotionen im Gehirn?«

»Babinski, warum versuchst du mir zu helfen?«

Die Frage überrumpelte Charcots Liebling. Umständlich schob er das Buch vom rechten in den linken Arm, um die Hand für das Streicheln seines tadellosen Seitenscheitels frei zu haben.

»Tue ich doch gar nicht«, sagte er nach einer viel zu langen Pause.

Jori blickte Babinski wortlos an, und dessen gekünsteltes Lächeln verkroch sich scheu in den dunkelblonden Bartstoppeln. Er war nervös.

»Die anderen Jungen haben Wetten abgeschlossen, gestern beim Mittagessen in der Salle de Garde«, sagte er schließlich und inspizierte dabei die Schuhspitzen, die Jori bereits unter dem Regal in Augenschein genommen hatte.

»Welche anderen Jungen und welche Wette?«

»Na, die anderen Studenten und Assistenzärzte.« Babinski machte eine ausholende Geste, als befänden sich die Betreffenden allesamt in der Bibliothek. »Sie haben Wetten darauf abgeschlossen, ob du es schaffst, das Mädchen erfolgreich zu operieren oder nicht. Ein paar Pfleger und Ärzte sind auch schon eingestiegen. 30 Centimes Wetteinsatz pro Kopf sind festgelegt, der Topf wird unter den Gewinnern aufgeteilt.«

Jori stöhnte. Er fühlte sich müde. Der Streit mit Paul, der Druck, den er sich wegen Runa machte, und seine Angst, den Eingriff zu vermasseln, lasteten schon schwer genug auf ihm. Warum begannen nun auch noch alle auf dieser Wettidee herumzureiten? Es war ihm selbst doch von Anfang an nur um seine Doktorarbeit gegangen. Babinski räusperte sich.

»Ich habe jedenfalls meine Stimme dafür abgegeben, dass die Operation gelingt«, verkündete er feierlich.

»Wie nobel von dir.«

Babinski entging der Spott in Joris Stimme, er übersah ihn, so wie man Luft übersah, die einen ständig und überall umgab. Bescheiden winkte er ab.

»Alles eine Frage der Rechnung. Ich glaube nicht wirklich, dass du es schaffen wirst, aber weil die allermeisten das nicht glauben, wirft die Wette keinen Gewinn ab. Jeder wird ungefähr den Wetteinsatz rausbekommen, den er eingezahlt hat.«

»Babinski, wenn es im Gehirn eine Stelle für Feingefühl gibt, dann ist diese bei dir gestört.«

Babinski grinste.

»Das meine ich ernst«, sagte Jori. »Ärzte haben also auch mitgewettet?«

»Ein paar, ja.«

»Auch Luys?« Jori hielt den Atem an. Er hatte sich bereits ausgemalt, die Operation vielleicht mit dem Neurologen zusammen durchführen zu können, insbesondere jetzt, nachdem Paul gegangen war. Niemand an der Salpêtrière kannte sich so gut mit dem Aufbau des Gehirns aus wie Luys. Doch falls dieser auf Joris Misserfolg spekulierte, würde er ihm wohl kaum helfen wollen, die Operation zum Erfolg zu bringen.

»Doktor Jules Bernard Luys?«, fragte Babinski.

»Welcher sonst.«

Babinski zuckte die Achseln.

»Ich habe keine Ahnung, ob der auch gewettet hat.«

Jori blickte den Polen an und versuchte immer noch zu begreifen, wie der Abend im Auditorium in einer solchen Situation hatte enden können. Unschuldig lächelnd stand Babinski da, das Buch wie eine ABC-Fibel vor den Körper geklemmt. Er trat zu Jori heran und streckte es ihm entgegen.

»Ich denke, dass das hier interessant für dich sein könnte. Mairets Publikation aus dem Vorjahr über Gehirnentzündung und die zerebrale Verortung der Psyche. Ich habe sie schon zweimal gelesen und fand, dass …«

»Sehr nett von dir, Babinski, aber ich habe bereits eine umfangreiche Literaturrecherche gemacht.«

Babinski zog das Buch zurück. Für einen kurzen Moment wirkte er enttäuscht, dann lächelte er wieder.

»Wie du meinst«, sagte er.

Jori beugte sich über sein Buch.

»Ich stelle es dann einfach wieder hier zurück ins Regal, wo ich es herausgenommen habe. Genau hier …« Babinski deutete auf den Bücherständer neben sich und schob das Buch demonstrativ zurück in die Lücke.

»Babinski …«

»Ja?«

»Ich möchte jetzt weiterarbeiten, bitte.«

Jules Bernard Luys war nicht in seinem Büro, als Jori ihn am späten Nachmittag aufsuchen wollte. Ein wissenschaftlicher Assistent stand vor seinem Regal und entstaubte die Organgläser. Der Doktor verbringe seine Sonntage nicht mehr in der Salpêtrière, erfuhr Jori. Jules Bernard Luys sei in seinem Pariser Stadthaus und nehme sich einen Tag frei. Das war Jori neu. Er warf einen Blick auf die eingelegten Zirbeldrüsen, die der

Assistent in den Händen hielt, und versuchte vergeblich, sich den Neurologen in einer anderen Umgebung vorzustellen als in der Salpêtrière. Die Klinik war kein Arbeitsplatz, den man am Wochenende einfach so verließ. Sie war eine eigene Welt. Und gerade sonntags wurden hier alle Hände gebraucht, wenn die Besucher und Schaulustigen kamen.

»Haben Sie die Adresse?«, fragte er. Er ertrug die Unwissenheit nicht. Mit Paul hatte er einen Freund verloren, jetzt brauchte er zumindest einen Verbündeten. Er konnte nicht bis zum nächsten Tag damit warten.

Luys' Haus in der Rue de Grenelle war nicht zu verfehlen. Zwischen den turmhohen Mehrfamilienhäusern rechts und links wirkte der hübsche kleine Neubau, als sei er versehentlich an die falsche Straße gesetzt worden. Das Dach hörte auf, wo der Balkon der Nachbarn begann. Und das rot gestrichene Eingangsportal leuchtete Jori schon entgegen, als er um die Straßenecke bog. Es war das Haus eines Mannes, der keine Probleme damit hatte, aus der Menge herauszustechen.

Ein Mädchen kam ihm auf dem Bürgersteig entgegen, eine junge Frau, der irgendein Anblick ein Lächeln auf die Lippen gezaubert hatte. Sie schien in Gedanken, doch drei Schritte weiter wurde Jori klar, dass er selbst mit diesem Lächeln gemeint war. Erstaunt blickte er sie an. Die junge Frau war hochgewachsen und hatte schlanke, lange Arme, die in einem dunkelblauen Mantel steckten. Sie war hübsch. Eine braune Locke kroch unter ihrem Hut hervor und fiel ihr in die hellwachen Augen. Befangen lächelte Jori zurück und senkte den Blick, als er ihr auf dem Gehweg höflich Platz machte. Er ließ sie vorbei. Sein Mund hatte sich beim Lächeln schief angefühlt, irgendwie verkehrt. Deshalb hob er den Blick nicht mehr, so wie sie es tat. Er ging einfach weiter. Vielleicht war er auch dabei, das Lachen zu verlernen, vielleicht aus Solidarität gegenüber Pauline. Wann hatte Jori eigentlich zum letzten Mal mit einer Frau gesprochen, die keine schwarze Uniform und Schürze trug? Er drehte sich nach der Fremden um, doch sie war nun weitergegangen, der Moment war vorbei.

»Warum suchst du dir nicht ein anderes Mädchen?«, hatte Paul gefragt. Er hatte nicht wissen können, dass es das einmal gegeben hatte: ein anderes Mädchen. Die Zeit hatte nicht ausgereicht, um dem Freund wieder nahezukommen und ihm das zu erzählen.

Der Name des Mädchens war Agnès gewesen. Jori hatte sie an der École de Médecine kennengelernt, ein halbes Jahr nach seiner Ankunft in Paris. Sie war Französin, klein, mit rundem Gesicht und einer Ernsthaftigkeit und Intelligenz, die ihn fasziniert hatte. Agnès hatte sich im Vorlesungssaal manchmal neben ihn gesetzt. Sie war ihm aufgefallen, weil sie ihre Zunge immer leicht zwischen den Zähnen hervorstreckte, wenn sie konzentriert war, sodass die kleine rosa Spitze zwischen ihren schön geschwungenen Lippen sichtbar wurde. Agnès und Jori hatten stundenlang reden können, über Gott, die Welt und die Wissenschaft des menschlichen Körpers, der sie beide gleichermaßen faszinierte. Vielleicht hatten sie deshalb den Großteil ihrer kurzen Beziehung im Bett verbracht.

Wenn sie miteinander schliefen, hatte Jori sich vorgestellt, Agnès sei Pauline. Doch sobald er die Augen aufmachte und sie vom Bett aufstand, ihre Strümpfe anzog und bis auf diese splitternackt zum Herd ihrer Einzimmerwohnung hinüberging, um beiden Kaffee zu kochen und Zigaretten aus der Schachtel zu holen, war das nicht mehr möglich gewesen. Er konnte sich nicht ewig mit offenen Augen belügen, und er konnte auch Agnès nicht belügen. Jori hatte es ihr nie gesagt, aber sie hatte gespürt, dass es da etwas zwischen ihnen gab, was Gott, die Welt und die Wissenschaft überstieg. Sie hatten die Beziehung beendet, ehe einer dem anderen hatte wehtun können, und so war es gut gewesen, eine Entscheidung zwischen zwei fast Erwachsenen.

Aber mit dem, was Pauline und Jori verband, war das nicht zu vergleichen.

Er blieb vor Luys' Haus stehen. Über dem Eingangsportal ragte ein steinerner Kopf aus der Wand, der ein bisschen Ähnlichkeit mit Luys selbst hatte. Er schaute auf Jori herab. Darüber drang warmes Licht durch ein Fenster auf die Straße. Jori wollte wieder Dinge tun, die ihn zum Lachen brachten. Er wollte ein ausgefülltes Leben führen, mit Pauline an seiner Seite. Wenn das alles erst einmal vorbei war, würde es ihm besser gehen. Jori legte die Hand an den Türring und klopfte dreimal auf Holz.

Eine Haushälterin öffnete. Ihre Stimme war die einer alten Frau, doch ihr Aussehen wirkte frisch, beinahe jugendlich. Vielleicht war es der feste Haarknoten am Hinterkopf, der ihr die Falten aus dem Gesicht zog. Vielleicht hatte aber auch die wenige Arbeit sie jung gehalten. Es konnte nicht viel zu tun geben in einem Haus, das der Doktor nur an einigen Tagen im Monat aufsuchte.

»Sie wünschen?«

»Ich würde gerne mit Doktor Luys sprechen, bitte.«

»Der Doktor arbeitet am Sonntag nicht.«

»Deshalb bin ich hier.«

»Sind Sie ein Patient?«

»Ein Kollege.«

Die Haushälterin musterte Jori skeptisch. Sie konnte wohl nicht glauben, dass der Jungspund vor ihrer Tür bereits ein Kollege vom altehrwürdigen Dr. Luys sein mochte.

»Johann Richard Hell«, ergänzte Jori schnell, als müsse sie den Namen kennen. An ihrem Blick änderte sich nichts, doch sie trat beiseite und gewährte ihm Einlass.

Jori wurde in eine elegante Diele geführt, in der es bis auf eine Chaiselongue und einen kleinen Beistelltisch keine Möbel gab. Auf den Tisch war ein aufgeschlagenes Buch dekoriert, Sinnbild für den intellektuellen Geist, der in den bunt tapezierten Mauern wohnte. Bis unter die Decke waren die Wände mit

Bildern überladen. Die meisten davon zeigten grafitgraue Landschaften. Und unter jedem war ein schwungvolles »L« auszumachen. Luys hatte sie selbst gemalt.

Der Haarknoten verschwand kurz in einem der hinteren Räume und brachte in Erfahrung, dass der Herr Doktor noch beschäftigt sei. Jori könne so lange in seinem Arbeitszimmer Platz nehmen. Ein weiteres Arbeitszimmer! Es war nicht so, dass es Jori sonderlich überraschte.

Auch im Arbeitsraum hingen die Wände voll mit gerahmten Zeichnungen, denen ein markantes »L« aufgestempelt worden war. Doch die Motivwahl war weniger normkonform als unten in der Diele. Luys hatte Bilder von Gehirnen im Querschnitt und im Längsschnitt sowie Detailzeichnungen von den Faserverbindungen im Zwischenhirn angefertigt. Daneben wieder Zeichnungen von Blumen und Landschaften. Jori trat näher. Hirne und Ententeiche hingen hier mit einer Selbstverständlichkeit nebeneinander, als sei ein und das andere gleichwertig.

Am Ende des Raums gab es ein Fenster, das auf den Park der benachbarten Schule blickte, rechts daneben einen gläsernen Bücherschrank und eine lange Regalreihe, die bis zur Eingangstür reichte. Die Bände, die Luys selbst publiziert hatte, nahmen ein eigenes Regalbrett ein. Man erkannte sie an den fast unberührten Umschlägen. Für Luys waren es Trophäen, keine Nachschlagewerke, er kannte ihre Inhalte.

Jori durchwanderte den Raum bis zum Bücherschrank. Die linke Tür war gläsern, die rechte aus dem gleichen dunklen Holz, das den Raum dominierte. Es war ein teures Möbelstück von schlichter Eleganz – hier im Arbeitszimmer war überhaupt alles sehr geschmackvoll aufeinander abgestimmt.

Das Glas der linken Schranktür reflektierte das Fensterlicht. Jori trat einen Schritt zur Seite, sodass sein Schatten darauf fiel. Jetzt konnte er die Buchrücken hinter der Scheibe erkennen.

»Über die Heilwirkung der Baquete: Ein Beitrag zur Metallotherapie« von Wilhelm Wurm.

»Handschriften für Freunde geheimer Wissenschaften« von Max Josef Freiherr von Linden.

»Über hysterische Anästhesie und Metallotherapie« von Ignaz Vogt.

Jori hielt die Luft an, als er den letzten Titel las. Es war eines der Bücher, die er für Luys vor drei Jahren übersetzt hatte. Vogts Publikation war gerade neu erschienen, als Luys auf Jori zugekommen war und ihn gefragt hatte, ob er der Student aus der Schweiz sei. Jori war der Einzige gewesen, der an der Salpêtrière Deutsch gesprochen hatte. Das hatte ihn wertvoll gemacht.

Seine Augen suchten nach einem weiteren Titel, dem wichtigsten für die Versuchsreihe: »Metallotherapie« von Victor-Jean-Marie Burq.

Burq war ein Magnetiseur gewesen, der die Theorie verfolgt hatte, Nervenkrankheiten ließen sich mit Metallplatten und Magnetanwendungen heilen. Ein paar Jahrzehnte lang war er durch kleinere Kliniken und Anstalten getingelt, um sein Metallarsenal hier und dort auszuprobieren. Und als er 1876 an die Salpêtrière gekommen war, war es, als hätte man einen Fuchs in einen Hühnerstall gelassen. Burq hatte zwischen den hilflosen Patientinnen gewütet, deren Vorrat für seine Experimente unendlich schien. Er hatte hier eine Metallplatte um eine Hysterikerin geschnürt, dort einen Magneten um ein paralysiertes Bein, und so Lähmungen und Krankheiten von einem Körperteil aufs andere und von einer Patientin auf die andere übertragen. Mit Heilung hatte das nicht viel zu tun gehabt, aber die Experimente waren visuell ansprechend gewesen, sie waren bühnenreif gewesen, deshalb hatten sie einen Sommer lang Charcots Interesse genossen.

Dann aber war irgendetwas vorgefallen, was einen Abbruch der Experimente zur Folge gehabt hatte. Aus Gründen, die niemand kannte, war Burq mitsamt seinem Metallarsenal gewaltsam vor die Tür gesetzt worden, und niemand hatte mehr über den Magnetiseur gesprochen. Vor zwei Monaten dann war Burq verstorben. Seine Todesanzeige hatte Jori nur durch Zufall in einer kleinen Zeitung entdeckt. Er war ein leiser Nachruf gewesen, mehr ein Nachflüstern.

Jori berührte die glänzende Holzkante des Schranks und strich darüber. Burq mochte einen schwierigen, ausschweifenden Charakter gehabt haben, und es hatte ihm an einem Konzept gemangelt. Aber seine Ideen waren alles andere als schlecht gewesen. Es hatte eine Zeit gegeben, da war die gesamte Pariser Ärztegesellschaft seinen Theorien verfallen. Sogar eine eigene Burq-Kommission hatte es gegeben, in der auch Luys gesessen hatte. Aber am Ende hatte eben alles von Charcots Wohlwollen abgehangen. Jori musste aufpassen, dass es ihm nicht ebenso erging. Er wollte nicht wie Burq enden, den in fünfzig Jahren niemand mehr kannte – den eigentlich schon heute niemand mehr kannte.

Als Luys die Experimente vor drei Jahren deshalb wieder aufgenommen hatte, war es ohne Charcots Wissen geschehen. Der heimliche Versuch, Genialitäten zu retten, zu deren Umsetzung das Genie selbst nicht fähig gewesen war. Luys hatte Jori mit ins Boot geholt und schließlich auch den grässlichen Gérard. Gérard, dem kein Experiment, kein Ergebnis eindrucksvoll genug gewesen war. Der nicht verstanden hatte, dass es Zwischenschritte geben musste, wo man zu einem Ergebnis kommen wollte. Und dass man Patientinnen mit Vorsicht behandeln musste. Mit seinem unwissenschaftlichen Gerede über die Magie der Metalle hatte Gérard Luys vom Kurs abgebracht. Und dann war eine Versuchsperson gestorben.

Der Gedanke war noch immer unerträglich für Jori. Die Frau war praktisch unter seinen Händen weggestorben, und nicht weil sie krank war, sondern weil sie es so weit hatten kommen lassen. Weil Gérard weniger zu einem Arzt taugte als zu einem Jahrmarkt-Quacksalber. Ohne Gérard hätten sie es vielleicht schaffen können.

Jori biss die Zähne zusammen und suchte weiter, doch er

fand Burqs Titel nicht. Und auch seine Übersetzungen waren nirgends zu entdecken. Er trat einen Schritt näher. Das Schloss der rechten Tür knackte leise und metallisch, als er den Schlüssel umdrehte. Die Tür sprang einen Spaltbreit auf, und Jori spähte ins Innere. Luys hatte seine Sammlung offensichtlich vergrößert.

»Petit catéchisme magnétique«, diesen Titel kannte Jori nicht. Und auch nicht »Théorie du mesmérisme« und »Les mystères du magnétisme animal«.

Jori klappte beide Türen ganz auf und erstarrte. Insgesamt fasste der Schrank gut 40 französische und englische Bücher zum Thema Metallotherapie, Magnetismus und Mesmerismus, von denen die meisten sicherlich im Index der verbotenen Bücher standen. Allein für die Aufbewahrung eines einzelnen von ihnen konnte man von der Kirche exkommuniziert werden, ganz abgesehen davon, dass Luys seine Karriere aufs Spiel setzte. Der Neurologe musste eine fanatische Sammelleidenschaft entwickelt haben, seit sie mit den Experimenten aufgehört hatten, aber warum?

Jori trat einen Schritt zurück, die Hand noch immer an der Schranktür. Sollten die Bücher entdeckt werden, wollte er auf keinen Fall mit ihnen in Verbindung gebracht werden. Er machte Anstalten, den Schrank zu schließen, hatte aber plötzlich das Gefühl, beobachtet zu werden. Jori drehte sich um. Jules Bernard Luys stand im Eingang des Büros, vom Holzrahmen der Tür eingefasst, als sei er selbst eine seiner Zeichnungen an der Wand.

»Johann.« Die Begrüßung hätte herzlicher ausfallen können. Natürlich hatte Luys gesehen, was Jori gesehen hatte, es gab keine Möglichkeit, den offenen Schrank zu leugnen. Jori wurde rot. Luys durchmaß den Raum mit schnellen Schritten, schob Jori zur Seite und schloss die Schranktür. Er drehte den goldenen Schlüssel um und steckte ihn entschieden in die Tasche, um zumindest das Thema abzuschließen, wenn es schon für das

Geheimnis zu spät war. Doch Jori hatte den Anblick noch nicht verdaut.

»Woher …«

»Man hat einen Antiquitätenbuchladen aufgelöst, hinten in Gentilly.«

»Aha.« Jori war sich nicht sicher, ob er das glauben sollte. Auch Antiquitätenbuchläden führten keine vier Dutzend Bücher zum Thema Magnetismus und Metall, umso weniger, wenn die Hälfte von ihnen auf der schwarzen Liste stand.

»Was gibt es denn so Dringendes, das nicht bis morgen warten kann?« Luys ließ sich in den Sessel links neben dem Fenster fallen und stützte den Ellbogen auf die Armlehne. Sein Tonfall war wieder milder, aber er hatte offensichtlich nicht vor, näher auf seine zweifelhafte Sammelleidenschaft einzugehen. Da die einzige weitere Sitzgelegenheit im Raum Luys' Schreibtischstuhl war, blieb Jori stehen. Er hatte das Gefühl, sich für heute weit genug in die Privatsphäre des Neurologen vorgewagt zu haben.

»Es ist wegen meiner Doktorarbeit.«

»Ah, die Wette …«

»Nein, es ist eine Doktorarbeit.« Es lag mehr Nachdruck in Joris Stimme als beabsichtigt.

Luys lehnte sich zurück und blickte ihn aufmerksam an. Da lag eine versteckte Freundlichkeit hinter seinen Lippen. Die Art und Weise, wie er den Mund entspannt geschlossen hielt, gab ihm ein beharrlich sympathisches Aussehen. Der Neurologe mochte die Denkweise und den Beruf mit Charcot teilen, sie hatten sogar eine ähnlich markante Nase. Doch in der Ausrichtung der Mundwinkel waren die beiden Doktoren sehr verschieden.

»Sie haben also schon davon gehört«, stellte Jori fest.

»Ich glaube, die ganze Klinik hat das.«

»Und haben Sie …?«

»Nein.« Luys machte eine kurze Pause, in der er Jori musterte. »Du wirkst erleichtert.«

»Das bin ich auch.«

»Warum?«

Jori trat von einem Bein aufs andere. Er fand es eine sonderbare Angewohnheit zwischen ihnen, dass er Luys noch immer siezte, obwohl dieser schon bei ihrem ersten Treffen ganz selbstverständlich zum Du übergegangen war. Aber in Frankreich handhabte man die Höflichkeitsformen strenger. Solange Luys ihm nicht das Du anbot, würde er weiter so tun müssen, als hätten sie nicht schon jahrelang eng zusammengearbeitet.

»Eigentlich wollte ich Sie fragen, ob Sie mir bei der Sache helfen könnten.«

Luys' Miene blieb freundlich wie immer, Mundwinkel und Augenbrauen leicht angehoben, doch sie verriet Jori nichts von dem, was sich hinter der hohen Stirn verbarg.

»Du möchtest, dass ich die Operation mache.«

»Eher, dass wir sie zusammen machen.«

»Weil wir schon einmal zusammengearbeitet haben?«

»Es hat doch gut funktioniert damals.«

»Findest du.«

Die beiden Männer schwiegen, und Jori blickte aus dem Fenster, hinter dem die Dämmerung und der Regen so zeitgleich einsetzten, als hätten sie sich verabredet. Durch einen grauen Nieselschleier sah er die grauen Hausfassaden der anderen Straßenseite. Keiner von ihnen erwähnte die Ergebnisse der letzten Zusammenarbeit. Die Qualität einer Behandlung hing nicht unbedingt von ihrem Ausgang ab, hatte Luys damals gesagt. Menschen starben zu allen Zeiten, mit oder ohne ärztliche Hilfe. Jori versuchte daran zu glauben.

Aus den Augenwinkeln sah er, wie Luys seine Hände vor dem Wohlstandsbauch verschränkte und die Daumen ein paar Mal gegeneinander tippte, als würden sie dem Rhythmus einer Musik folgen, die nur er hören konnte. Plötzlich wünschte Jori, er hätte sich doch hingesetzt. Er stand vor dem Neurologen wie ein Bittsteller.

»Es ist ein ziemliches Risiko«, sagte Luys irgendwann. »Ich habe immerhin einen Ruf zu verlieren.«

»Ein Risiko war es letztes Mal auch.«

»Letztes Mal? Letztes Mal war keine Öffentlichkeit eingeschaltet.«

»Na ja, Öffentlichkeit…«

»Die ganze Salpêtrière weiß von der Wette, mein Junge!«

Jori kaute betreten auf seiner Unterlippe. Es schien zur Gewohnheit zu werden, dass er neuerdings »mein Junge« genannt wurde. Vielleicht lag das an der Unreife seiner Idee.

»Ich habe diesen Doktor Burckhardt gelesen«, sagte er. »Er stützt alles, was er schreibt, auf Ihre Texte.«

»Natürlich tut er das. Ich habe Grundlagen geschaffen.«

Auf Luys' Gesicht zeigte sich keine Spur von Verlegenheit. Er brauchte weder Jori noch Dr. Burckhardt, um daran erinnert zu werden, dass er der Beste auf seinem Gebiet war.

»Dann wollen Sie mir nicht helfen?«

»Von Wollen hat doch niemand geredet. Aber in Anbetracht des hohen Risikos, das diese Operation birgt…« Luys machte ein erwartungsvolles Gesicht und sah aus, als wolle er Jori geradezu zu einem Widerspruch ermuntern. Jori räusperte sich.

»Seit wann schrecken Sie vor Risiken zurück?«

»Seit ich es mir leisten muss.«

»Wie meinen Sie das?«

»Ich meine, dass es sich von einem hohen Niveau aus tiefer fällt. Ich habe etwas zu verlieren.«

»Sie glauben also nicht, dass das Vorhaben funktionieren kann?«

»Sagen wir lieber, ich halte die Idee für ambitioniert.«

»Also nicht?«

Über dem Hemdkragen bildete sich ein kleiner Fettwulst, als Luys den Kopf zur Seite neigte.

»Rein theoretisch halte ich es schon für möglich, dass wir Verhaltensänderungen durch Hirnoperationen erzielen können. In

Tierversuchen wurde es ja bereits gezeigt. Aber gleich die erste Operation am Menschen so auf ein Podest zu stellen …«

»Das war nicht meine Absicht.«

»Warum hast du den Vorschlag dann vor hundert Leuten im Auditorium gemacht?«

Jori bemerkte, dass er schon wieder auf der Unterlippe kaute, und unterließ es. Er brauchte nicht Luys, um zu wissen, dass er unvorsichtig und impulsiv gehandelt hatte. Und dass das ganze Vorhaben eine einzige große Dummheit war.

»Mal angenommen, Sie hätten gewettet …«

»Ich wette nicht.«

»Aber wenn Sie es getan hätten …«

»Aus welchem Grund sollte ich?«

»… hätten Sie für mich gewettet?«

Die Frage war entscheidend für Jori. Er wollte wissen, wie viel Luys ihm zutraute. Ob er für Luys damals nur ein einfacher Dolmetscher gewesen war oder ob seine Fähigkeiten als Arzt gezählt hatten. Er brauchte jemanden, der an ihn glaubte.

»Ich wette nicht, Johann. Ganz grundsätzlich nicht und in so einer Sache schon gar nicht. Ich halte das für geschmacklos.« Es klang weder streng noch belehrend. Luys verstand es, jedem seiner Sätze die gleiche unverbindliche Freundlichkeit zu geben, die auch sein Gesicht ausstrahlte. »Und wie ich schon sagte, für mich ist es ein höheres Risiko als für dich. Welchen Anreiz könntest du mir schon bieten, der dieses Risiko überwiegt?«

Joris Blick schweifte hinüber zu dem teuren Schreibtisch. Zu Luys' Veröffentlichungen. Dem Sessel, in dem er es sich bequem gemacht hatte. Er ließ die Schultern hängen.

»Keinen wahrscheinlich.«

Luys kratzte sich an der Nase und legte dann die Finger zurück auf den Bauch, während Jori stillstand und wartete. Er hörte das Ticken einer Uhr, das er vorher nicht wahrgenommen hatte. Draußen fuhr eine Kutsche vorbei, und ein Stockwerk tiefer erklang gedämpftes Tellerklappern. Ansonsten war es still im Haus. Ein Sonntagnachmittag, wie Jori ihn aus Paris nicht kannte. Und die Stille wollte so gar nicht zu dem Aufruhr in seinem Kopf passen. Warum sagte Luys nichts? Jori wurde unsicher.

»Zumindest weiß ich nicht, was für einen Anreiz ich Ihnen bieten könnte«, setzte er nach. »Ich habe kein Geld oder so.«

»Das hatte ich auch nicht erwartet.« Luys' Mundwinkel kräuselten sich. Er musterte Jori immer noch so erwartungsvoll, als gäbe es eine klare Antwort, auf die Jori bloß noch nicht gekommen war.

»Worauf spekulierst du selbst denn mit der Operation?«, fragte er. »Was ist dein Anreiz?«

»Ich möchte meinen Doktor machen.«

»Und?«

»Und? Was meinen Sie mit ›und‹?«

»Du erhoffst dir nicht Ruhm und Ehre davon?«

Jori wurde rot.

»Nein. Ich möchte einfach nur meinen Doktortitel machen und dann in die Schweiz zurückkehren.«

»Warum dann dieses risikoreiche Thema? Du hättest auch eine Doktorarbeit über, sagen wir, nächtlichen Somnambulismus schreiben können. Es gibt noch nicht viel, was über Schlafwandler gesagt ist.«

Jori zuckte die Schultern und wünschte sich, Luys hätte das ein paar Tage früher vorgeschlagen.

»Das Thema ist einfach so zu mir gekommen. Die Schlafwandler nicht.«

»Ja, das verstehe ich.«

Wieder schwieg Luys eine Weile. Dann entschied er sich, mit offenen Karten zu spielen. »Nun siehst du, Jori, ich erkläre es dir mal so: In der Position, in der ich mich befinde, wird man irgendwann bequem. Die meisten Doktoren in meinem Alter interessieren sich für nicht mehr viel. Ich könnte die Beine ausstrecken und mich an dem freuen, was ich erreicht habe. Aber es gibt eine Sache, die mich davon abhält. Eine Sache, von der der Mensch auch im Alter nicht genug bekommen kann…« Er zog die Füße heran und schlug die Beine übereinander, als er merkte, dass er sie zuvor tatsächlich bequem vor dem Sessel ausgestreckt hatte. »Weißt du, womit ich berühmt geworden bin?«

»Mit Ihrem Atlas über das Nervensystem.«

»Ganz genau. Und zwar, weil es der umfangreichste Atlas ist, den je einer verfasst hat. Aber irgendwann kommt vielleicht ein anderer und schreibt einen noch umfangreicheren Atlas. Und dann ist er die Berühmtheit, und mich vergisst man. So etwas kann einem ganz schön zusetzen, das sage ich dir. Es sind nämlich leider nur die Superlative, mit denen man es nach oben schafft. Und es gibt nur einen Gipfel, der nie übertroffen werden kann. Kannst du dir vorstellen, welcher?«

Luys wartete geduldig, bis Jori den Kopf schüttelte.

»Der Erste zu sein«, sagte er dann. »Es gibt keinen, der dem Ersten das Privileg nehmen kann, der Erste zu sein. Nach ihm kann immer nur ein Zweiter kommen, der es nachmacht. Der Erste aber wird für immer seinen Platz in den Geschichtsbüchern finden.« Luys beugte sich vor, die Augenbrauen hochgezogen.

»Verstehst du, worauf ich hinauswill? Wenn mich also etwas an der Operation interessiert, dann ist es der Fakt, dass noch nie jemand sie an einem Menschen vorgenommen hat. Und wenn es ist, wie du sagst, und es dir nur um die Doktorarbeit geht, dann wirst du wohl kein Problem damit haben, mir den Ruhm an der Sache abzutreten? Vorausgesetzt natürlich, die Operation wird ein Erfolg.«

»Wie meinen Sie das, Doktor Luys? Ich wüsste nicht, wie ich so etwas abtreten könnte.«

»Ich rede davon, dass es mein Name sein wird, der in die Geschichte eingeht.«

Jori blickte Luys wortlos an.

»Du bekommst die Doktorarbeit, ich die Öffentlichkeit außerhalb der Klinik. Auf dem einen Manuskript wird dein Name stehen, auf dem anderen meiner. Ich werde in der Presse und in den Büchern erwähnt werden. Und du gehst mit deinem Doktortitel in die Schweiz zurück. Einem Doktortitel, unter den Doktor Charcot seine Unterschrift gesetzt haben wird. Ich nehme an, man kennt Charcot dort?«

»Äh – ja.«

»Wie auch nicht.«

Luys' offenes Lächeln verwirrte Jori, wie auch die ganze Situation ihn zunehmend verwirrte. Er blickte zu Boden. Er hatte nicht damit gerechnet, dass das Gespräch so eine Wendung nehmen würde.

»Ich weiß nicht, Doktor Luys. Ich …«

»Aha. Es geht dir also doch um mehr als nur um die Doktorarbeit.« Luys zwinkerte ihm verschwörerisch zu.

»Nein. Es ist nur – wenn ich eine Promotion mache und dann nie jemandem außerhalb der Salpêtrière sagen kann, über welches Thema … Außerdem, der Vorschlag kommt mir nicht sehr moralisch vor.«

»Und eine Wette hältst du für moralischer?«

»Nein. Aber die habe ich ja auch gar nicht …«

»Ich erinnere dich nochmals daran, dass du es warst, der zu mir gekommen ist, Johann. Ich brauche diese Operation nicht. Und wenn, dann könnte ich sie auch allein durchführen, ohne dich. Wie du selbst bemerkt hast, bin ich der Beste auf diesem Gebiet.« Luys lehnte sich wieder tief in seinen Sessel zurück. Es war eine gleichgültige, fast herablassende Geste.

Wäre seine Stimme nicht so freundlich gewesen, hätte Jori geglaubt, dass der Neurologe ihn erpresse.

»Aber nun schau doch nicht so, Johann, ich habe ja nicht vor, dir die Idee zu klauen. Du bist und bleibst natürlich beteiligt. Das musst du sogar. Du bist schließlich der Ideengeber. Und mein Name wird sowieso nur bekannt werden, wenn die Operation gelingt.« Den letzten Satz sprach Luys beiläufig. Jori entging er dennoch nicht. Er starrte den Neurologen an.

»Wenn die Operation also schiefläuft, wollen Sie, dass nur ich…«

»Alles andere würde sich für mich nicht lohnen, das verstehst du doch sicher? Ich darf nicht in die Negativschlagzeilen rutschen.«

»Aber das ist…« Jori wusste selbst nicht, was es war. Mit der Abmachung würde Luys auf der sicheren Seite sein. Lief die Operation schief, würde sein Name nicht fallen. Lief sie dagegen gut, würde er in die Geschichtsbücher eingehen. Jori dagegen übernahm das volle Risiko.

»Sie wollen also, dass ich für Sie den Kopf hinhalte?«

Luys schnalzte tadelnd mit der Zunge.

»Den Kopf hinhalten, was für ein Ausdruck! Ich würde eher sagen, du willst, dass ich dir deinen rette! Ist der Preis denn wirklich so hoch, den du zahlst? Was hast du schon zu verlieren? Stirbt das Mädchen, hast du zwar keine Promotion, aber damit stündest du am selben Punkt wie jetzt. Überlebt es, gewinnst du einen Doktortitel und kannst in die Schweiz zurückkehren, wie du es geplant hast. Für dich ändert sich im Grunde nichts. Außer dass du deine Chancen auf Erfolg durch mich erheblich erhöhst.«

Jori blickte auf dem staubfreien Boden umher, als könne er dort die Fassung wiederfinden. Ihm wurde schwindelig. Er hatte sehr wohl etwas zu verlieren. Eine ganze Menge hatte er zu verlieren, aber das wusste Luys natürlich nicht. Luys kannte den Grund nicht, warum Jori diesen Doktortitel brauchte, er wusste nichts von Pauline.

Jori sah auf. Der Neurologe saß vor ihm wie ein Mann, der wusste, dass er bereits gewonnen hatte. Aber Jori musste sich die Worte noch einmal durch den Kopf gehen lassen. Ohne die Uhr im Zimmer, die tickte, und den Regen draußen, der stärker wurde.

»Darf ich es mir bis morgen überlegen?«, sagte er schließlich kleinlaut, als brauche es seine Zustimmung überhaupt noch. Als hätte er überhaupt eine Wahl.

»Natürlich, ganz wie du willst«, sagte Luys. »Und jetzt lass uns nach unten gehen. Wenn du Glück hast, wirst du zum Essen eingeladen.«

Jori hatte Glück. Er wurde nicht nur eingeladen, sondern geradezu zum Essen genötigt.

Mme Luys trug ein kariertes langes Kleid, das an der Taille und am Hals so eng war, als sei es ihr an den Körper genäht worden. Die Haare hatte sie aufwendig hochgesteckt. Ein Rest Lippenstift klebte an ihrem zusammengekniffenen Mund. Mme Luys sah aus wie eine, die der krampfhafte Versuch, jung zu bleiben, schneller hatte altern lassen.

»Tun Sie uns doch den Gefallen und bleiben Sie zum Abendessen«, sagte sie mit einem Nachdruck, der jeden Widerspruch unmöglich machte, und stemmte die Hände in die Hüften. Jori verneigte sich artig vor ihrer Erscheinung und ließ sich auf den ihm zugewiesenen Stuhl sinken.

Es war nun schon das zweite Mal innerhalb weniger Tage, dass er Einblick in das Privatleben eines Mannes erhielt, den er bislang nur für einen festen Bestandteil der Klinik gehalten hatte. In ein ganz normales Leben, mit Familie, Kaffeetassen und unbemerkten Flecken auf der ansonsten blank polierten Gabel. So eine Ehre wurde bestimmt nicht jedem gewährt, dachte Jori, und er wusste sie zu schätzen. Doch ein bisschen nervös machte sie ihn auch.

Er hielt die Hände im Schoß verkrampft und musste aussehen wie einer, der noch nie an einem fein gedeckten Tisch gesessen hat. Erst nach dem zweiten Glas Rotwein gelang es ihm, sich zu entspannen und die Hände neben den Teller zu legen, wo sie hingehörten.

Jori sah die liebevollen Blicke, mit denen Luys am Gesicht seiner Frau hing, während diese hart wie ihre eigene Stuhllehne dasaß, die fältchenumrahmten Lippen gespitzt, und die wechselnden Gerichte auf ihrem Teller inspizierte. Sie war bereits die zweite Frau des Neurologen, wie Jori erfuhr. Dabei hatte er noch nicht einmal von einer ersten gewusst.

»Nehmen Sie doch noch mehr Braten, Monsieur Hell.« Es war ein Befehl. An der meißnerporzellangedeckten Tafel von Mme Luys der Zweiten gingen Gastfreundschaft und Nötigung nahtlos ineinander über.

Als das Essen vorüber war, machte Jori eine weitere tiefe Verbeugung und sackte vor Glück ein wenig in die Knie, als Luys sich mit einem freundschaftlichen Schlag auf die Schulter von ihm verabschiedete. Er konnte es noch immer nicht fassen, dass er plötzlich ganz oben mitspielen sollte, in den vordersten Reihen der Herren Doktoren – mit Charcot als Doktorvater und Luys als Kollegen. Die Freude darüber rührte in seinem Bauch, der jetzt mit Kalbfleisch und Wein gefüllt war. Sie brachte ihn dazu, vor lauter Übermut noch am selben Abend in die Salpêtrière zurückzukehren, was ein Fehler war.

Ganz sicher war es das.

Frédéric legte das Ohr an die Tür. Er konnte seine Schwester hören und den Säugling, der unzufriedene Laute von sich gab, weil es nicht die Mutter war, die ihn in den Schlaf sang:

»*Au clair de la lune, mon ami Pierrot*
Prête-moi ta plume, pour écrire un mot.
Ma chandelle est morte, je n'ai plus de feu.
Ouvre-moi ta porte, pour l'amour de Dieu …«

Wenn Isabelle sang, war ihre Stimme ganz hoch und piepsig, als wäre es unumgänglich, dass sie jedes Lied anstimmte wie eine Sopranistin.

»Au clair de la lune, Pierrot répondit: Je n'ai pas de plume, je suis dans mon lit …«

Der Säugling jammerte. Es würde wohl noch eine Weile dauern, bis Isabelle ihre Schwester auf diese Weise in den Schlaf gesungen hatte. Frédéric hoffte es sehr.

Die Schuhe rechts und links in den Händen, schlich er auf Socken zur Haustür. Als Vater nach dem Streit aus dem Haus gestürmt war, hatte Mutter sich an den Flaschen bedient, die im Tabakladen hinter dem Tresen standen und die sie die ganze Nacht durchschlafen lassen würden. Die Gelegenheit war günstig.

Er zog die Tür des Tabakladens hinter sich zu. Als die kleine Glocke über dem Eingang schellte, kniff er die Augen zusammen, als könne er damit das Geräusch dämpfen, das sie machte. Er lauschte, doch niemand hatte ihn bemerkt. Vor ihm lag die halb dunkle Straße. Mit zittrigen Fingern steckte er den Zettel in die Hosentasche. Es stimmte, im Lesen war er schlecht, aber die Form der Buchstaben, die er in jener Nacht in der Kutsche entdeckt hatte, hatten sich in seinem Kopf festgesetzt wie Aprikosenbonbons zwischen den Zähnen, und er hatte sie wiedererkannt, als er vor zwei Tagen mit Isabelle an der Kirche vorbeigekommen war. Die Kirche in der Rue Mouffetard. Er hatte die drei Fenster gesehen, die drei länglichen Halbkreise, die in die Wand der Kutsche geritzt waren, und darunter die Buchstaben. Frédéric lief los.

Er hatte einen Traum gehabt. Immer und immer wieder. »Was hast du gesehen?«, brüllten die Männer darin und schüttelten seine Schwester. »Was hast du gesehen?« Aber natürlich hatte Isabelle gar nichts gesehen, er, Frédéric, war ja derjenige, der in die Kutsche geschaut und die Zeichen an der Wand entdeckt hatte. Und dann erschien ihm der Kutscher. Er sperrte Frédéric in die dunkle Kiste und knallte mit den Zügeln, um fortzufahren. Wann immer Frédéric durch das schwarz bemalte Astloch spähte, durchgeschüttelt von der unebenen Straße, sah er vorne seine Schwester auf der Bank sitzen, den Säugling im Arm. Der Kutscher war auf einmal ganz freundlich zu ihr. Nur er, Frédéric, musste hinten in der Kiste fahren. Und dabei war Isabelle es gewesen, die der Kutsche hatte folgen wollen.

Frédéric mochte sich gar nicht ausmalen, was ihm diesmal drohte, wenn der Vater sein Verschwinden bemerkte. Er ließ seine Schwestern allein, während die Mutter unansprechbar in ihrem Bett lag. Doch der Traum würde nicht aufhören, bis er nicht wusste, was es mit den Zeichen auf sich hatte. Er blickte auf die Kirchturmuhr, ohne eine Ahnung zu haben, wie viel Zeit ihm blieb, bevor der Vater zurück war.

Jori überquerte den dunklen, schlosshofähnlichen Vorplatz und schüttelte das Wasser aus seinem Mantel wie ein Hund, als er die Sektion Esquirol erreichte. Er betrat den Flur und öffnete die Tür zu dem Schlafsaal, in dem Runa lag. Medikamentenverseuchte Luft schlug ihm entgegen. Die Bettenreihen waren zu dieser Stunde nur als lange dunkle Schatten an den grauen Wänden auszumachen. Jori zündete eine Kerze an und schirmte die kleine Flamme mit der Hand ab, als er zwischen den schlafenden Kindern hindurchschlich. Er wollte nicht stören, nur nach dem Rechten sehen.

Benebelt von der Wirkung der Beruhigungsmittel lag Runa auf ihrer Pritsche und träumte den süßen Schlaf derer, denen die Medikamente alle Sorgen genommen hatten. Sie war noch immer festgebunden wie ein Tier. An allen vier Bettpfosten waren Lederschnallen angebracht, deren Enden gestrafft unter der Decke verschwanden. Jori stellte die Kerze auf den Boden. Er lüftete die Decke mit der linken Hand und griff mit der Rechten nach Runas Fuß in der Lederschlinge. Er war eiskalt, obwohl der Raum durch die siebzehn atmenden Körper gut gewärmt war. Das musste an Runas Anämie liegen. Und sie war einfach zu dünn, vielleicht auch zu dünn für eine Operation. Jori inspizierte auch den anderen Fuß und verzog besorgt das Gesicht. Spätestens vor dem Herbst würde er eine zweite Decke auftreiben müssen. Er hob das Laken ganz hoch, um es neu über Runa auszubreiten, und da fiel ihm der Gestank auf. Runa lag in ihrem eigenen Urin. Wahrscheinlich hatte man sie den ganzen Tag nicht losgebunden. Jori hatte gehört, dass mittlerweile nicht nur die anderen Mädchen im Raum, sondern auch die Wärterinnen Angst vor Runa hatten und sich bekreuzigten, wenn sie an ihrem Bett vorübergingen. Nur der Grund dafür war Jori schleierhaft. So ausgestreckt, wie das Mädchen jetzt vor ihm lag, Füße und Arme an allen Seiten fixiert, die Augen geschlossen, hatte sie nichts Bedrohliches an sich. Im Gegenteil, sie erinnerte Jori an einen Frosch auf dem Seziertisch. Der Anblick tat ihm leid.

Sein Blick fiel auf Runas Finger. Jemand hatte die Nägel radikal kurz geschnitten. An den Stellen, wo zu viel Nagel weggenommen war, hatten sich verkrustete Ränder gebildet. Und dort, wo die Lederriemen ihre Handgelenke umschlossen, waren wunde Striemen sichtbar, die ihre Hände einfassten wie rosa gefärbte Spitzenbänder. Jori beugte sich hinunter und versuchte die Schnallen ein wenig zu lockern. Er würde eine Salbe für die aufgeriebenen Hautstellen benötigen. Er ruckelte an dem festen Leder herum, bis die Schnalle nachgab und sich öffnete. Dann wollte er nach der zweiten Fessel greifen, doch dazu kam es nicht mehr. Plötzlich spürte er einen Griff um sein Handgelenk. Jori schrak zusammen. Wie beim ersten Mal fuhr der Blick aus Runas Augen ihm direkt bis in den Magen. Instinktiv wollte er seine Hand zurückziehen, doch der Griff schloss sich mit gespenstischer Kraft und Kühle darum, fast so, als seien die Hände des Mädchens ein Schraubstock. Jori riss die Hand nach oben, es ging nicht, das Mädchen hielt sie fest. Jori unterdrückte einen Schrei. Mit seiner freien Hand begann er, an Runas kleinen Fingern herumzubiegen. Doch wann immer er einen von ihnen löste, schlossen sich die anderen vier wieder mit beängstigender Genauigkeit um sein Handgelenk. Panik stieg in Jori auf und löste eine Hitze in seinem Kopf aus, die unerträglich wurde. Erneut packte er Mittel- und Ringfinger des Mädchens und bog sie nach hinten. Es knackte. Jori sah Runa erschrocken an, er hatte ihr nicht die Finger brechen wollen. Doch ihre wasserblauen Augen waren noch immer teilnahmslos auf ihn gerichtet. Die drei unversehrten Finger gruben sich weiter in seinen Arm. Das Kind musste in einer Art Wahn sein, in dem es keine Schmerzen empfand. Jori sah etwas Dunkles unter Runas gestutzten Fingernägeln hervorquellen und auf das vergilbte Laken tropfen. Er spürte ein Stechen im Handgelenk. Während sein Verstand noch abstritt, dass Fingernägel, die so kurz waren, einem anderen Menschen bis ins Fleisch dringen konnten, legte sich kalter Schweiß um seinen Hals und zog sich wie eine Schlinge zu. In einem letzten Versuch, Kontrolle über die Situation zu gewinnen, hob Jori blindlings die freie Hand und schlug dem Mädchen ins Gesicht, sodass der Kopf zur Seite flog und unter den hellen, farblosen Haaren begraben wurde wie unter einer Schneeverwehung.

»Oh Gott, oh Gott, es tut mir leid«, flüsterte er und zuckte im nächsten Moment zusammen, als jemand »Monsieur Hell!« hinter ihm sagte. Die Finger des Mädchens lösten sich so unerwartet, wie sie zugegriffen hatten. Reglos lag Runas Hand nun neben dem dürren Körper, der durch den Schlag ein Stück zur Seite gerutscht war. In der Ecke des Raums war ein anderes Mädchen wach geworden und jammerte leise vor sich hin. Jori drehte sich um. Da stand eine Wärterin und hielt eine Lampe in der Hand. Ihr Licht setzte Runa auf bizarre Art und Weise in Szene.

»Alles in Ordnung hier drin?«

Jori zog seinen Arm zu sich heran und massierte sein Handgelenk. Er kannte die Frau. Sie arbeitete schon ewig in der Salpêtrière, und er hätte sich an ihren Namen erinnern müssen, doch sein Hirn hatte sich vorübergehend abgeschaltet, zu gespenstisch war das, was er gerade erlebt hatte. Die Wärterin stand hinter dem Bett, die Beine mehr als schulterbreit unter dem Körper. Sie sah nicht aus, als habe sie vor, beiseitezutreten und den Vorfall dezent zu übergehen. Das unbekannte Mädchen in der Ecke jammerte lauter. Jori betrachtete die weiße Schürze der Frau und ihre Haube, die im Lampenlicht leuchtete. Verlegen strich er sich die eigenen Kleider glatt. Jetzt, da die Wärterin im Raum war und mit ihr das Licht einer zweiten, tröstlichen Lampe, erschien Jori die ganze Situation mehr als peinlich. Was sollte er sagen? Dass er Angst gehabt hatte, von einer ans Bett gefesselten Neunjährigen überwältigt zu werden? Er blickte auf sein Handgelenk und suchte nach Spuren, aber die Haut hatte eine normale Farbe, und lediglich ein schwarzes Härchen an der Daumenwurzel fiel ihm auf, das sich dunkel und widerspenstig in die Luft streckte wie ein einzelner Grashalm auf einem gepflasterten Hof. Sein Blick wanderte zu Runas linker Hand, an der die Finger normal aussahen und ungebrochen. Jori räusperte sich fassungslos, ohne den Kloß in seinem Hals loszuwerden.

»Das Mädchen hat Blessuren an den Handgelenken«, sagte er, als würde das den Vorfall erklären. »Und es liegt in seinen eigenen Ausscheidungen.«

Die junge Patientin in der Zimmerecke jammerte noch lauter. Jori konnte kaum die eigene belegte Stimme hören. Mit drei Schritten war die Wärterin bei der Weinenden, um sie zum Schweigen zu bringen. Jori hörte es klatschen, als ihre Hand die junge Wange traf, und wandte sich ab. Er hatte das dringende Bedürfnis, den stickigen Raum zu verlassen. Körperliche Züchtigungen waren ihm zuwider, und dann auch noch an Kindern! So etwas sollte es in der modernen Krankenpflege nicht geben. Jori konnte nicht fassen, was er selbst gerade getan hatte. Er stolperte auf die offene Tür zu, ehe sich die Wärterin umdrehen und ihm noch einmal den Weg versperren konnte.

»Arnikasalbe für die Handgelenke, bitte«, sagte er noch, mehr zu sich als zu ihr, und hatte plötzlich Angst, die Wärterin könne merken, dass er getrunken hatte. Ohne noch einmal zurückzuschauen, eilte er durch den halbdunklen Schlafsaal und stieß mit dem Fuß versehentlich gegen ein Bett, in dem nun ein zweites Mädchen zu wimmern begann. Weitere Kinder wurden wach und stimmten in den unheimlichen Chor ein, viele von ihnen wohl aus Angst oder aus Verwirrung über den unerwarteten Einbruch von Realität in ihre dämmerige Traumwelt. Das Bild eines Rudels jaulender Straßenhunde drängte sich Jori auf, und er musste sich zwingen, nicht einfach loszurennen. Er glaubte, den Blick der Wärterin in seinem gestreckten Rücken zu spüren, als er die letzten Schritte bis zur Tür so würdevoll wie möglich zurücklegte. Dann stürmte er die Treppe hinunter. Als sich die zweite Tür hinter ihm schloss, empfing ihn die rettende Frische einer verregneten Nacht. »Bottard«, dachte er, bevor er sich, den Rücken gegen die Steinwand gepresst, auf den nassen Boden des Hofs rutschen ließ und das Gesicht in den Händen vergrub. »Ihr Name ist Madame Bottard.«

Es war ihm nur vage bewusst, dass er dasaß wie die männliche Kopie einer der Hysterikerinnen, die tagsüber für ein paar Stunden nach draußen gelassen wurden, damit Luft und Bewegung sich günstig auf ihr Krankheitsbild auswirkten. Das zumindest entsprach der neuesten Theorie, doch was das betraf, steckte man noch in der Testphase. Tatsächlich waren Patientinnen und Pflegekräfte gleichermaßen unschlüssig darüber, was die Irren eigentlich tun sollten auf dem nackten, kühlen Hof.

Frédéric fand die Kirche in der Rue Mouffetard problemlos. Sie war im selben Arrondissement wie der Tabakladen gelegen. Er mäßigte sein Tempo, als der spitze Turm in der Dunkelheit vor ihm aufragte und er den Platz erreichte, auf dem tagsüber der Markt aufgebaut wurde. Reste von Obst und Gemüse klebten noch auf den Pflastersteinen. Frédéric musste um die Kirche herumgehen und in die kleine Gasse dahinter, um die Stelle wiederzufinden, die er zwei Tage vorher gesehen hatte. Da waren sie: die drei Fenster und der Satz, den Frédéric nicht lesen konnte. Er starrte hinauf, den Kopf in den Nacken gelegt. Dann ging er zurück zur Vorderseite der Kirche.

Neben dem dunklen Bau ragten Kreuze aus dem Boden wie Pilze im Schatten eines Baums. Sie waren das, was vom alten Friedhof übrig geblieben war, nachdem man die Toten darunter längst an einen anderen Ort gebracht hatte.

Frédéric schluckte. Es wäre ihm lieber gewesen, die Zeichen hätten ihn zu einem Rathaus geführt oder zu einem Theater. Er blickte sich um, doch da war niemand, der Platz der Saint-Médard war leer und die angrenzenden Geschäfte geschlossen. Weit und breit nur Straßenlampenlicht und keine Menschenseele. Es war Sonntagabend.

Kurz überlegte Frédéric, ob er umkehren und bei Tag wiederkommen sollte, doch er wusste nicht, wann er das nächste Mal das Haus alleine würde verlassen können. Ohne seine Schwester und ohne dass die Eltern es merkten.

Noch einmal blickte er auf die Kreuze, und Geistergeschichten kamen ihm in den Sinn, wie man sie sich an rauen Herbstabenden in der Stube erzählte. Er versuchte sich auf die Kirche hinter den Kreuzen zu konzentrieren, doch auch die sah nicht einladend aus. Mit den kantigen Strebebögen, die die Seiten abstützten, erinnerte sie ihn nun doch weniger an einen Baum als vielmehr an eine Spinne, an eine große Spinne mit zehn Beinen, die durch die krummen Pilze stakste.

Eigentlich habe ich mein Ziel doch schon erreicht, dachte Frédéric. Er hatte zu dem Ort gehen wollen, zu dem ihn die geheimnisvolle Kutsche führen sollte, und da stand er nun. Er hatte alles gesehen. Zeit, wieder nach Hause zu gehen. Doch

Frédéric brauchte keine Isabelle, um zu wissen, dass er sich selbst belog.

Im Innern des Gebäudes war es dunkler, als er vermutet hatte. Frédéric war noch nie so spät abends in einer Kirche gewesen, außer zur Christmette an Weihnachten, aber dann waren die Räume geschmückt mit Hunderten von Lampen und Kerzen. Und fürchten musste man sich dann sowieso nicht, die Eltern waren ja dabei und Isabelle auch. Jetzt dagegen war Frédéric allein.

In dem schwachen Licht der Straßenlampen, das durch die bunten Glasfenster fiel, konnte er nicht einmal den Altar am Ende des Gangs ausmachen. Frédéric fröstelte und fasste einen Entschluss: Er würde einen Rundgang machen, nicht bis in die Seitenkapellen hinein, aber doch zumindest einmal um die Stuhlreihen herum. Und dann würde er wieder nach Hause gehen. Er schob seinen Fuß nach vorne, den rechten, dann den linken, so tastend, als könne der Kirchenboden an einer Stelle einbrechen, wenn er sich gleich mit vollem Gewicht daraufstellte, vier Stuhlreihen hatte er schon geschafft, als ihm einfiel, dass er ja nach etwas Auffälligem Ausschau halten wollte. Er sah sich um, ohne in seiner schlurfenden Vorwärtsbewegung innezuhalten, konnte aber nichts entdecken. Nur leere Stuhlreihen und der dunkle Mittelgang, der zum Altar führte. Da war wohl nichts zu machen.

Frédéric war erleichtert, als er umdrehen konnte. Auch mit dem Laufen ging es nun besser, er setzte seine Füße, ohne den Boden vorher abzutasten, und war schon wieder fast beim Ausgang, als plötzlich die Tür des Eingangsportals quietschte. Er erstarrte. Er spürte den Luftzug, der von draußen hereindrang, noch bevor er die schwarzen Umrisse der Gestalt sah. Da war ein Mann im Eingang. Und mit der Gewissheit eines Feiglings wusste Frédéric, dass er nichts Gutes von ihm zu erwarten hatte. Panisch blickte er sich um, doch außer der Tür im Hauptportal sah er keinen anderen Ausweg aus der Kirche. Die Gestalt löste sich aus der Tür und bewegte sich langsam auf den Mittelgang zu.

Frédéric saß in der Falle.

Lecoq löste den obersten Knopf seines Mantels und zog die dünnen Lederhandschuhe aus, während er sich in der Dunkelheit umblickte.

Von innen sah die Saint-Médard aus wie jede andere Kirche auch: ein Gang, zwei Sitzblöcke, hohe Wände und bunte Fenster und irgendwo vorne ein Altar. Lecoq war es müde, sich den Raum auch nur anzusehen.

Kirche um Kirche hatte er abgesucht, eine Heidenarbeit in Paris, wo es fast so viele Gotteshäuser gab wie Kneipen und Cafés. Noch dazu war Sonntag, was bedeutete, dass er immer wieder hatte warten müssen, bis die Messen und Andachten vorbei waren. Kein Mensch konnte so oft sündigen, wie man hier in die Kirche rennen konnte, dachte Lecoq. Und dann das ewige Glockengeläut. Ihm ging das alles ziemlich auf die Nerven.

Er blickte zu den Säulen hoch, die in der Dunkelheit ins Nichts zu führen schienen, und zu den schwach glänzenden Pfeifen der Orgel, die schwieg. Hier würde er niemanden mehr antreffen, den er nach Claire de Commarin und dem Mädchen fragen konnte.

Lecoq kratzte sich den Kopf und zog noch einmal das zusammengefaltete Porträt aus der Tasche seines Mantels. Es wunderte ihn nicht, dass sich die Hälfte der Kirchenmänner, die Lecoq heute mit dem Bild konfrontiert hatte, sofort bekreuzigt hatte.

Er hatte sich von Mlle Bellier eine genaue Beschreibung des Kindes geben lassen und dann einen alten Freund, Anatole Durand, darum gebeten, ein Phantombild anzufertigen. Das Ergebnis war ein wildes Kindergesicht mit abstehenden Haaren und gespenstisch aufgerissenem Mund, dazu zweifarbige Augen, eins mit hellen Bleistiftstrichen gemalt, das andere dunkel schattiert: links blau, rechts schwarz, darauf hatte Mlle Bellier bestanden.

Lecoq faltete das Blatt sorgfältig zusammen, steckte es zurück in die Manteltasche und dachte daran, dass er ebenso gut nach Hause gehen könnte. Dann aber schritt er doch die Sitzreihen ab.

Auf Höhe der Marienfigur im Seitenschiff blieb er stehen. Aus den Augenwinkeln hatte er geglaubt, eine Bewegung gesehen zu haben, einen Schatten zwischen den Schatten, aber einen, der nicht hierhergehörte, der nicht Teil der Kirche war. Lecoq spürte ihn mehr, als dass er ihn sah. Seine Sinne spannten sich an. Er registrierte den Druck hinter den Ohren und die Hitze, die sich an seinem Hinterkopf ausbreitete. Lecoq witterte, und er tat es wie ein Hund, der eine Fährte aufnahm – die Nase in die Luft gestreckt, die Augen starr ins Dunkle gerichtet. Da war sie wieder, die Bewegung. Geduckt huschte etwas hinter den Stühlen her, keine fünf Meter von ihm entfernt. Blitzschnell drehte Lecoq sich um und konnte gerade noch sehen, wie der Schatten sich hinter die Bänke kauerte. In dem Bewusstsein, dass er im schwach beleuchteten Mittelgang ebenso gut oder schlecht zu sehen war wie die Gestalt selbst, zog Lecoq sich in den Schatten der Seitenschiffe zurück. Dann schlich er sich in weitem Bogen von hinten an den Fremden heran. Jetzt kam es auf Geschwindigkeit an, auf den Überraschungsmoment. Lecoq wollte derjenige sein, der zuerst angriff. Mit drei Schritten war er in der Reihe und packte den Unbekannten am Kragen, noch bevor dieser überhaupt aufspringen konnte. Lecoq bereitete sich auf einen Gegenangriff vor oder zumindest auf Gegenwehr, die linke Hand schützte bereits sein Gesicht, während er mit der rechten den Kragen des Unbekannten festhielt. Doch die Gestalt stieß lediglich einen spitzen Schrei aus und wand sich zappelnd in seinem Griff. Ungläubig schaute Lecoq auf das, was er da gepackt hielt. Es war ein Junge, ein strampelndes Kind, das Gesicht vor Angst verzerrt. Als er den Knaben fallen ließ, landete der auf dem Boden wie ein Vogel, der aus dem Nest fiel.

»Was machst du hier?«

Das Nervenbündel zu Lecoqs Füßen zitterte nur zur Antwort, als hätte der Schreck es bis in die Zunge hinein gelähmt. Lecoqs erste Vermutung war, dass es ein Straßenkind war, das in der Kirche Schutz vor der Nacht suchte. Doch die Kleider des Jungen schienen halbwegs ordentlich. Lediglich einen dunklen Flicken konnte Lecoq am Ärmel seines Pullis entdecken. Er kam aus einer Arbeiterfamilie, nicht reich, aber bodenständig.

»Solltest du um diese Zeit nicht schon längst zu Hause sein?« Lecoqs Stimme war barsch, aber weniger laut als zuvor. Von diesem kleinen Angsthasen ging keine Gefahr für ihn aus, das sagte ihm sein menschliches Gespür. Er packte das Kind erneut am Kragen und stellte es auf die Beine, die noch immer bedenklich zitterten. Doch Lecoq mochte es nicht, wenn Menschen vor ihm krochen. Er wartete, bis er sicher sein konnte, dass der Junge sein eigenes Gewicht halten würde, ohne vor Schreck gleich wieder umzufallen, und ließ ihn dann los. Der Scheitel des Kleinen reichte ihm gerade bis zur Brust. Lecoq schätzte, dass er vielleicht zehn oder elf Jahre alt war. Feige war er allerdings wie ein Vierjähriger.

»Wie heißt du, und wo kommst du her?« Lecoq hatte keine Hoffnung, dass dem Jungen mehr zu entlocken sein würde als ein heftiges Zähneklappern. Doch zu seiner Überraschung drang tatsächlich ein Stimmchen an sein Ohr. Es klang wie ein Piepsen.

»Frédéric Bonnet, ich bin der Sohn des Tabakhändlers Bonnet aus der Rue de la Glacière.« Er rasselte den Satz herunter, als habe er ihn auswendig gelernt. Kein bisschen Mumm in den jungen Knochen. Ein Glück, dass Lecoq so einen nie zum Sohn gehabt hatte.

»Rue de la Glacière, so, das ist aber ein ganz schönes Stück von hier.«

Der Junge antwortete nicht, doch seine Unterlippe zitterte.

»Was machst du dann so spät in dieser Kirche?«

Der Junge zögerte.

»Zigarren sammeln.«

»Zigarren sammeln, so.« Lecoq musste schmunzeln. Die Lüge war so dick, dass sie ihm schon fast gefiel.

»Da wirst du hier in einer Kirche aber lange suchen. Weiß dein Vater, dass du hier bist?«

Der Junge schüttelte zaghaft den Kopf.

»Bitte sagen Sie ihm nichts.«

»Dem Herrn Papa?«

»Ja.«

Lecoq hatte kein Interesse daran, entlaufene Kinder zu ihren Eltern zurückzubringen. Er war ein Verbrecher, kein Wohltäter.

»Kann ich mich denn darauf verlassen, dass du wieder zu Hause ankommst, wenn ich dich jetzt gehen lasse?«

Frédéric nickte heftig und blickte nach unten. Da lag etwas Dunkles neben Lecoqs Füßen, ein schwarzer Fleck auf dem Fußboden. Lecoq bückte sich, es war eine kleine Mütze. Er hob sie auf, klopfte sie ab und setzte sie dem Jungen auf.

»Dann geh. Aber wenn ich dich heute noch einmal irgendwo anders als im Haus deiner Eltern erwischen sollte …« Er ließ den Satz unbeendet und beobachtete, wie der Junge zum Eingang wetzte und die schwere Holztür aufschob, um ohne ein weiteres Wort durch den Spalt zu verschwinden. Zu spät fiel ihm auf, dass er gar nicht mehr nachgehakt hatte, was, außer Zigarrensammeln, der Junge wirklich hier gewollt hatte. »Ein Kind in der Kirche finden«, schoss es ihm durch den Kopf, und er erstarrte. Er hatte es für völlig absurd gehalten. Aber was, wenn es sich so zugetragen hatte? Was, wenn Claire d'Arlanges ein Kind in der Kirche gefunden hatte, das von zu Hause ausgerissen war, oder eins, das auf der Straße lebte?

Der Knall hallte in der leeren Kirche nach, als die Tür hinter Frédéric zuschlug.

Luys rollte die Karte des Großhirns aus und befestigte sie mit kleinen Stecknadeln direkt an der Schreibtischplatte. Löcher, Tintenflecke und Kratzer überzogen das Holz wie Inseln eine Landkarte. An der oberen rechten Seite zeichnete sich ein dunkler Ring ab. Jori ließ den Blick zu der Tasse schweifen, die oben auf einem Stapel von Dokumenten stand, als sei sie ein Briefbeschwerer. Der Innenrand war noch braun und verkrustet von Kaffee. Es war Jori ein Rätsel, dass dies der Tisch eines Mannes sein konnte, der so viel Sorgfalt bei seinen Zeichnungen an den Tag legte.

Draußen riss die Wolkendecke auf und machte zum ersten Mal seit Tagen Platz für die Sonne. Sie schien durch das Fenster und malte einen kreuzförmigen Schatten auf den Boden, direkt zwischen den misshandelten Tisch und den lederbezogenen Patientenstuhl. Es war ein Licht, wie nur eine Septembersonne es hervorbringen konnte, warm und gelb. Es schien die Blätter mit in den Raum zu tragen, die draußen auf dem Hof von den Bäumen fielen. Und man hätte es einen idyllischen Anblick nennen können, wären da nicht die Stimmen der Verrückten gewesen, die von unten dumpf durch den Holzfußboden drangen.

»Die Beobachtungen, die wir am Krankenbett machen, die Leichenöffnungen und die Experimente an Tieren haben einige Übereinstimmungen ergeben«, erklärte Luys gerade. Jori strich sanft mit der flachen Hand über eine Ecke der Zeichnung, die sich immer wieder einrollen wollte. Luys bemerkte es und befestigte sie kurzerhand mit einer weiteren Stecknadel.

»Wir können also mittlerweile davon ausgehen, dass die Normalität des Menschen ganz und gar von der normalen Beschaffenheit der Hirnsubstanz abhängt. Insbesondere das oberste

Grundvermögen, das Bewusstsein, sowie der Intellekt werden durch das Gehirn vermittelt. Kennst du die antiken biblischen Darstellungen, in denen die Seele durch den Mund entweicht? Das wurde so gemalt, weil man davon ausging, dass der Geist im Atem steckt!« Luys stieß einmal laut die Luft aus und lachte über so viel Naivität. Sein Atem roch nach Kaffee. »Alles Unsinn natürlich! Sollte es tatsächlich so etwas wie eine Seele geben, dann sitzt sie hier.« Er legte die Hand auf das Bild des Gehirns, die Finger gespreizt, sodass sein Handteller die Zeichnung verdeckte. Seine Haut war alt, das fiel Jori heute zum ersten Mal auf. Fleckig wie der Tisch war sie. Der Ehering war fest in das Fleisch des Ringfingers eingewachsen. Ohne eine Säge würde man ihn nicht mehr lösen können. Jori überlegte, ob Luys ihn von der ersten in die zweite Ehe mitgenommen hatte. Und welchen Ring dann Mme Luys die Zweite trug.

»Ich habe in Ihrem Atlas gelesen, dass Sie die Unterscheidung zwischen der Emotionsseite rechts und der Intelligenzseite links im Hirn machen«, sagte er, ohne weiter auf Luys' Frage einzugehen. Luys nickte.

»Das wissen wir aus den Elektrostoß-Versuchen.« Er umkreiste den Bereich für die Emotionen großzügig mit dem Zeigefinger, und Jori verfolgte die Bewegung genau. Wie sie so dastanden, die Karte des Gehirns vor sich ausgebreitet, sahen sie aus wie zwei Feldherren, die den Plan für eine bevorstehende Schlacht durchgingen.

»Dann müssen wir uns für die Operation des Mädchens also auf die rechte Hirnhälfte konzentrieren?«

»Vielleicht.«

Luys ging zum Regal und durchwühlte einen Stapel zusammengerollter Zeichnungen, aus denen er drei Rollen herausgriff. Er nahm sie mit zum Schreibtisch und breitete sie über der ersten aus, eine neben der anderen. Dann öffnete er die Blechdose mit den Stecknadeln.

»Die hier habe ich von den Hirnen dreier Patientinnen gemacht, die allesamt das gleiche Krankheitsbild aufwiesen. Sie waren linksseitig gelähmt und hysterisch. Fällt dir etwas auf?« Er fixierte die Zeichnungen, und Jori beugte sich vor, bis er die einzelnen Bleistiftstriche erkennen konnte, die Luys für die Schattierungen minutiös nebeneinandergesetzt hatte. Jeder Strich war an der richtigen Stelle platziert, jeder von ihnen ein Beweis für die sichere Hand des Neurologen. Die Hirne sahen fast dreidimensional aus.

»Bei diesem und diesem gibt es dunkle Unregelmäßigkeiten an der rechten Seite.« Jori deutete mit dem Finger auf die Stellen, ohne das Blatt zu berühren. Er hatte Angst, die Bleistiftstriche zu verwischen. Luys dagegen tippte unbekümmert auf die Zeichnung.

»Kleine Geschwüre, ja, im Bereich des rechten Schläfenlappens.«

»Und die Patientinnen waren hysterisch?«

»Allesamt. Äußerst launisch und geschwätzig. Dann wieder lethargisch, man konnte nie wissen, was als Nächstes kam. Eine von ihnen war in die Salpêtrière eingewiesen worden, weil sie versucht hatte, ihrem Mann nachts eine Haarnadel in die Kehle zu bohren – und dabei konnte sie wegen ihrer Lähmung ohne seine Hilfe nicht einmal aus dem Bett aufstehen.« Luys schüttelte den Kopf. Jori rieb sich das Handgelenk und dachte an den Zwischenfall mit dem Mädchen zurück. Er hatte Luys nichts davon erzählt.

»Und was ist mit dem dritten Hirn?« Er deutete auf die letzte Zeichnung, unter der neben dem schwungvollen »L« die Bildunterschrift »Henriette A., März '81, hyst. Hemiplg.« stand.

»Hysterische Hemiplegie«, übersetzte Luys. »Die Frau hat uns an der Nase herumgeführt. Sie zeigte alle Anzeichen einer linksseitigen Lähmung: Muskelschwäche, Taubheitsgefühl, keine Sehnenreflexe, selbst die Körpertemperatur war links herabgesetzt, ein paar Zehntel Grad weniger als rechts. Wenn ich sie auf ein Bett gelegt habe, den linken Arm irgendwo auf der Matratze platziert, hat sie ihn mit verbundenen Augen nicht finden können. Sechzehn Jahre hat sie in dieser Klinik verbracht, weil sie vorgab, nicht aufstehen zu können.«

»Wie ist sie gestorben?«

»Während einer Behandlung mit der Elektrisiermaschine. Ich war nicht dabei. Aber als ich nach ihrem Tod den Schädel öffnete…«, er deutete auf das Blatt Papier vor ihnen, als läge der Kopf der Henriette A. tatsächlich dort, »…nichts! Das Gehirn war intakt. Alles, was mir auffiel, war, dass der rechte Schläfenlappen etwas größer als der linke war. Ich habe die Messungen hier eingetragen, siehst du? Eine echte Lähmung kann das natürlich nicht ausgelöst haben. Es war nicht mal ein Tumor.«

Jori betrachtete die Zeichnung genauer. Die Stelle, auf die Luys zeigte, war durch die Geschwüre bei den anderen beiden Frauen in Mitleidenschaft gezogen. Die Schlussfolgerung war plausibel.

»Und jetzt glauben Sie, dass dort das emotionale Zentrum sitzt?«

»Es wäre zumindest eine Vermutung. Aber es gibt auch andere. Hast du dich mal näher mit dem Fall Phineas Gage beschäftigt?«

Jori verzog das Gesicht.

»Ja, Babinski hat ihn schon erwähnt.«

»Babinski? Das wundert mich nicht. Er scheint ganz begeistert von der Ferrier-Publikation zu sein, die jetzt in Paris dazu herausgegeben wurde. Ich verstehe nicht, was alle an ihm finden.«

»Ich mag ihn auch nicht. Er hat so eine Art an sich…« Jori suchte nach den passenden Worten, und Luys blickte ihn überrascht an, bevor er begriff.

»Ich rede nicht von Babinski, Johann. Babinski ist ein schlauer Bursche, wenn du mich fragst. Ich rede von Ferrier.«

»Ach so.« Jori wurde rot.

»Er stützt seine Theorien viel zu sehr auf die Lehren von Gall. Jeder andere Wissenschaftler würde dafür an den Pranger gestellt werden, aber Ferrier lassen sie es durchgehen, weiß der Himmel, wieso.«

Jori wunderte es nicht, dass Luys den britischen Neurologen nicht mochte. Wenn es eine Person gab, die man als direkten Konkurrenten von Luys bezeichnen konnte, dann war es Dr. David Ferrier. In der Irrenanstalt West Riding hatte man ihm uneingeschränkten Zugang zu menschlichem und tierischem Material für seine Versuche zugesichert, wenn er nur das Geheimnis um die Hirnwindungen löste. Und entsprechend weit war er mit seiner Forschungsarbeit.

»Wie dem auch sei, Ferrier ist nicht der Einzige, der über Gage geschrieben hat. Sein behandelnder Arzt, Dr. Harlow, hat Ende der Sechziger einen vollständigen Bericht über den Unfall abgegeben, der ziemlich interessant ist. Du findest ihn bestimmt in der Bibliothek. Harlow vermutet, dass durch den Unfall mit der Eisenstange irgendeine Verbindung gekappt wurde, die die Balance zwischen Intellekt und tierischem Triebverhalten regelt. Die müsste sich demnach im Cortex des Fronthirns befinden, in dem Teil, den die Stange durchbohrt hat.« Er tippte nacheinander auf die Frontansicht aller drei Gehirne, die vor ihnen ausgebreitet lagen. »Das wiederum ließe darauf schließen, dass sich das emotionale Zentrum vorne am Hirn befinden müsste. Es ist nicht einfach. Die Forschungen dazu stecken noch in den Kinderschuhen, und eine Erklärung ist so plausibel wie die andere.«

Jori nickte und nahm sich insgeheim vor, Ferriers Publikation dennoch zu lesen. Sie war 20 Jahre jünger als die von Dr. Harlow. In der Wissenschaft war das ein kleines Jahrhundert.

»Es gibt nur ein Problem«, gab er zu bedenken. »Die Veränderungen in Gages Charakter waren durchweg negativ. Was, wenn sich das Verhalten des Kindes am Ende einfach verschlimmert, wenn wir am frontalen Cortex operieren?«

Luys legte den Kopf schief und strich sich erneut über den Backenbart, während er seine Zeichnungen noch einmal genauer in Augenschein nahm.

»Ja, ich sympathisiere auch eher mit der ersten Theorie, und das nicht nur, weil ich sie aufgestellt habe. Es wäre fast schon ein Jammer, wenn das emotionale Zentrum ausgerechnet dort vorne zu suchen wäre. Das Stirnhirn ist für uns noch immer das größte Rätsel von allen, inbesondere der Cortex. Er ist wie eine einzige graue Masse. Bis vor siebzig Jahren hatte niemand gedacht, dass es dort überhaupt irgendetwas anderes zu finden gäbe als schwabbeliges Gewebe.« Er lachte. »Wusstest du, dass es deshalb Cortex heißt, lateinisch für Rinde? Man hatte gedacht, die Schicht dort sei nur ein Schutz für das Gehirn, das darunterliegt.«

»Ja, das wusste ich. Aber bei uns wurde in der Universität schon Galls Schädellehre besprochen. Die sagt ja eher das Gegenteil.«

»Ja. Gall! So ein Witz. Die Menschen fallen immer von einem Extrem ins andere, Johann. Erst denken sie, die Hirnrinde sei nichts – und dann soll sie plötzlich alles sein. Es wundert mich, dass euch Gall überhaupt in der Schule beigebracht wird.«

Jori vermied es, sich dazu zu äußern. Ihm hatte man Franz Joseph Gall als Vater der modernen Neurologie vorgestellt, und als solchen verstand er ihn nach wie vor. Sowohl Jori als auch Paul waren an der Universität sehr begeistert von Galls Theorien gewesen. In einer Freistunde hatten sie sich über seine Darstellung des »Symbolischen Kopfs« gebeugt und versucht, die Dellen für Intelligenz, Scharfsinn oder Mut auch an ihren eigenen Schädeln zu ertasten. Jori erinnerte sich an Pauls Freude darüber, dass sich sein Fleiß tatsächlich an der rechten Schläfe ablesen ließ. Sie hatten auf einer Mauer vor dem Universitätsgebäude gesessen, mit Blick über Zürich. Jori kam es vor, als läge es ewig zurück.

»Ich glaube, wir kommen nicht drum herum, ein paar Versuche vor der eigentlichen Operation durchzuführen«, sagte Luys plötzlich. »Kannst du Charcot nach entsprechendem Material fragen?«

»Ich?« Die Vorstellung, bei Charcot anzuklopfen, als sei er ein

Nachbar, den man um etwas Haushaltszucker bat, gefiel Jori nicht. Zumal es hier nicht um Zucker ging.

»Wenn Charcot dir diese Doktorarbeit zugesichert hat, dann wird er ein Interesse daran haben, dass die Operation erfolgreich ist. Immerhin geht es hier um den ersten psychochirurgischen Eingriff der Geschichte.«

Jori nickte zögerlich.

»Sag ihm, wir brauchen zwischen vier und sieben. Das dürfte reichen. Auf die genaue Anzahl kommen wir dann zurück, wenn wir konkretere Pläne haben.«

»Zwischen vier und sieben?«

»Patientinnen!« Luys lächelte. »Und sei diesmal bitte ein bisschen diskreter. Das Auditorium eignet sich nicht unbedingt für diese Art von Fragen.«

Jori blickte zu Boden, auf dem die Sonnenflecken verschwunden waren. Die Geräusche der Verrückten aus dem Stockwerk unter ihnen dagegen konnten sie immer noch hören.

»Glauben Sie denn wirklich, dass Doktor Charcot darauf eingehen wird? Wieso sollte er sieben Patientinnen hergeben für die Operation einer einzigen?«

Luys blickte ihn an, als müsse er überlegen, ob Jori seine Frage wirklich ernst meinen konnte. Dann stützte er sich mit beiden Händen auf dem Tisch ab, mitten auf den Zeichnungen, und beugte sich zu ihm vor.

»Du weißt doch hoffentlich, dass es hier schon lange nicht mehr um das Mädchen geht.« Seine Stimme nahm einen verschwörerischen Ton an. »Überall hier in den Kliniken denkt man insgeheim das Gleiche: Wenn die Psyche ein physisches Ding ist, dann muss es eine Möglichkeit geben, sie zu operieren, so wie man ein gebrochenes Bein operiert oder eine Bauchwunde. Die Zeit ist fast reif dafür. Die Frage ist nur noch: Wer ist der Erste, dem es gelingt?« Er tippte Jori mit dem Zeigefinger auf die Brust. »Das hier ist ein Forschungsprojekt von monumentalem Ausmaß, Jori. Und wenn wir zwanzig Leichen brauchen, bis uns die Operation an dem Mädchen da glückt …«, sein Zeigefinger wanderte in Richtung Tür, als stünde Runa direkt dahinter, und Jori strich unwillkürlich über sein Handgelenk, »dann sei es so! Du selbst hast das Kind zum Anschauungsobjekt für diese Frage erhoben, die uns allen unter den Nägeln brennt. Aber du und dieser Burckhardt, ihr seid die Einzigen, die unvorsichtig genug waren, sie auszusprechen.«

Jori sah den Neurologen stumm an. Was er in den letzten Tagen über ihn erfahren hatte, machte ihm Angst. Luys' Sicht auf die Dinge machte aus der Welt der Medizin eine politische Gefechtslinie, an der es Intrigen gab und menschliche Abgründe. Charcot wollte von ihm profitieren. Luys wollte von ihm profitieren. Und Runa wurde von einer Patientin zu einem »Anschauungsobjekt« herabgewürdigt. Und er, Jori, war derjenige, der das Risiko zu tragen hatte. Das Ganze sah nicht mehr nach Zusammenarbeit aus, sondern nach Ausbeutung. Und dabei war es Jori doch von Anfang an nur um die Doktorarbeit gegangen. Und um Pauline, die in immer weitere Ferne zu rücken schien. Jori spürte, wie sich die Dinge zu verselbstständigen begannen. Er wurde da in etwas hineingezogen, dem er nicht gewachsen war, dem er vielleicht gar nicht gewachsen sein wollte. Zwanzig Leichen, hatte Luys gesagt. Die wollte Jori nicht auf dem Gewissen haben!

»Was machen wir dann jetzt?«, sagte er kleinlaut.

»Heute? Gar nichts mehr.« Luys zog die Stecknadeln aus dem obersten Papier, und es rollte sich zusammen, als sei es erleichtert über die plötzliche Befreiung. »Es ist Dienstag.«

Jori sah auf die Standuhr in der Zimmerecke. Es war bereits fünf Uhr.

»Ist schon in Ordnung«, sagte er zögerlich, »ich gehe heute nicht hin.«

»Du hast dir noch nie eine Vorlesung von Charcot entgehen lassen.«

Jori zuckte die Achseln und bemerkte zu seiner Verwunderung, dass ihm tatsächlich zum ersten Mal, seit er an der

Salpêtrière war, nicht der Sinn nach Charcots Dienstagsvorlesung stand. Er fühlte sich ausgelaugt.

»Das hier ist jetzt wichtiger«, sagte er, doch der Neurologe überging den Einwand, als sei es der eines trotzigen Jungen.

»Die Pause wird dir guttun. Und nebenbei bemerkt wird das Thema dir sicherlich gefallen. Es geht um alkoholische Lähmungen.«

Jori war sich nicht sicher, ob das eine Anspielung auf das letzte Abendessen und seinen Zustand danach war.

»Gehen Sie denn hin?«

»Nein. Ich bin verabredet.« Luys löste auch die restlichen Stecknadeln aus den Zeichnungen und zog dann die Weste an, die über der Lehne seines Schreibtischstuhls hing. Jori fragte sich, ob seine Verabredung Mme Luys sein mochte. So wenig er sie bisher auch kannte, schien sie ihm eine Frau zu sein, die nicht gern mit dem Essen wartete.

»Wann reden wir weiter?«

»Diese Woche nicht, mein Terminkalender ist zu voll. Und Anfang Oktober bin ich auf einer Konferenz in London.«

»Wollten Sie sich das Mädchen nicht mit mir zusammen einmal angesehen haben?«

»Das machen wir dann, wenn ich zurück bin. Und du solltest dir in der Zwischenzeit noch einmal Gedanken darüber machen, was genau das Ziel unserer Operation ist.«

»Das Ziel? Das ist doch jetzt klar, dachte ich.«

»Ist es das?«

Luys beugte sich über den Handspiegel und griff nach dem obersten Hemdknopf. Er musste das Kinn weit nach vorne schieben, um ihn zu schließen. Dann nahm er ein Krawattentuch aus der Tasche und band es sich um.

»Doktor Charcot möchte Ruhm und Ehre. Sie möchten Ruhm und Ehre. Und ich wollte ursprünglich nur meinen Doktortitel.«

»Ich meine, in Bezug auf das Mädchen«, korrigierte Luys

so freundlich, als hätte Joris bissiger Kommentar gar nicht ihn gemeint. »Wir brauchen eine Zieldefinition. Abgesehen davon, dass das Mädchen überleben soll. Was wollen wir erreichen?«

»Wir ... wollen es heilen?« Jori wusste, wie naiv das klingen musste, aber genauso war es. Dafür hatte er Medizin studiert. Nur von was genau wollten sie Runa heilen? Sie hatten sich bislang noch nicht auf eine Diagnose geeinigt. Nicht einmal eine Untersuchung hatten sie durchgeführt. Bislang hatte sich immer alles nur um die Vorteile für sie selbst gedreht, um die grandiose Zukunft, die dem einen oder dem anderen bevorstand, wenn die Operation gelang.

Luys fuhr mit seinem Krawattenknoten fort. Er beugte sich tief über den Handspiegel, sodass die Enden des Tuchs ihm immer wieder im Weg waren und die Sicht versperrten. Wahrscheinlich übernahm das Krawattenbinden im Hause Luys jemand anders.

»Wirklich?«, fragte er. »Meinst du nicht, dass es schon anspruchsvoll genug wäre, das Kind zumindest gefügiger zu machen und ruhiger? Gesellschaftlich annehmbar, wenn du verstehst, was ich meine?«

Jori schwieg. Er fürchtete tatsächlich zu verstehen, was Luys meinte.

»Vergiss nicht, es ist die erste Hirnoperation der Psychiatriegeschichte. Jede sichtbare Veränderung im Verhalten wäre ein Erfolg – solange es nur eine positive ist. Aber deshalb gleich von Heilung zu sprechen ...« Luys schnalzte mit der Zunge, als der Knoten nicht so gelang, wie er sollte, und zupfte noch einmal daran herum. Die Zeiger der Uhr waren mittlerweile auf Viertel nach fünf vorgerückt.

»Ich soll also lieber davon sprechen, dass ich das Kind gefügig machen will?«

»Natürlich nicht! Zumindest nicht in der Öffentlichkeit. Und mit Öffentlichkeit meine ich auch das Auditorium ...«

»Sie müssen das nicht immer wieder erwähnen, Doktor Luys.«

»Jedenfalls ist es wichtig, dass du dir Ziele setzt, die du erreichen kannst.« Luys hatte seinen Knoten endlich gebunden und verstaute den Spiegel wieder im Schreibtisch. Er nahm sein Jackett von der Stuhllehne und zog es über die Weste.

»Ich rede von Verhaltensweisen, die gesellschaftlich störend sind. Unarten, die sich vielleicht unterdrücken lassen. Beseitige sie, was schon anspruchsvoll genug ist, und diese Operation wird ein Erfolg.«

»Ich soll es machen wie Goltz bei seinen Hunden.«

»Exakt.« So fröhlich, wie Luys es sagte, hätte man meinen können, das Unterfangen wäre nicht schwieriger als Blutabnehmen. Und dabei gefiel Jori die Idee ganz und gar nicht. Goltz war kein Vorbild für ihn. Jori wollte niemanden gefügig schnitzen, und er wollte keinen Berg von Leichen auf dem Gewissen haben, bevor es so weit war. Für so etwas hatte er nicht Arzt werden wollen.

Luys griff nach seinem Hut, öffnete die Zimmertür zu seinem Büro und hielt sie für Jori auf.

»Wir sehen uns dann im Oktober wieder, wenn ich zurück bin.«

Als Jori sich umdrehte und den Gang hinabging, beschlich ihn die Ahnung, dass die Dinge bis Oktober schon wieder ganz anders liegen würden. Dass die Konkurrenz in den anderen Anstalten nicht schlief und ebenso wenig das Mädchen im Schlafsaal. Dass es lediglich die zweifarbigen Augen geschlossen hielt und darüber nachdachte, wie es den Terror fortführen konnte, den es in Joris Welt begonnen hatte.

Ich trug das Gesangbuch in der Innentasche meiner Jacke, als ich die schmale Holztreppe zur Stube hinabstieg. Vater saß am Küchentisch und starrte auf die gekalkte Wand, als könne er durch sie hindurch nach draußen sehen, als sei die Stube gar nicht fensterlos. Er hatte mir den Rücken zugedreht, doch es war unmöglich, an ihm vorbeizukommen, ohne gesehen zu werden. Die Stube war zu schmal und das Knarren der Stiege zu laut.

»Wohin gehst du?« Vater hielt den Blick auf die Wand gerichtet. Er musste sich nicht umdrehen, um zu wissen, dass ich es war, der hinter ihm stand. Außer seinem Sohn und ihm gab es niemanden mehr, der das Haus hätte verlassen können.

»Ich muss in die Bibliothek.«

Vaters Rücken versteifte sich. Er hatte wohl erwartet, dass ich ihn belügen würde, und war nun überrascht, dass ich ganz freiwillig eben den Ort nannte, der seit einigen Tagen auf der langen Liste von Verboten stand.

»Ich habe dir gesagt, du gehst nicht mehr dorthin.«

Ich konnte Vaters Profil in dem rostbefleckten Spiegel sehen, der rechts an der Wand über dem kleinen Waschtisch hing, direkt neben dem Küchenregal. Verschwommen war es, die Augen gerötet, ebenso wie seine Gesichtshaut. Heuschnupfen, würde er sagen, wenn ihn jemand darauf ansprach. Doch alle Welt wusste, dass man Heuschnupfen nicht im September bekam. Dass mein Vater erst an seinem Heuschnupfen litt, seit Mutter gestorben war.

»Ich muss ein Buch für den Theologieunterricht ausleihen.«

Der Vater kniff die zugeschwollenen Augenlider noch weiter zusammen. Er traute seinem Sohn nicht mehr über den Weg als der ganzen übrigen Welt.

»Welches Buch?«

»Den Gesenius.«

»Gesenius – wie weiter?«

Ich wurde unsicher.

»Gesenius nichts weiter. Das ist ein Wörterbuch zum Alten Testament.«

Vater überlegte lange und nickte dann schließlich. Er hatte

keine Ahnung, wovon ich sprach. Dass sein Sohn die kirchliche Karriereleiter erklimmen sollte, war zwar seine Idee gewesen, doch es waren nicht gerade seine Fußstapfen, in die ich trat. Vater war ein Mann, der die Spuren der Vergangenheit lieber konservierte, als andere Menschen darin herumtrampeln zu lassen – selbst dann, wenn es sich um seinen eigenen Sohn handelte.

»Habe ich dein Schulheft heute schon gesehen?«

»Ja, Vater, direkt als ich zurückgekommen bin.« Meine Stimme gab wieder dieses Kieksen von sich, aber Vater nahm keine Notiz davon. Es war nicht meine Pubertät, die ihn störte. Es war vielmehr die Tatsache, dass sie bei mir nicht das Ergebnis erzielte, das man von einer Pubertät erwarten würde. In den Augen meines Vaters sollte die Geschlechtsreife aus Knaben Männer machen, keine Memmen.

»Ich verlasse mich darauf, dass das stimmt.«

»Ja, Vater.«

»Keine Gedichte mehr!«

»Nein, Vater.«

»Und keine Romane!«

»Nein, Vater.«

»Auch in der Bibliothek nicht.«

»Nein.«

»Und zum Abendessen bist du wieder zurück.«

Mein Blick wanderte zu dem Herd, über dem die Wand noch immer schwarz von Ruß war, obwohl ihn schon lange niemand mehr befeuert hatte. Das Abendessen würde auch heute wieder nicht der Rede wert sein. Ein bisschen Brot, das wir uns schneiden würden, wenn sich nicht die Nachbarin noch erbarmte und Suppe vorbeibrachte. Vater mochte keine Almosen. Doch noch weniger mochte er Männer, die am Herd standen.

Bevor er es sich anders überlegen konnte, huschte ich rasch zur Tür. Ich zog meine Schuhe an und drehte den Schlüssel um, mit dem Vater selbst dann zuschloss, wenn wir beide zu Hause waren. Als könnte uns etwas geklaut werden von den Besitztümern, die wir nicht hatten. Als ich mich noch einmal umdrehte, konnte ich Vaters Gesicht im Profil sehen, ohne Spiegel. Er sah noch verquollener aus, als ich befürchtet hatte. Und ich wurde das unangenehme Gefühl nicht los, dass ich die Schuld daran trug.

Mein Vater hatte die Seiten mit den Gedichten entdeckt, als er mich auf dem Kirchenboden aufgegriffen hatte, und es hatte ihn zurück in dieses Loch gestürzt, das sich für ihn aufgetan hatte, als wir Mutters Sarg darin hinabgelassen hatten. Abwechselnd hatte mein Vater die vergangenen Tage damit verbracht, mich zu beschimpfen, sich selbst zu beschimpfen und zum Schluss Mutter, die ihn alleingelassen hatte mit diesem Mühlstein am Hals – und mit dem Mühlstein meinte er wohl mich.

Er hatte die Seiten herausgerissen, die ich beschrieben hatte. Das ganze Schulheft hatte er zerfleddert, um dann einen Tag später loszulaufen und mir ein neues zu kaufen, schließlich brauchte ich eins für die Schule, das er kontrollieren konnte. Doch auch wenn ich keine Leuchte war wie Gérard, war ich zumindest nicht dumm. Ich wusste selbst, wo man Hefte kaufen konnte.

Im großen Lesesaal war es stickig. Es roch nach Staub und Schellackpolitur. Die Luft schien hier schwerer als anderswo in der Welt, puddingartig eingedickt durch die vielen Geschichten, die in ihr versumpften. Als entzögen die alten Bücher dem Raum Sauerstoff. Ich schloss die Augen und atmete tief ein. An keinem anderen Ort in Paris fühlte ich mich so zu Hause wie hier.

Durch die kreisrunden Fenster in den Kuppeln fiel ein diffuses Nachmittagslicht und ließ das goldene Deckengewölbe leuchten. Es drang einige Meter durch den Staub, ohne es bis in die schummrige Dunkelheit zu schaffen, die unten bei den Lesetischen herrschte. Wenn ich an einem der Arbeitsplätze saß, das geöffnete Buch in den halben Lichtkreis geschoben, der mir von den grünen Tischlampen zustand, konnte ich fast vergessen, dass rings um mich noch Hunderte weiterer Leser saßen. Es gab nur mich, das schwache Lämpchen, das Buch und den Eindruck einer ständigen Abenddämmerung, die Lust machte, eine ganze Nacht hindurch zu lesen.

Das Buch, das ich ausleihen wollte, war schnell gefunden. Ich klemmte es mir vor die Brust und schlich durch den Saal zum hinteren Ende, darum bemüht, die konzentrierte Stille nicht zu stören. Doch meine Füße waren gewachsen, beinahe unkontrollierbar, vor allem im letzten Jahr. Ich hatte noch nicht gelernt, sie so zu setzen, dass sie keinen Lärm machten.

Als ich stehen blieb und aufsah, erblickten wir uns gleichzeitig. Gérard hatte sich einen Bart wachsen lassen, das sah ich sofort. Er ähnelte nun der wilderen Variante eines Jesus Christus. Augenbrauen und Haare waren so rabenschwarz wie seine Augen, dazu trug er ein weißes Leinenhemd.

Mein Herz machte einen Sprung, obwohl ich hätte ahnen können, dass ich ihn hier treffen würde. Gérard war immer hier, neuerdings sogar nach Bibliotheksschluss. Zweimal pro Woche, mittwochs und freitags, stand er einfach vom Lesetisch auf und zog sich den Kittel der Putzhilfen an, um seinen Büchern auch abends noch nahe zu sein.

Als ich zu ihm trat, ließ er heimlich ein Buch unter dem Tisch verschwinden. Ich hatte nicht gewusst, dass er Geheimnisse vor mir hatte. Ich blickte mich kurz um, doch mich auf einen anderen Platz zu setzen erschien mir absonderlich, und so ließ ich mich wie gewohnt auf den Stuhl gegenüber gleiten, in die Intimität seines Lampenkegels. Vor Gérard aufgeschlagen lag irgendein Buch mit Planetenzeichnungen.

»Salut.«

»Salut.«

Wir formten den Gruß tonlos mit den Lippen, hauchten ihn in die Bibliothek. Kein Wort wurde darüber verloren, dass wir uns seit mehr als einer Woche nicht gesehen hatten. Keine Frage gestellt, wo ich in der letzten Zeit gesteckt hatte. An einem Ort, wo das Reden strengstens untersagt war, konnte sich nur eine stille Freundschaft entwickeln.

Zögernd löste ich die Arme von dem Buch und legte es auf den Tisch, es würde sich ohnehin nicht vermeiden lassen, dass Gérard den Titel sah: »Mémoires historiques et secrets de l'impératrice Joséphine« von Marie-Anne Lenormand. Gérard zog erstaunt die Augenbrauen hoch, und ich machte eine entschuldigende Geste mit den Schultern. Gerade ihm gegenüber war ich immer bemüht, älter zu wirken, am besten so alt wie Gérard selbst, so erwachsen wie er. Und jetzt schleppte ich ausgerechnet die Historischen Memoiren und Geheimnisse der Kaiserin Josephine an. Ich schlug das Buch auf und beugte mich so tief hinunter, dass ich mein rotes Gesicht darin verbergen konnte.

Die Schrift des verrückten Jungen in dem Gesangbuch hatte mehr Fragen als Antworten aufgeworfen. Eine einzige Aneinanderreihung von Buchstaben, Zahlen und Namen mit verstörenden Zeichnungen und noch verstörenderen Sätzen dazwischen. Und doch ging eine Faszination von ihnen aus, die mich nicht in Ruhe ließ. Die Wörter waren schaurig, aber nicht auf eine schöne Art, nicht wie die Dinge, die ich sonst las. Es gab kaum sprachliche Finessen, und das meiste von dem, was ich hatte entziffern können, war nicht besonders kunstfertig im Stil. Trotzdem gingen mir die Worte unter die Haut, so tief, dass ich meinen Körper am liebsten davor geschützt hätte.

Joséphine war einer der Namen, die der verrückte Junge in das Gesangbuch geschrieben hatte, und auch das Wort »secret«, Geheimnis, kam öfter vor. Deshalb hatte ich gedacht, dass es eine gute Idee wäre, bei meinen Nachforschungen mit den Geheimnissen der Kaiserin Joséphine anzufangen. Doch als ich mich jetzt durch das umfassende Vorwort und das erste Kapitel kämpfte, fand ich nur Kitsch und leere Floskeln darin, die nichts mit den dichten, dringlichen Sätzen aus dem Gesangbuch zu tun hatten. Schon nach dem ersten Kapitel war ich mit meinen Gedanken mehr bei Gérard und dessen neuer bärtiger Männlichkeit als bei den Offenbarungen der Kaiserin. Ich glaubte seinen musternden Blick zu spüren und musste ein zweites Mal mit dem Finger durch die Zeilen fahren, um den Sinn des Texts überhaupt zu erfassen. Ich klappte das Buch zu. Bei den Geheimnissen des Jungen konnte es sich nicht um die gleichen Geheimnisse handeln, die Napoleons Ehefrau hatte. Ich richtete mich auf, bewegte meinen Nacken nach rechts und links, wie Gérard es immer tat, wenn er zu lange gesessen hatte. Dann hielt ich mitten in der Bewegung inne. Ich hatte nur kurz von meinem Arbeitsplatz aufgeschaut, aber es hatte gereicht, um den schwarzen, abgetragenen Mantel zu sehen, der am Ausleihschalter stand, nur ein paar Meter von mir entfernt. Ich erkannte den gekrümmten Rücken sofort. Mein Vater war gekommen, um mich zu kontrollieren. Hastig duckte ich mich auf meinem Stuhl, um unter den Tisch zu rutschen, direkt vor die Füße des erstaunten Gérard. Ich schalt mich einen Dummkopf, den Gesenius nicht gleich zusammen mit dem Joséphine-Buch ausgeliehen zu haben.

Gérards Gesicht erschien unter dem Tisch. An seinen Augen ließ sich ablesen, dass er an meinem Verstand zweifelte. Bittend legte ich den Finger auf die Lippen und deutete in Richtung des Ausleihschalters. Einige Meter hinter den Stuhlbeinen konnte ich Vaters Schuhspitzen ausmachen. Ich sah, wie er sich umdrehte und energisch den Gang entlangschritt, in Richtung der Tische. Gérard richtete sich gerade noch rechtzeitig auf, um die Aufmerksamkeit nicht auf uns zu ziehen. Ich kniff die Augen zusammen. Vaters Füße polterten vorbei, machten am Ende des Gangs kehrt und liefen dann zurück, noch energischer diesmal, zur anderen Seite des Lesesaals. Er suchte mich. Ich blinzelte. Sehen konnte ich Vater nun nicht mehr, aber ich hörte ihn noch immer, ich hörte seine Schuhe auf dem Boden, anmaßend laut in der Stille des Lesesaals und immer hektischer. Ich hörte, wie sie sich weiter und weiter entfernten, und hoffte, dass jemand Vater wegen Ruhestörung aus dem Saal werfen würde. Doch gleichzeitig hoffte ich es auch wieder nicht. Es wäre mir peinlich gewesen.

Als ich die Schritte nicht mehr hörte, zählte ich im Stillen bis fünfzig. Eine Minute verstrich, dann noch eine. Vater kam nicht zurück. Ich stieß die Luft aus. Für den Augenblick war ich gerettet, auch wenn ich mir gar nicht ausmalen mochte, was mir drohte, wenn ich nach Hause kam. Vater musste denken, ich sei gar nicht in der Bibliothek gewesen. Doch mit einem Buch der Kaiserin Joséphine hätte ich auch nicht erwischt werden wollen. Ich vermutete, dass auf Trivialliteratur noch schlimmere Strafen standen als auf Gedichtbände.

Ich verzog das Gesicht, als ich mich aus meiner unbequemen Haltung löste. Mein Körper wurde zu groß für Versteckspiele unter dem Tisch. Mit einer Hand stützte ich mich auf der Sitzfläche des Stuhls ab und wollte mich gerade unter der Tischkante hindurchschlängeln, als mein Blick auf das Buch fiel, das Gérard auf den Knien hielt. Ich hatte ganz vergessen, dass er es bei meiner Ankunft dort versteckt hatte.

Der Buchrücken war mir zugewandt, und trotz der schummrigen Dunkelheit konnte ich den Namen entziffern, der darauf gedruckt war: »V. Burq«.

Ich stockte, brauchte aber einen Moment, um zu begreifen, warum mir der Name so bekannt vorkam. An einer Stelle im Gesangbuch kam er vor: BURQ. Ich hatte angenommen, es handele sich um ein Wort, das ich nicht richtig entziffern konnte, oder eine zufällige Zusammenstellung von Buchstaben. Von einem V. Burq hatte ich noch nie gehört.

Ich ließ den Stuhl hinter mir los und kramte noch unter dem Tisch das Gesangbuch hervor, drehte es und begann dann hastig von hinten zu blättern, Seite um Seite, bis ich die Stelle gefunden hatte. Ich hielt mir das Gesangbuch dicht vor die Nase und versuchte, die Form der Buchstaben zu entziffern.

»Maxime?«

Ich schrak zusammen, als mein Name geflüstert wurde, und

stieß mit dem Kopf gegen die Tischplatte. Das Gesicht von Gérard hing wieder vor meinem, er musterte mich mit zusammengezogenen Augenbrauen. Ich ließ das Gesangbuch sinken und deutete mit der rechten Hand auf Gérards Knie.

»Wer ist Burq?«, flüsterte ich.

Gérards Miene wurde finster. Auch er musste vergessen haben, dass er das Buch noch auf dem Schoß liegen hatte, als ich plötzlich abgetaucht war. Er richtete sich auf und legte es energisch auf den Tisch, sodass für mich nur noch der Anblick seiner leeren Knie blieb. Ich steckte das Gesangbuch zurück in die Innentasche meiner Jacke und schob mich ungelenk unter der Tischkante durch. Mit dem Ellbogen stieß ich gegen die Sitzfläche des Stuhls und rieb mir die schmerzende Stelle. Oberhalb des Tischs war noch alles beim Alten, der Geruch, das grüne Licht, die Konzentration der Lesenden. Niemand schien mein seltsames Verhalten bemerkt zu haben oder das meines Vaters, niemand außer Gérard natürlich. Aber das war schlimmer als alles andere. Ich wagte es nicht, ihm in die Augen zu sehen.

Das Buch der Kaiserin lag noch immer auf dem Tisch. Das Titelbild zeigte eine Zeichnung von Joséphine im prächtigen Kleid und mit Federschmuck auf dem Kopf. Darüber lag nun das Buch von Burq. Der Einband war aus dünner Pappe, wahrscheinlich war es im Selbstverlag gedruckt worden, in geringer Auflage. Die Rückseite war nach oben gedreht. Den Titel konnte ich nicht sehen.

Ich blickte Gérard vorsichtig an, doch diesmal war er es, der sich über sein Planetenbuch beugte und meinen Blick mied.

Ich zog das Blatt zu mir heran, das er für Notizen an die Seite gelegt hatte, und riss eine Ecke ab. »Wer ist V. Burq?«, schrieb ich darauf und schob die Frage zu ihm hinüber.

Im Laufrad der Boulangerie Mouchot hing den Hunden die Zunge aus dem Hals. Das Fell über den sehnigen Hinterläufen glänzte. Unter ihren ungestutzten Krallen flogen die Holzlatten ratternd und klackernd im Kreis. Die Laufriemen schnarrten. Die eiserne Achse quietschte. Dann kam der Pfiff.

Es war, als hätte man den Hunden einen elektrischen Stoß verpasst. Sie hielten in ihrer Bewegung inne, plötzlich wie gelähmt. Das Rad aber fuhr weiter und hob ihre Hinterbeine in die Luft. Sie stolperten nach vorne, knickten ein. Dann beruhigte sich das Rad. Ein weiterer Pfiff, und die Hunde warfen sich zu Boden, wie sie es gelernt hatten. Die Verschnaufpause war kurz. Sie wussten, was sie beim nächsten Pfiff zu tun hatten. 24 Stunden Arbeit pro Tag, mit einer maximal achtminütigen Unterbrechung, in denen rund 600 Kilogramm Teig aus dem Trog gekratzt und Mehl, Wasser und Hefe zu einer neuen Mischung angesetzt wurden.

Doch all das geschah im Raum nebenan. Die Hunde bekamen nichts davon mit. Ihr Rad war ein abgeschlossener Raum, eine eigene Welt, die sie seit Monaten nicht verlassen hatten. Sie hörten nur den Pfiff, der ihnen befahl, sich in Bewegung zu setzen, den Pfiff, der ihnen befahl, stehen zu bleiben, und den, der ihnen befahl, sich hinzulegen. Irgendwann würden sie vor Erschöpfung sterben oder sich ein Bein brechen und dann erschlagen und durch einen neuen Hund ersetzt werden.

Mit der Erfindung der mechanisch angetriebenen Knetmaschine hatten die Brüder Mouchot sich in eine neue Ära der Bäckereigeschichte katapultiert. 6240 Kilogramm Brot gingen täglich durch die koksgeheizten Öfen ihrer Boulangerie – direkt in die Mägen der begeisterten Pariser, und das bei einem Kostenaufwand von nur 23,50 Francs.

Mlle Belliers starke Arme hätten für die gleiche Anzahl Brote fünf Wochen gebraucht. Und das war noch optimistisch gerechnet.

Sie zog sich das Kopftuch tiefer in die Stirn, als sie auf den Laden zusteuerte. Wenn man sie hier erkannte, war es aus mit ihrem Gewerbe. Mlle Bellier kaufe selbst schon in der Boulangerie Mouchot ein, würden die Leute sagen, sie möge ihr eigenes Brot nicht mehr. Das gäbe eine schöne neue Werbung für die Brüder. Und Werbung machten sie ohnehin schon genug. An keiner Straßenecke konnte man vorbeigehen, ohne die Plakate der Boulangerie zu sehen. Die Brüder Mouchot waren eine Berühmtheit. Wenn es so weiterging, würde Mlle Bellier bald ihren Bäckerladen schließen müssen und als Brotträgerin auf der Straße herumrennen. Allein der Gedanke an so viel Bewegung ließ sie das Gesicht verziehen.

Sie betrat den Innenraum des Ladens, und der Geruch nach Backöfen und Körperausdünstungen schlug ihr wie eine warme Wand entgegen. Die Bäckerei war vollgepackt mit Menschen. Fünf Verkäufer arbeiteten hinter der Theke und reichten die Tüten mit Gebäck und Torten an Hände weiter, die sich über die Köpfe der anderen streckten. Ein Duft hing in der Luft, nach Zimt, Hefe und angebrannten Rosinen. Die Stimmen der Kunden summten wie ein Bienenschwarm. Mlle Bellier blieb in der Tür stehen. Wäre nicht der Kropf an ihrem Hals gewesen, ihr wäre die Kinnlade heruntergefallen.

Sie erkannte Mme Bresette und Mme Lincourt, die nahe dem Eingang an der Theke standen und die Länge der fingerdünnen Baguettes bestaunten. Und hinten in der Ecke bei den Kuchen stand das Dienstmädchen der Familie Beauchamp. Mlle Bellier kannte alle drei Frauen gut, sie waren Kundinnen in ihrer Bäckerei gewesen, bevor sie zum Feind gewechselt hatten.

Es hatte sich herumgesprochen, dass die Mouchots die leichtesten Brote der Stadt buken. Leichtigkeit war gefragt in diesen Zeiten, bei den Arbeitern wegen der vergünstigten Steuern und bei den feinen Leuten wegen der Angst zuzunehmen. Und dabei war gerade Leichtigkeit noch nie eine von Mlle Belliers Stärken gewesen. Ein Leben lang hatte sie das Brot nach ihrem Abbild geschaffen.

Unter dem Rand ihres Kopftuchs lugte sie nach links und

konnte sehen, wie Mme Bresette beim Anblick der Köstlichkeiten die Augen überquollen, als hätten die Brüder Mouchot auch sie mit Hefe versetzt. Hinten im Laden sah Mlle Bellier einen Ofen. Die schweren Eisenklappen waren den Kunden zugewandt. Und als man sie öffnete, wurden unter großem Ah! und Oh! die neuen Brote mit langen Holzschaufeln aus dem Feuer gezogen. Es geriet Bewegung in die Kunden, und das Stimmengewirr wurde lauter. Jeder wollte eins der warmen, knusprigen Brote erstehen. Kunden, die bereits bezahlt hatten, drehten an der Tür wieder um und drängelten noch einmal nach vorn. Es war ein einziges Theater. Um nicht beiseitegeschoben zu werden, stemmte Mlle Bellier ihre wulstigen Beine in den Boden. So konnte sie niemand mehr bewegen. Sie stand fest wie der Ofen, dessen Eisentüren sich nun wieder schlossen und die Hitze einsperrten, als sei diese ein Tier, das in den Käfig zurückgedrängt wurde. Der Geruch nach Feuer hing in der Stube und vermischte sich mit dem Duft der frischen Brote.

Mlle Bellier kaufte zwei Laibe *Pain Viennois*, wegen denen sie gekommen war. Das Brot war leicht und dünn. Die Rezeptidee kam aus Wien, doch anders als dort bereitete man den Teig in Paris nicht mit Milch, sondern mit Wasser zu. Es handelte sich um einen sehr flüssigen, fermentierten Teig, der erst mehrere Stunden vor dem Kneten mit einer speziellen Hefe versetzt wurde, die jetzt eigens für Bäckereien hergestellt wurde. Jemand hatte das Gerücht verbreitet, dass diese effektiver sei als die Bierhefe der Brauereien, die auch Mlle Bellier verwendete, und Mlle Bellier konnte sich nicht helfen, sie glaubte, dass es die Backhefe-Industrie gewesen sein musste.

Mlle Bellier nahm die Tüte mit den beiden Broten entgegen. Sie wog wirklich nichts. Hätten nicht die langen Spitzen oben herausgeschaut, Mlle Bellier hätte geglaubt, man hätte sie betrogen. Sie wurde zur Kasse hinübergewunken, wo schon eine Verkäuferin stand, um das Geld entgegenzunehmen. Doch um zu ihr zu kommen, musste Mlle Bellier an der Vitrine vorbei, in der die Kuchen lagen, und da konnte sie nicht anders. Sie streckte ihren Finger aus und deutete auf ein Plundergebäckteilchen, dann auf eine Schnecke, die aussah, als sei sie mit Schokolade oder Rosinen besetzt, und auf ein weiteres Stück Kuchen. Man musste die Konkurrenz in all ihren Facetten kennenlernen, dachte sie, jetzt, wo man schon mal da war.

Am Ende verließ Mlle Bellier die Bäckerei mit zwei Tüten, eine in der rechten und eine in der linken Hand. Sie schaute sich um, doch niemand folgte ihr. Keiner schien sie erkannt zu haben. Lediglich einen Leierkastenmann sah sie, der vor dem Eingang der Bäckerei stand und seine Kurbel drehte, unermüdlich und immer im Kreis, als sei er selbst einer der Hunde in der Tretmühle der Boulangerie Mouchot.

Das erste Törtchen verspeiste sie bei einer Verschnaufpause auf einer Parkbank, hastig und noch immer mit dem Kopftuch in der Stirn. Es schmeckte so vorzüglich, dass ihr Mut sank und ihr Mund ganz wässrig wurde, in Vorfreude auf das, was da noch kommen würde. Der Heimweg war lang, die Boulangerie Mouchot befand sich ganz im Süden der Stadt, und Mlle Bellier war es nicht gewohnt, so weit zu laufen. Wann immer sie die Tüte öffnete, um sich mit einem weiteren Gebäckstück zu stärken, dufteten die frischen Brote ihr entgegen. Kein Kuchenteilchen war übrig, als sie zu Hause ankam und die Wohnung aufschloss. Sie steckte den Schlüssel von innen in die Tür und drehte ihn zweimal um. Dann erst traute sie sich, das Kopftuch und den Mantel abzulegen.

In Mlle Belliers kleinem Reich zentrierten sich alle Möbelstücke um den rußschwarzen Ofen. Rechts davon befanden sich Tisch und Sessel, links eine Wandnische, in die das Bett eingebaut war. Es war die kleinste Wohnung in dem dreistöckigen Haus, doch Mlle Bellier wusste die Vorteile zu schätzen. Die Bäckerstube lag genau gegenüber ihrem Fenster, und die Wege waren sowohl innerhalb wie außerhalb der Wohnung kurz. Man konnte sich nach dem Essen direkt vom Tisch ins Bett fallen lassen.

Sie nahm ein großes Messer von der Wand über dem Herd, ließ sich in ihrem Sessel nieder und schnitt das erste Brot an. Die Kruste war kross und von hellbrauner Farbe, ein bisschen zu bröselig vielleicht. Die Krumen verteilten sich überall auf ihrem Schoß. Mlle Bellier musste sich vorbeugen und auf dem Tisch weiterschneiden. Von innen war das Brot schneeweiß und wollig weich, mehr Luft als Teig, so schien es ihr. Sie atmete ein und vernahm plötzlich wieder diesen komisch süßlichen Geruch, der schon seit einigen Wochen in ihrer Wohnung hing, sie konnte sich nicht erklären, woher er kam. Ein Gestank nach verdorbenem Käse oder nach toter Maus. Das Brot aber duftete herrlich. Mlle Bellier hielt es sich direkt an die Nase und dann gegen das Licht, sie prüfte und analysierte es sorgfältig und legte es dann neben das Messer auf den Tisch, um nach dem zweiten Baguette zu greifen, den Mund voll wässrigem Speichel. Die beiden Brote ähnelten sich bis auf die letzte Kerbe. Mlle Bellier griff zu den abgeschnittenen Stücken, eins rechts, eins links, und schob sie sich gleichzeitig in den Mund. Sie kaute und schluckte und wusste, dass sie den Kampf verloren hatte.

Das zweite Stück Brot riss sie einfach mit der Hand ab.

Der Gestank hing noch immer über ihr, als Mlle Bellier mit einer neuen Leichtigkeit im Magen im Sessel einschlief, die Krümel des Feindes im Mundwinkel und um sich auf dem Fußboden verteilt.

Gérard betrachtete das abgerissene Eckchen des Zettels lange. Dann sah er zu mir herüber. In seinen Augen war ich noch zu klein, um die Wahrheit über die Welt zu erfahren, die Wahrheit über seine Welt, das sah ich in seinem Blick. Ich sollte lieber vor ihm sitzen, den Mund halten und lesen. Ich kniff die Lippen zusammen, als wollte ich ihm zumindest diesen Wunsch erfüllen. Doch als er den Zettel zurückschob, legte ich ihn trotzig wieder in seinen Bereich des Tischs.

Gérard sollte mich kennenlernen, wenn er meinte, ich ließe mich so einfach abschütteln. Noch einmal schauten wir uns an, die Situation war absurd, noch dazu mit der Kaiserin zwischen uns. Dann seufzte Gérard, drehte den Zettel und zog ihn zu sich heran.

»Wer ist V. Burq?«

»Ein Arzt.«

Gérards Handschrift war schwungvoll, zu schwungvoll für die kleine Zettelecke. Er schob die Antwort zu mir herüber und blickte erst wieder von seinem Planetenbuch auf, als ich die Spitze meines Stifts in seinen Arm bohrte. Diesmal schob ich das ganze Blatt mit meiner Frage zu ihm hinüber. Es fehlte nur die kleine Ecke, die ich zuvor abgerissen hatte.

»Arbeitet er hier in Paris?«

Und Gérard schrieb: »Er ist tot.«

Ich stützte mein Kinn auf das Ende des Stifts und dachte über die nächste Frage nach. Ich wusste nicht, wie lange Gérard das Spiel mitspielen würde, darum musste sie gut überlegt sein.

»Was war sein Fachbereich?«, schrieb ich schließlich, und als Gérards Antwort kam, saß ich stocksteif da: »Metalle.«

Ich griff in die Innentasche meiner Jacke und zog das abgegriffene Buch heraus, um eine Stelle nachzulesen und sie vorsichtig mit dem Stift zu umkreisen. Gérard konnte den Text von seinem Platz aus nicht sehen. Doch als ich hochblickte, trafen sich unsere Blicke.

»Hat er auch mit Blei gearbeitet?«

Gérard sah mich entgeistert an, als ich ihm den Zettel zuschob. Sein Blick glitt zu meiner Hand, als ich das Gesangbuch wieder in die Innenseite der Jacke steckte, und verharrte an der Ausbeulung hinter dem Stoff. Dann nahm er den Zettel.

»Nein.«

»Was hat er mit den Metallen gemacht?«

»Appliziert.«

»Worauf?«

»Auf Verrückten.«

»Steht das in dem Buch?«

Gérard schüttelte den Kopf.

»Woher weißt du es dann?«, schrieb ich.

»Weil ich Burqs Erbe bin.«

Seine Augen wirkten im Licht der Lampe grüner, als sie in Wirklichkeit waren. Und ich begann zu ahnen, dass es eine Seite an meinem Freund gab, die so dunkel war, dass das Bibliothekslicht sie mir bislang nicht enthüllt hatte. Ich wusste, was die Leute über Gérard sagten. Dass sie ihn Großmogul und Montmartre-Zigeuner nannten. Ich hatte auch seine erste Publikation in diesem Jahr gelesen, »Hypothèses«. Es war eine seltsame Sammlung philosophischer Gedankenflüge, von denen ich keinen einzigen verstanden hatte.

Plötzlich konnte ich mir Gérard gut in einem düsteren Raum vorstellen, noch düsterer als diesem hier, die Gardinen zugezogen, auf dem Boden drei Kerzen und draußen ein Herbststurm. Der Gedanke stand mir so deutlich vor Augen, dass ich Lust hatte, einen Stift zu nehmen und ihn zu notieren. Die Bilder aus dem Gesangbuch kamen mir in den Sinn. Ein Mann, der sich über ein Bett beugte. Vielleicht hatte V. Burq die Metalle auf dem verrückten Jungen angebracht. Oder Gérard hatte es getan. Was tat Gérard eigentlich, wenn er nicht in der Bibliothek war?

»Warum willst du das wissen?« Diesmal war es Gérard, der die Frage stellte. Ich blickte ihn an, ohne zu antworten. Ich sah seine Verärgerung hinter dem schwarzen Bart. Gérard griff erneut nach dem Blatt.

»Was ist das für ein Buch in deiner Tasche?«

Energisch schob er den Zettel auf meine Tischseite, und ich griff an meine Jacke und drückte das Buch an meine Brust. Ich hatte plötzlich das Gefühl, es schützen zu müssen. Nicht einmal im

Tausch gegen die Publikation von diesem Burq hätte ich es hergegeben. Gérard wurde wütender. Er überlegte, dann griff er blitzschnell über den Tisch. Ich wich nach hinten aus, und die plötzliche Bewegung ließ meinen Stuhl kippen. Ich versuchte noch, mich an der Tischkante festzuhalten, doch ich hatte schon zu sehr das Gleichgewicht verloren. Mitsamt dem Stuhl fiel ich um, die Holzlehne krachte, als sie auf den Boden traf. Ich sah, wie Gérard aufsprang und um den Tisch herumeilte. Ob er mir helfen oder das Buch abnehmen wollte, wusste ich nicht. So schnell ich konnte, sprang ich auf die Füße und hob abwehrend den rechten Arm, während ich einen Schritt nach hinten machte. Gérard blieb stehen. Absolute Stille breitete sich aus, wo vorher nur Ruhe geherrscht hatte. Die anderen Leser an den Tischen hatten sich aufgerichtet und starrten zu uns, teils neugierig, teils empört, umso mehr, als sie sahen, dass es sich um zwei junge Männer handelte, die da für die Unruhe verantwortlich waren, einer unreifer als der andere.

Der Herr vom Ausleihschalter stand auf und wollte sich wohl zu uns gesellen, um die Sache zu klären, doch ich ließ es nicht dazu kommen. Ich stürmte an Gérard und dem Mann vorbei, in Richtung Ausgang, als könnte mich jemand einholen. Und dabei standen alle außer mir bewegungslos da. Niemand machte Anstalten, mir zu folgen.

DRITTER TEIL
Hypothesen

»Ich will mich nicht zu bestimmt darüber aussprechen. – Die Wege des zerebralen Geschehens sind zahlreich und verschlungen. – Die Dinge brauchen nicht nothwendig so zu sein, wie wir sie uns vorstellen. Das kann uns aber nicht davon abhalten, sie uns wenigstens vorzustellen.«

GOTTLIEB BURCKHARDT (1836–1907)
Schweizer Psychiater und Erfinder der Psychochirurgie

Die erste Oktoberwoche brachte unerwartet heftige Stürme mit sich, die Kälte in jede Ecke der Salpêtrière bliesen. Erst wenige Tage waren vergangen, seit Luys nach London gereist war. Doch die Zeit bis zu seiner Rückkehr kam Jori bereits endlos vor.

Wie ein Wolf schlich er um das Bett herum, in dem das Mädchen mit geschlossenen Augen lag und sich nicht rührte. An einigen Tagen war er sich sicher, dass Runa wach war und auf etwas lauerte, oder auf jemanden. Dass sie nur die Augen geschlossen hielt, um sie alle zu täuschen. An anderen Tagen wiederum saß ihm die irrationale Angst im Nacken, sie könne schwer erkrankt oder schon tot sein: erstickt oder erschlagen von den anderen misstrauischen Mädchen im Schlafsaal. Dann näherte sich sein zitternder Finger ihrer Nase, um zu überprüfen, ob sie noch atmete. Die Luft, die leise und zart aus den Nasenlöchern entwich, war kalt, und er zog die Hand zurück und strich sie an seinem Hemd ab. Er vermied es, ihr näher zu kommen als auf diese Armlänge Abstand, ebenso wie er es vermied, nachts noch einmal allein mit ihr zu sein. Doch den Schlafsaal ruhigen Gewissens verlassen konnte er auch nicht. Er musste aufpassen, dass dem Kind nichts zustieß, dachte er, oder dass es verschwand, einfach so und ebenso plötzlich, wie es aufgetaucht war. Und so wurden seine Kontrollbesuche immer länger und häufiger und Jori zu einer Art Beschützer für Runa, deren Hilflosigkeit ihn fast vergessen ließ, dass eigentlich er selbst es war, vor dem sie sich beide fürchten mussten. Er und diese Operation waren die einzige reale Bedrohung für Runa.

Mit dem Rücken an der Wand und in eine Decke gewickelt, saß er oft stundenlang auf dem Boden des Schlafsaals und beobachtete sie oder nahm sich ein Buch mit, um in ihrer Gegenwart zu lesen. Die anderen Kinder im Zimmer gewöhnten sich an seinen Anblick. Und Jori gewöhnte sich an Runa. Fast hätte man meinen können, er entwickelte eine Art liebevolle Zuneigung zu ihr, so wie man zwangsläufig etwas lieben lernt, auf das man lange und gut aufgepasst hat. Und wahrscheinlich hätte Jori den ganzen Herbst so dasitzend verbracht. Hätte nicht eine Fischdose ihn auf eine andere Lösung gebracht.

In der Nacht vom dritten auf den vierten Oktober deckte der Sturm einen Teil des Dachs der *Salle de Garde* ab, sodass die Handwerker kommen mussten und der Versammlungsraum der Studenten für einige Tage geschlossen wurde. Für Jori bedeutete das, dass er zwischen den Besuchen bei Runa häufiger, als ihm lieb war, Gesellschaft in der angrenzenden Bibliothek bekam. Sein Tisch war nicht selten belegt, wenn er aus den Schlafsälen zurückkehrte. Charles Bottez, einer von Charcots Internen, kam sogar auf die Idee, seine Mittagspause in die Bibliothek zu verlegen, und öffnete neben Jori eine Büchse Sardinen. Als Madame Dupuis ihn darauf hinwies, dass man in der Bibliothek keine Speisen verzehren dürfe, und ihn am Arm fasste, um ihn aus dem Raum zu begleiten, blieb die Dose auf dem Tisch stehen. Ihr Inhalt stank, und Jori konnte nicht anders, als die Dose anzustarren. Der Deckel war nur halb geöffnet, die Schraube ragte aus dem gedrehten Blech hervor und sah aus wie das Ende eines Schlüssels. Die Fische in der Dose glotzten Jori augenlos an. Nur ihre Köpfe konnte er durch die Öffnung sehen. Der Rest war unter der Aufschrift *Sardines* begraben. Neben der Dose lag ein abgerissenes Stück Baguette, das Bottez wohl in das fischige Öl hatte stippen wollen.

Ein weiterer Student betrat die Bibliothek, blickte sich suchend um, sah den frei gewordenen Platz und schob das Ensemble aus Dose und Brot zur Seite, bevor er sich setzte. Die Sardinenbüchse stand nun unbeachtet neben Joris Arbeitsplatz. Und da musste er plötzlich an die Deckelbäder denken.

Sie befanden sich im Hydrotherapieraum im nördlichen Teil der Salpêtrière: sieben oder acht große Badewannen, die jeweils von einem Holzdeckel verschlossen waren. Stundenlang konnte man die Patientinnen darin sitzen lassen, ohne dass sie die Möglichkeit hatten, auszusteigen oder auch nur die Temperatur zu regeln. Denn das Holz ließ am Ende der Wanne nur ein halbkreisförmiges Loch frei, durch das der Kopf passte.

Es war eine spezielle Form der Hydrotherapie, entwickelt von der Salpêtrière, um aufgeregte Frauen zu beruhigen. Runa würde außer Reichweite der anderen Kinder sein, und alle halbe Stunde würde eine Wärterin kommen, um nach ihr zu sehen. Sie würde sich um die Zuleitung des warmen Wassers in die Wanne kümmern. Und sie würde dafür sorgen, dass das Mädchen nach jedem Bad abgetrocknet und ins Bett gebracht wurde. Jori war selbst überrascht davon, wie sehr es ihm plötzlich widerstrebte, Runa allein zu lassen. Aber Luys würde bald aus London zurückkommen, und bis dahin gab es noch einiges zu erarbeiten. Er musste sich auf seine Recherchen konzentrieren. Das halbherzige Lesen auf dem Fußboden der jungen Idiotinnen reichte nicht aus, um eine Operation dieser Größe zu planen.

Was niemand Jori mitteilte, war, dass die Wärterinnen schon vier Tage nach Beantragung der Hydrotherapie Streichhölzer zogen, um auszulosen, wer sich als Nächstes dem Mädchen nähern musste. Tatsächlich setzte man ihn über so einiges nicht in Kenntnis, als Jori sich, erleichtert über die Lösung, in der Bibliothek verschanzte. Natürlich, er hätte nachfragen können. Er hätte die Verantwortung für das Kind nicht abgeben sollen. Doch er hatte noch immer Vertrauen in die Kompetenzen der Salpêtrière, und die Arbeit mit den Büchern beruhigte sein Gewissen zusätzlich. Diese wunderschöne Geradlinigkeit wissenschaftlicher Theorien, in denen er stundenlang versinken konnte. Die Bücherstapel auf dem Tisch in der Bibliothek wurden zu Joris Festung gegen die Angst, zu seinem Schutzwall, der erst durch einen Kommentar von Joseph Babinski ins Wanken gebracht werden sollte.

Es war der 14. Oktober, und Charcot hatte Jori zum ersten Mal seit dessen Ankunft an der Salpêtrière für die Vorbereitung der Hypnoseveranstaltung eingeteilt, was Jori genau so lange in Hochstimmung versetzte, bis er erfuhr, dass er mit Babinski zusammenarbeiten würde.

Die Arbeit fand in einem kleinen Raum hinter der Bühne statt. Jori kämpfte gerade mit einem weißen Laken, das er über das rollbare Bett spannen sollte, als der Pole hereinkam und »Ach, Jo'annrischard« sagte. Er hatte den gleichen überraschten Tonfall wie vor ein paar Wochen in der Bibliothek.

»Babinksi«, sagte Jori und nickte knapp, bevor er sich wieder seiner Aufgabe widmete. Er wollte ein Gespräch umgehen. Doch das Desinteresse beruhte auf Einseitigkeit.

»Wie läuft es denn mit den Recherchen?«, fragte Babinski fröhlich. »Wie geht es dir? Und wie dem Mädchen?«

»Gut. Es badet.«

»Tatsächlich«, sagte Babinksi, und: »Ist dem so?«

Etwas in seiner Stimme ließ Jori aufhorchen. Doch als er aufblickte, hatte der Pole ihm den Rücken zugewandt. Jori hörte etwas plätschern, Babinski befüllte eine Flasche mit frischem Äther. Jori zögerte kurz und überlegte, ob er nachhaken sollte, dann entschied er sich dagegen. Er hob das Laken erneut in die Luft, und wieder segelte es falsch auf die Matratze. Die hintere Längskante, die eigentlich unter die Seite gesteckt werden musste, kam mittig auf dem Bett zu liegen. Babinski drehte sich um. Er verkorkte die Flasche und trat an das Bett heran.

»Vielleicht würde frische Luft helfen«, sagte er.

»Bitte?«

Babinski deutete mit der Flaschenhand in Richtung Fenster, und die Flüssigkeit schwappte.

»Mein Großvater war Landarbeiter. Als wir noch mit ihm in Polen lebten, hat er Henri und mich vor dem Essen immer nach draußen geschickt. Appetit sammeln, hat er das genannt.«

»Babinski, wovon redest du?« Jori zog genervt an der Kante des Lakens, um es zurechtzurücken. Der Pole blickte ihn so groß an, als läge die Antwort auf der Hand.

»Na, von dem Mädchen natürlich!«

Jori hielt inne.

»Wieso interessierst du dich für Runa?«

»Tu ich gar nicht. Ich hatte mich im Raum geirrt. Ich wollte eigentlich zu Blanche Latendresse. Ein Student aus dem ersten Jahr hat einen Knoten an ihrer Wirbelsäule entdeckt und ein Druckgeschwür mit einem Tumor verwechselt. Und dann habe ich die falsche Tür aufgemacht.«

»Welche Tür?«

»C03 statt C04.«

»Die Châlets?«

Die beiden Studenten blickten sich an.

»Hat dir das keiner gesagt?«, fragte Babinski.

Ein Stück von Joris Schutzwall bröckelte. Die Châlets waren zwölf kleine Häuser aus Holz, die an Hundehütten erinnerten und isoliert von den anderen Gebäuden lagen. In ihnen wurden jene Patientinnen eingesperrt, die eine komplette Trennung von den anderen benötigten, jeweils eine Kranke pro Kammer. Die moralische und physische Unterwerfung ist das höchste Gebot zur Heilung der Schwachsinnigkeit, flüsterte ein berühmter Nervenarzt, der sich offenbar in Joris Ohrmuschel eingenistet hatte. Und der erste Schritt dazu besteht in der Isolierung des Kranken.

»Und die Bäder? Bekommt sie die jetzt nicht mehr?«

Babinski zuckte die runden Schultern. Jori fuhr sich mit der rechten Hand durch die Haare. Dann knüllte er das Laken plötzlich zusammen und warf es auf den Boden.

»Nimmt mich hier eigentlich überhaupt keiner ernst? Wieso erfahre ich von so etwas nicht?«

Babinski kam zu ihm und hob den Stoff auf, um ihn Jori zurückzugeben. In einem Knäuel hielt er ihn vor der Brust.

»Du bist noch Student, Jo'annrischard. Was erwartest du?« Er trat zurück auf die andere Seite des Bettes und gab Jori ein Zeichen, das Laken auseinanderzufalten. Dann griff er nach dem seitlichen Ende.

»Fertig?«

»Ja.«

Jori nahm die andere Seite, und gemeinsam hoben sie das Laken hoch und ließen es auf die Matratze hinuntersegeln. Dann steckten sie beidseitig die Enden fest und strichen den Stoff glatt.

»Sie muss was essen, Jo'annrischard. Sie sieht aus wie ein Gerippe. Isolation ist gut, sagt Doktor Charcot. Bei nervöser Anorexie schickt er die Patienten auch immer in die Isolation. Aber bei Runa hat es bislang nichts gebracht.«

»Wie lange hat sie denn schon nichts mehr gegessen?«

»Seit sechs Tagen. Ich habe gefragt.«

»Oh Gott.«

Jori fuhr sich erneut durch die Haare, diesmal mit beiden Händen. Er trat ans Fenster. Die Wolken hingen so dick über dem Innenhof des Klinikgeländes, als seien sie zu schwer für den Himmel. Er zog an dem Griff, öffnete das Fenster einen Spaltbreit, und kalte Luft drang herein. Es würde wieder einen Sturm geben. Jori hatte lange genug auf dem Land gelebt, um sich mit dem Wetter auszukennen.

»Wenn das die frische Luft ist, von der du gesprochen hast, dann holt sie sich da draußen den Tod.«

»Drinnen holt sie sich auch den Tod, wenn sie nichts mehr isst.«

»Ich denke mir etwas aus.«

»Sie braucht für die Operation ein Mindestgewicht. Sonst übersteht sie die Narkose nicht.«

»Das weiß ich, Babinski, verdammt!«

Sie verstummten beide, als die Tür aufging und Charcot hereinkam. Der Nervenarzt trug eine Ledertasche unter dem Arm und schien in Eile. Er nickte Babinski knapp zu. Jori beachtete er nicht, doch das musste nichts heißen. Dass er Jori für die Hypnosevorbereitung eingeteilt hatte, bedeutete, dass Charcot sich neuerdings seiner Existenz bewusst war.

»Professeur.« Babinski verbeugte sich, als begrüße er einen König. Hinter Charcot betrat die Wärterin den Raum, die Jori in jener Nacht an Runas Bett überrascht hatte. Marguerite Bottard, Oberschwester von Charcots Gnaden. 44 Jahre hatte sie der Klinik gedient, länger als jede andere hier. Das bestätigte nicht nur der Orden an ihrer Brust, sondern auch ihr Gesicht, aus dem Jugend und Freude schon vor langer Zeit Auszug gehalten hatten. Mme Bottard hatte derbe Züge, die eher zu einem Seemann gepasst hätten. Die Arbeit hatte ihren Körper eisern gemacht, fast schon unumstößlich robust, und niemand an der Klinik hatte Zweifel daran, dass sie auch im nächsten Jahrhundert noch durch die Krankensäle patrouillieren würde. Und dabei war sie bereits über 60 Jahre alt. Sie schien ihre Wurzeln in den Klinikboden geschlagen zu haben, um hier zu bleiben, egal, wie sehr sich die Salpêtrière um sie herum veränderte. Und in 44 Jahren hatte sich alles verändert.

Die junge Kranke an Mme Bottards Seite wurde mehr geschleppt als geführt. Jori fiel auf, dass ihr das linke Bein fehlte.

»Henriette Becotte ist vor zwei Tagen an Pneumonie gestorben. Clara wird ihren Platz einnehmen.« Charcot deutete auf die frisch bezogene Liege, und Mme Bottard half der Kranken auf das Bett. Das Metallgestell klapperte unter dem Gewicht der Patientin. Clara wimmerte kurz, biss sich aber auf die Lippen und wandte den Kopf ab, als Charcot die Hand hob.

»Ich will, dass man in der Vorlesung ihren Beinstumpf sieht, dort, wo ihr der Unterschenkel abgenommen wurde. Er ist schlecht verheilt, sehen Sie?« Er hob das Nachthemd der jungen

Frau an, schob es nach oben, und wieder begann Clara zu wimmern. Mme Bottard schlug ihr nur leicht ins Gesicht, doch Clara schrie auf, als sei sie schwer verletzt.

»Schhhhh«, machte Charcot, und unter dem Hemd kam ein abgeschnittener Oberschenkel zum Vorschein. Die Operationsnarbe war stümperhaft vernäht und nässte.

»Hysterisches Gelenkleiden?«, fragte Babinski, und Charcot nickte.

»Klassischer Fall. Den Akten zufolge hat sie selbst um die Operation gebeten.«

Charcot trat einen Schritt zurück und betrachtete die entblößte Körperpartie mit kritischer Miene. Es sah aus, als prüfe er die Dekoration eines gedeckten Tischs kurz vor dem Eintreffen der Gäste. Clara zitterte, ob aus Kälte oder aus Angst, ließ sich nicht sagen. Doch Jori schloss vorsorglich das Fenster. Die Frau so hilflos daliegen zu sehen setzte ihm plötzlich zu. Sie tat ihm leid. Vorne auf der Bühne wirkte alles ganz anders, so kontrolliert und geplant, fast wie ein Schauspiel. Eine einzige große Spaßveranstaltung. Hier aber war das Mädchen eine junge Patientin, und ihre Angst war echt. Vielleicht hatte Jori zu viel Zeit in den Räumen der jungen Idiotinnen verbracht. Er konnte den Anblick des entblößten Beinstumpfes mit einem Mal nicht mehr ertragen.

»Am besten lassen Sie das Kleid direkt so, wenn Sie mit der Hypnosevorbereitung beginnen.« Charcot drehte sich um, prüfte Inhalt und Anordnung der Flaschen auf dem Tisch und stellte dann die Ledertasche ab.

»Zeichnungen des Kniegelenks sind hier in der Tasche. Der behandelnde Arzt hat sie mitgeschickt, als die Kranke eingeliefert wurde. Vollkommen intakt, natürlich. Gesunde Kapsel, vielleicht etwas verdünnte Knorpel.« Er schüttelte bedauernd den Kopf.

Clara begann im Hintergrund zu jammern und wollte ihr Nachthemd herunterziehen, doch Mme Bottard ging dazwischen. Sie griff nach Claras Handgelenken, umklammerte sie mit Eisenfäusten und bog ihre Arme seitlich auf das Bett. Clara jammerte lauter und zog das gesunde rechte Bein an, um ihren Körper zu schützen. Das sorgfältig drapierte Hemd rutschte dabei zur Seite. Ein weiterer Schlag ins Gesicht ließ sie aufheulen. Charcot stand unterdessen mit dem Rücken zu ihr, den Blick noch immer zum Tisch gewandt.

Er wies Babinski an, die Zeichnungen des Knies auf Folie zu übertragen, damit man sie später, während der Vorführung, an die Wand projizieren könne, und machte dann Angaben zu den weiteren Patientinnen, die an diesem Abend vorgestellt werden sollten.

Jori versuchte sich zu merken, welche Patientin stehen oder sitzen sollte, welche auf die Bühne geführt und welche im Bett geschoben wurde. Doch Babinski nickte bei jedem Wort des Psychiaters so kompetent, dass er bald schon nicht mehr richtig zuhörte. Er musste an Runa in der Isolationskammer denken, und die alte Angst war wieder da. Jori hatte nicht aufgepasst, er hatte sie im Stich gelassen. Und ihm kam der absurde Gedanke, dass das Kind möglicherweise schon die ganze Zeit dalag und auf ihn wartete.

Die Isolationskammern wurden offiziell die »Schweizer Châlets« genannt, obwohl ihr Stil nicht im Entferntesten an die Schweizer Bauweise erinnerte, Jori musste es wissen. Es waren kleine quadratische Hütten, fast wie Würfel, die einen ebenfalls quadratischen Hof umstanden. Jede der Hütten hatte ein vergittertes Fenster und einen kleinen Schornstein auf dem Spitzdach. In den zwei Meter breiten Lücken zwischen ihnen waren Bäume gepflanzt, die nicht wuchsen. Dafür quoll umso mehr Gras aus den Ritzen zwischen den Pflastersteinen. Obwohl einmal im Monat jemand kam und die Halme abfackelte, sprossen sie immer wieder nach. Es war ein ständiger Kampf gegen die Wildnis, den man umso hartnäckiger führte, weil er auch innerhalb der Isolationskammern nie vollständig gelang.

Die ganze Nacht über war Jori unruhig gewesen, und wäre er am Vorabend nicht mit der Vorbereitung der Vorlesung betraut worden, er wäre wahrscheinlich noch während Charcots Hypnoseveranstaltung zu Runa gegangen.

Jetzt war es sechs Uhr morgens, und Nebel hing über dem Hof, als Jori das Klinikgelände betrat. Und als er sich auf den Weg zu den Kammern machte, klang ihm das Brüllen und Rufen der Wärterinnen schon von Weitem entgegen, wie Hahnengeschrei in der Morgendämmerung.

»Halt sie fest! Halt sie fest! Die Beine!« Der Panik in ihren Stimmen nach zu urteilen hätte man meinen können, sie wollten ein wildes Tier einfangen. Jori ahnte das Schlimmste und begann zu laufen.

Vier Wärterinnen waren es, die sich in die Hütte C03 drängen wollten, eine von ihnen passte schon nicht mehr richtig durch die Tür und stand draußen. Jori versuchte über ihre Schulter zu blicken und hetzte dann an das vergitterte Fenster. Seine leise Hoffnung, es könne sich am Ende vielleicht doch nicht um Runa handeln, zerschlug sich. Er sah ein paar weißblonde Locken, ein zappelndes Bein und einen blassen Fuß, von dem Jori wusste, dass er immer kalt war. Der Rest des Mädchens wurde von den Wärterinnen umstanden, und jede schien einen anderen Körperteil ergreifen zu wollen. Als eine von ihnen einen Schritt zur Seite machte und sich eine schmale Lücke auftat, sah Jori, dass Runas Körper mit zwei Ledergurten, die über Bauch und Brust führten, am Bett fixiert war. Er griff fassungslos nach den Gitterstäben vor sich und fragte sich, welcher Vorfall diese Maßnahmen rechtfertigte.

»Pass vorne am Kopf auf, sie beißt!« Hinter Runas Kopf stand eine junge Wärterin mit einem Trichter und einem Schlauch in der Hand, beide Instrumente waren ebenso weiß wie ihr Gesicht.

»Was geht hier vor?«, fragte Jori laut und drückte gegen die Gitterstäbe, als könne er sie auseinanderbiegen. Doch niemand beachtete ihn, und im nächsten Moment wurde es Jori auch schon selbst klar: Die Wärterin wusste nicht, wie sie den Schlauch in Runas Mund bekommen sollte.

»Geben Sie her, ich mach das!«, sagte eine andere Wärterin, die bis dahin am hinteren Ende des Bettes gestanden hatte. Es war die ehemalige Fischmarktfrau. Sie ließ Runas rechtes Bein los, das sofort wieder zu zappeln begann, und griff nach dem Trichter. Die Frauen mussten sich aneinander vorbeiquetschen, als sie die Plätze wechselten, so wenig Platz war in der kleinen Hütte.

»Was soll das? Warum werde ich über so etwas nicht informiert?« Jori lief zurück zu der Wärterin, die die Tür versperrte. Er drängelte sich an ihr vorbei, ruppiger diesmal, und stand nun eingeengt zwischen ihr und der blassen Wärterin, die vorhin den Platz gewechselt hatte und die Füße festhielt.

»Jetzt mach den Mund auf, Mädchen!« Die Fischverkäuferin mit dem Trichter griff Runa mit der rechten Hand ins Gesicht und wollte ihren Kiefer öffnen. Doch Runa schnappte nach ihr und verfehlte die Finger nur knapp. Die Frau zuckte reflexartig zurück, dann verhärteten sich ihre Gesichtszüge, und sie hob die Hand.

»Halt!« Jori wollte sich zu ihr vordrängeln, um sie aufzuhalten, aber die Frau war schneller. Ihm wurde übel, als er es klatschen hörte. Runa schrie nicht. Sie schien alle Kraft für das Zappeln aufzubrauchen.

»Haltet sie doch fest, verflucht!« Erneut griff die Frau zu, und diesmal erwischte sie Runas Kiefer. Jori musste daran denken, wie sie früher Fische auf dem Markt geköpft haben mochte. Über die Schulter der Wärterin, die rechts von ihm stand, konnte er sehen, wie die Frau zudrückte, und wusste nicht, was er tun konnte, um sie davon abzuhalten. Das Entsetzen machte ihn starr. Es fühlte sich an wie in einem Albtraum, in dem er alles sah und hörte, ohne sich selbst bemerkbar machen zu können. Runas Mund öffnete sich einige Zentimeter. Doch erst als eine der anderen Wärterinnen sich quer über den Oberkörper des Mädchens legte, war das Kind so weit fixiert, dass die Frau den Trichter zwischen seine Zähne schieben konnte.

»Fertig? Jetzt!«

Das Ende des dicken Plastikschlauchs verschwand in Runas Mund. Sie riss die Augen auf und begann zu würgen, Jori wurde schlecht vom Zusehen. Das hier war ein Spektakel, das unter Ausschluss der Öffentlichkeit stattfand. Nicht einmal in Charcots Dienstagsvorlesung hatte er von solchen Maßnahmen gehört. Der Schlauch wurde Runa in den Magen geschoben, und obwohl sie die Augen aufgerissen hatte und kaum mehr wusste, wie sie atmen sollte, gab sie noch immer keinen Laut von sich. Jori fürchtete, ihr Brustkorb könne unter dem Gewicht der Wärterin zerquetscht werden. Sie keuchte jetzt hastig wie bei einer Panikattacke.

»Hören Sie auf«, sagte Jori so leise, dass ihn tatsächlich niemand in dem Tumult hören konnte, und wahrscheinlich war es Zufall, dass Runa ausgerechnet in diesem Moment zu ihm hinüberblickte. Sie konnte ihn nur mit dem linken Auge sehen, denn ihre Sicht war eingeschränkt durch die Körper, die um sie herumstanden. Doch mit diesem einen Auge sah sie Jori so panisch an, dass er es nicht ertragen konnte.

»Hören Sie auf!«, wiederholte er. »Wer hat Sie dazu befugt?«

Er sprach diesmal laut, Runas hilfesuchender Blick hatte ihn aufgerüttelt. Er packte die Wärterin rechts von sich bei der Schulter, um sie vom Bett wegzuziehen, und sie blickte ihn unwirsch an und schüttelte ihn ab, ohne Runa loszulassen. Mit dem Rücken schob sie ihn zurück, während er sich vordrängen wollte. Von den anderen Wärterinnen reagierte noch immer niemand, zu beschäftigt waren die Frauen mit der Handhabung des Trichters und der Fixierung des Mädchens.

»Hören Sie auf«, rief Jori noch einmal, und diesmal klatschte ihm etwas in den Nacken. Er fuhr herum. Da stand die Wärterin, an der er sich vorhin an der Tür vorbeigequetscht hatte. Sie war in den Raum getreten und machte ein erbostes Gesicht. Jori war so perplex, dass er nicht einmal die Hand abwehrte, die jetzt auf seine rechte Wange traf. Die Wärterin ohrfeigte ihn wie ein kleines Kind. Dann drängelte sie sich so unwirsch an ihm vorbei, dass er an die Holzwand gedrückt wurde. Seine Hand fuhr hoch zu der brennenden Wange. Er konnte nicht fassen, dass sie das getan hatte. Jori war angehender Arzt! Er sah, wie die Frau etwas vom Boden aufhob, einen Eimer. Dann trat sie neben die Fischverkäuferin und schüttete das Gemisch langsam in den Trichter. Jori konnte Runas Gesicht nicht mehr sehen. Doch er hörte ihr Husten und Würgen.

»Aufhören!«, keuchte er und spürte, wie Wut und Verzweiflung ihm Tränen in die Augen trieben. Er machte Anstalten, sich erneut durchzudrängeln, doch die Hütte war nun so voll, dass er keine Lücke fand. Jori blieb eingequetscht zwischen der Wand und den Wärterinnen. Über die Köpfe der anderen konnte er sehen, wie die Frau, die quer über Runas Körper lag, die Hand hob.

»Der Trichter ist verrutscht«, rief sie. »Auf drei.«

Sie zählte herunter. Dann zogen sie den Schlauch mit einem einzigen Ruck aus Runas Körper heraus. Und endlich schrie das Mädchen.

Die Wärterinnen ließen gleichzeitig von Runa ab und traten zurück, soweit das in der vollgepackten Hütte möglich war. Diejenige, die dem Eingang am nächsten stand, machte Platz, und die anderen nahmen ihre Instrumente und gingen an Jori vorbei, als sei er Luft. Eine von ihnen rempelte mit ihrer Schulter gegen seine, ohne sich umzudrehen. Jori blieb mit der schreienden Runa allein in der Kammer zurück und wusste nicht, was er tun sollte. Wäre sie seine kleine Schwester gewesen, wäre sie ein ganz normales Kind, er würde sie in den Arm nehmen und schaukeln, bis sie sich beruhigte. Doch sie war eine Patientin.

Ein unberechenbares, verrücktes Mädchen. Warum hatten sie im Studium nie gelernt, wie damit umzugehen war? Jori lehnte sich hilflos an die Wand. Er war aufgewühlt. Sein Magen war verkrampft, die Bilder der Misshandlung füllten seinen Kopf. Er ließ sich an der Wand hinabgleiten und hockte sich neben Runas Bett, um Wache zu halten, wie er es in dem Schlafsaal getan hatte, nur dass er für diese Wache ein bisschen zu spät gekommen war.

Runas Schreien ging in ein Weinen über. Es klang einsam. Und Jori hob die Hand und griff vorsichtig nach ihren Fingern, die erschöpft in den Lederfesseln hingen. Sie waren feucht von Schweiß und dünn wie Spinnenbeine, sie zuckten leicht, als Jori sie berührte, und sofort verstummte das Weinen, es wich einer angespannten Atemlosigkeit. Jori nahm ihre Hand ganz in seine und knetete sie sanft. Zwischen seinen Fingern fühlte sie sich an wie eine ganz normale kleine Kinderhand, und Runa ließ es geschehen. Sie umklammerte Joris Handgelenk nicht und tat auch sonst nichts Außergewöhnliches. Und in diesem Moment erschien Jori die ganze Furcht vor dem Mädchen völlig absurd. Er blieb noch lange so sitzen, den rechten Arm auf das angezogene Knie gestützt und den linken hochgestreckt zu Runa, deren Hand er streichelte und streichelte, als könne er damit seine Hilflosigkeit von vorhin wiedergutmachen. Seine Schuld, nicht da gewesen zu sein, als sie ihn brauchte.

Er musste mit jemandem darüber sprechen, was hier vorgefallen war. Mit Charcot oder Luys oder sonst einer Person, die in der Salpêtrière mehr zu sagen hatte als er, und von solchen gab es schließlich genug. Er musste sie darüber aufklären, dass das Krankenhauspersonal die Patientinnen in den Isolationshütten folterte.

Er richtete sich auf, Runas Hand noch immer in der seinen. Sie war in ihre alte Apathie zurückgefallen, hatte die Augen geöffnet und sah krank und geschunden aus. Ihr Blick war wieder starr, außer Erschöpfung und Verachtung ließ sich nicht viel darin lesen, und Jori würde es nicht wundern, wenn Letztere auch ihm galt. Seine eigene Ohnmacht gegenüber den Wärterinnen machte ihn noch immer krank. Die Wut darüber, dass sie ihn geohrfeigt hatten. Er legte Runas Hand zurück auf das Laken, bettete sie neben den dünnen Körper und verließ dann, leise und gescheitert, das Châlet.

Draußen hatte sich der Morgennebel längst aufgelöst. Auf den Stufen der Hütte gegenüber hockte eine glatzköpfige Frau und sah ihn an. In ihrem Gesicht glaubte Jori Spott zu lesen, und ihm kam der Gedanke, dass er vielleicht gar nicht hatte sehen sollen, was er gesehen hatte. Was, wenn diese Zwangsernährung von oben angeordnet worden war? Was, wenn die Isolation, die Charcot in seinen Vorlesungen so lobte, genau diese Behandlung mit einschloss? Jori legte die Hand auf seinen Magen, der noch immer rebellierte, als habe man ihm den Brei eingeflößt. Was, wenn solche Szenen überall in den Kliniken geschahen und niemand darüber reden wollte? Er erinnerte sich an eine Patientin, die an Anorexie gelitten hatte und die Charcot seinem Publikum wenige Wochen später gut genährt präsentiert hatte. Hatte sie nicht mitgenommen ausgesehen, gebrochen? Jori kam sich plötzlich dumm vor und irgendwie verraten. Von den Wärterinnen hier und der Klinik und von Charcot, vor allem von Charcot – und das war das Schlimmste.

Jori dachte an Pauline, die er hinter den schützenden Bücherstapeln der Bibliothek nie vergessen hatte. Doch es fiel ihm immer schwerer, sich einzureden, dass das hier alles nur für sie geschah.

Ihre Lippen hatten gelblich blasse Flecken, als Jori Pauline in der Villa der Bleulers besuchte. Er dachte zunächst, es müssten Krümel von dem Kuchenstück sein, das auf dem kleinen Beistelltisch stand. Doch der Kuchen war nicht angerührt worden und die Gabel sauber. Das Service wirkte ebenso hindekoriert wie Pauline selbst. Kerzengerade saß sie auf einem Stuhl vor den deckenhohen Salonfenstern.

»Hallo, Pauline«, sagte Jori. Auch im Weiß ihrer Augen konnte er jetzt die gelben Stippen entdecken. Abgesehen davon schien ihr Körper heute farblos. Ein durchsichtiger Mensch mit gelben Punkten, den man in ein teures Kleid gesteckt hatte.

Die bemützte Dame, die Jori die Tür geöffnet hatte, betrat hinter ihm den Salon. Ihre Mundwinkel schienen das Gesicht im Laufe der Jahre immer weiter in die Länge gezogen zu haben. Sie musste eine neue Angestellte in der Villa Bleuler sein. Jori hatte sie noch nie zuvor gesehen.

Sie zog einen Stuhl vom Tisch zur Tür herüber und setzte sich darauf wie ein Aufseher, der ein wertvolles Gemälde bewachen musste. Jori fragte sich, ob diese Aufsicht ihm galt oder Pauline.

»Ich habe dir Blumen mitgebracht.« Er hob probeweise den rechten Arm, an dem ein Strauß hing. Doch Pauline zeigte keine Reaktion. Wahrscheinlich interessierten Blumen sie nicht. Die Villa Bleuler war voll davon, selbst auf den Wandtapeten waren welche abgebildet. Jori hätte Schokolade mitbringen sollen. Es gab da eine neue von einem Apothekerssohn aus Bern, irgendeinem Herrn Lundt oder Lindt. Schokolade hätte ihr gefallen.

»Wie geht es dir?«

Noch immer antwortete Pauline nicht. Jori versuchte, die fremde Frau neben der Tür zu ignorieren. In der stickigen Luft des Salons breitete sich ihre Anwesenheit aus wie ein strenges Parfüm. Jori hätte gern das Fenster geöffnet oder Pauline am besten gleich mit nach draußen genommen, die Villa lag fast direkt am See. Doch er wagte es nicht, in das Stillleben einzugreifen, das man hier inszeniert hatte.

»Willst du gar nicht wissen, wo ich gewesen bin?«

»Nein«, sagte sie. Endlich eine Reaktion. Wenn auch keine, die Jori sich gewünscht hätte.

»Wir hatten ziemlich viel mit dieser Publikation am Hut. Die über die Sekundärempfindungen, du weißt schon. Ich habe es einfach nicht geschafft in den letzten Wochen.«

Die Entschuldigungen, warum Jori Pauline nicht sehen konnte, hatten sich einfach so eingeschlichen, zwischen ihn und die Haustür der Bleulers. Und dabei wusste Jori, dass es in Wahrheit nicht die Arbeit an dem Buch gewesen war, die ihn abgehalten hatte, sondern dessen Inhalt. Es hatte eine Zeit lang ganz gut funktioniert zu verdrängen, was die Ausarbeitung letztendlich für Jori und Pauline bedeutete. Aber je näher er und Paul dem Schlusskapitel gerückt waren, desto eindeutiger war die Erkenntnis gewesen, dass es für Pauline keine Zukunft gab. Zumindest keine, in der gesunde Kinder eine Rolle spielten oder ein Ehemann, wie Jori ihr einer sein wollte.

»Na, jedenfalls habe ich mich jetzt zurückgezogen von der Publikation. Ich finde es nicht richtig, wie Paul …«

»Und du? Willst du gar nicht wissen, wo ich war?«

Die Frage kam unerwartet, und Jori schwieg verwirrt.

»Natürlich, entschuldige bitte«, sagte er dann.

»Sie war in der Klinik.« Die Stimme klang knarzend, als käme sie von der Tür selbst und nicht von der Frau, die daneben saß und die Hände in ihrem grauen Baumwollschoß faltete. »Zwei Wochen.«

»In der Klinik? Warum?«

»Zusammenbruch.«

»Das wusste ich nicht.« Jori war bestürzt. Vor zweieinhalb Wochen hatten er und Pauline sich noch gesehen. Er fragte sich, warum Paul ihm nichts davon gesagt hatte, dass seine Schwester wieder eingewiesen worden war. Hilflos stand er da, in der einen Hand seinen Hut, in der anderen den Blumenstrauß, den er schon am Morgen gekauft hatte. Die Blumen hatten den Tag über im Wasser gestanden, jetzt tropften sie. Auf dem rot gemusterten Teppich bildete das Wasser einen dunklen Fleck.

Dass Pauline in der Klinik gewesen war, erklärte den Zustand, in dem sie sich befand. Die Ärzte im Burghölzli versuchten immer wieder, ihr die Schwermut zu nehmen. Doch das Einzige, was sie ihr zu nehmen schienen, war ihre Farbe, jedes Mal ein bisschen mehr. Selbst Paulines dunkles Haar erschien ihm heute fahler als sonst. Erneut blickte er auf die gelben Stippen auf ihren Lippen.

»Ich hoffe, es geht dir jetzt besser.«

»Ja«, sagte Pauline ohne Überzeugung.

»Sie ist immer noch krank.«

»Ist das der Grund, warum Sie hier sind?« Jori blickte sich wütend zu der Frau um, die sich ständig in das Gespräch einmischte. Doch die bejahte nur und blieb auf ihrem Stuhl sitzen, als hätte sie den Rauswurf nicht verstanden.

»Und warum bist du hier, Jori?«, fragte Pauline, und Jori drehte sich wieder zu ihr. Sein Blick wurde sanft.

»Ich wollte dich sehen.«

»Und gefällt dir, was du siehst?« Da lag ein Vorwurf in Paulines Worten. Und Jori war bereit, ihn anzunehmen. Er hatte ihr ja versprochen, dass er bei ihr bleiben würde und dass sie einen Weg fänden. Vielleicht hätte Pauline nicht ins Burghölzli gemusst, wenn er während ihres Zusammenbruchs bei ihr gewesen wäre. Vielleicht hätte sie erst gar keinen Zusammenbruch erlitten.

Wäre die fremde Frau nicht im Raum gewesen, hätte Jori sich getraut zu sagen, dass Pauline ihm immer gefiel, egal wann und wie er sie sah. So aber begann er nur zu schwitzen und zupfte an seinem engen Hemdkragen.

»Na, jedenfalls bin ich aus der Publikation ausgestiegen«, wiederholte er und hoffte, dass Pauline die Botschaft hinter dem Satz verstand. Immerhin hatte er sich wegen ihr und dieser Publikation mit seinem besten Freund gestritten.

Doch Pauline sagte lediglich: »Wie schön für dich«, und ihre Stimme war wie raues Leder.

Es wurde immer stickiger im Raum. Der schwere Blumengeruch, Paulines Vorwürfe und die Anwesenheit der Pflegerin füllten ihn vollständig aus, und als Herr Bleuler die Tür zum Salon öffnete, blieb er so ruckartig auf der Schwelle stehen, als sei für ihn in der dicken Luft kein Platz mehr. Er ließ den Blick von seiner melancholischen Tochter zur Aufseherin schweifen, zurück zu Pauline und dann zu Jori.

»Jori.«

»Herr Bleuler.«

Sein Händedruck war warm und kräftig, fast zu kräftig für einen Seidenhändler. Wer den familiären Hintergrund der Bleulers kannte, den mochten diese Hände daran erinnern, dass der Herr des Hauses nicht immer in einer Villa gelebt hatte. Bevor er mit Geld und Stoffen hantierte, hatte er mit Mistgabeln hantiert wie sein Vater und wie dessen Vater. 200 Jahre lang hatte die Familie Bleuler von der Landwirtschaft gelebt. Jetzt trug der Mann vor Jori einen perfekt gebügelten Anzug und ein feines Seidentuch in der Brusttasche, ein ständiges Markenzeichen für das Gewerbe, das ihn zu einem wohlhabenden Mann gemacht hatte.

»Schön, dich wiederzusehen.«

»Danke, Herr Bleuler. Ich freue mich auch.«

Von Beginn an war Herr Bleuler der Einzige im Haus gewesen, der das Zusammensein von Jori und Pauline nicht mit Argusaugen beobachtet hatte, wahrscheinlich deshalb, weil er es für eine harmlose Spielerei hielt. Abgesehen von dieser Blindheit aber war Herr Bleuler ein gescheiter Mann.

»Frau Faesi, tragen Sie doch bitte dem Hausmädchen auf, es möge kommen und den Teppich trocknen. Und seien Sie so nett und stellen Sie die Blumen in eine Vase, bitte.«

Frau Faesis Mundwinkel gruben sich noch tiefer in ihr mürrisches Gesicht. Es fiel offensichtlich nicht in ihren Aufgabenbereich, Blumen in eine Vase zu stellen. Missmutig nahm sie Jori den Strauß ab und verließ den Raum.

»Die sind für Pauline«, sagte Jori, als habe daran irgendein Zweifel bestanden.

Herr Bleuler rieb sich das Kinn. Dann ging er zum Bücherregal an der Wand und suchte ein Buch heraus. Er streckte es Jori entgegen. Es war ein Band zum Thema Handel.

»Kennst du das?«

»Nein, tut mir leid.«

»Es ist sehr gut. Ihr jungen Leute von der Universität lest doch gerne.«

»Ja, ich denke schon.«

»Du kannst es dir gern einmal ausleihen, wenn du möchtest. Nur heute brauche ich es noch.«

»Danke, Herr Bleuler, das ist sehr nett.«

»Warum spielst du deinem Besuch nicht etwas auf dem Klavier vor, Pauline?«

»Ich habe keine Lust dazu, Vater.«

»Warum nicht?«

Pauline zuckte mit den Schultern. Ratlos und ein bisschen verloren standen die beiden Männer vor ihrem Stuhl.

»Na dann«, sagte Herr Bleuler schließlich.

Er lächelte Jori aufmunternd zu, schloss die Tür so leise, als wolle er den Gast in seinem eigenen Haus nicht stören. Das Buch nahm er mit.

Jori seufzte, als sie allein waren. Und Pauline seufzte ebenfalls, wahrscheinlich, weil ihr das Leben so schwer vorkam. Sie hatte ihre Sitzposition noch immer keinen Zentimeter verändert. Wie eine Porzellanpuppe saß sie da, und der weite Rock ihres Kleides wölbte sich über den Stuhl. Man musste ihn absichtlich so ausgebreitet haben. Joris Blick fiel auf die kleine goldene Uhr im Eckregal neben dem Vorhang. Selbst sie stand still. Jemand hatte vergessen, sie aufzuziehen, oder vielleicht auch absichtlich darauf verzichtet. Während sich draußen die Welt immer schneller drehte, verhielt man sich im Hause Bleuler stets so, als könne man die Zeit still stehen lassen und die Kinder klein halten.

Jori machte einen unsicheren Schritt auf Pauline zu, dann

noch einen, wieder fielen ihm die Flecken auf ihren trockenen Lippen auf. Er hätte sie gern fortgestrichen. Oder weggeküsst.

»Pauline, es tut mir leid.«

»Was tut dir leid?«

»Dass ich nicht da war, als es dir schlecht ging.«

»Mir geht es noch immer schlecht«, sagte sie, »du hast Frau Faesi ja gehört.«

»Möchtest du vielleicht ein wenig rausgehen?«

»Wozu?«

»Das Wetter ist so schön. Wir könnten einen Spaziergang machen oben in unserem Wald oder am See.«

»Der See interessiert mich nicht.«

»Was interessiert dich dann?« Jori tat noch einen Schritt auf Pauline zu und streckte die Hand nach ihrer aus. Sie nahm sie und seufzte.

»Warum ist alles so schrecklich, Jori?«

»Ist es doch gar nicht. Sieh mal, die Sonne scheint!«

»Die Sonne macht mir Kopfweh. Ich habe immer Kopfweh. Das kommt von den Medikamenten.« Pauline wirkte verzweifelt, und Jori trat dichter an sie heran. Ihre Hand hing noch immer in seiner.

»Wirst du jetzt wieder versuchen, mich zu küssen?«

Abrupt hielt Jori inne. Er wusste selbst nicht, was er vorgehabt hatte. Vielleicht hätte er sie umarmen wollen oder ihr die Hoffnungslosigkeit aus dem Gesicht streichen, die sich dort ausgebreitet hatte. Und ja, vielleicht hätte er Pauline sogar wirklich geküsst, wenn sie es zugelassen hätte. Doch nun traute er sich nichts davon.

Die Wohnzimmertür ging erneut auf, und Pauline zog schnell ihre Hand fort. Die Aufseherin trat wieder ins Zimmer, zusammen mit Martha, dem Hausmädchen der Familie. Martha nickte Jori schüchtern zu und errötete, wie sie es immer tat, wenn sie ihn sah. Dann senkte sie schnell den Kopf und kniete sich mit einer Hast auf den Teppich, als werfe sie sich neben ihm in den Staub.

»Hallo, Martha«, sagte Jori höflich, und an ihrem schmalen Nacken konnte er sehen, dass das Mädchen noch mehr errötete. Ohne zu antworten, begann es damit, den Boden mit einem trockenen Tuch zu bearbeiten.

»Du sollst das Wasser wegputzen, nicht das Blumenmuster«, sagte Pauline giftig, und in ihren melancholischen Augen lag ein plötzliches Funkeln, das Jori überraschte. Martha hielt kurz inne, als müsse sie Luft holen, und tupfte dann behutsamer mit dem Tuch auf dem Wasserfleck herum.

Frau Faesi verkündete, dass Frau Bleuler von ihrer Tochter ein Stück auf dem Klavier vorgespielt bekommen wolle. Es war nicht klar, ob sie mit Pauline sprach oder über sie, denn sie blickte Jori an, als sie das sagte, und ohne zu überlegen, antwortete er an Paulines Stelle:

»Sie hat keine Lust dazu.«

Pauline kniff die Lippen zusammen, streckte den Rücken durch und richtete sich auf ihrem Stuhl auf wie ein Schwan, der zum Angriff überging. Der Stoff des Kleides spannte über ihrer Brust.

»Das Mädchen soll verschwinden«, zischte sie, und Martha blickte erschrocken von ihrer Arbeit auf. Sie warf einen Blick auf die Aufseherin und auf Jori, doch keiner von ihnen schien ihr befugter für Befehle als die Bleulertochter, auch wenn diese geisteskrank war. Hastig sprang sie vom Boden auf, noch immer in gebückter Haltung. Sie schien immer klein zu sein, egal, ob sie stand oder auf dem Teppich kroch, klein und dünn, als habe sie beim Putzen versehentlich einen Teil ihres Körpers mit fortgewischt.

Als das Hausmädchen verschwunden war, stellte Pauline die Füße nebeneinander, griff nach der Lehne und stemmte sich vom Stuhl hoch. Es kostete sie solche Anstrengung, dass Jori sich entsetzt fragte, was man in der Klinik mit ihr angestellt hatte. Er und Frau Faesi stürzten gleichzeitig vor, um Pauline zu stützen oder im Notfall aufzufangen. Doch Pauline hob die

Hand, sie wollte die Hilfe ablehnen. Jori hielt inne. Frau Faesi dagegen griff unbeirrt nach Paulines Arm und schob ihren eigenen darunter. Sie schien es gewohnt zu sein, die Wünsche ihrer Patientinnen zu übergehen, und aus irgendeinem Grund ließ Pauline es geschehen.

»Bilde dir nicht ein, du könntest über mich bestimmen, Johann Richard Hell.« Ihre Stimme war so spitz wie die Knochen, die sich an den Schultern durch ihr weißes Kleid drückten. Sie schien in den zwei Wochen Klinikaufenthalt weiter abgenommen zu haben. Es kostete Frau Faesi keine Kraft, sie zu stützen.

»Aber du hast doch eben selbst …«

»Natürlich spiele ich meiner Mutter auf dem Klavier vor, wenn sie es wünscht.«

Als sie verschwunden war, blieb auf dem Stuhl zwischen Blumenvase, Fenster und Kuchenteller eine Lücke, die ohne Pauline nur schwer wieder zu füllen sein würde. Es sah tatsächlich so aus, als sei jemand einem Porträt entstiegen. Alles, was noch da war, waren der Hintergrund und der Stuhl, auf dem man Modell gesessen hatte.

Jori ballte die Hände und zwang sich, den Blick abzuwenden. Er versuchte sich ins Gedächtnis zu rufen, dass Pauline selbst hilflos gegenüber diesen Ausbrüchen war, dass es ihre Krankheit war, die sie so sein ließ. Als die ersten Klaviertöne aus dem Wohnzimmer zu ihm hinüberdrangen, verließ er den Raum und setzte sich neben die Bleulers aufs Sofa. Er wollte sich vorstellen, dass Pauline das Lied nur für ihn spielte.

Die Tote lag rücklings auf dem Boden, die Beine bis zu den Oberschenkeln in der geöffneten Speisekammer der Pariser Mietwohnung. Über die verfärbte und aufgedunsene Haut zogen sich Buchstaben und Zeichen, die der Verwesungsprozess unkenntlich gemacht hatte, den Hals hinauf, über die Hände und Beine bis hoch unter ihren Rock. Sie mussten einmal blutrot gewesen sein, diese Zeichen, doch jetzt waren sie schwarz und die Haut wachsartig. Jeder, der Claire de Commarin, geborene d'Arlanges, so liegen sah, musste sofort zu dem Schluss kommen, dass sie Opfer eines okkulten Rituals geworden war.

Lecoq beugte sich vor, um die Augenhöhlen der Toten zu begutachten. Sie waren vollkommen leer, bis auf die Fliegen, die in ihnen nisteten. Die Biester hatten hier wie auch in den Nasenlöchern ihre Larven abgelegt. Dem beißenden Verwesungsgeruch und dem schwarzen Fleck im Boden nach zu urteilen, musste die Vermisste schon seit mehreren Monaten so daliegen. Der Prozess der Verwesung entstellte sie so sehr, dass sie keine Ähnlichkeit mehr mit der Claire d'Arlanges hatte, die Lecoq kannte.

»Wo ist die Feder?«

Lecoq war noch immer wütend darüber, dass nicht er es gewesen war, der den toten Körper gefunden hatte. Aber noch wütender machte es ihn, dass die Sûreté ihn informiert hatte. Man hatte also gewusst, dass er nach Claire de Commarin suchte. Man hatte ihn die ganze Zeit beobachtet. Über die Schulter hinweg blickte er zu dem Inspektor hoch, der mit einem Taschentuch vor Mund und Nase neben ihm stand und die Brauen hob.

»Die Feder?«

»Ja, die Feder. Eine Schreibfeder. Es muss eine gegeben haben.«

»Sie haben sie schon mitgenommen in die Zentrale. Ist ein Beweisstück.«

»Natürlich ist sie ein Beweisstück!«

Lecoq verzog verärgert das Gesicht. Die Sûreté hatte ihn nicht nur informiert, sie hatte ihn zu spät informiert, als der Fundort bereits abgegrast war und alle Beweismittel festgestellt waren. Als sei Lecoq ein Aasgeier, dem nichts Besseres zustand als das, was die anderen übrig ließen.

Durch die Tür, die auf einen schmalen Balkonsims führte, konnte er die Gestalt eines zweiten Inspektors sehen. Er klammerte sich mit den Händen an das Geländer und war blass. Lecoq schätzte ihn auf keine siebzehn Jahre.

»Monsieur Lecoq, darf ich fragen, woher Sie von der Feder wissen?«

Die Stimme des Inspektors klang näselnd hinter seinem Taschentuch, und Lecoq beachtete ihn nicht. Er kniete sich neben den Kopf der Leiche und scheuchte die Fliegen weg, um sich die Zeichen auf der Haut näher anzusehen. Die schwarz verkrusteten Buchstaben bedeckten auch Kinn und Wangen. Bis hoch zur Stirn zogen sie sich.

»Monsieur?«

Lecoq öffnete den Kragen des Kleids und begann es über der Brust zu öffnen. Die Knöpfe lösten sich unter seinen Händen vom Stoff und fielen ab wie überreife Beeren von einem Ast. Wo früher schneeweiße Haut gewesen sein musste, die nie das Sonnenlicht gesehen hatte, warf die Körperoberfläche jetzt grünlich braune Blasen und löste sich teilweise von den Knochen. Der Gestank war bestialisch, doch die okkulten Zeichen fand Lecoq nicht. Sie hörten exakt da auf, wo der hochgeschlossene Kragen der Vicomtesse begonnen hatte. Und auch Spuren von Gewalt konnte er nicht entdecken. Keine Einstiche oder blaue Flecken, bis auf die, die vom natürlichen Verwesungsprozess kamen.

»Monsieur, ich spreche mit Ihnen.« Der Inspektor presste sich sein Taschentuch noch stärker ins Gesicht. Er war kaum mehr zu verstehen. Doch seine Stimme verriet nicht nur Übelkeit, sondern auch Misstrauen. Lecoq war in den Kreis der Verdächtigen aufgenommen worden. Hätte er den Mann nicht für einen völligen Stümper gehalten, er hätte sich geschmeichelt gefühlt.

»Ich höre.«

»Wo waren Sie, als der Mord geschah?«

»Wann geschah denn der Mord?«

»Ich hoffte, das könnten Sie mir sagen.«

Lecoq war nicht ganz klar, ob der letzte Kommentar eine Fangfrage war oder ob die Sûreté tatsächlich auf seine Mithilfe baute. Er drehte sich zurück zur Leiche und begann in aller Ruhe damit, sie weiter zu untersuchen.

»Monsieur!«

Die Fingernägel der Vicomtesse hatten sich von den Händen gelöst, doch er konnte keine Haare oder Blutspuren an ihnen entdecken, die auf einen Kampf hingedeutet hätten. Nur einige der Nägel waren abgebrochen. Lecoq versuchte, die Zeichen auf den Händen zu entziffern, entdeckte aber lediglich vereinzelt ein paar Buchstaben, die keinen Sinn miteinander ergaben. Sein Blick glitt an ihrem Körper entlang bis zu ihren Schuhen und der offen stehenden Speisekammer. Er hievte sich auf seine Füße und betrat sie. Der Inspektor folgte ihm, das Taschentuch noch immer vors Gesicht gedrückt.

»Monsieur, was machen Sie da?«

»Ich sehe mich um.«

In der Kammer fand Lecoq die Schlacht, die er unter Claire de Commarins Fingernägeln vergeblich gesucht hatte. Halb verwestes Gemüse, Kerne und faule Blätter waren kreuz und quer in dem kleinen Raum verteilt. Neben der Tür lag eine Konservendose, die an einer Seite leicht eingedellt war, und unter dem Regal fand er etwa ein Dutzend weitere, die ebenfalls Kratzer und Dellen aufwiesen. Auf dem untersten Holzbrett keimte ein Sack Kartoffeln. Alles andere hatte jemand auf den Boden geworfen.

Lecoq nahm die Holztür der Speisekammer in Augenschein und entdeckte auch in ihr Dellen. Am Türknauf war die Farbe abgeschlagen. Er saß locker. Mit den Schuhen schob Lecoq vorsichtig die Beine der Toten zur Seite und schloss die Tür. Als er den Knauf betätigte, konnte er sie problemlos öffnen. Das Gewinde war nicht beschädigt. Er betrat wieder die Wohnküche, schob die Beine an ihren Platz zurück, als wolle er aufräumen, und besah sich die Tür von der anderen Seite. Hier waren keine Macken oder Dellen zu sehen. Lecoq drehte den Messingschlüssel, der von außen steckte, und auch das Schloss funktionierte einwandfrei. Er ging zurück in die Speisekammer.

»Juni halte ich für realistisch«, rief er nach draußen und versuchte eines der faulen Blätter, die er für Rhabarber hielt, vom Boden abzukratzen. Es klebte schwarz auf seiner Hand, und er schüttelte es ab, bevor er erneut nach der Konservendose griff.

Es war nicht üblich, Konservendosen in der Speisekammer zu haben, und dann auch noch in dieser Menge. Für den gewöhnlichen Haushalt waren sie zu teuer, und alles, was man brauchte, fand man täglich frisch auf dem Markt. Aber Mme de Commarin hatte gute Gründe gehabt, sich dort nicht allzu oft blicken zu lassen. Lecoq konnte noch immer nicht glauben, dass sie sich hier unbemerkt hatte einrichten können, mitten in Paris.

»Wo ist die Vermieterin?«

»Sie ist unten bei der Nachbarin. Steht noch unter Schock.«

»Und die Nachbarin? Hat man die schon befragt?«

»Sie sagte, sie habe einen komischen Geruch vernommen, sonst nichts. Sie ist Bäckerin hier gegenüber und nur abends zu Hause.«

»Eine Bäckerin?«

Lecoq blickte aus dem Fenster und an dem bleichen jungen Inspektor vorbei, der noch auf dem Balkon stand. Auf der Straßenseite gegenüber erhob sich im Nebel eine Häuserzeile, die er kannte.

»Heißt die Dame Bellier?«

»Mademoiselle Bellier, ja. Woher wissen Sie das nun wieder?«

»Sieh an.«

Der Inspektor blickte skeptisch.

»Sie hatte nicht einmal gewusst, dass eine Frau hier über ihr eingezogen war. Die Wohnung hatte monatelang leer gestanden. Woher wollen Sie wissen, dass es Juni war?«

»Das Gemüse. Wissen Sie, wo man hier Konservendosen kaufen kann?«

»Bitte?«

»Vergessen Sie es.«

Lecoq verglich die Delle der Dose mit den Macken in der Tür, und sie schienen zu passen. Er entdeckte weitere Kerben in den Regalbrettern. Offensichtlich hatte man auch sie mit einem harten Gegenstand bearbeitet, entweder, um das Regal zu zertrümmern oder den Gegenstand.

»Wir vermuten, dass der Mörder sich in der Vorratskammer versteckt hat. Dem Fallwinkel des Opfers nach zu urteilen, muss er herausgesprungen sein, als Madame de Commarin die Tür öffnen wollte.«

Lecoq vermutete etwas anderes, aber er sagte vorläufig nichts, sondern warf noch einen Blick auf die Dose in seinen Händen. Sie war aus dickem Metall gefertigt und wog schwer.

Einen Dosenöffner fand er in der Schublade des Küchenschranks. Er war geformt wie ein Fisch, dessen unteren Kiefer man in den Deckel rammte und die Dose dann aufschnitt. Claire de Commarin hatte auch hier nicht mit Geld gespart. Lecoq brauchte ein paar Anläufe, bis er das Prinzip des Öffners verstand. Er hatte in seinem Leben nicht mehr als drei oder vier Dosen aufgemacht, und das war zu einer Zeit, als man die Büchsen noch mit Hammer und Meißel bearbeitete. Als er den Deckel schließlich aufbog und auf die Artischocken blickte, die im Wasser schwammen, glaubte er zu wissen, woran die Vicomtesse gestorben war.

»Man hat ihr die Augen ausgestochen und ihre Augenhöhlen wie Tintenfässer benutzt.« Lecoq deutete auf den Kopf der Toten und ließ seinen Finger dann zu den Zeichen wandern, die sich über die Haut zogen. »Die Buchstaben sind also mit den Augen der Leiche geschrieben. Mit Blut oder Augenflüssigkeit oder woraus so ein Auge eben gemacht ist.«

Auf dem Balkonsims hörte er den jungen Mann würgen. Er erbrach sich über das Geländer direkt auf die Straße. Lecoq fragte sich, was das für eine Generation von Inspektoren werden würde, die da nachwuchs.

»Sind Sie sicher? Kann es nicht einfach sein, dass die Fliegen oder Maden die Augen fortgefressen haben?« Auch der Dienstältere war noch bleicher geworden, doch er drückte sich tapfer das Taschentuch vors Gesicht.

»Ganz sicher. Und um auf Ihre Annahme zurückzukommen, dass der Täter sich in der Vorratskammer versteckte: Das halte ich für unmöglich. Die Beine der Leiche liegen in der Tür, und die Tür öffnet sich nach außen, also muss es die Vicomtesse selbst gewesen sein, die sich in der Vorratskammer versteckte.«

»Mit dem Mörder?«

»Vielleicht gab es keinen Mörder, Monsieur.«

»Wie bitte?«

Der Inspektor warf einen zweifelnden Blick auf die zugerichtete Frau am Boden. Er hatte Lecoqs Ausführungen bislang mit höflichem Interesse verfolgt, doch nun schienen ihm echte Zweifel am Verstand seines Gegenübers zu kommen. Es musste ihm ohnehin schwerfallen, einen Mann ernst zu nehmen, der ganz offiziell seinen Dienst als Inspektor quittierte, um Verbrecher zu werden. Und der sich dann nie etwas zuschulden kommen ließ.

»Monsieur Lecoq, bei allem Respekt. Madame de Commarin wird sich wohl kaum selbst die Augen ausgestochen haben.«

»Das haben Sie gut geschlussfolgert.«

Lecoq löste sich aus der Hocke. Seine Knie knackten, als er sich aufrichtete.

»Haben Sie eigentlich von mir gehört, Inspektor ...«

»Gudin. Inspektor Gudin. Ja, man kennt Sie, Monsieur Lecoq.«

»Weil ich eine Legende bin oder weil man mich beobachtet?«

»Beides, würde ich sagen.«

»So.« Das hatte Lecoq sich gedacht. »Und wer hat Sie nach mir geschickt?«

»Inspektor Gevrol.«

»Gevrol? Den gibt es noch? Er muss weit über 70 sein!«

»71 in zwei Monaten.«

Lecoq versuchte, sich seine Rührung nicht anmerken zu lassen. Inspektor Gevrol war zu Beginn seiner Karriere sein Vorgesetzter gewesen, und es hatte immer wieder Streits und Auseinandersetzungen zwischen ihnen gegeben, weil Lecoq einer war, der sich von niemandem etwas sagen ließ. Umso erstaunlicher war es, dass Gevrol Lecoqs Fähigkeiten offenbar noch immer hochhielt.

»Und er arbeitet noch?«

»Nur aus dem Hintergrund. Er ist da wie Sie. Eigentlich kann er nicht mehr, aber er kann auch nicht aufhören.«

»Sie haben da etwas falsch verstanden, Inspektor Gudin. Ich habe schon lange aufgehört.«

Das Grinsen hinter Inspektor Gudins Taschentuch ließ sich nur erahnen.

Nach zwei Wochen Zwangsernährung hatte sich an Runas Dürrheit noch immer nichts geändert. Vielleicht lag es daran, dass sie einen Großteil des Essens, das die Wärterinnen ihr in den Magen schütteten, direkt wieder erbrach. Vielleicht prallte die Zwangsernährung aber auch einfach ebenso kategorisch an ihr ab wie alle anderen Therapien, die zu ihrer Besserung beitragen sollten. Es schien, als würde Runa allein durch ihre Anwesenheit alle medizinischen Regeln und Gesetze außer Kraft setzen, die man für wissenschaftlich bewiesen und damit unumstößlich gehalten hatte. Das Mädchen weichte die Strukturen der Klinik auf. Und Jori ahnte, dass das einigen ganz und gar nicht passen würde.

Die meiste Zeit über lag es stumm und regungslos im Deckelbad oder in der Isolierzelle und starrte vor sich hin, tagträumend, wie man denken konnte, oder Pläne schmiedend, genau wusste das niemand. Doch immer mehr erhärtete sich in der Salpêtrière der Verdacht, dass es da nichts Kindliches in dem

Kind gab, das zum Träumen fähig wäre. Vielleicht nicht einmal etwas Menschliches. Wenn Runa die Augen schloss, atmete man auf, doch man blieb auf der Hut. Denn insgeheim waren viele der gleichen Meinung: Das Kind schlief nicht. Es wartete auf etwas.

Einmal waren Jori schwarze Schaumperlen aufgefallen, die in Runas Mundwinkel hingen und auch das Kopfkissen schwarz gefärbt hatten. Er hatte die Beobachtung in Runas Krankenakte notiert. Bei vielen Patientinnen in der Klinik trat schwarzer Speichel als Nebenwirkung der Morphineinnahme auf, und man kümmerte sich nicht weiter darum. Doch in Runas Fall sorgte die Beobachtung für Aufregung. Die Schwärze komme aus dem Mädchen heraus, hörte Jori einmal eine Wärterin flüstern, als diese das Kopfkissen wechselte, sie komme aus Runas Seele. Und dabei bekreuzigte sie sich, und Jori stand da und wusste nicht, was er erwidern sollte.

Er hatte mit niemandem über die Zwangsernährung gesprochen, aber er verbrachte wieder mehr Zeit bei Runa, und ein paar Mal schaffte er es sogar, die Wärterinnen von der Hütte fernzuhalten, als diese anrückten. Doch seine Versuche, Runa wieder zum Essen zu bewegen, blieben erfolglos. Sie reagierte nicht auf den Löffel, den er ihr hinhielt, so wie sie generell nicht auf seine Anwesenheit zu reagieren schien. Mit einem Buch auf den angezogenen Knien saß er neben ihr und bemühte sich darum, eine wissenschaftliche Erklärung für ihre Krankheit zu finden. Dabei zählte er die Tage bis zu Luys' Rückkehr.

In die Bibliothek ging Jori erst nach 21 Uhr, wenn er sicher sein konnte, dass die Wärterinnen damit beschäftigt waren, in den Schlafsälen für Ruhe zu sorgen. Wenn er wusste, dass hinter den zugezogenen Gardinen die Lichter erloschen waren und niemand mehr aß oder zum Essen gezwungen wurde.

Dann nahm er seine Lampe und Decke, klemmte sich das Buch unter den Arm, kontrollierte noch einmal die Temperatur von Runas Füßen und zog den Schal enger um seinen Hals. Es gab ein kleines Ofenrohr links im Raum, und Jori gewöhnte es sich an, ein paar Scheite Holz für die Nacht nachzulegen, bevor er ging. Das Feuer glühte in dem Rohr. Und wenn er die Klappe offen ließ, tanzte orangefarbenes Licht über die glänzend gewachsten Wände und flößte Runas blassen Wangen trügerisches Leben ein.

Einmal glaubte Jori, das Mädchen leise summen zu hören, als er die Kammer verließ, doch es musste wohl der Wind gewesen sein, der um die Hütte jagte und durch die Fugen der Bretter zog. Draußen auf dem Hof lagen die Blätter der Bäume wie ein dünner rostroter Teppich auf dem Boden. Jori konnte sich nicht daran erinnern, dass ein Oktober in Paris jemals so kalt gewesen war.

In der Bibliothek hatte er Publikationen gefunden, die auf das Phänomen verschieden großer Pupillen eingingen. Doch immer war es als vorübergehendes Symptom beschrieben, als Begleiterscheinung einer Operation, die kurz nach dem Erwachen des Patienten wieder abklang. Erst als Jori eines Abends den Bericht eines gewissen Dr. Finkelnburg in der Rubrik »Kleinere Mitteilungen« eines pathologischen Anatomiebuchs fand, tat sich ihm eine mögliche Diagnose auf.

Dr. Finkelnburg war Assistenzarzt in der Irrenanstalt Siegburg und beschrieb das Krankheitsbild eines Kupferschlägers, der bereits als Kind eine störrische Reizbarkeit an den Tag gelegt habe. Als Erwachsener wurde er mit heftigen Wutausbrüchen und Schimpflust in die Anstalt eingewiesen. Seine Gesichtsfarbe sei fahl gewesen, schrieb Dr. Finkelnburg, er habe unter Appetitlosigkeit gelitten, Reizbarkeit, Jähzorn und habe sich manchmal ohne nennenswerten Grund erbrochen. Die linke Pupille sei starr und verzogen gewesen, die rechte dagegen verengt. Jori notierte sich die Punkte auf einem Blatt Papier.

Es war das erste Mal, dass er ein ähnliches Krankheitsbild beschrieben fand, wie Runa es zeigte. Selbst ein frühes Ergrauen der Kopfhaare hatte Dr. Finkelnburg bei seinem Patienten beobachtet, es schien alles zu passen.

Der Siegburger Assistenzarzt diagnostizierte das »vollkommene Bild eines organischen Hirnleidens« und verordnete eine Ausleitung der Krankheit: Der Scheitel des Kupferschlägers wurde mit Brechweinstein eingerieben, damit sich Kopfgeschwüre bildeten, und nach drei Monaten »sehr reichlicher Eiterung« aus diesen Geschwüren schien es dem Patienten auch tatsächlich ein wenig besser zu gehen.

Jori ließ den Stift sinken. Brechweinstein wurde in der Gerberindustrie für die Vorbehandlung von Leder verwendet. Er würde es sicher nicht auf den Kopf eines kleinen geschundenen Mädchens schmieren. Zumal der Erfolg von Dr. Finkelnburgs Behandlung offenbar nur von kurzer Dauer gewesen war. Schon nach einigen Monaten war der Kupferschläger zurück in der Klinik, mit schlimmerem Krankheitsbild als zuvor. Er klagte über schlimme Kopfschmerzen, besudelte Möbel und Wände mit seinen Exkrementen und verübte sogar »raffinierte Anschläge gegen das Leben von Wärtern und Patienten«, wie der Assistenzarzt schrieb. Kurzum, er wurde zum »gefürchtetsten und lästigsten Bewohner der unruhigen Abteilung«, und man überwies ihn in eine andere Anstalt, bevor er einige Monate später unter Krämpfen starb. Jori wendete die Seiten jetzt mit weniger Begeisterung für die offensichtlichen Parallelen zu Runa. Er konnte nur hoffen, dass ihr dergleichen nicht bevorstand.

Nach der Öffnung des Schädels fand Dr. Finkelnburg zwei walnussgroße Geschwüre in den Hirnwindungen des Kranken. Jori kritzelte die Skizze eines Kopfes auf sein Notizblatt und markierte die entsprechenden Bereiche. Er würde mit Luys über diese Möglichkeit sprechen, sobald er zurück war.

Er klappte das Buch zu, stand auf, streckte die müden Beine und nahm den Zettel mit zum Fenster der Bibliothek, in der es um diese Zeit still geworden war. Es war ein Freitagabend. Die meisten anderen Studenten waren beim Essen oder tranken bereits.

Am Fenster war es kälter als im Rest der Bibliothek. Durch die Scheibe versuchte der Frost in den beheizten Raum zu kriechen. Jori schob die Hände mitsamt dem Notizblatt unter die Achseln und lehnte seine Stirn an das Glas. Die Kälte war schmerzhaft. Draußen auf dem Hof wurde in der einbrechenden Dunkelheit eine Gruppe zitternder Greisinnen von ihrem Arbeitsplatz in der Wäscherei zum Speisesaal gescheucht. Mit ihren flatternden weißen Hemden sahen sie aus wie Gespenster. Sie liefen schnell, die Pflastersteine waren kalt, und einige Frauen hatten nackte Füße. Es kam immer wieder vor, dass die eine oder andere ihre Schuhe im Sommer verkaufte, im Tausch gegen eine Flasche Wein. Nichts machte ihnen das Leben in der Klinik erträglicher als Alkohol, und mit nichts ließ es sich besser verkürzen. Deshalb gab es einen Markt am Eingang der Salpêtrière und zudem regen Handel unter den Frauen.

Nur neue Schuhe gab es keine. Das vergaßen einige, bevor der Winter kam.

Jori nahm die Stirn vom Fenster, befühlte die nasskalte Stelle und betrachtete dann den matten Fleck, den er an der Scheibe hinterlassen hatte. Mit dem Finger malte er einen unförmigen, bohnenartigen Halbkreis hinein, der ein Gehirn darstellen sollte. Dann hob er eilig den Ellbogen, um die Bohne wieder fortzuwischen. Er hatte sich einen Moment lang selbst vergessen und dass es die Fenster der Bibliothek waren, die er beschmierte. Doch mitten in der Bewegung hielt er inne. An der Frontseite der Schneiderwerkstatt gegenüber und in direkter Linie mit dem Fenster, an dem er stand, war ein einziger Vorhang nicht geschlossen. Und hinter der Glasscheibe stand, regungslos, eine kleine weiße Gestalt und schaute zu ihm herüber. Jori erkannte Runa. Und das Herz setzte ihm einen Schlag aus.

Das Mädchen hauchte seinen Atem gegen das Fenster, das

Gesicht verschwand hinter einem milchigen Kreis. Dann hob es den Finger und malte mit langsamen Strichen einen einzigen Buchstaben hinein. Ein spiegelverkehrtes »L«. Jori brachte den Kopf nah an die Scheibe und kniff die Augen zusammen, als könnte ein genaueres Hinschauen beweisen, dass nicht möglich war, was er da sah. Wie sollte Runa aus dem Châlet entkommen sein und nun am Fenster gegenüber stehen? Er blickte sich um. Doch da war niemand, den er hätte fragen können, niemand, der das Gegenteil beweisen konnte. Jori blickte zurück zum Gebäude gegenüber, sah, wie das Kind sich zur Seite drehte und dann einfach wegging, als schlafwandle es. Der Kreis mit dem spiegelverkehrten L war noch immer an der Scheibe, doch er verblasste langsam. Jori machte auf dem Absatz kehrt, hetzte zum Ausgang und rammte dabei den kleinen Rollwagen, auf dem die gelesenen Bücher platziert waren. Er stürzte weiter, ohne die Bücher aufzuheben, ohne Mantel hinaus auf den Hof und weiter zur anderen Seite. Dort stieß er die Tür auf.

In der Schneiderwerkstatt hatte man die Arbeit schon vor einer Stunde niedergelegt, eine halbe Stunde vor den Frauen in der Wäscherei, denn bei Einbruch der Dunkelheit konnten die Alten nicht mehr nähen, ohne sich in die Finger zu stechen, und Öl für die Lampen war teuer. Es rechnete sich nicht mit dem Preis, den die Salpêtrière für den Verkauf der angefertigten Kleider bekam.

Jori lief den leeren Flur entlang und suchte vergeblich nach dem Fenster mit den offenen Gardinen. Er stieß einen der schweren Vorhänge zur Seite und blickte hinaus. Gegenüber konnte er das Licht aus der Bibliothek sehen. An der Nordseite gab es nur zwei Fenster, an einem davon hatte er gestanden. Jori schätzte die Entfernung ab und vermutete, dass das Fenster, an dem Runa zu sehen gewesen war, weiter rechts sein musste. Er drehte sich um, ging zum nächsten Vorhang und riss auch diesen auf. Ein Fenster nach dem anderen und immer hektischer, wie ein Verrückter, suchte er die Fensterreihe ab. Doch der Atemfleck des Kindes und der Buchstabe darin mussten verblasst sein.

Als er Schritte hörte, drehte er sich um. Es war eine junge Wärterin, die aus der Hauptwerkstatt kam. Mit dem Haufen frisch genähter Kleidung über dem rechten Arm sah sie aus wie eine Feldarbeiterin, die die Ernte heimtrug.

»Entschuldigen Sie, Mademoiselle, haben Sie hier die Vorhänge zugezogen?« Joris Stimme hallte in dem leeren Flur wider. Die Frau blieb stehen und schaute unschlüssig zwischen Jori und den geöffneten Gardinen hin und her. Es war verboten, sie am Abend geöffnet zu haben. Drüben im Haupthaus wurden die Vorhänge überhaupt nie aufgezogen. Charcots Anweisungen dazu waren unmissverständlich.

»Nicht jetzt! Vorhin! Haben Sie hier vorhin einen Vorhang zugezogen?«

Die Augen der jungen Wärterin wurden groß und rund, dann ließ sie mit einem spitzen Schrei die Kleider fallen und lief schnell zu den Fenstern, um die Gardinen wieder zuzuziehen. Jori blieb verloren stehen und sah zu, wie der Flur sich mit jedem Vorhang weiter verdunkelte. Dann drehte er sich um und ging zu den Isolationskammern.

Jori wusste nicht, was ihn in der Hütte erwarten würde. Die Vorstellung, dass Runa hinter der Tür stand und auf ihn wartete, war furchteinflößend. Ebenso, dass die Kammer leer sein könnte und das Kind hier irgendwo auf dem Gelände herumschlich. Jori drehte sich um, doch da war niemand. Nur der Wind fuhr durch das Laub. Er atmete durch, schob den Riegel zurück und öffnete die Tür so langsam, als betrete er den Käfig einer Raubkatze.

Runa lag festgebunden auf ihrer Pritsche und blickte an die Zimmerdecke.

Joris erster Gedanke war, dass das Mädchen einen Weg gefunden haben musste, aus den Fesseln zu schlüpfen. Doch als er die Schnallen überprüfte, saßen sie fest. Jori überprüfte auch den Gurt über Runas Bauch. Er ruckelte an dem stabilen Leder, und ihr Körper ruckelte mit, ohne dass sie Notiz davon zu nehmen schien. Sie starrte weiter an die Decke.

»Du willst mich doch zum Narren halten«, flüsterte Jori, dann aber fielen ihm die Riegel draußen vor der Tür ein, die man nur von außen schließen konnte. Er fuhr sich durch die Haare und massierte sich die Schläfen. Es war nicht gesund, Gestalten am Fenster zu sehen, die nicht da waren. In der Salpêtrière kannte man sich mit so etwas aus.

»Tut mir leid«, sagte er, »es tut mir leid.« Er weitete die Fesseln an Runas Handgelenken um ein Loch, damit sie nicht einschnitten, und verließ die Kammer.

Jemand musste das Mädchen aus der Hütte gelassen und wieder eingesperrt haben, so unwahrscheinlich das auch war. Andernfalls musste Jori an seinem Verstand zweifeln. In der Hosentasche knisterte ein Zettel, als er die Hand hineinschob, und er zog ihn heraus. Es war die Notiz, die er in der Bibliothek geschrieben hatte, die Skizze des Gehirns. Die Linien auf dem Zettel bewegten sich bei jedem Schritt, als würde Blut darin pulsieren. Erst jetzt wurde Jori etwas Wichtiges klar: Das L war spiegelverkehrt geschrieben. Das Mädchen hatte versucht, ihm etwas mitzuteilen.

Es dauerte keine 24 Stunden, und die Details über den Mord an Claire de Commarin standen in den Zeitungen. *Le Petit Journal* bedruckte die Titelseite ihres Beilagenhefts mit einem Farbbild, auf dem die Leiche in dramatischer Pose niedergestreckt war. Sie lag lasziv auf dem Boden eines Wohnzimmers, die Hüfte dem Betrachter zugewandt, das obere Bein leicht angezogen, sodass der Rock den Blick auf die Schenkel freigab, und starrte an die Zimmerdecke. »Drama in der Avenue d'Eylau«, hieß es im Untertitel. »Vermisste wurde Opfer okkulter Praktiken.«

Im Hintergrund war eine geöffnete Speisekammer zu sehen, auf deren Boden halbe Schinken, Weinflaschen, Obst und Gemüse wild übereinandergestapelt waren. Ein angebissener Maiskolben war neben den Kopf der Leiche gerollt. Man hätte meinen können, Claire de Commarin sei an einer Fressorgie gestorben.

Jori sah das Bild, als er sich an den Frühstückstisch setzte. Es baute sich hoch über dem verkrümelten Teller von Mme Villon auf, die ihre Nase so tief in die Geschichte steckte, dass von ihr selbst nur die Hände an den Zeitungsrändern zu sehen waren. Während der Lektüre stieß sie immer wieder Laute des Entsetzens aus.

»Bonjour«, murmelte Jori leise genug, um weiterhin unbemerkt zu bleiben. Er setzte sich vor seinen Teller, legte sein Buch auf den Tisch, nahm eins der süßen Hefestückchen aus dem Brotkorb und goss sich Kaffee ein. Dann schlug er das Buch auf und begann ein Kapitel zu lesen, das die Überschrift »Zerstörung des Fühlzentrums« trug.

Es ging darin um einen Affen, dem zu Versuchszwecken ein Teil der rechten Hirnregion fortgeschnitten worden war. Die Folge war ein Taubheitsgefühl, durch welches das Tier linksseitig weder auf Nadelstiche, Quetschungen noch Verbrennungen reagierte. Nur rechts zeige es »lebhafte Empfindungen« auf diese Behandlung, schrieb Dr. Ferrier.

Jori blätterte weiter. Er hatte gehofft, mit »Fühlzentrum« sei das »Gefühlszentrum« gemeint, doch Ferriers Versuchsberichte brachten ihn nicht weiter. 60 Seiten blätterte Jori ohne Interesse durch. Dann stolperte er über die Abbildung eines Gehirns, an dem der vordere Teil durch einen Schnitt vom Rest getrennt war. »Schnittrichtung für die Entfernung des Vorderen Teils der Stirnlappen«, hieß es in der Bilderklärung. Und Jori las: »Trotz der anscheinenden Abwesenheit aller körperlichen Symptome konnte ich doch eine entscheidende Veränderung im Charakter und Benehmen der Tiere bemerken, wenn es auch schwer ist, diese in Worte zu kleiden. Ich hatte die zu operierenden Tiere unter den intelligentesten ausgewählt. Nach der Operation war an ihnen eine merkliche psychische Verwandlung zu bemerken. Statt dass sie sich wie zuvor für ihre Umgebung lebhaft interessierten und neugierig alles, was ihnen zur Beobachtung kam, betrachteten, blieben sie nun apathisch, stumpf oder schlaftrunken, oder aber sie …«

»Es ist unglaublich!«, rief Mme Villon in diesem Moment, und Jori zuckte zusammen. »Haben Sie das hier schon gelesen?«

Widerwillig sah er von seiner Lektüre auf. Seine Gastmutter hielt ihm die Zeitung vor die Nase.

»Ich vermute nicht.«

»Das sollten Sie aber. Es ist unglaublich!«

Jori suchte in seinen Taschen nach einem Bleistift, um die gerade gelesene Textstelle zu markieren. Doch da war nur der Füllfederhalter, den er damals von Paul geschenkt bekommen hatte, eine nachfüllbare Schreibfeder mit gleichmäßig fließender Tinte. Es gab nicht viele Firmen, die so etwas produzierten, und in der Universität waren Jori und Paul die Einzigen gewesen, die eine besessen hatten.

Als Mme Villon begriff, dass von Joris Seite keine Nachfragen mehr kommen würden, begann sie einfach unaufgefordert zu erzählen.

»Man hat die vermisste de Commarin gefunden.«

»Wen?«

»Also ich bitte Sie! Die Vermisste aus dem Hause de Commarin. Die Zeitungen waren voll davon. Ich habe Ihnen bestimmt schon mal den Artikel dazu vorgelesen.«

»Ach die«, sagte Jori, ohne dass der Groschen fiel.

»Jetzt ist sie jedenfalls wieder aufgetaucht. Nach fünf Monaten! Tot in einer Mietwohnung. Und über und über mit so komischen Zeichen vollgeschrieben. Wahrscheinlich hatte sie was mit einer Sekte zu schaffen. In dem Artikel steht, dass man die

Zeichen nicht mehr lesen konnte, weil die Dame schon zu lange tot war.«

Jori biss in sein Brötchen.

»Wollen Sie nicht ein bisschen Bric nehmen?«

»Danke, Madame Villon, ich muss gleich los.«

»Es dauert doch wohl nicht zu lang, ein Brötchen mit Brie zu belegen.«

Ergeben griff Jori nach Käse und Messer.

»Sie arbeiten zu viel.«

»Vielleicht.«

»Gestern sind Sie auch erst so spät nach Hause gekommen. Und jetzt lesen Sie schon wieder so ein Zeug.« Sie schielte zu dem aufgeschlagenen Buch herüber und drehte den Kopf, um die eng stehende Schrift besser zu entziffern. »Was ist denn das?«

»David Ferrier.«

»Auch ein Arzt?«

Jori nickte. »Schotte.«

»Ein Schotte, so. Und das interessiert Sie?«

»Ja.«

Einen Moment lang sah es so aus, als wolle Mme Villon die faltige Hand nach dem Buch ausstrecken und es zu sich heranziehen. Dann aber traute sie sich offenbar nicht. Sie seufzte.

»Lesen Sie doch mal was Leichtes.«

»Ja, Madame.«

Jori trank den letzten Schluck Kaffee aus seiner Tasse, stand dann vom Stuhl auf und steckte die Serviette zwischen die Seiten von Ferriers Band, bevor er es zuschlug. In Runas Kammer würde er mehr Ruhe haben, den Text zu Ende zu lesen. Und er wollte dort sein, bevor die Wärterinnen kamen.

Als er zur Garderobe ging und nach seiner Jacke griff, hörte er Mme Villon noch einmal aus dem Wohnzimmer rufen.

»Da ist Post für Sie gekommen. Schon gestern. Ich hatte sie neben Ihren Teller gelegt, aber Sie sind ja nicht zum Abendessen erschienen.« Selbst die Wohnzimmertür dämpfte den Vorwurf in ihrer Stimme nicht.

»Post?«

»Aus London. Aber sie ist ein bisschen komisch. Kein Absender, kein *Salut* und kein *Au Revoir*. Nur diese eine Zeile …«

»Lesen Sie etwa meine Briefe, Madame Villon?«

»Wollen Sie mich beleidigen? Was hätte ich denn davon? Es war eine Postkarte.« Sie betonte das letzte Wort besonders spitz, als ändere das alles. Jori hörte sie vom Stuhl aufstehen und eine Schublade aufziehen. Dann kam Mme Villon in den Flur, um Jori die Karte mit beleidigter Miene auszuhändigen.

Auf der Vorderseite war die Zeichnung eines hohen roten Gebäudes zu sehen, das von einer Reihe kahler Bäume umgeben war. Auf dem mit Kies ausgelegten Platz davor standen vier schwarz gekleidete Herren mit Hüten und langen Mänteln. Sie alle machten ernste Gesichter. »No 9811. Court House, London.« Die Schrift drückte sich mit roten Buchstaben in den schmutzfarbenen Himmel.

Jori drehte die Karte um. Wie Mme Villon gesagt hatte, bestand die Nachricht auf der Rückseite nur aus einer einzigen Zeile:

Mairet. De la démence mélancolique. 1883.

Keine Begrüßung, keine Verabschiedung. Aber es waren gerade nur zwei Menschen in London, von denen die Karte stammen konnte, und welcher von beiden es auch war, er versuchte, Jori zu helfen.

»Können Sie damit etwas anfangen?«

»Ja, Madame. Haben Sie vielen Dank.« Jori eilte zur Garderobe und schnappte sich seinen Mantel. Er glaubte, Pauls Handschrift erkannt zu haben. Die Karte mochte nicht unbedingt mit Wärme geschrieben sein, doch es würde bedeuten, dass der Freund Jori so weit verziehen hatte, dass er ihm helfen wollte.

Er sprang die Treppe von Mme Villons Wohnung hinunter, stieß die Tür auf und lief durch einen kalten Regen in Richtung Salpêtrière.

»Stecken Sie Ihren Goldsack wieder ein. Ich habe Ihre Frau ja nicht einmal gefunden.« Lecoq schob das Bündel Scheine über den Tisch zu de Commarin zurück, der mit rot geschwollenen Augen dasaß und die adeligen Schultern hängen ließ. Er sah zerfahrener aus als bei ihrem ersten Treffen. Mit dem pomadisierten roten Haarbüschel, das senkrecht über seinem Ohr vom Kopf abstand, erinnerte er Lecoq an einen Vogel aus dem Zoologischen Garten. Das machte ihm seinen Gesprächspartner gleich sympathischer.

»Es war die Vermieterin der Wohnung, aber der brauchen Sie das Geld auch nicht zu geben. Sie scheint nicht gerade arm zu sein.«

»Dann nehmen Sie es als Anzahlung für den nächsten Auftrag, Monsieur Lecoq.«

»Es gibt keinen nächsten Auftrag, so wie es schon keinen ersten gab.«

»Aber wozu haben Sie mich dann herbestellt? Und warum waren Sie bei meiner toten Frau? Sie haben sie doch gesucht, oder nicht?«

»Temporär, ja.«

»Temporär?«

»Bis ich das Interesse verliere.«

»Bis Sie das Interesse verlieren?«

»Ja.«

De Commarin war einem Zusammenbruch nahe. Er fuhr sich mit der Hand durchs Haar, um es zu richten, doch die Vogelfrisur verschob sich lediglich. Er presste die Worte zwischen den zusammengebissenen Zähnen hervor, und sie waren voll von Trauer und unterdrückter Wut.

»Ich will aber, dass Sie den Mörder finden!«

Lecoq seufzte.

»Ich habe das Gefühl, dass ich mich ständig wiederholen muss, aber es gibt keinen richtigen Mörder.«

»Wer hat ihr dann die Zeichen auf den Körper geschrieben?«

»Das weiß ich auch noch nicht.«

»Konnte man denn nicht irgendetwas an den Zeichen selbst ablesen?«

»Da war nicht mehr viel abzulesen, fürchte ich.«

Lecoq legte die Hand unwillkürlich auf das Notizbuch, das er rechts an der Tischkante platziert hatte. Er vermied es, näher ins Detail zu gehen oder dem Vicomte die Zeichnungen zu zeigen, die er von Claire de Commarin gemacht hatte. Aber dem Gesicht seines Gegenübers nach zu urteilen, verstand er auch so. Lecoq vermutete, dass die Polizei ihn mit der Leiche konfrontiert hatte.

»Wenn man sie nicht ermordet hat, warum ist sie dann tot?«

De Commarins Stimme klang verzweifelt und laut durch das Café, und Lecoq warf einen ängstlichen Blick zu dem Besitzer, der hinter dem Tresen stand und Gläser polierte. Lecoq hatte für das Treffen ein Café ausgesucht, das besonders guten Calvados ausschenkte. Doch so wie de Commarin schrie, wären sie wohl besser in eine schäbige Studentenkneipe gegangen. Er hob die Hände, um den Jüngeren zu beschwichtigen, und nahm dann sein leeres Glas auf.

»Daran ist sie gestorben.«

»An Alkohol?!«

»Im Gegenteil.«

Lecoq hob das Glas noch ein wenig höher und drehte sich zu dem Kellner um. Der eilte herbei, die Flasche bereits im Arm.

»Noch Calvados, Monsieur?«

»Ja bitte. Für beide.«

Lecoq lauschte dem plätschernden Geräusch, das entstand, als der Calvados in die Gläser floss, und wartete darauf, dass der Kellner sich wieder entfernte.

»Sie ist verdurstet.«

»Verdurstet?«

Lecoq nickte. Er hielt das Glas gegen das Licht des Fensters, dann unter die Nase, schnüffelte. Rauchig, süßlich, Geruch nach Leder. »Sie muss sich irgendwie in der Speisekammer eingesperrt haben, oder jemand hat sie eingesperrt. Und in der Kammer gab es zwar genügend Essen, aber offenbar keine Getränke.« Lecoq schüttelte bedauernd den Kopf, als wolle er sagen, dass das in seiner Speisekammer nie vorgekommen wäre. »Eine Zeit lang wird sie wohl das Obst und Gemüse durchgebracht haben, aber das neigt sich natürlich auch irgendwann dem Ende zu, nicht wahr? Und an die Dosen kam sie nicht heran, weil sie kein Werkzeug hatte.«

»Dosen?«

»Eingelegtes. Ich vermute, dass sie versucht hat, an das Wasser darin zu kommen, und sie deshalb gegen das Regal geschlagen hat.«

De Commarin ließ sich auf seinem Stuhl zurücksinken. Die Szene, die Lecoq vor seinen Augen heraufbeschworen hatte, schien ihm jeden Appetit auf sein Getränk verdorben zu haben. Lecoq selbst nahm einen tiefen Schluck und wartete darauf, dass sein Gegenüber die Information verdaute.

»Und die Zeichen?« Seine Stimme war heiser, als de Commarin endlich sprach, kraftlos.

»Wie gesagt, das ist das große Rätsel. Irgendwann muss jemand die Speisekammertür geöffnet haben. Die Art und Weise, wie Ihre Frau auf dem Boden lag, lässt darauf schließen, dass sie mit dem Rücken dagegenlehnte. Ob die Person, die die Tür geöffnet hat, aber dieselbe Person war, die sie geschlossen hatte …«

»Das Mädchen!«

Es rutschte einfach so unter de Commarins Schnurrbart hervor, in einem Tonfall, der das Wort selbst schon zur Anklage machte. Lecoq zog die Augenbrauen hoch. Mlle Bellier hatte nicht gelogen.

»Es hat also ein Mädchen gegeben«, sagte er, und de Commarin zog die Lippen schmal. Mit den Händen klammerte er sich an die äußere Kante des großen Tischs, die Arme seitlich ausgestreckt, den Rücken angespannt. Lecoq fiel auf, dass sein Körper drahtig war, athletisch. Albert de Commarin sah aus wie jemand, der sich gerne bewegte und sich lieber draußen als drinnen aufhielt. Wenn er schon kein Mörder sein konnte, dann hätte er zumindest einen guten Arbeiter abgegeben, dachte Lecoq. Ein Jammer nur, dass er niemals hatte arbeiten müssen.

Die Pupillen in de Commarins Augen flackerten hin und her, als würde er im Geiste innere Bilder noch einmal betrachten. Seine Augen waren grau. Nach Lombrosos Studie hatten nur etwa zwölf Prozent der Verbrecher eine graue Iris. Lecoq sah, dass sie überzulaufen drohten, wenn de Commarin nicht bald schluckte. Am besten Alkohol. Er hob sein Glas und forderte sein Gegenüber mit einem Kopfnicken auf, das Gleiche zu tun. Über den Rand des Kristalls hinweg beobachtete er, wie der Vicomte einen großen Schluck nahm. Sie setzten die Gläser zeitgleich ab, die Böden trafen auf den Holztisch. Das Geräusch klang überall gleich: in der Kneipe. Auf einem Schiff. In einem Café. Und überall einte es die Trinkenden. Wie einfach die Menschen beschaffen sind, dachte Lecoq, als de Commarin dankbar zu ihm hinüberblickte.

»Jahrgang '68«, mutmaßte Lecoq laut und nickte dem Kellner hinter dem Tresen anerkennend zu. »Ein wirklich guter Tropfen.«

»Wer hat es Ihnen verraten?«

»Den Jahrgang?«

»Die Sache mit dem Mädchen!«

»Ach so.« Lecoq drehte sein Glas nun zwischen Daumen und Mittelfinger auf dem Tisch herum. »Mademoiselle Bellier aus der Avenue d'Eylau hat es mir gesagt. Das ist die Bäckerin, bei der Ihre Frau manchmal Brot und Kuchen bestellt hatte. Aber Sie scheinen ja noch besser im Bilde zu sein. Erzählen Sie mir doch mal von dem Kind.«

»Ich wüsste nicht, wozu das gut sein sollte.«

»Nun, hätte ich zum Beispiel gewusst, dass ich nicht nur nach einer Frau, sondern nach einer Frau und einem kleinen Mädchen hätte suchen sollen …«

»Das Mädchen brauchten Sie mir nicht zu suchen«, fuhr de Commarin dazwischen. Auf seinem bleichen Gesicht bildete sich ein Geflecht aus roten Adern, das der Holzmaserung des Tischs nicht unähnlich war.

»Monsieur de Commarin, ich bitte Sie. Wir befinden uns in einem öffentlichen Café. Wenn ich gewusst hätte, dass Ihre Frau mit einem Kind unterwegs war …«

»Meine Frau war nicht unterwegs! Sie wurde entführt!« Die rote Maserung auf de Commarins Gesicht schwoll an und zog sich nun auch seinen Hals hinab, wo sie in einem hochgeschlossenen Kragen verschwand. Lecoq hob beschwichtigend die Hände.

»Ich muss Sie korrigieren, Monsieur. Die Vermieterin sagte, dass der Mietvertrag auf eine Claire d'Arlanges ausgestellt wurde. Ihre Frau ist aus freien Stücken …«

»Aus freien Stücken! Es war dieses Mädchen! Und jetzt hat es sie umgebracht.«

»Das wissen wir nicht.«

»Wieso wissen wir das nicht? Meine Frau ist tot!«

»Das ist mir durchaus bewusst.«

»Wer sollte es sonst gewesen sein? Wer außer ihr war mit meiner Frau in der Wohnung?«

»Für mich sah es eher nach dem Werk irgendeines okkulten Zirkels aus. Die wenigen Buchstaben, die ich entziffern konnte …«

»Sie haben also doch welche entziffert?«

»Unzusammenhängend.«

»Zeigen Sie sie mir! Bitte.«

Lecoq zögerte, schlug dann aber doch sein Notizbuch auf und schob es zu de Commarin hinüber, direkt neben das Bündel Scheine, das noch auf dem Tisch lag.

Es handelte sich um eine Detailzeichnung von Claire

d'Arlanges' rechtem Arm sowie dem Oberschenkel auf derselben Seite. Die Haut war an diesen Stellen noch nicht so zersetzt gewesen wie an anderen, und so hatte Lecoq insgesamt vier Zeichen finden können: ein »A«, ein »R«, eine »3« und etwas, das wie eine »70« aussah, aber auch ein kleines »b« sein konnte, denn die 7 und die 0 waren sehr eng beieinander geschrieben. Lecoq hatte es mit einem Fragezeichen an der entsprechenden Körperstelle eingetragen. Der Vicomte wurde bleich, als er die Zeichnungen sah. Er schluckte kräftig und räusperte sich, doch seine Stimme klang trotzdem belegt, als er sprach.

»Es sind die gleichen Zeichen, Monsieur!«

»Bitte?«

De Commarin sprang vom Tisch auf, als habe er sich an Lecoqs Notizbuch verbrannt. In seinem Blick lag Panik.

»Es sind die gleichen Zeichen!«, schrie er.

Lecoq herrschte den Vicomte an, still zu sein. Der Besitzer hinter dem Tresen sah bereits missbilligend zu ihnen herüber und winkte einem Kellner, dem er etwas ins Ohr flüsterte, wobei er in ihre Richtung deutete. Lecoq blieb nichts anderes übrig, als entschuldigend die Hände zu heben. Er nahm das Geldbündel, streckte es demonstrativ in die Höhe und zupfte einige Scheine heraus, um sie auf den Tisch zu legen. Das beruhigte die Gemüter. Den Rest des Geldes schob Lecoq zusammen mit dem Notizbuch in seine Manteltasche und dirigierte de Commarin in Richtung Tür. Dieser war noch immer kreidebleich, doch endlich senkte er seine Stimme.

»Die Zeichen, Monsieur. Sie sind auch in meiner Wohnung.«

Trotz allem, was Lecoq schon erlebt und gesehen hatte, schafften es de Commarins Worte dennoch, eine Gänsehaut bei ihm auszulösen. Das Gefühl war neu, und er konnte nicht leugnen, dass es ihm gefiel. Er packte den Vicomte fester am Arm und ließ ihn nicht mehr los, bis sie in der Kutsche saßen.

Jori klappte das Buch zu und rieb sich die Augen, er fühlte sich müde und zugleich seltsam beschwingt. Er hatte die Publikation von Mairet an einem einzigen Tag durchgearbeitet, und nach der Lektüre waren viele Dinge klarer. Er spürte, wie die Lücken sich schlossen, die ihm zum Verständnis von Burckhardts Idee noch gefehlt hatten. Und das einzig Ironische war, dass sie sich viel früher hätten schließen können, wenn Jori nur auf Babinski gehört hätte. Schon als er die Postkarte gelesen hatte, war ihm der Buchtitel bekannt vorgekommen. Doch erst in der Bibliothek, vor dem Regal mit dem Buchstaben »M«, hatte er es begriffen: »Mairet. De la démence mélancolique«. Es war der Buchtitel, den Babinski ihm schon vor Wochen empfohlen hatte.

Jori schob das Buch zur Seite und stand auf. Wie am Vorabend nahm er den Weg zum Fenster, von dem aus er das Mädchen gesehen hatte. Er suchte das gegenüberliegende Gebäude ab. Doch die Gardinen waren zugezogen und das Fenster leer. Jori sah es mit Erleichterung. Er hatte sich damit abgefunden, dass die Erscheinung des Kindes eine optische Täuschung gewesen war, eine Reflexion des Glases. Würde er Runa dagegen ein zweites Mal sehen, müsste er sich ernsthaft Sorgen machen. Zweimal das gleiche Ergebnis bei gleicher Versuchsanordnung: In Joris Welt war das ein wissenschaftlicher Beweis. Nur, ein Beweis für was? Dafür, dass das Kind es schaffte, unbemerkt der Isolationskammer zu entkommen? Oder dafür, dass Jori kurz davor war durchzudrehen? Er wäre nicht der Erste, dem das passierte, bei all den Irren um ihn herum.

Er wandte sich ab, drehte sich dann aber doch noch einmal zurück, um die Fensterreihe erneut abzusuchen. Alle Gardinen waren zugezogen. Der Hof lag ruhig da. Jori wünschte sich, Luys wäre schon wieder aus London zurück.

Es gab so viel, was er herausgefunden hatte. So viel, was sie besprechen mussten. Und es musste sich endlich jemand dafür einsetzen, dass Runa wieder auf eine normale Station verlegt würde.

Jori nahm noch einmal den Zettel zur Hand und betrachtete die Notizen, die er sich gemacht hatte, die Zeichnungen der Hirne und den Strich, der sie durchschnitt.

Nach der Lektüre von Mairet war ihm klar geworden, dass Burckhardts Idee, den Wahnsinn aus dem Gehirn zu schneiden, nicht bahnbrechend neu war. Sie war einfach die logische Konsequenz dessen, was man in jüngster Zeit herausgefunden hatte. Wie alle ernstzunehmenden Neurologen ging auch Mairet von der Lokalisationstheorie aus. Also davon, dass jede körperliche Funktion und jede Störung ihren spezifischen Platz im Gehirn hatten. Doch anders als beispielsweise Luys oder Ferrier suchte Mairet nicht nach Punkten oder Verbindungen, sondern betrachtete die Masse des Gehirns selbst. Ein Zuviel an Masse im Bereich der Schläfen ging Mairets Meinung nach mit akustischen Halluzinationen einher – das hatte er durch die postmortale Schädelöffnung zahlreicher Patienten mit Verfolgungswahn bewiesen.

Die Ergebnisse passten so gut zu denen von Luys, zu den Zeichnungen, die sie gemeinsam in Luys' Büro angesehen hatten, dass es Jori fast Glücksgefühle bescherte. Sie waren davon ausgegangen, dass die Geschwüre an den Hirnen der drei Frauen wichtige Bereiche zerstört hatten. Was aber, wenn das Problem nicht in der Zerstörung lag, sondern in der vom Blutstau provozierten Schwellung? Luys hatte gesagt, dass die rechte Hirnhälfte der Hysterischen größer gewesen war als die linke. Was also, wenn es das Gehirn selbst war, das die Aggressivität auslöste, wenn es unnatürlich zu wuchern begann und sich vergrößerte?

Im Umkehrschluss würde das bedeuten, dass eine Verringerung der Masse die Patientin ruhig machen würde. Jori war sich fast sicher, dass Burckhardt auf den gleichen Gedanken gekommen war. Es ging ihm nicht um das Kappen von Verbindungen oder Brücken. Es ging ihm nicht um die Reparatur der Psyche, sondern um ihre Amputation. Er wollte sie tatsächlich fortschneiden, so wie man ein Bein fortschnitt, das krank und nicht mehr zu retten war.

Unwillkürlich berührten Joris Fingerspitzen seine Schläfe, als müsse er sich davon überzeugen, dass sein eigenes Gehirn noch intakt war. Alles war so logisch, alles rückte an den richtigen Platz. Jori musste nicht mehr Ferrier lesen, um zu wissen, in welche Gehirnwindungen man stechen konnte, um welche körperlichen Reaktionen hervorzurufen. Er musste Köpfe öffnen. Er musste sehen, an welcher Stelle die Hirne unnatürlich groß gewachsen waren. Er musste die Masse reduzieren.

Die Bibliothek kam ihm plötzlich dunkler vor. Die Dämmerung war ohne Vorwarnung gekommen, und die Vertäfelungen an den Wänden schluckten den letzten Rest Helligkeit im Raum. Jori drehte sich langsam um, weil er das Gefühl hatte, jemand stünde hinter ihm, aber natürlich war da niemand, und auch an der Fensterreihe im Gebäude gegenüber hatte sich nichts verändert. Vielleicht waren dunkle Wolken aufgezogen. Wieder griff Jori sich an die rechte Schläfe.

»Jo'annrischard.«

Jori zuckte zusammen, als er seinen Namen hörte. Am Regal hinter ihm stand Babinski auf einer kleinen Holzleiter und strahlte ihn an.

»Ça va?«

»Babinski. Du hast mich erschreckt.«

»Tut mir leid.«

»Was machst du um diese Uhrzeit noch hier?«

»Wieso um diese Uhrzeit? Es ist erst halb sechs.«

»Wirklich?« Jori warf einen weiteren Blick auf das Fenster und die Dunkelheit draußen. Es wurde Winter. Man spürte es mit jedem Abend mehr.

»Willst du ein Buch ausleihen? Madame Dupuis ist heute früher gegangen. Ich habe für sie den Dienst übernommen.«

»Du? Was übernimmst du denn sonst noch alles?«

Babinski zuckte die Schultern und stieg von der Leiter.

»Ist ja nur aushilfsweise. Und Madame Dupuis sagt, ich kenne die Bücher hier eh so gut.«

Jori verkniff sich einen Kommentar. Die Blicke der beiden Männer wanderten gleichzeitig zu Joris Tisch.

»Mairets Publikation!«, rief Babinski und: »Du hast sie gelesen!«

Jori zuckte die Schultern und murmelte etwas. Die Geste reichte als Geständnis. Doch Babinski merkte nichts von seiner Beschämung.

»Willst du es ausleihen? Wie hat es dir gefallen?«

»Gut. Es war hilfreich.«

»Nicht wahr?«

Babinskis Freude war echt. Er strahlte. Und als er begann, über Einzelheiten in Mairets Text zu philosophieren, und Joris Buch in beiden Händen zum Ausleihschalter trug, dachte Jori zum ersten Mal, dass Babinski vielleicht doch kein so schlechter Mensch war. Er beobachtete den Polen, als dieser das Buch fein säuberlich in die Ausleihliste eintrug, und stellte sich vor, wie es wäre, mit ihm über das zu diskutieren, was er heute gelesen hatte, vielleicht bei einem Abendessen. Er klappte den Mund auf, sagte dann aber nur: »Weißt du, was sie heute in der Küche haben?«, und Babinski antwortete: »Specksalat mit dicken Bohnen und Huhn.«

Und obwohl er so aussah, als hätte er Jori gern in die Küche begleitet, als hätte er überhaupt einmal jemanden gern irgendwohin begleitet, sagte auch er nichts, sondern drückte Jori nur das Buch in die Hand. Jeder ging seiner Wege, wie sie es immer taten: Babinski ging allein, weil niemand außer Charcot und Luys etwas mit ihm zu tun haben wollten. Und Jori ging allein, weil er mit niemandem außer Charcot und Luys etwas zu tun haben wollte. In diesem Punkt unterschieden er und Babinski sich gar nicht so sehr voneinander, dachte Jori. Zumindest, was das Resultat betraf.

Das gleichmäßige Rattern und Schaukeln der Fahrt beruhigten de Commarin, als sei er ein Kleinkind. Während er die vorbeiziehenden Häuserreihen und Straßen beobachtete und Lecoq Tabak und Papier zu einer Zigarette drehte, begann er ganz plötzlich von sich und seiner Frau zu erzählen. Man sei nicht in der Lage gewesen, Kinder zu bekommen, sagte er. Die Worte zitterten über seine Lippen wie der Regen draußen über die Kutschenscheibe. Sie klangen so sehr nach einem Geständnis, dass Lecoq sich die Bemerkung verkniff, Mlle Bellier habe ihn bereits darüber aufgeklärt. Adelige gingen vermutlich selten in die Kneipe, um sich bei einem Bier über ihre Eheprobleme zu unterhalten. Das taten dort andere für sie.

Lecoq erfuhr, dass Claire de Commarin das unbekannte Mädchen keine zehn Tage, bevor sie verschwand, heimgebracht hatte. Sie habe das Balg innerlich adoptiert, noch bevor es einen Schritt über die Schwelle gesetzt hatte.

»Und Sie?«, fragte Lecoq und leckte an dem Papier, um die Zigarette zu schließen. Die Kutsche ruckelte, und an einer Seite zerdrückte der Tabak ein wenig. »Konnten Sie sich nicht vorstellen, das Mädchen zu adoptieren? Immerhin hatten Sie sich doch auch ein Kind gewünscht.«

»Ein Kind«, wiederholte de Commarin, »ein Kind, ja. Aber kein kleines Ungeheuer, das die Möbel zerkratzt und jeden beißt, der es wagt, sich ihm zu nähern! Ich habe keine Ahnung, wo das Kind herkam, aber wenn es wirklich ein Geschenk Gottes war, wie meine Frau behauptete, dann hat Gott einen ziemlich düsteren Humor.«

Lecoq war erstaunt. Er hatte vermutet, dass de Commarin das Kind aus Stolz abgelehnt hatte, weil es nicht sein eigenes war. Doch so wie die Dinge lagen, versprach die Geschichte weitaus interessanter zu werden.

»Und Ihre Frau? Kam sie mit dem Mädchen zurecht?«, fragte er und dachte bereits darüber nach, was die Informationen für seine Suche bedeuteten. Wenn das Mädchen tatsächlich so auffällig war – und sowohl die Beschreibung von de Commarin als auch von Mlle Bellier ließen darauf schließen –, dann musste es Leute gegeben haben, die das Kind und die Vermisste gesehen hatten, vor oder nach dem Tod Claire de Commarins.

»Ich sage Ihnen doch, mit dem Gör war nicht zurechtzukommen! Zweimal kam meine Frau mit zerkratztem Gesicht aus dem Badezimmer, bloß weil sie versucht hatte, das Mädchen zu baden. Beim dritten Mal ist mir dann der Kragen geplatzt, und ich hab es rausgeworfen.«

»Rausgeworfen?«

»In den Schuppen!« De Commarin machte eine ausholende Geste in Richtung Fenster, als befände sich sein Schuppen direkt auf der verregneten Straße. »Wer sich benimmt wie ein Tier, der wird auch behandelt wie ein Tier!«

»Und Ihre Frau?«

De Commarin schwieg, doch Lecoq glaubte die Antwort zu kennen. Der Rauswurf des Mädchens war der Grund für den Streit gewesen. Claire de Commarin war mit dem Mädchen fortgelaufen, weil ihr Mann es nicht mehr im Haus haben wollte.

»Um wie viel Uhr haben Ihre Frau und das Kind das Haus verlassen?«

»Es muss in der Nacht gewesen sein. Ich habe das Kind am Abend in die Hütte gesperrt. Und als ich am Morgen aufgewacht bin, war meine Frau verschwunden, und der Schuppen stand offen.«

Die enge, ruckelnde Kutsche schien plötzlich angefüllt mit Schuld. Wie ein dritter Fahrgast saß sie neben de Commarin auf der Bank, sodass dieser sich ganz schmal machen musste und klein. Er hatte seiner Frau keine Kinder schenken können. Er hatte das Mädchen in den Schuppen gesperrt. Er hatte mit seiner Frau gestritten. Er war nicht wachsam gewesen, als sie sich nachts hinausgeschlichen hatte. Und nun war sie tot. Ja, die Schuld saß neben ihm auf der Bank, sie machte sich breiter und breiter.

Lecoq rutschte ein wenig zur Seite und drehte sich eine weitere Zigarette. Er war froh, als die Kutsche vor dem Anwesen hielt.

Lecoq folgte de Commarin durch lange Korridore, in denen ihre Schritte nachhallten. Er spähte hier und da in ein gutes Dutzend Zimmer. Alle Türen standen offen. Die Räume waren unmöbliert. Tageslicht fiel durch die Fenster und spiegelte sich auf den blanken Böden. Keines der Zimmer war bewohnt. Phantomräume, die langsam, aber sicher in Vergessenheit gerieten und für de Commarin schon bald nicht mehr existieren würden.

Die Vollständigkeit, mit der Claire de Commarin dagegen das Kinderzimmer im oberen Stockwerk eingerichtet hatte, war beklemmend. Rechts an der Wand gab es ein schneeweißes Schaukelpferd und ein Schreibpult mit einer kleinen Sitzbank davor. Ein Steckenpferd war gegen die Tischplatte gelehnt. Auf der Kommode links neben der Tür saß eine Porzellanpuppe mit Kleid und rotem Mützchen. Und über dem Kinderbett an der linken Wand war ein Baldachin angebracht, aus dem gleichen rosafarbenen Stoff wie die Gardine. Eine Spielzeugkiste stand mittig zwischen den beiden Fenstern, wahrscheinlich ebenso gut gefüllt wie der hübsch verzierte Kleiderschrank. De Commarins Gesichtsausdruck veränderte sich, als sie den Raum betraten. Seine Züge wurden weicher, verletzlicher. Wahrscheinlich sah er seine verstorbene Frau in diesem Raum, ebenso wie Claire ihre nie geborenen Kinder hier gesehen hatte.

Lecoq gab de Commarin Zeit, sich zu sammeln, und schlenderte zum Schreibtisch. Darauf lag ein Abc-Buch für Erstklässler: »Alphabet pour les enfants illustré«. Er schlug es auf und sah, dass bestimmte Buchstaben umkreist waren.

»Hat Ihre Frau dem Mädchen das Schreiben beigebracht?«

»Sie wollte es, doch es war ein bisschen hoffnungslos. Ich glaube, das Kind konnte schon vorher ein paar Buchstaben. Aber neue hat es nicht wirklich dazugelernt.«

»Wie hieß das Kind überhaupt?«

»Ich weiß es nicht. Das haben wir nicht aus ihr herausbekommen. Meine Frau hat sie Grâce genannt.«

»Grâce?«

»Nach der Kirche, in der sie sie gefunden hat, Val-de-Grâce.«

Lecoq ließ das Abc-Buch sinken.

»Die Geschichte mit der Kirche stimmt also?«

»Ob sie stimmt, weiß ich nicht. Aber meine Frau hat es behauptet, felsenfest. Sie sei in die Kirche gegangen, um eine Kerze anzuzünden, für ihre Bitte, also unsere Bitte. Und dann habe das Mädchen plötzlich hinter dem Kerzenständer gekauert. Es hat meine Frau durch die Flammen hindurch angesehen, genau in dem Moment, als sie Gott gebeten hat, ihr ein Kind zu schenken. Deshalb hat sie sich ja als rechtmäßige Mutter gefühlt. Als ›Mutter von Gottes Gnaden‹ sozusagen, dass ich nicht lache.« Er tat es trotzdem, und es klang gequält.

Lecoq blätterte weiter und bemerkte, dass auf jeder Seite die gleichen Buchstaben umkreist waren, besonders häufig das O und das A, während andere hartnäckig ignoriert wurden.

Bei den vielen Kirchen in Paris wusste er nicht mehr, ob die Val-de-Grâce auch auf seiner Liste gestanden hatte.

»Darf ich dieses Buch mitnehmen?« Er hielt es in die Höhe, und de Commarin zuckte gleichgültig mit den Schultern.

»Nehmen Sie mit, was Sie wollen. Ich habe keine Verwendung für ein Abécédaire, wie Sie sich vorstellen können.« Er ging zur Spielzeugkiste unter dem Fenster, klappte sie auf, drehte sich zu Lecoq um und deutete hinein wie ein Händler, der seine Ware feilbot. Die Kiste war bis zum Rand mit Spielsachen gefüllt. Puppen, Teddybären und kleine Holzkutschen stapelten sich übereinander, dazwischen eine kleine Holzflöte, mit der sich wahrscheinlich mehr Lärm als Musik machen ließ.

Das Buch unter den Arm geklemmt, trat Lecoq näher. Erst jetzt merkte er, dass de Commarin gar nicht in die Kiste selbst deutete, sondern auf den Deckel. Was man zunächst für Verzierungen im Holz hätte halten können, waren in Wahrheit kleine Kerben, Buchstaben und Zahlen, die jemand hineingeritzt hatte.

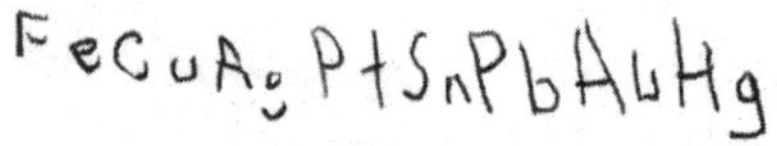

»Die Rückseite der Kiste ist auch voll damit«, sagte de Commarin. »Und die Unterseite der Bank. Meine Frau und ich haben es erst bemerkt, als das Kind damit begonnen hatte, die Möbel unten im Wohnzimmer zu zerkratzen.«

Er drehte die Kiste um, damit Lecoq das volle Ausmaß der Zerstörungswut sehen konnte, und Lecoq eröffnete sich das gleiche Bild:

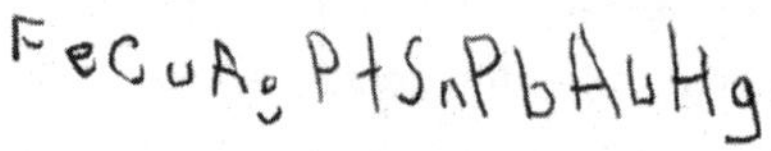

Er notierte die Zeichenfolge in seinem Notizbuch.

»Kann ich die Bank auch noch sehen?«

Er drehte sie um, und sie wog fast nichts in seiner Hand. Auf der Unterseite dieselbe Buchstabenkette, schnurgerade nebeneinander geschrieben, eher ein Muster als ein Text. Lecoq wiegte den Kopf.

»Was ist? Was denken Sie?«

»Nehmen Sie's mir nicht übel, aber ich finde, es besteht da schon noch ein Unterschied, ob jemand Buchstaben in Möbel einritzt oder die Haut einer Leiche beschreibt.«

»Sie glauben mir nicht?«

»Ich habe lediglich meine Zweifel.«

»Das Kind war die einzige Person, die mit meiner Frau in der Wohnung war!« Das Gesicht des Grafen wurde erst bleich und dann rot. Die Verzweiflung über den Tod seiner Frau war noch zu frisch, als dass er sich hätte beherrschen können. »Wenn das kein Beweis für Sie ist, Monsieur Lecoq, wenn Sie immer noch nicht glauben, dass dieses Kind verantwortlich für das alles ist, dann muss ich mich wohl in Ihnen getäuscht haben. Sie hatten recht. Sie haben meine Frau nicht gefunden. Und ich frage mich, ob ich Ihre Fähigkeiten als Detektiv vielleicht überschätzt habe. Ihren alten Spürsinn von damals scheinen Sie jedenfalls verloren zu haben.«

Lecoq wartete stumm ab, dass der Wutanfall sich legte. Er hatte in seinem Leben so oft mit Toten zu tun gehabt, dass er die Beschuldigungen der Hinterbliebenen kannte. Man beschimpfte ihn, weil der wahre Verantwortliche nicht zur Hand war; das Unglück war groß und Gott weit weg.

»Ich verstehe ja Ihren Unmut, Monsieur de Commarin«, sagte er schließlich. »Aber es handelt sich doch immer noch um ein Kind.«

»Das sagen Sie nur, weil Sie das Balg nicht kennen! Kommen Sie. Ich zeige Ihnen jetzt mal was. Kommen Sie!« Der Vicomte stampfte unfürstlich laut die Treppe hinunter, und Lecoq folgte ihm. »Wir sind nachts von den Tönen aufgewacht. Jemand hat Klavier gespielt, unten im Salon.«

»Klavier gespielt?«

»Zumindest auf die Tasten gedrückt. Angefangen bei dem tiefsten Ton und dann schön langsam der Reihe nach bis zum höchsten.« De Commarin ahmte die Bewegung mit den Fingern in der Luft nach. »Ich habe selten etwas so Unheimliches gehört. Mitten in der Nacht. Können Sie sich das vorstellen?«

»Und haben Sie nachgesehen?«

»Natürlich. Meine Frau wollte nicht, dass ich gehe. Sie sagte, sie habe Angst um mich. Aber ich glaube, sie wollte einfach nicht allein im Schlafzimmer bleiben. Ich habe dann einen Glaskrug entzweigebrochen und ihr eine große Scherbe gegeben. Und mit der anderen bin ich diese Treppe runter.« Sie waren am Absatz angekommen und betraten einen sechseckigen Raum mit großen Fenstern und einem braunen Salonflügel in der Mitte.

»Wie Sie sich schon denken können, war es das Mädchen.

Ich habe es immer für furchterregend gehalten, aber als ich es da so im dunklen Zimmer habe sitzen sehen…« Er schüttelte den Kopf, fuhr sich über die Stirn und schien nach den richtigen Worten zu suchen. »Sie müssen sich das so vorstellen: Sie sitzt da am Flügel, und ich sehe nur ihren Rücken, ihre blonden Haare. Die Gardinen waren nicht zugezogen, deshalb habe ich im Mondlicht sehen können, wie sie unbeirrt weiter auf die Tasten gedrückt hat. Immer eine nach der anderen, es hat ganz komisch geklackert dabei, und ich habe erst gar nicht verstanden, warum. Sie hat mich nicht bemerkt. Nicht einmal, als ich sie angesprochen habe. Aber dann hat sie sich ganz plötzlich zu mir umgedreht. Und Sie können sich nicht vorstellen, mit welchem Blick. Ich habe noch nie jemanden so durchdringend starren sehen. Diese Augen!«

»Zweifarbig?«

De Commarin sah Lecoq überrascht an.

»Habe ich das schon erwähnt?«

»Mademoiselle Bellier aus der Avenue d'Eylau«, sagte Lecoq. »Was war das Klackern?«

»Wie bitte?«

»Das Klackern. Sie sagten, da habe etwas geklackert.«

De Commarin nickte.

»Ja, es hörte sich erst an wie ein langer Fingernagel. Aber es war eine Feder. Das Mädchen hat mit meiner Schreibfeder auf die Tasten gedrückt, darum das klackernde Geräusch. Irgendwo muss es in meinem Büro Tinte und Schreibzeug entdeckt haben.«

»Es hat die Tasten beschrieben?«

Lecoq näherte sich interessiert dem großen Flügel und klappte den Deckel nach oben. Die Tasten waren ebenso blank poliert wie das Holz.

»Schreiben würde ich das nicht gerade nennen. Gekritzelt wohl eher. Und natürlich ist nichts davon hängen geblieben. Die Tasten sind viel zu glatt. Aber verschmiert waren sie. An manchen Stellen können Sie die Farbe immer noch in den Zwischenräumen sehen.« Lecoq drückte auf eine der Tasten, und der Flügel gab einen tiefen Ton von sich, der wie ein Grollen durch den Raum ging. Die beiden Männer schwiegen. Lecoq konnte sich vorstellen, dass es für de Commarin ein Grauen gewesen sein musste, die Töne mitten in der Nacht zu hören. Er brachte sein Gesicht nah an die Tasten und betrachtete die Reste der schwarzen Tinte, die in den Zwischenräumen hing. Dort, wo man mit einem Lappen nur schwer hinkam.

»Haben Sie gar nichts von dem erkennen können, was sie gekritzelt hat?«

»Ich habe mich nicht sonderlich darum bemüht, Monsieur.«

»Sie sagten, das Kind sprach nicht.«

»Nein.«

»Was, wenn es sich schriftlich mitteilen wollte?«

»Auf meinem Flügel?« De Commarin blickte Lecoq fassungslos an. Der zuckte die Achseln und besah weiter das Instrument. Er erinnerte sich an die Beschreibung, die Mlle Bellier ihm von dem Mädchen gegeben hatte. Er hatte sie als abergläubisches Weibergeschwätz abgetan, doch die Geschichte, die de Commarin ihm erzählte, passte zu gut in das Bild des Wechselbalgs, das die Bäckerin heraufbeschworen hatte. Zum ersten Mal zog er die Möglichkeit in Betracht, das Mädchen könne tatsächlich die Buchstaben in den Körper der Toten geritzt haben.

Eine Frau geht in die Speisekammer. Das Kind schließt die Tür. Es dreht den Schlüssel um, nur zum Spaß. Es ist ein Spiel. Die Frau dahinter tobt und wütet. Vielleicht hat das Kind Angst, sie wieder herauszulassen, es möchte keine Schelte bekommen. Vielleicht ist es taub. Erst viel später öffnet es die Türe wieder. Tage darauf, als es still geworden ist. Oder als das Kind Hunger bekommt. Die Frau fällt heraus, die Augen offen und blau wie Tintenfässer …

»Ich möchte nichts Schlechtes von meiner Frau sagen. Erst recht nicht jetzt, wo sie … Aber diese stundenlangen Gebete in der Kirche.« Das bittere Lachen des Vicomte riss Lecoq aus seinen Gedanken. Er hatte den Anfang von de Commarins Kommentar nicht mitbekommen. »Ich meine, eine Kapelle ist für gewöhnlich nicht der Ort, an dem Kinder entstehen, oder?«

»Für gewöhnlich werden Heilige Jungfrauen auch nicht vom Heiligen Geist bestiegen, Monsieur – und trotzdem wird uns das in der Kirche gepredigt.« Lecoq versuchte den Gedanken wieder aufzunehmen, den er eben gehabt hatte. Doch de Commarin sah ihn plötzlich ganz komisch an. Sein linkes Augenlid begann zu zucken, und der schmale Strich, der für gewöhnlich mehr durch seine Lage unter dem Schnurrbart als durch seine Form als Mund erkennbar war, verbreiterte sich. Er durchzog das blasse Gesicht wie ein Riss, von einer Kotelette zur anderen, und plötzlich begannen glucksende Töne daraus hervorzusprudeln. De Commarin lachte. Und er tat es wie einer, der lange Zeit nichts zu lachen gehabt hatte. Stumm beobachtete Lecoq, wie das Glucksen zu einem Kichern anschwoll, dann zu einem Gackern, das den Körper schüttelte und unangebracht laut in der Stille des Salons widerhallte. Mindestens ebenso unheimlich wie der Klavierton zuvor. Lecoq stand stumm und abwartend. Die Veränderung ging schnell vor sich. Als Nächstes verzogen sich de Commarins Mundwinkel zu einer hässlichen Fratze. Sein Gesicht lief rot an. Ein Speichelfaden hing zwischen seinen auseinandergerissenen Zähnen, als aus dem Lachen ein Heulen wurde. Er warf den Kopf in den Nacken und sah aus wie ein großes flennendes Kind. Monate von Wut und Enttäuschung kochten zum zweiten Mal an diesem Tag in ihm hoch. Er hatte seine letzte Hoffnung an Lecoq geklammert, den Held seiner Jugend, der ihm damals aus der Klemme geholfen hatte. Jetzt war seine Frau trotzdem tot, und weder er noch Lecoq konnten etwas dagegen tun.

Nie hatte Lecoq de Commarin so verstanden wie jetzt, als er durch das Zimmer lief, weinend und schreiend die Möbel umwarf und den Deckel des Flügels zuknallte. Nie war der Graf ihm so sympathisch gewesen.

Lecoq verließ das Haus ohne ein weiteres Wort. De Commarins Gepolter verfolgte ihn bis zur Haustür, und er hatte keinen Zweifel daran, dass der Graf im nächsten Zimmer weitermachen würde, wenn er mit dem Salon fertig war, vielleicht im Kinderzimmer. Er ging aus Anstand. Die Kontrolle verlor man am besten allein und ohne Zeugen.

Draußen hatte die Dämmerung bereits eingesetzt. Lecoq ging die Auffahrt zum schmiedeeisernen Tor hinab. Auf der Straße steckte er das Abécédaire in die Innentasche seines Mantels und kramte nach seinen neu gedrehten Zigaretten. Dabei stießen seine Finger gegen ein Bündel Papier. Er zog es heraus. Es waren die Geldscheine, die der Graf ihm für den letzten Auftrag hatte geben wollen oder für den nächsten. Lecoq hatte ganz vergessen, dass er sie eingesteckt hatte. Einen Moment lang war er versucht, zurückzugehen und sie durch den Schlitz für die Briefe zu werfen. Dann aber blickte er noch einmal hoch zu den Fenstern. Er wog das Bündel in seinen Händen, drehte sich um und ging die Straße hinab.

Die Anwesenheit der Verbrechermenschen war nur vage spürbar in diesem Stadtteil, wo das ehemalige Dörfchen Passy auf das Flussufer der Seine traf. Doch es gab sie auch hier, da war er sich sicher. Sie versteckten ihre krummen Körper in teuren Mänteln, die so geschneidert waren, dass sie den Frauenschänderbuckel verhüllen mochten. Verräterisch breite Unterkiefer und Lippen wurden hinter parfümierten Taschentüchern versteckt, angeblich wegen des schlechten Geruchs, den die Seine in das Viertel trug. Lecoq atmete tief ein.

Alles nur Vorwand, dachte er, die Abendluft war frisch, die Seine roch nach Seine, das hatte sie schon immer getan.

Eine Frau mit ausladender Tournüre kam ihm im Licht der Straßenlampe auf dem Bürgersteig entgegen. Der tatsächliche Umfang ihres Beckens war unter dem Gestell nicht zu erkennen. Es konnten 90 Zentimeter sein oder 100 – Verbrecherin oder nicht, da machte schon eine Handbreite den Unterschied. Lecoq sah ihr nach, als sie an ihm vorbei war, und sei es, dass sie seinen Blick spürte, ging sie plötzlich schneller. Ihr geflochtener blonder Knoten im Nacken wippte zusammen mit der Tournüre auf und ab, die Schuhe klapperten über den Asphalt, schneller, von Angst erfüllt, dann verschwand sie um die Straßenecke. Verdächtig, sehr verdächtig, dachte Lecoq und freute sich auf die Rückkehr in jenen Pariser Stadtteil, wo das kriminelle Profil der Bewohner offensichtlich war und Verbrecher noch aussahen wie er selbst.

VIERTER TEIL
Komplikationen

»Zwei Tage nachher veranlassten uns Beweggründe, die wir verschweigen wollen, um uns nicht über die unerhörte Brutalität oder besser die Eifersucht ohne Gleichen eines schlechten Collegen beschweren zu müssen, die Salpêtrière zu verlassen, ohne Zeit zu haben, mit einer Stahlarmatur Versuche machen zu können, und ohne die Erlaubnis zu erhalten, den vier anderen Kranken unsere fernere Sorgfalt angedeihen lassen zu können, wodurch ihre (Wieder)herstellung leicht ganz unchristlich hätte vereitelt werden können.«

VICTOR BURQ (1823–1884)
Französischer Mediziner und Hypnotiseur

Luys wirkte gestresst, als er aus London zurückkam. Er begrüßte Jori, als sei dieser nur eine weitere unerledigte Aufgabe, die auf ihn wartete. Als könne Jori sich gleich zu den Briefen und Unterlagen legen, die sich während Luys' Abwesenheit auf seinem Schreibtisch aufgetürmt hatten. Jori beobachtete, wie der Neurologe die Unordnung von einer Stelle zur anderen verschob.

»Sie sind uns zuvorgekommen.« Die Nachricht kam ohne Vorwarnung. Luys schien selbst für einleitende Worte zu beschäftigt. Er blätterte die Briefe durch und warf einige davon ungeöffnet in den Papierkorb. »Ein gewisser Doktor Godlee hat die erste Gehirnoperation durchgeführt. Tumorentfernung.«

In Joris Ohren begann es zu rauschen.

»Wer ist Doktor Godlee?«

»Das habe ich mich auch gefragt, aber viel wichtiger ist die Frage: Wieso war er schneller als die Salpêtrière?«

Luys riss einen Brief auf, las ihn rasch durch und legte ihn dann auf den Schreibtisch zurück, während Jori versuchte, einen klaren Gedanken zu fassen.

»Wann war die Operation?«

»Vor sechs Tagen.«

»Ich habe noch gar nichts darüber gelesen.«

»Sie werden es auch nicht an die Presse weitergeben. Der Patient hat nicht überlebt. Ich habe es nur erfahren, weil es mir jemand auf der Konferenz anvertraut hat, der dabei war. Aber ich habe mit Doktor Bennett gesprochen. Er ist ein befreundeter Neurologe und meinte, es sei bereits eine weitere Operation in Planung. Wahrscheinlich für Mitte November. Hast du mit Charcot gesprochen?«

Die Geschäftigkeit, mit der Luys sprach, verunsicherte Jori. Er wirkte viel direkter und unnahbarer, als es sonst seine Art war. Vielleicht war Jori zu einem ungünstigen Zeitpunkt gekommen.

»Nein, noch nicht«, gab er zu.

»Wieso nicht?«

Jori hob beschämt die Schultern und streckte Luys dann die Notizen entgegen, die er gemacht hatte.

»Ich habe mich am Anfang ziemlich lang mit der Frage nach der Anisokorie des Kindes beschäftigt.«

»Der was?«

»Anisokorie. Sie hat zwei verschieden große Pupillen. Ziemlich ausgeprägt sogar. Die linke Iris ist groß und schwarz, die rechte klein wie eine Stecknadel.«

»Tatsächlich?« Luys blickte auf. Und einen Moment lang hätte Jori schwören können, dass ein Schatten über sein Gesicht ging, dem selbst das notorische Lächeln nicht standhielt. Ein plötzlicher Gedanke, der durch eine seiner Stirnfalten zuckte, dann war der Moment vorbei, und der Neurologe strich sich über den Kopf.

»Johann, für so etwas haben wir keine Zeit. Ich verstehe, dass die Frage spannend für dich ist. Aber verlier dich nicht in Recherchen.«

»Ich dachte ja nur, es könnte ein Hinweis auf einen Hirntumor sein. Ich …«

»Für uns sind jetzt zwei Dinge wichtig. Erstens: Welche Nervenbahnen müssen wir kappen, um eine wilde, gesellschaftlich nicht tragbare Patientin zu beruhigen. Zweitens: Wie schaffen wir es, dass die Patientin den Eingriff überlebt.«

»Ich habe vielleicht schon eine Antwort auf die erste Frage gefunden.«

»Hast du?« Luys klang ehrlich verblüfft, und Jori nahm es als

Einladung, nun endlich die Ergebnisse seiner Recherche präsentieren zu dürfen. Er trat vor Luys' Schreibtisch, suchte vergebens einen Ort, wo er sich ausbreiten konnte, und verteilte die Blätter schließlich vorsichtig oben auf den Unterlagen.

»Ich habe Mairets ›De la Démence Mélancolique‹ gelesen.« Er deutete auf einen Zettel direkt vor Luys' Nase. »Den Tipp habe ich von einem guten Freund bekommen, der eine Zeit lang bei Doktor Burckhardt gearbeitet hat. Ich glaube, dass es das Werk ist, auf das Burckhardt seine Ideen stützt.«

Luys nickte. Jori hatte endlich seine Aufmerksamkeit.

»Mairet spricht von zwei Arten von Demenz, die größenwahnsinnige und die melancholische. Er sagt, dass die größenwahnsinnige Demenz hier in den Frontallappen und an den Seiten liegt.« Jori berührte die angegebenen Stellen auf der Zeichnung, so wie es Luys bei ihrem letzten Treffen getan hatte. »Die melancholische Form der Demenz dagegen hat er hier im Hippocampus und der ersten Windung daneben entdeckt.« Sein Finger fuhr zu einem schneckenähnlichen Objekt, nicht um Luys zu zeigen, wo der Hippocampus sich befand, sondern aus der Not heraus, seine Zeichnung erklären zu müssen. Die Skizze sah weniger nach einem Hirn als nach einem Knäuel Schläuchen aus. »Mairet hat festgestellt, dass das Gehirn bei seinen Patienten an diesen Orten jeweils vergrößert ist, dass es zu viel Masse hat. Folglich müsste man etwas wegnehmen, um die Kranke zu heilen, nichts durchtrennen. Ich bin mir fast sicher, dass Burckhardt das meinte, als er schrieb, er wolle die Geisteskrankheit aus dem Gehirn fortschneiden.«

Luys beugte sich über die Zeichnungen und betrachtete sie wortlos. Er wiegte den Kopf, während er nachsann. Dann ging das Wiegen in ein langsames Nicken über, der Übergang war fließend. Jori hing an seinen Lippen und wartete darauf, dass sie sich endlich bewegten.

»Das klingt plausibel. Um ehrlich zu sein, hatte ich bereits einen ganz ähnlichen Gedanken«, sagte Luys schließlich. »Und es würde auch gar nicht schlecht zu den Ergebnissen von Goltz und seinen Hunden passen. Es wird immer nur erwähnt, dass die Tiere noch fressen und laufen konnten, nachdem er ihnen die Temporallappen mit dem Wasserstrahl weggespritzt hat. Aber nur ganz wenig wird darüber geschrieben, dass sie auch ruhiger geworden sind.«

Luys ging hinüber zum Schrank und kramte darin, dann kam er mit einer seiner Papierrollen zurück. Jori riss erschrocken seine Rechercheblätter an sich, als der Neurologe sich mit dem Unterarm Platz auf dem Tisch verschaffte. Dokumente und Briefe fielen seitlich auf den Boden.

Luys legte eine ausreichend große Fläche frei und breitete dann seine eigenen Zeichnungen aus. Jori erkannte das Original einer Abbildung aus Luys' Buch über Geisteskrankheiten. Er hätte nicht mehr Ehrfurcht empfinden können, wenn man das Gemälde eines Gustave Courbet vor ihm ausgebreitet hätte. Unter dem Bild prangte das schwungvolle »L«.

»Ich könnte mir vorstellen, dass Mairet seine Theorien auf meinen Ausführungen von '81 aufgebaut hat«, sagte Luys, wie immer ganz ohne Bescheidenheit. »Ich habe geschrieben, dass bei Patienten mit Halluzinationen bestimmte Areale der Hirnrinde im Schläfenbereich vergrößert sind. Es war nur eine Nebenbemerkung, ich habe dem gar nicht viel Beachtung geschenkt. Aber natürlich, es könnte sein, warum auch nicht.« Wieder wiegte er den Kopf hin und her, als helfe ihm das, die Gedanken von einer Seite zur anderen zu schieben. Seine linke Hand stützte sich schwer auf das Papier, den Daumen fast rechtwinklig vom Handteller gespreizt, sodass neben dem »L« auf der Zeichnung ein zweites entstand, geformt von Luys' Hand. Ein kleines »L« in einem großen. Jori stutzte eine Sekunde. Dann wusste er, woran ihn der Anblick erinnerte.

»Johann?«

Der Gedanke an Runa in der Nähwerkstatt hatte ihn tagelang nicht losgelassen. Und jetzt, wo er genauer hinsah, schien es Jori, als mache sich der Buchstabe neben Luys' Hand breiter. Er dunkelte nach, als wolle er sich bemerkbar machen.

»Johann?«

Jori zuckte zusammen und fühlte sich ertappt, ohne dass er hätte sagen können, warum.

»Was?«, sagte er auf Deutsch und dann, als er seinen Fehler bemerkte, noch einmal auf Französisch. Luys lächelte.

»Ist irgendetwas mit dir?«

»Was! Nein!«

»Ich habe dich gefragt, ob das Mädchen auch an Halluzinationen leidet.«

»Auch?«

»Johann, bist du bei der Sache?«

»Ja, natürlich.«

»Also?«

»Ich wollte Sie sowieso noch fragen, ob Sie sich das Mädchen nicht einmal ansehen könnten, Doktor Luys. Runa ist ein bisschen – seltsam.«

Luys sah Jori überrascht an.

»Nun, das könnte daran liegen, dass sie geisteskrank ist, nicht wahr?«

»Ja, aber sie ist trotzdem auf eine andere Art … ich weiß auch nicht, vielleicht liegt es an ihren Augen oder an ihrem Verhalten …«

»Ach ja, die Augen. Das hast du schon erwähnt. Vergrößerte Pupillen auf einer Seite können tatsächlich auf einen Hirntumor hindeuten, aber ich habe auch schon Fälle gesehen, wo das anders war. Hat das Kind denn Kopfschmerzen?«

»Ich weiß es nicht. Es spricht nicht.«

»Weint es?«

»Nein. Zumindest – nicht oft.«

»Dann hat es auch keine Kopfschmerzen. Kinder weinen, wenn sie Schmerzen haben.«

Jori schwieg und dachte bei sich, dass dieses Kind eigentlich nichts so machte wie andere Kinder. Vielleicht war gerade dies das Sonderbare an ihr.

»Gut, ich werde sie mir ansehen, aber nicht heute. Ich habe sehr viel zu tun hier, und später muss ich noch in meine eigene Abteilung. Ich würde also vorschlagen, du gehst jetzt direkt zu Charcot und fragst ihn nach dem Material für die Experimente. Und scheu dich nicht, ein bisschen mit ihm zu verhandeln. Vielleicht erzählst du ihm von der Operation in London, das sollte ihn überzeugen. Charcot mag es nicht, wenn andere ihm zuvorkommen.«

Jori nickte betreten. Er hatte gewusst, dass er den Besuch bei Charcot nicht ewig vor sich herschieben konnte.

»Da ist noch etwas«, sagte er. »Ich möchte, dass Runa wieder in eine normale Abteilung verlegt wird. Sie befindet sich derzeit …«

»Hast du sie denn mittlerweile dazu bekommen, etwas zu essen?« Luys wickelte seine Zeichnung wieder auf, für ihn war die Unterredung beinahe beendet. Jori sah zu, wie das »L« in der Rolle verschwand.

»Sie wissen davon?«

»Es ist schwer, am Thema Runa vorbeizukommen, selbst wenn man eine Zeit lang nicht hier ist. Das Kind geistert durch die Salpêtrière.« Luys lächelte, er war sich der Zweideutigkeit nicht bewusst, die seine Worte für Jori hatten. »Ich habe schon wieder Gerüchte gehört, als ich gestern zum Klinikeingang hereingekommen bin. Da hast du ganz schön was losgetreten.« Er verstaute die Rolle im Schrank.

»Nein, sie isst noch immer nicht.«

»Zwangsernährung?«

Jori schluckte.

»Seit zwei Wochen.«

»Seit zwei Wochen? Und sie weigert sich immer noch zu essen?«

»Ja.«

»Himmel, das muss aufhören. Sonst ist die Speiseröhre am

Ende so kaputt, dass sie gar nicht mehr essen kann, ob sie will oder nicht. Oder sie stirbt uns an inneren Blutungen.«

Jori spürte, wie ihm der Kragen eng wurde. Er fragte sich, ob Luys den Prozess der Zwangsernährung selbst schon einmal beobachtet hatte oder nur aus der Theorie kannte. Er hatte für Joris Geschmack viel zu ungezwungen danach gefragt.

»Was machen wir also? Kinder essen nicht, wenn sie krank sind. Oder wenn sie Angst haben. Da hilft kein Hunger.«

Luys kam zum Tisch zurück, stützte eine Hand in die füllige Hüfte und trommelte mit den Fingern der anderen auf den Schreibtisch. »Spiel mit ihr!«, sagte er dann.

»Bitte?«

»Kinder spielen doch gerne. Spiel mit ihr, und wir hoffen darauf, dass sie dir dadurch Vertrauen schenkt.«

»Doktor Luys …«

»Du hast doch selbst eine kleine Schwester, oder? Wie hieß sie noch gleich?«

»Hanna.«

»Ja. Spiel mit ihr, wie du mit Hanna gespielt hättest. Natürlich im Rahmen der Möglichkeiten dieser Klinik.«

Jori nickte beklommen und widersprach nicht, wie so oft in letzter Zeit. Doch im Grunde wusste wohl niemand so gut wie er, dass der Rahmen der Möglichkeiten in diesem Fall nicht von der Klinik, sondern von Runa selbst beengt wurde. Niemand hatte so viel Zeit neben ihrem Bett verbracht, um zu wissen, dass Runa nicht die Art von Mädchen war, das sich nach Puppen und Hüpfkästchen sehnte.

Lecoq öffnete die letzte Flasche Rotwein aus seinem Vorrat, feuerte den kleinen Ofen in der Zimmerecke an und schob Stuhl und Küchentisch in Richtung Wärme. Draußen vor dem Fenster tobte ein Sturm, so heftig, als wolle er schon für den kommenden November proben, und auf der Straßenseite gegenüber stand ein Mann mit hochgeschlagenem Kragen vor der Kneipe, blickte zu Lecoqs Fenster hoch und fror.

Lecoq konnte nicht behaupten, mit dem Fall der de Commarins abgeschlossen zu haben. Er pausierte lediglich probeweise, um zu prüfen, wie es ihm damit ging – und um zu sehen, wie weit die Polizei ohne seine Hilfe kommen würde. Doch offensichtlich war das nicht weiter als bis zu Lecoqs Haustür.

Kurz spielte er mit dem Gedanken, seinen Beschatter auf ein Glas Wein einzuladen. Dann goss er sich doch lieber alleine für zwei ein und nahm das Abécédaire zur Hand.

Es hatte nicht lange gedauert, bis er begriffen hatte, dass die umkreisten Buchstaben darin die gleichen waren, die er von der Spielzeugkiste im Hause des Grafen kopiert hatte.

Lecoq nahm einen Schluck und rieb sich über das unrasierte Kinn. Das Kind sei vom Teufel besessen, hatte Mlle Bellier gesagt. Und tatsächlich grenzte die Gewissenhaftigkeit, mit der die Buchstaben im Buch markiert worden waren, an Manie. In jedem noch so kleinen Text hatte es sie umkreist. Lecoq stellte sich vor, wie es für den Grafen gewesen sein musste, das Kind nachts am Flügel sitzend zu finden, die Augen weit geöffnet und eine Schreibfeder in der Hand, mit der es die Tasten bemalte.

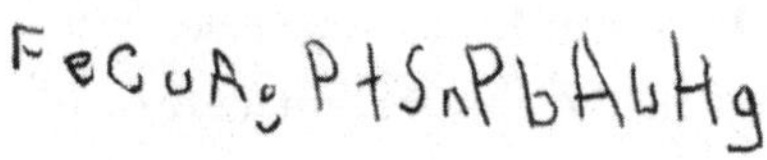

Plötzlich glaubte er, das Fenster hinter sich klappern zu hören. Er spürte einen Luftzug in seinem Rücken. Es musste der Sturm sein, der durch die undichten Ritzen drang. Doch Lecoq drehte sich trotzdem mit einer Gänsehaut im Nacken um. Er wusste, dort konnte niemand sein, er wusste es, und trotzdem sah er nach und war seltsam erleichtert, dass das Zimmer hinter ihm leer war und auch das Fensterbrett, auf dem niemand hockte: kein Mörder, kein Beschatter und kein Mädchen. Verärgert über sich selbst, schüttelte Lecoq den Kopf und verkorkte die Weinflasche.

»Herein!«

Jori hörte das Gelächter der Papageien hinter der Tür, als er vergeblich die Klinke drückte. Charcots Büro war verschlossen. Er suchte in den Behandlungsräumen, im Elektrotherapieraum, im medizinischen Fotolabor und im pathologischen Museum und spielte schon mit dem verlockenden Gedanken, das Gespräch auf den nächsten Tag zu verschieben, als er den Nervenarzt schließlich in dem Gebäude für Hydrotherapie entdeckte.

Jori schloss den Mantel, als er den ungeheizten Raum betrat. Die Luft war feucht. Auf dem hölzernen Podest stand eine Wärterin mit einem Schlauch in der Hand und spritzte eine Patientin mit kaltem Wasser ab. Ihr Weinen und Schreien hallten hohl von den gefliesten Wänden wider. Die Frau war nackt und mit den Händen an einer Stange festgebunden, die quer über die Wand verlief, sodass sie keinen Spielraum hatte, dem prasselnden Wasser zu entkommen. Zumal die Wärterin in ihrer Arbeit sehr gewissenhaft war. Sie hatte ein ernstes Gesicht aufgesetzt und verfolgte jede Bewegung ihrer Patientin mit dem Spritzschlauch, als habe sie Angst, Charcot könne etwas sagen, wenn der Strahl nicht immer genau die Wirbelsäule traf. Der Nervenarzt wachte neben dem Podest über das Geschehen, die Arme auf dem Rücken verschränkt und in einen Nebel aus feinen Wassertröpfchen gehüllt. Im trüben Licht, das durch die Butzenfenster fiel, sah er aus wie ein Magier, der in einer Rauchwolke verschwand.

»Professeur?« Jori räusperte sich und versuchte die Aufmerksamkeit des Nervenarztes auf sich zu ziehen, doch die Geräusche des Wassers und die Schreie der Frau waren so laut, dass er seine eigene Stimme nicht hörte. Vielleicht war dies nicht der richtige Ort, um mit Charcot zu sprechen, dachte er. Und der richtige Zeitpunkt schon gar nicht. Der Nervenarzt war zu vertieft in den Anblick, der sich ihm bot.

»Professeur?«

Das Wasser floss in ein Becken in der Mitte des Raumes, das auch als Tauchbecken diente, und wurde von dort aus wieder in den Schlauch gepumpt. An der hinteren Wand gab es drei Brausen, die von hölzernen Verschlägen umgeben waren. Sie wurden für die längeren Duschanwendungen eingesetzt, die, je nach Therapieform, bis zu zehn Stunden täglich dauern konnten. Jori sah, dass in der mittleren Kabine das Wasser lief, doch die Bretter waren blickdicht verschlossen; er konnte nicht sehen, wer sich darin befand. Jori räusperte sich noch einmal.

»*Doktor Charcot*?«

Die Wärterin hatte für einen Moment unerwartet das Wasser abgestellt, um an dem Temperaturregler zu drehen, sodass Joris Stimme nun laut im Raum widerhallte. Er biss sich auf die Lippen, während die nackte Frau auf der anderen Seite heulend in die Knie ging, die gefesselten Arme hoch über dem Kopf gestreckt.

»Ach. Jean 'ell.« Charcot drehte sich um und bedeutete Jori mit einladender Geste, sich zu ihm zu gesellen. Zögernd trat Jori näher. Charcot hatte sich noch nie zuvor an seinen Namen erinnert oder an etwas, das seinem Namen zumindest ähnlich war.

Die Wärterin stellte den Schlauch an, und die Patientin kreischte erneut los, als das Wasser sie traf. Der Strahl wurde nun auf ihren Hinterkopf gerichtet und sollte sie wohl zum Aufstehen bewegen. Die Patientin tat es zitternd. Es kostete sie viel Kraft. Als Jori sich neben Charcot stellte, in seinen nebligen Dunstkreis, schlug ihm der Sprühregen unangenehm kalt entgegen.

»Hysterische Nymphomanie!« Charcot beugte sich zu Jori hinüber und deutete auf den nackten Körper, als könne noch jemand anders im Raum gemeint sein. »Madame Brouillad hat ihren Mann betrogen, und gestern Nacht hat sie selbst Missbrauch an sich betrieben. Eine Wärterin hat sie dabei erwischt.«

Jori nickte, um zu zeigen, dass er Charcot über den Lärm gehört hatte.

»Sie wissen, was Nymphomanie ist?«

Wieder nickte Jori. Die Frau war noch jung, vielleicht nicht einmal in seinem Alter. Sie hatte eine schmale Taille und abrasierte Haare, die wie ein grauer Schatten auf ihrem Kopf wirkten. Ihr Nacken war schön, entschied Jori. Er wünschte nur, die Wärterin würde endlich aufhören, mit dem Wasserstrahl darauf zu zielen.

»Ich habe Pläne für einen neuen Therapieraum«, sagte Charcot laut. »Mit einem großen Schwimmbad im römischen Stil, breiten Treppen und mehr Duschbrausen. Zehn bis zwölf nebeneinander, sodass man die Patientinnen der Reihe nach abspritzen kann.« Seine Hand vollführte ausschweifende Gesten, als er die Frauen im nassen Nebel heraufbeschwor. Der Nervenarzt deutete hierhin und dorthin, und vor Joris Augen wuchsen sie tatsächlich aus dem Boden: die majestätischen Treppen, das höhere Podest für die Wärterinnen und die doppelten Schläuche, die aus der Wand kommen sollten.

»Keine Klinik ist heutzutage vollständig ohne einen anständigen Hydrotherapieraum«, sagte Charcot. »Ich will auch mehrere mobile Duschen integrieren, mit vertikalen Düsen und einem Spalt über dem Kopf, durch den Wasser gegossen werden kann. Und der Kasten dort …«, er deutete auf den hölzernen Käfig, der über dem Becken hing und den man mit einer Handkurbel ins Wasser hinablassen konnte, »… wird durch ein neueres Modell ausgetauscht. Die Pläne dafür liegen auf meinem Schreibtisch, ich zeige sie Ihnen einmal, wenn Sie das nächste Mal in mein Büro kommen.«

Wieder nickte Jori, und in seinem Magen machte sich eine leise Aufregung breit. Er war dabei, in den exklusiven Kreis von

Charcots Jüngern aufgenommen zu werden. Vielleicht würde er auch schon bald zu seinen Soirées eingeladen werden, in das Hotel am Boulevard Saint Germain. Die Vorstellung war beglückend und beängstigend zugleich.

»Doktor Charcot, ich muss noch einmal mit Ihnen sprechen, wegen dieser Operation an dem Kind. Ich brauche Material für einige Vorversuche.«

Charcot formte eine Hand zum Trichter und legte sie an sein Ohr. Die Kombination aus einem alten Mann und einem jungen, der es nicht gewohnt war, sich Gehör zu verschaffen, war nicht von Vorteil bei solchem Lärm. Jori setzte an, seine Frage zu wiederholen, doch da verzog der Nervenarzt mit einem Mal entnervt das Gesicht und gab der Wärterin auf dem Podest ein herrisches Zeichen. Augenblicklich stoppte der Wasserstrahl. Der kurze Moment der Stille, die folgte, war eine Wohltat.

Die junge Frau an der Wand sank zu Boden und schluchzte. Charcot stapfte verärgert zu ihr hinüber, mitten durch die Pfützen. Die Frau hörte ihn kommen und verrenkte den Kopf. Als sie den Nervenarzt erkannte, weiteten sich ihre Augen, und sie versuchte, auf die Füße zu springen. Doch die Fesseln und ihre eigenen schlotternden Beine hinderten sie an der schnellen Bewegung. Sie sank auf die Knie zurück und verschränkte ihre Hände wie zum Gebet.

»Schhhhschhhschhht«, machte Charcot.

»Mir ist so kalt, Docteur, bitte, ich kann nicht mehr. Lassen Sie mich in mein Bett zurück.« Während sie flehte, schaute sie immer wieder ängstlich über die Schulter zur Wärterin zurück, als sei die es und nicht der Arzt, vor dem sie sich zu fürchten hatte. Als hätte sie nicht gesehen, dass Charcot die ganze Zeit dagestanden und Befehle erteilt hatte. Die Wärterinnen würden sie schlagen, flüsterte die Frau am Boden, gerade so laut, dass Jori es auch hören konnte, jede Nacht würde sie geschlagen. Er blickte zu der Wärterin auf dem Podest, die einen langen Hals und ein säuerliches Gesicht machte.

Jori konnte sich vorstellen, was sie später zu Charcot sagen würde: Da erkennt man das hysterische Gemüt, würde sie sagen, die Wahnvorstellungen, die auch das kalte Wasser nicht fortspülen konnte. Jori wusste nicht, warum ihn das plötzlich so wütend machte. Wann hatte er angefangen, den Worten einer Patientin mehr Glauben zu schenken als denen der Wärterinnen?

Nackt kroch die Frau bis vor Charcots Schuhe, so weit es ihre Fesseln zuließen, und hörte nicht mit dem Flehen auf, bis Charcot die Hand hob und sie erneut zur Ruhe mahnte. Er stützte seine Hände auf die Oberschenkel und beugte sich hinunter, so wie man sich zu einem kleinen Kind hinunterbeugt. Sie solle jetzt still sein, befahl er, wenn sie still und artig sei, dann dürfe sie vielleicht auch einmal in seiner Vorführung auftreten, ob sie das nicht wolle, und die Hysterische nickte und weinte zugleich. Jori dachte an die Worte von Charcot: Sie kriechen vor mir auf dem Boden, ohne jeden Stolz, hatte er gesagt, und mit einem Mal wünschte Jori sich, man möge der Frau endlich etwas zum Anziehen geben. Charcot richtete seinen Finger auf Jori. Sei sie nicht artig, hörte er den Nervenarzt sagen, könne sie aber auch auf dem Seziertisch dieses jungen Mannes enden, ob ihr das lieber wäre, und die Frau blickte über ihre Schulter zurück und verrenkte sich noch mehr, um Jori ins Gesicht sehen zu können.

Jori wandte sich ab, als er die Angst in ihren Augen sah. Bei dem Gedanken, sie als Versuchsperson auf seinem Tisch zu haben, wurde ihm schlecht, doch noch schlimmer war, dass Charcot ihn für seine Drohungen einsetzte. Die Patientinnen sollten nicht bestraft werden, indem sie ihm zugeteilt wurden, sondern behandelt. Er wartete darauf, dass der Nervenarzt endlich sein Spielchen beendete.

Als die Therapie fortgesetzt wurde, war die Frau still, bis auf einige unterdrückte Schluchzer. Sie bemühte sich krampfhaft darum, Charcots Anweisungen zu befolgen.

»Wo waren wir stehen geblieben?«, sagte Charcot. »Ach ja, die Vorversuche. Reichen Ihnen fünf?«

Es fiel Jori nicht ein zu verhandeln. Das Holz schluckte den Lärm des Wasserstrahls, als er die Tür hinter sich zuzog.

In Finsterhennen hatten Jori und seine Schwester früher einen Holzreifen gehabt, den sie mit einem Stöckchen vorantreiben konnten. Sie hatten Steinchen geworfen, in den Bach oder auf das Feld, um die Steine des jeweils anderen zu treffen. Kleine, flache Kiesel hatten sie über das Wasser springen lassen. Sie hatten Hüpfkästchen auf den Boden gemalt oder im Feld Verstecken gespielt. Doch all das war unmöglich in dieser Klinik, mal ganz abgesehen davon, dass Runa ganz und gar nicht wie Hanna war.

Es musste etwas anderes sein. Etwas, das für ein krankes Kind passend war. Ein Kind, das ans Bett gebunden war, im wahrsten Sinne des Wortes.

Jori konnte sich an nur eine einzige Situation erinnern, in der er als Kind krank gewesen war. Damals waren im Dorf die Windpocken umgegangen, fast alle Kinder im Umkreis hatte es erwischt. Die Eltern hatten von einer Epidemie geredet, und das Wort hatte schlimm geklungen in Joris drückendem Kopf. Nach drei Tagen hatte man sich entschieden und kollektiv zusammengelegt, um nach einem Arzt zu schicken. Nur Joris Vater hatte sich enthalten. Joris Vater mit seinem ewigen Geiz.

Dr. Warmbrodt war trotzdem zu den Hells gekommen. Plötzlich hatte er in der Tür gestanden, unter deren niedrigem Rahmen er sich hatte hindurchdrücken müssen. Der Doktor war ein Mann wie eine lange Kornähre gewesen: blond, hochgewachsen und ein bisschen krumm im oberen Rücken, als zöge das Gewicht des Kopfes seinen Nacken nach unten.

Dr. Warmbrodt hatte eine kleine Brille und ein freundliches Lächeln gehabt. Jori hatte ihn sofort gemocht. Er hatte sich die Geschwister angesehen, ein Kind gepunkteter als das andere, hatte ihnen gut zugesprochen und ihnen am Ende eine »besondere« Medizin gegeben, wie er sich ausgedrückt hatte: Schokoladendrops. Jori erinnerte sich an den süßen, klebrigen Geschmack zwischen seinen Backenzähnen und das Leuchten in Hannas Augen. Der Schokoladendrops hatte eine kleine Beule in ihre rot getupfte Wange gedrückt. Und als Jori über den Bettrand geschielt hatte, hatte er in Dr. Warmbrodts Tasche blicken können und eine ganze Tüte voller Schokolade gesehen. Als Dr. Warmbrodt fort gewesen war, hatte der Vater ihn einen Scharlatan und Gauner genannt. Und das, obwohl er nicht einmal Geld für die Konsultation genommen hatte.

Jori war schon auf halbem Weg zu den Châlets, da machte er kehrt und ging zum Markt, der rechts vom Eingang der Klinik lag. Er war voller alter Frauen, die sich die Zeit und Langeweile vertrieben, indem sie die Lebensmittel, Flaschen, Hüte und Spitzendeckchen mit ihren faltigen Händen berührten. Zum Kaufen hatten die wenigsten von ihnen das Geld. Doch weil der Markt nicht nur für sie als Insassen, sondern auch für Kunden von außerhalb der Salpêtrière offen war, nutzten beide Seiten ihn als Treffpunkt, um einander neugierig zu beäugen.

Der Markt glich einem großen Basar, und neben dem Notwendigen für den täglichen Bedarf hatte man sich gerade auf Genussmittel spezialisiert, Schokolade und Alkohol. Das musste an dem hohen Anteil von Studenten liegen, die hier einkauften.

Jori bemerkte den Blick einer alten Frau, als er sich vor das Regalfach mit den Pralinen stellte und eine Schokolade der Marke Ménier auswählte. Ihr Rücken war so gekrümmt, dass sie den Kopf nicht heben konnte, rund wie der Rücken eines Käfers war er, viel fehlte nicht, und ihr Steiß würde den höchsten Punkt bilden. Die Frau musste den Kopf seitlich drehen, um zu Jori hochzusehen. Ihr Lächeln war zahnlos, die Augen sehnliche graue Flecken in ihrem faltigen Gesicht. Jori lächelte zurück. Er nahm eine weitere Schokolade aus dem Regal, zählte sein Geld und bezahlte. Die Frau drückte ihren faltigen Mund auf seine Hand, als er ihr die Packung reichte.

Die Tür der Hütte stand offen. Jori sah es von Weitem und ging schneller. Einen Moment lang fürchtete er, man könnte den Wärterinnen noch nicht gesagt haben, dass die Zwangsernährung nicht mehr durchgeführt werden dürfe. Doch neben dem Bett stand nur eine einzige Frau, ohne Trichter und ohne Maisbrei, mit dem sie das Kind hätte stopfen können. Es war Mme Bottard. Die Oberschwester drehte sich um, als Jori eintrat. Und zum ersten Mal sah er, dass ihr Beruf nicht nur Härte, sondern auch einen Ausdruck von Besorgnis in das runde, zerfurchte Gesicht gefressen hatte, der sich in ihrem Leben nicht wieder ausradieren lassen würde. Er ließ sie noch älter erscheinen, als sie war.

»Was ist passiert?«, fragte Jori, und sie trat einen Schritt zur Seite, damit er an ihr vorbeisehen konnte.

Runas Gesicht war grün und blau geschwollen. Ihr Kopf lag seltsam abgeknickt auf dem Laken. Die Augen hatte sie geschlossen, und eine schwarze Speichelspur klebte an ihrem Mund, dort wo der Schaum die Wange hinunter und auf das Bett geflossen war.

»Guter Gott, ist sie …?« Jori stürzte nach vorn. Er nahm Runas Handgelenk und suchte ihren Puls, ohne ihn zu finden. Er hielt den Finger vor ihre Nase, nahm auch hier nichts wahr und legte schließlich die Hand an ihre Halsschlagader. Er schloss die Augen. Sachte, ganz sanft klopfte der Puls gegen seine Finger. Runas Herzschlag war brüchig, schien zu stolpern, aber sie lebte.

»Was haben Sie mit ihr gemacht?«

»Sie hatte einen Anfall über mehrere Stunden. Wir mussten ihr Valium spritzen.«

»Valium.« Jori legte erneut die Finger auf ihr Handgelenk. »Wie viel Valium?«, fragte er, und als die Oberschwester es ihm sagte, wurde ihm schwindelig. »Sie ist ein Kind! Grundgütiger, das hätte sie töten können!«

Mme Bottards Lippen zogen sich zusammen, da entstanden weitere Falten um ihren Mund. Sie war es nicht gewohnt, dass man so mit ihr sprach, immerhin hatte Charcot ihr einen Orden verliehen. Und obendrein war Jori nur ein Student. Doch als sie sich abwandte, wirkte die Bewegung nicht gleichgültig, eher entschuldigend, und Jori erkannte, dass sie alle ratlos im Umgang mit dem Mädchen waren, sogar Mme Bottard, die fast ebenso viel in ihrem Leben gesehen hatte wie diese Klinikmauern. Viel gab es schließlich nicht mehr im Instrumentarium der Salpêtrière, was man noch hätte ausprobieren können. Hypnose, Fixierung, Hydrotherapie, Isolation und Zwangsernährung, sie hatten doch fast alles durch. Jetzt also Valium und Schokolade. Runa stellte die Ordnung auf den Kopf.

»Wann hatte sie den Anfall?«

»Heute Nachmittag, nachdem Doktor Luys bei ihr war.«

»Doktor Luys war da?«

»Nur kurz. Gegen halb zwei.«

»Sind Sie sicher?«

»Junger Mann, ich arbeite seit 44 Jahren an der Salpêtrière. Ich werde doch wohl Doktor Luys erkennen. Er ist gekommen und hat uns mitgeteilt, die Ernährungszuführung solle ab sofort gestoppt werden.«

»Natürlich, ach so.«

Jori wusste nicht, warum ihn diese Nachricht so verstörte. Als er sich von Luys verabschiedet hatte, hatte dieser gesagt, er habe einen Termin und deshalb keine Zeit mehr für Jori. Doch wenn er um halb zwei bei Runa gewesen war, musste er direkt nach ihrem Gespräch zu den Isolationskammern gegangen sein. Wahrscheinlich hatte er es doch noch irgendwie einrichten können, sagte sich Jori. Er sollte besser dankbar sein und nicht misstrauisch.

»Hat Doktor Luys irgendetwas mit dem Kind gemacht?«, fragte er trotzdem.

»Nein. Er hat es lediglich angesehen.«

»Und dann hatte es den Anfall?«

Mme Bottard nickte.

»Und Doktor Luys ist einfach wieder gegangen?«

»Einfach so. Und unsereins konnte zusehen, wie man das Mädchen wieder beruhigte.« Mme Bottard nickte müde, und Jori hatte das ungute Gefühl, dass sie ihn mit ihrem »unsereins« einschloss. Hier an der Klinik schien ihn niemand als Arzt ernst zu nehmen.

Er zählte die Pulsschläge ab und blätterte dann die Unterlagen der Krankenakte durch. Die Seiten hatten sich in der Zwischenzeit gefüllt. Verschiedene Handschriften hatten ihre Beobachtungen eingetragen. Die üblichen Kontrollwerte und Beobachtungen stammten dabei aus den sorgfältig geführten Federn von Mme Bottard und Jori. Doch dazwischen gab es auch immer wieder andere Notizen: »Mattigkeit. Entzündliche Mundschleimhaut. Vermehrter Speichelfluss. Geschwürbildung. Entzündung des Zahnfleischs mit schwarzem Saum am Zahnfleischrand. Durchfälle. Eiweiß im Harn. Schlaflosigkeit. Zitterschrift.« Ärzte und Studenten besuchten Runas Kammer regelmäßig, ein ganzer Haufen von denen. Einige hatten sich sogar mit einer Signatur unter ihrer persönlichen Notiz verewigt, als sei Runas Akte ein Baum, in dessen Rinde man seinen Namen ritzte. Die Wette hatte das Mädchen zu einer Attraktion gemacht.

Jori las sich die Notizen noch einmal durch, und an der letzten blieb er hängen: »Zitterschrift«. Da musste doch tatsächlich jemand dem Mädchen Papier und Feder in die Hand gedrückt haben, um das zu testen! Jori warf einen Blick auf Runas Finger, die jetzt ganz ruhig dalagen. Ihr Kopf war noch immer so abgeknickt wie vorher, das Kopfkissen unter ihrem Gesicht schwarz von dem Speichel. Er legte die Akte fort und trat langsam näher, schlich fast, dann beugte er sich herunter und streckte die Hand aus. Ganz leise und zaghaft, als habe er kein Kind vor sich, sondern einen schlafenden Hund, fasste er mit den Fingerspitzen nach ihrer oberen Lippe und hob sie an.

Das Zahnfleisch war geschwollen und rot wie immer. Wie eine Borte zog sich ein schwarzer Streifen am oberen Rand der Zähne entlang. Jori schob den rechten Zeigefinger unter Runas Oberlippe und tastete mit der linken Hand nach seiner Manteltasche. Er bekam die Schokolade zu fassen, fummelte an der Verpackung herum, bis er sie aufbekam, brach ein Stück ab und steckte es vorsichtig durch die Mundöffnung bis in Runas Wange.

»Was machen Sie denn?«

Jori fuhr erschrocken zusammen und zog den Finger aus Runas Mund. Er war so unter Spannung gewesen, dass er die Oberschwester völlig vergessen hatte.

»Himmel!«, entfuhr es ihm jetzt, und er fasste sich an die Stirn, mit der Hand, an der noch immer Fäden von Runas schwarzer Spucke klebten. »Ich habe Sie nicht wieder hereinkommen hören.«

»Ich war die ganze Zeit hier.«

»Tatsächlich?« Joris Herz klopfte. Er sah den Speichelfaden, der aus Runas Mund hing, auch das wie bei einem schlafenden Hund. Er war schwarz und ein bisschen braun. Plötzlich roch der Raum nach Schokolade.

»Madame Bottard, glauben Sie, das Kind könnte lernen, jemandem in der Klinik zu vertrauen?«

»Vertrauen?«

»Ja. Ich muss es zum Essen bringen.«

»So etwas wie Vertrauen kennt das Kind nicht, glauben Sie

mir. Schauen Sie ihm mal in die Augen statt in den Mund, die Augen sind völlig leer.«

»Das hat Doktor Charcot auch schon gesagt.«

»Und wie immer hat er recht.«

»Aber finden Sie das wirklich?« Als Jori bewusst wurde, dass Mme Bottard die Frage auch falsch verstehen konnte, korrigierte er sich schnell. »Ich meine, ich hatte irgendwie das Gefühl, dass sie uns vielleicht verachtet. Da ist Verachtung in ihrem Blick, finden Sie nicht?«

Mme Bottard sah auf Runa herunter, als könne sie hinter deren geschlossene Augenlider blicken. Nach einer Weile sagte sie nein, sie fände die Augen einfach nur leer, aber Jori hatte das Gefühl, dass sie etwas verschwieg. Da waren wieder diese Falten um ihren Mund. Die gespitzten Lippen, mit denen sie jedes Gefühl schon im Herannahen wegpusten konnte.

»Um auf Ihre Frage zurückzukommen: Ich denke, dass niemand dieses Kind zum Essen bewegen kann. Wenn es wieder isst, dann nur, weil es sich dazu entscheidet. Das Mädel hat einen unglaublichen Willen, so etwas habe ich noch nicht gesehen.«

Jori nickte verwirrt. Es war nicht normal, so über die Patientinnen in Charcots Abteilung zu reden. Wer in die Salpêtrière eingewiesen wurde, der gab seinen freien Willen spätestens am Eingang bei der Leibesinspektion ab, wenn er ihn nicht sogar schon viel früher verloren hatte. Die meisten kamen als willenlose leere Körper in der Klinik an, ohne Sinn und Verstand. Darum wurden sie ja schließlich hier behandelt.

Aber woher sollte Mme Bottard das wissen? Sie kannte sich nicht aus mit den wissenschaftlichen Hintergründen der Hysterie und Geisteskrankheit, auch wenn sie noch so lange hier arbeitete. Am Ende des Tages war sie auch nur eine Wärterin und noch dazu eine Frau, und jeder wusste, dass Frauen selbst in Tiere Gedanken und Gefühle hineininterpretierten. Joris Schwester war das beste Beispiel dafür, mit ihren Kaninchen, denen sie Namen gegeben hatte und von denen sie felsenfest behauptet hatte, sie wüssten im Voraus, dass sie geschlachtet würden, wenn sie in der Ecke saßen und zitterten.

Die Liste der Frauen, die man in Charcots Namen für Jori zusammenstellte, enthielt zwei Patientinnen aus der Abteilung für Unheilbare und drei aus der Division Rambuteau, wo die gewalttätigsten der Irren untergebracht waren. Jori ging die Aufstellung durch und sah sofort, dass niemand mit einem großen Erfolg seiner Vorversuche rechnete. Man hatte ihm die Patientinnen gegeben, die man am wenigsten in der Salpêtrière vermissen würde.

An zweiter Stelle entdeckte er den Namen Marguerite Desens und unterdrückte nur mit Mühe ein Stöhnen. Bei über tausend Frauen in der Abteilung der Hysterischen musste er ausgerechnet sie zugeteilt bekommen. Sie, die er selbst von zu Hause abgeholt hatte. Und noch dazu von einem Hof, der ihn so sehr an Finsterhennen erinnert hatte. Es wäre Jori lieber gewesen, er hätte die Körper, an denen er die Eingriffe durchführen musste, wenigstens noch nie zuvor gesehen.

Einen Moment lang war er in Versuchung, Marguerite Desens ganz ans Ende der Liste zu setzen, entschied sich dann aber dagegen. Es wäre feige gewesen, fand er, feige und unprofessionell.

Die fünf Krankenakten der Auserwählten hatte man ihm gleich zu der Liste dazugelegt. Sie würden im Archiv verschwinden, falls die Versuchspersonen bei der Operation starben. Zumindest hatte man das Jori so gesagt. Er selbst hatte dieses Archiv nie gesehen, das wie ein Friedhof unter der Salpêtrière liegen sollte. Es gab so viele Lebende in der Klinik, die in Vergessenheit gerieten, dass es zu weit führen würde, sich auch noch an die Toten erinnern zu wollen.

Die Patientenmappen unter dem Arm, ging er in Richtung Küche, wo er ein frühes Mittagessen bestellte, Hühnerbrühe, Fleisch, Kartoffeln und Brot. Es war ihm gar nicht aufgefallen, wie wenig er in den letzten Wochen gegessen hatte, eingeigelt auf seiner Decke neben dem Bett des Mädchens. Als hätte er beschlossen, mit ihm gemeinsam zu hungern. Aber Mme Villon war es natürlich aufgefallen. Mme Villon entging schließlich nichts. Gestern beim Frühstück hatte sie ihn stirnrunzelnd angesehen und bemerkt, dass Hemd und Hose ihm um den Körper schlackerten. Sie hatte überlegt und ihm dann erlaubt, sein Frühstücksbrot von nun an doppelt zu bebuttern, ganz ohne Aufpreis, wie sie betonte. Und Jori hatte genickt und getan, wie befohlen. Letzteres wurde nun fast schon zu einer neuen Gewohnheit bei ihm.

Er setzte sich in den großen leeren Speisesaal, in dem sonst nur die Verrückten und Alten aßen, und schlug noch am Tisch die Akte der ersten Patientin auf.

Ihr Name war Deborah N. Sie war 57 Jahre alt – eine derjenigen, die bereits seit über zwanzig Jahren in der Salpêtrière lagen. In ihren jungen Jahren war sie mit Verdacht auf hysterische Anfälle in die Klinik gekommen. Stimmungsschwankungen. Übersteigerte Sexualität. Sie wurde behandelt, reagierte aber offenbar überempfindlich auf die Mischung aus Morphium und Chloral, denn kurze Zeit später kamen Zitteranfälle hinzu, und sie erbrach ihre Medikamente. Vier Monate später begannen die epileptischen Anfälle.

Über die Ursache hierfür war man sich unschlüssig, doch der Bericht äußerte die Vermutung, Deborah habe in der Klinik Epilepsiekranke beobachtet und die Anfälle nachgeahmt. Der letzte Vermerk bescheinigte Wahnvorstellungen und eine fortschreitende Verblödung: »P. zeigt sich zunehmend ängstlich und reizbar; äußert Todesfurcht und behauptet, nachts Personen an ihr Bett kommen zu sehen, die sie schlügen u. mit versch. Gegenständen in sie eindrängen.«

Die Notiz war auf Februar '78 datiert, also über sechs Jahre alt. Seitdem schien sich niemand mehr mit der Patientin auseinandergesetzt zu haben.

Jori stach mit der Gabel in eine Kartoffel auf seinem Teller und schob sie ganz in den Mund. Während er kaute, drehte er die Krankenakte um. Der einzige Name, der als Kontaktperson der Patientin angegeben war, war ein gewisser Monsieur Nageotte, und er war durchgestrichen mit dem Vermerk: »Verst. am 3.10.83«.

Man war bei der Auswahl der Patientinnen für Joris Experimente wirklich sehr sorgfältig vorgegangen.

Jori zog die Schüssel mit der Hühnerbrühe zu sich heran und probierte einen Löffel. Sie schmeckte nach nicht viel mehr als Zwiebeln und Wasser, aber sie war heiß.

Bis auf die Reizbarkeit schien Deborahs Krankheitsbild wenig Gemeinsamkeiten mit Runas zu haben, doch Jori konnte es sich wahrscheinlich nicht leisten, Ansprüche zu stellen. Dass er als Student ganze fünf Versuchspersonen vorgelegt bekam, war schon mehr, als er erwarten konnte.

Jori pustete auf seinen Löffel und schob ihn sich zwischen die Lippen. Die Wärme breitete sich zusammen mit einem vorsichtigen Optimismus in ihm aus. Er hatte Luys auf seiner Seite, und Charcot stand hinter ihm. Jetzt musste er nur noch zeigen, was er konnte. Er wollte bereit sein, wenn der Termin für die erste Operation anstand.

Er nahm das Messer, um sich dem erkaltenden Fleisch zu widmen. Dann kam ihm ein Gedanke.

Deborah N. war wegen Stimmungsschwankungen in die Klinik eingeliefert worden, dachte er, übersteigerte Sexualität. Ihr Verhalten mochte wenig Gemeinsamkeiten mit Runas haben. Aber dafür umso mehr mit Paulines.

Jori ließ das Besteck auf den Teller fallen, dass es knallte und schob dann alles von sich. Sein Appetit war verschwunden. Er war satt. Vielleicht hatte er sich zu viel aufgefüllt.

Noch vor ein paar Wochen hätte Jori den Zeitpunkt nicht erwarten können, bis es endlich losging. Doch jetzt überwältigte ihn die Geschwindigkeit, mit der die Dinge voranrückten. Bereits Ende der Woche stand ein Student vor ihm mit einer Nachricht von Luys in der Hand.

»Stimmt es, dass Doktor Charcot dir Patientinnen zum Üben gegeben hat?«, fragte der Student, ohne sich auch nur vorzustellen. Er war klein und hatte ein Gesicht, das so schmal war, als hätte seine Mutter es zum Abschied zu fest zusammengedrückt.

»Wer will denn das wissen?«

»Der Beauftragte der Wettgemeinde«, sagte der Student und warf sich in die nicht vorhandene Brust. Jori verdrehte die Augen und wandte sich ab. Er riss den Brief auf und ließ den Umschlag zu Boden segeln. Die Nachricht bestand nur aus zwei Sätzen, aber Luys' Handschrift war großzügig über das gesamte Blatt verteilt:

Müssen umgehend mit der ersten OP beginnen. Sehen uns Montag, 8:00 in meinem Büro. L.

Jori ließ den Brief sinken. Er krallte seine Hände in die Ränder des Papiers.

»Sollte es nämlich stimmen«, sagte der Student hinter ihm, »haben schon die Ersten angekündigt, dass sie ihre Wetteinsätze zurückhaben wollen, was natürlich ein Problem wäre. Aber in Anbetracht der Tatsache, dass sich die Ausgangssituation verändert hätte …« Er brach im Satz ab, als Jori sich zu ihm umdrehte. Seine eng zusammenstehenden Augen blickten erschrocken. Das musste an Joris Gesichtsausdruck liegen. Wenn der so aussah wie sein Innenleben, hätte er Jori auch zum Schweigen gebracht.

»Ihr wollt jetzt nicht allen Ernstes mit mir über diese Wette diskutieren …«

Der junge Student zog den Kopf ein, das konnte er gut. So schmal, wie der Kopf war, hätte er ihn bis durch den Hemdkragen ziehen können.

»Was gibt es dagegen einzuwenden?«, maulte er. »Die Wette schadet doch niemandem.«

Sie schadet doch niemandem? Jori blickte seinen Studienkollegen an. Sollte das wirklich das Fundament sein, auf dem eine neue Generation von Ärzten aufgebaut würde – niemandem zu schaden? Er hatte gedacht, sie wären an diese Klinik gekommen, um allen zu helfen!

Jori machte den Mund auf, um seiner Fassungslosigkeit Luft zu machen. Er sollte den Studenten in entsprechender Lautstärke bitten, sich seine Wette sonst wohin zu stecken, das wäre doch ein guter Anfang. Endlich könnte er jemanden anbrüllen, der für diese ganze Wettgeschichte und den Druck, den sie auf Jori ausübte, verantwortlich war. Doch dann schloss er den Mund unverrichteter Dinge. Die Wahrheit war, dass es ihn nicht mehr interessierte. Jori wunderte sich selbst darüber, aber diese ganze Wettidee berührte ihn einfach nicht mehr.

Seine Kämpfe spielten sich jetzt auf einem anderen Schlachtfeld ab, und dort rang man nicht mehr nur mit Holzstöckchen, dort gab es echtes Blut, das vergossen wurde, und Menschen, die sterben würden. Jori befand sich mitten zwischen ihnen, mittendrin in diesem Hexenkessel, den er so nicht gewollt und nicht vorhergesehen hatte und in dem er sich davor fürchtete, unterzugehen oder jemanden zu töten.

Hatte dieser sogenannte Beauftragte der Wettgemeinde tatsächlich von Problemen gesprochen und 30 Centimes Wetteinsatz gemeint?

Wenn Jori nicht Luys' Nachricht in den Händen gehalten hätte, wäre ihm vielleicht zum Lachen zumute gewesen. Er bückte sich nach dem Umschlag und hob ihn auf, und als er ging, ließ er den Kommilitonen einfach stehen, wo er war. Gefühlt war das am anderen Ende der Welt.

Luys öffnete die Tür nur einen Spaltbreit und bat Jori nicht herein. Seine Miene zeigte das altgewohnte Lächeln, doch sein Hemd war falsch geknöpft, als habe sich die Zerfahrenheit einen anderen Weg gesucht, wenn sie sich schon nicht auf seinem Gesicht zeigen durfte.

»Johann«, sagte er und war offensichtlich verwundert, Jori zu sehen.

»Ich habe Ihren Brief erhalten.« Jori streckte Zettel und Umschlag zum Beweis vor den Türspalt, sodass der Neurologe sie sehen konnte.

»Ich habe dich für Montag hergebeten.«

»Wie Sie sehen, bin ich schon heute gekommen.« Die Entschiedenheit, mit der Jori das sagte, ließ den Neurologen überrascht die Stirn runzeln.

Luys erklärte, dass er wegen der Konferenz in London noch immer in Arbeit ertrinke, man kenne das ja mit diesen Einladungen ins Ausland, und dass er am Montag gerne bereit wäre, alles Weitere zu besprechen. Doch Jori kannte das nicht, bisher war er noch nie auf eine Konferenz eingeladen worden, weder im Ausland noch im Inland.

»Was meinen Sie damit, wir müssten umgehend mit der ersten Operation beginnen?«, fragte er, ohne sich dem Rauswurf zu beugen.

»Na, so bald wie möglich eben. Auch deshalb solltest du mich nun wirklich weiterarbeiten lassen, Johann, ich habe zu tun.«

»Ich möchte lediglich wissen, ob ich die erste Patientin gleich mitschleppen soll, wenn ich am Montag hierherkomme.«

»Johann, was ist denn los mit dir?«

»Wir haben doch noch kaum etwas vorbereitet!«, rief Jori, und Luys streckte besorgt den Kopf zum Flur hinaus und sah sich um. Sein Büro war bekannt dafür, dass dort stets Harmonie und Ruhe herrschten.

»Jetzt beruhige dich doch erst mal«, sagte er mit seiner väterlichsten Stimme, und fast erwartete Jori, ihm würde über den Kopf gestrichen. »Ich verstehe ja, dass das alles neu und aufregend für dich ist. Aber natürlich sollst du die Patientin nicht gleich *mitschleppen*, wie du es nennst. Am Montag gehen wir die Recherchеergebnisse durch und setzen einen Termin für die erste Operation fest. Ende nächster Woche vielleicht.«

»Ende nächster Woche?«, echote Jori.

»Soweit ich es auf der Konferenz in London mitbekommen habe, sind wirklich schon viele Kliniken an diesem Thema dran. Wenn auch niemand so richtig darüber sprechen will. Wir müssen jetzt ein bisschen zügig machen. Das ist doch auch in deinem Sinne, oder?«

Jori schwieg, er wusste nicht, ob das in seinem Sinne war. Der Erste zu sein war von Anfang an Luys' Ziel gewesen, nicht seins. Jori wollte keinen Wettlauf. Er wollte, dass das Mädchen und die anderen Frauen überlebten.

»Nächste Woche Montag also«, sagte Luys, und: »Hast du sie inzwischen dazu gebracht, etwas zu essen?«

»Nicht so richtig.«

»Was heißt ›nicht so richtig‹? Also nein.«

Jori zögerte, ob er Luys von seinem neuesten Versuch erzählen sollte. Er war so verrückt, dass Jori selbst noch daran zweifelte.

»Ich habe ihr gestern ein Kaninchen gebracht«, sagte er dann.

»Bitte was?«

»Gestern habe ich Runa ein Kaninchen gebracht. Wir hatten früher Kaninchen auf unserem Hof in Finsterhennen, und meine Schwester hat sie geliebt. Ich bin darauf gekommen, weil Sie mir gesagt haben, Kinder spielten doch gern.«

Luys blickte ihn an, ohne zu blinzeln, er schien verwirrt.

Hilflos zuckte Jori die Schultern.

»Es war nur so eine Idee. Ich bin mit Tieren aufgewachsen.«

»So«, sagte Luys. »Na dann.«

Erst später, als der Neurologe die Tür bereits geschlossen hatte und Jori den Flur entlangging, fiel ihm ein, dass er Luys gar nicht mehr auf dessen Begegnung mit Runa angesprochen hatte.

Lecoq suchte lange, bis er den Tabakladen in der Rue de la Glacière fand. Er war so klein und unauffällig wie der Junge, den man darin großgezogen hatte. Ein schmaler Eingang in einem Eckhaus, darüber ein handgeschriebenes Schild aus Holz: »Le diablotin.« Das Eckchen war Wohnhaus und Laden zugleich.

Im Schaukasten hinter dem schlecht geputzten Fenster standen diverse Mittel gegen Haarausfall und schlechten Atem sowie einige Parfümflaschen, in denen die Flüssigkeiten kondensierten. Daneben gab es Zeitungen, Zeitschriften, Pfeifen, Zigarren, Tabak und Alkohol – flaschenweise oder im Glas an der winzigen Bar, für die wundersamerweise auch noch Platz im Sammelsurium war. Frédérics Vater hielt sich offenbar für einen Alleskönner.

Lecoq nahm eine der Zigarrenschachteln in die Hand, öffnete sie und roch an den braunen Stängeln. Es handelte sich um billigen Tabak von schlechter Qualität.

»Bonjour, Monsieur, wie kann ich Ihnen helfen?« Ein gescheitelter Mann mittleren Alters kam aus einem Hinterzimmer in den Verkaufsraum. Er hatte einen diensteifrigen Gesichtsausdruck und eine auffällig breite Stirn, sicherlich 56 oder 57 Zentimeter Kopfumfang, schätzte Lecoq. Das war typisch für Schwindler – ebenso wie der gutmütige Gesichtsausdruck, den der Mann an den Tag legte und den er sicher einzusetzen wusste, wenn es darum ging, seinen Opfern fälschliches Vertrauen einzuflößen.

Bevor Lecoq noch antworten konnte, hatte Monsieur Bonnet ihm die Packung aus der Hand genommen und sie zurück in das Regal gelegt, ganz so als gelte es eine Ordnung wiederherzustellen, die es in diesem Laden gar nicht gab.

»Ich bitte Sie, Monsieur, so ein billiger Tabak, das ist doch nichts für einen Herrn wie Sie. Ich sehe es Ihnen doch an, Sie sind ein Mann mit Format.« Der Gescheitelte öffnete die Arme und streckte sie in die Breite, als müsse er dieses Format abschätzen, zu sehr in die Breite, wie Lecoq fand. Er fasste sich verstimmt an den Bauch, der in seinem Fall weniger Wohlstand als Genuss repräsentierte.

Monsieur Bonnet drehte sich zum Regal um und zückte eine andere Schachtel, die er Lecoq so galant hinhielt, als handele es sich um eine Packung Pralinen.

»Et voilà, probieren Sie diese, Monsieur.« Sein gelbes Lächeln zwischen den Barthaaren verriet, dass Monsieur Bonnet selbst sein bester Kunde war. Argwöhnisch griff Lecoq nach einer der Zigarren. Auch sie roch billig.

»Monsieur Bonnet? Der sind Sie doch, oder?«

»Ja?«

»Ich suche Ihren Sohn.«

Der Mann wurde bleich und ließ die Schachtel mit den Zigarren sinken.

»Sind Sie von der Polizei?«

»Im Gegenteil.« Lecoq hielt die Zigarre noch immer in der Hand. Er konnte sie nicht mehr in die Schachtel zurücklegen, denn die baumelte jetzt vergessen an Monsieur Bonnets Arm. Also steckte er sie in den Mundwinkel, kramte eine Packung Streichhölzer hervor und zündete sie an. Der Tabak schmeckte scheußlich.

Monsieur Bonnet sah ihn fassungslos an, dann fragte er: »Was wollen Sie von Frédéric?«

»Das würde ich gern mit ihm selbst besprechen.«

»Er ist erst elf!«

»Ist er da?«

»Nein. Er ist in der Schule.«

»In der Schule, so.« Lecoq nickte, und Monsieur Bonnet wurde sichtlich nervös.

»Wann kommt er zurück?«

»Heute Abend erst.«

»Gut, ich werde auf ihn warten.«

Die Zigarre noch immer im Mundwinkel, schlenderte Lecoq zur Bar und betrachtete die Auswahl der Flaschen. Die meisten von ihnen waren selbst etikettiert und beschriftet. Entweder hatte Monsieur Bonnet neben dem Tabakgeschäft noch eine eigene Schnapsbrennerei, oder er machte es wie mit den Zigarren; er sammelte alte Reste, um daraus neue Getränke zu machen.

Der Calvados hatte eine seltsam bräunliche Farbe. Doch direkt daneben stand eine Flasche Cognac, mit der man es versuchen könnte. Zumindest hatte sie ein echtes Etikett. Lecoq lehnte sich über den Tresen, um es genauer zu betrachten. Bei Fälschern musste man stets auf der Hut sein.

»Sie sehen aus wie ein Polizist«, sagte Monsieur Bonnet hinter ihm. Er stand noch immer auf demselben Fleck. Lecoq seufzte. Der Mann hatte ebenso wenig Menschenkenntnis, wie er Ahnung von Qualität hatte.

»Und Sie sehen aus wie jemand, der mir gegen gutes Geld einen guten Cognac anbietet.« Er zog das Bündel Scheine aus seiner Manteltasche, das nicht mehr ganz so üppig war wie zu Beginn. Doch sein Umfang reichte noch immer, um Monsieur Bonnet zur Hochform auflaufen zu lassen. Der Tabakhändler machte große Augen. Was auch immer der Fremde von seinem Sohn wollte, er hatte Geld und konnte dafür zahlen. Das schien zwar nicht gerade sein Vertrauen zu wecken, aber doch zumindest die Lebensgeister. Eilfertig kam er zu seiner Bar und wischte sogar mit einem Lappen über den Tresen, wie um das

Geld nicht verstauben zu lassen. Er pustete die Flasche ab, auf die Lecoq deutete, und goss ihm großzügig ein.

»Ich wusste ja gleich, dass Sie ein Mann mit Geschmack sind«, sagte er. Und als Lecoq die Zigarre aus dem Mundwinkel nahm und der erste Schluck Cognac seine Kehle hinabbrannte, wusste er, dass ihm die Wartezeit bis zu Frédérics Rückkehr nicht allzu lang werden dürfte.

Es war bereits dämmrig, als sie zurückkamen. Die Schaufenster des Tabakladens waren erleuchtet, und Frédéric erkannte den Mann aus der Kirche schon von Weitem. Sein erster Impuls war es, sich hinter seiner Schwester zu verstecken. Sein zweiter, sich schützend vor ihr aufzubauen, immerhin war er der große Bruder. Am Ende verharrte er deshalb, wo er war, wie angewurzelt.

»Was ist?« Isabelle drehte sich um. Sie waren heute in den Cafés der Rue Lafayette unterwegs gewesen, wo die Tische enger zusammenstanden und man zwischen den Stuhlbeinen umherkriechen musste. Deshalb hatten sie den Säugling bei der Mutter gelassen. Isabelle trug nur das Säckchen mit den Zigarren- und Zigarettenstummeln, von dem sie behauptete, es sei bei ihr sicherer.

»Da sitzt ein Herr in Papas Laden. Da am Tresen!«

Isabelle kniff die Augen zusammen und blickte zum Schaufenster. Im hell erleuchteten Raum hockte ein alter Mann, gemütlich rauchend und eine Zeitung aufgeschlagen.

»Ja, ein Mann. Und?«

»Ich glaube, ich kenne ihn.«

»Woher?«

»Ich bin … ihm mal begegnet.«

»Na und?«

Frédéric hatte seiner Schwester nichts von dem Ausflug in

die Kirche erzählt. Sie wäre nur wütend gewesen, dass er sie nicht mitgenommen hatte.

»Ich will ihm nicht wieder begegnen.«

Isabelle verdrehte die Augen und schnalzte mit der Zunge. Dann ging sie einfach weiter und ließ den Bruder stehen.

»Isabelle!«, piepste Frédéric panisch und musste zusehen, wie sie das Säckchen über ihre Schulter warf und mit den kleinen Stiefeln stur auf den Laden zustolzierte. Sie stieß die Eingangstür auf, und durch das Fenster beobachtete Frédéric, wie der Mann von seiner Lektüre aufblickte, Isabelle ansah und dann den Kopf in Richtung Straße wandte. Ihre Blicke trafen sich. Frédéric wurden die Knie weich.

Der Mann faltete die Zeitung zusammen, stand von seinem Stuhl auf und sagte etwas zu jemandem. Dann tauchte plötzlich auch das Gesicht von Frédérics Vater auf. Beide Männer stellten sich ans Fenster.

Frédéric machte einen unsicheren Schritt nach vorn, obwohl er am liebsten davongelaufen wäre, doch wohin schon, und der Mann wusste, wo Frédéric wohnte, das wusste er ganz offensichtlich.

Der Laden war nur noch drei oder vier Meter entfernt, aber Frédérics Füße fühlten sich an wie auf der Straße festgeklebt. Beim besten Willen konnte er sich nicht mehr vorwärtsbewegen, zumal sein Wille in diesem Punkt auch gar nicht der beste war.

Vaters Gesicht verschwand vom Fenster, und im nächsten Moment bewegte sich die Eingangstür des Ladens. Der Vater kam heraus und blickte seinen festgewachsenen Sohn an. Er machte eine Geste, als winke er einen Hund zu sich.

»Was ist denn? Komm her jetzt!«

Eine Kutsche fuhr zwischen ihnen über die Straße und machte Frédéric für ein paar Sekunden unsichtbar. Damit der Moment länger dauerte, kniff er die Augen zusammen und zählte bis elf, doch als er sie wieder öffnete, standen die Männer noch immer da. Abwartend und ein bisschen verwirrt blickten sie zu ihm herüber.

Hinter der Scheibe des Ladens tauchte jetzt auch Isabelle auf. Sie presste Hände und Gesicht gegen das Glas und verdrehte die Augen, als sie ihn noch immer da stehen sah. Das gab ihm den letzten notwendigen Tritt. Frédéric schob die Brust vor, blickte nach rechts und links, wie er es an der Straße gelernt hatte, und marschierte dann los, die Augen immer auf den Bürgersteig vor sich gerichtet, um bloß nicht die Männer ansehen zu müssen, die ihn erwarteten.

Der Vater gab ihm einen Klaps in den Nacken, als er an ihm vorbeikam.

»Wir haben Besuch. Begrüß den Herrn!«

»Bonjour Monsieur«, sagte Frédéric leise und mit noch immer gesenktem Kopf. Er rieb sich den Nacken. Der Fremde nahm seine Zigarre aus dem Mund.

»Salut, Frédéric.« Seine Stimme war heute freundlicher als bei ihrem letzten Treffen, aber Frédéric traute ihm trotzdem nicht. Es bestand kein Zweifel, dass er gekommen war, um dem Vater zu erzählen, dass er ihn nachts in der Kirche aufgelesen hatte.

»Monsieur Bonnet, schenken Sie mir doch noch etwas von diesem Cognac ein, bitte.«

Frédérics Vater lief eilfertig hinter den Tresen und füllte das Glas, das neben der zusammengefalteten Zeitung stand. Frédéric konnte riechen, dass der Fremde schon einiges getrunken hatte. Er kannte den Gestank nach Alkohol. Manchmal tranken Männer abends im Tabakladen des Vaters, und wenn sie sehr besoffen waren, verwechselten sie die Eingangstür mit der Hintertür und standen plötzlich in der Wohnstube, lallend und verwundert. Ihm machte das jedes Mal Angst.

Doch der Mann lallte gar nicht, als er sich herabbeugte, nah an Frédérics Ohr kam und flüsterte: »Ich habe ihm nichts gesagt.«

Überrascht blickte Frédéric auf, doch da kam der Vater schon wieder um den Tresen herum. Er überreichte dem Fremden mit großzügiger Geste den Cognac.

»Wenn ich noch irgendetwas für Sie tun kann, Monsieur?«

»Frédéric und ich werden jetzt ein kleines Stück die Straße hinuntergehen.« Der Alte steckte seine Zigarre in den Mund und legte die rechte Hand an Frédérics Hinterkopf. Er schob ihn sanft in Richtung Ausgang. Frédéric sah panisch zu Isabelle und dann zu seinem Vater. Doch sie standen beide nur da und rührten sich nicht. Niemand eilte ihm zu Hilfe, als er den Laden mit dem Fremden verließ. Frédéric fiel auf, dass der Mann noch das Glas in der Linken trug.

Sie gingen ein Stück durch die Dämmerung, bevor der Fremde zu sprechen begann.

»Weißt du, es ist komisch«, sagte er. »Ich bin in die Kirche gegangen, weil ich einen Ort gesucht habe, an dem man ein Kind finden könnte. Und was ich gefunden habe, warst du.« Er zog ein letztes Mal an seiner heruntergebrannten Zigarre und hielt sie dann Frédéric hin, als wolle er ihm auch einen Zug anbieten. Frédéric schüttelte den Kopf, dann begriff er, nahm den Stummel zwischen die spitzen Finger, ließ ihn auf den Boden fallen, blieb kurz stehen, um die Glut auszutreten, und hob den Rest auf. Er steckte ihn in die Tasche.

Eine Brotträgerin kam ihnen entgegen. Sie war offensichtlich gerade auf dem Rückweg von der Arbeit. Der Mann hielt sie an, sah in den Wagen, den sie hinter sich herzog, und deutete auf eine kleine Brotstange, die mit Schinken umwickelt war. »Möchtest du?«, fragte er Frédéric, und bevor dieser noch antworten konnte, hatte der Mann schon einen Schein aus der Tasche gezogen und zwei gekauft. Es krümelte, als Frédéric in das Gebäck biss, und es schmeckte herrlich.

»Willst du mir immer noch sagen, du hättest Zigarettenstummel in der Kirche gesucht?«

Frédéric errötete, schwieg aber. Er hatte den Mund voller Brot und würzigem Schinken.

»Es ist einiges geschehen, seit wir uns das letzte Mal gesehen haben. Da wurde eine tote Frau gefunden und so weiter, die Details möchte ich dir ersparen. Jedenfalls habe ich erfahren, dass der Ort, den ich gesucht habe, in Wahrheit nicht die Saint-Médard war, sondern die Val-de-Grâce. Und trotzdem ...«, der Mann hielt seine Brotstange noch immer unangebissen in der Hand und fuchtelte damit beim Reden in der Luft herum, »die beiden Kirchen sind nur 500 Meter voneinander entfernt. Wusstest du das?«

Frédéric schüttelte den Kopf, er hatte keine Ahnung, wovon der Mann sprach. Von seiner eigenen Brotstange war nur noch ein Rest übrig. Er schob ihn sich in den Mund, ungeachtet der Tatsache, dass das Stück ein bisschen zu groß war und er die Lippen nicht mehr schließen konnte, um anständig zu kauen. Doch es schmeckte so gut, dass es ihm plötzlich nicht einmal mehr etwas ausmachte, mit dem Fremden unterwegs zu sein.

»Was also hast du wirklich in der Kirche gemacht? Du brauchst keine Angst zu haben wegen der kleinen Lüge. Ich lüge auch manchmal, weißt du?«

»Ech'uar'uegen ger Kukche.«

»Bitte?«

Frédéric schluckte das Brot herunter. Es drückte in seiner Kehle, sodass er kurz die Augen zusammenkniff und hustete. Der Mann blieb stehen und wartete auf ihn.

»Es war wegen der Kutsche.«

»Welche Kutsche?«

»Ich habe eine Kutsche gesehen, mit Zeichen drin und was Gemaltem. Und dann hab ich die gleichen Buchstaben an der Kirche gesehen.«

»Der Saint-Médard?«

Frédéric nickte.

»Was waren das für Buchstaben?«

»Ich weiß es nicht.«

»Wieso weißt du es nicht?«

»Ich kann nicht lesen.«

Der Mann blickte irritiert.

»Du hast doch gerade gesagt, du hast den Spruch gelesen und dann wiedererkannt.«

»Nur die Form. Ich hab die Form wiedererkannt.«

»Die Form?«

»Die Form der Buchstaben. Und die drei Halbkreise. Wie – drei Kirchenfenster.«

Jetzt, wo der Mann so begierig nachfragte, wurde Frédéric unsicher, ob es eine gute Idee gewesen war, ihm die Wahrheit zu erzählen. Die Kutsche war ein Geheimnis zwischen ihm und seiner Schwester. Und nicht einmal Isabelle wusste, was er darin gesehen hatte. Was, wenn der Fremde selbst aus dem Schloss kam? Was, wenn er nach Menschen suchte, die den Spruch gelesen hatten? Er hatte einen Ort gesucht, an dem man ein Kind finden konnte, hatte der Fremde gesagt. Frédéric wurde kalt. Er blickte sich um. Auf der Straße hinter sich glaubte er plötzlich eine Bewegung in der Dämmerung auszumachen.

»Wo hast du die Kutsche gesehen?«

»Das weiß ich nicht mehr. Ich war unterwegs.«

»Würdest du den Ort wiederfinden?«

»Nein. Ich glaube nicht.«

»Du bist jeden Tag hier in den Straßen. Du musst dich doch auskennen.«

»Nicht in dem Teil der Stadt.«

»In welchem?«

Frédéric zögerte. Dann streckte er die Hand aus und deutete vage in eine Richtung.

»Da so.«

Der Blick des Mannes folgte dem Fingerzeig.

»Da so? Im 19. Arrondissement?«

»Ich weiß nicht.«

Der Mann blickte noch immer skeptisch, und vorsichtshalber setzte Frédéric sein unschuldigstes Gesicht auf.

»Weißt du, ich habe auch einen Zettel mit Zeichen und Buchstaben gefunden«, sagte der Mann nach einer Weile. Er blieb stehen, steckte die zweite Brotstange und das leere Glas in seine Manteltasche, um die Hände frei zu haben, und zog dann ein schwarzes Buch hervor. Er klappte es auf und hielt es Frédéric unter die Nase.

»Ich habe doch gesagt, ich kann nicht lesen.«

»Ach ja. So. Also, ich habe diese Notiz an einem Bahnhof gefunden, auf einem zerknüllten Zettel, den ein Mann von der Wand gerissen und weggeworfen hatte. Hier steht: ›MOUF ET S-S T-RRE Cu P I …‹, und dann noch ein paar andere Buchstaben, die nicht zusammenpassen.« Der Fremde machte eine Pause. »Sahen die Zeichen ungefähr so aus, die du gesehen hast?«

»Ich glaub nicht.«

»Versuch dich zu erinnern!«

Frédéric schüttelte den Kopf.

»Sie ist in Kinderschrift geschrieben!«

Frédéric zuckte die Schultern.

»Hast du irgendeine Ahnung, wer das geschrieben haben könnte?«

»Nein, Monsieur.«

»Hm. Das hatte ich befürchtet.« Er wirkte enttäuscht und steckte das Notizbuch wieder ein. Dann setzte er sich in Bewegung. Er ging schneller diesmal, und Frédéric musste sich anstrengen, um mit ihm Schritt zu halten.

»Monsieur, wohin gehen wir?«

»Wir gehen nur so rum.«

Frédéric glaubte, das Geräusch von Schuhsohlen auf den Pflastersteinen zu hören, und als er sich umdrehte, sah er in der Dämmerung den Rock seiner Schwester hinter einer Häuserecke verschwinden.

»Sie verfolgt uns schon die ganze Zeit«, sagte der Mann, ohne sich umzudrehen, und blieb stehen. »Komm heraus, Mädchen! Inzwischen hat dich sogar dein Bruder entdeckt!«

Einige Sekunden blieb es still hinter der Häuserecke. Dann trat Isabelle mit hoch erhobenem Kopf aus ihrem Versteck. Sie schritt zu ihnen herüber, mit so viel Würde, wie es einer Siebenjährigen nur möglich war, und stellte sich neben Frédéric. Als der Fremde das Brot aus seiner Tasche zog und ihr hinhielt, drehte sie sich weg.

»Wie heißt du, Mädchen?«

»Isabelle?«, sagte sie hochnäsig, und der Fremde erwiderte: »Ist das eine Frage oder eine Antwort?«

Isabelle verschränkte die Arme vor der Brust und kniff die Lippen zu einem Spitzmund zusammen, der sagen sollte, dass sie nicht bereit war, unter solchen Umständen zu diskutieren. Frédéric kannte das schon.

»Mein Name ist Monsieur Lecoq«, sagte der Fremde.

»Sind Sie Polizist?«

»Nein, junge Dame, ein Verbrecher.«

»Das ist doch kein Beruf!«

»Aber eine Lebenseinstellung!«, erwiderte Monsieur Lecoq, und Frédéric schwieg beeindruckt, weil er nicht wusste, was eine Lebenseinstellung war. Er bemerkte Isabelles sehnsüchtigen Blick, als sie nun doch auf die Brotstange mit dem eingebackenen Schinken schielte. Doch genau in diesem Moment hob Monsieur Lecoq das Gebäck an den Mund und biss einmal kräftig hinein.

»Mhhh«, machte er anerkennend und hob schmatzend die Augenbrauen, während er die Stange von allen Seiten betrachtete. Er schluckte, blickte Isabelle an und fragte: »Willst du nicht doch mal …?«

Isabelle streckte die Nasenspitze noch höher in die Luft, doch sie nahm die angebissene Brotstange trotzdem entgegen. Mit spitzen Fingern riss sie das obere Stück ab, den Teil, in dem noch Lecoqs Zahnabdruck zu sehen war, und reichte ihn an Frédéric weiter, der nicht wusste, was er damit anfangen sollte. Dann biss sie herzhaft in den Rest der Stange hinein.

»Frédéric und ich sind Zigarrensammler«, verkündete sie mit vollem Mund. »Und ich bin die Beste von uns. Ich kann unter jeden Stuhl krabbeln, in den Cafés, ohne dass die Leute etwas merken. Und ich fange Zigarrenstummel in der Luft, noch bevor sie auf den Boden fallen.«

»So«, sagte Lecoq. Isabelle schluckte glücklich und biss erneut ab.

»Was wollen Sie eigentlich von Frédéric?«

»Nun, ich wollte ihn fragen, ob er vielleicht ein Kind kennt, das ich suche.« Frédéric blickte Monsieur Lecoq an. Ich lüge auch manchmal, hatte er gesagt. Frédéric war sich immer unsicherer, was er von ihm zu halten hatte.

»Welches Kind?«

»Ein Mädchen. Viel weiß ich auch nicht von ihr. Sie soll blonde Haare haben und sehr komische Augen. Eins heller als das andere. Zumindest haben das ihre Zieheltern gesagt.«

»Eins heller als das andere? So was gibt es doch gar nicht.«

»Isabelle!«, sagte Frédéric. Doch sie achtete gar nicht auf seinen mahnenden Ton.

»Wir könnten Ihnen natürlich helfen, sie zu suchen«, sagte sie. »Wir sind sehr gut im Suchen.«

»Isabelle.«

»Ist doch so.« Noch einmal biss sie von der Brotstange ab und schob kauend das Kinn vor.

»Natürlich müssen Sie uns dafür bezahlen.«

»Hat das dein Vater gesagt?«

»Nein, da bin ich ganz von allein draufgekommen.«

»Nun, lass dir gesagt sein, du schlägst nach ihm.«

Es wäre Frédéric am liebsten gewesen, dieser Monsieur Lecoq hätte den Vorschlag gleich als Unsinn abgetan, denn Unsinn war es, das erkannte doch selbst Frédéric mit seinen elf Jahren. Doch der Mann schmunzelte nur und drückte Frédéric noch einmal sein Glas in die Hand, um in aller Ruhe in seiner Manteltasche kramen zu können, die riesig war, so viel wie er darin herumtrug, eine wahre Wundertasche! Diesmal zog er ein Zigarrenetui hervor, in dessen Deckel eine Packung Streichhölzer steckte. Das Streichholz flammte auf und erhellte kurz sein Gesicht, als der Mann sich die Zigarre ansteckte. Es war kalt geworden.

Auf der Straße fuhr eine Kutsche vorbei, in der einbrechenden Dunkelheit wirkte sie schwarz. Das Klappern der Hufe auf der Straße war gespenstisch laut. Frédéric dachte an das Schloss, in das man das Tier gebracht hatte, und plötzlich schien ihm die Brotstange von innen gegen den Bauch zu drücken. Er rückte näher an Isabelle heran.

»Lass uns nach Hause gehen. Ich will das Mädchen nicht suchen!«, flüsterte er, doch seine Schwester hatte längst wieder diese roten Wangen, die verrieten, dass sie ein Abenteuer erleben wollte. Schon wieder eins! Frédéric verzog das Gesicht, blickte in die Dunkelheit und machte sich auf das Schlimmste gefasst.

Als Jori am Morgen in der Salpêtrière ankam, erwartete ihn schon ein ungeduldiger Babinski. Er stand hinter dem Eingang in der frühen Kälte, als übernehme er nun auch die Arbeit des Pförtners vertretungsweise. Sein Atem spie weiße Wölkchen in die Luft.

»Jo'annrischard – du musst mitkommen!«

»Was ist passiert?«, fragte Jori, doch er lief schon los, er glaubte die Richtung zu kennen, in die es ging, und er sollte sich nicht irren: an der Kirche vorbei, über die Cour Lassay und zu den Schweizer Châlets.

»Ist dem Mädchen was passiert?«, fragte er über seine Schulter hinweg, doch der Pole schnaufte zu sehr, um eine klare Antwort zu geben. Er musste sich aufs Laufen konzentrieren, Laufen war nicht seine Stärke.

»Sie… haben… sie… heute… Morgen… gefunden«, war alles, was er von sich gab, bei jedem zweiten Schritt ein Wort, als würde seine Stimme humpeln.

Jori sah den Menschenandrang um die kleine Hütte schon von Weitem. Schaulustige hingen an dem vergitterten Fenster. Er lief schneller und ließ Babinski zurück. Es waren hauptsächlich Patientinnen und Studenten, eine Wärterin konnte er nicht sehen. Er drängelte sich durch.

Die Tür zur Isolationskammer stand offen und gab den Blick auf das Bett am hinteren Ende der Wand frei, eine Bühne wie für ein Puppentheater. Und auf der Matratze saß aufrecht das Kind, den Rücken senkrecht durchgestreckt, die Füße noch ans Bett gefesselt. Sie hatte den Kopf gesenkt und schaute auf ihren Körper. Dabei grub sie die Finger in etwas, was wie eine Wunde in ihrem Schoß aussah. Jori schnappte nach Luft, als er sah, dass Blut das Laken tränkte. Dann begriff er, dass es nicht Runas eigenes Blut war, sondern das des Kaninchens, das in ihrem Schoß lag, aufgerissen und zerpflückt. Über das weißgraue Fell quollen Fleisch und Gedärme. Die Ohren waren abgebrochen und lagen auf dem Bett neben Runas Beinen.

»Oh Gott, was machst du denn!« Mit einem Satz war er in der Hütte und bei dem Kind, das seinen Blick und den Zeigefinger unverwandt in das offene Tier bohrte. Jori entriss ihr das Bündel Fleisch und Fell, als könnte er es noch retten; dabei konnte er nicht einmal mehr erkennen, wo oben und wo unten war. Der Darm quoll über seine Finger und wie ein schwerer Tropfen aus dem Tier heraus. Ihm wurde übel bei dem Anblick. Er ließ es fallen, und es klatschte laut, als es auf den Boden traf. Jori blickte auf und sah in Runas Augen. Sie hätten nicht ausdrucksloser sein können. Vielleicht lag ein Funken Verwunderung in ihnen.

»Was ist das?«, fragte eine angeekelte Stimme von der Tür her, und niemand wusste, ob sie das Kind oder den toten Hasen meinte. Jori drehte sich um, plötzlich in dem Bewusstsein darüber, wie viele Zuschauer sie hatten – wie viele Zuschauer er hatte. Neugierig starrten sie in den Raum: Alte, Verrückte, Kranke und die Studenten.

»Hier gibt es nichts zu sehen. Geht wieder an die Arbeit!«, rief Jori und wollte die Tür schließen, doch die Schaulustigen hinderten ihn daran. Sie hielten sie mit den Händen offen, stellten ihre nackten Füße dazwischen. Erst als Jori schrie und sie zur Seite schubste, konnte er die Tür zudrücken. Es war ein Kampf. Er stemmte sein Gewicht von innen gegen das Holz, hielt die Klinke fest und wartete, bis die Zuschauer draußen aufgaben. Die Gruselvorstellung, die sie alle so gern bestaunt hatten, war beendet. Ohne Applaus verschwand das Mädchen wieder in der Holzkiste und mit ihm das Blut und die Tierinnereien. Auf dem Boden klebte das Kaninchen, direkt neben Joris Füßen. Er atmete ein paar Mal tief ein und aus und versuchte einzuschätzen, wie schlimm die Situation war. Er hatte ein Kaninchen mit in die Klinik geschmuggelt und die Wärterinnen darum gebeten, Runa von den Handfesseln und dem Bauchgurt zu befreien, damit sie für eine Stunde pro Tag mit ihm spielen könnte, morgens und abends. Zeit und Dosis waren getaktet, wie bei einer Tablette. Damit war er verantwortlich für das Chaos, das hier angerichtet worden war, aber vielleicht sah es schlimmer aus, als es war, redete er sich ein. Man müsste nur die Laken waschen und den Boden. Und Charcot dürfte nichts von dem toten Tier erfahren. Wenn nur Charcot nichts davon erfahren würde.

Er blickte zu Runa, die noch immer im Bett saß, die Beine rechtwinklig zu ihrem Oberkörper wie eine zu dünn geratene Puppe. Verloren sah sie aus, wie in Trance oder schlafwandelnd.

Einem plötzlichen Impuls folgend, hob Jori die Arme, trat einen Schritt auf Runa zu, doch dann traute er sich nicht, sie anzufassen. Er hätte auf Mme Bottard hören sollen, die ihm gesagt hatte, dass es zu gefährlich war, dem Kind die Fesseln abzunehmen. Und jetzt, wo sie vor ihm saß und nicht mehr im Bett lag, kam Runa ihm wieder unheimlich vor. Sie hatte sich vor ihm aufgebaut, hatte sich aufgerichtet wie eine Schlange, um ihm auf Augenhöhe zu begegnen, das spürte er. Reglos sahen sie einander an und warteten darauf, dass der jeweils andere zuerst eine Bewegung machte.

»Jo'annrischard?« Jori zuckte zusammen, als es hinter ihm sacht an der Tür klopfte. Babinskis Stimme klang dumpf durch das Holz, und plötzlich fand Jori die Idee beruhigend, ihn an seiner Seite zu haben. Er öffnete die Tür nur einen Spalt, gerade so weit, dass Babinski sich und seinen runden Bauch hindurchdrücken konnte. Draußen standen noch immer die Verrückten. Ihre aufgeregten Stimmen drangen wie ein Fliegenschwarm in die Hütte. Babinski sah verschwitzt aus, trotz der Kälte. Sein Gesicht war gerötet vom Laufen.

»Mach die Tür noch nicht zu, ich habe Doktor Luys geholt«, keuchte er, und da tauchte das Gesicht des Neurologen auch schon hinter ihm in der Menge auf. Luys bahnte sich einen Weg zur Hütte und blickte erstaunt um sich.

»Johann«, rief er, als er Jori sah. Doch bevor dieser antworten konnte, schrie das Kind hinter ihm plötzlich los, so ohrenbetäubend und schrill, dass Jori und Babinski sich vor Schreck duckten und die Hände zu den Ohren rissen. Runas Schrei wurde von den Menschen draußen aufgenommen, die nun mit neuer Vehemenz vordrängten, um zu sehen, was geschehen war. Sie hingen am vergitterten Fenster und gafften. Jori drehte sich um und sah gerade noch, dass Runa es irgendwie geschafft hatte, im Bett aufzustehen, die Fußfesseln gespannt um ihre Knöchel, da flog auch schon etwas auf ihn zu. Es traf ihn im Gesicht und fiel zu Boden. Etwas Glitschiges, Kleines. Er wollte sich gerade bücken und nachsehen, als schon das nächste Ding auf ihn zuflog, es war ein Hasenohr. Runa begann damit, alles, was sie in die Finger bekam, schreiend um sich zu werfen: Kopfkissen, Decke, die Reste von Fleisch und Fell auf ihrem Laken. Jori hob die Hände und trat einen Schritt vor, um sie aufzuhalten, als Runa über das Fußende des Bettes stolperte, so jedenfalls nahm Jori es wahr. Die Menschen hinter dem Fenster dagegen würden später behaupten, das Kind sei gesprungen und habe sich auf ihn stürzen wollen.

Die Fußfesseln aber waren zu kurz. Runas Beine verrenkten sich schmerzhaft, als sie längs über das Fußende fiel, sie schrie wie von Sinnen, ihr Oberkörper schlug lang über die Bettkante, der Kopf auf den Boden. Jori sog die Luft ein, als er das Geräusch des Aufpralls hörte, schon der Anblick tat ihm weh, sein erster Gedanke war: Jetzt ist es vorbei.

»*Rany boskie!*«, rief Babinski, sprang vor und ging in die Knie, um dem Kind zu helfen. Luys stand in der Tür, hinter ihm die neugierigen Gesichter, die versuchten, an seinem Ohr vorbei und unter seinen Achseln hindurchzuspähen. Das Lächeln auf Luys' Gesicht war eingefroren, mit einem Mal wirkte er sehr bleich.

Jori sah, wie Babinski den Oberkörper des Mädchens drehte, damit es ausspucken konnte, schwarzer Schaum kam aus Runas Mund, sie hustete, spuckte Blut, und als sie den Mund wieder frei hatte, schrie sie von Neuem. Dann begann sie zu zittern.

»Mach die Fesseln los!«, rief Babinski, doch Jori hatte sich noch nicht wieder von dem Schreck erholt. Er stand wie erstarrt. Das Mädchen wand sich wie ein zappelnder Fisch im Netz, es schlug um sich und traf Babinski mehrmals an den Schläfen, doch er hielt es trotzdem fest, so gut es eben ging. »Verdammt, Jo'annrischard, jetzt hilf mir mal.«

Jori hatte den Polen noch nie so entschieden erlebt, und wahrscheinlich war das der Grund, warum er sich endlich aus seiner Erstarrung löste. Er sprang zu Babinski, bückte sich, wollte helfen und wusste nicht, wo er bei dem zappelnden Bündel anfassen sollte. Überall waren Runas Arme und ihre Zähne, ihr ersticktes Geschrei, das einem zusammen mit dem Lärm von draußen den Verstand raubte.

»Pass auf die Zähne auf, ich löse die Fußfesseln!«, rief Jori über den Lärm hinweg, und Babinski rief in ebensolcher Lautstärke zurück: »Sie ist doch noch ein Kind!« Und dann jaulte er auf und zog die Hand zurück, an der eine Bisswunde klaffte. Runa hatte seinen Finger zu fassen bekommen.

Zwei Wärterinnen kamen endlich zur Tür hereingeeilt, eine von ihnen Mme Bottard. Luys musste beiseitetreten. Sie blickten auf das Chaos im Raum, begriffen mit erstaunlicher Schnelligkeit und stürzten sich auf das Mädchen. Babinski wurde zur Seite gestoßen. Er fiel auf den Hintern. Dann bogen die Wärterinnen Runa die Arme auf den Rücken. Ihr Gesicht wurde auf den Boden gedrückt, die Füße hingen noch immer auf dem Bett. Die eine Wärterin, eine große Frau mit vorstehenden Augen und schmalen Lippen, gab ihr einen Faustschlag in die Nieren, und Runa bog den Rücken durch vor Schmerz.

»Bitte«, rief Jori, »bitte nicht!« Er wollte Runa zu Hilfe eilen, doch er wurde beiseitegestoßen und konnte nicht mehr tun, als auf die Knie zu gehen und nach Runas Kopf zu greifen, damit er nicht erneut auf den Boden schlug. Ihm war zum Heulen zumute. Mme Bottard zählte bis drei, die beiden Frauen drehten das Kind um und warfen es rücklings aufs Bett zurück. Jori folgte der Bewegung und hielt immer noch Runas Kopf, als sei sie ein Neugeborenes, dessen Nacken er stützen müsste. Die Wärterinnen drückten das Mädchen flach auf die Matratze und legten ihm die Gurte an, in einer Geschwindigkeit, als schlössen sie lediglich einen Koffer. Stumm überprüften sie den Sitz der Fesseln, dann traten sie zurück, zufrieden mit sich und ihrer Arbeit.

»Es tut mir leid, es tut mir leid«, flüsterte Jori und blickte auf die weißen Haare unter seinen Händen. Er fühlte sich, als hätte er einen Kampf hinter sich. Runa war jetzt still. Nur Schaum tropfte noch aus ihrem Mund. Der Schlag in die Nieren hatte sie für einige Minuten außer Gefecht gesetzt. Jori blickte zu den Wärterinnen, zu Luys und dann zu Babinski, der noch immer kniete. Er sah die beiden Männer plötzlich mit anderen Augen. Luys stand seitlich am Türrahmen. Er hatte die ganze Zeit über keinen Finger gerührt, und auch das eingefrorene Lächeln auf seinen Lippen brachte ihm in diesem Moment keine Sympathien. Babinski dagegen hatte geholfen. Er hatte ihn geholt und dann Luys, und er hatte sich als Einziger um das Mädchen gekümmert, als alle anderen wie erstarrt waren. Einen Moment lang war er versucht, Babinski die Hand zu reichen, um ihm beim Aufstehen zu helfen. Doch da griff der Pole schon selbst nach oben und stützte sich auf der Matratze ab, um sich mühsam aufzurichten. Jori sah auf den Boden, der völlig verschmiert war. Die schmallippige Wärterin war in das tote Kaninchen getreten.

Joris Hoffnung, Charcot könne nichts von dem Vorfall erfahren, zerschlug sich schnell. Die Wärterinnen hatten Bett und Boden noch nicht vollständig von den Resten des Tiers gereinigt, da stand der Nervenarzt schon in der Tür, klein und gedrungen, die Augen über der Adlernase zu schmalen Schlitzen verzogen.

»Wer ist hierfür verantwortlich?«, donnerte er, obwohl man ihm bestimmt auch das schon gesagt hatte. Jeder der Studenten drängte doch darauf, dem Ohr des Dr. Jean-Martin Charcot einmal nahe genug zu kommen, um etwas von Wert hineinzuflüstern.

Luys nickte Jori aufmunternd zu und verließ dann schnell die Hütte. Jori blickte ihm nach und wusste nicht, was er denken sollte. Er hätte sich gern an einem Lächeln wie dem des Neurologen festgeklammert, denn es war das Lächeln eines Mannes, dem nichts etwas anhaben konnte. Babinski dagegen stand noch immer neben Jori und war genauso unsicher und nervös wie er selbst.

»Wenn du Hilfe brauchst…«, sagte er leise, doch Jori schüttelte den Kopf.

»Verzieh dich, Babinski.« Er meinte es nicht einmal böse, die Wortwahl war reine Gewohnheit.

Das hier musste er allein durchstehen, Babinski hatte nichts damit zu tun. Es war Jori, der auf die bahnbrechende Idee gekommen war, das unberechenbarste Kind der Klinik mit einem Kaninchen zähmen zu wollen.

Charcot war für seine Zornausbrüche bekannt, und Jori ließ die Vorwürfe mit gesenktem Kopf auf sich herabregnen, als es so weit war. Die Missbilligung des Nervenarztes kreiste vor allem um das zerpflückte Kaninchen, viel weniger um das Kind oder das Chaos in der Hütte, in dem die Wärterinnen knieten und mit ihren Schrubbern stumm den Boden bearbeiteten. Wahrscheinlich war das noch die angemessenste Haltung, um Charcot in seiner Wut zu begegnen, dachte Jori. Wahrscheinlich hätte er es auch so halten sollen. Er wusste, dass sie alles genau mit anhörten und später in der Klinik weitergeben würden.

Wie er überhaupt auf die Idee gekommen sei, dieser Patientin ein Tier mitzubringen, donnerte Charcot gerade, doch wie so oft war es keine Frage, auf die er eine Antwort erwartete. Also schwieg Jori und wartete auf das Ende des Gewitters. Verstohlen sah er zum vergitterten Fenster, hinter dem der gepflasterte Hof lag. Die letzten Grüppchen Schaulustiger verteilten sich auf die umliegenden Gebäude und ließen einen trostlosen Ort zurück.

Erst gestern hatte man wieder versucht, die Grashalme zwischen den Steinen fortzubrennen.

Als Runa schließlich zu essen begann, sorgte die Neuigkeit in der Salpêtrière für Aufsehen und Spekulationen. Mme Bottard fühlte sich in ihrer Annahme bestätigt, das Kind mache, was es wolle: Keine Umgebung oder Therapie, wie intensiv sie auch gewesen sein mochte, sei zu dem Kind vorgedrungen; ärztliche Maßnahmen seien an ihr abgeperlt wie der Regen draußen von den Kupferdächern. Aber nun habe es sich eben dazu entschieden, wieder Nahrung aufzunehmen. Mme Bottard erzählte das jedem, der es hören wollte. Aber viele waren das nicht. In einer Klinik, in der alle Insassinnen bis hin zu den Urinwerten zufriedenstellend erforscht und katalogisiert wurden, konnte man kein unberechenbares Kind gebrauchen.

Die meisten wollten deshalb lieber daran glauben, dass der Einfluss der harten Hand in der Sektion Rambuteau die Veränderung gebracht habe. Dorthin hatten sie Runa nach dem Vorfall in der Isolationshütte nämlich verlegt.

Die Sektion Rambuteau war eigentlich eine Abteilung für geisteskranke Erwachsene, und niemand konnte sich daran erinnern, dass jemals ein Kind dort behandelt worden war. Doch man war sich einig gewesen, dass Runa nach dem, was geschehen war, nicht in die Abteilung der Mädchen zurückkehren konnte. Was heute das Kaninchen war, könnte morgen schon die junge Idiotin aus dem Nachbarbett sein, hatten sie sich gesagt und die Köpfe geschüttelt.

In der Sektion Rambuteau verwahre man die aufgebrachten Verrückten, die gewalttätigen, und dort gehöre das Kind hin. Dort wisse man wenigstens, wie mit Widerspenstigkeit umzugehen sei.

Dass Runa nun wieder aß, war der beste Beweis dafür.

Jori, allen anderen Spekulationen zum Trotz, war der Einzige, der ahnte, dass der Wendepunkt in Wahrheit keiner harten Hand, sondern im Gegenteil einer sehr weichen zu verdanken war, nämlich der dieser neuen Wärterin: Julie Lamond.

Julie war keine 16 Jahre alt und in einem Stadium, in dem man ihrem Körper praktisch täglich bei der Entwicklung zusehen konnte. Ein paar Wochen, und die jetzt noch kindlich schmalen Hüften würden in die Breite gehen. Ein weiterer Monat, und die Ärzte und Studenten würden ihr nachsehen – einige taten es schon jetzt, es gab immer solche, die Dispositionen früher erkannten als andere.

Julie Lamond würde einmal eine kräftige Wärterin werden, auch das ließ sich bereits sehen. Sie hatte ein breites Kreuz und fleischige Oberarme, die zu Muskeln werden konnten, wenn Julie die harte Schule der Salpêtrière überstand.

Wenn jemand neu zum Arbeiten in die Klinik kam, waren die ersten Stunden immer die entscheidenden, und das galt nirgends so wie in der Sektion Rambuteau, wo die wahren Verrückten gehalten wurden. Mit Nervenbehandlung war hier nicht mehr viel auszurichten, deshalb übernahmen Irrenärzte die Arbeit in diesem Winkel der Klinik. Charcot kam eigentlich nur zu Inspirationszwecken her, vielleicht um Experimentelle Medizin zu betreiben oder um Autopsien durchzuführen, genau wusste es niemand. Denn Charcot stellte man keine Fragen.

Die meisten Neulinge schraken angesichts des Elends schon am Eingang des Gebäudes zurück, spätestens aber in den überfüllten Schlafsälen, wo die Frauen schrien und mit den Fesseln an den Metallbetten klapperten. Viele der Verrückten hatten Blessuren und gebrochene Knochen von dem, was man hier im Allgemeinen unter der Auseinandersetzung mit den Wärterinnen verstand. Als Charcot den Namen »Versailles des Schmerzes« für die Salpêtrière erfand, musste er in dieser Abteilung gestanden haben.

Von Julie Lamond, die nie zuvor in einer Klinik gearbeitet hatte, erwartete man also nicht viel. Ihre Mutter war Wärterin in der Abteilung der einfachen Epileptischen und lag seit einer Woche krank im Bett. Sie hatte ihre Tochter geschickt, um die Anstellung nicht zu verlieren und den Dienstausfall auszugleichen. Doch für die Abteilung der einfachen Epileptischen hatte man bereits eine andere Frau abgestellt und Julie stattdessen in die Sektion Rambuteau geschickt, mit einer gewissen neugierigen Schadenfreude, das ließ sich nicht leugnen.

Die Wärterinnen beobachteten, wie das Mädchen an ihrem ersten Tag völlig blass von einem Raum in den anderen lief und sich so ungläubig umsah, als sei es in seinem eigenen Albtraum aufgewacht. Doch am nächsten Tag hatte Julie wieder vor der Tür gestanden, die Haare hochgesteckt, die sie am Morgen zuvor nur geflochten hatte, und mit einem seltsam entschlossenen Ausdruck im Gesicht, der auch anhielt, als sie zum zweiten Mal durch die Bettenreihen ging. Sie säuberte die Verrückten, die seit Tagen in ihrem Durchfall lagen, griff nach den dürren Armen solcher, die im Flur auf dem Boden kauerten, und schob sie auf die Holzbänke zurück, von denen sie gefallen waren. Wenn eine der Patientinnen kam und sie anschrie oder anfassen wollte, legte Julie ihr die Hände auf die Schultern und wartete darauf, dass sie sich beruhigte.

Am dritten Tag schaffte Julie es sogar, sich so weit zu entspannen, dass sie ihre zusammengepressten Lippen lockern und ein Lächeln aufbringen konnte, das sie von Bett zu Bett begleitete und das in der Salle de Garde für Schwärmereien sorgte.

Nur die anderen Wärterinnen mochten Julie Lamond nach wie vor nicht. Irgendein irrationales Gefühl sagte ihnen, dass sie eine Bedrohung für sie war, obwohl es in der Salpêtrière nicht viel gab, was das Mädchen ihnen hätte streitig machen können. Um den Platz im Herzen der Irren jedenfalls hatten sie noch nie gebuhlt.

Doch Julie wusch, teilte Kissen aus, sammelte Essensschalen ein, tätschelte hier eine Wange und schenkte da ein Lächeln, als bekäme sie nichts von der Grobheit der anderen Wärterinnen mit. Sie schaute sich nichts ab, sie erfand und entwickelte. Wenn heute ein Vorgehen, um die Patientinnen zu beruhigen, nicht funktionierte, probierte sie morgen etwas anderes. Wer sie beobachtete, wie sie mit dem Finger spielerisch an einer Zunge kitzelte, die eine der Patientinnen seit Jahren aus dem Mund hängen ließ, wie sie geduldig darauf wartete, dass diese grinste und die Zunge tatsächlich für einige Sekunden hinter die Zähne zog, der konnte denken, Julie wähne sich in einem Zimmer voll kranker Kinder, die umsorgt werden mussten. Sie brachte frischen Wind in die Sektion Rambuteau, und das war nicht gut, so zumindest die Meinung der Wärterinnen. Wind war generell nicht gut für die Kranken und frischer schon gar nicht, man wusste schon, warum man die Fenster den ganzen Tag geschlossen hielt.

Jori hielt es deshalb nicht für Zufall, dass die Wärterinnen Julie an jenem Mittag in ebendem Zimmer einteilten, in dem Runa zusammen mit zwölf weiteren Verrückten lag.

Julie betrat den Raum mit einem kleinen fahrbaren Speisewagen. Dreizehn Betten standen da, sechs an der einen Wand, sechs an der anderen Wand, ganz hinten ein weiteres, das man dazugestellt hatte, weil die Kapazitäten der Klinik nicht ausreichten. Jedes der Betten war von einer Gardine umgeben, die wie jene vor den Fenstern geschlossen gehalten wurden. Ein dunkler Raum voll weiß verhangener Kranker.

Julie hatte die Aufgabe, Mahlzeiten an jene zu verteilen, die im Bett fixiert bleiben mussten, während die anderen zum Essen in den Speisesaal getrieben worden waren. In diesem Raum waren es acht Übriggebliebene. Sie öffnete die Gardinen der Betten ein wenig, schüttelte die platt gelegenen Kissen auf, löste Handfesseln und half den Patientinnen einer nach der anderen, sich so weit aufzurichten, dass sie die Teller entgegennehmen konnten. Wer dazu nicht in der Lage war, den fütterte sie. Es gab Suppe und Brot und in jeder Suppe eine Kartoffel. Julie füllte die Teller gewissenhaft. Sie wusste, dass die Frauen in diesem Zimmer zu jenen gehörten, die nur eine Mahlzeit am Tag bekamen. Was sie dagegen nicht wusste, war, dass es in diesem

Raum auch eine gab, der man sich mit dem Essensteller besser nicht näherte. Man hatte vergessen, Julie von Runa zu erzählen – oder vielleicht hatte man es auch absichtlich nicht getan.

Als sie Runas Bett erreichte und den Vorhang lüftete, schlief das Mädchen gerade, zumindest hielt es die Augen geschlossen, deshalb konnte Julie die verschieden großen Pupillen nicht sehen. Doch sie merkte auch so, dass Runa anders war als die anderen Patientinnen. Sie sah es an der Starrheit des Mädchens, der Anspannung, mit der es im Bett lag, fast so, als sei das reine Liegen schon Arbeit. Sie merkte es an der Falte zwischen Runas Augenbrauen, direkt unter der Kopfwunde, die schlecht verheilte. Alte, sorgenvolle Weiber durften so eine Falte haben, dachte Julie, aber doch keine kleinen Mädchen. Sie war kurz in Versuchung, Runa über die Stirn zu streichen und die Falte damit auszuradieren, entschied sich dann aber doch, sie schlafen zu lassen. Mit dem Schürzenzipfel tupfte sie behutsam einen Speicheltropfen aus Runas Mundwinkel und wunderte sich über seine schwarze Farbe. Dann stellte sie den Teller mit der Suppe auf den Stuhl neben das Bett, in einer Entfernung, in der Runa ihn von selbst würde erreichen können, löste die Handfesseln und entfernte sich.

Das war der Tag, an dem Runa sich entschied zu essen.

Als die Nachricht Jori erreichte, steckte dieser gerade in der Vorbereitung des ersten Versuchs. Er ließ sofort alles stehen und liegen und lief zu dem Schlafsaal, in dem der leere Teller noch immer neben Runas Bett stand. Man hatte nichts verändert, als sei dies ein Tatort, der gesichert werden musste, um den Tathergang in aller Sorgfalt rekonstruieren zu können.

Runa lag im Bett, ohne Handfesseln, doch in der gleichen Position, als trage sie welche, ihre Oberarme waren leicht vom Körper abgespreizt, die Ellbogen durchgestreckt. Sie sah aus, als warte sie nur darauf, dass man sie wieder anband. Aber niemand hatte sich getraut. Man wusste nicht, was man von diesem Kind zu erwarten hatte, umso weniger jetzt. Dass Runa wieder aß, machte sie nicht menschlicher. Es machte sie nur unberechenbarer.

»Sind Sie sicher, dass es das Kind war, das den Teller geleert hat?«, fragte Jori die Wärterin, die in sicherer Entfernung an der Tür stand und antwortete, sie habe Runa selbst beim Essen erwischt. Das Mädchen habe den Teller geleert und sich dann zurückgelegt, um weiterzuschlafen. Joris Blick wanderte zweifelnd zwischen Runa und dem Teller hin und her.

»Haben Sie versucht, ihr noch mehr Essen zu geben?«

»Laut Plan gibt es für dieses Zimmer nur eine Mahlzeit pro Tag.«

»Aber wenn sie doch endlich isst…«

»Nach so langer Pause ist zu viel aufs Mal sowieso nicht gut«, sagte die Wärterin, »dann haben wir hier nachher wieder die Sauerei wegzumachen.«

»Wer hat sie losgebunden?«

»Ihr Name ist Julie Lamond. Sie ist neu. Wir haben sie von den einfachen Epileptischen bekommen.«

»Sie soll morgen wieder die Verteilung der Essensration in diesem Raum übernehmen.«

»Bitte?«

»Ich werde Ihnen einen von Doktor Luys unterschriebenen Antrag aushändigen. Mademoiselle Lamond soll morgen wieder die Essensverteilung übernehmen und möglichst alles wieder genauso machen wie heute. Ich möchte die Bedingungen für die Versuchsanordnung gleich halten.«

»Welche Versuchsanordnung?«

»Würden Sie das Mademoiselle Lamond bitte ausrichten?«

Die Wärterin schwieg beleidigt. Wahrscheinlich bedeutete die Entscheidung Arbeit, da die Dienstpläne für die Woche geändert werden mussten. Und dass Jori als Student ihr Anweisungen gab, passte ihr ebenfalls nicht.

»Sie dürfen so etwas doch gar nicht entscheiden«, meckerte sie, aber sie meckerte leise, sie hatte ja den Namen des Neurologen gehört, der Joris Rücken stärkte – der ihm wohl überhaupt erst einen Rücken gab.

Als Julie Lamond am nächsten Tag die Essensration austeilte, war sie unsicher. Sie wusste, dass sie einen Beobachter hatte, und verstand noch immer nicht ganz, wozu.

»Machen Sie einfach alles wieder genauso wie gestern«, hatte ihr der junge Student gesagt, der jetzt hinter dem Türspalt im Flur stand und ihr zusah. Und das verunsicherte sie am meisten. Sie lächelte ein paar Mal probeweise in Richtung Tür, dorthin, wo sie den Schweizer vermutete, und versuchte sich zu erinnern, welche Schritte sie zuerst und welche zuletzt getan hatte. War sie linksherum gegangen oder doch rechts? Hatte sie erst die Teller gefüllt und dann die Kissen aufgeschüttelt? Und sollte sie auch solche Handgriffe wiederholen, von denen sie nicht wusste, ob sie so erwünscht waren? Das Aufziehen der Gardinen zum Beispiel. Durfte sie das? Sie kam zu dem Schluss, dass der Student wahrscheinlich dastand, um sie zu kontrollieren. Man wollte sehen, wie sie sich in der Klinik machte, und sie machte sich schlecht, zumindest heute, zumindest unter diesen Bedingungen, die ja eigentlich die gleichen waren wie gestern. Zweimal verschüttete sie vor Aufregung die Suppe, die heute keine Kartoffeln enthielt, sondern ausgekochtes Huhn.

Sie beendete ihre Runde, stellte den Teller bei Runas Bett ab, das ganz vorne rechts im Raum stand. Auch heute hatte das Mädchen die Augen geschlossen. Dann drehte Julie sich um und schob den Wagen mit der Suppenschüssel zur Eingangstür zurück.

Jori sah Julie auf sich zukommen und öffnete die Tür gerade so weit, dass sie mit dem Servierwagen hindurchpasste. Sie hatte einen hochroten Kopf, als sie seinem Blick begegnete, und senkte die Augen. Er deutete ihr an, sich zu ihm zu stellen und durch den Türspalt zu spähen. Julie hatte die Gardinen alle bis zur Hälfte aufgezogen, sodass sie Runa in dem Bett liegen sehen konnten. Sie rührte sich minutenlang nicht, und Julie schüttelte irritiert den Kopf, aber Jori legte die Hand auf ihren Arm und hielt sie zurück. Also blieb sie und wartete.

Zusammen starrten sie durch den Türspalt wie zwei Naturforscher, die auf das Auftauchen eines scheuen Tiers hofften.

»Worauf warten wir?«, flüsterte Julie, und Jori deutete auf das Bett, in dem sie nur Runas Oberkörper sehen konnten, denn die Beine waren von den Gardinen und der Kopf vom Türspalt abgeschnitten. Die Handfesseln baumelten leer und leblos an den Bettaußenkanten wie zwei Hühner, die man geköpft und zum Ausbluten aufgehängt hatte.

Noch immer rührte Runa sich nicht. Joris Hoffnung sank. Es war am Ende vielleicht doch eine einmalige Sache gewesen. Er ballte die Faust.

»Sie muss etwas essen«, flüsterte er. »Sie hat seit Wochen nichts gegessen.«

»Überhaupt nichts?«

»Sie haben ihr ein paar Mal Essen … zugeführt.« Jori merkte, wie auch er begann, die Zwangsernährung lieber zu beschönigen, als über sie zu sprechen. Er übernahm Luys' Vokabular, und das erschreckte ihn. »Seit ein paar Tagen hatte sie aber nichts mehr. Sie trinkt nur Wasser.«

»Vielleicht vermisst sie ihre Mama.«

Jori blickte Julie überrascht an. Dann musste er über so viel Arglosigkeit lächeln.

»Jori Hell«, sagte er leise und hielt ihr die Hand hin.

»Julie Lamond«, sagte sie und errötete. Ihre Finger fühlten sich weich und sanft in seinen an. Sie musste in etwa so alt sein wie seine kleine Schwester. Nein, jünger, korrigierte Jori sich. In Julies Alter war Hanna gewesen, als er sie zum letzten Mal gesehen hatte.

»Monsieur Hell!«, sagte Julie plötzlich, klammerte sich an Joris Arm und gab ihren Schreck so an ihn weiter. Er zuckte zusammen und sah durch den Türspalt. Nur einen Moment lang hatte er nicht aufgepasst. Jetzt saß Runa aufrecht in ihrem Bett und blickte zu ihnen herüber. Jori wurde es kalt.

»Was ist denn bloß mit ihren Augen?«, fragte Julie, doch sie klang mehr interessiert als erschrocken. Neugierig rückte sie noch eine Fußspitzenbreite näher an den Türspalt heran. In den letzten Tagen musste sie so viele Absonderlichkeiten auf einmal gesehen haben, dass Runas Pupillen da nicht mehr ins Gewicht fielen. Jori merkte, dass ihre linke Hand noch immer auf seinem Arm lag. Julie war voll konzentriert auf das Geschehen vor sich.

»Sieht sie uns?«

»Ich weiß es nicht.«

Sicherlich eine Minute lang starrte Runa zu ihnen herüber, und Jori fiel auf, dass sie nicht ein einziges Mal dabei blinzelte. Das war ein Phänomen, das er noch gar nicht beachtet hatte. Sie schien zu tagträumen, aber zugleich richtete sich ihr Blick so präzise durch den Türspalt, als würde sie ihre Beobachter dahinter tatsächlich wittern. Jori hielt den Atem an, als er das Beben von Runas Nasenflügeln bemerkte.

»Verdammt, vielleicht riecht sie mein Rasierwasser.«

Julie blickte ihn groß an.

»Kampfer«, sagte er, als sei es eine Erklärung, »nach der Rasur habe ich mir Alkohol und Kampfer aufgetragen.« Er roch an sich selbst, an seinem Hemdkragen. In diesem Moment erschien es ihm sogar möglich, dass Runa ihn durch die Holztür und trotz des Gestanks im Schlafsaal an diesem Geruch erkennen konnte. Dazu kam der Duft von Julie, der süßlich war, feminin und irgendwie verwirrend.

Er sah, wie Julie in seine Richtung schnupperte.

»Ich glaube nicht, dass sie Sie riechen kann«, flüsterte sie, und in ihrer Stimme lag so viel Aufrichtigkeit, dass es Jori tatsächlich beruhigte.

Unendlich langsam drehte Runa den Kopf. Sie blickte auf ihre Hände, die noch immer auf der Matratze lagen, als wären es nicht die eigenen. Dann hob sie sie auf und drehte den Oberkörper nach links. Von seiner Position aus konnte Jori den Suppenteller nicht sehen, als das Mädchen danach griff. Doch im nächsten Moment tauchte er auf, Runa stellte ihn sich auf die Oberschenkel, den Rücken noch immer durchgestreckt, der Blick abwesend. Sie löffelte die Suppe in der gleichen Haltung, wie sie das Kaninchen vor ein paar Tagen in ihrem Schoß zerpflückt hatte.

»Sie isst!«, rief Julie. Ungeachtet der Tatsache, dass sie bis vor wenigen Minuten noch gar nicht gewusst hatte, dass das einem kleinen Wunder gleichkam, war ihre Freude darüber echt. Es war, als hätte sie ewig darauf gewartet.

»Sehen Sie doch nur, Monsieur Hell, sie isst! Freut Sie das denn gar nicht?«

Jori nickte, es freute ihn, doch er sah auch etwas, was ihm Sorgen machte. Denn wenn man Runa mit ihrem Teller genau betrachtete, aß sie nicht wirklich. Sie schob die Nahrung vielmehr in sich hinein, den Blick nicht auf den Teller, sondern auf die gegenüberliegende Wand gerichtet. Dabei stach sie mit dem Löffel in die Suppe, dass das Porzellan nur so klirrte – bei jedem Löffelstich schepperte es laut und wie in einem Rhythmus. Das Ergebnis allerdings war ein bescheidenes. Nicht jeder Löffel, der den Weg zu Runas Mund fand, führte auch Suppe, und nicht jeder Löffel, der auch Suppe führte, fand den Weg zu Runas Mund. Oftmals goss sie sich die Brühe über das Nachthemd, oder aber sie setzte einen Löffel an die Lippen, der leer war. Sie schien den Unterschied nicht zu spüren, und sie sah auch nicht hin. Sie spielte nicht mit dem Essen, wie kleinere Kinder das taten. Sie hatte keine Freude daran. Alles, was sie tat, war Nahrung aufnehmen. Und jetzt erkannte Jori den feinen Unterschied: Runa hatte sich nicht entschieden zu essen, sie hatte sich entschieden zu überleben. Und er konnte nur hoffen, dass er ihr mit seinen Plänen nicht in die Quere kam.

»Die besten Zigarrenstummel gibt es natürlich an der Oper, der Comédie-Française und am Boulevard-Theater, weil deren Besucher das meiste Geld haben. Wir finden dort Maryland, feine türkische Zigarren, ägyptische, ungarische … Hast du schon mal ungarische Zigarren geraucht, Monsieur Lecoq?«

»Mhh – nein, ich glaube nicht.«

»Das solltest du aber mal. Die sind sehr fein.«

»Ist das so?« Lecoq wusste nun wieder, warum er nie Kinder hatte haben wollen.

Es war ein Nachmittag Ende Oktober, Isabelle hing dicht an seinem Mantelzipfel und plapperte im Takt der Stiefel, die ihr zu groß waren – genau wie die Weisheiten, die sie preisgab.

»Und an den Theatern sind wir auch. Aber man muss wissen, wo man da suchen muss. Wo würdest du an einem Theater suchen, Monsieur Lecoq?«

Lecoq drehte den Kopf, um sicherzugehen, dass Frédéric ihnen noch folgte. Der Junge hatte die Hände tief in den Taschen vergraben und presste die Lippen aufeinander, während er ein Steinchen auf dem Bürgersteig vor sich her kickte. Den Passanten, denen sie entgegenkamen, wich er aus, ohne vom Boden aufzusehen.

»Monsieur Lecoq?«

»Ich weiß es nicht.«

»An den Hintereingängen natürlich, wo die Schauspieler sind. Da liegen nämlich Zigaretten, die sind nur halb aufgeraucht. Und dann müssen wir auch noch zwischen den Grand Boulevards und der Rue Lafayette gucken. Weißt du, was ich mache, wenn jemand im Café sitzt, und er hat fast aufgeraucht?«

»Nein.«

»Ich gehe hin und krieche unter seinen Tisch und mache die Hände so – guck mal. So!«

»Mhh.«

»Und dann warte ich darauf, dass er die Zigarette oder die Zigarre fallen lässt. Man muss immer schneller sein als die anderen, weil es nämlich ganz viele Zigarrenstummelsammler gibt, überall. Aber ich bin schneller!«

Lecoq hatte die dritte Zigarette aufgeraucht, als sie die Rue de Candolle passierten, und er steckte den glimmenden Rest in Isabelles Beutel. Erneut drehte er den Kopf, aber diesmal war Frédéric nicht mehr hinter ihnen. Lecoq blieb stehen. Zwei Männer kamen ihnen entgegen. Sie unterhielten sich nicht, gingen nur nebeneinanderher, die Gesichter zum Schutz gegen die Kälte im Kragen ihrer Mäntel vergraben. Lecoq betrachtete sie argwöhnisch, fasste Isabelle an der Schulter, um sie neben sich zu ziehen, und ließ die Männer passieren. Als die Sicht auf den Bürgersteig wieder frei war, entdeckte er Frédéric etwa hundert Meter hinter ihnen. Er stand an der Rückseite der Kirche Saint-Médard, die sich wie eine Felswand neben der Straße erhob, und blickte nach oben.

»Frédéric?«

»Hier ist es«, sagte er leise, als sie sich näherten. Lecoq folgte seinem Blick und entdeckte eine Steintafel unter drei halbrunden Fenstern: SINITE PARVULOS VENIRE AD ME.

»Was heißt das?«, wollte Isabelle wissen. Sie zupfte Lecoq am Mantel.

»Und es war sicher diese Schrift, die du gesehen hast, Frédéric?«

»Wann hast du das gesehen?«, fragte Isabelle, doch Lecoq hob die Hand, um sie zum Schweigen zu ermahnen. Frédéric zögerte.

»Ich bin mir nur sicher, dass es so ähnlich aussah. Ich habe die Form der drei Fenster erkannt. Und dann einzelne Buchstaben.« Er deutete auf das »S«, das »I« und das »E«, und als Lecoq die Buchstaben nannte, wiederholte er sie leise flüsternd, wie etwas Heiliges.

»Was steht denn da jetzt?« Isabelles Schweigen hatte ganze zehn Sekunden angehalten. Lecoq las den Satz vor, und das Mädchen machte große Augen.

»Und was soll das heißen?«

»Ich weiß es nicht. Ich spreche kein Latein.«

»Ich auch nicht«, antwortete sie bedauernd und fast so, als hätte man etwas anderes von ihr erwarten können. Lecoq kramte noch einmal nach dem Aushang vom Bahnhof und hielt Frédéric das herausgerissene Blatt unter die Nase.

»Hast du es auf einer Buchseite wie dieser gelesen?«

»Nein. Es war kein Zettel. Es war auf – Holz.«

»Auf Holz?«

»Frédéric, wann hast du das gesehen? Und warum war ich nicht dabei?« Isabelle stellte sich ganz dicht vor ihren Bruder und stemmte die Arme in die kleine Hüfte, ihre Frage klang wie ein Befehl, doch Frédéric zögerte noch immer damit zu antworten. Unsicher blickte er von seiner Schwester zu Lecoq und wieder zurück und wusste wohl nicht, vor wem er im Augenblick mehr Angst haben sollte. Dann erschien ihm die Konfrontation mit seinen eigenen Füßen am ungefährlichsten. Er blickte auf den Boden und wippte mit den Zehen.

»Frédéric?«, sagte Lecoq.

»In der Kutsche«, murmelte der.

»In unserer Kutsche? Die vor dem Schloss?«

Lecoq fragte: »Das Schloss Versailles?«, doch er erhielt keine Antwort. »Wo ist dieses Schloss?«, hakte er nach.

»Das wissen wir nicht«, sagte Frédéric schnell, und Isabelle sagte: »Au!«, weil er sie in den Arm kniff.

»Ihr wollt es mir nicht sagen, was?«

»Sie wollen uns ja auch nicht sagen, warum Sie das Kind suchen.« Frédéric sprach leise, doch Lecoq sah das Flackern in seinen Augen. Ein plötzlicher Mut – oder Misstrauen. Der Junge hatte den Willen, andere zu beschützen. Das hätte Lecoq seiner schwächlichen Physiognomie gar nicht zugetraut.

Der Geistliche, den sie wenig später darum baten, ihnen den lateinischen Text zu übersetzen, sprach zu ihnen wie zu einer Gruppe Schafe. In seinen Augen waren sie alle jung und unwissend – selbst Lecoq, der neben den beiden Kindern eher wie ein Großvater wirken musste.

»Sinite parvulos venire ad me. So, um diesen Spruch geht es also«, sagte er, und Lecoq betrachtete misstrauisch seine schiefe Nase und die buschigen Augenbrauen. Er wusste, dass auch eine Kirchenkutte Verbrecher nicht vor ihrer wahren Gesinnung schützte.

»Aus Markus, Kapitel 10, Vers 14: ›Parvulos‹ sind die Kindlein, die in die Kirche gerufen werden, und übersetzt heißt der Spruch: Lasset die Kinderlein zu mir kommen. Hübsch, nicht wahr?«

Lecoq nickte, doch die Finger an der Hutkrempe wurden ihm kalt. Er konnte die naive Fröhlichkeit des Geistlichen nicht teilen.

»Et offerebant illi parvulos ut tangeret illos discipuli autem comminabantur offerentibus: Und sie brachten die Kindlein zu ihm, dass er sie anrührte«, zitierte der Mann. »Jesus wollte die Kinder segnen, die die Jünger zu ihm …«

»Sagen Sie, hat diese Kirche irgendetwas mit der Val-de-Grâce zu tun?«, sagte Lecoq.

»Mit der Val-de-Grâce?« Der Geistliche schien verwirrt über die Unterbrechung und verneinte verschnupft. Die Val-de-Grâce sei erst Mitte des siebzehnten Jahrhunderts auf Wunsch der damaligen Königin errichtet worden, also ungleich jünger als die Saint-Médard, und ursprünglich als Kloster gebaut. Seit der Französischen Revolution sei die Abtei aber in ein Militärkrankenhaus umgewandelt worden, und von dem Kloster werde nur noch die Kirche selbst zu religiösen Zwecken genutzt, ob man das wisse, und Lecoq nickte und war mit seinen Gedanken schon wieder woanders.

Er zog sein Notizbuch aus der Tasche und blätterte die Seiten durch, während der Kuttenmann sich daranmachte, den Kindern die Geschichte von Jesus und den Jüngern weiterzuerzählen. Isabelle versteckte ein Gähnen hinter ihrer kleinen Hand.

Lecoq sah keinen Zusammenhang zwischen den Ereignissen. Vielleicht hatte Frédéric sich vertan, was das Schild an der Saint-Médard betraf. Vielleicht hatte es aber auch einfach nichts mit dem Mädchen zu tun, das Claire de Commarin in der Val-de-Grâce gefunden haben wollte.

»Monsieur! Woher haben Sie das!«, rief der Geistliche plötzlich, und Lecoq hielt überrascht inne und sah von seinem Notizbuch auf. Er folgte dem Blick des Mannes. Dieser war auf den zusammengefalteten Zettel gerichtet, der nun zwischen Lecoqs Zeige- und Mittelfinger klemmte, damit er beim Blättern nicht herunterfiel.

»Wo haben Sie das her?«, wiederholte der Geistliche, und sein Gesicht wurde grau wie die Steinwand der Kirche neben ihm.

»Das tut nichts zur Sache, Monsieur. Ich suche etwas, wofür ich …«

»Ich meine, wo haben Sie das herausgerissen?«

Lecoq sah ihn erstaunt an.

»Das ist doch aus unserem Liederbuch!«, insistierte der Kuttenträger, und seine Gesichtsfarbe wechselte von Grau zu Rot. Er wollte nach dem Zettel greifen, doch Lecoq ließ ihn schnell in seiner Manteltasche verschwinden. »Guter Mann, sind Sie noch bei Trost? Dafür können Sie vor Gericht gezerrt werden. Sicher war das Eigentum der Kirche …«

»Nein, das ist mein Eigentum. Und mit meinem Eigentum kann ich machen, was ich möchte. Gehen Sie nachsehen, keins

Ihrer Liederbücher wird beschädigt sein.« Lecoq hoffte, dass es stimmte, was er da sagte, oder vielleicht hoffte er es auch nicht. Ihm war ein Gedanke gekommen.

Entgegen Lecoqs Erwartungen hatten die Kinder Freude daran, die Liederbücher in der Kirche zu durchstöbern. Mit jedem gefundenen Buch kamen sie nach draußen gelaufen, auf den kleinen gepflasterten Platz neben der Kirche, wo Lecoq stand und rauchte, um seinen Teil der Abmachung zu erfüllen.

Die Idee, dass er die Kinder in Zigarettenstummeln bezahlte, wenn sie ihm bei der Suche nach dem Mädchen halfen, war von Isabelle gekommen, als Entschädigung für den Dienstausfall sozusagen, den sie an diesem Nachmittag durch ihn hatten. Und Lecoq musste zugeben, dass es gar kein schlechter Einfall war, hätte sich nur nicht mit jeder Zigarette sein Kopf mehr und mehr zu drehen begonnen.

»Du musst schneller rauchen, Monsieur Lecoq!«, rief Isabelle, wann immer sie sah, dass er eine Pause machte. Dann nahm sie ihm das Buch aus der Hand und rannte damit zurück in die Kirche, um bald mit dem nächsten über die Türschwelle zu stolpern, schwer atmend und die Wangen vor Aufregung gerötet.

»Wie viele hast du schon, Monsieur Lecoq?« Und Lecoq öffnete den Beutel mit den Zigarettenstummeln und sagte: »sieben« oder »acht« und musste nun seinerseits fragen, wie viele Bücher ihm die Kinder schon gebracht hatten. Und dann rief Isabelle die gleiche Zahl, die er genannt hatte, und quiekte vor Begeisterung. Es wurde ein Spiel daraus.

Lecoq nahm jedes einzelne Buch in die Hand, blätterte es durch und gab es zurück, damit die Kinder es wieder fortbrachten. Er hatte längst erkannt, dass der Kirchenmann recht gehabt hatte. Die Seiten in den Liederbüchern waren von der gleichen Größe, Farbe und pergamentartigen Leichtigkeit wie das Blatt vom Bahnhof. Es musste ganz hinten oder ganz vorne aus einem der Bücher herausgerissen worden sein, dort wo die Seiten noch nicht mit Liedern beschrieben waren. Akribisch sah er jedes Buch durch und hoffte, er habe den Kirchenmann belogen. Doch am Ende waren alle Liederbücher, die sie in der Saint-Médard fanden, unversehrt.

Lecoq sollte erst viel später erfahren, wo das Buch, das er suchte, sich damals befand – nämlich in meinem Bett. Und dass ich es gerade in dem Moment, als er seine letzte Zigarette in Isabelles Beutel fallen ließ, hastig unter mein Kopfkissen schob. Vater hatte mich eingesperrt, schon seit sechzehn Tagen war ich nicht mehr aus meiner Dachkammer herausgekommen. Jetzt hatte ich ihn poltern gehört und lauschte. Er hatte vergessen, mir heute Mittag etwas zu essen zu bringen. Vielleicht holte er das jetzt nach.

Doch Vater polterte nicht die Treppe hinauf, wie ich zunächst angenommen hatte. So weit kam er gar nicht. Seit er nicht mehr auf die fensterlose Wand, sondern ins gut gefüllte Glas starrte, schlief er meist unten, auf dem Boden oder auf dem Tisch, von dem ich wusste, dass er voller leerer Flaschen war. Ich hörte sie klirren, als Vater gegen eine von ihnen stieß, sie fiel um, ohne zu zerbrechen, und rollte über den Holzfußboden.

»Vater?«

Ich überprüfte noch einmal, ob man das Buch unter meinem Kopfkissen auch wirklich nicht sehen konnte, und steckte das Schreibheft dann unter das Hemd in meinen Hosenbund, dorthin, wo meine Unterhose war. Es war der einzige Ort, der noch vor Vater sicher war.

»Vater, ich habe seit heute Morgen nichts gegessen!«

Ich hockte mich direkt vor die Holzklappe im Boden und schrie meinen Hunger durch den Spalt, um sicherzugehen, dass Vater es in der Stube auch hörte. Dabei waren die Wände und Türen in diesem Haus so dünn, dass ich morgens sogar vom Geräusch des Korkens wach wurde, den Vater aus der Flasche zog. Ich lauschte weiter, doch Vater schien sich hingesetzt zu haben, oder er war umgefallen, alles war still, und wieder überkam mich diese Angst, er könnte einfach sterben, während ich hier oben eingesperrt war.

»Vater!«

»Maxime, bist du das?« Ich war erleichtert, seine Stimme zu hören, auch wenn sie verzerrt war, wie verklebt vom Alkohol, und auch wenn es keinen Sinn machte zu fragen, was er fragte.

»Natürlich bin ich es, Vater. Bitte mach auf, ich bin am Verhungern.«

Wieder trat Stille ein, dann hörte ich Vater ächzen. Er musste Mühe haben, sich aufzurichten. Wieder hörte ich das Klirren und Rollen der Flaschen. Ich kniff die Augen zusammen.

»Maxime?«

»Ja!« Ich blinzelte durch den Spalt und rechnete es Vater hoch an, dass er zumindest noch versuchte, die Treppe heraufzuklettern. Er zog sich am Geländer hoch, kippte dann aber zur Seite, als befänden wir uns auf einem schwankenden Schiff, aus dessen Bauch er aufs Deck klettern müsste. »Maxime?«, fragte er noch einmal, und jetzt sah ihn nicht mehr, nur noch die Hand, die sich am Geländer festhielt. Seine Stimme klang, als ertränke er, und wahrscheinlich stimmte das auch.

Ich seufzte und gab meinen Posten an der Klappe auf, um mich wieder aufs Bett zu legen. Das Gesangbuch konnte ich nun ganz offen lesen, zumindest das. Wenn man die Dinge nicht von der positiven Seite sah, würde man verrückt werden in diesem Gefängnis, verrückt wie der Junge mit seinen Zeichnungen und Zeichen. Darum hatte ich mir bereits einige Dinge zurechtgelegt, die ich positiv sehen konnte, unter anderem, dass es hier oben auf meinem Dachboden keinen Monsieur Dupont gab und keine Messdiener und dass ich an Weihnachten nicht Ora Pro Nobis falsch singen würde. Vielleicht war ich ja sogar schon durch mit dem Stimmbruch und der Pubertät, wenn mein

Hausarrest aufgehoben war, und niemand lachte mich mehr für meine Kiekser aus.

Ich schlug das Buch wieder auf, dazu mein Schulheft, und übertrug die letzten Seiten der Geschichte, Buchstabe für Buchstabe, so viel ich eben entziffern konnte.

Draußen wurde es jetzt früher dunkel, ich sah es durch das kleine Dachfenster und zündete die Öllampe auf meinem Nachttisch an, bevor ich den Text weiter kopierte.

Am Anfang hatte ich überlegt, durch dieses Fenster zu fliehen. Noch passte ich mit den Schultern durch die Lücke, das hatte ich probiert, in ein paar Wochen konnte das schon anders aussehen, so schnell wie ich wuchs. Doch dann hatte ich auf dem Dach gestanden und gesehen, dass unser Haus zwar nicht hoch war, aber doch zu hoch, um hinunterzuspringen. Und das nächste Dach war zwar nicht weit entfernt, aber doch weit genug, um in die Lücke zu fallen und sich beim Aufprall beide Beine zu brechen; meine Mutter hatte immer gesagt, ich sei ein Junge mit weichen Knochen. Eine Stunde hatte ich an jenem Tag auf dem Dach verbracht. Dann wurde mir klar, dass meine Schultern auch dort wachsen könnten, und ich stieg zurück durch die Luke, solange ich noch durchpasste.

Ich setzte den Bleistift kurz ab, als mein Magen knurrte, und atmete aus. Ich dachte an Dantès aus »Der Graf von Monte Christo«, der 14 Jahre lang eingesperrt war. Sein Hungerstreik wäre nichts für mich gewesen. Aber ich hatte eine andere Art von Streik entdeckt, die besser zu mir passte und die Vater noch viel weniger gefallen würde.

In nur etwas mehr als zwei Wochen hatte ich mein Schreibheftchen bereits vollständig mit Gedichten und Geschichten gefüllt. Wenn man das hochrechnete und ich tatsächlich am Ende wie Dantès vierzehn Jahre in meinem Zimmer bleiben würde, käme ich auf 312 Hefte. Ich würde als gestandener Schriftsteller in die Freiheit entlassen werden, die Buchverleger würden sich um mich reißen und die Leser ebenfalls, spätestens dann, wenn bekannt wurde, unter welchen Umständen die Geschichten entstanden waren. Das einzige Problem, das sich mir dabei in den Weg stellte, war die Tatsache, dass ich keine 312 Hefte besaß. Ich besaß nur ein einziges.

Ich zählte die Seiten, die noch zum Beschreiben blieben, und es waren vier. Wenn auch sie voll wären, würde ich mit den Schulbüchern weitermachen. Am Anfang und am Ende gab es je zwei Seiten, die ganz weiß waren, und dann noch die Innenseiten der Buchdeckel. So hatte es der Junge aus dem Gesangbuch schließlich auch gemacht.

Ich setzte einen Punkt unter die Zeile, die ich gerade verfasst hatte. Aus dem Gekritzel des Kindes hatte ich Sätze gemacht und Reime gebildet. Jetzt hatten die Worte literarische Qualität. Ich war mir mittlerweile sicher, dass der Junge wie ich war, ein verkanntes Talent. Einer, dem die Ideen zur falschen Zeit kamen, in der Kirche nämlich. Heimlich unter der Kirchenbank musste er seine Notizen machen, weil er zu Hause keine Hefte hatte oder weil sein Vater ihm das Schreiben verbot. Aber damit sollte jetzt Schluss sein. Er und ich hatten lange genug nur die letzten Seiten von Büchern und Heften beschrieben, beschämt und verstohlen, damit niemand merkte, was man für einer war. Ich hatte meinen Plan schon seit Langem gefasst: Wenn ich hier herauskam, aus diesem Zimmer und überhaupt, dann würden auch die Worte aus dem Gesangbuch herauskommen, und zwar ganz groß.

Ich führte mir die beschriebenen Seiten noch einmal zu Gemüte. Hier und da würde ich ein bisschen ändern und hinzufügen müssen, doch das würde ich schon schaffen. Ich stützte mich aus meiner Bauchlage hoch auf die Ellbogen, weil die Ellbogen nicht knurrten, und nahm den Bleistift. Ich musste nur auf mein Talent vertrauen, sagte ich mir, und darauf, dass Vater sich an mich erinnern und mir Essen bringen würde, wenn er in ein paar Stunden auf der Treppe erwachte.

»Sollen wir dir wieder alle Liederbücher bringen, Monsieur Lecoq?«

»Nein, heute spielen wir ein neues Spiel. Es heißt: Wo würdet ihr euch verstecken?«

»Im Beichtstuhl!«, rief Isabelle.

»Unter der Bank!«, sagte Frédéric, bevor ihm einfiel, dass er sich dort vor Kurzem schon einmal versteckt hatte und es nicht sehr erfolgreich gewesen war.

Sie liefen los. In alle Ecken durften sie kriechen, während Monsieur Lecoq am Eingang stand und darauf aufpasste, dass niemand kam. Selbst Frédéric musste zugeben, dass Kirchen um diese Tageszeit und zusammen mit Isabelle nicht ganz so unheimlich waren wie bei Nacht. Gestern, in der Saint-Médard, hatte er sogar ein bisschen Spaß gehabt. Und Monsieur Lecoq war ein wahrer Kaminschlot. Sie hatten mehr Zigarettenstummel nach Hause gebracht als an vielen anderen Tagen. Heute musste es allerdings eine andere Marke sein, die er rauchte. Der Vater hatte gestern schon ganz verwundert geguckt.

»Frédéric! Kommst du endlich!« Frédéric setzte sich in Bewegung. Vorsichtig schaute er um jede Ecke. Trotz allem war er auf der Hut. Er erkannte den Unterschied zum normalen Versteckspiel sehr wohl: Für gewöhnlich wollte man den anderen finden. Jetzt aber war er erleichtert über jeden Winkel, in dem er die zweifarbigen Augen des Mädchens nicht entdeckte.

»Dürfen wir uns auch draußen verstecken, Monsieur Lecoq?« Isabelles Stimme hallte laut in der leeren Kirche nach. Sie war ein bisschen zu hoch, wie immer, wenn sie aufgeregt war.

»Nein, erst mal nur hier drinnen!«

Isabelle machte ein langes Gesicht. Sie stand bereits in der Tür zu Treppe und Vorplatz, der so verlockend groß vor ihr lag. Mit den Händen hielt sie sich am dunklen Holz des Türrahmens fest und balancierte mit dem rechten Fuß auf der Schwelle. Der linke war bereits draußen.

»Wir sollen nicht rausgehen«, flüsterte Frédéric ihr zu, und sie verdrehte wieder die Augen.

»Ich weiß«, sagte sie gedehnt, und dann sprang sie von der Schwelle runter und lief zurück in den Innenraum der Kirche. Doch Frédéric ahnte, dass das letzte Wort dazu noch nicht gesprochen war.

Er sah, wie seine Schwester über den spiegelglatten Marmorboden in den Chor lief und von dort zu einem Durchgang, der in eine Seitenkapelle führte.

Er drehte sich um, bevor sie ihn zu sich winken konnte, und wanderte stattdessen die Mitte der Kirche ab, die weniger angsteinflößend war. Eine bemalte Kuppel befand sich hoch über seinem Kopf. Die Glasfenster waren groß und ließen viel Licht einfallen. Über dem Altar erhob sich ein mächtiger Baldachin, dessen Beine gedreht waren wie Zuckerstangen. Frédéric spähte halbherzig in die Lücken zwischen Wand und Sockel, um zu prüfen, ob sich dort möglicherweise ein geeignetes Versteck für ein Kind befand.

Er spürte eine Hand auf seiner Schulter und drehte sich um. Es war Monsieur Lecoq. Seine Finger und sein Atem rochen nach Tabak.

»Hol deine Schwester, wir gehen jetzt«, sagte er. »Hast du etwas gefunden, was wie ein Versteck aussieht?«

Frédéric schüttelte den Kopf und lief los. In der Seitenkapelle war Isabelle nicht mehr zu finden. Frédéric sah eine Treppe, die zu einer Holztür hinabführte, und ging darauf zu. Am oberen Treppenabsatz aber blieb er stehen.

»Isabelle!«, flüsterte er, aber von der Tür unten an der Treppe kam keine Antwort. »Isabelle, bist du da drin?«

»Hast du sie verloren?« Monsieur Lecoq trat zu ihm, und zum ersten Mal war es für Frédéric eine Erleichterung, dass er da war. Immerhin war Monsieur Lecoq ein Erwachsener, Verbrecher hin oder her.

»Sie war hier eben noch. Vielleicht ist sie da runtergelaufen.«

»Hm.« Monsieur Lecoq stieg ohne zu zögern die Stufen hinab. Er rüttelte am Griff der Holztür. »Sie ist geschlossen«, sagte er und schien sich nicht einmal bewusst zu sein, dass er gerade etwas sehr Mutiges getan hatte. Er kam zurück und blickte sich um. Seinem Stirnrunzeln nach zu urteilen, war er ebenso besorgt wie Frédéric selbst.

»Isabelle?«, rief Frédéric noch einmal. Und dann wusste er, wo sie suchen mussten.

Er lief zum Eingangsportal und über die Schwelle, hinaus auf den Platz, der durch einen Zaun von der Rue Saint Jacques getrennt war. Dahinter holperten die Kutschen über die Straße.

»Isabelle!« Er erhielt keine Antwort. Als er einen Blick zurückwarf, sah er, dass Monsieur Lecoq ebenfalls durch die Tür getreten war. Von der Straße her wehte ein traurig leierndes Kirchenlied zu ihm herüber. Er hörte es nur schwach zwischen dem Rattern der Kutschenräder und dem Geklapper der Hufe. Doch als er zurück auf die Stufen zum Eingangsportal stieg und sich reckte, entdeckte er einen Drehorgelspieler auf der anderen Seite der Straße. Und vor seinem Kasten stand Isabelle und blickte zu ihm auf.

Frédéric rannte los, über den Platz und durch das offene Tor. Er trat ungeduldig von einem Bein aufs andere, als er auf eine Lücke zwischen den Kutschen wartete. Die ganze Zeit über ließ er seine Schwester nicht aus den Augen, als könne sie ihm wieder verloren gehen, wenn er nicht gut genug auf sie aufpasste. Und dabei war es doch schon schwierig genug, auf sich selbst aufzupassen.

»Isabelle!«, rief er, doch sie war zu fasziniert von dem Mann und dem Leierkasten, als dass sie Frédéric gehört hätte. Frédéric sah, dass auch der Mann Isabelle anblickte, während er unermüdlich die Kurbel drehte. Er war alt und hässlich, und das falsche Lächeln auf seinem Gesicht gefiel Frédéric gar nicht. Normalerweise mochte er Leierkastenmänner, aber nicht einen wie diesen. Nicht einen, der seine Schwester so ansah.

Nach der nächsten Kutsche lief er los. Er erreichte Isabelle und stellte sich beschützend hinter sie.

»Isabelle«, sagte er und legte ihr die Hand auf die Schulter. Da erst drehte sie sich um. Ihr Gesicht war gerötet, wie schon den ganzen Tag. Sie strahlte.

»Hör mal!«, sagte sie und zeigte auf den Mann mit dem Kasten.

»Ja, ich hör's. Wir müssen jetzt gehen.«

»Warum?«

»Papa wartet auf uns.«

»Können wir nicht noch wenigstens ein Lied hören?«

Frédéric blickte den Mann an und sah jetzt, dass die verfilzten weißen Haare in Wahrheit eine Perücke waren, die schlecht auf seinem Kopf saß. Das ganze Gesicht war voller Pusteln und Narben. Von Nahem gefiel er Frédéric noch viel weniger. Das falsche Lächeln und diese schiefe Musik. Er hatte Lust, nach Hause zu gehen.

»Papa wartet auf uns«, sagte er noch einmal, und zum Glück trat Monsieur Lecoq in diesem Moment hinzu. Stumm ließ er das kleine Beutelchen mit den Zigarettenstummeln in Isabelles Hände fallen, und sie strahlte noch mehr und drückte es an sich.

Kurz sah es so aus, als wolle Monsieur Lecoq dem Mann ein Geldstück geben, seine Hand wanderte zu seiner Tasche, dann aber hielt er inne, und Frédéric bemerkte den Blick, den er dem Spieler zuwarf. Er sah misstrauisch aus. Frédéric spürte, wie sich Monsieur Lecoqs linke Hand fest in seinen Nacken legte. Die rechte wanderte zu Isabelles Hinterkopf. Monsieur Lecoq drehte die Geschwister um, und sie gingen, ohne das nächste Lied abzuwarten.

Jori wusch sich die Hände, als er und Luys fertig waren. Der scharfe Löffel, mit dem sie Deborah N. das Gehirn abgekratzt hatten, lag neben ihm, ebenso das Skalpell und der Bohrer. Blut und Gewebe klebten an allen drei Instrumenten.

»Wir haben noch vier«, sagte Luys, der neben ihn getreten war, um sich ebenfalls die Hände in der weißen Keramikschale zu waschen, und es sollte wohl ein Trost für Jori sein. »Hast du gesehen, wie schön das Gehirn pulsiert hat?«

»Ja«, sagte Jori matt und warf einen Blick zurück auf die festgebundene Patientin auf dem Tisch. Luys hatte darauf bestanden, dass sie den Schädel nicht schlossen, damit Luys weitere Untersuchungen durchführen konnte.

Im lebenden Zustand hatte das Gehirn tatsächlich ganz anders ausgesehen. Als sie den Schädel geöffnet hatten, war es ihnen geradezu entgegenpulsiert, immer im Taktschlag des Herzens. Jori hatte gesehen, wie das Blut in den stark gefüllten Arterien und Venen pumpte. Erst hatte die Gehirnoberfläche sich zurückgezogen, die Gefäße waren zusammengeschrumpft, bis sie blutleer waren, die Pulsation beinahe unsichtbar. Dann wiederum hatte sich die Masse erhoben und gegen das Loch im Schädel gedrückt, wie die Backen eines Froschs, die sich aufblähten und wieder zusammenfielen, ein ständiger Wechsel zwischen Blutleere und Blutfülle. Zusammen mit Luys hatte Jori dieses Schauspiel einen Moment lang andächtig beobachtet. Vielleicht einen Moment zu lang. Möglicherweise war das der Fehler gewesen. Sie hätten schneller arbeiten müssen. Die Operation hatte viereinhalb Stunden gedauert.

Der Raum, in dem sie operierten, war fensterlos, doch Jori wusste, dass die Dunkelheit draußen schon längst eingesetzt hatte. Es war kalt wie in einer Kühlkammer.

»Ich habe immer das Herz bewundert«, schwärmte Luys, »das Herz ist ein Organ, das ein ganzes Leben lang arbeitet, ohne Pause, ohne sich zu beschweren, Tag und Nacht, siebzig, achtzig Jahre, wenn man Glück hat. Erst jetzt ist mir so richtig bewusst, dass es sich beim Gehirn genauso verhält.«

»Sie hat mich gebeten, sie nicht zu töten.«

»Wie bitte?«

»›Ne me tuez pas.‹ Als ich gestern zu ihr kam, um die letzte Untersuchung zu machen, hat sie mich angefleht, sie nicht zu töten. Und heute noch mal, als ich die Narkose eingeleitet habe. Sie wusste es.«

»Johann, sie hatte Halluzinationen.«

»Vielleicht hat eine der Wärterinnen es ihr erzählt.«

»Das halte ich für Unsinn.«

»Glauben Sie, etwas mit der Narkose könnte falsch gelaufen sein? Sie hat sich zweimal während der Operation erbrochen.«

»Das ist normal. Das ist die Nebenwirkung des Chloroforms. Du solltest nicht krampfhaft nach Dingen suchen, die du falsch gemacht hast.«

Jori nickte betrübt und wusch dann die Instrumente in der Keramikschüssel. Das Wasser war eiskalt, und die Reste von Deborahs Gehirn lösten sich nur schlecht von dem Stahl. Mit dem Daumennagel knibbelte Jori daran herum.

»Lass dich davon nicht entmutigen. Sei froh, dass es nicht das Mädchen war.«

Statt einer Antwort zuckte Jori die Schultern. Doch tatsächlich konnte er die Vorstellung kaum ertragen, Runas Schädel auf die gleiche Weise öffnen zu müssen wie vorhin den von Deborah. Er hätte sich nicht so sehr an das Kind gewöhnen dürfen. Er hatte zu viel Zeit bei Runa verbracht.

»Das Mädchen nimmt zu?«, fragte Luys, und Jori musste an das Märchen von Hänsel und Gretel denken. Hänsel, der sich einen Trick ausdachte, dünn zu bleiben, um nicht im Ofen der Hexe zu landen.

»So nach und nach«, sagte er und betrachtete seine Finger, die in dem Wasser blass und verzerrt aussahen.

»Das ist gut, es wurde Zeit. Wenn sie noch länger die Glaubwürdigkeit der Klinik untergraben hätte …«

»Die Glaubwürdigkeit der Klinik? Das ist also Ihre Sorge?«

Luys nickte ernst.

»Mit so einer Verantwortung, wie Charcot sie hat oder auch ich, ist es wie mit einem Zirkus. Die Tiere dürfen wild sein, das müssen sie sogar, aber sie müssen auch dem Dompteur gehorchen, ansonsten wird aus jeder Vorstellung eine gefährliche Sache.«

»Aber das ist hier keine Vorstellung!«, sagte Jori verstimmt und wusste, dass er unrecht hatte. Die Vorstellungen hörten an der Salpêtrière nie auf, nicht dienstagabends und auch nicht mittwochs oder sonntags, wenn die Besucher kamen, um den kranken Zoo zu sehen. »Das hier ist meine Doktorarbeit!«

»Das Kind ist gefährlich«, sagte Luys entschieden, und damit war das Thema für ihn erledigt.

Was war das für eine Klinik, dachte Jori, für die ein totes Kaninchen auf dem Fußboden schon eine Gefahr war. Oder ein Mädchen, das nicht essen wollte.

»Sie haben sie schon vorher gesehen, nicht wahr«, fragte er, obwohl er die Antwort bereits kannte, »vor dem Vorfall mit dem Kaninchen, meine ich.« Jori fiel auf, dass Luys einmal zu viel atmete, bevor er eine Antwort gab.

»Wie meinst du das?«

»Madame Bottard sagte mir …«

»Ach so, Madame Bottard.« Die Stimme des Neurologen klang aus irgendeinem Grund erleichtert. »Ja, ich war da.«

»Und?«

»Und sie hat sich gleich von ihrer besten Seite gezeigt.«

»Wie meinen Sie das?«

»Sie hatte einen Anfall.«

»Wieso?«

Jori drehte sich zu Luys um, seine Hände tropften. Er sah den Neurologen genau an, doch er konnte in dessen Lächeln nichts entdecken, was ihn hätte misstrauisch machen können.

»Was ist das für eine Frage. Wieso bekommen Irre Anfälle? Finde es heraus, und wir machen eine zweite Doktorarbeit daraus.« Luys lachte und griff nach dem Handtuch, das Jori bei der Vorbereitung für die Operation schon säuberlich neben die Keramikschüssel gelegt hatte. Er trocknete sich kräftig die Hände ab, und Jori schwieg das Thema zu Ende.

»Was hat Charcot zu dem Kaninchen gesagt?«, fragte Luys schließlich.

»Was soll er schon gesagt haben. Begeistert war er nicht. Obwohl es ihm offenbar mehr um das Kaninchen ging als um das Mädchen.«

»Das kann ich mir vorstellen!« Luys warf Jori das Handtuch zu. »Hast du den Zoo in seinem Büro gesehen?«

»Ja.«

»Bei ihm zu Hause sieht es noch viel schlimmer aus. Ich glaube manchmal, die Arbeit mit den Insassinnen hier hat ihn Verachtung gegenüber den Menschen gelehrt. Aber wenn er bei seinen Tieren ist…« Luys hob die Schultern und schüttelte lächelnd den Kopf, als spräche er nicht über Charcot, sondern über irgendeinen dahergelaufenen alten Kauz.

Jori blickte sich unwillkürlich um, als könne Charcot in einer Ecke des kalten Raums stehen. Oder hinter der Wand, um zu lauschen. Die Salpêtrière war Charcots Reich. Jori konnte sich nicht vorstellen, dass innerhalb der Klinikwände Dinge geschahen, von denen der Nervenarzt nichts wusste.

»Wie dem auch sei, die Augen des Kindes sind interessant. Hast du es schon in der Abteilung für Augenkrankheiten vorgestellt?«

»Nein.« Joris Einsilbigkeit schien Luys völlig zu entgehen.

»Na, vielleicht müssen wir das auch nicht. Zu viele Köche verderben den Brei, nicht wahr? Apropos – gehen wir noch zu Abend essen?«

Jori nickte verwirrt, er hatte nicht den geringsten Appetit. Er nahm das Handtuch und trocknete die Instrumente. Dann löschten sie das Licht und verließen den Raum.

In den Fluren war es dunkel, als sei es bereits Mitternacht, und hinter den Vorhängen schlugen Wind und Regen gegen die

Fenster. Jori wäre es lieber gewesen, sie hätten sich noch kurz in die Klinikküche gesetzt, um sich aufzuwärmen. Vielleicht hätte er noch einen Tee getrunken und darüber nachgedacht, was heute schiefgelaufen war. Und dann wäre er nach Hause gegangen, um zu schlafen. Er fühlte sich erschöpft und müde.

Doch Luys wollte ihm ein Restaurant zeigen, von dem er begeistert war, das *Chez Antoine.* Er habe dort Mollusken gegessen, erzählte er, die so sagenhaft waren, dass man sie auch noch nachts nach einer missglückten Operation grandios finden müsste, und Jori nickte und nickte – und wusste dabei nicht einmal, was Mollusken waren.

Er ging neben Luys über den Gang, hörte die Patientinnen in ihren Räumen jammern und zog den Mantel enger um sich, weil ihm kalt war. Luys schilderte das Menü im *Chez Antoine* in den buntesten Farben, doch Jori hatte keine Lust mehr auf weitere Experimente heute, auch nicht, wenn es ums Essen ging. Er hatte ein mulmiges Gefühl im Magen. Im Gehen drehte er sich um und glaubte, am Ende des Flurs eine Gestalt ausmachen zu können, schwarz und undeutlich in der Dunkelheit des Gebäudes. Er blieb stehen und sah genauer hin, wartete darauf, dass die Gestalt näher kam oder sich entfernte, vielleicht eine Wärterin, doch dafür war sie zu klein, und sie bewegte sich nicht, rührte sich nicht von der Stelle. Vielleicht ein Stuhl, dachte Jori, ein Stuhl, den jemand in den Gang gestellt hatte, doch natürlich war das Unsinn, wer sollte ihn dorthin stellen. Und sie hätten den Stuhl ja sehen müssen, sie waren doch eben selbst noch den Gang entlanggegangen.

»Johann?«

Jori zuckte zusammen und drehte sich wieder zu Luys. Er stand ein paar Schritte vor ihm. Die Lampe in seiner Hand beleuchtete sein Gesicht gespenstisch von unten. Die Nasenlöcher und Augenhöhlen erschienen ganz groß, und der Haarkranz über den Ohren leuchtete weiß. Er sah aus wie ein schauriger Zirkusclown.

»Ich dachte … ich hätte etwas gehört«, sagte Jori.

Luys lauschte.

»Nun, ich höre Patientinnen heulen. Und den Wind draußen.«

»Ja, das wird es gewesen sein.« Jori blickte noch einmal in den Flur zurück, doch jetzt war die Gestalt verschwunden. Er bekam eine Gänsehaut und schloss zu Luys auf. Dabei widerstrebte es ihm plötzlich mehr denn je, sich dem Neurologen anzuschließen.

»Vielleicht sehen wir noch einmal kurz nach dem Mädchen, bevor wir essen gehen?«, fragte er und drehte sich ein weiteres Mal um. Er sah die Gestalt nicht mehr, aber der Schauder saß ihm im Nacken, dieses unangenehme Gefühl, verfolgt zu werden.

»Jetzt noch? Also, ich habe Hunger, Johann. Es ist nach neun Uhr. Irgendwann reicht es mit der Arbeit, findest du nicht?«

»Doch, ja. Natürlich. Es ist nur – wahrscheinlich ist es, weil …«

»Lass dir gesagt sein, in der Section Rambuteau ist das Kind in den besten Händen. Und außerdem wird es heute Nacht wohl nirgendwo mehr hinlaufen können, nicht wahr?«

Luys lächelte, und Jori schluckte und hoffte, dass er mit dieser Prognose recht haben möge.

Er schob die Hände in die Manteltasche, und etwas knisterte. Es war die Schokolade, die er für Runa gekauft hatte. Er zog sie hervor und drehte sich ein letztes Mal zu dem leeren Flur um. Er warf einen Seitenblick auf Luys und bückte sich dann hastig, um die Schokolade auf den Boden zu legen, mitten in den Flur. Als Luys sich zu ihm umdrehte, stand er schon wieder, die Hände in die Taschen vergraben.

»Ist etwas mit dir?«, fragte Luys.

»Nein«, sagte Jori so arglos wie möglich und schloss wieder auf. Der Gedanke daran, gerade etwas vollkommen Absurdes getan zu haben, löste ein kleines beglückendes Flattern in seiner Brust aus. Erst jetzt fiel ihm auf, dass es nicht das erste Mal war, dass er versucht hatte, eine Kranke mit Schokolade zu füttern.

Pauline saß in dem weiß vertäfelten Besucherzimmer des Burghölzli, und Jori wusste sofort, dass es ihm nicht gefiel, sie hier zu sehen. Außerhalb der Klinik wirkte Pauline wie ein Vögelchen, das aus dem Nest gefallen war. Hier drinnen aber sah sie aus wie eine Geisteskranke. Ihre Hagerkeit, das glanzlose Haar, der traurige Gesichtsausdruck, all das passte zu gut hier rein. Ihre Haut war jetzt noch weißer als beim letzten Mal. So weiß wie die Vertäfelung hinter ihr. Die Ärzte hatten ihr wieder Farbe geraubt. Bald schon würde nichts mehr von ihr übrig bleiben.

»Wie geht es dir?«, fragte Jori und hätte ihr am liebsten über die Haare gestrichen. Sie sahen ungekämmt aus, an einer Seite standen sie ein bisschen vom Kopf ab, darum der wirre Eindruck. Bestimmt lag es nur an den Haaren und an dieser Umgebung. Pauline antwortete nicht.

»Ich habe dir Pralinen mitgebracht«, sagte Jori, und: »Es sind teure.«

Er stellte die Packung auf den Tisch, der mitten im Besucherraum stand. Neben den zwei unbequemen Holzstühlen war es das einzige Möbelstück im Raum. Eine goldene Schleife war um die Pralinen gebunden.

»Ich weiß nicht, ob man sie dir wieder abnimmt, also willst du sie vielleicht gleich öffnen, und wir essen sie zusammen? Oder du isst sie alleine, wie du willst. Es sind ja deine.«

Jori lächelte unsicher und setzte sich ihr gegenüber an den Tisch. Pauline machte keine Anstalten, die Packung an sich zu nehmen oder sie zu öffnen. Ihre Hände lagen im Schoß auf dem einfachen Baumwollkleid, das sie trug und das sie fast zu einer gewöhnlichen Patientin machte. Jori war nicht sicher, ob sie die Pralinen überhaupt registriert hatte – oder ihn.

Kurz entschlossen löste er das goldene Band. Die Schachtel war von innen ebenfalls golden. Die Pralinen lagen in kleinen Papierhütchen nebeneinander und sahen edel aus. Als Jori sie im Schaufenster gesehen hatte, hatte er sofort gewusst, dass sie für Pauline gemacht waren.

Vorsichtig nahm er eine aus ihrem Papierhütchen heraus. Sie war rund und oben mit einer Mandel verziert. Jori betrachtete sie und beugte sich dann über den Tisch zu Pauline hinüber, den Arm mit der Praline ganz ausgestreckt. Seine Hand reichte nicht ganz bis zu ihrem Mund. Sie hätte sich vorbeugen müssen, um abzubeißen, aber das tat sie nicht. Sie saß da und blickte ihn irritiert an.

»Probier doch mal.«

Als sie keine Anstalten dazu machte, ließ er enttäuscht den Arm sinken. Er legte die Praline zurück in die Hülle. Sie war zwischen seinen Fingern ein bisschen angeschmolzen. Rechts und links von der Mandel hatte sich nun ein Abdruck seiner Fingerkuppen gebildet. Als er wieder zu Pauline blickte, hatte diese damit begonnen, sich leicht vor und zurück zu schaukeln.

Es war stickig und beengend hier im Raum, trotz der hohen Fenster, die die Wände schmückten und von denen aus man in den Klinikpark hinabsehen konnte. Die Blätter draußen waren bunt.

»Meine Mutter ist gestorben«, sagte Jori plötzlich, obwohl er das gar nicht hatte erzählen wollen. Er wollte Pauline fröhlich machen, nicht traurig. Sie hatte doch schon genug schwere Gedanken, und das, obwohl ihr gemeinsames Leben so leicht hätte sein können.

Doch Pauline reagierte auch darauf nicht. Sie hatte Joris Mutter nicht gekannt, sie war ja nie in Finsterhennen gewesen und die Mutter nach der Hochzeit nie mehr außerhalb des Dorfs. Du hättest sie gemocht, wollte Jori noch sagen, aber er tat es nicht.

Er war sich nicht mehr sicher, wen Pauline mochte und wen nicht. Er blickte aus dem Fenster und merkte, wie ihre Schwermütigkeit auch von ihm Besitz ergriff. Der Verlust seiner Mutter war noch zu frisch, als dass man an einem Ort wie diesem darüber nachdenken durfte. Man hatte sie noch nicht einmal begraben.

Er betrachtete die Verstrebungen der weißen Fensterrahmen und die Vertäfelung. Ihm war zum Weinen zumute, doch das wollte er vor Pauline nicht.

Plötzlich kam ihm der irre Gedanke, dass er auch bereit wäre, mit ihr zusammen in dieser weiß lackierten Dunkelheit zu wohnen, mit ihr in dieses Meer zu waten, aus dem sie sich nicht befreien konnte. Wenn sie nicht zusammen glücklich sein durften, dann würden sie eben zusammen traurig sein, bis in alle Ewigkeit. Genug Schrecklichkeiten gab es ja, an die man sich nur immer wieder zu erinnern brauchte. Jori müsste Pauline nur endlich einen Antrag machen, hier und jetzt. Vielleicht würden sie dann sogar ein gemeinsames Zimmer in der Klinik bekommen, als ein Paar. Die konnten ein Paar doch nicht voneinander trennen.

Pauline schaukelte sich vor und zurück, vor und zurück. Sie blickte auf die Tischplatte. Die Medikamentendosis war zu hoch, das konnte Jori sehen, oder die Therapien waren zu streng. Die Ärzte behielten sie hier und probierten an ihr herum, jedes Mal eine andere Folter. Jori wünschte sich, er würde nicht ahnen, was hier hinter den ordentlich vertäfelten Wänden geschah. Aber er hatte Medizin studiert.

»Ich möchte auf mein Zimmer, bitte.« Es war nur ein Flüstern, doch im Raum war es still genug, um es zu hören.

»Dorthin kann ich aber nicht mit dir kommen«, sagte Jori bestürzt und dann mit der plötzlichen Gewissheit, dass es Pauline egal war. Sie schaukelte nur weiter vor und zurück, während ihre Augen intensiv auf die Tischplatte starrten, und jetzt musste Jori doch weinen. Er weinte und sagte: »Warum musst du so sein? Warum können wir nicht ganz normal zusammenleben? Es könnte alles so einfach sein!«

Und sie schaukelte und schaukelte, ohne ihm zu antworten, und das brachte ihn noch mehr zum Weinen, das konnte er ja jetzt ganz offen tun, hier, wo ihn keiner sah, nicht einmal Pauline, denn die starrte weiter auf die Tischplatte und nahm keine Notiz von ihm.

Jori weinte um seine Mutter und um Pauline und um das gemeinsame Leben, das sie nicht hatten. Sein Besuch in Finsterhennen war kurz gewesen, und er hatte es verpasst, dort zu weinen. Er hatte nur übers Wochenende vorbeikommen wollen, um seinen Eltern das Abschlusszeugnis zu zeigen, sein Summa cum laude in Medizin. Doch sein Vater hatte ihn schon erwartet. Als Jori mit der Postkutsche in Siselen angekommen und den Weg von dort zu ihrem Hof hinuntergelaufen war, hatte der Vater vor dem Weißkohlfeld gestanden. Ganz in Schwarz und nüchtern, so kannte Jori ihn gar nicht mehr. Der Vater hatte nicht viel sagen müssen und hatte doch etwas gesagt: »Es war der Bruder«, hatte er gesagt. »Dein Bruder hat sie umgebracht.« Und hätte Jori in diesem Moment etwas erwidern können, dann hätte er ihm gesagt, dass das nicht stimmte. Dass der Vater selbst schuld war und niemand sonst. Er hätte doch wissen müssen, dass die Mutter schon zu alt gewesen war für noch ein weiteres Kind. Doch statt dem Vater das an den Kopf zu werfen, hatte Jori sich umgedreht wie ein Feigling. Er war den Berg hinaufgerannt, zurück nach Siselen, in die Postkutsche und dann nach Zürich, zu Pauline, von der er sich Trost erhofft hatte und einen Neuanfang.

Jetzt ging er auf die Knie vor ihr, vielleicht, weil er nicht mehr viel tiefer sinken konnte, er hatte vor ihr geweint, und er weinte noch immer. Er rutschte einfach von seinem Stuhl herunter und auf die Knie, um zu ihr zu kriechen. Das weiße Baumwollkleid war nicht lang genug, als dass es auf die Erde gereicht hätte. Er hätte ihre Füße küssen können, wenn er gewollt hätte, und ihre

Waden. Er sah ihre knochigen Beine und die schmalen Fesseln, die in den Schnürschuhen steckten, und tastete nach der Hand in ihrem Schoß. Sie war kalt.

»Pauline«, flüsterte er und nahm ihre Finger in seine, die verschwitzt waren. Ihre fühlten sich dünn und leblos an. Jori konnte die einzelnen Sehnen unter ihrer Haut erfühlen. »Pauline.«

Sie entzog sich seinem Griff sanft, so wie einem Kaulquappen durch die Finger rutschen, die man im Wasser zu fassen versucht. Dann legte sich ihre Hand plötzlich auf sein Haar, mehr tastend als streichelnd. Fast so, als wolle sie begreifen, wer da vor ihr saß. Als sei sie blind. Ihre Finger drückten Joris Kopf sanft in ihren Schoß, und er kroch näher und legte sich hinein. Er ließ sich trösten von der Hand, die auf seinem Gesicht lag.

»Pauline«, flüsterte er noch einmal, und einen Moment lang ließ sie es geschehen, dass er bei ihr weinte. Dann aber stand sie auf, und sein Kopf fiel aus ihrem Schoß wie ein Apfel, den sie in ihre Schürze gelegt hatte und an den sie beim Aufstehen nicht mehr dachte.

»Ich möchte auf mein Zimmer«, wiederholte sie leise. Jori musste für sie nach den Wärtern klopfen.

FÜNFTER TEIL
Experimente

»Wo anders will man ein so reiches, für diese Art von Untersuchungen geeignetes Material finden? (…) Dieses grosse Asyl schliesst, wie sie Alle wissen, eine Bevölkerung von mehr als 5000 Personen ein, darunter eine grosse Anzahl unter der Bezeichnung ›Unheilbar‹ und auf Lebenszeit aufgenommene Individuen jeden Alters. (…) Wir sind mit anderen Worten im Besitz eines reich ausgestatteten, lebenden pathologischen Museums.«

JEAN-MARTIN CHARCOT (1825–1893)
Französischer Pathologe und Neurologe

Mitte November brach eine Kältewelle über Paris herein, die in der Salpêtrière zu Lungenentzündungen und einer raschen Dezimierung der Patientenzahl führte. Es wäre zu viel gewesen zu sagen, dass man erleichtert darüber war. Doch wie jedes Jahr nahm man es hin, ohne allzu große Gegenwehr zu leisten. In einer Anstalt wie der Salpêtrière, in die das ganze Jahr hindurch unheilbare Fälle eingeliefert wurden, bis die Räume zu platzen drohten, brauchte es eine natürliche Auslese. Erst kürzlich hatten die Wissenschaftler herausgefunden, dass es mit Insekten genauso funktionierte, wenn der erste Frost kam.

Wie alle Ärzte und Pfleger huschte auch Jori in diesen Tagen nur noch im Wintermantel durch die Klinik. Selbst in der Spitalküche, in der die Hitze aus den Kesseln normalerweise für eine kaum zu ertragende Schwüle sorgte, verteilte man Schals und Handschuhe an das Küchenpersonal und an die Gehilfen, die in der Ecke saßen und versuchten, Halbgefrorenes zu schälen.

Jori beantragte eine weitere Decke für Runa, die dritte bereits, und diese Sonderbehandlungen waren wohl der einzige Vorteil des übersteigerten Interesses an dem Mädchen. Man hatte viel Geld auf ihren Tod gesetzt – da wollte keiner riskieren, dass Runa vorzeitig verstarb.

Bevor Jori an der Salpêtrière arbeitete, hatte er sich nicht vorstellen können, dass ein Raum gleichzeitig stickig und kalt sein konnte. Es roch nach Medikamenten, sauren Mägen und ungewaschenen Wolldecken. Von den dreizehn Patientinnen in Runas Schlafsaal waren nur acht übrig geblieben.

Jori schob die Gardine vor Runas Bett ein Stückchen auf und dann auch den Vorhang vor dem Fenster, sodass ein schwacher Lichtstreif durch den Spalt und auf das Bett fiel. Er lag senkrecht auf Runas Körpermitte, als wolle er das Kind in zwei Hälften teilen. Die Gardinen zu öffnen war eigentlich verboten, doch Jori glaubte herausgefunden zu haben, dass Licht eines der wenigen Dinge war, die Runa gefielen. Sie richtete den Blick darauf und konnte so stundenlang liegen, ohne fortzusehen.

»Hallo, mein Mädchen«, flüsterte Jori und hockte sich neben das Bett. Seine Worte hinterließen weiße Wölkchen im Raum. Wie Geistererscheinungen leuchteten sie vor seinen Augen auf, bevor sie sich in nichts auflösten.

Heute war ein guter Tag. Die zweite Versuchsperson hatte den Eingriff überlebt. Jetzt mussten sie nur noch abwarten, welche Veränderungen sich in ihrem Verhalten zeigten. Vielleicht gab es für Runa doch noch eine Chance, hoffentlich gab es die.

Jori hörte ein Kichern. Es musste von einer der anderen Frauen kommen, doch Jori konnte nur die ungefähre Richtung bestimmen, die Vorhänge um die Betten waren allesamt zugezogen. Ein kicherndes Bett, eines von dreizehn. Es klang irre.

»Seid still!«, sagte Jori, doch das Kichern wurde nur lauter. Und jetzt gesellte sich ein zweites hinzu. Man nahm ihn nicht ernst, noch nicht einmal die Verrückten, nicht einmal sie.

Jori stand auf und tat zwei Schritte in die Richtung, aus der das Kichern gekommen war, doch auch das schindete keinen Eindruck. Neben sich glaubte er ein Augenpaar durch den Vorhangschlitz spähen zu sehen. Er schob den Stoff zur Seite, doch da lag niemand. Das Bett war leer, das Laken gemacht. Es musste das Bett einer der Frauen sein, die an Lungenentzündung gestorben waren. Hinter Jori ertönte wieder das Kichern, doch diesmal achtete er nicht darauf. Er drehte sich nicht um. Sein Blick haftete auf dem leeren Bett, der kalten Matratze. Ihm fiel auf, dass er nicht einmal wusste, wie die Frau aussah, die dort gelegen hatte, nur zwei Bettbreiten von Runa entfernt.

Menschen starben zu allen Zeiten, mit und ohne ärztliche Hilfe, dachte Jori und fragte sich zum ersten Mal, wessen Gewissen das eigentlich beruhigen sollte.

Er trat zum nächsten Bett, zog entschieden alle Gardinen im Raum auf, hob die Decken und Laken von den Matratzen, die der Winter leergefegt hatte, und legte sie über die verbliebenen Frauen wie eine zweite, wärmende Schneeschicht.

Lecoq legte seinen Hut auf den freien Stuhl neben sich und bestellte zum Omelette einen Kaffee und einen Cognac. Es war ein kalter, trüber Morgen. Die Nacht über hatte es geschneit, und in der Luft schwebten Eiskristalle, die man auf den Wangen spürte. Am Himmel hingen die Wolken, so dicht und regungslos, als wollten sie in dieser Formation überwintern.

Lecoq drehte sich um und sah durch die Glasscheibe. Im Café beugten sich die Kunden griesgrämig über ihre Zeitungen, um zwischen den Zeilen nach Menschen zu suchen, denen es noch schlechter ging als ihnen. Der erste Zigarettenrauch sammelte sich über den Tischen. Bis zum Mittag würde der Gastraum benebelt sein. Lecoq zog die Handschuhe aus, als ihm das Omelette und der dampfende Kaffee gebracht wurden, und goss das Glas mit dem Cognac zur Hälfte in die Tasse. Es war ein guter Tag, um ein Verbrechen zu planen.

Er hob den Hut an und zog die Zeitungen darunter hervor. Man musste informiert bleiben, was die Konkurrenz so machte. Irgendeine Leiche war aufgetaucht in einem kleinen Wald am Rande von Paris. Lecoq hatte es schon auf den Titeln beider Blätter gelesen, und die Zeitungsjungen brüllten es ebenfalls durch die Straßen: Toter im Brunnen entdeckt. Mordopfer im Fôret de Meudon. Er schob das Omelette so weit zurück, wie der kleine Rundtisch es zuließ. Doch die Zeitung hing trotzdem in dem Teller, als er sie aufschlug. Zwischen den eng bedruckten Zeilen und den großformatigen Zeichnungen darüber bildete sich ein hässlicher Fettfleck.

Das größte der Bilder zeigte den Brunnen, in dem die Leiche entdeckt worden war. Ein weiteres einen Raum voll leer stehender Vogelkäfige und das dritte eine Detailzeichnung der Wand hinter den Käfigen. Lecoq verschluckte sich fast an seinem Kaffee, als er es genauer betrachtete. »Okkulte Zeichen an den Wänden« hieß es in der Bildunterschrift. Die Buchstaben an der Wand waren erstaunlich detailliert erfasst. Es waren die gleichen wie in der Spielzeugtruhe des Grafen.

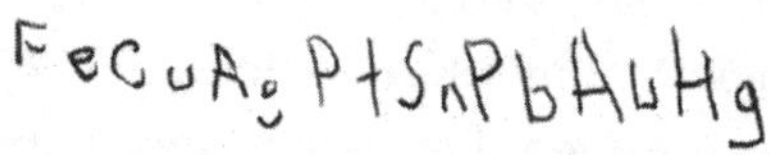

Lange Reihen immer derselben Abfolge. Dazwischen vereinzelte Strichbildchen, die einen Menschen darstellten, undefinierbare Geräte, ein Bett und ein einzelner Frauenname: Emma. Lecoq kratzte sich verwundert das Kinn, und die Bartstoppeln machten ein schabendes Geräusch unter seinen Fingern.

Er wandte sich dem Artikel zu. Ein gewisser Monsieur Mouchot von der Boulangerie Mouchot hatte sich offensichtlich ein altes, leer stehendes Haus am Rand der Siedlung von Clamart ansehen wollen, um zu prüfen, ob sich ein Lagerraum für Getreide daraus machen ließe. Schon als er das Haus besichtigte, seien ihm die Buchstaben an den Wänden aufgefallen, hieß es im Artikel, überall hätten sie gestanden, doch er habe zunächst angenommen, sie seien das Werk eines verwirrten alten Mannes, der jahrelang einsam in diesem Haus gewohnt habe. Erst als Monsieur Mouchot den Garten inspizierte und an dem kleinen Ziehbrunnen vorbeikam, habe er einen Gestank wahrgenommen, der trotz Frost und Kälte nicht zu ignorieren gewesen sei: der Geruch nach Verwesung. Monsieur Mouchot hatte damit gerechnet, dass möglicherweise ein Tier in den Brunnen gefallen sein könnte, doch als er sich über den Rand beugte, war es ein Toter, den er sah, halb von Kies und kleineren Steinen begraben.

Die Polizei, die mit dem Fall betraut wurde, stellte fest, dass es die verweste Leiche des alten Hausbesitzers war. In einem der Räume im Haus hätten sie zudem achtzig leer stehende Vogelkäfige gefunden, die Monsieur Mouchots Vermutung bestätigten, der Mann müsse ein Verrückter gewesen sein.

Noch wisse man nicht, ob es sich um einen Unfall oder Mord handele, hieß es abschließend im Bericht.

Lecoq schnaubte empört und schüttelte die Zeitungsseiten auf, als könne er damit den Schreiber dieses Artikels wachrütteln. Natürlich war es Mord, wollte er rufen. Wie sollte ein Mann wohl in den Brunnen stürzen und sich selbst unter einem Haufen Kies begraben?

Er nahm noch einmal die Bilder näher in Augenschein, und ihm fiel auf, dass neben dem Namen Emma ein kleiner Kringel eingezeichnet war. Ein Symbol, das ihm bekannt vorkam, doch der Zeichner hatte ihm nicht so viel Beachtung geschenkt wie dem Namen oder den Vogelkäfigen. Es blieb ein Kringel an der Wand, so nah Lecoq ihn auch vor seine Augen schob. Er stellte die Kaffeetasse ab, die er die ganze Zeit über in der Hand gehalten hatte, und wischte sich über die Stirn. Dann klappte er die Zeitung zu und legte sie beiseite. Ein wenig Druckerschwärze hatte sich in sein Omelette gelöst.

Der Artikel hatte den genauen Standort der Hütte nicht genannt, doch der Vorort Clamart am südlichen Stadtrand von Paris war klein, und natürlich wusste jeder hier von dem Mord. Gleich der erste Anwohner, den Lecoq fragte, zeigte ihm eifrig die Straße, die aus dem Ort hinaus und in den Wald führte. Und von dort brauchte er nur noch den Spuren im zertretenen Schnee zu folgen, die Zeitungsreporter, Polizisten und Schaulustige am Vortag hinterlassen hatten. Die Sonne hatte sich durch die Wolkendecke gekämpft und spritzte ein paar müde Strahlen in den Wald. Wenn man nicht gewusst hätte, dass hier ein Mord geschehen war, man hätte die Landschaft idyllisch nennen können.

Das Haus des alten Waldschrats lag auf einer Lichtung und war von einem Holzzaun umgeben, der so niedrig und baufällig war, dass er weder vor Tieren noch vor Menschen schützte. Auf dem Grundstück standen ein junger Mann und eine Frau. Wahrscheinlich waren sie die Ersten einer ganzen Horde Neugieriger, die heute noch hier auftauchen würden. Die Leute besichtigten Unglücksorte, wie sie eine Ausstellung besichtigten, Lecoq schüttelte den Kopf darüber.

Er hätte nur das Bein heben müssen, um über das windschiefe Tor zu steigen, doch er öffnete es wie ein Zivilisierter. Das Scharnier quietschte. Das Pärchen sah zu ihm hinüber, und ein beschämter Ausdruck schlich sich in ihre Gesichter. Die junge Frau war etwas aus ihrer Kleidung herausgewachsen. Der Mantel war an den Ärmeln zu kurz, und unter dem einfachen Winterkleid schauten ihre Beine fast bis zu den Waden hervor. Keiner der beiden stellte eine Frage, als Lecoq entschieden an ihnen vorbei und auf das Haus zuschritt. Er war es gewohnt, den Eindruck zu erwecken, als sei er zu etwas befugt.

Die niedrigen Zimmerdecken sahen aus, als könnten sie jeden Moment über Lecoqs Kopf zusammenbrechen. Staub hing in der Luft und fing sich in den Spinnweben, die an Balken und Türrahmen hingen. Die Fenster waren allesamt geschlossen. In allen Räumen herrschte die gleiche Kälte.

Lecoq ging durch die Zimmer. Das Ausmaß der Verunstaltung war noch schlimmer, als er nach dem Zeitungsartikel angenommen hatte.

Es gab keinen Raum, der nicht beschmiert gewesen wäre. Die Buchstabenreihen wiederholten sich in endloser Monotonie, und auch in den Bildern entdeckte er wiederkehrende

Motive. Die Figur eines Männchens fiel ihm auf, dessen Arme und Beine fast rechtwinklig vom Körper abgespreizt waren, wie bei einem Insekt, das man an der Wand zerklatscht hatte. Doch den überwiegenden Teil der Räume bedeckten die Buchstaben. Sie waren größer als in der Truhe des Grafen, jeder Einzelne so groß wie Lecoqs geöffnete Hand, und sie zogen sich wie eine schwarze Bordüre mittig über die Wände. Dort, wo die Buchstaben die Mauern nicht berühren konnten, waren sie einfach auf davorstehende Möbel gemalt. Das Werk eines Wahnsinnigen.

Lecoq sah die Fußspuren auf dem Boden. Vor den Wänden war der Staub zertreten. Gestern hatten die Polizisten und Reporter hier gestanden und vermutlich genauso fassungslos die Zeichen betrachtet, wie Lecoq es nun tat. Davor schien lange niemand den Boden entlanggegangen zu sein. Lecoq hob den Finger zur Wand, doch er musste die Zeichen nicht berühren, um zu wissen, dass sie aus geronnenem Blut geschrieben waren.

In der Küche hing ein Topf über der Feuerstelle. In einer Schüssel neben dem Herd lag von Schimmel überzogenes Geschirr. Es gab zwei Stühle und einen Tisch, darauf zwei Schüsseln, zwei Löffel, ein blindes Glas und einen Holzbecher. Alles sah aus, als sei der Besitzer nur einmal schnell zum Brunnen gegangen, um Wasser zu holen. Und alles sah aus, als habe man hier für zwei Personen gedeckt. Lecoq trat an den Tisch heran. Eine Schüssel war sauber, bis auf den Staub, der sich in ihr gesammelt hatte. In der anderen lag irgendetwas Verwestes, vollkommen mit Maden bedeckt. Lecoq nahm einen der Löffel, schob ihn unter das Gewimmel und hob es aus der Schüssel. Es musste irgendetwas aus Fleisch gewesen sein, so viel stand fest. Er zupfte mit dem Finger an einer Ecke, und ein kleiner zarter Knochen löste sich, der aussah, als sei es ein Flügel gewesen, vielleicht von einem Huhn oder von einer Wachtel.

Vorsichtig betrat er die morsche Treppe, die ins obere Stockwerk führte, doch sie erwies sich als stabiler, als sie aussah. Immerhin waren hier am Vortag sicherlich ein Dutzend Menschen hinauf- und heruntergegangen. Im Schlafzimmer standen ein Bett, ein kleiner Tisch mit einer Kerze darauf und ein Schrank, in dem Lecoq eine Strickjacke und eine schwarze Hose fand, wahrscheinlich für Sonntage. Eine lange Unterhose entdeckte er ebenfalls und einen Kragen, den man sich an eine Weste stecken konnte, damit es aussah, als trage man ein weißes Hemd. Doch die Weste dazu fand er nicht. Und auch keine Schuhe. Entweder man hatte sie dem Toten gestohlen, oder seine Garderobe war unvollständig gewesen. Das Bett war nicht gemacht, aber auch nicht übermäßig zerwühlt. Es sah gerade so aus wie das eines Mannes, der morgens aufstand und keinen Grund sah, erst umständlich die Decke zusammenzulegen, da man doch am Abend ohnehin wieder hineinschlüpfte. Ein Mann, der alleine lebte. Lecoq kannte den Anblick.

Weitaus verstörender war der Raum nebenan, ein Zimmer nur für Vogelkäfige. Sie baumelten von der Decke oder waren über- und untereinander gestapelt, verstaubt und voller Kot. Aus der verwesenden Masse, die auf dem Boden klebte, ragten vereinzelt ein paar Federn hervor wie Halme in einem umgepflügten Ackerboden. Die Türen aller Käfige standen offen. Vielleicht hatte jemand die Tiere freigelassen, nachdem der Alte gestorben war, dachte Lecoq. Vielleicht war es aber auch der Alte selbst gewesen. Wofür brauchte ein Mann, der im Wald wohnte, ein Zimmer, in dem er Vögel einsperren konnte? Dann fiel ihm das kleine verweste Stück Fleisch in der Suppenschüssel auf dem Küchentisch ein.

Das Fenster rechts von der Dachschräge war geschlossen. Lecoq musste sich bücken, um unter den Vogelkäfigen hindurch auf die andere Seite zu gelangen. Von hier oben konnte man den Wald sehen, die Lichtung vor dem Haus und ein Stück des Gartenzauns mit dem windschiefen Tor. Das Pärchen war verschwunden. Lecoq brauchte mehrere Anläufe, um das Fenster zu öffnen, dann hielt er fast den gesamten Rahmen in der Hand.

Sofort drang kalte Winterluft herein und vertrieb den Geruch nach Tieren und Kot, der sich in dem Zimmer eingenistet hatte. Draußen roch es frisch nach Wald und Schnee. Die leeren Vogelkäfige schaukelten im Luftzug. Sie quietschten gespenstisch.

Lecoq ließ das Fenster offen stehen und zündete sich eine Zigarette an. Er wollte sich gerade umdrehen, als sich ein Schatten links vom Waldrand löste und über den Zaun sprang. Lecoq sah ihn nur eine Sekunde, dann raubten die Dachpfannen des angrenzenden Schuppens ihm die Sicht. Er beugte sich vor, die Hände auf dem wackeligen Fensterrahmen, doch die Gestalt war nicht mehr zu sehen. Jeder, der den normalen Weg durch das Gartentor genommen hätte, wäre von diesem Fenster aus gut sichtbar gewesen. Das musste derjenige gewusst haben – und das wiederum konnte nur eins bedeuten: Er wusste, dass Lecoq im Haus war.

Lecoq stand ganz ruhig und lauschte in das stille Haus hinein, während er im Kopf die Möglichkeiten durchging und zu dem Schluss kam, dass es sein Beschatter von der Sûreté sein musste. Man hatte ihn also immer noch im Visier.

Er machte einen Schritt, und der Boden unter seinen Füßen knarrte. Doch Lecoq gab sich keine Mühe, still zu sein. Sein Beschatter wusste ja ohnehin, dass er hier war.

Er fand die Stelle, an der der Pressezeichner gestanden haben musste. Der Vogeldreck auf dem Boden war zertreten und zur Seite gescharrt. Der Name Emma prangte inmitten der Buchstabenreihen an der Wand. Und daneben fand Lecoq das Zeichen. Er hörte die Vogelkäfige leicht quietschen und fröstelte. Es war das Symbol, das er auf dem abgerissenen Blatt am Bahnhof gesehen hatte: das Merkurzeichen.

Er zog an seiner Zigarette.

Die Möbel des Grafen. Das Haus, in dem Lecoq nun stand und in dessen Brunnen ein toter Mann gefunden worden war. Der Aushang vom Bahnhof. Und vielleicht auch der Körper von Claire de Commarin. All das stand in einem Zusammenhang, zu dem noch die Ordnung fehlte. Die Anschuldigung, ein Kind könne hinter alldem stecken, kam Lecoq zwar noch immer abstrus vor, aber nicht mehr undenkbar.

Sicher war doch, dass die Buchstabenreihen aus der Feder des Mädchens stammten und dass man sie nun nicht allein im Haus des Grafen, sondern auch an zwei Tatorten gefunden hatte. Er wiegte den Kopf und überlegte, welche anderen Personen in Betracht kämen, doch die Liste war kurz. Emma. Er betrachtete noch einmal den Namen. War es der Name des Kindes oder der einer weiteren Frau? Eines weiteren Mädchens? Ohne den Blick von den Wänden zu nehmen, schritt er das obere Stockwerk ab.

FeCuAgPtSnPbA

Der Boden unter seinen Füßen knarrte, als er den Flur betrat und über das Geländer ins untere Stockwerk spähte. Auch wenn er ihn wegen der Krümmung der Treppe nicht sehen konnte, meinte Lecoq doch zu spüren, dass der Beschatter am unteren Absatz stand und genauso nach oben lauschte wie Lecoq nach unten. Er ging weiter und las die Buchstaben aufmerksam durch. Da war ein Name in die Reihen eingeflochten.

FeCuAgPtEUgénIESnP

Eugénie. Eine altbekannte Aufregung packte Lecoq. Er zog das Notizbuch heraus und notierte sich den Namen, bevor er die nächste Buchstabenreihe durchging. Er las die Zeilen nun immer zweimal, um sicherzugehen. Doch erst ganz am Ende des Flurs, neben einen Türrahmen geklemmt, entdeckte er den nächsten: Louis, ein Männername. Er durchkämmte den Rest des Stockwerks und auch das Schlafzimmer noch einmal, er kannte die Reihenfolge mittlerweile auswendig, und das Auffinden der Namen ging schneller: Emma. Eugénie. Louis. Adèle. Marie. Pierre.

In einer kleinen Kammer am Ende des Flurs befand sich eine Stiege aus dunklem Holz, die auf den Dachboden führte. An dem Staub auf den Stufen erkannte er, dass die Polizei noch nicht oben gewesen war. Als Lecoq hinaufblickte, in das schwarze Loch, und die Stabilität der Treppe mit den Händen prüfte, trat er zum ersten Mal auf die Knochen.

Er bemerkte, dass etwas unter seinem Fuß knackte, und hob den Schuh. Von seiner Sohle rieselte weißes Mehl. Lecoq bückte sich. In der Abstellkammer war es schummrig. Es gab nur ein einziges Fenster, und dessen Scheiben waren blind. Doch er konnte die Knochen weißlich leuchten sehen. Er war auf ein kleines Skelett getreten. Ein Vogelskelett, etwa in der Größe einer Meise. Und als er den Längsstrich des »T« an der Wand direkt darüber enden sah, begriff er plötzlich, wem all das Blut gehörte, das hier als Tinte gedient hatte.

Die Buchstaben waren mit den Körpern der Vögel geschrieben, die in den Käfigen gehaust hatten. Allein die Idee dieser Tat war abscheulich. Doch als Lecoq in den Flur zurückging und auch hier Vogelknochen in den Ecken fand, bestand für ihn kein Zweifel mehr.

Die Dachkammer war dunkel und so niedrig, dass er nicht aufrecht darin stehen konnte, nicht einmal mittig, wo der Giebel spitz zulief. Es gab keine Fenster. Lecoq rüttelte an den Dachpfannen, sie waren lose. Als er eine von ihnen nach oben zog, gab es ein Geräusch, als verschiebe man einen Tontopf auf einem Steinfußboden. Blaues Winterlicht sickerte durch den Spalt. Lecoq schob eine weitere Dachpfanne nach oben. Jetzt konnte er etwas erkennen. Der Raum war lang und schmal, aber nicht vollständig ausgebaut. Etwa auf der Mitte hörte der staubige Fußboden einfach auf. Dahinter gab es nur noch Dachbalken und Lücken, die so groß waren, dass sie einen Menschen verschlingen konnten.

Neben Lecoq stand eine zusammengezimmerte Kiste mit einem Strohsack darin. Es gab eine Decke und ein Kissen, auf dem etwas Dunkles lag. Ein Stück Holz. Lecoq nahm es hoch und erkannte zwei aufgemalte Augen. Er hielt das Holz unter die hochgeschobene Dachpfanne. Es war eine geschnitzte Puppe, jetzt im Licht ließ sich sogar eine Nase erkennen. Doch Arme und Beine waren abgebrochen, und in den Leib der Figur bohrte sich ein Loch, als habe jemand versucht, ihr den Bauch aufzukratzen, womöglich mit dem Fingernagel. Ein bedrückender Anblick.

Er wollte die verstümmelte Holzpuppe gerade weglegen, als ihm der Geruch nach Rauch in die Nase stieg. Er schnupperte. Vielleicht wurde im Wald eine Fläche gerodet, um Platz für neue Häuser zu schaffen oder für Ackerboden. Wundern würde es ihn nicht, auch die Randgebiete von Paris wuchsen ständig. Er ächzte, als er sich aufrichtete, so gut es in dem niedrigen Raum eben ging, und eine weitere Dachpfanne nach oben schob. Sie löste sich widerwillig. Jetzt konnte er den Kopf hinausstrecken und den Wald sehen. Sein Gesicht fror fast ein in dem kalten Wind, der über das Dach fegte. Feuer sah er nicht, obwohl er es jetzt umso intensiver roch. Er drehte den Kopf und spürte eine Wärme von seinen Füßen aufsteigen, die immer deutlicher wurde. Es war nicht der Wald, der brannte, sondern das Haus.

Die Zigarette!, war Lecoqs erster Gedanke, und der Schreck fuhr ihm in die alten Glieder. Doch als er zur Stiege stürzte, um ins untere Stockwerk zu sehen, erinnerte er sich daran, dass er sie ausgetreten hatte in dem Vogelmist, nachdem er den Raum mit den Käfigen verlassen hatte. Er war sich fast sicher, dass sie nicht mehr geglüht hatte. Am Fuß der Stiege war die Hitze des Feuers noch deutlicher spürbar, und jetzt hörte er auch das Knistern. Lecoq fiel fast, als er die Dachbodentreppe hinunterhastete. Er riss die Tür der Kammer auf und sah den Schein des Feuers im unteren Stockwerk. Rot glühte es von unten zu ihm herauf. Der Weg über die Treppe nach unten war versperrt, die Flammen züngelten bereits am Geländer. Er erinnerte sich, dass er vom Fenster im Raum mit den Vogelkäfigen die Ecke eines

Dachs gesehen hatte, vielleicht von einem Schuppen, doch das Dach war weit entfernt gewesen. Einen solchen Sprung hätte Lecoq vielleicht vor 20 Jahren noch geschafft, aber nicht mehr jetzt, nicht mehr mit seinen Knochen.

Lecoq warf einen Blick über die Schulter. Ausgerechnet in einen hölzernen Dachgiebel zu steigen, während ihm das Haus unterm Hintern wegbrannte, zählte sicher nicht zu den geistreichsten seiner Einfälle. Aber vielleicht würde er von dort irgendeine Möglichkeit finden, wieder hinunterzuklettern. Er warf die Tür zu und hastete zurück zu der Treppe und auf den Dachboden, wo er erneut den Kopf durch das Loch nach draußen steckte. Er schätzte seine Chancen ab. Das Dach fiel zu beiden Seiten steil ab, und die Schneedecke machte es riskant, auf den Pfannen auszurutschen. Zudem hatte er auf einen Baum in der Nähe des Hauses gehofft, doch die Lichtung trennte den Wald von der kleinen Kate. Sie war mitten auf die grüne Fläche gesetzt, wahrscheinlich um zu verhindern, dass bei einem möglichen Waldbrand auch das Haus mit abfackelte. Die Ironie dieses Gedankens war Lecoq unerträglich. Schon jetzt war er außer Atem, und allein bei dem Gedanken an eine Dachpartie taten ihm die Glieder weh. Noch einmal rief er sich den Schuppen in Erinnerung, den er vom Fenster im Vogelzimmer aus gesehen hatte. Er musste an der gegenüberliegenden Seite des Gebäudes stehen. Lecoq drehte den Kopf, von hier aus konnte er keinen Schuppen erkennen, er sah nichts als den Giebel. Doch ihm blieb nicht mehr viel Zeit, und eine Wahl hatte er auch nicht. Er konnte die Hitze des Feuers immer deutlicher unter seinen Füßen spüren. Eilig machte er sich daran, zwei weitere Dachziegel hochzuschieben. Aber das Loch ließ sich nur in der Breite vergrößern, oben klemmten die Dachpfannen, und unten lagen sie auf einem Querbalken auf. Lecoqs Kopf und Schultern passten hindurch, sein Brustkorb und sein Bauch hingen fest. Er fluchte. Mit der Hand schlug er gegen die oberen Dachpfannen und rüttelte an ihnen, bis sie sich endlich lösten, das Dach hinunterrutschten und über die Kante kippten. Es gab einen dumpfen Aufprall, als sie viele Meter unter ihm in den Schnee fielen. Dann war der Weg für Lecoq frei. Er stützte sich auf den verbliebenen Dachpfannen ab, um sich hochzudrücken, kroch ächzend durch das Loch und suchte mit seinen Schuhen Halt auf dem Schnee. Das Dach fiel noch steiler ab, als er gedacht hatte. Mit dem linken Fuß rutschte er ein Stück ab und stand plötzlich in der Regenrinne, die ihm mehr Halt gab als die glatten Dachpfannen. Doch er wollte sich nicht darauf verlassen, dass sie halten würde, wenn er sich mit seinem vollen Gewicht darauf abstützte. Stückchen für Stückchen robbte er auf dem Dach entlang, den einen Fuß in der Rinne, den anderen ein Stück weiter oben auf die Pfannen gestützt. Es erforderte mehr Gelenkigkeit, als er zu bieten hatte, und kostete ihn noch mehr Kraft. Mehrere Minuten brauchte er für die wenigen Meter bis zur Dachkante, er warf einen Blick zurück. Die ersten Flammen hatten die Dachkammer erreicht. Lecoq sah den roten Schein durch die Lücke leuchten, in der vorher noch sein Kopf gesteckt hatte. Qualm stieg auf. Lecoq robbte bis ganz an den Rand des Dachs und spähte hinunter. Unter ihm befand sich tatsächlich ein Schuppen. Doch die Höhe, die er überwinden musste, betrug gute zweieinhalb Meter, und die harten Schindeln würden seinen Fall kaum abfedern. Lecoq machte sich da keine Illusionen.

Immer stärker stieg nun der Rauch aus dem Dachraum auf. Lecoq konnte das Knistern des Feuers hören, das ganze Haus schien zu zittern. In wenigen Augenblicken würde das Dach in sich zusammenfallen. Wenn er jetzt nicht sprang, dann hätte er seine Chance vertan. Er ließ beide Füße in die gefrorene Regenrinne rutschen, griff mit den Händen nach dem Metall und wollte sich daran herunterhangeln, um den Abstand zwischen seinen Füßen und dem Schuppen zu verringern. Doch die Kraft dazu hatte seinen Körper verlassen, wenn nicht vor Jahren, dann spätestens heute auf der Flucht vor dem Feuer.

Kaum hing er mit dem ganzen Gewicht an der Rinne, rutschten seine Hände auch schon ab. Er fiel, erwischte nur mit Glück die äußerste Ecke des Schuppendachs, krachte rücklings auf die Schindeln und rutschte dann herunter, um die letzten anderthalb Meter mit dem Gesicht voran in den Schnee zu fallen. Benommen vor Schmerz blieb er liegen. Alle Glieder taten ihm weh, und der Schreck saß tief. Als er mit viel Mühe schließlich den Kopf hob und sich umblickte, sah er den Rauch aus der Dachluke aufsteigen wie aus einem Schornstein.

Eine kleine Glocke bimmelte, als Jori die Tür des Ladens aufstieß. Der Klang hatte sich nicht verändert, wie auch der Laden derselbe geblieben war und mit ihm der Geruch nach Alter und Müll, nach Polstern und Kleidern, die nie gelüftet wurden. Der Geruch dünstete von den kuriosen Objekten in diesem Raum aus oder auch von dem Besitzer, der zwischen ihnen hauste. Für Jori ließ sich eins von dem anderen ohnehin nicht unterscheiden.

Er hatte das hutzelige Gesicht des Mannes immer nur zwischen den kaputten Bilderrahmen und den schmiedeeisernen Kerzenständern gesehen, die aussahen wie umgedrehte Storchenbeine mit gespreizten Krallen; zwischen den türkischen Teppichen und den Paneelen mit den aufgemalten Fratzen, zu denen das Gesicht des Mannes gut passte. Er musste schon vor drei Jahren um die achtzig gewesen sein, eine Antiquität inmitten ausgedienter Antiquitäten, und Jori hätte es nicht gewundert, wenn er inzwischen gestorben wäre und jemand anders das Geschäft übernommen hätte.

Doch als Jori vor dem Tresen stand, kam der Alte, lebendig und misstrauisch, aus dem Hinterzimmer. In einem Laden wie seinem kündigte die Türklingel keine Kundschaft an, denn er verkaufte nichts, was für die üblichen Kunden interessant war, und das wusste er auch. Wer in den Laden des Alten kam, der hatte finstere Absichten. Deshalb war jedes Klingeln eine Warnung.

Der Alte sah Jori aus schmal gedrückten Augen an, und Jori blickte zurück und stellte fest, dass seine Erinnerung ihn betrogen hatte. Der Mann war nicht achtzig, er musste hundert sein, wenn nicht sogar noch älter. Sein Gesicht, seine Lippen, sein ganzer Körper waren eingefallen und ausgetrocknet, die braune Haut erinnerte an eine Rosine. Rosinen verdarben nicht, dachte Jori, sie wurden nur älter und härter. Dieser Mann würde auch noch im Hinterzimmer hocken und auf die Türklingel horchen, wenn Jori selbst längst gestorben war. Mit einem Rosinenkörper wie seinem würde er alle anderen überleben.

Jori öffnete den Mund, weil er wusste, dass er es sein würde, der sprechen musste. Aus dem Mund des vertrockneten alten Mannes war nie ein Laut gedrungen, solange er ihn kannte. Plötzlich wünschte Jori sich, er wäre nicht hergekommen.

»Haben Sie das Buch von Jules Bernard Luys …« Er räusperte sich, doch als er die Worte wiederholte, klang seine Stimme noch immer heiser und unsicher. »Haben Sie das Buch ›Le Cerveau et ses fonctions‹?«

Natürlich war es Luys' Idee gewesen, den Schlüssel ausgerechnet hinter diesem Buchtitel zu verbergen. Es war das letzte Buch, das er herausgegeben hatte, bevor sie '81 mit den Experimenten begonnen hatten. In einem Antiquitätenladen jedenfalls hätte es nichts zu suchen.

Das Gesicht des Alten blieb unbewegt, er stand da, als sei er selbst eine Tür, die sich nicht öffnete, und Jori hoffte schon, er möge sich nicht mehr an das Losungswort erinnern.

Dann aber drehte der Mann sich plötzlich um und wackelte zu einem Stapel orientalischer Tücher, unter denen er eine Kiste hervorzog. Selbst die Reihenfolge, in der die Tücher aufeinanderlagen, schien dieselbe zu sein wie früher. Jori erinnerte sich an den dunkelgrünen Schal, der ganz oben auf dem Stapel lag. Er hatte damals gedacht, dass er Pauline gefallen könnte. Damals, als er noch nicht gewusst hatte, dass die Sachen hier nicht zum Verkauf auslagen. Dass sie nur Dinge verbargen, die sich darunter oder dahinter befanden.

Der Alte klappte das Kästchen auf, und an dem Klimpern konnte Jori hören, dass noch mehr Schlüssel darin lagen. Dann tappte der Rosinenmann zurück und hielt Jori den Schlüssel auf ausgestreckter Hand hin, so wie man ein Pferd fütterte. Seine Haut war in der Handinnenfläche genauso dunkel und faltig wie auf der Rückseite, Jori hatte noch nie so faltige Hände gesehen. Er nahm den Schlüssel mit spitzen Fingern entgegen, ohne den Alten zu berühren, und legte im Gegenzug ein Geldstück in die Handfläche. Fast erwartete er, es müsse zwischen die Falten rutschen und dort verschwinden.

Die Hand des Alten schloss sich und zog sich zurück wie ein Tier. Er hatte den Kopf gesenkt, doch Jori wusste, dass er ihn genau beobachtete. Jori war ein Eindringling in dieser Höhle der Kuriositäten, und der Mann hatte nicht vor, seine Gastfreundschaft auszuweiten. Jori machte eine knappe Verbeugung, drehte sich um und verließ den Laden.

Draußen angekommen, blickte er sich um. Schnee lag auf den Straßen. Es schien ihn niemand gesehen zu haben. Er hoffte noch immer, dass er sich irrte, was den Zugang zu dem Keller betraf. Vielleicht hatte ihn wirklich niemand mehr betreten, seit sie die Versuche beendet hatten, und der Alte hatte einfach nur ein gutes Gedächtnis.

Aber wie kamen dann die Buchstaben in das Bild, das Jori heute Morgen in der Zeitung gesehen hatte?

Lecoq hatte sich in seinem Leben noch nie so alt gefühlt. Was nicht viel heißen musste, dachte er bitter, er war in seinem Leben ja auch noch nie älter gewesen als jetzt.

Beim Sturz auf das Dach des Schuppens war er auf das Steißbein gefallen, nicht auf das Rückgrat, und das war ein Glück, das musste er sich nur oft genug einreden: Was für ein Glück, dass ihm nur der nichtsnutzige Hintern wehtat und nicht der empfindsame Rücken!

Weil Lecoq nicht wusste, wie er sitzen oder liegen sollte, lehnte er seitlich am steinernen Sockel des Brunnens, zu dem er gekrochen war, und sah zu, wie zwanzig Meter vor ihm die Flammen an dem schwarzen Gerippe nagten, das einmal ein Haus gewesen war. Das Schlimmste war bereits vorbei. Zumindest, was das Feuer betraf.

»Monsieur Lecoq, würden Sie mir bitte Antwort auf meine Fragen geben?«

Müde blickte Lecoq zu dem Inspektor hoch, der neben ihm stand und sich hinunterbeugte, die Hände auf die Knie gestützt, als rede er mit einem kleinen Kind. Er war der Gleiche, dem Lecoq in der Pariser Mietwohnung begegnet war, Inspektor Gudin, und auch das war immerhin ein Trost. Vielleicht war man in der Sûreté ja tatsächlich darauf gekommen, dass der Fall der toten d'Arlanges mit diesem Mord hier zu tun hatte.

»Monsieur Lecoq, können Sie mich hören?«

»Natürlich kann ich Sie hören, Mann. Sie stehen direkt neben mir!«

Inspektor Gudin seufzte, und Lecoq fiel auf, dass er sein Gesicht heute zum ersten Mal ohne ein Taschentuch zwischen ihnen beiden sah.

»Ich habe Sie gerade der Brandlegung bezichtigt, Monsieur. Dies wäre nun der geeignete Zeitpunkt, um sich zu verteidigen.«

Er blickte so bittend, als hoffte er geradezu darauf, Lecoq würde die Vorwürfe abstreiten.

»Wo ist mein Notizbuch?« Alarmiert fasste Lecoq an seine Manteltasche, die sich ungewohnt leer anfühlte. Gudin nickte in die Richtung zweier Polizisten, die in der Nähe standen. Der eine hielt ein schwarzes Büchlein in der Hand.

»Das ist mein Notizbuch!« Lecoq wollte sich aufrichten, doch schon diese Bewegung schmerzte. Er verzog das Gesicht und ließ sich ächzend zurück gegen den Brunnen sinken. Tatenlos musste er zusehen, wie die Herren in seinen Notizen blätterten. Ihren Gesichtern nach zu urteilen, konnten sie sich keinen Reim auf seine Aufzeichnungen machen.

»Wir haben es vorn beim Haus gefunden. Zusammen mit denen hier.« Inspektor Gudin hielt ihm ein Sammelsurium von Zigaretten und Zigarren unter die Nase, ein triefend nasses Päckchen Streichhölzer und das Geldbündel des Vicomte, dessen Scheine schon erheblich dezimiert waren. Er musste die Sachen bei seinem Sturz verloren haben. Lecoq klopfte an sich herum, um zu überprüfen, ob sonst noch Dinge fehlten. Doch alles, was er bei sich getragen hatte, lag bereits in den Händen des Inspektors.

»Könnte das den Brand erklären?«

»Was?«

»Die Streichhölzer und die Zigaretten.«

Lecoq griff nach dem Geld und steckte es ein. Die Zigaretten und die Streichhölzer waren zu feucht, als dass er sie noch hätte gebrauchen können.

»Ich möchte auch mein Notizbuch zurückhaben«, sagte er.

»Das müssen wir vorläufig konfiszieren. Es könnten sich Beweismittel darin befinden.«

»Natürlich befinden sich Beweismittel darin!«

»Monsieur, haben Sie in dem Haus geraucht?«

Inspektor Gudins Stimme war laut und hoch, sein Blick verzweifelt. Er strahlte kein bisschen Autorität bei seinem Geschrei aus, sosehr er sich auch bemühte.

Die beiden Polizisten kamen zu ihnen herüber, noch immer

blätterten sie neugierig in dem Buch. In einiger Entfernung, nahe der schwelenden Asche, konnte Lecoq die Schaulustigen sehen, die in einem großen Kreis um die Lichtung herumstanden wie eine zweite Baumreihe.

»Der letzte Eintrag ist eine Liste mit Namen: Emma, Marie und so weiter. Datum heute.« Der Mann, der das Notizbuch in der Hand hielt, zwinkerte Lecoq zu. »Verabredungen von Ihnen, Monsieur?« Die Ironie in seiner Stimme ärgerte Lecoq. Offenbar traute dieser Jüngling ihm keine Verabredungen mehr zu.

»Es stehen auch Männernamen auf der Liste«, sagte er.

»Wie bitte?«

»Louis und Pierre. Das sind Männernamen.«

Die Polizisten blickten sich irritiert an, doch Lecoq hatte nicht vor, sich weiter zu erklären. Er hatte die Ankunft der Polizisten mit einer gewissen Gleichgültigkeit erwartet. Aber dass nun in seinen Sachen geschnüffelt wurde, war nicht in Ordnung.

»Geben Sie mir mein Notizbuch.«

»Tut mir leid, Monsieur. Das ist …«

»Geben Sie es mir! Ich muss etwas nachsehen.«

Sechs Namen hatte er gefunden, und das war nur im oberen Stockwerk gewesen. Zu dem unteren war er ja gar nicht mehr gekommen, und jetzt war es zu spät. Das Haus war aus Holz gebaut und bereits weggefressen, bevor noch die Feuerwehr mit ihren Löscheimern angekommen war.

Die Polizisten tauschten einen verunsicherten Blick, als Lecoq auffordernd mit den Fingern winkte. Doch sie legten ihm tatsächlich das Notizbuch in die Hand. Dilettanten.

Lecoq sah sofort, dass alles umsortiert war. Der zusammengefaltete Liedtext befand sich irgendwo mitten zwischen den Seiten. Er faltete das Blatt auseinander und überflog noch einmal den bleistiftgeschriebenen Text. Dann blätterte er weiter und hielt das Blatt neben die Liste, die er heute angefertigt hatte.

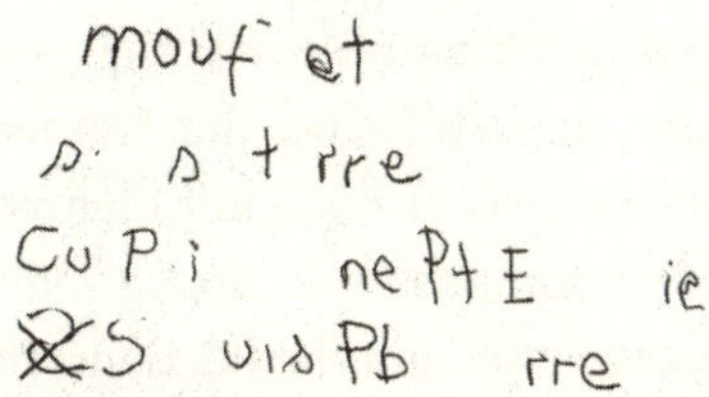

Der Abstand der Buchstaben könnte passen, dachte er. Er hatte stets versucht, sinnvolle Wörter zu bilden, und dabei übersehen, dass es sich um Namen handeln konnte: Eugénie. Louis. Pierre.

Was die anderen Buchstaben davor oder danach bedeuteten, wusste er noch immer nicht, aber er war sich nun fast sicher, dass es sich auch um Namen handeln musste. Er probierte verschiedene Varianten durch, ohne zu einem Ergebnis zu kommen.

»Können wir uns also darauf einigen, dass es ein Unfall war?«, fragte Inspektor Gudin. Der Hoffnung in seiner Stimme nach zu urteilen, wollte er die Befragung endlich abschließen. Doch Lecoq glaubte nicht an Unfälle. Er glaubte an Verbrechen. Und das, was ihm da gerade widerfahren war, war eindeutig ein Verbrechen. Jemand hatte versucht, Beweismittel zu vernichten. Jemand hatte versucht, ihn umzubringen!

Mit dem Gedanken an einen Mordversuch kehrte langsam wieder Leben in Lecoq zurück. Ohne auf die Proteste der Polizisten zu hören, steckte er das Notizbuch in seine Manteltasche, griff zum Rand des steinernen Sockels und versuchte sich aufzustützen.

»Monsieur, wo wollen Sie hin? Wir sind noch nicht fertig!«

Die Gestalt, die Lecoq vom Fenster im oberen Stockwerk hatte sehen können, war nicht sein Beschatter von der Sûreté gewesen, das war jetzt klar. Es war jemand, der Interesse daran gehabt hatte, dass niemand in den Zeichen herumschnüffeln konnte. Lecoq wiegte den Kopf und versuchte sich an das Aussehen der Gestalt zu erinnern. Doch der Moment war zu kurz gewesen. Der Schatten hätte jedem gehören können. Selbst einem Kind.

»Monsieur Lecoq, ich bitte Sie.«

Plötzlich wünschte sich Lecoq, der Fall wäre ihm früher begegnet. Zu einer Zeit, als er noch mit Elan vom Dach gesprungen wäre, statt zu plumpsen wie ein Kartoffelsack. Als er noch unbeschwert Kommissar sein durfte, ohne von Lombroso auch nur etwas zu ahnen. Das Mädchen wäre die jüngste Mörderin gewesen, die er in seiner Laufbahn je aufgespürt hätte.

Er schaffte es, sich so weit aufzurichten, dass er sich mit beiden Händen am Brunnenrand festhalten konnte. Erst jetzt fiel ihm auf, dass er am Fundort der Leiche stand. Der Brunnen war nicht besonders breit, aber tief. Ein Mensch, der hineinfiel oder hineingestoßen wurde, würde es schwer haben, ohne fremde Hilfe wieder herauszukommen.

Lecoq bückte sich ächzend und nahm einen der zahllosen Steine, die neben dem Sockel im Gras lagen. Er ließ ihn in die Tiefe fallen, und einen kurzen Moment später traf er klackernd auf dem Boden auf. Der Brunnen führte kein Wasser, und das Dach über ihm würde nicht nur Schmutz abhalten, sondern auch den Regen. Wer hineinfiel, konnte also ebenso leicht verdursten wie Claire d'Arlanges in ihrer Speisekammer – so makaber beide Orte für diese Art von Todesursache auch sein mochten.

Lecoq nahm einen zweiten Stein und wog ihn in der Hand.

»Waren es solche Steine, unter denen man die Leiche fand?«

»Ich bin nicht befugt, Ihnen darüber Auskunft zu geben, Monsieur.«

»Warum ist der Eimer nicht am Haken?«

»Man wird ihn wohl abgenommen haben, als man die Leiche aus dem Brunnen gezogen hat.«

»Man wird wohl? Soll das heißen, Sie wissen es nicht?«

»Ich weiß es schon, aber ich darf Ihnen keine Auskunft darüber geben.«

»Und der Haken? War der hochgezogen, oder hing der unten?«

Der Inspektor schwieg.

»Ich hoffe, Sie haben den Eimer wenigstens mitgenommen«, sagte Lecoq, »um eventuelle Haar- oder Blutspuren daran festzustellen. Lag die Leiche denn im Wasser, oder war der Brunnen so trocken wie jetzt?«

Inspektor Gudin seufzte erneut, und diesmal war es tief.

»Die Beine lagen im Wasser, ja, aber der Rest des Körpers nicht. Der Brunnen scheint aus irgendeinem Grund wenig Wasser geführt zu haben.«

»Und der Eimer?«

»Der lag unten und war vom Haken gelöst, als wir die Leiche fanden. Er war ebenfalls von Steinen bedeckt.«

Lecoq hielt den Stein hoch, den er noch in der Hand hatte, und hob fragend die Augenbrauen. Inspektor Gudin nickte geschlagen.

»Mit Steinen wie diesen, ja. Und kleineren.«

»Kein Genickbruch?«

»Nein.«

»Sonstige Brüche?«

»Monsieur Lecoq, bitte. Ich darf doch nicht …«

Lecoq öffnete die Hand. Der Stein war glatt und fast so groß wie sein Handteller. Wenn man ihn aus einer Höhe wie dieser in den Brunnen fallen ließ und einen Menschen, der darin stand, am Kopf traf, konnte man ihn leicht verletzen, wenn nicht sogar umbringen. Und so schmal, wie der Brunnen war, gab es nicht viele Möglichkeiten auszuweichen. Ein ebenso einfacher wie grausamer Mord. Einer, für den man nicht viel Kraft brauchte. Selbst ein Kind konnte auf diese Weise einen Menschen töten.

Lecoq ließ auch diesen Stein in den Brunnen fallen, und wieder klackerte es. Ein schöner Laut, auch wenn die Vorstellung, er könnte auf einen menschlichen Schädel treffen, schmerzhaft war. Er bückte sich nach dem nächsten Stein, hob ihn auf und warf ihn hinterher. Diesmal traf er zuerst die Wand des Brunnens, und das Klackern klang anders. Aus den Augenwinkeln sah er den Blick, den sich die Polizisten und der Inspektor zuwarfen. Einer von ihnen hob unauffällig den Finger an die Schläfe und kratzte sich, als Lecoq sich nach dem nächsten Stein bückte.

»Haben Sie als Jungen keine Steine in Brunnen geworfen, um zu hören, wie es klingt, wenn sie auf dem Wasser auftreffen, meine Herren? Sie sollten sich doch besser daran zurückerinnern können als ich in meinem Alter.«

Die Männer schwiegen.

Der nächste Stein. Es klackerte. Vor Lecoqs Augen nahm die Szene nun ganz deutlich Gestalt an: ein Mann, der in einen Brunnen klettert, um den Eimer zurück am Haken zu befestigen. Vielleicht will er auch irgendetwas anderes reparieren, den Brunnen selbst, er führt ja zu wenig Wasser. Doch der Mann ist alt, er überschätzt sich. Von allein kommt er nicht wieder heraus. Dann das Kind. Es kommt und wirft Steine in den Brunnen, einen nach dem anderen. Klack. Klack. Klack. Ein Spiel, vielleicht hat es das schon früher gespielt. Vielleicht klingt es anders, jetzt, wo der Mann in dem Brunnen steht. Ein Spiel, nichts weiter. Der alte Mann wird gesteinigt, weil es sich so schön anhört, wenn die Steine auf seinen Körper treffen.

»Monsieur Lecoq, geht es Ihnen gut?« Inspektor Gudin klang nun ernsthaft besorgt. »Vielleicht sollten Sie sich von uns in die Stadt zurückbringen lassen. Mit so einem Sturz aus dem zweiten Stock ist nicht zu spaßen. Und wir hätten dann auch noch ein paar Fragen an Sie …«

Warum hatte der Mann nicht geschrien? Oder hatte er geschrien, und das Kind hatte ihn nicht gehört? Weil es taub war vielleicht oder gleichgültig?

De Commarin hatte gesagt, das Mädchen habe gewirkt, als sei es in Trance, als es am Klavier gesessen und stumm die Tasten niedergedrückt hatte. War dem Kind vielleicht gar nicht bewusst gewesen, dass es lebende Vögel waren, die es an die Wand presste, um mit ihnen Buchstaben zu schreiben? Und war einem solchen Kind dann nicht auch zuzutrauen, dass es die Schreibfeder nahm und sie in die Augen der toten Claire d'Arlanges stach, um damit Buchstaben auf ihren Körper zu schreiben?

Die Vorfälle griffen so gut ineinander, dass Lecoqs Finger zu kribbeln begannen. Die Buchstaben waren das verbindende Element, das war klar. Und trotzdem gab es da diese Dinge, die nicht ins Bild passen wollten. Was bedeuteten die Zeichen auf dem Zettel? Was die Namen? Und wer hatte versucht, all diese Dinge zu vertuschen, indem er das Haus anzündete?

»Monsieur Lecoq, auf welchen Körperteil sind Sie beim Sturz gefallen, sagten Sie?«

Lecoq drehte sich, ohne zu antworten, um und blickte auf das schwarz verkohlte Gerippe hinter sich. Es war nun so weit heruntergebrannt, dass das Feuer nur noch schwelte. Ohne die Hitze der Flammen spürte er, dass seine Hose vom Schnee durchnässt war. Sie klebte an seinen Beinen. Er sehnte sich nach einem Platz in einer warmen Kneipe und einem Grog oder einem heißen Wein vielleicht.

Der Inspektor und die beiden Polizisten wirkten ratlos. Sie wussten nicht, wie sie auf sein ungewöhnliches Verhalten reagieren sollten. Erst als er sich in Bewegung setzte und davonhumpeln wollte, gerieten sie plötzlich in Aufruhr.

»Monsieur Lecoq, Sie sind tatverdächtig, Brandstiftung verübt oder zumindest fahrlässigerweise einen Tatort angezündet zu haben. Ich muss Sie wohl nicht darüber aufklären, dass wir Sie unter diesen Umständen auf keinen Fall gehen lassen können.« Wieder klang Inspektor Gudins Stimme schrill. »Ich glaube ja auch nicht, dass Sie es mit Absicht getan haben, aber Sie sind nun mal der Einzige, die sich bei unserer Ankunft auf dem Gelände befand.«

»Natürlich bin ich der Einzige, Inspektor. Glauben Sie, der Brandstifter wäre ruhig hier mit mir sitzen geblieben und hätte sich das Feuer angesehen?« Lecoq humpelte zwei Schritte vorwärts. Sein Steißbein und auch die Hüfte waren am meisten in Mitleidenschaft gezogen worden. Alles andere waren nur blaue Flecken, hoffte er.

»Zumindest haben Sie ohne Befugnis einen Tatort betreten, an dem ein Mord verübt wurde. Allein dafür könnte ich Sie schon festnehmen.«

In seiner Hilflosigkeit tat Inspektor Gudin ihm fast ein bisschen leid. Er war kein schlechter Mensch, das konnte Lecoq schon an seiner Physiognomie sehen. Er hatte eine gerade Nase, breite Wangenknochen und einen ordentlich gestutzten Backenbart. Zudem blickten seine Augen wach und klar. Insgesamt eine gute Physiognomie für einen Inspektor, wenn er nur ein bisschen selbstsicherer wäre und nicht immer so schrecklich weibisch sprechen würde, sobald er sich aufregte. Lecoq stellte sich vor, dass Inspektor Gudin Kinder hatte und eine bescheidene, mausgesichtige Frau, der er genauso treu war wie seinem Beruf.

»Monsieur Lecoq, bitte!«

»Wenn ich Ihnen einen Tipp geben darf, Inspektor Gudin: Schauen Sie doch mal in Ihren Archiven nach, ob es unaufgeklärte Fälle zu den Namen Marie, Emma, Eugénie, Louis, Adèle und Pierre gibt. Das werde ich jedenfalls tun, gleich nachdem ich mich aufgewärmt habe.«

Inspektor Gudin antwortete nicht. Mit hängenden Schultern blieb er einige Schritte hinter Lecoq stehen und machte ein ratloses Gesicht. Lecoq drehte sich kurz zu ihm um und hob die Hand zum Gruß. Einer der beiden Polizisten grüßte zögernd zurück.

Die Scharniere flüsterten, wo Jori ein Quietschen erwartet hätte; jemand musste die Tür geölt haben. Er nahm eine der weißen Kerzen aus dem Kasten rechts an der Wand und steckte sie auf den Kerzenhalter. Streichhölzer fand er unter den Kerzen, es war alles wie immer. Ihm fiel auf, dass nur wenig Staub auf den Dingen lag.

Der Weg die Wendeltreppe hinab war eine Zeitreise, nicht nur in die Geschichte von Paris, sondern auch in Joris Vergangenheit. Fast drei Jahre war es her, seit er den Keller unter der Saint-Médard zum ersten Mal betreten hatte. Damals war er stolz darauf gewesen, Teil eines so wichtigen Projekts zu sein, noch dazu an einem geschichtsträchtigen Ort wie diesem.

Die Saint-Médard und ihr Kirchenfriedhof waren früher Treffpunkt für Sekten und Geheimbunde gewesen. Auf dem Grab des heiligen François de Pâris sollten angeblich Wunderheilungen stattgefunden haben, und Jori hatte das als gutes Zeichen gedeutet. Es schien ein passender Ort für zwei Ärzte, die Großes vorhatten. Aber Wunder ließen sich nicht wissenschaftlich provozieren. Das schien Jori immer wieder zu vergessen.

Er stieg in die Dunkelheit hinab, und je tiefer er kam, desto wärmer wurde es. Die Verbindung vom Keller ins unterirdische Netz der Katakomben war kurz nach der Französischen Revolution gebaut worden, in den Monaten, als die Saint-Médard als Arbeitstempel von den Theophilanthropisten genutzt worden war. In aller Heimlichkeit für Heimlichkeiten gebaut. Wie Luys von dem Zugang erfahren hatte, wusste Jori nicht. Doch die Bedingungen waren optimal. Der Keller war nur etwa 1000 Meter von der Salpêtrière entfernt. Und so tief unter der Erde herrschten das ganze Jahr hindurch gleichbleibende Temperaturen von 14 oder 15 Grad. Viel besser konnte man Versuchspersonen gar nicht betten. Nur feucht war es. Schwarzer Schimmel wucherte unter den Decken.

Die Kerze flackerte, als Jori die letzten Stufen nahm, und er blieb kurz stehen aus Angst, sie könnte ihm ausgehen. Er war selten allein in den Kellern gewesen, und nie war es vorgekommen, dass er nicht genau gewusst hätte, was ihn erwartete.

Der erste Kellerraum war so leer, wie sie ihn nach Abschluss der Experimente hinterlassen hatten, oder zumindest fast. In der linken Ecke fiel Jori eine Kiste auf Rädern auf, die er nicht kannte, ein Leierkasten. Er war blau und mit weißen Himmelskörpern bemalt, Mond, Sterne und verschiedenen Planeten – fast wie eine Zauberkiste. Mit der Kerze in der Hand trat Jori näher. Es gab eine Kurbel und eine kleine Silberschale für das Geld. Zwei goldene kleine Scharniere fielen ihm auf, die vorn an der Kiste angebracht waren. Auf der anderen Seite befand sich ein Riegel. Jori schob ihn zurück und öffnete die Klappe. Die Kiste war leer. Das Ende der Kurbel ragte ins Nichts.

Mit dem Zeigefinger klopfte Jori auf das Holz, als könne es ihm verraten, wozu es diente, doch es handelte sich um ganz normales Holz, neuer, als der Anstrich der Kiste vermuten ließ. Lediglich über den Boden zogen sich einige dunkle Flecken. Auf der rechten Seite des Kastens hing ein kleines samtenes Säckchen an einem Nagel. Jori öffnete es, und ein Häufchen bunter Bonbons fiel ihm in die Hand. Alles deutete darauf hin, dass dieser Leierkasten regelmäßig benutzt wurde, alles bis auf die Tatsache, dass er keine Musik von sich geben konnte.

Jori nahm eines der Bonbons aus dem Säckchen und führte es zur Nase. Es roch süß, aber zugleich eigentümlich pfeffrig. Er zuckte zurück. Er kannte den Geruch. Es war ein Betäubungsmittel. Eine Szene begann in seinem Kopf Gestalt anzunehmen. Die Kiste war groß genug, um ein Kind zu transportieren, wenn dieses sich nur ein wenig hineindrückte, den Kopf zwischen die Beine gesteckt. Er tat zwei Schritte zurück und starrte die Kiste an. Das Säckchen war zurück auf seinen Platz geschwungen, wo es sich auspendelte.

Jori lief in den nächsten Raum, einen lang gezogenen Flur. Er öffnete die Brettertür zur ersten Kammer. Sie war leer bis auf ein Bett, das in ihr stand. Die Fesseln und der Bauchgurt hingen ungenutzt an den Metallstäben. Joris fühlte den Puls in seiner Halsschlagader. Er riss die nächste Tür auf. Das gleiche Bild. Und auch die folgende Kammer war leer. Alles war so, wie er es kannte, nur leer. Keine Patienten, keine Versuche. Und doch kam Jori etwas seltsam vor. Warum hatte man die Betten nicht längst zurückgebracht, wie Luys es damals versprochen hatte, als sie die Experimente abbrachen? Jori wollte gerade in den nächsten Raum gehen, als er die Stricke sah. Sie waren zur Verlängerung der Fesseln zwischen Lederriemen und Bettgestell geknotet, wie sie es in der Salpêtrière manchmal machten, um kleine Kinder im Bett zu fixieren. Jori wurde schlecht. In Zelle Nummer sechs entdeckte er die Zeichen.

Sie sahen genauso aus, wie er sie in dem Zeitungsartikel von Mme Villon gesehen hatte. Alle Wände waren beschrieben und bemalt mit diesen seltsamen Bildern von Dingen, die man mit sehr viel Fantasie als Spritzen und chirurgische Geräte deuten konnte, dazwischen Strichmännchen, Namen und die chemischen Zeichen, die Jori überhaupt erst auf die Idee gebracht hatten, das seltsame Haus im Wald könne etwas mit ihren Experimenten zu tun haben: Fe, Cu, Ag, Pt, Sn, Pb, Au, Hg, das stand für Eisen, Kupfer, Silber, Platin, Zinn, Blei, Gold und Quecksilber.

Er leuchtete mit der Kerze umher. Die Zeichen waren mit blasser weißer Kreide geschrieben oder vielleicht mit kleinen Steinchen, wie man sie hier aus den Ecken pulen konnte. Jori drehte sich um die eigene Achse und musste einen Schritt zurücktreten, um das volle Ausmaß der Arbeit zu sehen. Auch über die Tür zogen sich Linien, Furchen und Spuren. Hunderte tiefer Kratzer, die sich in die Bretter fraßen. »Sn«, las er und: »Adèle.«

Dann hörte er ein Geräusch und fuhr zusammen.

Es war nicht mehr als ein leises, dumpfes Pochen, kaum lauter als sein eigener Herzschlag. Doch Jori hätte sich nicht mehr fürchten können, wenn der ausgeweidete Leierkasten plötzlich zu spielen begonnen hätte. Es drangen keine Geräusche von außen in den Keller, ebenso wenig, wie Geräusche aus dem Keller nach außen drangen, das wusste er. Es war ein weiterer Grund, warum der Keller sich so gut als Versuchsraum eignete.

Er lauschte, doch das Geräusch wurde weder lauter noch leiser. Es war ein gleichmäßiges Klopfen, fast so, als trete jemand mit schweren Schritten auf oder als würde ein stumpfer Gegenstand wieder und wieder gegen eine Wand geschlagen. Jori konnte nicht bestimmen, woher das Klopfen kam. Es war, als hätte durch die Dunkelheit um ihn herum auch sein Gehör die Orientierung verloren. Es ist Tag, versuchte er sich zu beruhigen, draußen ist helllichter Tag, doch das änderte nichts daran, dass es hier im Keller dunkel war wie in einem Bergstollen.

Er öffnete die zerkratzte Tür, die Zelle schnürte ihn ein mit all ihren Zeichen und Formeln. Draußen auf dem Gang war das Geräusch noch deutlicher zu hören. Ein ständiges dumpfes Klopfen. Pock. Pock. Pock. Jori leuchtete nach rechts, wo die Treppe und der Ausgang waren, und erinnerte sich daran, dass er die Tür nicht geschlossen hatte. Er hatte gar nicht darüber nachgedacht, dass ihm möglicherweise jemand folgen könnte. Was, wenn es das Mädchen war, das kam, um ihn zu suchen? Er drehte den Kopf und blickte zum anderen Ende des Gangs, wo sich der Versuchsraum und der Durchgang zu den Katakomben befanden.

Jori wusste, dass in den Katakomben Leichen lagen, und zwar nicht nur die, die sie selbst vor einigen Jahren dort verscharrt hatten. Ganze Generationen von Leichen befanden sich da. Nachdem die Pariser Stadtfriedhöfe so überfüllt gewesen waren, dass die Körper keine Zeit mehr zum Verwesen hatten, bevor man sie wieder aus den Gräbern zog, waren ganze Friedhöfe in die Katakomben verlegt worden. Sechs Millionen Leichen insgesamt, oder vielleicht waren es auch sieben, Jori erinnerte sich daran, dass Mme Villon ihm davon erzählt hatte.

Doch das Geräusch kam weder aus der einen noch aus der anderen Richtung, sondern aus einer der Kammern, nur ein paar Schritte von Jori entfernt.

Pock. Pock. Pock. Das Klopfen war jetzt ganz deutlich. Jori sah, wie die zusammengenagelte Brettertür unter jedem Schlag leicht zitterte. Er holte Luft und trat näher, die Kerze wie eine Waffe vor dem Körper ausgestreckt. Dann riss er die Tür so schnell auf, dass ihm das heiße Wachs über die Hand floss und zu Boden tropfte – direkt vor die Knie des Jungen, der auf dem nackten Stein hockte und mit weit aufgerissenen Augen auf die Stelle starrte, an der sich eben noch die Tür befunden hatte. Der Lichtkegel erfasste ihn, kurz bevor Jori über ihn stolpern konnte.

»Grundgütiger!«

Der Junge mochte vielleicht sechs oder sieben Jahre alt sein, doch er hatte schlohweiße Haare. Er robbte ein Stück nach vorne, den Hals vorgestreckt, als suche er etwas. Sein Kopf war an der rechten Schläfe angeschlagen. Unter der frischen Wunde konnte er alte Verkrustungen sehen.

Jori hob die Kerze und leuchtete dem Jungen ins Gesicht. Seine Augen waren fast weiß, die Iris auf der linken Seite nach oben verdreht. Es war, als sähe Jori sie nur durch viele Schichten Wasser hindurch, aus den Tiefen eines Sees, in dem der Junge ertrunken war. Ein verschwommener, gequälter Blick. Das Kind war blind. Etwas oder jemand hatte ihm die Augen verätzt.

Der Junge wurde ungeduldig. Sein Kopf schwang hin und her, und er gab unwillige Laute von sich. Er robbte eine Kinderpobreite nach links, wo er die Wand fand. Dum. Dum. Dum. Er schlug den Kopf gegen die Wand, wieder und wieder, weil er die Tür nicht mehr fand, an der er das Gehämmer fortführen konnte.

Jori bückte sich und griff mit der freien Hand nach der Schulter des Jungen, um ihn von seiner Selbstverstümmelung abzuhalten, irgendwie wollte er ihm helfen. Doch der Körper des Kindes schwankte nur noch energischer zur Seite. Er suchte die Wand und traf Joris Arm, hinterließ eine Spur Blut auf dem Mantelärmel.

Jori packte den Jungen fester und leuchtete mit der Kerze umher. Zwei Schritte hinter ihnen stand ein Bett mit Fesseln in der Ecke, und er stellte die Kerze auf den Boden. Der Junge wand sich unter seinem Griff und gab Töne von sich wie ein gequältes Tier, als Jori ihn an den Schultern hochhob und auf die Matratze hievte.

»Shhhhh«, machte Jori, »ist ja gut.« Er schloss die Schnallen der Lederriemen so sanft, als seien sie ein verlängertes Körperteil des Jungen selbst. Es widerstrebte ihm, das Kind in diesem Zustand und in dieser Zelle fixieren zu müssen, aber irgendwie musste er ihn davon abhalten, sich weiterhin selbst zu verletzen. Wer hatte den Jungen überhaupt hierhergebracht? Das Kind wimmerte und schlug den Kopf hin und her.

Jori blickte auf den beigen Wollkittel, den es trug. Er musste nicht nachsehen, um zu wissen, dass er hinten offen war und nur mit einigen Lederbändern verschnürt. Sie benutzten ähnliche Kittel für Operationen in der Salpêtrière. Aber das konnte, durfte nicht sein!

Jori drehte sich um. War der Junge der Einzige, den man hier unten hielt? Ganz still stand er da und spannte seine Sinne an. Vom Flur kam kein Geräusch. Alles, was er hörte, war das wimmernde Kind in seinem Bett. Doch Jori wollte ganz sicher sein.

Er öffnete die verbleibenden acht Türen so vorsichtig, als könne etwas hinter ihnen lauern und ihn anspringen. Doch die Räume waren leer, der Junge wirkte wie vergessen. Am Ende des Flurs angekommen, stand Jori vor einer schweren Holztür, der letzten, bevor der Gang sich im Irrgarten der Katakomben verlor. Es war das Zimmer, in dem sie vor fast drei Jahren die Metallversuche durchgeführt hatten.

Die Schaulustigen, vom Zeitungsartikel oder dem Brand angelockt, kamen an Lecoq vorbei, als er durch den Wald zurückhumpelte. In Clamart hielt er die nächste Kutsche an und ließ sich vorsichtig auf der vorderen Kante der Bank nieder. Der Sitz war noch warm gesessen.

Er hatte den Weg von Paris nach Clamart nicht so holprig in Erinnerung gehabt. Aber auf dem Hinweg hatte er auch noch ein intaktes Steißbein gehabt. Jeder Huckel, über den die alte Kiste rumpelte, war ein Schuss ins Gesäß. Verstimmt blickte Lecoq aus dem Fenster, vor dem ganz ungeniert eine verschneite Idylle vorbeizog: La Maison Blanche mit seinem prächtigen Park, Villen und Gärten hinter hohen Zäunen. Im Sommer waren diese Bauten von Bäumen und Hecken umgeben. Jetzt aber waren die Äste kahl, und Lecoq konnte bis in die teuer ausgestatteten Wohnzimmer blicken. Ihm gefiel das, diese Nacktheit der Reichen. Sie hatten sich große Fenster bauen lassen, ohne daran zu denken, dass der Winter kommen würde und mit ihm die Blicke von Verbrechern, die Hunger und Kälte so dünn machten, dass es ihnen leichtfiel, durch die Stäbe der Zäune zu schlüpfen.

Das war seine Stadt. Lecoq war nie woanders gewesen als hier, und wozu auch, Paris war so groß, dass man hier geboren werden konnte und sterben, ohne sich zwischen dem einen Ereignis und dem anderen zu langweilen. Paris reichte für ein ganzes Leben.

Nachdem die Kutsche *Seine-et-Oise* passiert hatte, wurde das Stadtbild belebter. Lecoq sah die ersten Maronenmänner vor ihren dampfenden Kohlekisten stehen, als seien sie zusammen mit dem Schnee vom Himmel gefallen. Die Gehwege und Straßen waren voll rot gefrorener Gesichter, die zwischen Schals und Hüten hervorlugten.

Lecoq ließ ihre Köpfe an der Kutsche vorbeiziehen und versuchte zu erkennen, welche Gesichtszüge sich hinter all der Wolle verbargen, die sie sich um die Hälse schlang. Hier und dort erblickte er kirschrote Ohren unter den Hüten. Und wo er eine Verbrechernase entdeckte, ergänzte er in Gedanken wulstige Lippen und eine niedrige Stirn. Er versuchte ihnen in die

Augen zu sehen, doch die meisten hielten den Blick auf den Boden gerichtet.

Plötzlich glaubte Lecoq, dass eine der Gestalten ihm bekannt vorkäme, oder vielleicht war es auch nur die Art, wie der Mann ging, die ihn von den anderen Passanten unterschied, denn er drängelte sich durch die Menge, den Kopf erhoben, die Augen geradeaus gerichtet, so etwas wie Panik lag in seinem Blick, oder Angst. Lecoq drehte sich zu der Gestalt um und drückte das Gesicht gegen das kalte Fenster, doch die Kutsche war zu schnell und der Mann schon wieder in der Masse verschwunden. Lecoq sah ihn nicht mehr. Zwischen den Häusern blitzte die Kirchturmspitze der Saint-Médard auf. Sie bogen auf den Platz vor der Kirche und fuhren weiter. Lecoq legte die Hände auf die Oberschenkel und versuchte sich zu entspannen. Er kannte die Stadt, er kannte die Menschen. Viele von ihnen hatte er schon einmal verhört, verhaftet oder beraubt. Es war also nicht unwahrscheinlich, dass es bekannte Gesichter unter ihnen gab, noch dazu hier, in der Nähe der Rue Mouffetard, wo sich vom Kerzenständer bis zum Weihnachtsbraten alles kaufen oder eintauschen ließ, was man für den Winter benötigte. Lecoq riss die Augen auf, als die Kutsche mit dem rechten Hinterrad über einen Stein holperte, doch der harte Aufprall hatte auch sein Gutes: Er löste einen Gedanken in seinem Kopf.

Mit kalten Fingern zog er sein Notizbuch hervor, doch er brauchte den Aushang gar nicht zu sehen. Ein weiteres Mosaiksteinchen fiel an seinen Platz. Rue Mouffetard, dachte er und sah die Mauern der Kirche an sich vorbeiziehen. Die Rue Mouffetard hatte ihren Namen von dem unangenehmen Geruch erhalten, den der Flusslauf der Bièvre schon seit Jahrhunderten in die Gasse trug. Denn Mouffette war das altfranzösische Wort für Stinktier. Stinktiere ohne Erde. Lecoq hätte sich selbst für seine Dummheit schlagen mögen, wenn ihm die Glieder nicht schon weh genug getan hätten.

Er gab dem Kutscher ein Zeichen zu halten und stieg mit steifen Beinen aus. Draußen wühlte sich der Winter mit kalten Händen und einem schneidenden Wind durch seine nassen Kleider. Lecoq zündete sich zitternd eine Zigarette an, um wenigstens die Lungen zu wärmen, und humpelte dann den glatten Bürgersteig herunter, bis zu der Stelle, an der die Rue Mouffetard abzweigte. Irgendein Idiot hatte den frischen Schnee fortgeräumt und so die dünne Eisschicht darunter freigelegt. Wenn Lecoq noch einmal stürzte, wusste er nicht, wie er jemals wieder auf die Beine kommen sollte.

Der lateinische Spruch an der Kirchenwand, der Hinweis auf die Rue Mouffetard und auch die drei Kirchenfenster erschienen ihm plötzlich wie der Versuch, einen Ort zu beschreiben, für den ein Kind andernfalls vielleicht keinen Namen hatte. Es hieß also nicht: *mouffet sans terre*, sondern *Rue Mouffetard, sousterrain*. Und gemeint sein musste ein Keller in dieser Straße oder in der Kirche Saint-Médard selbst.

Lecoq schlitterte und fluchte und humpelte dann durch den Rinnstein rechts vom Gehweg, durch den im Sommer die dicke Suppe Fäkalien floss und in dem jetzt der Schnee knöcheltief lag.

Der Kellerraum war anders, als Jori ihn in Erinnerung hatte. Es kam ihm vor, als stünden die Wände enger zusammen, und die Decke hing niedriger, klaustrophobisch niedrig geradezu. Vielleicht lag das an Joris verloren gegangener Euphorie oder aber an der Neuordnung der Gegenstände im Raum.

Anstelle des Betts, in dem sie den Versuchspersonen damals die Metallplatten auf den Körper platziert hatten, stand jetzt ein Holztisch, der zweifellos als Operationstisch genutzt wurde. In alle vier Ecken hatte man Schlitze gesägt und Lederbänder durchgezogen, mit denen man die Person fixieren konnte, wenn sie ausgestreckt auf dem Rücken lag. Rechts neben dem Tisch stand ein Hocker mit einem Karbolzerstäuber zur Desinfektion, links ein weiterer Stuhl, auf dem eine Instrumentenkiste stand. Alles war so aufgestellt, wie auch Jori es für eine Operation vorbereitet hätte. Alles war vorbildlich – bis auf die Unordnung.

Die hölzernen Aussparungen in der Kiste, in denen die Werkzeuge passgenau versenkt werden konnten, waren leer und die Instrumente achtlos hineingeworfen. Im Licht- und Schattenspiel der Kerze wirkte das Sammelsurium an Skalpellen, Scheren und Pipetten selbst in Joris Augen schauderhaft. Er konnte eine schmale Sonde entdecken, die etwa so aussah wie der Schlauch, den man bei Runas Zwangsernährung verwendet hatte. Doch dieser hier war schmaler. Er wurde nicht zur Einführung von Essen, sondern von Medikamenten direkt in den Magen genutzt. Auf dem Operationstisch selbst standen ein Chloroform-Inhalationsapparat aus Metall und Leder, auf dem Boden eine Kiste mit verschiedenen Sägen und Messern, wie sie zur Sektion von Leichen benutzt wurden.

Jori betrachtete die Öllampe über dem Tisch. Sie war groß genug, um einen Festgebundenen komplett auszuleuchten. Groß genug, um die Gespenster hier unten für ein paar Minuten zu vertreiben. Er stellte die Kerze ab, schloss die Tür und zündete die Lampe an. Jetzt konnte er einen in der Kellerecke stehenden Waschzuber aus Holz sehen. Von innen war er schwarz verfärbt und glänzte silbrig. Auf der anderen Seite stand ein Tisch mit verschiedenen Reagenzgläsern, Flaschen, Steinen, Barren, Metallplättchen und einem Gasbrenner. Darüber hing das Periodensystem von Mendelejew, das Luys damals großformatig abgeschrieben und stolz über der Patientenliege angebracht hatte, symbolisch sozusagen: als Zeichen dafür, wie tief ihre Arbeit in den grundlegendsten Elementen dieser Welt verwurzelt war.

Fe, Cu, Ag, las Jori in der letzten Spalte. Pt, Au.

Der Bewohner von Zelle sechs musste lange Zeit auf dieses

Plakat gestarrt haben. Er ging zu dem Bücherregal hinüber, das neben dem Schreibtisch stand. Ein Buch erkannte er schon von Weitem am Einband: »Metallotherapie: Behandlung der Nervenkrankheiten« von Victor Burq.

Es war das Buch, das Jori in Luys' Bücherregalen vergeblich gesucht hatte. Es hatte den Kellerraum nie verlassen, und auch die Experimente waren nie wirklich beendet worden, das erkannte er jetzt. Jori ging die übrigen Bücher durch, auch seine eigene Übersetzung der Ignaz-Vogt-Publikation befand sich darunter. Jori zog sie heraus und kam sich hintergangen vor.

Er erinnerte sich noch gut daran, wie Luys den Keller abgeschlossen hatte, nachdem Gérard die letzte Patientin in den Katakomben verscharrt hatte. Luys hatte den Schlüssel demonstrativ im Schloss gedreht, sich Jori zugewandt und aufmunternd gelächelt. Dieses Kapitel hätten wir abgeschlossen, hatte seine Miene gesagt. Aber seine Miene hatte gelogen. Die Experimente waren fortgesetzt worden, und man nutzte Joris Übersetzungen noch immer dafür.

Er streckte sich nach dem obersten Regalbrett und fand zwei ledergebundene Mappen, die die Versuchsberichte enthielten. Man hatte sie dort liegen lassen, niemand hatte sich etwas dabei gedacht. Niemand war auf die Idee gekommen, dass einmal jemand in den Keller gelangen und herumschnüffeln könnte. Jori löste das oberste Band und schlug den Deckel der ersten Mappe zurück.

Cu-Versuch #2: Philomène, 11 J., 17 kg. Behandlung mit essigsaurem Kupfer (CuCl). Venus in Morgensichtbarkeit.

Cu #2.1: Am 19.8.84 setzten wir das Mädchen für 2,5 Std. in ein Wasserbad, welches mit 10 g essigsaurem Kupfer versetzt war. Es zeigte eine gewisse Unruhe, und die Schleimhäute röteten sich alsbald für einige Stunden. Ansonsten keine Alteration. Das Mädchen blieb gesund.

Cu #2.2: Im nächsten Versuch, durchgeführt am 26.8.84, erhielt das Mädchen 800 mg essigsauren Kupfer über die Pipette in den Mund geträufelt. Nach 5 Minuten erbrach es sich, zeigte sich weinerlich, blieb aber ansonsten ohne Beschwerden.

Cu #2.3: Das Mädchen erhielt noch am selbigen Tag erneut 800 mg essigsauren Kupfer über die Pipette in den Mund geträufelt, und wir unterbanden ihm direkt danach die Speiseröhre mit einer Gummibandligatur. Angstzustände, Anstrengung zum Erbrechen und starker Speichelfluss waren die Folge. 31 Stunden nach dem Eingriff starb das Mädchen, am 27.8.84. Bei der Sektion fanden wir nicht nur den Magen, sondern auch die Speiseröhre verletzt und mit viel blutigem Schaum gefüllt. Es lässt sich nicht sagen, ob das Kind an dem Kupfer oder an der Unterbindung der Speiseröhre starb. Der Versuch ist an einer anderen Versuchsperson zu wiederholen.

Cu-Versuch #3: Georges, 7 J., 15 kg. Behandlung mit essigsaurem Kupfer (CuCl). Venus in Morgensichtbarkeit, nahe bei Pluto.

Cu #3.1: Versuch #2.3 wurde am 9.9.84 an einer neuen Versuchsperson wiederholt. Wir verzichteten diesmal auf eine Unterbindung der Speiseröhre und brachten mit einer Sonde 500 mg essigsaures Kupfer direkt in den Magen. Die Symptome einer Vergiftung stellten sich danach mit Heftigkeit ein: Angst, Bauchkrämpfe, Konvulsionen und Anstrengung zum Erbrechen, die wir diesmal durch eine Chloroformnarkose abwehrten. Das Kind behielt das Kupfer so mit viel Mühe bei sich …

Joris Mund war trocken, die Sätze verzerrten sich vor seinen Augen, zogen sich in die Breite und in die Länge, als wollten sie sich gegen das Lesen aufbäumen. Er blickte auf, um sich zu sammeln. Dann blätterte er um, überflog den Rest des Berichts. Ihm wurde schnell klar, dass es sich bei dem siebenjährigen Georges um den Jungen aus der Zelle nebenan handeln musste. Nachdem sie festgestellt hatten, dass die orale Gabe von Kupfer für die Metallotherapie ungeeignet war, hatten sie ihm das Säuregemisch mit einer Nadel aufs Auge geträufelt. Deshalb die Erblindung. Jori schüttelte fassungslos den Kopf.

… Das Kupfer hatte eine gewisse weißliche Trübung provoziert, die auf der Iris auch dann noch anhielt, als das Augenweiß sich kurze Zeit später rot verfärbte. Der Junge fuhr fort zu zappeln und sich zu wehren. Aus Mitleid wuschen wir ihm die Augen aus und entließen ihn zurück in seine Zelle. Doch als wir am nächsten Morgen nach ihm sahen, war das linke Auge dick geschwollen, es tränte und eiterte in einem fort und hatte sich trotz unserer Sorgfalt offenbar entzündet …

Trotz unserer Sorgfalt! Jori konnte fast hören, wie Luys da aus dem Patientenbericht sprach. Er kannte den Duktus des Neurologen mittlerweile, ganz zu schweigen von der Schrift, diesem L, das Luys immer ein bisschen größer und sorgfältiger zu Papier brachte als die übrigen Buchstaben.

Der Eintrag war auf Ende September datiert. Jori blätterte weiter. Nach dem Bericht folgte ein zweiter, älterer. Dann ein dritter und vierter. Sie alle wiesen das gleiche Muster auf, nur die Metalle variierten. Insgesamt waren es zwölf Kinder, deren Namen in den Mappen verewigt worden waren, und keines von ihnen war über das verzeichnete Alter hinausgekommen. Alle bis auf den blinden Jungen waren tot.

Er klappte die Berichte zu. Die Luft im Raum war abgestanden. Die niedrige Decke erdrückte ihn. Und plötzlich hatte Jori den Eindruck, dass es im Zimmer nach Metall roch, nach warmem, nassem Eisen. Die Erinnerung sprang ihm ohne Vorwarnung in den Nacken. Jori schnappte nach Luft und drehte sich um. Er sah die Liege an der Wand, die Frau darauf, ihr zur Seite gerückter toter Körper. Jori war damals einfach durchgedreht, als die Frau unter seinen Händen ums Leben gekommen war, und dabei hatte es vielleicht noch nicht einmal an seinen Händen gelegen. Sie hatten der Frau ja nur Metallplatten angebracht, Metall, das Jori ihr an den Körper binden musste, wie hätte er wissen sollen, dass man davon sterben konnte!

Den Keller abzuschließen und die Experimente für beendet zu erklären – Jori begriff nun, dass all das nur vorgetäuscht gewesen war, um ihn aus dem Weg zu haben. In einem Keller wie diesem konnte man niemanden mit Moral gebrauchen, der den anderen ein schlechtes Gewissen machte.

Jori schloss die Augen. Er durfte nicht noch einmal durchdrehen. Da war ein Junge in der Zelle nebenan, der seine Hilfe brauchte. Es wäre falsch, ihn hier im lichtlosen Keller anzubinden und dann fortzulaufen. Jori würde den Jungen mitnehmen müssen, wenn er ging. Plötzlich riss Jori die Augen wieder auf. Die Liege mit der toten Frau war verschwunden, hatte einer lebendigeren Wahrnehmung Platz gemacht: Jori hörte Schritte im Flur. Jemand war in den Keller gekommen. Er stürzte vor und löschte das Licht der Lampe über dem Operationstisch.

Mehrere Sekunden stand er still und lauschte. Er glaubte, die Anwesenheit eines anderen durch die Tür spüren zu können, er musste dahinterstehen und wie Jori selbst die Luft anhalten. Eine Minute verstrich, dann noch eine. Im Raum war es finster. Jori tastete nach seiner Kerze auf dem Operationstisch, doch sie stand weiter links, als er erwartet hatte. Er stieß mit der Hand gegen sie. Das Geräusch, das es machte, als sie umfiel, war zu laut. Wieder hielt Jori die Luft an. Doch als er noch immer nichts von draußen hörte, tastete er erneut nach der Kerze, steckte sie ein und fuhr mit der Hand weiter an der Kante des Operationstischs entlang, bis er ein Skalpell fand, nur zur Vorsicht. Wo die Tischkante aufhörte, berührten seine Finger das Lederband, das als Fessel genutzt wurde, und er hielt sich daran fest, als er unsicher einen Schritt in die Dunkelheit machte. Doch die Fessel reichte nicht aus, um ihn bis zur Tür zu bringen. Er musste loslassen und sich zwei Schritte völlig blind vortasten. Auf dem Boden schleifte Papier unter seinen Füßen, und als er in die Hocke ging und danach fühlte, begriff er, dass es die Mappen waren, die er hatte fallen lassen, als er zum Tisch gestürzt war. Er hob auf, was er fand, und schob es in die Innenseite seines Mantels. Dann richtete er sich wieder auf und machte einen vorsichtigen weiteren Schritt im Dunkeln. Die Tür musste hier irgendwo sein, der Raum war klein. Jori streckte seine Arme nach vorne, beugte sich vor, seine Fingerspitzen stießen gegen Holz, dann fand er die Klinke. Er drückte sie leise herunter. Auch auf dem Flur war es dunkel. Jori konnte keinen einzigen Lichtschimmer sehen, auch nicht aus der Zelle des blinden Jungen. Vielleicht hatte er sich doch getäuscht. Vielleicht war er allein im Keller.

Er trat in den Gang und dachte an den Schlüssel, den er unvorsichtigerweise oben in der Tür hatte stecken lassen. Der Schlüssel! Es gab nur einen, und den besaß der Alte im Antiquitätengeschäft. Wenn heute also tatsächlich einer in den Keller kam, um nach dem Jungen zu sehen, dann würde ihm schon im Antiquitätengeschäft auffallen, dass der Schlüssel fehlte. Mit zittrigen Fingern zündete Jori ein Streichholz an und hielt es an die Kerze. Noch bevor der Docht Feuer fangen konnte, sah er im Schein der Flamme eine Gestalt, die Umrisse von Hut und Mantel. Der Mann stand ganz ruhig, keine zwei Meter von Jori entfernt. Er hatte seine Lampe gelöscht, darum hatte Jori ihn nicht gesehen. Er hatte auf Jori gewartet. Es war nur eine Sekunde, in der die beiden Männer sich gegenüberstanden, keine Zeit, darüber nachzudenken, was zu tun war. Dann erlosch das Streichholz. Jori spürte den Impuls wegzurennen, doch sein Gegenüber war schneller. Er stürzte sich auf Jori, noch ehe dieser eine Bewegung machen konnte, und gemeinsam gingen sie zu Boden. Schmerzhaft knallte Jori gegen die Steinwand. Ein Hieb traf sein Kinn, ein nächster seine Seite. Der Mann über ihm wusste offenbar gut darüber Bescheid, wo die Niere saß. Jori schrie auf, und erst jetzt begann er sich zu wehren. Er hob die Hand, und mehr aus Versehen verpasste er dem Mann einen Fausthieb. Seine Fingerknöchel trafen auf etwas Hartes. Jori wusste nicht, welcher Körperteil es war, doch es tat an seinen Knöcheln weh, und er spürte, wie der Angreifer mit dem Kopf zurückwich. Jori nutzte die Gelegenheit, um weiter zur Seite zu rutschen, seine

Finger tasteten nach dem Skalpell in seiner Tasche. Er schloss die Hand um den Griff und versuchte, auf die Füße zu kommen. Doch wieder war der Mann schneller. Jori war noch nicht ganz in der Hocke, da hatte er sich ein zweites Mal auf ihn gestürzt. Jori zog den Kopf ein, um nicht wieder gegen die Wand zu schlagen, und hob das Skalpell. Die Klinge erwischte irgendetwas. Er spürte den Widerstand und hörte, wie sein Gegner scharf die Luft einzog, doch als Jori mit verdrehtem Körper auf dem Boden landete, war der Mann schon wieder über ihm. Das Skalpell entglitt Joris Hand. Es klirrte metallisch, als es in einigem Abstand auf dem Boden auftraf.

Ohne das Skalpell zur Verteidigung war Jori aufgeschmissen. Er war noch nie gut im Kämpfen gewesen, noch nicht einmal darin, sich zu schützen, und das Wissen darum lähmte ihn. Doch hier war er nicht auf dem Pausenhof der Dorfschule. Der Mann, der ihm gerade die Hände um den Hals legte, würde ihn erwürgen, wenn sich ihm die Gelegenheit dazu böte. Jori ließ die Arme nach oben schnellen, stemmte sich gegen die Schlüsselbeine des Gegners und suchte dessen Hals. Er fühlte einen großen Knopf am hochgestellten Kragen und drückte beide Daumen in die Kehle seines Gegners, bis dieser zu röcheln begann und seinen eigenen Würgegriff lockerte. Jori spürte, dass die Hände an seinem Hals weicher waren, als er angenommen hatte. Weiche Finger ohne Hornhaut. Fast gleichzeitig ließen die Männer voneinander ab, nach Luft schnappend. Da der Angreifer links von Jori lag, blieb Jori nur die Flucht nach rechts, er wollte es nicht riskieren, über den anderen steigen zu müssen. Er sprang auf und rannte sofort los, einfach geradeaus in den Gang hinein, dann prallte er hart gegen eine Wand, eine Kurve. Er schrie auf und ging zu Boden. Er registrierte etwas Feuchtes an der schmerzenden Stirn und tastete sich weiter, er musste sich einen Vorsprung verschaffen. Doch als Jori sich umdrehte, hörte er nichts mehr hinter sich. Niemand war ihm gefolgt. Schwer atmend stützte er sich an der kalten Steinwand ab und griff erneut an seine Stirn. Wahrscheinlich musste die Wunde genäht werden, er würde sich darum kümmern, gleich wenn er wieder an der Oberfläche wäre. Gut, dass Jori so etwas konnte, zumindest das. Der Gedanke brachte ihm eine seltsame Ruhe.

Er hatte den Mann erkannt, am Ende hatte er ihn erkannt – trotz der Jahre, die seit ihrem letzten Treffen vergangen waren und die aus dem damals sechzehnjährigen Querkopf einen Mann gemacht hatten. Und Jori war sich ziemlich sicher, dass der andere ihn auch erkannt hatte. Noch einmal blickte Jori in die Richtung, aus der er gekommen war. Doch hinter ihm war es genauso schwarz wie vor ihm, wo der Gang ins unterirdische Netz der Katakomben führte.

Gérard hätte, wie Jori in dem Gang verschwand, und machte keine Anstalten, ihm zu folgen. Die Katakomben waren ein unterirdisches Netz aus Gängen, in das kein Tageslicht drang, und Jori war nicht der Typ Mensch, der sich in ihnen zurechtfand. Noch dazu nur mit einer Packung Streichhölzer bewaffnet.

Gérard klopfte sich an die Brust und spürte das zusammengefaltete Blatt unter dem Mantelstoff, die Kopie der wichtigsten Seiten aus dem »Atlas Souterrain«. Die Bewegung tat ihm in der Schulter weh. Die Klinge des Skalpells hatte ihn knapp über dem Schlüsselbein erwischt. Die Wunde war nicht tief, ein glatter Schnitt, der bald aufhören würde zu bluten, aber es zwickte trotzdem bei jeder Bewegung. Und Gérard hasste es, wenn man ihm wehtat.

Er streckte sich nach der Lampe, die er fallen gelassen hatte, und fand den Igel, der in ein Tuch eingeschlagen war. Das Tier musste ihm bei dem Gerangel aus der Tasche gerutscht sein. Gérard zündete die Lampe an und hob das Tuch an den Enden hoch. Der Körper des Igels hing schlaff darin. Er schien Gérard schwerer als vorhin, als er ihn im Wald aufgelesen hatte. Das Tier war tot.

Verärgert schlug Gérard das Tuch zusammen. Er achtete darauf, dass die Stacheln des Igels flach am Körper anlagen, bevor er ihn zurück in seine Tasche schob. Aus einem lebendig verbrannten Igel, hatte er gelesen, konnte man ein gutes Mittel gegen Haarausfall und Epilepsie machen. Ob das mit einem toten Tier ebenso funktionierte, war allerdings fraglich.

Gérard blickte noch einmal zu dem schwarzen Gang. Wer eine Karte hatte, der konnte durch die Katakomben ganz unbehelligt an fast jeden Ort von Paris kommen. Aber Jori würde es nicht wagen, sagte er sich noch einmal. Er würde zurückkommen müssen. Und dann würde Gérard hier auf ihn warten.

Wie er vermutet hatte, hatte Jori den Schlüssel oben in der Tür stecken gelassen. Gérard nahm ihn an sich und schloss von innen ab. Jetzt konnte Jori sich nicht an ihm vorbeistehlen. Gérard hatte keine Zeit, vor dem schwarzen Loch zu lauern. Er musste sich um den Jungen und die Dokumente kümmern.

Langsam stieg er die Stufen wieder hinab und zählte. Er wusste, dass es 130 waren. Er zählte sie jedes Mal, wenn er die Treppe hoch- oder runterging, und jedes Mal waren es 130, die Zahl gefiel ihm.

Secret fatale.

Gérard dachte an die Tarotkarte in seiner Tasche, die er seit jenem Tag in der Bibliothek mit sich herumtrug. Sie lag nun unter dem toten Igel, der bei jeder Stufe, die er nahm, wie ein weicher Klumpen Teig gegen seinen Oberschenkel schlug. Früher hatten die Menschen daran geglaubt, dass Igel in Wahrheit verwandelte Hexen waren. Gérard zog die Karte unter dem Tier hervor und steckte sie zur Vorsicht in die andere Tasche. Ein zweifelhafter Glücksbringer.

Zwei Männer fallen von einem Turm, der eine gekrönt, der andere ungekrönt. Ein Sturz. Die Zerstörung des Magiers.

Gérard würde persönlich dafür sorgen, dass weder Jori noch

sonst irgendjemand ihn vom Thron stürzen konnten – noch dazu, bevor er ganz darauf saß. Aber Luys hatte recht. Man musste jetzt planvoll vorgehen. Man durfte nichts überstürzen, vielleicht war schon die Sache mit dem Haus zu viel gewesen. Erst einmal musste man sich um das letzte Fröschlein kümmern, hatte Luys gesagt und ihm aufgetragen, alle Beweise zu vernichten, bevor Schnüffler hier aufkreuzten. Wie schnell das gehen konnte, hatte Gérard ja jetzt gesehen. Er würde es also machen, wie Luys sagte. Gérard enttäuschte Luys nie. Das hatte er noch nie getan.

Die Aufräumarbeiten im Keller dauerten ganze drei Stunden. Es hatten sich in den letzten Jahren viele Unterlagen angesammelt, und vielleicht wäre Gérard in dem Chaos das Fehlen der Versuchsberichte gar nicht aufgefallen, wäre da nicht der Stoß Blätter gewesen, der auf dem Boden lag, als er den Raum betrat. Gérard hob die Zettel auf und sah sie durch. Es war immer Luys, der die Berichte verfasste, doch dass hier etwas fehlte, konnte auch er sehen. Es waren viel zu wenig Berichte für die Anzahl der Kinder, die sie hergeschafft hatten. Gérard nahm die Lampe und suchte zwischen den Büchern, die noch im Regal standen, und dann in dem Stapel, den er bereits zurechtgelegt hatte. Doch die fehlenden Zettel waren nirgends zu finden.

Ich zähle auf dich, hatte Luys gesagt. Und er hatte gesagt, dass Gérard sich sofort auf den Weg hierher machen sollte, als Erstes. Doch Gérard war nur als Zweiter gekommen.

Er lehnte sich gegen den Operationstisch, aus dem er noch die Lederbänder herausziehen musste, damit er wieder wie ein gewöhnlicher Tisch aussehen könnte, bis auf die Schlitze in den Ecken und ein paar verräterische Flecken, von denen Gérard noch immer nicht wusste, wie er sie beseitigen sollte. Die ganze Aktion gestaltete sich schwieriger, als er gedacht hatte.

Die Lampe flackerte. Das Öl würde nicht mehr lange reichen.

Gérard hatte keine Angst vor der Dunkelheit. Er hatte auch nie Angst vor diesem Keller gehabt. Er war dabei gewesen, als sie ihn ausgebaut hatten, so wie er bei jedem einzelnen Versuch dabei gewesen war, den sie hier durchgeführt hatten. Er hatte die Toten in die Katakomben gebracht, wo sie sich verlieren würden unter den Millionen Leichen, die die Stadt im Zuge der Friedhofsschließungen dort entsorgt hatte. Alles, was es hier unten gab, war mindestens einmal durch Gérards Hände gegangen.

Nein, wenn ihn etwas nervös machte, dann war es nicht die erlöschende Lampe, sondern Luys. Gérard hatte seinen Mentor nie zuvor so beunruhigt erlebt. Und nun waren diese Zeichen in dem Haus im Wald aufgetaucht. Die Lampe flackerte wieder. Gérard biss die Zähne zusammen und stieß sich so heftig von dem Tisch ab, dass dieser krachend über den Steinfußboden rutschte. Er nahm die Öllampe und ging in den Gang. Jori war noch immer nicht an ihm vorbeigekrochen. Bestimmt hockte er im Dunkeln hinter der Ecke und wartete darauf, dass Gérard ging. Er konnte sich Joris feiges Gesicht geradezu ausmalen. Und er würde Jori den Gefallen tun. Wenn er die Tür abschloss und den Schlüssel mitnahm, wäre Jori hier unten eingesperrt, im Dunkeln, und Gérard wusste, dass Jori immer ein Schisser gewesen war, bestimmt auch, wenn es um Dunkelheit ging. Er tat zwei Schritte in Richtung der Katakomben und blieb stehen, als das Licht in seiner Hand erneut flackerte.

»Jori!«, rief er, und das Echo ließ seine Stimme lauter und bedrohlicher klingen, als sie war. Das gefiel Gérard. Er probierte es gleich noch mal aus: »Ich weiß, dass du da bist. Komm raus, oder ich werde den Jungen töten.«

Während er lauschte, spannte er die Oberlippe an, bis die Haare ihn an der Nase kitzelten. Sein Bart war ein gutes Stück gewachsen und umrahmte seinen Mund nun völlig. Doch er spürte auch das Ziehen in seinem Wangenknochen, dort, wo Joris Faust ihn getroffen hatte.

»Ich zähle bis drei. Wenn du dann nicht hier bist, ist der Junge tot. Eins. Zwei …«

In dem Gang blieb alles still. Das konnte nicht sein, dachte Gérard, das konnte nicht sein. Er kannte Jori.

»Zwei!«, brüllte er noch einmal und stürmte zur Zelle des Jungen. Er machte ihn aus dem Bett los und riss ihn an den Haaren hoch, doch der Schrei des Kindes war zu leise, als dass es Jori hätte anlocken können. Kurz entschlossen schleifte Gérard den Jungen in den Gang.

»Siehst du, wen ich hier habe!« Er hielt die flackernde Öllampe so dicht neben das Gesicht des Kindes, dass das heiße Glas fast dessen Wange berührte. Wenn Jori jetzt aus seinem Versteck um die Ecke schaute, würde er den Jungen in der Dunkelheit leuchten sehen.

»Eins!« Noch einmal riss Gérard den Kopf des Jungen nach oben. Seine Hand war rot von dessen Blut, und aus der zurückgebogenen Gurgel drang ein Laut, den auch Jori in seinem Katakombeneingang nicht hätte überhören können. Doch Jori kam nicht, er kam nicht. Und in Gérard stieg langsam das ungute Gefühl auf, dass er ihm doch entwischt sein könnte – und mit ihm Unterlagen, die Gérard eigentlich hätte entsorgen sollen. Unschlüssig blickte er zwischen dem Jungen, dem dunklen Gang und dem Haufen Dokumente, die er bereitgelegt hatte, hin und her. Dann traf er eine Entscheidung.

Er nahm die restlichen Bücher aus dem Regal, legte sie auf ein Betttuch und zog dieses dann auf den Gang hinaus zur Treppe. Das Gleiche wiederholte er mit dem Arztkoffer und dem Operationsbesteck. Auch die Metalle und Steine verstaute er so. Luys konnte sagen, was er wollte. Sie waren zu wertvoll, als dass er sie hätte zurücklassen können. Wenn er die Metalle besaß, konnte er die Experimente noch immer weiterführen, an einem anderen Ort, zu einer anderen Zeit. Aus den übrigen Dokumenten und den aussortierten Möbeln schichtete er einen Scheiterhaufen auf, mitten vor dem Zugang zu den Katakomben. Den Jungen ließ er liegen, wo er war. Man hätte ihm längst eine Spritze geben sollen, dachte Gérard. Er sah zu, wie sich der Rücken des Jungen hob und senkte. Das Kind war zäh.

Es war das zweite Feuer, das Gérard an diesem Tag anzündete, die zweite eigenmächtige Entscheidung, die er traf.

Ein Feuer war die einfachste und sauberste Art, sich unerwünschter Beweise zu entledigen. Es würde den Keller ausfressen und die Wände schwärzen, an denen die Zeichen standen. Nichts sollte übrig bleiben, wenn jemand den Gang entdeckte.

Als das Feuer zu knistern begann, warf Gérard den Igel obenauf und beeilte sich, zur Treppe zu kommen. Die Metalle, Steine und Flaschen und den Bunsenbrenner schleppte er als Erstes hoch. 130 Stufen, und das mit einer kaputten Schulter. Er war außer Atem, als er oben ankam. Dann die Bücher. Er blickte sich um, sah den Jungen auf dem Boden liegen. Die Flammen reichten schon fast bis zu ihm.

Als Gérard die Treppe zum dritten Mal hinauf- und wieder hinunterstolperte, war die Hitze des Feuers noch deutlicher zu spüren. Nur oberhalb der ersten 80 Stufen war es noch immer kühl. In der Kirche würde man nichts mitbekommen von alldem, wie man auch von den Versuchen nie etwas mitbekommen hatte. Unten, ein paar Meter von ihm, lag noch immer der Junge. Die Flammen leckten in Richtung seiner nackten Füße, und Gérard meinte, ein Wimmern zu hören. Er blickte vom Jungen zum Chirurgenkoffer, der das Letzte war, das er noch nicht in Sicherheit gebracht hatte.

»Ach, zum Teufel«, sagte er dann. Er schulterte das Kind und schaute noch einmal in den Gang, den er nie zuvor so hell erleuchtet gesehen hatte. Plötzlich glaubte er, eine Gestalt in den Flammen zu sehen, und kniff die Augen zusammen, um zu erkennen, ob es Jori war, den er in seinem Gang ausräucherte wie eine Ratte. Doch je genauer er hinsah, desto weniger sicher war er, dass dort tatsächlich jemand stand. Vielleicht war es nur der Tisch, den er aufrecht hingestellt hatte, eine eigentümliche Formation aus Möbeln und verbotenen Mappen, die die Form eines Menschen bildeten. Ein paar Sekunden wartete Gérard noch ab, doch als sich nichts tat und die Hitze sich zu ihm vorfraß, fasste er die Beine des Jungen fester, kickte den Chirurgenkoffer mit dem Fuß in Richtung der Flammen und zählte ein letztes Mal die 130 Stufen. Die Öllampe in seiner Hand erlosch, bevor er noch ganz oben war.

Als das Feuer am anderen Ende des Gangs die Beweise fraß, war Jori bereits so tief in die Erde eingedrungen, dass er von dem Rauch nichts mitbekam. Er war noch nie in den Katakomben gewesen. Nur einmal hatte er die Pläne von Gérard gesehen, seine Abschrift des »Atlas Souterrain«, der im Zuge der groß angelegten Stolleninspektionen entstanden war. Durch den Abbau in den Steinbrüchen war der Boden unter der Stadt sechshundert Jahre lang ausgehöhlt worden, ausgekratzt, um das ständig wachsende Bedürfnis nach Baumaterial zu stillen. Aber dass das, was oben gebaut wurde, unten fehlte, hatten die Pariser erst verstanden, als ihnen der Boden unter den Füßen weggebrochen war. Da erst hatten sie damit begonnen, die Gänge und Steinbrüche zu erkunden, zu verzeichnen und abzustützen. Und man war mit dieser Arbeit noch längst nicht bis in jeden Winkel vorgedrungen, in Winkel wie diesen beispielsweise.

Jori war nicht wohl bei dem Gedanken, dass mehr als 30 Meter ungestützte Erde über seinem Kopf hingen wie ein schweres Gewitter, das sich jeden Moment entladen konnte. Er hob die Kerze und blickte auf. Die Decke glänzte nass. Hier und da bildeten sich kleine Stalaktiten. Der Gang war gerade so hoch, dass er in ihm stehen konnte. Rechts und links gähnten ihm die ausgehöhlten Bäuche der Steinbrüche entgegen. Wie auf einer Rampe ging es immer geradeaus und tiefer unter die Erde. Das beunruhigte

Jori am meisten. Ein Tropfen Wasser landete auf seinem Unterarm, die Flamme flackerte nervös. Jori bekam eine Gänsehaut, hielt die Kerze einen Moment lang ganz still und blickte sich um. Er hatte nur am Anfang des Wegs eine Markierung gefunden, mit Kreide an die Wand geschrieben: »Sous la Rue Mouffetard«, wahrscheinlich ein Hinweis für die Arbeiter in den Steinbrüchen. Seitdem war kein Straßenname mehr aufgetaucht. Jori blieb stehen und blickte sich um. Er war sich fast sicher, dass es in der Richtung, aus der er kam, keine andere Abzweigungsmöglichkeit gegeben hatte. Doch wie sicher konnte man sich schon sein, ohne Plan und mit einer einzigen Kerze, die nicht viel mehr als die eigene Hand beleuchtete. Kurz überlegte er umzudrehen, doch die Angst, Gérard könne ihm vielleicht doch gefolgt sein, war fast noch furchteinflößender als die Vorstellung der Totenkammern, die ihn am Ende dieses Gangs erwarten mochten. Seine Hand fuhr zur Wunde an der Stirn, die nicht mehr blutete. Ihm kam ein Gedanke. Mochte es sein, dass die Stelle vorhin, an der er gegen die Wand gelaufen war, gar keine Kurve, sondern eine Gabelung gewesen war? Er hatte sich nach links gewendet. Hatte es auch eine Abzweigung nach rechts gegeben, eine, die an die Oberfläche führte und nicht immer tiefer in die Erde hinein? Jori zwang sich, ruhig zu bleiben, doch da war wieder dieser Druck in seinem Brustkorb, der ihm das Atmen erschwerte. Er wusste, wie Panikattacken sich ankündigten. Er hatte sie oft genug bei Patientinnen beobachtet. An einem Ort wie diesem durfte er nicht die Kontrolle über sich verlieren.

Er blickte vor sich auf den Boden, auf die Pfützen, in denen sich das Licht der Kerze spiegelte, und konzentrierte sich darauf, ruhig weiterzugehen, als sei dies ein Spaziergang durch das nächtliche und nicht durch das unterirdische Paris. Doch tatsächlich hatten die Steinbrüche nichts mit der Stadt gemein, die Jori kannte. Es war ein feuchter, stiller, beinahe geruchloser Ort. Einer, an den noch nie ein Sonnenstrahl gedrungen war. Sollte Jori hier sterben, war es fraglich, ob man ihn je finden würde. Noch einmal atmete er ein und aus und versuchte abzuschätzen, wie lange das Kerzenwachs noch reichen mochte. Vielleicht zwei Stunden, vielleicht zweieinhalb, dann musste er wieder an der Oberfläche sein. Mit der rechten Hand hielt er die Kerze und leuchtete vor sich, mit der linken tastete er sich an den feuchtkalten Wänden entlang, als er weiterging. Seine Schuhe und Strümpfe und der Hosensaum waren nass von den Pfützen, in die er trat.

Dann, völlig unvermittelt, mündete der Gang in einer großen Höhle. Jori blieb stehen, seine linke Hand noch immer an der Mauer, als könne er die Orientierung verlieren, wenn er frei stünde. Er leuchtete mit der Kerze umher, doch der Raum war so groß, dass er von den Wänden nichts sah. Schwach konnte er eine Säule vor sich sehen, doch selbst wenn er den Arm mit der Kerze ganz nach oben streckte, konnte er nicht erkennen, wo sie endeten. Vorsichtig löste Jori nun doch die Hand von der Wand und trat einen Schritt vor, um sich der Säule zu nähern. Hinter der ersten Säule tauchte eine zweite auf. Und rechts und links davon weitere. Und dahinter ebenfalls. Dutzende Säulen, die sich in der Dunkelheit verloren, als sei der Raum nur für sie in die Erde geschlagen worden. Sie alle waren so hoch und mächtig, dass Jori Ehrfurcht überkam. Von einer Säule zur anderen tastete er sich vor, immer geradeaus, wie er dachte. Doch als er sich umdrehte, war Jori sich plötzlich nicht mehr sicher, aus welcher Richtung er eigentlich gekommen war. Die Säulen standen in unregelmäßigem Abstand und Winkel zueinander. Ein Wald aus Stein, in dem man sich verirren konnte.

Er versuchte sich zurückzuorientieren, bis zu dem Punkt, an dem er den Raum betreten hatte. Doch da waren keine Wand und kein Ausgang, nur weitere Steinbäume. Erneut drehte Jori sich um. Er hatte keine Ahnung, in welche Richtung er weitergehen sollte. Der Raum schien unendlich groß. Jori drehte sich wieder um und machte einen Schritt nach rechts, lief dann aber doch weiter geradeaus, aus Angst, er könne sich am Ende im Kreis drehen. Irgendwo musste dieser Raum eine Wand haben, an der er sich zum Ausgang vortasten könnte. Es gab keine Räume ohne Wände.

Als das Licht seiner Kerze etwas Großes auf dem Boden erfasste, blieb er stehen. Der Stein reichte Jori ungefähr bis zur Hüfte und stand zwischen zwei Säulen. Auf der glatt geschliffenen Oberfläche klebte ein Kerzenstumpf, der glänzte, als habe das Feuer ihn eben noch gestreichelt. Doch als Jori den Stumpf berührte, war er hart und kalt. Der Stein sah aus, als würde er als Altar benutzt. Jeder wusste, dass in den Katakomben schwarze Messen gefeiert wurden. Gerüchten zufolge hatten sich sogar die Konvulsionäre von Saint-Médard und ihre Nachfolger hierhin zurückgezogen, als der Friedhof neben der Kirche geschlossen worden war.

Jori zögerte nur kurz, dann packte er den Kerzenstumpf und ruckelte an ihm, bis er sich widerwillig vom Stein löste; die Wachsreste klebten an allen Seiten wie die Tentakel eines Kraken. Vorsichtig steckte er das Gebilde in seine Tasche, wo es schwer und unförmig gegen seinen Körper drückte. Jori blickte sich um. Doch natürlich war da niemand, nicht einmal ein Geräusch war zu vernehmen. Nichts außer dem eigenen Atem und dem Blut, das ihm in den Ohren rauschte. Er hätte sich nicht unwohler fühlen können, wenn er einen Kelch von einem Altar gestohlen hätte.

Jori blickte nach links und rechts, und als er sich dann mehr oder weniger willkürlich dazu entschied, nach links weiterzugehen, entfernte er sich Schritt für Schritt von der Treppe in der Wand, die keine fünf Meter entfernt von ihm zur Val-de-Grâce hochführte, einer Kirche, deren tonnenschweres Gewicht auf den Säulen in diesem Raum lastete. Jori entfernte sich von ihr, so wie sich Runa ihr einige Monate zuvor genähert hatte: blind und orientierungslos und auf der Suche nach einem Ausgang aus den Eingeweiden dieser riesigen Stadt.

Sie war zwischen Leichen aufgewacht. Ein Berg aus toten Kindern, der sorgsam geplant und unter ihr aufgeschichtet worden war. Obenauf die quecksilberne Krone. Gold war bereits aus, Gold war bereits gestorben. Es hatte sich nicht geeignet.

Au Louise, Au Louise, Au Louise, mein goldenes, goldenes Fröschlein ....

Das Quecksilbermädchen summte. Wieso summte es? Das war doch noch nicht mal eine echte Melodie, die es da summte, dieses dumme, dumme Mädchen!

Ein Wassertropfen fiel auf ihre Stirn. Er klopfte an, mitten zwischen den Augenbrauen. Sie öffnete den Mund, der brannte. Die Zähne weg, die Zunge, die Wangen. Ein schwarzes Loch schien in ihrem Gesicht zu klaffen, präzise geplant und ausgeschnitten.

Wenn du nur wüsstest, wie viel Gutes du der Welt damit tust, Mädchen, wenn du nur wüsstest!

Aber warum musste es so brennen? Etwas Nasses kroch aus dem Loch in ihrem Gesicht und glitt ihr über die trockenen Lippen. Sie hatte Durst. Steh auf, Quecksilberfischlein. An der Oberfläche gibt es Wasser!

Das Mädchen hob den geschwollenen Körper mitsamt den Löchern. Die Löcher wogen am schwersten.

Mühsam drehte es sich auf den Rücken und kullerte den leblosen Berg hinunter. Liegen. Aufrappeln. Auf die astdünnen Beine und durch den Tunnel. Die nackten Füße patschten auf dem Stein.

Da ist es ja, unser zähes Fröschlein! Ein Lächeln beugte sich durch die Dunkelheit.

Das Quecksilbermädchen duckte sich. Es zählte nicht mit, als es in sein siebtes Leben stolperte. In seinem Kopf war nur ein Gedanke: An der Oberfläche gibt es Wasser.

Wie konnte es sein, dass ein Kind das schaffte? Wie konnte es nach alldem aufstehen, als sei es eine struppige, dürre Katze, die nicht totzuschlagen war?

Das war es, was ich mich am häufigsten fragen würde, nachdem ich die ganze Geschichte von Lecoq gehört hatte. Doch das war später, sehr viel später. Zu jenem Zeitpunkt, als Jori durch die Katakomben unter meinen Füßen irrte, ahnte ich noch nicht einmal etwas von Runa, was ironisch war, da ich ja gewissermaßen mit dem Gesicht auf ihren Memoiren schlief.

In ganz Paris musste ich außerdem der Einzige gewesen sein, der auch nichts von dem Zeitungsartikel und den Zeichen im Haus des Waldschrats mitbekam. Hätte ich den Kopf durch das Dachfenster gesteckt, hätte ich vielleicht die Zeitungsjungen gehört, die die Neuigkeiten über die Straßen brüllten. Doch ich hatte aufgehört, mich für die Außenwelt zu interessieren. Und ich hatte aufgehört zu überprüfen, ob meine Schultern noch durch die Luke passten. Ich hockte nur unter dem Fenster, in dem Quader aus blauem Licht, den die Wintersonne durch die Scheibe goss, und war in meine eigenen Zeichen vertieft. Das Gesangbuch war zu meinem Lebensinhalt geworden. Zig Versionen hatte ich mir bereits ausgedacht, zig Gedichte, die in meinem Kopf entstanden waren, mindestens ein Dutzend davon hatte ich niedergeschrieben. Wenn ich hier rauskam, dachte ich, konnte ich einen neuen »Les Fleurs du Mal« herausbringen. Aus der Dachkammer heraus würde ein neuer Charles Baudelaire geboren.

Doch mein Vater hatte einen anderen Plan.

Mehrere Wochen lang hatte ich nicht mehr von ihm gesehen als seine Hand, die mir Essen durch die Klappe schob. An diesem Tag aber klopfte er an, stieß die Klappe auf und stieg die Treppe empor, bis er zur Hälfte im Raum stand wie ein Wetterfrosch auf der Leiter, der untere Körper noch im Einmachglas, der obere über den Rand hinaus. Und Vater verschränkte die Arme vor der Brust und machte ein Gesicht, als wolle er tatsächlich ein Gewitter ankündigen.

»Hallo, Sohn«, sagte er. Kummer und Alkohol hatten seine Zeit dort unten schneller verstreichen lassen als meine hier oben – er sah nicht aus, als sei er um zwei Monate gealtert, sondern um Jahre. Die Augen, ebenso wie die Wangen, waren eingesunken, und rund um die Nase fielen mir rote Pusteln auf, denen nicht unähnlich, die seit einem Jahr in meinem eigenen Gesicht wucherten. Und obwohl er die Haare heute gewaschen und seinen Hals so gründlich rasiert hatte, dass ich noch die roten Spuren der Klinge darauf erkennen konnte, wirkte er seltsam ungepflegt. Ich merkte, dass ich meinen Respekt vor ihm verloren hatte, irgendwann zwischen dem Geklirre der Weinflaschen unten und meiner Arbeit hier oben. Ich stand plötzlich über meinem Vater und den Dingen, ich fühlte es deutlich, und er fühlte es wohl auch, denn er kam schnell noch vier weitere Stufen emporgeklettert und richtete sich auf, bis er mit dem Scheitel gegen die Schräge stieß. Ich hoffte, er möge etwas sagen, was zu dieser Größe passte. Doch alles, was er zustande brachte, waren ein Räuspern und der feierliche Satz: »Dein Hausarrest ist jetzt aufgehoben.«

Die ganze Situation war so lächerlich, dass ich am liebsten gelacht hätte. Ich stand vom Bett auf, mein Heft mit den Gedichten noch auf dem Kopfkissen, und als ich mich im Raum aufrichtete, merkte ich, dass ich inzwischen fast genauso groß war wie Vater. Die Haarspitzen des Wirbels auf meinem Kopf stießen bereits sanft gegen das Holz der Dachbalken. Es fühlte sich an, als streiche ein Wind durch sie.

Ich folgte Vater die Treppe hinunter und registrierte den scharfen Geruch, den er verströmte. Er musste heute von seinem Rasierwasser kommen, nicht vom Alkohol, denn Vater wirkte halbwegs nüchtern, zumindest das, und dabei war es bereits Nachmittag. Er hatte die leeren Weinflaschen aufgeräumt. Sie standen nun neben der Tür wie die erschöpften Überreste einer Soldatentruppe, die sich auf den Abzug vorbereitete, auf die Heimkehr nach der Schlacht.

Wortlos wischte ich den klebenden Küchentisch ab und fegte

den Boden. Als ich mit dem Besen gegen eine der Flaschen stieß und sie klirrte, zuckten mein Vater und ich gleichzeitig zusammen. Ansonsten aber reagierten wir kaum aufeinander. Ich setzte einen Kessel auf, und aus den Resten eines alten Brots und ein paar Zwiebeln, die im Küchenschrank überlebt hatten, kochte ich uns eine Brotsuppe. Sie würde nicht gut schmecken. Ich hatte keine Zutaten, um eine anständige Brühe zu machen, und der Knoblauch, den ich fand, war schon zu hart, als dass ich ihn noch hätte gebrauchen können. Ein kleiner grüner Spross quoll aus der aufgeplatzten weißen Zehe. Ich dachte daran, ihn wegzuwerfen, legte ihn dann aber ins Regal zurück.

Ich wollte sehen, was aus dem Spross wurde, ob ein neuer Knoblauch daraus wuchs.

Vater beobachtete mich mit ausdrucksloser Miene. Er hatte die ganze Zeit über am Tisch gesessen, und dort saß er noch immer, als ich den Teller mit der hellbraunen Suppe vor ihn stellte.

»Guten Appetit«, wollte ich sagen, doch es war nicht nötig, Vaters Appetit war auch ohne meinen Kommentar gut genug. Er löffelte die Suppe in sich hinein, ohne ein einziges Mal von seinem Teller aufzusehen und ohne darauf zu warten, dass ich mich ihm gegenübersetzte, um ebenfalls zu essen. Ich stand da und sah ihm zu und fragte mich zum ersten Mal, für wen von uns beiden meine Gefangenschaft auf dem Dachboden eigentlich die härtere Strafe gewesen war.

Erst als er fertig war, blickte er auf, aber nur, um in den Topf zu schielen, den ich zwischen uns auf den Tisch gestellt hatte und der zu seiner Enttäuschung leer war. Das Brot war zu klein gewesen, um große Mengen Suppe daraus zu kochen. Ich sah seinen Blick und schob ihm schließlich meinen angefangenen Teller hin, so wie Mutter es getan hätte, wenn einer von uns Männern nach dem Essen noch hungrig war.

Vater konnte das Gefühl von Verlegenheit gerade so lange unterdrücken, bis er meinen Teller leer gelöffelt hatte. Danach sah er nicht einmal mehr auf, als er sprach.

»Hast du denn keinen Hunger?«, fragte er viel zu spät.

»Welcher Wochentag ist heute?« Meine Stimme kiekste mehr als je zuvor. Ich hatte sie nicht oft benutzt in letzter Zeit.

»Montag.«

Ich nickte. Wir brauchten dringend Vorräte.

»Es ist nicht mehr viel Geld da«, sagte Vater, und an der Art, wie er umständlich den Teller von sich schob und sich zurücklehnte, nur um ihn gleich wieder zu sich heranzuziehen und sich vorzubeugen, verstand ich, dass er mit »nicht mehr viel« »keins« meinte.

»Hast du deshalb mit dem Trinken aufhören müssen?«, fragte ich und erschrak vor meiner eigenen Frechheit. Doch Vater rügte mich nicht. Die Augen noch immer auf den Teller gerichtet, versuchte er sich an einem unsicheren Lächeln. Es misslang. Seine Wangen waren zu eingefallen.

»Vor zwei Tagen war ein Arzt hier. Madame Cabal hat ihn geschickt. Wir hatten ein Gespräch unter Männern. Und dann ist ja auch bald schon Weihnachten.«

Ich sah auf den Tisch und hörte seine Stimme Zukunften formen, eine für sich selbst und eine für mich. Und ich begriff, dass Vater seine Zukunft genauso haben wollte wie seine Vergangenheit. Er wollte wieder arbeiten gehen, der Doktor kannte einen Mann, dessen Bruder noch Hilfe in seiner Schreinerei brauchte. Mit Holz hatte Vater früher schon gearbeitet. Und mich wollte er mitnehmen, weil man in einer Schreinerei doch immer jemanden gebrauchen konnte und weil das mit dem Priester-Werden wohl doch nichts für mich war. Im Gegenteil, Vater sah darin plötzlich den Grund für meine Verweichlichung. Die Priester seien doch auch alle halbe Weiber, sagte er, kastriert allemal. Es würde vielmehr Zeit, dass wir endlich ein anständiges Mädchen für mich fänden. Und auch darum hatte er sich schon gekümmert.

Der Weinhändler hatte drei Töchter, die allesamt noch unverheiratet waren, verriet er mir, da würde doch bestimmt eine dabei sein, die später den Haushalt führen könnte, wenn er und ich arbeiten gingen. In seinem Plan schien die Weintochter mit in unser fensterloses Haus einziehen zu sollen, wie Mutter damals, nur dass es jetzt meine Frau sein würde und nicht Vaters. Ich fragte ihn nicht, ob sie auch mit uns auf dem Dachboden schlafen solle, denn dass Vater dort wieder einziehen würde, war ja klar, jetzt, da er nicht mehr unter dem Küchentisch schlief. Ich fragte überhaupt nichts. Weintöchter interessierten mich nicht, noch weniger als Holz, ich wusste es mittlerweile, und Vater hatte es wohl auch schon mitbekommen. Darum war er ja überhaupt erst auf die Idee gekommen, mich mit Gott zu verheiraten. Jetzt dagegen schien ihm die Ehe mit einer Frau doch die aussichtsreichere Variante.

Ich legte einen Finger auf einen klebrigen Fleck, den ich beim Putzen übersehen haben musste. Die Zeit in der Dachkammer hatte mich verändert. Sie war eine Schule gewesen. Ich hatte genügend Gelegenheit gehabt, mir darüber Gedanken zu machen, was ich tun würde, wenn ich erst einmal freikäme. Und weder eine Schreinerei noch eine Frau hatten in diesen Gedanken eine Rolle gespielt.

Es waren noch wenige Wochen bis Weihnachten. Und ich wollte die Christmette vom Podest des Knabenchors aus erleben. Gerade jetzt, wo mein Vater es mir verbot, war ich mehr als entschlossen dazu.

Über den ersten Ballen stolperte Jori. Er wusste nicht mehr, wie lange er sich bereits in den Gängen aufhielt. Seine Konzentration hatte nachgelassen, irgendwo zwischen dem Erlöschen der ersten und dem Entzünden der zweiten Kerze, der mit den Krakenarmen. Nach dem Säulenwald schien Jori wieder einen Weg gewählt zu haben, der keine Abzweigungen hatte. Das machte es einfacher, an nichts zu denken, während er vorwärtsging.

Mit dem Fuß war er nun an einem Hindernis hängen geblieben. Er hatte versucht, einen Schritt nach vorn zu machen, um sich abzufangen, doch der Gegenstand reichte ihm bis zum Schienbein, Jori verlor das Gleichgewicht und fiel vornüber. Die Kerze entglitt seiner Hand. Das Wachs brach, als es auf dem Boden auftraf. Dann war es dunkel. Panisch stützte Jori sich mit den Händen auf, unter den Fingern ein Gefühl, als sei er in warmem Dreck gelandet. Der Geruch erinnerte ihn an den Stall in Finsterhennen. Direkt vor ihm war ein weiterer Gegenstand, so hoch wie der erste und aus dem gleichen Material. Er tastete. Es fühlte sich an wie ein gepresster Strohballen.

Plötzlich sah Jori seine Kerze. Zwischen dem einen Ballen und dem nächsten zeichnete sie sich dunkelgrau in all dem Schwarz ab, keinen Meter von ihm entfernt. Von irgendwoher musste etwas Licht in den Gang dringen, sonst hätte er sie unmöglich erkennen können.

Jori blickte sich um, konnte aber keine Quelle ausmachen, keine Treppe oder Öffnung in der Decke. Lediglich die Dunkelheit war etwas diffuser. Der Unterschied zwischen schwarz und tiefschwarz wäre niemandem aufgefallen, der nicht schon Stunden in der Finsternis gewandert war.

Er griff nach der Kerze und sammelte das Wachs auf, das abgebrochen daneben lag. Er steckte es in seine Tasche, ohne zu wissen, wie er die Reste ohne Docht zum Brennen bringen sollte. Dann zog er die Streichhölzer hervor und zündete die Kerze an.

Die Strohballen hatten den Umfang schmaler Paddelboote, die man umgedreht an Land gelegt hatte, doch sie waren länger. Den ganzen Gang zogen sie sich hinab, sechs fette Strohschlangen nebeneinander. Jori hätte sich nicht gewundert, wenn sie sich plötzlich bewegt hätten und davongekrochen wären.

Er hob die Kerze und betrachtete sie genauer. Sie bestanden aus sorgfältig geformtem Mist. Pilze überwucherten die Rundungen. Jori brach einen von ihnen ab und führte ihn an die Nase. Der Geruch war unverkennbar, es war ein junger Champignon. Für so etwas zahlten die Restaurants in Paris viel Geld. Jori ließ den Pilz fallen und wischte sich die Hand am Mantel ab. Was ging hier unten in den Katakomben vor? Er hatte sich die ehemaligen Steinbrüche verlassen vorgestellt, leer bis auf die Knochen, die man aufeinandergestapelt hatte. Jetzt aber begann er zu ahnen, dass sich unter der Stadt ein zweites Paris befand, ein Paris unterirdischer Heimlichkeiten.

Die Lücken zwischen den Ballen waren schmal, und Jori musste einen Fuß immer genau vor den anderen platzieren, um nicht noch einmal zu fallen. Die Champignons überzogen den Boden wie Schimmel, auf ein paar Metern konnte man mehr pflücken als in einem ganzen Wald.

Die Pilze mussten das feuchtwarme Klima lieben, dachte Jori, den warmen Mist und die Dunkelheit. Kein Jahreszeitenwechsel beeinflusste sie, hier herrschte ewiger Herbst. Nicht nur Luys und Jori hatten die gleichbleibenden Bedingungen in den Katakomben zu nutzen gewusst.

Die Dunkelheit wechselte ihre Farbe, als er weiterging, von schwarz zu grau und schließlich zu hellgrau. Eine Öffnung in der Decke tat sich auf, durch die Licht fiel, Jori sah sie von Weitem und hätte vor Erleichterung am liebsten geweint. Er stolperte darauf zu, so schnell er konnte, und starrte zu dem Schimmer Tageslicht hoch. Doch das Gefühl der Erleichterung währte kurz. Der Gang war hoch, das Loch befand sich vielleicht drei Meter über seinem Kopf. Und es gab keine Leiter.

Sicherlich eine Minute lang stand Jori einfach da und starrte fassungslos zu dem Ausstieg hinauf. Er lag direkt über seiner Nase, und Jori konnte ihn trotzdem nicht erreichen. Er blickte nach links. Vielleicht gab es noch andere Löcher wie dieses. Einen anderen Ausstieg mit einer Leiter. Er lief noch ein Stück weiter. Das Pilzfeld schien endlos, doch es führte zurück in zunehmende Dunkelheit. Ein zweites Deckenloch konnte Jori nirgends entdecken, nur eine unterirdische Kreuzung, an der er kehrtmachte und zurückging. Er wollte sich nicht noch tiefer in den Gängen verlieren – umso weniger, wenn die Aussicht darauf bestand, dass unterdessen vielleicht jemand zum Ausstieg kam, der ihm helfen konnte.

Also hockte Jori sich hin und wartete, den Blick auf das Licht gerichtet, als sei es Charcots Hypnosekerze.

Acht leere Flaschen standen vor Lecoq auf dem Tisch. Der Inhalt der Hälfte davon war gerade dabei, die Schmerzen in seinem Hintern zu lindern. Es war das Mindeste, was Lecoq für sein Steißbein tun konnte.

Auf das letzte Etikett malte er ungeschickt das Symbol des Merkur und schob die Flasche zu den anderen, die er bereits mit Hinweisen versehen hatte.

Eine Flasche für die Leiche von Claire d'Arlanges, eine für den alten Mann in Clamart. Eine Flasche für den Bahnhof, eine für die Rue Mouffetard und eine für die sechs Namen: Marie, Emma, Eugénie, Louis, Adèle und Pierre. Letztere hätte er gerne einzeln auf die Etiketten geschrieben, doch so viele leere Flaschen hatte selbst Lecoq nicht im Haus.

In seinem persönlichen Zeitungsarchiv hatte er nach Vermisstenmeldungen zu den Namen geforscht und einige von ihnen gefunden. Zwischen dreien schien es sogar einen Zusammenhang zu geben: Emma, Eugénie und Louis waren alle im Jahr 1883 verschwunden, im Abstand von etwa drei Monaten. Andererseits waren ihre Namen so geläufig in Paris, dass man an der Aussagekraft des Ergebnisses zweifeln musste.

Lecoq zog die Decke fester um sich und streckte den rechten Arm durch die Schichten aus Wolle, um die zwei hinten stehenden Flaschen nach vorn zu ziehen. »Sinite Parvulos« hatte er auf das Etikett der einen geschrieben. Auf dem anderen stand schlicht: »Das Kind.«

Die Glasböden schabten dumpf über den Küchentisch. »Das

Kind« stand nun zwischen den beiden Leichen. Es war das verbindende Glied, denn es musste eine Zeit lang bei beiden Opfern gelebt haben.

Der Glühwein in der angeschlagenen Kaffeetasse kam Lecoq kalt vor. Nach dem Morgen im Schnee war nichts mehr heiß genug für ihn. Sein ganzes Zimmer schien unterkühlt, und in der Saint-Médard hatte er es kaum ausgehalten. Eine Zumutung eigentlich, dass diese sogenannten Gotteshäuser nicht beheizt wurden. Das hatte man nun von der Französischen Revolution und ihrer Abschaffung der Kirchensteuer. Lecoq wechselte die Hand, mit der er die Decken unter seinem Kinn festhielt, und streckte nun den linken Arm hervor, um die »Rue Mouffetard« und »Sinite Parvulos« zusammenzustellen. Sie hatten eine örtliche Gemeinsamkeit, und Lecoq hätte viel dafür gegeben, jetzt an dieser Gemeinsamkeit zu stehen und zu suchen, statt hier vor den leeren Flaschen zu frieren. Doch ein Blick auf den Schneeregen vor dem Fenster genügte ihm, um zu wissen, dass er sich in seiner Verfassung dort den Tod holen würde.

Blieben noch das Planetensymbol, die sechs Namen und der Bahnhof. Doch egal, wie Lecoq die Flaschen stellte, es ließen sich nie alle in einen Zusammenhang bringen, und je mehr er darüber nachdachte, desto sicherer war er sich, dass noch zwei Flaschen fehlten, um die Konstellation komplett zu machen: zum einen der Schatten vor der Hütte im Wald und zum anderen das Schloss, von dem Frédéric geredet hatte.

Lecoq sah auf die Uhr. Draußen war es dunkel, als hätten die Schlechtwetterwolken gleich in einem Rutsch auch den Abend mitgebracht. Und dabei war es gerade mal Nachmittag. Noch viele Stunden, bis die beiden Kinder vom Zigarettensammeln nach Hause kommen würden. Vielleicht konnte Lecoq sie abfangen, wenn es ihm bis dahin besser ging. Er zog die Decke noch höher an den Hals. Ihn fröstelte.

Als Jori die Augen das nächste Mal aufschlug, war die Welt um ihn wieder schwarz. Er glaubte zunächst in seinem Zimmer zu sein, doch als er nach rechts griff und statt seiner Kommode nur feuchten Dreck spürte, begann sich das Bild um ihn herum stückchenweise zusammenzusetzen. Er blickte nach oben, wo das Deckenlicht sein musste, der Einstieg ohne Leiter, doch da war nichts als Dunkelheit. Es musste inzwischen Nacht geworden sein. Er suchte seine Kerze. Sie war ausgegangen. Und als er eines seiner Streichhölzer entzündete, spendete es gerade lange genug Licht, um ihm zu zeigen, dass die Kerze heruntergebrannt war. Jori hätte besser aufpassen müssen. Er hätte sie nicht anlassen dürfen, als er einschlief. Wann war er überhaupt eingeschlafen?

Das zweite Streichholz zündete er an, um einfach einige Sekunden lang ein tröstliches Licht zu sehen. Er hielt es aufrecht zwischen Daumen und Zeigefinger, damit es möglichst lange brannte, und beobachtete, wie es sich bis zu seinen Fingern durchfraß. Als es die oberste Hautschicht erreichte, ließ er es fallen, und es erlosch auf dem feuchten Boden. Jori rieb die versengten Finger gegeneinander, rutschte mit dem Rücken zur Wand und zog die Knie an den Körper. Er hatte Hunger und Durst.

Er beugte sich vor und tastete mit den Händen in dem Mist herum, bis er einen großen Champignon fand, den er abbrechen und in den Mund stecken konnte. Er kaute lange darauf herum. Dann kam er auf die Knie und tastete sich weiter an dem Feld vor.

Die Pilze schmeckten roh nicht gut und sättigten ihn kaum, aber sie enthielten Wasser und würden ihn zumindest für eine Zeit vorm Verdursten bewahren. Ziemlich viele von ihnen waren schon reif. Es musste bald jemand kommen, um sie zu ernten. Jori füllte seine Manteltaschen mit weiteren Champignons und setzte sich dann auf seinen Platz zurück, um sie sich einen nach dem anderen in den Mund zu schieben. Sein

Rücken schmerzte. Er sehnte den Tag mit seinem Licht herbei, ein Dienstag, wie Jori sich erinnerte, ein Charcot-Tag, doch der Ärger darüber, die Vorstellung am Abend verpassen zu können, hielt sich in Grenzen.

Mittags hatte er sich außerdem mit Luys treffen wollen, um die Operation der dritten Versuchsperson zu besprechen. Er wusste noch nicht, wie er dem Neurologen nun entgegentreten sollte, nach dem, was er über ihn herausgefunden hatte. Vielleicht musste Jori erst so weit weg wie möglich von der Salpêtrière sein, um die Dinge relativer sehen zu können, um ein bisschen Abstand von diesem Zirkus und seinen Dompteuren zu bekommen – und mehr Abstand ging ja wohl nicht, zumindest nicht nach unten. Die Grübelei darüber begleitete Jori bis in den nächsten unruhigen Schlaf hinein.

Das zweite Mal, als Jori erwachte, war da ein Geräusch. Er blinzelte verwirrt und spürte etwas Hartes in seinem Rücken, von dem er erkannte, dass es die Wand war. Als er die Augen richtig aufbekam, sah er das Licht. Ein zartes, diffuses Licht, das durch die Öffnung in der Decke kroch. Jori blickte hoch und hörte, dass sich dort oben jemand bewegte. Schuhe knirschten auf Kies. Er sah einen Schatten, und im nächsten Moment wurde eine Strickleiter durch das Loch geworfen. Jori konnte gerade noch rechtzeitig die Beine zurückziehen, um zu verhindern, dass die untersten hölzernen Sprossen seine Füße trafen. Dann schwang sich eine Gestalt auf die Leiter, ein Buckliger, wie Jori zunächst dachte, bevor er sah, dass es ein Mann mit einer Kiepe auf dem Rücken war. Er hangelte sich geschickt die Leiter hinab, die rechte Hand an den Sprossen, in der linken eine Sturmlampe, die im Takt der Strickleiter bei jedem Schritt hin und her schwang.

Jori sprang auf. Er war so erleichtert, dass er dem Unbekannten schon etwas zurufen wollte, bevor ihm einfiel, dass die Freude vielleicht nicht auf Gegenseitigkeit beruhen mochte.

Immerhin stand Jori auf einem Feld, das viel Geld einbrachte – und möglicherweise illegal war. Vielleicht war Champignonzüchten ein organisiertes Verbrechen.

Von der dritten Sprosse der Strickleiter sprang der Mann auf den Boden. Er erstarrte in seiner Bewegung, als er Jori sah. Einen Augenblick lang standen die beiden Männer sich gegenüber und versuchten den jeweils anderen einzuschätzen oder ihre Chancen, ihn zu überwältigen, wenn es darauf ankäme. Was Jori betraf, standen diese Chancen schlecht. Der Champignonnière war zwar klein, wirkte aber ungemein stark und drahtig, ein Mann Ende dreißig oder Anfang vierzig, der aussah, als habe er bereits sein halbes Leben unter Tage verbracht. Er hatte ein bleiches Gesicht und verkrümmte Knochen, die wirkten, als seien sie nie richtig gewachsen, während sein Kopf von normaler Größe war, vielleicht sogar ein bisschen größer als bei den meisten Menschen. Das dichte braune Haar umrahmte sein Gesicht wie ein Helm. Ein bisschen sah es so aus, dachte Jori, als sei der Mann selbst ein Pilz geworden, hier unten zwischen all seinen Champignons.

Der Mann starrte noch immer erschrocken, er musste im ersten Moment wohl geglaubt haben, Jori sei von der Polizei. Jetzt aber ließ er seinen Blick an dessen Kleidung hinabgleiten, registrierte die schmutzigen Knie und den Dreck an den Händen.

»Monsieur …«, begann Jori, doch er kam nicht dazu, sich zu erklären, denn in dem Moment sprang der Mann in seine Richtung, schneller, als Jori es seinen krummen Beinen zugetraut hätte, packte ihn mit der rechten Hand im Nacken und zwang ihn in die Knie. Jori schrie auf. Der Mann war ebenso geschickt an Joris Hals wie vorhin an der Strickleiter. Jori konnte nicht einmal Widerstand leisten, als der Mann ihn niederdrückte. Er ließ sich in den Dreck sinken und hob die Hände, um zu kapitulieren.

»Willst du meine Champignons stehlen, ja?«, fauchte der Mann, und seine Stimme klang, als nutze er sie selten. Sein Griff in Joris Nacken verstärkte sich, und Jori schrie noch einmal auf. Er erkannte jetzt, dass es ein Fehler gewesen war, den Mann mit so zittriger Stimme anzusprechen. Er musste geklungen haben wie ein Junge, der etwas ausgefressen hatte.

»Ich habe nichts gestohlen!«, presste er hervor. Er wollte, dass der Mann seine knochigen Fingerenden von seinen Nackennerven nahm. Der Mann trat ihm in die Seite und fauchte: »Zeig deine Taschen«, und als Jori sie umstülpte und aus dem Mantel herauszog, betete er darum, alle Champignons aufgegessen zu haben. Geldmünzen fielen in den Dreck. Die Packung Streichhölzer und einige Wachsreste, doch kein Pilz.

»Die Innentaschen auch!« Zögernd öffnete Jori den Mantel, und die Mappen rutschten zu Boden. Der Mann hob die Laterne und runzelte die Stirn, bis sein ganzer Kopf voller Falten war. Endlich ließ er Jori los und hob eine der Mappen auf, um sie durchzublättern. Jori rieb sich den Nacken. Er hockte noch immer mit den Knien im Dreck und hielt den Atem an. Vom Gesicht seines Gegenübers war nichts als Konzentration abzulesen. Doch Jori bemerkte, dass er die Mappe zu schnell durchblätterte.

»Was bist du für einer?«, fragte der Mann und bückte sich nach der zweiten Mappe. Die erste fiel aufgeklappt in den Dreck. Jori beeilte sich, die Zettel wieder zusammenzusuchen. Das Wichtigste würde es sein, den Mann davon zu überzeugen, dass er nichts mit dem Champignonfeld zu tun hatte.

»Ein Bote«, log er schließlich und presste die Mappe an sich, als er auf die Füße zurückkam. Der Mann blätterte auch die zweite Mappe schnell durch, als suche er nach Bildern. Vielleicht konnte er nicht lesen. Vielleicht nahm er an, Jori wollte seine Pläne stehlen. »Ich soll diese Berichte vom Hôpital Saint-Anne zu einem Kunden bringen.«

Der Mann sah Jori aus zusammengekniffenen Augen an. Er hatte lange genug hier unten gearbeitet, um zu wissen, dass man von niemandem, den man in den Katakomben traf, ehrliche Auskunft erwarten konnte. Und vielleicht war das genau die Karte, die Jori ausspielen musste, um glaubwürdig zu sein. Er hörte auf, seinen Nacken zu massieren, und straffte die Schultern, so weit es der Schmerz zuließ.

»Mehr kann ich Ihnen nicht über die Herkunft meiner Ware verraten, Monsieur.« Er hielt die Luft an. Die Lüge war nicht besonders souverän vorgetragen. Doch sie schien ihre Wirkung zu erzielen. Der Mann hielt die Augen zusammengekniffen und die bleiche Stirn in Runzeln, doch er nickte langsam und behäbig. Allein die Tatsache, dass sie beide hier unten waren, ließ sie zu einer Art Komplizen werden. Unendlich langsam streckte der Mann den verkümmerten Arm aus und gab Jori die Unterlagen zurück. In seinen Hosenbund vor den Bauch gesteckt, fühlten sich die Mappen wie ein Schutzschild an. Jori sammelte das Geld und die Streichhölzer auf und in Anbetracht des ordentlich gepflegten Felds sogar die Wachsreste, um den Champignonnière nicht unnötig zu verärgern. Doch als er alles in die Tasche stecken wollte, hielt er inne. Er hatte den gierigen Blick des Mannes gesehen, als die Münzen im Schein der Öllampe aufgeblitzt waren.

»Portillon?«, fragte er und zeigte nach oben auf das Loch. Das Geld klimperte geräuschvoll in seiner Hand, als er sie zurücksinken ließ. Der Mann leckte sich über die trockenen braunen Lippen und schüttelte den Kopf.

»Rue Saint Jacques, Côte du Couchant.«

»Ist trotzdem eine Abkürzung für mich. Erlauben Sie …?« Jori ließ eine der Münzen zwischen seine Finger gleiten, 5 Sous, wie er vermutete, doch er hätte auch nicht gezögert, dem Mann 50 zu geben, wenn dieser ihn nur seine Strickleiter benutzen ließ. Die Münze wechselte den Besitzer, 20 Sous, wie Jori nun sah, vielleicht zu viel, um die Dringlichkeit zu vertuschen, die hinter diesem Handel stand. Doch den Besitzer des Champignonfelds schien es nicht mehr zu interessieren, ob sein Gegenüber einen glaubwürdigen Boten abgab. Er nickte und ließ Jori passieren, der die Strickleiter mit schweißnassen Händen emporkletterte. Das unangenehme Gefühl, zum Komplizen dieses Mannes geworden zu sein, haftete an ihm wie der Dreck des Champignonfelds, als er oben am Ausstieg ankam.

Er schützte seine Augen vor dem Licht. Diffus erkannte er das Ziffernblatt einer Kirchturmuhr, die zur Val-de-Grâce gehören musste. Es war kurz nach neun in der Frühe. Wenn er sich beeilte, konnte er sogar noch den Termin mit Luys wahrnehmen. Und das musste er, sie hatten einiges zu besprechen.

Plötzlich konnte Jori das Reiben der Mappen gegen seinen Körper nicht mehr ertragen. Er zog sie unter dem Mantel hervor und klemmte sie sich beinahe trotzig unter den Arm. Dann hob er die Hand und leistete sich von dem letzten Geld in seiner Tasche eine Kutsche nach Hause.

Jori hatte keine Zeit, sich mit Mme Villons mütterlichem Gezeter auseinanderzusetzen. Er ging in sein Zimmer, zog sich aus, warf die dreckigen Kleider auf einen Haufen und wusch sich. Die Müdigkeit und die Schmerzen in seinen Gliedern beschwerten seine Bewegungen. Ihm wäre nach einem Bad gewesen und nach Schlaf. Er fuhr sich mit einem Handtuch durch die Haare und begutachtete die Wunde an seinem Kopf. Auch ohne genäht zu werden, verheilte sie gut. Wenn Jori den Hut darüberzog, würde die Beule keine Fragen aufwerfen.

Er warf das nasse Handtuch auf das Bett, hob es dann aber wieder auf und hängte es über die Waschschüssel. Er musste Mme Villon nicht noch mehr Gründe geben, sich aufzuregen. Sie hatte schon wieder sein Zimmer aufgeräumt, er sah es an der neuen Unordnung auf dem kleinen Schreibtisch neben dem Fenster.

Als er den Raum verließ, sah er durch die geöffnete Wohnzimmertür einen Teller an seinem Platz auf dem Tisch stehen. Mme Villon hatte ihrem Gast zwei Brote geschmiert. Ein Stück Käse und ein Messer lagen daneben, zudem eine Schüssel mit kalten Kartoffeln und Butter, wahrscheinlich Joris Abendessen von gestern. Noch im Stehen stopfte er sich das Essen in den Mund. Erst als er Mme Villon glaspolierend und mit gespitzten Lippen in der Tür stehen sah, setzte er sich hin und griff zu Messer und Gabel.

Luys entschuldigte sich nicht, als er eineinhalb Stunden zu spät zu ihrem Treffen kam. So etwas durfte vorkommen bei einem bedeutenden Mann wie ihm, im Gegensatz zu Jori hatte er sicherlich Wichtigeres zu tun gehabt, als den Morgen in einem Champignonfeld zu hocken.

Jori traute sich heute nicht, Zuversicht aus Luys' Lächeln zu ziehen. Er wusste nicht, ob Gérard und er schon miteinander gesprochen hatten. Und er hatte noch nicht ausreichend darüber nachgedacht, was die Entdeckung des Kellers eigentlich für sein Vertrauen in den Neurologen bedeutete.

»Ist etwas nicht in Ordnung?« Luys schloss die Tür auf. Erst jetzt merkte Jori, dass er den Neurologen die ganze Zeit prüfend angesehen hatte. Er wandte den Blick ab.

»Nein. Nichts. Alles in Ordnung.«

Luys ließ Jori den Vortritt. Es war stickig in dem Büro, so als wäre mehrere Tage nicht gelüftet worden. Jori ging wie gewohnt zu Luys' malträtiertem Schreibtisch. Doch der Neurologe hob die Hand und bat ihn, auf der Seite gegenüber Platz zu nehmen. Dort stand nur der Patientenstuhl.

»Wir haben eine kleine Planänderung«, sagte er und ließ sich in seinen Schreibtischstuhl fallen. Er verschränkte die Hände vor dem Bauch. Jori schlug das Herz bis zum Hals. Luys musste ihn erneut dazu auffordern, Platz zu nehmen, bevor er sich endlich bewegte. Ungelenk kletterte er auf den Patientenstuhl. Die Tasche mit den Plänen für die nächste Operation lehnte er gegen den hölzernen Fuß. Sie enthielt auch die zwei Mappen aus dem Kellerraum. Warum nur hatte Jori sie nicht in Mme Villons Wohnung gelassen?

»Mir sind da Dinge zu Ohren gekommen, die mich gar nicht glücklich machen«, eröffnete Luys das Gespräch, und Jori versuchte sein Mienenspiel unter Kontrolle zu halten. Gérard hatte also schon mit Luys gesprochen. Der Neurologe legte die Zeigefinger aneinander, um sie zu den Lippen zu führen. Er drehte sich in seinem Stuhl zum Fenster. Jetzt konnte Jori nicht einmal mehr sein Gesicht sehen. Unruhig rutschte er auf dem Patientenstuhl herum, der nicht dazu beitrug, dass er sich wohler fühlte. Es war unmöglich, bequem auf ihm zu sitzen oder auch nur in aufrechter Haltung.

»Doktor Godlee hat seine Operation mit Erfolg abgeschlossen. Das heißt, zumindest hat der Patient bis jetzt überlebt. Das ist kein gutes Zeichen.«

»Doktor Godlee?«

Luys drehte sich wieder zu Jori um.

»Aus London. Der Arzt, der den Tumor entfernen wollte. Ich habe dir von ihm erzählt.«

»Ach so, ja natürlich.« Jori war verwirrt. »Aber Sie haben doch gesagt, dass diese Publikation für unsere Experimente nicht weiter relevant wäre. Wir arbeiten an der Psyche, Doktor Godlee an …«

»Ich weiß, was ich gesagt habe. Aber das war, bevor ich wusste, dass man bei dem Patienten direkt nach der Operation deutliche Verhaltensänderungen festgestellt hat. Und zwar exakt solche, wie wir mit unseren Experimenten erzielen wollten: Beruhigung des Gemüts. Ausgeglichenheit. Verminderte Erregbarkeit. Und all das wird natürlich auch in dem Bericht stehen. Ich nehme an, man hat bei der Operation ein Stück der äußersten Hirnschicht mit weggenommen, als man den Tumor entfernte, und zwar genau hier«, Luys tippte sich an die Schläfe, »an unserer Stelle!«

Jori wusste nicht, was er darauf antworten sollte. Während er seine Gedanken ordnete, probierte er aus, ob er seine Füße besser auf die Bretter unten am Patientenstuhl stellen oder rechts und links herunterbaumeln lassen sollte. Am liebsten wäre er einfach aufgestanden.

»Da der Eingriff erst etwas mehr als 48 Stunden zurückliegt, besteht natürlich immer noch die Möglichkeit, dass postoperative Komplikationen auftreten«, sagte Luys. »Das wäre jetzt noch unsere einzige Chance. Aber auch für den Fall müssten wir vorbereitet sein. Ich schlage deshalb vor, dass wir auf die letzten Frauen verzichten, sofern uns der nächste Versuch gelingt. An dieser … wie heißt sie noch gleich?«

»Marguerite Desens?«

»Ja. Die machen wir noch. Und wir sollten mehr Hirnmasse wegnehmen dieses Mal, damit man von der Verhaltensänderung auch was merkt. Beim letzten Versuch waren wir wahrscheinlich einfach zu vorsichtig. Aber wenn das gut funktioniert, schlage ich vor, wie operieren anschließend direkt an dem Kind.« Er beugte sich vor und blickte in seinen Kalender. »Das würde den Eingriff um, sagen wir, ein bis zwei Monate vorziehen. Ende des Jahres, vielleicht auch schon direkt nach Weihnachten.«

»Nach Weihnachten?«

»Passt es dir da nicht?« Luys lächelte.

»Nein, es ist nur – das ist so bald!«

»Um Weihnachten herum wird der Operationssaal nicht stark belegt sein, und anschließend würde es für mich erst wieder Mitte Januar gehen. Und du brauchst auch noch Zeit, um die Ergebnisse zu verschriftlichen, unterschätze das nicht.«

»Nein. Aber Doktor Luys, das Mädchen ist immer noch so dünn. Ich weiß gar nicht, ob es das …«

»Ich würde vorschlagen, du schreibst und veröffentlichst dann bis März, und wir hoffen einfach das Beste, was diesen Tumorpatienten in England betrifft. Ich habe bereits mit Charcot darüber gesprochen. Er ist einverstanden. Auch was den Druck der Publikation angeht.«

Jori wurde schwindelig. Das Beste, was diesen Tumorpatienten in England anging, wäre in seinen Augen, dass er überlebte und gesund würde. Doch Luys schien das anders zu sehen. Schneller als Dr. Godlee sein, dachte Jori. Das war alles, was für Luys zählte.

»Und wenn es mit dem nächsten Versuch nicht klappt? Ich will ganz sicher sein, dass Runa nicht zu Schaden kommt. Vielleicht sollten wir uns doch mehr Zeit lassen. Auch wegen des Gewichts …«

»Sie ist an der unteren Grenze, aber nicht mehr im kritischen Bereich. Ich denke, wir können es riskieren. Aber natürlich ist es immer deine Entscheidung.«

Jori zog die Stirn kraus, er wünschte sich, er könne diese Lüge noch glauben.

»Was ist mit deinem Kopf?«, fragte Luys.

»Was? Ach das. Nichts weiter. Ich habe mich gestoßen.« Jori griff zu der Stelle, als müsse er sie reiben. Er hatte die Wunde ganz vergessen, als er beim Eintreten seinen Hut abgenommen hatte. Die beiden Männer blickten sich an, Jori mit einer Hand an der Schläfe, sie verdeckte das Auge. Keiner schien dem anderen zu glauben.

»Also machen wir es so«, sagte Luys und hob die Stimme am Ende leicht. So war der Satz als Frage getarnt, so konnte Jori sich einbilden, er dürfe noch sein Einverständnis geben. Und dabei war Charcot ja bereits eingeschaltet worden, die großen Tiere hatten längst bestimmt. Jori saß beklommen auf dem Patientenstuhl. Er schwieg.

»Johann?«

Jori blickte auf, und da war es wieder, das zuversichtliche Lächeln, das einem sagen wollte, man würde das schon schaffen. Jori könnte zurück in die Schweiz gehen, wenn er das Diplom in der Tasche hatte. Er würde die Salpêtrière verlassen und zu Pauline heimkehren. Der Gedanke war ihm schon lange nicht mehr so verlockend vorgekommen.

Als die beiden Männer sich die Hand gaben, der eine zufrieden und der andere zerknirscht, öffnete einige Zimmerwände weiter Runa ihre Augen. Sie blickte an die Decke und blieb lange Zeit so liegen, ohne zu blinzeln.

»Du musst dich ducken, Monsieur Lecoq!« Lecoq spürte Isabelles kleine Hand an seinem Mantel zupfen, zunächst leicht, dann immer heftiger, als er nicht sofort reagierte. Lecoq stöhnte. Sein ganzer Körper schmerzte, als er in die Knie ging und sich hinter die Hecke hockte. Außer Stehen tat jede Bewegung weh. Neben ihm saß Frédéric und zitterte. Er hatte die Arme um den Körper und die Knie gelegt, als wolle er sich noch kleiner machen, als er war, während Isabelle mit hochroten Wangen durch die Zweige spähte. Das Gebäude mit dem mächtigen Eingangstor zeichnete sich schwarz in der einbrechenden Dämmerung ab. Mit den zugezogenen Gardinen sah es wenig einladend aus. Nur rechts und links der Hofzufahrt brannte Licht.

»Das ist also euer Schloss?« Lecoq gab sich keine Mühe, leise zu sprechen. Frédéric zuckte zusammen und schaute sich um wie ein Kaninchen, das durch einen Schuss aufgeschreckt worden war. Dann schluckte er und nickte ernst.

»Und wo habt ihr die Schrift entdeckt?«

»Du darfst nicht so schreien, Monsieur Lecoq«, flüsterte Isabelle beschwörend, doch Lecoq ignorierte die Anweisung. Er hatte längst erkannt, um welches Gebäude es sich handelte.

»In einer Kutsche«, wisperte Frédéric. Seine Augen huschten unruhig von rechts nach links.

»In was für einer Kutsche? Lass meinen Mantel los, Mädchen.«

»Aber sie werden uns hören!«

»Da drin herrscht so ein Lärm, die hören uns nicht.«

Sie lauschten gemeinsam, hielten den Atem an, als könnten

die Schreie der Verrückten tatsächlich bis zu ihnen nach außen dringen. Doch die Mauern waren dick. Bis auf ein leises Zirpen in der Hecke, hinter der sie hockten, war alles still.

»Ich höre nichts«, flüsterte Isabelle.

»Siehst du, die dort drinnen auch nicht.«

»Die Kutsche!«, entfuhr es Frédéric, und tatsächlich waren nun ein näher kommendes Hufgeklapper und das eindeutige Rattern von Rädern auf Pflastersteinen zu hören. Die beiden Kinder duckten sich und vergruben die Köpfe in den Armen. Lecoq blickte sich um. Ein Einspänner fuhr den Boulevard St. Marcel in Richtung Westen vorbei. Er machte keine Anstalten, zur Salpêtrière abzubiegen. Die Lampe, die hinten am Wagen festgemacht war, schaukelte wild hin und her, als die Kutsche sich entfernte. Das Geklapper der Hufe wurde leiser. Dann war es still. Eine Grille zirpte genau neben Lecoqs Ohr. Seine Knie begannen zu schmerzen.

»Puh! Das war knapp«, sagte Isabelle, und Frédéric machte ein Gesicht, als sei er tatsächlich nur gerade so mit dem Leben davongekommen. Lecoq richtete sich auf und streckte die Knie.

»Monsieur Lecoq!«

»War es so eine Kutsche, die ihr gesehen habt?«

»Nein. Die ist doch für Menschen.«

»Und eure?«

»Die war mit wilden Tieren drin«, flüsterte Frédéric, und von dem Ton seiner Stimme konnte man eine Gänsehaut bekommen.

»Ein wildes Tier!«, verbesserte ihn Isabelle bestimmt. »Ein einziges, Frédéric.« Sie stand auf, um sich neben Lecoq zu stellen. Seit er heute bei ihrem Tabakladen aufgetaucht war, war sie ihm nicht mehr von der Seite gewichen. Sie wollte ihre Hand in seine schieben, und Lecoq fasste sich schnell an die Nase, als ob er sich kratzen müsste.

»Woher willst du wissen, dass es nur eins war?« Frédéric war der Letzte, der noch in der Hocke saß. Isabelle verschränkte die Arme vor der Brust.

»Woher willst du wissen, dass es mehrere waren?«, fragte sie zurück.

Frédéric zuckte die Schultern und starrte geradeaus. »Sie waren so wild.«

»Eine Kutsche, die dort auf den Hof gefahren ist?«, fragte Lecoq.

»Ja, ohne Fenster.«

»Und die Schrift?«

»Die stand drinnen.«

»Woher weißt du das?«

Wieder zuckte Frédéric die Schultern. Aber seine Stimme klang gar nicht gleichgültig, als er sagte: »Ich habe hineingesehen.«

»Wirklich?«

»Ja, als sie da auf dem Hof stand. Der Kutscher war reingegangen.« Frédéric deutete auf die Stelle und war ebenso überrascht von seinem Mut wie alle anderen.

»Mir hat er auch nichts davon erzählt«, seufzte Isabelle.

»Wie hat die Schrift ausgesehen?«

»Sie war ins Holz geritzt. Von innen.«

»Der ganze Spruch?«

»Ich weiß nicht. Ich hab ja nichts lesen können. Da waren Buchstaben und die drei Fenster darüber.«

Lecoq überlegte. Das alles ergab nur einen vagen Sinn. Er hatte sich mehr davon erhofft, den vierten Ort zu kennen, an dem die Schriftzeichen aufgetaucht waren. Jetzt begann er zu zweifeln, ob die Zeichen in der Kutsche, sofern es sie gegeben hatte, wirklich etwas mit der Kirche oder den endlosen Buchstabenreihen zu tun hatten. Er zog noch einmal sein Notizbuch hervor und schlug es auf.

»Ich habe dich das schon mal gefragt, aber vielleicht kannst du dich jetzt besser erinnern. Hat die Schrift so ausgesehen? Oder erkennst du irgendeins der Zeichen wieder?«

Frédéric betrachtete die Seiten lange, doch auch jetzt reichte es nur für ein Schulterzucken. Lecoq sah den verzweifelten Ausdruck in seinen Augen und musste einsehen, dass nicht viel mehr aus ihm herauszubekommen war.

»Das Tier in der Kutsche habt ihr aber nicht gesehen?«

»Nein, es war schon raus, als wir hier waren.«

»Könnte es auch eine Person gewesen sein?«

»Eine Person?«

»Ein Kind zum Beispiel?«

»Ein Kind?« Isabelle rümpfte die Nase. »Ein Kind macht doch nicht Geräusche wie ein Tier, Monsieur Lecoq.«

Lecoq nickte und ersparte sich einen Kommentar. Warum hatte er überhaupt gefragt? Es wurden keine Tiere in die Salpêtrière eingeliefert, sondern Kranke und Verrückte. Er musste an die Beschreibung denken, die de Commarin und Mlle Bellier ihm von dem Kind gegeben hatten. Wäre es nicht nur wahrscheinlich, dass ein Kind mit solch auffälligem Aussehen und Verhalten in ein Irrenhaus eingeliefert würde? Aber warum dann die Hinweise auf die Rue Mouffetard? Wo sollte man zuerst suchen?

»Was machen wir jetzt, Monsieur Lecoq?«

»Wir machen gar nichts mehr, denn ihr geht jetzt nach Hause.«

Frédéric sprang sofort auf, doch Isabelle machte ein langes Gesicht und drehte mit dem Ballen ihrer Stiefel kleine Kreise in die hart gefrorene Erde hinter der Hecke.

»Und du?«

»Ich gehe jetzt auch nach Hause.«

»Und kommst du uns morgen wieder abholen?«

Sie sah ihn so bittend an, dass Lecoq nicht anders konnte, als sich abzuwenden. Die Kinder hatten sich schon beim letzten Mal mit so leuchtenden Augen von ihm verabschiedet, als hätten sie erwartet, sie könnten von nun an jeden Tag zusammen nach versteckten Zeichen suchen.

»Morgen muss ich arbeiten.«

»Musst du wieder Verbrechen machen?«

»So was in der Art, ja.«

»Können wir dir nicht helfen?«

»Isabelle! Monsieur Lecoq hat doch gesagt, dass er keine Zeit hat. Und wir übrigens auch nicht. Wir müssen sammeln gehen.«

»Monsieur Lecoq kann doch wieder Zigarren für uns rauchen. Oder, Monsieur Lecoq?«

»Ich fürchte, das wird morgen nicht möglich sein«, sagte Lecoq.

»Warum?«

»Weil Verbrechen nichts für kleine Kinder sind. Und für kleine Mädchen schon gar nicht.«

Er sah, wie Isabelle die Unterlippe vorschob und die Arme vor der Brust verschränkte.

Die Ironie seiner eigenen Worte wurde ihm erst jetzt bewusst, da der Satz unerwidert in der kalten Abendluft hing.

Am 7.1.84 verlegten wir das Kind von Zelle drei in Zelle sechs, da sein Lamentieren die übrigen Versuchspersonen im hinteren Trakt beunruhigte.

In den Körperausscheidungen fanden wir keine Quecksilberspuren. Hingegen hatten das Ödem und die allgemeine Schwäche zugenommen. Das Bein war an der Einstichstelle heiß geschwollen; die Hitze breitete sich als Fieber im gesamten Körper aus. Aus Mitleid entschieden wir, den kranken Schenkel zu öffnen. Wir fanden das Quecksilber in einer Höhle, die mit Eiter und Luft gefüllt war. Zwischen den Muskeln fanden sich galleartige Ausschwitzungen, und wenn man dieselben mit einem Messer einschnitt, so rollten silberne Kügelchen unter der Klinge hervor.

Einige Tage nach der Entfernung des Abszesses und der Ausleitung des Eiters nahm das Fieber ab, und das Bein verheilte gut. Nur an einer Stelle musste die Naht noch einmal geöffnet werden, um einen letzten Abszess zu beseitigen. Das Kind erholte sich innerhalb von nur sieben Tagen vollständig.

Insgesamt müssen wir feststellen, dass die Quecksilber-Infusion in die Arterien keine geeignete Methode zur Metallotherapie darstellt, da das Quecksilber sich an der Injektionsstelle anzusammeln scheint, statt, wie von uns angenommen, durch die Kraft des linken Herzens mit dem Blute fortgetrieben und durch die Haargefäße in die Venen gebracht zu werden.

HG #5.5: Wir warteten mit unserem nächsten Versuch bis zum 17.1.84 und spritzten dann ½ Gros laufendes Quecksilber (HG) direkt in die Vena Saphena. Außer einer gewissen Unruhe schien das Mädchen nach dem Eingriff nicht krank. 6 Stunden später stellten sich allerdings erschwertes Atmen ein, Brustschmerzen, Fieber und Symptome einer Lungenentzündung. Eine Besserung derselben war erst nach drei Tagen …

»Meine Herren!«

Jori zuckte zusammen, und einer der Zettel rutschte ihm vom Schoß. Schnell bückte er sich und hob ihn auf. Er war so in die Lektüre des Berichts vertieft gewesen, dass er gar nicht mitbekommen hatte, wie der Saal sich gefüllt hatte und dass Charcot bereits erschienen war.

»Meine Herren, es ist unbestreitbar, dass alles, was das Gemüt und unsere Einbildungskraft erregt, das Auftreten der Hysterie in besonderer Weise fördert. Davon ist auch der Glaube an das Übernatürliche und Wunderbare, wie er in religiösen und spiritistischen Kreisen gepflegt wird, nicht ausgenommen.«

Jori blickte nach links. Es kam ihm unwirklich vor, dass er hier saß und nicht mehr in den Katakomben, ganz so, als ob nichts geschehen sei. Nichts, außer den Berichten auf seinem Schoß, die ihn mehr und mehr verwirrten.

Nach dem Gespräch mit Luys war Jori als Erster im Vortragssaal angekommen und hatte sich in die letzte Reihe verkrochen, um ein paar Minuten ungestört in den Krankenberichten lesen zu können. Jetzt saß ein Mann neben ihm, den er nicht kannte und den er noch nie in Charcots Vorlesung gesehen hatte, ein alter Herr mit kurzem grauem Backenbärtchen und ungesunder Gesichtsfarbe. Jori saß mitten zwischen den Schaulustigen aus Paris, ganz hinten im Saal, als sei er ein einfacher Besucher der Klinik.

»Wir haben heute eine ganze Geschwisterreihe junger Hysterischer bei uns. Doch bevor ich sie auf die Bühne bitte, möchte ich Ihnen kurz erläutern, unter welchen Bedingungen sie gehaust haben, als die Hysterie von ihnen Besitz ergriff.« Neben Charcot stand wie immer Guinon und schrieb emsig mit. »Ihr Vater, Monsieur Bouras, ist Lieutnant-adjoint und lebt mit der Familie in einem Militärgefängnis. Das Leben dort muss kein besonders angenehmes sein. Denn sicher teilen auch die Wohnungen der Offiziere die Düsternis und Traurigkeit der Haftanstalt. Stellen Sie sich dunkle Zimmer vor und schmale Fenster, die auf denselben Hof hinausgehen, auf den auch die Gefängnisinsassen tagein, tagaus blicken müssen.« Charcot beschwor das düstere Loch, aus dem die Hysterischen kamen, vor den Augen der Zuschauer herauf, während Jori nervös mit den Beinen wackelte. Es war, als ob der Zettelstoß auf seinen Knien ein Eigenleben führte. Der Bericht über das Kind, an dem die Quecksilberversuche durchgeführt worden waren, hatte ihn aufgewühlt.

»Monsieur Bouras ist gegenwärtig 43 Jahre alt und scheint ein halbwegs intelligenter Mann zu sein, obwohl er in der militärischen Karriere auffällig langsam vorgerückt ist. Seine Frau, 36, ist von entschieden nervöser Art, lebhaft, ungeduldig und erregbar. Aus der Ehe sind drei Kinder hervorgegangen, die wir allesamt vor wenigen Wochen in unsere Klinik aufgenommen haben. Die Älteste hat die Hysterie am schwersten getroffen.« Charcot drehte sich um, den Arm wie zu einem großväterlichen Willkommensgruß ausgestreckt, und ein Mädchen wurde auf die Bühne geführt. Es war dünn und hatte schmale, hängende

Schultern. Seine Arme und Beine wirkten zu lang, das Gesicht zu bleich. Es schaute auf den Boden, als könne es sich so vor den vielen fremden Männern unsichtbar machen.

»Caroline ist 13 Jahre alt. Von frühester Jugend an hat sie sich sehr nervös verhalten. Zu Hause war sie unfolgsam, unverträglich und durch jede Kleinigkeit zum Lachen oder Weinen zu bringen. '83 trat bei ihr die erste Regelblutung auf, die von heftigen Unterleibsschmerzen begleitet war, die weiteren Menstruationen blieben aus.«

Selbst von seinem Platz in der letzten Reihe aus konnte Jori sehen, wie das Mädchen errötete. Es senkte den Kopf noch tiefer, sodass der Nacken fast einen rechten Winkel bildete. Die Nackenwirbel stachen deutlich unter der Haut hervor wie der Rückenkamm einer Eidechse. Jori sah es und war mit seinen Gedanken schon wieder bei den Experimenten im Keller der Saint-Médard. Der Bericht, den er auf dem Schoß hatte, begann mit dem vierten Quecksilberversuch. Den Anfang konnte er nirgends finden. Er musste auf den Seiten sein, die im Keller der Saint-Médard geblieben waren.

»Die Eltern der jungen Caroline sind seit mehreren Jahren besonders eifrige Anhänger spiritistischer Sitzungen, wahrscheinlich um etwas Abwechslung in die Eintönigkeit des Lebens in der Strafanstalt zu bringen. Madame Bouras betreibt außerdem die leidenschaftliche Lektüre von Büchern, welche geheime Wissenschaften behandeln, und zögert nicht, diese auch ihrer Tochter in die Hände zu geben. Wir können also davon ausgehen, meine Herren, dass der Grundstein des Übels bei unserer Patientin schon sehr früh gelegt wurde.«

Die Idee der Experimente, die Luys und Gérard im Keller durchgeführt hatten, war Jori inzwischen klar. Sie bezogen sich direkt auf die Versuchsreihe, an der er selbst beteiligt gewesen war. Eine Weiterentwicklung der Metallotherapie-Experimente von Victor-Jean-Marie Burq.

Burq hatte seinen Patienten die Metalle auf den Körper geschnürt. Gérard und Luys hatten versucht, sie in den Körper einzuführen. Sie hatten die Kinder in Metallen gebadet, ihnen Metalle in den Mund geträufelt, in den Magen sondiert, unter die Haut und in die Augen gegeben. Vermutlich hatten sie sie ihnen auch in die Venen gespritzt und durch den After verabreicht, so jedenfalls würden die Lehrbücher es vorschreiben: Für eine umfassende Versuchsreihe musste man sich aller Wege in den Körper bedienen.

Dass es in diesem Fall aber nicht um Frösche ging, sondern um Kinder, schien Luys und Gérard entgangen zu sein.

»Im August diesen Jahres hatte Caroline bereits an mehreren spiritistischen Zusammenkünften teilgenommen, bei der ihre Aufgabe darin bestand, die Hände auf den Tisch zu legen, während der Vater den Geist seiner Mutter heraufbeschwor«, sagte Charcot gerade. »Am 29. August aber, einem Freitag, gab der Tisch zum ersten Mal das Zeichen, Caroline möge das Medium sein.«

In gewisser Weise war auch schon Luys' und Joris Versuchsreihe eine Weiterentwicklung gewesen. Sie waren davon ausgegangen, dass man die Metalle nur konsequenter anwenden musste, um ihre Wirkungsweise zu ergründen. In einer ersten Phase hatten sie die Hysterischen im Keller in Gruppen eingeteilt und ihnen Korsetts aus Eisen oder Stahl angelegt, Messing- oder Silberringe – jeweils im trockenen und nassen Zustand. Später dann, als Gérard dazukam, hatten sie die Idee mit der Planetenkonstellation verfolgt. Kupfer, so hieß es, sollte eine bessere Wirkung unter dem Einfluss der Venus zeigen, Silber bei Vollmond. Es war die Phase gewesen, in der Jori die meisten Übersetzungen hatte machen müssen, die Phase, in der sie mehr und mehr in den Bereich der Alchemie abgerutscht waren.

Sie hatten zwischenzeitlich auch überlegt, die Metallapplikation mit einer Behandlung an der Elektrisiermaschine zu kombinieren. Doch dass Gérard und Luys so weit gehen würden, die Metalle oral und intravenös zu verabreichen …

»Caroline ergriff also einen Bleistift, um zu schreiben, was der Tisch ihr diktieren würde«, sagte Charcot. »Doch im selben Augenblick wurden ihre Arme steif, und sie begann zu zittern. Der Vater schüttete ihr erschrocken ein Glas Wasser ins Gesicht, worauf sie zu sich kam, und man wollte die Sitzung abbrechen. Das aber passte der Tante nicht, die zugegen war. Begierig darauf, den Geist zu befragen, der von Caroline Besitz ergriffen hatte, nahm sie das Mädchen mit in den Keller, wo die Séance von Neuem begann. Gegen sieben Uhr abends hörte man an den Kellerwänden dann ein Klopfen. Der Geist stellte sich ein, und Caroline öffnete ohne Aufforderung den Mund …« Charcot machte eine Spannungspause, die er nutzte, um sich von hinten an Caroline heranzupirschen und über ihre Schulter nach ihrem Kiefer zu greifen. Er hob ihren Kopf an, und sie starrte mit angstgeweiteten Augen geradeaus.

»Caroline, mein Mädchen, willst du uns nicht verraten, welchen Namen du an jenem Abend im Keller nanntest?« Doch Caroline zitterte viel zu sehr, um laut sprechen zu können. Sie hob die schmalen Schultern, kurz und flüchtig, es sah aus wie ein Flügelschlag, der sie nirgends hinbrachte.

»Paul Denis«, flüsterte sie schließlich, als der Nervenarzt ihren Kiefer fester drückte, und Charcot echote laut: »Paul Denis!«

Als er den Kopf des Mädchens losließ, fiel dieser zurück nach unten wie bei einer Marionette.

»Der Geist eines Mannes hatte an jenem Abend von unserer Patientin Besitz ergriffen. Caroline fiel zu Boden und wälzte sich, stieß einen gellenden Schrei aus und verfiel in hysterische Zuckungen. Die Tante aber, die wohl Angst hatte, die Eltern könnten von den Geschehnissen erfahren, wusste sich nicht anders zu helfen, als das Mädchen in dem Keller einzuschließen, bis dieses sich beruhigt haben mochte, was nicht geschah. Als sich Caroline schließlich aus dem Keller befreite, lief sie wie im Delirium durch das ganze Haus, unartikulierte Schreie ausstoßend. Am nächsten und an den übernächsten Tagen kamen die

Anfälle in großer Zahl, zwanzig- bis dreißigmal am Tag. Da ich weiß, dass einige unter Ihnen, meine Herren, begierig darauf sind, einen solchen Anfall demonstriert zu bekommen, werden wir in Kürze damit beginnen.«

Jori spielte mit den Ecken der Zettel auf seinem Schoß. Man konnte Charcot nichts vorwerfen, er führte gekonnt durch die Veranstaltung. Aber der Wunsch danach, den Versuchsbericht zu Ende zu lesen, drängte ihn trotzdem mehr als die Präsentation der Hysterischen auf der Bühne.

Jori sah nach links, um sicherzugehen, dass die Blicke aller Zuschauer nach vorn gerichtet waren. Dann blätterte er zurück zu der Stelle, an der Charcot ihn im Lesen unterbrochen hatte. Die Ecken der Zettel hatten sich inzwischen zu Eselsohren aufgerollt.

Als Jori an der Stelle ankam, wo sie der Versuchsperson das Quecksilber in die Augen pipettierten, hielt er verblüfft inne.

…Zwei Tage nach der Versuchsdurchführung war der Zustand des Mädchens unverändert. Zwar konnten wir ein Erblinden des rechten Auges vermeiden, doch war der Blick noch immer trüb und starr. Unsere Annahme, die Hornhaut des rechten Auges sei verletzt, bewahrheitete sich indes nicht. Vielmehr lag es an einer eigentümlichen Anisokorie, dass das rechte Auge heller schien als das linke. Die rechte Pupille musste sich unter der Einwirkung des Quecksilbers zusammengezogen haben. Dieser Unterschied in der Pupillengröße zeigte sich deutlicher bei geringem Lichteinfall oder einem plötzlichen Wechsel der Lichtverhältnisse, beispielsweise…

Jori blickte auf. Beispielsweise, wenn man der Versuchsperson mit einer Kerze in die Augen leuchtete, dachte er. Sein Blick fiel auf die Bühne. Doch anstelle der dreizehnjährigen Patientin, die sich dort gerade kreischend auf dem Boden wälzte, sah er das Bett mit dem Mädchen dort stehen, an jenem Tag, an dem Runa in Charcots Vorlesung kam. Er sah wieder, wie Babinski ihre

Augenlider anhob und zurückzuckte. Babinski hatte eine Kerze in der Hand gehalten. Lotgerade saß Jori auf seinem Stuhl, mit einem Kopf, der sich anfühlte, als habe er Fieber.

»Meine Herren, Sie können sich vorstellen, was für ein Aufsehen die Konvulsionen des Mädchens in der kleinen Offizierswohnung erregten, in der man jedes Wort und Stöhnen durch die Wände hören konnte.«

Undeutlich vernahm Jori Charcots Stimme von der Bühne her, und ebenso undeutlich glaubte er eine Bewegung neben sich auszumachen. Der Mann mit dem bleichen Gesicht hatte sich zu ihm umgedreht. Jori hob die Ränder der Zettel so an, dass sein Sitznachbar den Text nicht lesen konnte, dann blätterte er fieberhaft eine Seite weiter.

…Eigentümlicherweise war eine Woche nach der Behandlung des Auges auch der Merkurialspeichelfluss wieder ausgebrochen, den wir schon bei früheren Versuchen an dem Kind beobachteten. Das Kind litt unter großem Durst und heftigen Aggressionsschüben. Das Zahnfleisch war aufgewulstet und gerötet, ohne dass jedoch die Zähne sich lockerten oder ausfielen. Von dem schwarzen Speichel ging ein metallischer Geruch aus. Auch stellten sich die altbekannten Halluzinationen wieder ein, in denen es nach seiner Mutter rief oder nach Madame Chirac, von der wir annehmen, dass sie Amme oder Krankenschwester im Hôtel-Dieu gewesen sein muss. Am folgenden Tag fanden wir die Zelle in großer Unordnung. Das Kind hatte sich aus seinem Bette freigemacht und saß mit verletzten Händen auf dem Boden. Wir vermuteten ein Fieberdelirium, doch als wir die Temperatur messen wollten, wehrte sich das Kind mit Kräften gegen das Thermometer. Ansonsten war es schwächer als an den Tagen zuvor. Von der anfänglichen Stärke, die wir wieder und wieder in unseren Berichten lobten, war nicht viel übrig geblieben. Der Puls ging flach und leise. Das Herz raste. Wenn wir das Mädchen ansprachen, erhielten wir keine Antwort. Auch von seiner Mutter sprach es nicht mehr. Wir verbanden ihm die Hände, bevor wir es zurück ins Bette legten. Um

zu verhindern, dass es sich erneut verletzte, fixierten wir es, diesmal auf der Seite liegend, sodass der Merkurialspeichel abfließen konnte.

In selbiger Position fanden wir das Kind am nächsten Morgen, dem 27.2.84, tot vor. Ob das Quecksilber sich tatsächlich über die Augen in den gesamten Körper ausgebreitet hatte oder die Nachwirkungen früherer Versuche dazu beitrugen, dass das Mädchen verendete, ließ sich nicht mit Sicherheit feststellen.

Jori ließ den Bericht sinken. In seinen Ohren pochte das Blut. Charcot auf der Bühne war so weit weg wie nie zuvor.

Der schwarze Speichel, die Apathie, das Starren aus den verschieden großen Pupillen, die Verletzungen an den Händen und am Oberschenkel, die Jori am ersten Tag für das Ergebnis einer schlecht durchgeführten Knochenoperation gehalten hatte: Alles hätte gepasst, alles darauf hingedeutet, dass es sich bei dem Mädchen in Zelle sechs um Runa gehandelt hatte. Alles bis auf ein wichtiges Detail: Das Mädchen aus Zelle sechs war vor neun Monaten gestorben.

Jori spürte einen Tropfen im Nacken und einen schmerzhaften Druck in seinen Schläfen, das musste sein Verstand sein, der sich wehrte.

Es musste ein anderes Kind gegeben haben mit exakt den gleichen Symptomen wie denen von Runa. Jori besaß den Anfang des Berichts nicht, er wusste nicht einmal, in welchem Alter die Versuchsperson war, die hier beschrieben wurde. Aber alles passte so gut!

Konnte sich Luys in seiner Diagnose getäuscht haben, als er den Tod des Mädchens festgestellt hatte? Was, wenn Gérard Runa lebendig in den Katakomben begraben hatte?

Er strich sich mit dem Handrücken über die Stirn. Zu seiner Verwunderung war sie nass. Zwischen den Fingern hielt er noch immer das Papier; es raschelte, doch das Geräusch ging in dem Gekreische der jungen Hysterikerin unter, die sich noch immer zu Charcots Füßen wälzte, während er mit seinem Bericht über ihre Familie fortfuhr. Alle drei Kinder der Bouras seien nacheinander dem Wahnsinn verfallen, erzählte Charcot gerade. Und Jori wurde es zu viel. Zu viele verrückte Kinder um ihn herum und Ärzte, die mit ihnen anstellten, was sie wollten!

Er erinnerte sich an Luys' Reaktion, als Jori ihm von der Anisokorie erzählte, und daran, dass er ganz plötzlich doch Zeit für eine Visite bei ihr gehabt hatte. Und dann Runas Reaktion, als Luys in ihre Kammer gekommen war …

Aber wenn Luys wusste, wer Runa war, dann konnte er doch kein Interesse daran haben, sie zu heilen. Sie war der lebende Beweis für ein Experiment, das es offiziell nie gegeben hatte, und Jori kannte noch die Regel: Nichts, was im Keller geschah, durfte auf irgendeine Weise nach draußen gelangen. Luys würde Runa beseitigen wollen! Jori fasste sich in den Nacken. Luys' Zerfahrenheit, die Vehemenz, mit der er darauf bestanden hatte, dass Jori in Charcots Vorlesung ging, obwohl es noch so viel gegeben hätte, was sie für den nächsten Vorversuch hätten vorbereiten müssen. Was, wenn Luys Jori lediglich aus dem Weg haben wollte, um sich in aller Ruhe des Mädchens entledigen zu können? Es wäre der perfekte Zeitpunkt.

Jori blätterte durch die Seiten auf seinen Knien, er war hektisch. Alle Operationen waren an Dienstagen durchgeführt worden. An Tagen also, an denen jeder andere in Charcots Auditorium abgelenkt war.

Als Jori aufsprang, kam ihm überraschend Paul in den Sinn. Er erinnerte sich daran, wie er den Freund vor vielen Wochen daran gehindert hatte, während Charcots Vorlesung aufzustehen. Jetzt stand Jori selbst im Publikum, es kümmerte ihn nicht, dass man ihn erschrocken anstarrte. Er sah Charcots Blick, messerscharf und düster. Charcot ist einverstanden, hatte Luys gesagt. Einverstanden mit allem, vermutete Jori, wahrscheinlich war er in alles eingeweiht.

Die beiden Männer standen sich bewegungslos gegenüber, Charcot auf der Bühne und Jori im Publikum, das durch sein

Aufspringen ebenfalls zur Bühne geworden war, die Zuschauer wussten gar nicht, wohin sie sich wenden sollten: zu ihm oder zu der hysterischen Caroline, die sich noch immer auf dem Boden wälzte. Jori wandte sich ab und stolperte über die Beine der neben ihm Sitzenden zur Tür.

Es war das erste Mal, dass jemand Charcots Vorlesung unaufgefordert verließ, doch es sollte nicht bei dieser Premiere bleiben. Jori konnte nicht ahnen, dass ein zweiter Zuschauer sich aus dem Publikum löste und ihm nacheilte, kaum dass die schwere Tür hinter ihm zugefallen war.

Draußen war es kalt, und Joris Mantel hing im Auditorium über der Stuhllehne. Auch die Tasche mit den Mappen hatte er dort vergessen, aber die Unterlagen über Runa nicht, die klebten in seiner schweißnassen Hand. Er schlang die Arme um den Körper, als er über das leere Klinikgelände zur Sektion Rambuteau lief. Charcots Vorlesung hatte vor 20 Minuten begonnen. Vielleicht war es noch nicht zu spät, um Luys zu erwischen. Er nahm die Allee Rambuteau, die zu den Châlets führte, aber er brauchte einen Ort, um die Unterlagen zu verstecken. Im Notfall würden es die einzigen Beweise für Runas Identität sein, für ihre Geschichte.

Joris Blick fiel auf die verschneiten Büsche, die den Rand des Jardin Potager säumten. Hastig rollte er den Papierstoß zusammen, klopfte etwas gefrorenen Schnee von den Zweigen und schob dann die Papierrolle zwischen die kahlen Äste, ganz nach hinten bis zum Stamm. Der Busch hatte Dornen, die Joris Hand zerkratzten, als er sie zurückzog. Er überprüfte das Versteck. Das Papier hatte sich ein wenig entrollt, war aber zwischen den Zweigen hängen geblieben. Und bis auf etwas fehlenden Schnee ließ sich von außen nichts Auffälliges erkennen, umso weniger jetzt, wo es im Garten dunkel war. Das dichte Gewirr der Äste hatte die Papierrolle verschluckt. Jori zählte die Büsche ab, als er weitereilte. Fünfzehn waren es, bis er das Gebäude der Sektion Rambuteau erreichte. Er rannte jetzt. Die Flure im Haus waren dunkel und die Türen verschlossen. Für die Patientinnen herrschte um diese Uhrzeit längst Bettruhe, was nicht hieß, dass sie in den Betten Ruhe gegeben hätten. Bei jedem Schrei, den Jori hörte, setzte sein Herz einen Schlag aus.

Er sprang die Treppe zum oberen Stockwerk hoch, mit kalten Fingern fummelte er den Schlüssel zur Tür des Schlafsaals hervor und öffnete sie. Die Gardinen der Betten waren allesamt zugezogen. Undeutlich sah er es in der Dunkelheit. Luys konnte er nirgends erblicken. Jori ging hinüber zum Bett des Mädchens und schob den Vorhang zur Seite. Runa war da. Vor lauter Erleichterung hätte er das Kind am liebsten an die Brust gedrückt.

Er ließ sich neben sie auf den Boden sinken, in den Vorhang hinein, und griff nach ihrer Hand in den Fesseln. Er streichelte sie, und fast automatisch suchte er mit Mittel- und Zeigefinger nach ihrem Puls, eine ärztliche Gewohnheit. Es fühlte sich an, als ob in ihrem Handgelenk ein Insekt von innen gegen ihre Haut stieße, auf der Suche nach einem Ausgang. Jori schloss die Augen und zählte die Pulsschläge ab, so wie man Schafe zählte, um sich zu beruhigen. Als er sie wieder öffnete, hatte Runa ihm ihr Gesicht zugewandt. Die verschiedenen Pupillen waren in der Dunkelheit kaum zu erkennen. Jori hielt noch immer ihre Hand, und sie ließ es geschehen.

Vorausgesetzt, es handelte sich tatsächlich um dasselbe Kind wie in den Berichten beschrieben, musste sie acht Quecksilberversuche überlebt haben, acht Versuche. War das überhaupt möglich?

Er ließ sich tiefer in die Vorhänge sinken, sodass der weiße Stoff in seinem Rücken spannte wie eine Lehne. Der Vorhang fing Jori auf, und das Gefühl war wunderbar.

Seit Runa an der Klinik aufgetaucht war, hatte er immer öfter das Gefühl, selbst durchzudrehen. Was saß er hier und hielt Wache bei Runa, wo er eigentlich Charcots Vorlesung besuchen sollte? Er hatte Gérard verdächtigt, Luys verdächtigt und sogar Charcot. Und dabei lag das Mädchen hier friedlich im Bett und schlief.

Der Abend fiel ihm ein, an dem er Runa an dem Fenster gegenüber der Bibliothek gesehen haben wollte. Sie hatte ein L gemalt, ausgerechnet ein L! Hatte sie gewusst, dass das der Anfangsbuchstabe vom Namen ihres Peinigers war? Hatte Jori es geahnt und sich die Gestalt am Fenster zusammenfantasiert?

Durch die geöffnete Tür zog es kalt herein. Jori blickte zu Runa auf. Sie schien die Kälte gar nicht zu bemerken. Nur auf ihren Armen stellten sich die feinen weißen, fast durchsichtigen Haare in der Zugluft auf. Und mit einem Mal wurde Jori etwas bewusst.

Der Neurologe musste Runa nicht heimlich aus der Klinik schaffen oder sich ihrer im Schlafsaal entledigen. Es gab einen viel einfacheren Weg. Die Operation, die sie geplant hatten, war riskant, und niemand glaubte an einen Erfolg. Luys musste einfach nur dafür sorgen, dass die Klinik ihre Wette gewann. Es würde keine Fragen geben. Keiner würde sich wundern, umso weniger, wenn sie nur drei Vorversuche machten, obwohl sie fünf Patientinnen zur Verfügung hatten. Man würde Jori voreilig nennen. Und mit den zwei behandelten Patientinnen konnte Luys noch immer an die Öffentlichkeit treten.

Die Dringlichkeit, mit der Luys die Operation an Runa vorverlegt hatte – war das, um das Mädchen loszuwerden?

Wer sagte Jori, dass es überhaupt eine Tumorentfernung in England gegeben hatte?

Jori merkte, dass er sich wieder in Anschuldigungen verstrickte, aber alles erschien mit einem Mal so logisch: Einen Versuch würden sie noch machen, und Luys würde sicher dafür sorgen, dass dieser gelang.

Damit Jori beruhigt war.

Damit sie Runa operierten und diese nie wieder aufwachte. Damit Luys am Ende trotzdem hatte, was er wollte, nämlich den ersten psychochirurgischen Eingriff der Geschichte, durchgeführt an Marguerite Desens.

Jori drückte Runas Hand fester und widerstand dem Impuls, zu Luys zu laufen und ihn zur Rede zu stellen. Wenn ihm irgendetwas an dem Leben des Mädchens lag, durfte Luys nicht erfahren, dass er ihn durchschaut hatte. Er musste das Spiel mitspielen und Zeit gewinnen, sich die nächsten Schritte überlegen. Er könnte Runa vor Luys in Sicherheit bringen. Doch wohin brachte man ein Kind wie dieses?

Jori griff mit der freien Hand an seinen Hemdkragen, der saß zu eng. Seine Finger waren kalt. Vielleicht war es ja doch möglich, Runa zu heilen, diese dumme Wette zu vergessen und einfach das zu tun, was er von Anfang an hatte tun wollen, nämlich ein Arzt sein, ein vollständiger. Wenn Runa schon vor der Operation mit Luys gesund wäre, konnte der Neurologe nichts mehr machen. Er konnte die Operation nicht mehr sabotieren. Jori musste den Eingriff also schon vorher durchführen, aber in Zusammenarbeit mit wem? Außer Luys fiel ihm niemand ein, den er für fähig genug hielt. Und wem konnte man überhaupt noch trauen? Keiner der Ärzte würde sich gegen Charcot oder Luys stellen. Unter den Studenten und Assistenzärzten hatten bereits alle viel Geld in den Tod des Mädchens gesteckt. Alle bis auf einen. Babinski.

Der Gedanke war absurd.

Die Unmöglichkeit des gesamten Vorhabens wurde Jori so schlagartig bewusst, dass die Schultern und Arme ihm schwer wurden. Er ließ Runas Hand los und stand auf. Ihre Finger blieben am Bettrand hängen, wo er sie losgelassen hatte, die Fingerspitzen so leblos wie der Blick. Jori hätte nicht einmal sagen können, ob sie merkte, dass er noch im Raum war. Vielleicht war das alles nur kranke Fantasie, dachte er, seine eigene kranke Vorstellung, und das Kind hier im Bett war gar nicht das Kind aus Zelle sechs. Er wollte gehen, doch als er sich zur Tür drehte, hielt er noch einmal kurz inne. Er griff in die Hosentasche und zog seinen Füllfederhalter hervor, den schönen, den er von Paul geschenkt bekommen hatte. Gedankenverloren drehte er ihn zwischen den Fingern, bevor er ihn kurz entschlossen auf den Stuhl neben Runas Bett legte, dorthin, wo Julie Lamond das Essen gestellt hatte. Dann löste er Runas Handfesseln und verließ den Schlafsaal.

Der Kies knirschte unter Joris Schuhen, als er den Weg zurück zur Allee Rambuteau nahm. Die Luft war eisig, und ein Wind war aufgekommen, der durch die Büsche strich und hier und dort feine Schneewolken aufwirbelte. Jori ging schnell. Er zählte die Büsche ab. Beim fünfzehnten blieb er stehen und griff mit den rot gefrorenen Fingern zwischen die Zweige. Die Papierrolle war nicht da. Alarmiert hielt er die Luft an, die Hand noch immer im Gebüsch. Er war sich sicher, dass es hier war, er hatte ja abgezählt, und die Spuren ließen sich noch jetzt auf den Zweigen erkennen, dort, wo der Schnee fortgewischt war.

Jori blickte sich um, doch auf dem Weg konnte er niemanden erblicken, und im Garten selbst war es dunkel. Die Schatten der Bäume verschmolzen so sehr mit der Nacht, dass es unmöglich war zu sagen, ob ein Mensch sich in der Schwärze verbarg. Jori kniff die Augen zusammen und wartete auf eine Regung oder auf das Knirschen von Kies. Doch alles, was die Stille durchbrach, war das dumpfe Weinen einer Frau, irgendwo in den abgedunkelten Gebäuden, und das gelegentliche Aufheulen des Windes, der um die Gebäudeecken zog. Jemand musste Jori beobachtet haben, als er die Rolle versteckte. Jemand, der nicht in Charcots Vorlesung gewesen war.

»Gérard?« Joris Stimme klang zarter als beabsichtigt. Die Worte wurden vom Wind aufgewirbelt und zerstäubt wie der Schnee auf den Blättern der Büsche.

Gérard sollte nicht annehmen, Jori wüsste nicht, wer ihn verfolgte. Er sollte nicht glauben, Jori hätte Angst vor ihm. Doch tatsächlich war genau das der Fall. Er lauschte in den dunklen Garten, in dem sich nichts rührte. Als er einen kalten Zug im

Nacken spürte, drehte er sich hastig um. Doch auch hinter ihm war niemand. Der Wind musste ihm in den Kragen gefahren sein. Jori versuchte seinen Atem unter Kontrolle zu bringen. Waren Gérard die Unterlagen wichtig genug, dass er Jori verfolgen würde? Und wie wichtig waren sie für Jori selbst? Er hatte erfahren, was er wollte. Er konnte sich ein Bild von dem machen, was in den Kellern geschehen war. Und er hatte einen Großteil der Unterlagen noch in der Tasche im Auditorium. Warum verspürte er nur diesen Drang, Runas Versuchsberichte vor Gérard zu beschützen? Jori behielt den Garten genau im Auge, als er sich wieder dem Weg zuwandte. Das Knirschen unter seinen Füßen kam ihm jetzt lauter vor. Doch ansonsten sah und hörte er noch immer nichts, auch nicht, als er abbog und an der Klinikapotheke vorbei zur Rue de l'Infirmière ging, wo es keinen Garten mehr gab, nur noch Kies, auf dem man die Schritte seines Verfolgers genauso gehört hätte wie Joris eigene. Er passierte die Wäscherei und steuerte auf das Amphitheater zu, wo Licht durch die Gardinen schimmerte. Gedämpft hörte er Charcots Stimme. Dann brandete Applaus auf. Jori konnte sich vorstellen, wie sich das Mädchen auf der Bühne verrenkte.

Er war mit einem Mal froh, nicht unter den Zuschauern zu sein.

Natürlich hatte Lecoq den Mann vom Bahnhof erkannt. Die schmale Statur, die Nervosität, diese fahrige Gestik. Und dann die Verbrecherohrläppchen, für so etwas hatte Lecoq ein Gedächtnis. Es war derselbe Kerl, der den Aushang mit den Namen hatte vernichten wollen. Und nun hatte er versucht, sich eines zweiten Dokuments zu entledigen. Lecoq rollte die Zettel auseinander, doch im Garten war es zu dunkel, um sie zu lesen. Er rollte sie wieder zusammen und steckte sie in die Innentasche seines Mantels, bevor er überlegte, wie er nun weiter vorgehen sollte. Eigentlich war er in die Salpêtrière gekommen, um etwas anderes zu suchen, etwas, von dem er selbst noch nicht genau wusste, was es war. Seinen Recherchen zufolge befanden sich gut 4000 Frauen auf dem Gelände dieser Klinik. Er könnte unter ihnen das Mädchen suchen, von dem er lediglich eine vage Idee hatte, wie es aussah, und das auch nur, wenn es die Augen geöffnet hätte. Er könnte zu den Ställen der Klinik gehen und die Kutsche suchen. Oder er könnte dem jungen Mann mit den Verbrecherohrläppchen folgen, der eben hinter der Häuserecke verschwunden war. Lecoq traf seine Entscheidung.

Als er eine halbe Stunde später noch immer im Schatten des Gebäudes stand, in dem der junge Mann verschwunden war, fluchte er im Stillen über diese Klinik, in der es keine Kneipe gab, in die man sich zu Beschattungszwecken hätte setzen können. Er wartete, fror, klopfte die Handschuhe gegeneinander und wischte sich in regelmäßigen Abständen Schneeflocken aus dem Bart.

Eine Dreiviertelstunde. Fünfzig Minuten. Fast wäre Lecoq nach Hause gegangen. Dann öffnete das Verbrecherohrläppchen endlich wieder die Tür zum Innenhof. Lecoq duckte sich in den Schatten.

Es war ein Leichtes, dem Mann zu folgen. Der Verdächtige trug ein helles Hemd in der Dunkelheit und schien auch sonst keine Erfahrung im Verfolgtwerden zu haben. Er machte Lärm für drei, als er über den Kies stolperte und panisch die Papiere suchte, wie Lecoq mit einem Gefühl der Beglückung feststellte. Unterlagen, die jemand noch brauchte, waren natürlich gleich viel reizvoller als solche, die man hätte wegwerfen wollen. Lecoq klopfte an die Papierrolle in seiner Tasche. Wie bei so vielem steigerte die Nachfrage auch hier den Wert.

Lecoq hörte das heiserne Flüstern des Burschen, der Wind trug einen Namen bis zu ihm. Ein Komplize?

Lecoq schüttelte nachsichtig lächelnd den Kopf über so viel verbrecherische Unerfahrenheit. Er notierte sich den Namen im Licht einer Straßenlaterne, als er das Klinikgelände verließ: »Gérard.«

Dann machte er sich humpelnd auf den Heimweg, in der Manteltasche eine Abendlektüre, von der er noch nicht wusste, dass sie ihn die ganze Nacht nicht schlafen lassen würde.

Jori wartete, bis Charcot seine Vorlesung beendet hatte und der Saal sich leerte. Dann erst holte er seinen Mantel und die Tasche aus dem Auditorium. Im Saal roch es nach Schweiß. Die Luft war verbraucht. Jori war völlig durchgefroren.

Draußen hatte sich eine Gruppe Studenten versammelt, um etwas trinken zu gehen. Jori hatte sich ihnen noch nie angeschlossen, aber heute waren sie neugierig und Jori froh darum, den Weg durch die Straßen nicht allein zurücklegen zu müssen. Sie gingen zusammen, weil sie voneinander profitierten, und nicht, weil sie die Anwesenheit des anderen schätzten.

Das Studentenviertel lag eine Dreiviertelstunde Fußmarsch von Mme Villons Wohnung entfernt. Seine Begleiter betraten eine Bar, und Jori folgte. Die Kneipe war so schäbig wie die wenigen Kunden, die in ihr saßen. In der Ecke hockten drei Männer und spielten Karten, vor ihnen standen zwei nackte Weinflaschen. Keiner der Männer sah besonders passioniert aus, fand Jori, kollektiv zogen sie die Gesichter lang – in dieser Kneipe wurde die Zeit so gründlich totgeschlagen, bis sie sich wirklich nicht mehr rührte.

An der Theke saß ein weiterer Mann mit abgewetzter Hose. Er starrte in seinen halb vollen Bierhumpen und seufzte hin und wieder tief. Ansonsten war da nur noch der Wirt. Die Studenten setzten sich an einen Tisch in der hinteren linken Ecke, und Jori schob sich auf einen Stuhl ganz außen, von hier aus konnte er den Eingang sehen.

Er bekam ein großes Glas Bier, das eher einem Eimer glich und über dessen Rand der Schaum schwappte, als der Kellner alle neun Getränke nahezu gleichzeitig auf den Tisch knallte. Das Gesöff war wässrig und vermutlich zur Hälfte verdünnt. Jori nippte an dem verklebten Glas herum und hoffte, dass er sich zumindest nichts Ansteckendes einfangen würde.

Neben ihm saß einer der Zwillinge, die Jori an Pauls Ankunftstag kennengelernt hatte, Chang oder Eng. Der andere Zwilling war nicht dabei. Die Studenten unterhielten sich über Frauen, als gäbe es kein anderes Thema, als wären sie nicht schon jeden Tag von ihnen umgeben. Doch sie meinten keine der 4000 Kranken, sondern richtige Frauen, mit roten Lippen und unrasierten Köpfen und allem, was dazugehört, solche, die draußen frei herumliefen. Jori hörte zu und war froh, dass niemand eine Meinung von ihm erwartete. Er musste nur hin und wieder prosten und etwas sagen wie: »Im Ernst? So groß?« oder: »Jetzt machst du Witze!«

Er glaubte nicht, dass einer der anderen schon mal eine Frau wie Pauline kennengelernt hatte.

Jori blickte hinüber zu dem Kellner hinter der Theke, der Gläser in einen Bottich tauchte, in dem sich einmal Spülwasser befunden haben musste. Jetzt war die Suppe trüb und gelblich, farblich nicht zu unterscheiden von dem Bier, das die Studenten in sich hineinkippten. Der Mann mit der abgewetzten Hose löste sich von seinem Platz an der Bar und setzte sich auf einen freien Stuhl in der Nähe vom Fenster, nur um dann doch weiter in sein Glas zu starren. Er hatte seine Trübsal lediglich von der Theke zum Tisch verschoben.

Die Expertise der Studenten über Frauen erschöpfte sich schnell, und man sprach nun doch über die Klinik. Die Jungen einigten sich darauf, dass ihnen die Arbeit in der Abteilung der Alten am wenigsten gefiel. All die hilflosen Frauen, die den ganzen Tag sabberten und sich in die Hosen machten. Das fanden sie verstörend. Keine Patientinnen konnten ihnen so viel

Angst einjagen wie die, die ihre eigenen Mütter oder Großmütter sein könnten. Außer das sonderbare Mädchen vielleicht. Jori hörte ihnen zu und merkte, wie das Gespräch nun geschickt auf Runa und das Thema der Wette gelenkt wurde, doch er ignorierte die Seitenblicke, die man ihm zuwarf. Die Runde, in der er saß, kam ihm plötzlich wieder jung und unerfahren vor. Er konnte sich nicht vorstellen, auch nur mit einem von ihnen die Operation an dem Kind durchzuführen.

Sein Ärmel klebte an der Tischplatte. Er löste sich harzig, als Jori sich erhob. Das restliche Bier ließ er stehen und ging, ohne sich zu verabschieden.

In der Nacht wachte Jori schweißgebadet auf. Mit den Händen griff er seitlich an die Matratze und krallte panisch die Finger in das Laken, um sich davon zu überzeugen, dass er nicht mehr in den Katakomben hockte. Er blickte sich um, und die Gegenstände und Möbel im Raum fielen an ihren Platz, so leise und behutsam wie der Schnee draußen vor dem Fenster. Jori sah die Umrisse der Kommode und den kleinen Tisch. Er sah die Gardinen am Fenster. Links war die Wand, er war in seinem Zimmer. Er atmete, streckte die Beine im Bett aus und starrte an die Decke, die das Mondlicht in leuchtendes Blau tauchte. Dann wusste er wieder, was ihn geweckt hatte. Er richtete sich auf und strich sich durch die Haare. Als er aus dem Bett glitt, trat er mit der Ferse auf einen seiner Hausschuhe, die Mme Villon ihm vor das Bett gestellt hatte, fein säuberlich nebeneinander wie das Porzellanservice in ihrem Glasschrank. Sie hatte schon wieder sein Zimmer aufgeräumt.

Fast trotzig stieß er die Hausschuhe beiseite, doch als seine nackten Füße den Boden berührten und dieser eiskalt war, kramte er sie doch unter dem Bett hervor und zog sie an. Er ging hinüber zu der Waschschüssel und spritzte sich Wasser ins

Gesicht. Die Kälte machte ihn wach. Es war kein Traum gewesen, der ihn aufgeschreckt hatte, sondern ein Gedanke. Einer, der ihn verfolgt hatte, seit er eingeschlafen war: Jori hatte das Mädchen losgebunden, bevor er die Salpêtrière verlassen hatte.

Er packte den Saum seines Nachthemds und trocknete sich das Gesicht. Neben der Schüssel lag die Zeitung, um die er Mme Villon gebeten hatte. Jori nahm sie auf und ging zurück zum Bett. Er zündete die Lampe auf seinem Nachttisch an und hockte sich mit gekreuzten Beinen auf das Laken. Seine Zehen waren kalt, doch sein Kopf fühlte sich noch immer fiebrig und schwer an. Er lehnte sich mit dem Rücken gegen die Wand und klappte die Zeitung auseinander. Das Bild von dem vollgeschriebenen Zimmer in der Hütte prangte mitten auf der Titelseite. Es bestand kein Zweifel, dass es die gleichen Buchstabenreihen waren wie in der Zelle Nummer sechs. Wie sie von dort in das Haus gekommen waren, war Jori jedoch nach wie vor ein Rätsel. Runa konnte jedenfalls nichts damit zu tun haben, glaubte er. Sie war in der Salpêtrière gewesen und davor in anderen Anstalten. Ihre Krankengeschichte war gut belegt: vier Kliniken in nur zweieinhalb Monaten.

Zweieinhalb Monate, Jori rechnete nach.

Wo war Runa eigentlich davor gewesen? Zwischen ihrem angeblichen Tod, datiert auf den 27. Februar, und dem ersten Klinikeintritt im Juli?

Jori fröstelte, er schob die Beine unter das Laken. Er hatte sich bislang nur für die Entschlüsselung der chemischen Zeichen interessiert. Dass in der Hütte auch ein Mann gestorben war, wäre ihm dabei fast entgangen.

Wer Jori beobachtete, wie er geduckt an dem Portierhäuschen vorbeihuschte, die Arme um den Körper geschlungen, die Haare wirr und ungekämmt, den Saum seines Nachthemds schlotternd über dem Hosenbund, hätte ihn für einen entlaufenen Patienten halten können.

Der sanfte Schnee hatte sich in ein Schneetreiben verwandelt. Jori nahm die Hände zum Mund und blies hinein, um sich zu wärmen. Er hatte aus Mme Villons Wohnzimmerschrank eine Öllampe mitgenommen. Auf keinen Fall wollte er den Hof der Salpêtrière heute noch einmal im Dunkeln überqueren. Hinter der Hütte mit den Gartengeräten fand er einen Holzknüppel und bewaffnete sich, gegen was und wen auch immer.

Jori hatte die Tür zum Schlafsaal noch nicht geöffnet, als er schon die Geräusche aus dem Raum hörte, ein Kratzen – schnell und nervös, ein Klang wie eine hektisch schabende Gabel auf einem Tisch.

Es war fast neun Stunden her, seit er dem Mädchen seinen Stift überlassen hatte. Den Knüppel in der rechten und die Kerze in der linken Hand, stieß er die Tür mit dem Knie auf.

Die Szene, die sich ihm eröffnete, war bizarr. Überall waren die Frauen in den Betten aufgewacht, doch anders als sonst verhielten sie sich ganz still. Wer nicht festgebunden war, der saß auf der Bettkante oder hockte auf der Matratze, die Knie rechts und links neben den Ohren, während sie stumm beobachteten. Irgendeine der Frauen musste vor lauter Wahnwitz herumgelaufen sein und alle Vorhänge geöffnet haben. Die Sicht auf das Schauspiel war freigegeben, auf das Mädchen, das nicht mehr lag, sondern auf der Matratze stand. Die Fesseln baumelten nutzlos am Bettgestell.

Runa hatte Jori und ihren Zuschauerinnen den Rücken zugedreht und beschrieb die Wand am Kopfende mit den gleichen Buchstaben, die Jori schon in der Zelle und im Zeitungsartikel gesehen hatte. Klein und sorgfältig, der Stift huschte über die einst weiße Mauer. Jori blieb stehen, wo er war, und ließ den Knüppel sinken. Er hatte all das hier provoziert, er hatte es erwartet. Er hatte sicher wissen wollen, ob Runa das Mädchen aus Zelle sechs war. Hier hatte er seinen Beweis.

Die aufgezogenen Gardinen um ihr Bett waren nicht mehr weiß, sondern blau von Tinte. Jori konnte die Flecken in den

Falten sehen, auch über das Laken zogen sie sich, bis hin zum Kopfkissen, auf das Runa sich gestellt hatte, ein bizarres Muster. Buchstaben und Bilder, die Jori erst seit der Lektüre des Versuchsberichts verstand. Spritzen, Schläuche. Ein Kind im Bett. Ein Strichmann, der sich über es beugte. Auf seinem Kopf ein Zylinder.

Nichts in Runas Nähe war mehr weiß, außer Runa selbst, Runa mit ihrer blassen Haut und den blassen Haaren. Jori trat näher. Dort, wo das Mädchen schrieb, tauchten keine Zeichen mehr auf der Wand auf. Die Tinte war leer. Die Metallspitze von Joris Füllfederhalter war bis auf den Dichtungsring verbogen und die Rückseite der Feder abgeschabt. Das Mädchen musste versucht haben, beide Enden zu benutzen, um damit in die Wände zu ritzen. Jori griff nach vorne, fasste Runa an der Schulter, drehte sie herum und entwand den Stift ihrer Hand. Sie starrte ihn an, die blauen Augen emotionslos, Augen, die schon alles Leid gesehen hatten. Sie wollte nach dem Stift greifen, und Jori sah die abgeschabten Fingernägel, sah die Spuren von Blut an der Wand. Da kam ihm der Junge aus dem Keller in den Sinn.

Der Junge hatte mit dem Kopf gegen die Wand geschlagen, bis der Schädel blutete. Das Mädchen ritzte Buchstaben in Wände, bis die Fingernägel abbrachen. Beide Kinder würden weitermachen, bis sie erschöpft waren – oder bis jemand sie davon abhielt. Es waren Kinder, die in Kliniken aufgewachsen waren und unter der Erde, an denen Experimente durchgeführt wurden, die sie nicht verstanden. Wen sollte es da wundern, dass solchen Kindern das Kindliche fehlte?

Runa stand da wie ein verstümmeltes, dürres Tier, doch Jori war sie noch nie so menschlich vorgekommen wie in diesem Moment. Sie sahen sich an, zwei erschöpfte Gestalten, von der eine in diesem Moment eine wichtige Entscheidung traf. Hier im Halbdunkel des Raums wollte Jori Runa zum ersten Mal um ihrer selbst willen helfen. Nicht für seine Karriere oder aus wissenschaftlicher Notwendigkeit, auch nicht für Pauline, sondern weil er eine Ungerechtigkeit korrigieren wollte, die so nicht sein durfte. Zögernd streckte er die Arme aus und machte eine auffordernde, wedelnde Geste mit den Händen, er wollte das Kind umarmen und es trösten. Es war ein Angebot zum Frieden, gut gemeint, doch an die falsche Person gerichtet. Runa sah die Arme, die sich ihr näherten, sah die Hände. Da öffnete sie den Mund und biss Jori in die Finger.

Der Schoß der Kirche war ausgebrannt, als ich in ihn zurückkehren wollte. Zwei Männer von der Polizei standen mit Monsieur Dupont vor einem schwarzen Loch in der Wand. Von den anderen Messdienern war nichts zu sehen.

»Maxime Chevrier.« Monsieur Dupont war überrascht, mich hier anzutreffen, beinahe misstrauisch. Ich sah ihm an, dass er versuchte, mein plötzliches Auftauchen mit dem des Lochs in Verbindung zu bringen.

»Monsieur Dupont.« Ich zog die Mütze vom Kopf, wie ich es tun musste, um nicht geohrfeigt zu werden, und fragte: »Haben wir heute keinen Chor?«

»Wir haben alle nach Hause geschickt, wegen der Durchsuchung.« Der Inspektor drehte sich zu mir um und machte eine stolze Geste, die den gesamten Raum einschloss. Unsere Kirche war zu seinem Tatort geworden.

»Ich habe nichts von einer Durchsuchung mitbekommen.«

»Es hat im Keller der Kirche gebrannt. Am Montag kam Rauch unter der Ritze dieser Tür durch. Der Kirchenkaplan hat es bemerkt. Man konnte die Tür ansonsten nicht sehen, weil sie in die Vertäfelung eingelassen ist. Siehst du, sie unterscheidet sich nicht von den Paneelen rechts und links, sehr geschickt gemacht.« An der Art, wie der Inspektor sich herunterbeugte und mir die Stelle geduldig mit dem Finger zeigte, konnte ich sehen, dass er selbst Kinder hatte. Ich blickte auf die grauen Strähnen, die sanft durch seine braunen Haare blitzten. Und dann in das Loch.

»Was ist da unten?«

»Ein Keller. Mit direktem Anschluss an die Katakomben. Jemand hat einen Scheiterhaufen dort angezündet, um etwas zu verbrennen.«

»Einen Scheiterhaufen?«

»Hast du am Ende noch was damit zu tun, wie?«, bemerkte Monsieur Dupont, der offensichtlich keine Kinder hatte. »Wo hast du die letzten Wochen überhaupt gesteckt?«

Ich antwortete ihm nicht. Dass der Inspektor auf meiner Seite war, machte mir Mut.

»Was wurde dort verbrannt?«

»Das wissen wir noch nicht, viel ist nicht übrig geblieben. Aber in der Zeitung wirst du sicher morgen lesen können, dass es Opfertiere waren.« Der Inspektor zwinkerte mir zu, und ich zwinkerte erschrocken zurück und sagte nichts davon, dass ich für gewöhnlich keine Zeitung las, weil ich Zeitungen für nicht viel literarischer hielt als ein Kaffeetrinken bei unserer Nachbarin.

»Mach dem Jungen doch keine Angst«, sagte der zweite Polizist, der zwischen Monsieur Dupont und seinem Kollegen stand.

»Ach was! Der ist doch schon groß. Sechzehn Jahre bestimmt, oder?«

»Fünfzehn«, sagte ich.

»In dem Alter hab ich schon fast bei der Sûreté angefangen.«

»Der hier ist aber Messdiener«, beharrte der zweite Polizist, und damit ließen sie die Diskussion um meine Person fallen.

»Du hast nicht zufällig irgendwann einmal zwielichtige Gestalten aus dieser Wand kommen oder in ihr verschwinden sehen?«

»Zwielichtige Gestalten?«

»Wir vermuten, dass es Sektenanhänger sind, eine Nachfolgegruppe der Konvulsionäre. Und vermutlich haben sie auch das Haus in Clamart angezündet.«

Ich blickte ihn groß an. Ich wusste nichts von einem Haus in Clamart, aber von den Konvulsionären hatte ich gehört. Jeder Junge hatte das. Die Konvulsionäre gaben Stoff für Schauergeschichten jeder Art, fast so wie die Juden. Es war eine Schwärmersekte, die sich vor über 100 Jahren auf dem Grab des heiligen François de Paris getroffen hatte, direkt hier, auf dem Friedhof der Saint-Médard. Den Namen »Les Convulsionnaires« hatten sie erhalten, weil sie sich auf dem Grab verrenkten, Krämpfe und Konvulsionen erlitten, die sie als Wunderheilungen interpretierten. Später dann waren diese Treffen mehr und mehr ausgeartet und hatten jede Nacht Scharen von Zuschauern angezogen, bis man den Friedhof der Saint-Médard am Ende schließen musste. Die Treffen der Konvulsionäre aber hatten angeblich nie aufgehört. Im Umkleideraum hinter der Kirchenwand hatten wir uns flüsternd davon erzählt, dass sie sich im Untergrund trafen oder in feinen Salons, um dort weiter ihre Konvulsionen zur Schau zu stellen oder sich teuflischen Orgien hinzugeben. Manchmal verletzten sie sich selbst oder peitschten sich gegenseitig aus, auch das wussten wir. Die Vorstellung, dass all das vielleicht genau unter unseren Füßen geschehen war, während wir hier gestanden und von Engelschören gesungen hatten, beeindruckte mich.

»Das scheint dir wohl auch noch zu gefallen, wie? Lästerlicher kleiner Bengel!«

»Lassen Sie nur, Monsieur Dupont.« Der Inspektor hob beschwichtigend die Hände. Und dann erzählte er mir von Marie Sonnett, die als »Salamandra« in die Geschichte der Konvulsionäre eingegangen war und deren Namen man am Montag in jenem Haus in Clamart entdeckt hatte.

Die Salamandra war nach jenem mythologischen Tier benannt, dem man nachsagte, ohne Schmerzen im Feuer leben zu können. So sollte Marie Sonnett helle Glut gegessen und den Kopf in die Flammen eines Scheiterhaufens gesteckt haben, ohne je dabei Schaden zu nehmen. Nicht einmal ihre Haare habe sie sich versengt, erzählte mir der Inspektor. Und sie stellte ihre Füße auf heiße Kohlen, die jedes andere Schuhwerk in Asche gelegt hätten. Seitdem hatte Feuer eine besondere Bedeutung in den Kreisen der Konvulsionäre. Es gab immer wieder Nachahmer, die das Wunder der Salamandra wiederholen wollten.

»Natürlich ist die Salamandra nur eine Legende«, beeilte sich der zweite Polizist zu sagen und tat lächelnd einen Schritt vor das Loch in der Wand, als wolle er auch dieses zum Märchen erklären. Ein vorwurfsvoller Seitenblick traf seinen Kollegen.

Ein dritter Mann kam die Treppe herauf und stieg durch das Loch. Seine Uniform war schmutzig, und er trug etwas Verkohltes auf der Schulter, von dem man nur noch Fetzen von Leder erkennen konnte und kleine Messingecken. Vielleicht war es mal ein Koffer gewesen.

»Der Keller ist wie ein tiefes Loch«, sagte der Mann und schwitzte. »Wir sind noch nicht bis ganz hinten durch, aber es scheint, als hätte das Feuer alles zerstört, bis auf einen Leierkasten.«

»Einen Leierkasten?«, fragte der Inspektor.

»Ja, er stand hinter der Treppe in einer Ecke. Valentin holt ihn gerade hoch.«

Wir ließen den Mann passieren, und nur Monsieur Dupont betrachtete das Ding auf seiner Schulter argwöhnisch. Er überlegte wohl, ob man die Sachen im Keller zum Eigentum der Kirche erklären und die Männer aufhalten musste, bevor sie heilige Reliquien fortschaffen konnten.

»Und der Name der Salamandra stand in dem abgebrannten Haus?«, fragte ich, während wir alle dem verkohlten Koffer nachsahen.

»Der Vorname, ja. Zusammen mit einer Liste anderer, die wir ebenfalls eindeutig mit bekannten Konvulsionären in Verbindung bringen konnten.« Der Inspektor griff sich ans Revers. Er sah stolz aus, und ich begriff, dass es eine große Sache für die Polizei war, ein großer Schlag mitten ins Nest der Konvulsionäre.

Ich wollte Monsieur Dupont fragen, wann wir wieder mit den Proben für das Weihnachtsfest beginnen würden, denn plötzlich hatte ich Angst, Weihnachten würde am Ende nicht mehr stattfinden, jetzt, wo die Polizei die Kirche eingenommen hatte. Doch in diesem Moment betrat ein weiterer Mann das Gebäude, ein älterer, bärtiger Mann, und der Inspektor neben mir rief: »Monsieur Lecoq, ich habe Sie schon erwartet!«

»Und ich hatte nicht so früh mit Ihnen gerechnet, Inspektor Gudin.«

Mir fiel auf, dass die Stimmen beider Männer ironisch klangen. Obwohl sie aufeinander zugingen, wirkten sie eher, als müssten sie Distanz wahren. Eine Armlänge voneinander entfernt blieben sie stehen und begrüßten sich mit gemessenem Händedruck.

»Wie gefällt Ihnen also mein Tatort, Monsieur?«

»Gefällt mir gut. Und das haben Sie ganz ohne meine Hilfe geschafft?«

»Nun, nicht ganz, die Namen auf Ihrer Liste haben uns schon einen wichtigen Hinweis gegeben. Aber ich war erstaunt, Sie diesmal nicht schon anzutreffen, als ich herkam.«

»Man kann eben nicht bei allen Feuern gleichzeitig sein, Inspektor.«

Ich folgte dem seltsamen Dialog fasziniert, bis Monsieur Dupont mir ohne Vorwarnung seine Handschuhe in den Nacken klatschte und mir befahl, endlich zu verschwinden. Da zuckte ich zusammen, duckte mich und ging, ohne die Zusammenhänge begriffen zu haben, die die Salamandra, mich und mein Gesangbuch betrafen.

Das war das erste Mal, dass ich Monsieur Lecoq begegnete.

Gérard sah einen Mann in die Kirche gehen, und er sah einen Jungen aus ihr herauskommen, Letzteren kannte er, Maxime Chevrier. Gérards Augen wurden groß, er richtete sich auf der Bank auf. Doch er rief nicht, machte nicht auf sich aufmerksam. Er blickte dem Jungen nur hinterher, fast war er ein bisschen erstaunt darüber, dass der auch außerhalb der Bibliothek existierte. Dann glitt seine stumme Aufmerksamkeit zurück zu den Raben, die schwarz auf weiß über die Place Saint-Médard hüpften. Wie langweilig wäre der Schnee, dachte Gérard, hätte die Natur nicht die Raben geschaffen.

Polizisten hievten Halbverbranntes aus den Eingeweiden der Kirche auf den Anhänger einer Kutsche. Hin und her. Hin und her. Die Raben hüpften in ihren Fußspuren. Wenn man die Männer später fragte, würden sie die Vögel nicht bemerkt haben. Gérard spürte, wie etwas in seinem Brustkorb juckte, knapp oberhalb des Magens. Ein Gefühl, das bei jedem anderen Menschen vermutlich ein Lächeln ausgelöst hätte. Doch Gérard war nicht der Typ, der lächelte.

Er kniff die Augen zusammen, als er auf der Schulter des einen Polizisten die Latte eines Betts erkannte. Vielleicht lag es am Tageslicht, dass man den Fetzen, der daran hing, noch als Fessel erkannte. Das Tageslicht veränderte Dinge. Vor allem solche, die in die Dunkelheit gehörten. Der Polizist warf die Latte auf den Anhänger.

Gérards Blick wanderte zurück zu den Raben. Einer von ihnen hatte etwas entdeckt, das unter dem Rad der Kutsche lag, vielleicht eine zerdrückte Nuss, einen Samen. Der Vogel stemmte die Krallen des rechten Fußes gegen die Speichen, als könne er den Anhänger fortschieben, wenn er nur all seine Rabenkraft einsetzte, er bohrte mit dem Schnabel im Schnee. Der zweite Polizist trat aus der Kirche, das Gesicht gerötet vom Steigen der Treppe. Es war bereits das vierte Mal, dass er die 130 Stufen hinunter- und wieder hinaufgelaufen war. Das machte 1040 Stufen.

Auf dem Rücken des Schnaufenden hing der Leierkasten wie ein Schneckenhaus. Neben dem Chirurgenbesteck, welches das Feuer nicht hatte fressen können, war es der erste unversehrte Gegenstand bislang. Gérard hatte ihn in der Ecke vergessen. Das war dumm gewesen. Sehr dumm. Aber ansonsten hatte er alles richtig gemacht.

Die Bank unter seinem Gesäß wurde kalt. Doch er würde bleiben, bis alle anderen fort waren. Er wollte ein Rabe sein. Wenn der Sommer unterging und alle anderen Vögel flohen, war der Rabe immer noch da. Nicht versteckt im Wald oder in einem Baum verborgen. Der Rabe blieb mitten unter den Menschen. Er profitierte davon, dass sie Geräte bauten, die ihm die Nüsse knackten. Keinen Tag gab es in Paris ohne Raben. Gérard wollte ein Rabe sein. Er mochte den Winter.

In seiner Tasche steckten die letzte Tarotkarte und die Depesche von Luys. Luys hatte etwas Seltsames geschrieben. Er wollte ihn sprechen, noch heute Nachmittag.

Gérard hatte sich richtig entschieden, als er das Haus angezündet hatte, das wusste er. Er hatte alles richtig gemacht und sehr geschickt. Luys würde es nicht mögen, dass er eigenständig gehandelt hatte, wahrscheinlich würde er wütend sein, aber letztendlich würde er zugeben müssen, dass es richtig gewesen war.

Zwei Männer stürzen von einem Turm, der eine gekrönt, der andere ungekrönt.

Gérard begriff nun, dass nicht er damit gemeint war. Er war nicht der Gekrönte und der Ungekrönte schon gar nicht. Gérard würde überleben. Er würde ein Rabe sein.

Die zwei Männer, die vom Turm fielen, waren Luys und Jori.

Er zog die letzte Karte hervor. Sie war schon zerknickt und abgewetzt vom In-der-Tasche-Tragen, vom Sitzen und von dem Versuch, sie zu begreifen. Gérard hatte sich davor gefürchtet, den Tod zu ziehen, und hatte das Gericht bekommen. Jetzt wäre es ihm lieber gewesen, es wäre doch der Tod gewesen. Raben waren Boten des Todes. Man hätte die Karte entsprechend deuten können. Doch beim Gericht gab es für Interpretationen wenig Spielraum.

Der Erzengel Gabriel bläst die Posaune. An ihr weht die Fahne der Auferstehung. Um den Engel herum die geöffneten Särge. Was begraben war und in Vergessenheit ruhen sollte, ist ans Licht getreten. Was schon zu Staub zerfallen schien, ist zurückgekehrt.

Gérard kratzte sich den rechten Arm durch den Stoff seiner Jacke hindurch. Seine Haut juckte plötzlich. Unten in der Mitte der Karte, direkt unter der Trompete, die zur Auferstehung blies, war ein totenblasses Kind zu sehen. Mit den Beinen stand es im geöffneten Sarg, der Oberkörper schaute heraus, und es streckte dem Engel seine Arme entgegen. Den Rücken hatte es dem Betrachter zugekehrt. Gérard konnte sein Gesicht nicht sehen, doch er war sich fast sicher, dass es ein Mädchen war.

Einer der Raben hüpfte dicht an Gérards Fuß vorbei und blieb kurz stehen, um den Kopf zu drehen. Aus den Augenwinkeln musterten sie sich. Vielleicht erkannte der Vogel, dass Gérard einer von ihnen war. Vielleicht erahnte er aber auch als Einziger den Zusammenhang zwischen dem Mann auf der Bank und dem Wagen mit den aufgetürmten Kircheninnereien. Raben waren schlau. Gérard hatte einmal gelesen, dass sie Schlussfolgerungen ziehen konnten wie sonst kein anderes Tier auf der Welt.

Gérard würde Luys treffen müssen, schon in wenigen Stunden. Dabei wäre er lieber hier sitzen geblieben, bis der Schnee schmolz und Gras über die Sache wuchs.

Er heftete den Blick erneut auf das Kind vor dem Jüngsten Gericht und fuhr mit dem Daumen über die Haut auf dessen Rücken, die noch grau war vom Totenschlaf.

Secret fatale.

Pervers et mauvais.

Er war sich sicher gewesen, dass das Mädchen aus Zelle sechs ebenso tot war wie die anderen, auf deren Haufen er es geworfen hatte. Doch er hatte es fortgeschafft, als Luys nicht da gewesen war. Luys war auf einer Konferenz gewesen. Er hatte den Tod nicht bestätigt. Deshalb die Depesche. Luys nahm an, Gérard habe damals einen Fehler gemacht.

Sein Blick wanderte erneut zu dem Stapel auf dem Wagen, der nun nicht mehr viel größer werden würde. Die Polizisten hatten sich gegen das Rad gelehnt, der Keller war ausgeräumt. Einer der Männer hatte einen großen hölzernen Kameraapparat dabei. Vielleicht haben sie Fotos von dem Raum des Mädchens gemacht, dachte Gérard. Vielleicht war es dem Feuer nicht gelungen, alle Zeichen von den Wänden zu schwärzen. Doch Gérard durfte jetzt keine Angst haben. Er war berufen. Er war der Genius der ersten Stunde, jener Mediziner, von dem Lévis in seinen Werken gesprochen hatte, zwischen Spanien und Frankreich geboren, Sohn einer spanischen Mutter und eines französischen Vaters, wer sonst sollte es sein.

Gérard würde sich derer entledigen, die ihm im Weg standen. Wenn der Ungekrönte nicht von selbst vom Turm fiel, dann würde er ihn eben stoßen. Wenn alle anderen vor dem Winter flohen, würde Gérard als Letzter übrig sein, dafür würde er schon sorgen.

Wenn Luys recht hatte und das Mädchen aus Zelle sechs tatsächlich lebte, dann musste man etwas unternehmen. Das Böse musste mit der Wurzel ausgerottet werden. Man konnte nicht nur herumlaufen und die Spuren verwischen, die es hinterließ.

Gérard bemerkte, wie die Polizisten zu ihm herübersahen. Er senkte den Blick und nestelte an seiner Jacke.

»Du willst sie an Weihnachten operieren?«

»Was spricht dagegen?«

»Was dagegen spricht?«

»Der Operationsraum wäre frei.«

»Natürlich wäre er frei, Jo'annrischard. Niemand operiert an Heiligabend. Weihnachten ist man bei der Familie.«

Jori griff mit der linken Hand nach einem Blatt, das er beschämt vom Strauch riss und zwischen den kalten Fingern drehte. Sie standen auf der Cour Maarin, einem kleinen Platz neben der Klinikkirche St. Louis. Der Ort war strategisch ausgewählt. Zu dieser Uhrzeit überquerte ihn kaum jemand, noch dazu bei diesem Wetter. Seit der Nacht hatte es nicht mehr aufgehört zu schneien.

Babinski schob die Hände in die Manteltaschen. Er fror ebenso wie Jori. Auf seinen zurückgelegten blonden Haaren verfingen sich die weißen Flocken, ohne zu schmelzen.

»Kannst du den Eingriff nicht an einem anderen Tag machen?«

Jori schüttelte den Kopf.

»Wieso?«

»Weil ich kein Aufsehen erregen möchte. Ich brauche Ruhe für die Operation. Und an Weihnachten wird niemand da sein.«

»Was für ein Aufsehen?«

»Na, all das hier.« Jori machte eine unbestimmte Handbewegung in die Luft, sodass einige Flocken von seinem Ärmel fielen. »Ich habe das Gefühl, alle warten nur darauf, dass das Mädchen endlich stirbt. Als wollten sie hinter mir stehen und mir über die Schulter sehen, wenn es so weit ist.«

»Das ist wegen der Wette«, sagte Babinski. »Und wegen Weihnachten. Sie haben alle einen Einsatz bezahlt. Der fehlt jetzt für die Geschenke.« Er zog die runden Schultern zu den Ohren und blickte nach rechts, als würde Heiligabend gleich hinter der Wäscherei auf ihn warten.

»Und eben darum kann ich auch niemand anders fragen als dich. Sie haben alle gegen mich gewettet, Babinski. Niemand wird mir helfen!«

Jori hatte das Blatt nun so oft zwischen den Fingern gerollt, dass es ganz verschlissen war. Die Mittelrippe stach störrisch hervor, und das Grün hing in Fetzen daran. Jori warf es auf den Boden. Er ärgerte sich über das Blatt. Aber noch mehr ärgerte er sich darüber, dass Babinski gar nicht auf seine Bitte einging. Stattdessen fragte er: »Was ist eigentlich an der Geschichte mit diesen Gardinen dran?«

»Was meinst du?«

»Die Gardinen, die vorgestern am Bett des Kindes gefehlt haben. Nach dem, was man sich hier erzählt, haben die Wärterinnen Runa am Morgen auf der nackten Matratze gefunden, ohne Laken und ohne Gardinen, nur mit zwei Wolldecken zugedeckt.«

»Ja, das habe ich auch gehört. Keine Ahnung, was damit war. Eine der anderen Patientinnen muss die Laken wohl geklaut haben. Du kennst doch den Kampf. Die verscherbeln alles für Alkohol.«

»Auch die Gardinen?«

Jori hatte Babinski bislang nur als gutgläubigen, wenn nicht vertrauensseligen Menschen kennengelernt. Jetzt aber zogen sich dessen Augenbrauen skeptisch über den Lidern zusammen. Und als er nickte, tat er es so langsam, dass man es fast für ein Kopfschütteln halten konnte.

»Bitte, Babinski, du bist doch der Einzige, der an mich und diese Operation geglaubt hat, von Anfang an.«

»Das ist nicht ganz richtig. Ich habe lediglich ausgerechnet …«

»Siehst du, du bist klug. Du rechnest. Das können die anderen wahrscheinlich nicht einmal. Die denken, es springt ein Riesengewinn für sie heraus, wenn das Mädchen stirbt.«

Jori sah seinen Plan dahinbröckeln. Er hatte nicht geahnt, dass es so schwierig sein würde, Babinski zu überzeugen. Er dachte an Paul, der ihn vor einigen Monaten ebenfalls versetzt hatte. Wenn sein bester Freund ihm nicht helfen wollte, wie hatte er dann annehmen können, dass ein einfacher Studienkollege, und noch dazu einer, den Jori eigentlich nie hatte ausstehen können, es tat? Die Panik überfiel ihn unvorbereitet. Babinski war der

Letzte, den er hatte fragen wollen. Doch er war auch der Letzte, den er hatte fragen können.

»Was hast du mit deiner Hand gemacht?«

»Wie? Ach das.« Jori steckte seine rechte Hand zurück in die Manteltasche. Der Zeigefinger daran klopfte und pochte.

»Das war ein Unfall.«

»Und damit willst du operieren?«

»Ein bisschen Zeit haben wir ja noch.«

»Wenn das ein Menschenbiss ist, kann es lange dauern, bis es verheilt. Zeig mal her.«

Vielleicht hatte Jori Babinski unterschätzt. Vielleicht hatte er sich aber auch einfach nie lange genug mit ihm auseinandergesetzt, um es besser zu wissen. Mit diesem Scharfsinn jedenfalls hatte Jori nicht gerechnet. Widerwillig zog er seine Hand aus der Tasche, und Babinski beugte sich darüber, als könne er durch den Verband hindurchblicken.

»Hast du den Finger desinfiziert?«

»Natürlich habe ich ihn desinfiziert.«

»Bei mir hat es auch lange gedauert, bis es verheilt war. Erinnerst du dich? An dem Tag, an dem wir das tote Kaninchen gefunden haben, hat sie mich gebissen.«

Schweigen.

Babinski streckte den Finger in die Luft, an dem Jori noch die Narbe ausmachen konnte. Die Gemeinsamkeit sponn ein dünnes Band zwischen ihnen, kaum mehr als ein Spinnenfaden. Vom Himmel schneite es, als wolle es nie aufhören.

»Kannst du damit überhaupt ein Skalpell halten?«

»Ich hoffe, dass der Verband bis dahin ab ist. Ich habe noch einen Vorversuch zu machen, in einigen Tagen. Und wenn es nicht geht, dann wäre es sehr hilfreich, jemanden an meiner Seite zu haben, der ein Skalpell führen kann. Die Hälfte der Studenten fällt damit also schon mal weg.«

Jori zog seinen Finger wieder fort. Babinski ein Kompliment zu machen und gleichzeitig seine Hand zu halten wäre dann doch zu viel des Guten. Der Pole blickte auf die Tasche, in der Joris Hand verschwand, und überlegte.

»Du willst damit also sagen, dass du mich brauchst.«

»Was?«

»Sag: Joseph, ich würde sehr gern mit dir zusammenarbeiten. Ich brauche dich.«

Die Aufforderung kam so überraschend, dass es Jori die Sprache verschlug. Doch Babinski stand ungerührt da, mit Schnee in den Haaren, und wartete. Jori war in Versuchung, sich einfach umzudrehen und zu gehen.

»Babinski, ich habe doch schon gesagt, dass ich mit dir zusammenarbeiten will.«

»Sag: Ich brauche dich, Joseph.« Ein fast schalkhaftes Lächeln machte sich auf seinem runden Gesicht breit.

»Das kann doch nicht dein Ernst sein!«

»Du forderst von mir, dass ich ein Weihnachtsfest mit meiner Familie aufgebe, um dir zu helfen. Aber ich glaube nicht, dass ich Heiligabend mit einem Menschen verbringen möchte, der mich nur gerade eben so erträgt.« Das Lächeln war immer noch da, doch in Babinskis Worten lag eine Bitterkeit, die sehr alt sein musste. Jori hatte ihn tatsächlich unterschätzt. Der Pole wusste um seinen Ruf in der Salpêtrière und dass Jori ihn ebenso wenig mochte wie alle anderen hier. Wahrscheinlich war er die Abneigung seiner Mitschüler schon seit der Schulzeit gewöhnt. Rundlich, blass und gut im Unterricht – einer wie Babinski war geradezu prädestiniert dafür, die Pausen ein Leben lang allein zu verbringen. Jori wollte schon den Mund öffnen und wiederholen, Babinski solle sich nicht lächerlich machen, dann aber klappte er ihn wieder zu und kaute auf der Unterlippe.

»Also gut, wenn du es unbedingt hören willst: Babinski, lass uns bitte zusammenarbeiten, das würde mich nämlich sehr freuen.«

»Und?«

»Und – vielleicht brauche ich dich für die Operation.«

»Vielleicht?«

»Ja. Das heißt nein, ganz sicher brauche ich dich.«

»Weil du sonst keinen Dummen findest, der an Weihnachten hier mit dir arbeiten würde?«

»Nein, weil du der Einzige bist, dem ich hier noch vertrauen kann.« Der Satz hing so plötzlich zwischen ihnen, als sei er mit dem Schnee vom Himmel gefallen. In der erschrockenen Stille, die folgte, blickte Jori zu den Fenstern der Wäscherei, als könne sich dort ein heimlicher Zuhörer hinter den Gardinen verstecken.

Es war wirklich so, wie er es sagte. Die Salpêtrière war ein bedrohlicher Ort für ihn geworden, seit das Mädchen da war, ein Ort voller Missgunst und Hinterhältigkeiten, voller Dinge, die er nicht verstand. Er traute Charcot nicht mehr und Luys noch weniger und auch den anderen Studenten nicht. Er wollte Runa helfen, seinen Doktor machen und dann gehen – zu Pauline. Das hätte er schon längst tun sollen.

»Du hast mich zwar nicht Joseph genannt, aber ich denke, es ist in Ordnung.« Babinski machte ein Gesicht, als habe er Jori gerade einen Streit verziehen, den sie offiziell nie geführt hatten.

»Du nennst mich auch nicht Jori, aber irgendwie ist es auch in Ordnung«, antwortete Jori ebenso ironisch, und Babinski zeigte dieses Grinsen, das Jori früher für naiv gehalten hatte.

»Ich werde mit meinen Eltern sprechen.«

»Danke.«

»Wir haben noch ganz schön viel Arbeit vor uns. Ich weiß gar nicht, ob ich mich so schnell in das Thema einarbeiten kann.«

»Wir haben noch einen Monat, und es ist alles vorbereitet. Wir können anfangen, sobald der nächste Vorversuch gemacht ist, wenn du willst.«

»Brauchst du dabei auch Hilfe?«

»Luys wird dabei sein. Aber ich werde ihm sagen, dass du zusehen willst. Oder vielleicht tust du das lieber selbst. Nicht, dass er misstrauisch wird.«

Sie schwiegen und blickten sich an, und Jori war froh, dass Babinski nicht weiter nachhakte, warum er nicht auch die eigentliche Operation zusammen mit dem Neurologen durchführen wollte.

Sie gingen zum Hauptgebäude zurück, der Schnee knirschte unter ihren Füßen. Als sie das Auditorium passierten, fragte Babinski nach dem Abend, an dem Jori die Vorlesung so fluchtartig verlassen hatte, und diesmal entschied sich Jori dazu, Babinski die Wahrheit zu sagen.

»Ich habe nach Runa sehen wollen. Ich hatte ein schlechtes Gefühl.«

»Warum?«

»Wegen Luys.«

»Wegen Doktor Luys?«

Den Namen einmal laut ausgesprochen, blickten sie sich zu allen Seiten um, als könne der Neurologe in einem der Bäume der Cour St. Claire hocken und sie hören. Babinski senkte die Stimme.

»Und das musste während Charcots Vorlesung sein?«

»Ja, es war dumm, ich weiß. War Charcot wütend? Hat er was gesagt?«

»Erst beim Zweiten.«

»Beim zweiten was?« Jori blieb stehen. Eine Ahnung kroch in ihm hoch.

»Bei dem zweiten Mann, der hinter dir den Raum verlassen hat. Ich dachte, Charcot würde vor Wut platzen.«

»Da hat ein zweiter Mann den Raum verlassen?«, vergewisserte sich Jori.

»Direkt nach dir. Hast du ihn nicht gesehen?«

Jori konnte nicht einmal mehr den Kopf schütteln.

»Wie sah er aus?«

»Ich weiß nicht, er war weit weg. Nicht sehr groß, älter, er hat gehumpelt, glaube ich …«

»Älter?«

»Er muss neben dir gesessen haben. Als ihr weg wart, waren beide Stühle hinten frei. Ich hatte gedacht, du würdest ihn vielleicht kennen.«

Jori schluckte mit trockenem Mund. Er versuchte sich ins Gedächtnis zu rufen, neben wem er an jenem Abend gesessen hatte. Doch das Einzige, woran er sich bei dem Gesicht erinnern konnte, war dessen ungesunde Farbe.

»Und er hat nach mir die Vorlesung verlassen?«

»Er war direkt hinter dir. Es wundert mich, dass du ihn nicht gesehen hast.«

»Könnte er mich verfolgt haben?«

Babinski blickte Jori irritiert an. Doch Jori hatte die Frage schon für sich selbst beantwortet. Wieder fuhr er sich mit der verletzten Hand über die Stirn. Es musste also nicht Gérard gewesen sein, dessen Schatten er im Garten gesehen hatte. Ein anderer mochte die Unterlagen an sich gebracht haben. Aber wer konnte ein Interesse daran haben? Trotz des Schnees auf seiner Stirn begann Jori zu schwitzen.

»Jo'annrischard, ist dir nicht gut?«

Jori hörte die Stimme von Babinski wie durch Wasser. Er nahm die rechte Hand mit der Linken, als könne er sich daran festhalten oder zumindest den Schmerz stillen, der wie eine Warnung in dem gebissenen Finger klopfte. Der Keller und die Versuchsberichte waren bislang nur eine Sache zwischen ihm, Luys und Gérard gewesen. Jetzt aber, mit dem Wissen darum, dass noch ein anderer davon erfahren haben mochte, wurde Jori zum ersten Mal bewusst, dass auch er selbst ein Interesse daran haben musste, dass die Unterlagen nicht in fremde Hände gerieten. Die Versuche im Keller waren ohne Charcots Wissen durchgeführt worden. Und Jori war, zumindest zu Beginn, maßgeblich mit daran beteiligt gewesen. Seine handschriftlichen Übersetzungen lagen noch immer in diesem Keller. Und jetzt hatte man die Unterlagen gefunden, die er in einem Busch verborgen hatte.

Wenn Charcot davon erfuhr – oder die Polizei!

Runa und diese verdammte Wette hatten zu viel Aufmerksamkeit auf sich gezogen. Die Sache würde nicht einfach im Boden versickern.

Aus den Augenwinkeln sah Jori, wie Babinski an ihn herantrat und ihn aufmerksam musterte, die Hand bereit, um ihn zu stützen. Es war, als stünde sein Blick stellvertretend für alle Augen, die in diesen Tagen auf Jori und das Mädchen gerichtet waren.

Mme Villon ließ die Zeitung sinken und griff sich mit der Hand ans Herz. Ihr Blick wanderte durch die geöffnete Speisezimmertür hinüber zum Wohnungseingang, vor dem Joris Lederschuhe standen. Die Sohlen musste der Schnee sauber gewaschen haben, doch an den Spitzen klebte noch immer jener schlammfarbene Dreck von Montagnacht. Katakombendreck.

Plötzlich wunderte Mme Villon sich nicht mehr darüber, dass ihr junger Gast sich so für das Haus im Wald interessiert hatte. Der Zeitungsartikel erklärte alles. Die Presse sah einen Zusammenhang zwischen dem einen und dem anderen Feuer. Man könne nicht ausschließen, dass auf dem Scheiterhaufen im Keller Tiere oder Menschen verbrannt worden seien, wurde die Polizei zitiert, und wenn die Polizei das sagte, musste es schließlich stimmen. Mme Villon bekreuzigte sich und warf einen Blick auf das Madonnenbildchen über der Tür des Speisezimmers, das dort genau für solche Zwecke hing. Sie lauschte und hörte den Studenten in seinem Zimmer rumoren, irgendetwas schob er weg, vielleicht verbarrikadierte er die Tür mit dem Schrank. Auffällig oft ging er hin und her, Mme Villon hörte alles durch die Wand, dann machte er plötzlich die Tür auf. Sie zuckte zusammen und sprang auf. Hektisch atmend stürzte sie zur Zimmertür, um in die angrenzende Küche oder das Schlafzimmer zu flüchten, die einzigen Räume, die ihr junger Gast nie betrat. Zu spät fiel ihr ein, dass sie die Zeitung auf ihrem Platz liegen gelassen hatte. Sie wollte zurückkehren und sie an sich nehmen, doch da war es schon zu spät. Jori trat aus seinem Zimmer. Mme Villon konnte gerade noch um die Ecke springen, da schlurfte er auch schon über den Flur und durch die Speisezimmertür zu seinem Platz am Tisch. Er sah müde aus. Es war gestern wieder spät geworden. Jetzt hatte Mme Villon eine Ahnung davon, wo er die Nächte verbrachte. Sie hatte schon vor langer Zeit die Zeichnungen zwischen seinen Büchern auf dem Schreibtisch gesehen, die er medizinisch nannte und auf denen sich Frauen verrenkten. Ein ganz ähnliches Bild hatte nun die Presse abgedruckt. Es zeigte einen Kreis von Männern, die eine auf dem Boden liegende Frau umstanden. Sie stachen sie mit ihren Degen und Dolchen, während die Frau die Arme über den Kopf streckte und den Rücken wie eine Brücke bog, als wolle sie ihn durchbrechen. Von wegen Medizin! Es stand ja schwarz auf weiß in der Zeitung: Das waren die Konvulsionäre.

Jetzt waren sie also zurück – angeführt von einem Schweizer Studenten, der ausgerechnet bei ihr Unterschlupf gesucht hatte.

Einige Atemzüge lang stand Mme Villon mit klopfendem Herzen in der Ecke zwischen Küche und Speiseraum, einen Besen vor die Brust gedrückt. Dann siegte die alte Neugierde über den Überlebenstrieb. So leise es ihre alten Beine erlaubten, schlich sie zur Tür des Speisezimmers zurück und lugte mit angehaltenem Atem um die Ecke. Sie sah ihren Schützling über die Zeitung gebeugt am Tisch stehen. Und als er sich umdrehte, bestätigte die Angst in seinem Gesicht all ihre Befürchtungen.

Jori schnellte nach vorn, als Marguerite Desens sich zum dritten Mal erbrach. Er hielt ihr die Schüssel und half ihr, sich wieder zurückzulegen, als sie fertig war. Dann setzte er sich auf seinen Stuhl zurück, um weiter neben ihrem Bett zu wachen.

Er hatte der Wärterin gleich gesagt, dass es zu früh für feste Kost war. Die Operation war keine fünf Tage her, und Marguerite konnte noch immer nichts außer Wasser und Tee bei sich behalten.

»Oorage … O-ora …«, machte Marguerite plötzlich, und Jori richtete sich alarmiert auf. Er ergriff ihre Hände, als sie sich wieder an den Verband fassen wollte.

»O … Orage!«, wiederholte sie dringlich, aber so unverständlich, dass er nicht begriff, was sie meinte. Orage, das war französisch für Gewitter. Aber es gab kein Gewitter, nicht einmal ein Wölkchen am winterblauen Himmel. Er konnte es durch das Fenster sehen.

»Was möchtest du, Marguerite? Willst du Wasser?«

»Orage!«

Er spürte, wie ihre Hände in seinen zuckten, und fühlte sich hilflos.

»Es gibt kein Gewitter, Marguerite. Ich verstehe nicht, was du möchtest …«

Die Tür ging auf, und er drehte den Kopf. Luys betrat das Krankenzimmer.

»Hier finde ich dich also«, sagte er, und Jori nickte wortlos. Er hielt weiterhin Marguerites Hände.

»Oraaaaage!«

»Will sie immer noch ihren Kopfverband lösen?«, fragte Luys streng.

»Ich glaube, sie will uns etwas sagen. Aber sie hat immer noch Sprachstörungen.«

»Aphasie.« Luys' Diagnose war ebenso trocken wie seine Stimme.

Marguerites Rufen wurde dringlicher, sie versuchte ihre Hände aus Joris Griff zu entwenden. Jori ließ sie vorsichtig los, doch als sie sich an den Kopf griff, musste er sie davon abhalten.

»Wir sollten ihre Hände fixieren«, stellte Luys fest.

»Das geht nicht. Sie muss sich drehen können, um sich zu übergeben«, sagte Jori.

»Hm.« Damit schien das Thema für den Neurologen beendet. »Hast du den Operationsbericht geschrieben?«

Jori nickte und machte eine Kopfbewegung in Richtung des kleinen Tischs.

Marguerite jammerte vor sich hin. Sie tat Jori leid. Aus den Augenwinkeln sah er, wie Luys den Bericht aufnahm und ihn eingehend studierte. Er nickte bedächtig und mit gerunzelten Brauen.

»Ziemlich knapp im Stil«, sagte er. »Zum Beispiel hier: *Nach der Blutstillung drehten wir Schrauben in die Löcher und hoben die Knochenscheibe heraus.* Daraus würde ich machen: *»Nachdem die Blutstillung mit peinlicher Sorgfalt vollendet war …«*

»Sie wollen doch nicht wirklich hier den Operationsbericht vorlesen, Doktor Luys!« Jori wandte sich fassungslos um. Der Neurologe hatte seinen Zeigefinger in schulmeisterlicher Art ausgestreckt, um die Wichtigkeit des Ausdrucks »peinliche Sorgfalt« zu betonen.

»Und hier«, sagte er, ohne sich beim Lesen unterbrechen zu lassen. »Du hast geschrieben: *Wir spalteten die Hirnhaut in drei Lappen. Das Hirn drängte durch die Lücken und pulsierte kräftig. Eine starke Vene und mehrere Arterien verliefen am Rand der Öffnung quer über das Hirn. Nach Unterbindung dieser Gefäße wurde die Hirnrinde umschnitten …*«

»Doktor Luys, bitte. Ich kenne meinen Bericht!« Jori warf einen besorgten Blick auf Marguerite, konnte aber nicht sagen, ob sie etwas von dem verstand, was der Neurologe vorlas. Ihr Gesicht zeigte nur das übliche Maß an Verwirrung und Apathie, die sie befallen hatte, seit sie aus der Narkose aufgewacht war. Und sie schien immer noch verzweifelt etwas mitteilen zu wollen.

»Mir fehlen hier einfach die Details«, beharrte Luys. »Zum

Beispiel erwähnst du, dass wir die Hirnhaut verletzt haben, aber nirgends steht, dass das wegen der enormen Weichheit des Gehirns geschehen ist. Jeder, der das liest, muss denken, wir wären fahrlässig vorgegangen!«

Weil der Biss an Joris rechter Hand noch immer nicht ganz verheilt war, hatte Luys bei der Operation den kniffligen Teil übernommen, bei dem die unterste Schicht der Hirnhaut mit der Pinzette von der Hirnrinde gelöst werden musste. Es war einer der schwierigsten Momente des gesamten Eingriffs gewesen, und man konnte Luys wirklich nicht fahrlässig nennen. Aber verletzt hatte er die Hirnhaut trotzdem.

»In Ordnung, dann schreibe ich das«, sagte Jori wenig überzeugt.

»Du kannst dich doch daran erinnern, dass das Hirn extrem weich war?«

»Ja, Doktor Luys, natürlich. Aber ich könnte mir vorstellen, dass Marguerite vielleicht nicht daran erinnert werden möchte!«

Marguerite brachte noch einmal ein gequältes »Orrr-age« hervor und drehte den Kopf nach links. Und plötzlich glaubte Jori zu begreifen.

»Ich glaube, sie meint ihr Ohr! Oreille, nicht Orage!« Er beugte sich nach vorn, um zu prüfen, ob der Kopfverband ihr vielleicht das Ohr abklemmte. »Meinst du dein Ohr, Marguerite? Ohr?« Er löste den Verband behutsam und bemerkte, dass ihre Schläfe rechts geschwollen war.

»Wir sollten auch noch ein schönes Fazit für das Ende finden«, sagte Luys, noch immer in den Bericht vertieft. »So etwas wie: Im Rahmen unserer Zielsetzung ist die Operation erfolgreich verlaufen.«

»Doktor Luys, sehen Sie sich das mal an, bitte.«

Der Neurologe legte den Bericht endlich beiseite und trat ans Bett. Eine rosafarbene Flüssigkeit sickerte aus der vernähten Narbe an Marguerites Schläfe.

»Wundsekret«, sagte Jori, und Luys drückte mit dem Zeigefinger leicht auf die geschwollene Stelle. Marguerite zuckte zurück.

»Das müssen wir beobachten. Eventuell aufmachen.«

»Der Bereich ums Ohr ist auch geschwollen.«

»Ich sehe es«, sagte Luys. Daraufhin schwiegen sie beide.

Jori dachte daran, wie er Marguerite Desens im September aus dem Stall geholt hatte, dreckig und verwahrlost von ihrer Gefangenschaft im Verschlag. Sie hatte ihre Unreinlichkeit in der Salpêtrière nie abgelegt; die Wärterinnen hatten sich darüber beschwert, vor allem aber hatten sie sich über ihr ständiges Geplapper beschwert, das auch Erwähnung in Marguerites Krankenbericht gefunden hatte. Jori kannte den Wortlaut mittlerweile auswendig:

Wenn sie spricht, drehen sich ihre Worte im Kreis wie ein Mühlrad. Es ist eine Seltenheit, dass man nichts von ihr hört. Und es gibt nichts Schönes zu hören. Entweder sind es Bruchstücke aus Verfolgungswahnideen, alten Reminiszenzen und den ärgsten Unflätigkeiten in buntem Gemisch oder ein zusammenhangloses Gefasel teils selbst gemachter Worte.

Hier und da einmal, wie ein Blitz, kommt unter all diesem Wirren eine treffende Bemerkung, die beweist, dass noch nicht alles an Intelligenz verloren ist. Doch insgesamt ist eine Abschwächung des Verstandes infolge der ewigen Unruhe unverkennbar, und wir sehen voraus, dass die Hysterie zu einer absoluten Unbrauchbarkeit für irgendeine sinnvolle Beschäftigung führen wird.

Jori hatte sich vor der Operation eingeredet, Marguerite vielleicht helfen zu können. Er hatte gedacht, er könne das Schicksal abwenden, das der Krankenbericht ihr prophezeite. Doch wenn er sie jetzt ansah, musste er sich fragen, ob dies tatsächlich die Art Hilfe gewesen war, die sie gebraucht hatte.

»Die Wärterinnen meinen, Marguerite sei seit der Operation deutlich ruhiger geworden«, sagte Luys plötzlich. Die Gedanken hatten ihn offenbar in eine ähnliche Richtung geführt wie

Jori. Nur mit einem anderen Ergebnis. »Sie sagt auch deutlich weniger Unanständigkeiten.«

»Weil sie die Worte verwechselt, Doktor Luys!« Jori konnte seine Aufgebrachtheit nicht länger verbergen. »Sie kann kaum noch einen Körperteil oder einen Gegenstand richtig benennen. Und wenn, dann spricht sie so undeutlich, dass sie nicht zu verstehen ist!«

»Ja, Johann, was erwartest du denn? Ihre Diagnose vor der Operation lautete primäre Hysterie mit passivem Verfolgungswahn. Hast du vielleicht gedacht, wir operieren sie, und dann verlässt sie als rechtschaffene Dame das Spital?« Statt wie Jori die Stimme zu heben, schüttelte Luys nur ruhig den Kopf. »Unser Ziel war es, die Erregung der Patientin zu beschwichtigen und sie, wenn möglich, tragbar für sich und ihre Umwelt zu machen. Haben wir das vielleicht nicht erreicht?« Er deutete auf die fahle junge Frau im Bett, die jetzt, wo der Verband ihr nicht mehr auf die geschwollene Stelle drückte, deutlich ruhiger war. Ihr Blick wirkte unscharf. Er war auf die weiße Steinwand gerichtet. Jori fiel ein Speicheltropfen auf, der aus ihrem rechten Mundwinkel rann.

»Ich würde dir vorschlagen, nach Hause zu gehen und dich ins Bett zu legen. Du wirkst übermüdet. Und wenn es dir besser geht, überarbeitest du diesen Bericht noch einmal. Charcot braucht ihn für die Vorbereitung der Vorlesung.«

»Welche Vorlesung?« Joris Stimme war nicht weniger fahl als die Patientin, deren Hände er noch immer hielt.

»Charcot will Marguerite am 30. Dezember in seiner Dienstagsvorlesung vorstellen. Wenn sie bis dahin auf den Beinen ist.« Luys blickte Jori an, als erwarte er einen Jubelruf oder zumindest ein freudiges Aufblitzen in dessen Augen. Doch Jori empfand nichts dergleichen. Sie hatten eine neue Zirkusnummer für Charcot erschaffen: die zum Schweigen gebrachte Frau. Jori traf die Feststellung mit der gleichen Trockenheit wie Luys vorhin seine Diagnose.

Nicht einmal das Datum überraschte ihn, der 30. Dezember, das war kurz vor Runas Operation. Mit Marguerites Präsentation in seiner Vorlesung würde Charcot dafür sorgen, dass die Stimmung umschlagen und die Anwesenden um ihre Wetteinsätze bangen würden. Mehr Aufmerksamkeit für die Salpêtrière, noch mehr!

Jori wäre gerne wütend auf Charcot gewesen oder auf Luys oder auf die Studenten mit ihrem Wettbüro. Aber letztendlich war er selbst es, der Marguerite Desens' Schicksal besiegelt hatte. Er hatte sie aus dem Stall geholt, und er war in der Vorlesung aufgestanden und hatte behauptet, tun zu können, was vielleicht einfach noch nicht möglich war – oder vielleicht auch nie möglich sein würde. Vielleicht konnte man keine Geisteskrankheiten aus dem Gehirn schneiden. Vielleicht konnte man nur Wesen erschaffen wie Goltz' Hunde. Von einer Heilung jedenfalls konnte derzeit nicht die Rede sein.

Er spürte Luys' nachdenklichen Blick auf sich ruhen; ein Blick wie ein Seufzer.

»Geh nach Hause, Johann«, wiederholte er mit dem Mitgefühl in der Stimme, das ihm für die Verrückte neben ihnen zu fehlen schien. »Hier geht es dir ja doch nicht gut.«

»Später«, sagte Jori leise, »ich bleibe nur noch ein kleines bisschen.« Und diesmal seufzten nicht nur Luys' Augen.

Jori saß noch lange da, nachdem Luys gegangen war. Behutsam legte er Marguerite einen neuen Verband an, wickelte sich auf dem Stuhl in eine Decke und wachte darüber, ob sie sich noch einmal übergeben musste. Erst als sie eingeschlafen war, traute er sich, die müden, kalten Glieder zu strecken und das Zimmer zu verlassen.

Nach über einem Monat Dauerfrost hatte der Winter auch von den letzten Räumen in der Salpêtrière Besitz ergriffen. Er hatte sich in den Mauern festgebissen und kühlte die Räume von allen Seiten, ganz gleich, wie sehr man von innen dagegen anheizte.

Jori hauchte seinen Atem in die Luft und hinterließ eine kleine Wolke, als er das Gebäude verließ. Die Uhr zeigte halb zwölf.

Das Klinikgelände draußen war leer und verlassen bis auf ein paar Raben, die über den Hof hüpften und nach Essbarem suchten.

SECHSTER TEIL
Veröffentlichung

»Sie wurde damals durch Amtsvormund Schneider an uns gewiesen zur Beurteilung der Schwangerschaftsfähigkeit. In unserem Bericht führten wir aus, dass die (Patientin) schon mit ihrem ungeschickten Gang und blöden Gesichtsausdruck den Eindruck einer Schwachsinnigen erweckte. (…) Wir kamen bei der körperlich völlig gesunden Person zum Schluss, dass keine medizinischen Gründe zur Unterbrechung der Schwangerschaft bestünden, empfahlen aber die Sterilisation und stellten fest, dass die (Patientin) sicher nicht ehefähig sei.«

MANFRED BLEULER (1903–1994)

Schweizer Psychiater und Sohn von Paul Eugen Bleuler

Die Heilige Nacht legte sich in diesem Jahr zusammen mit einem Schneesturm über die Stadt – und das, nachdem die Straßen ohnehin schon kaum mehr passierbar waren. Kutschen blieben stecken. Man kam nicht aus dem Schaufeln heraus. Die Menschen schlitterten mit glatten Sonntagsschuhen über die Straßen, torkelten und fielen. Und nur die Kinder lachten dabei.

Der Wind zerrte an Joris Mantel und an seinen Haaren, die ihm zu lang in die Stirn hingen. Zwischen den Strähnen hingen Eiskristalle. Er strich sich den Pony zurück und schob dann schnell die Hand wieder in die Manteltasche. Der Wind trieb ihm Schneeflocken ins Gesicht und in die Augen. Jori blinzelte und blickte stur geradeaus, obwohl die Sicht so schlecht war, dass er nicht einmal den Durchgang im Bâtiment Lassay erkennen konnte. Rechts von ihm drangen die Klänge des Messelieds warm aus der Klinik-Kirche, doch seine Ohren taten weh von der Kälte um ihn herum.

Er vergrub das Kinn im Schal, aber auch der war voller Schnee. Kalt fielen die Flocken in seinen Kragen. Wenn Babinski sich noch länger Zeit ließ, würde Jori bald eingeschneit sein – wenn der Pole denn überhaupt kam.

Babinski hatte noch die ganzen letzten Tage Bedenken geäußert, vor allem moralische. Gestern Nachmittag war er zu Jori gekommen, grau wie der Himmel draußen, und hatte den Plan für die Operation komplett umstrukturieren wollen, da er Lücken und Fehler zu sehen glaubte, die nicht da waren. Bis um zwei Uhr nachts hatten sie über den Unterlagen gehockt und dann doch alles so gelassen, wie es war. Und Jori konnte es

Babinski nicht einmal übel nehmen. Er war ja selbst von Tag zu Tag weniger überzeugt davon, das Richtige zu tun.

Er stieg von einem Fuß auf den anderen, und frischer Schnee knirschte unter seinen Sohlen. Es fühlte sich an, als ob seine Zehen abfrören.

Babinski, dachte er und biss die Zähne zusammen. Doch Babinski kam nicht. Das Geräusch des Sturms, der um die Mauerecke fegte, verzerrte den Weihnachtsgesang aus der Kirche. Doch die Lieder kamen Jori ohnehin deplatziert vor. Heiligabend hätte ihm nicht ferner sein können als jetzt vor der großen Operation.

Babinski, dachte Jori noch einmal und merkte, dass es ihn persönlich treffen würde, wenn der Pole sein Versprechen bräche. Babinski mochte ein ewiger Klugscheißer sein, doch man konnte sich auf ihn verlassen und besser mit ihm arbeiten, als Jori erwartet hatte. Besser als mit Luys und vielleicht sogar besser als mit Paul, das hatten die letzten Tage der Vorbereitung gezeigt. Er versuchte an Pauline zu denken, um sich wieder von der Notwendigkeit der ganzen Aktion zu überzeugen, doch auch sie schien ihm fern in diesem Moment und an dem Ort, an dem er sich befand. Was ihm nah und präsent war, waren das Mädchen und die Kälte.

Jori trat weiterhin auf der Stelle. Es war bereits zwanzig vor sieben. Das erste Lied in der Kirche war beendet, und er hörte das Kratzen von Stühlen auf dem Boden. Es dauerte lange, bis sich alle alten und kranken Frauen wieder gesetzt hatten.

Wenn Babinski nicht kam, würde Jori nicht operieren.

Die Entscheidung war so plötzlich und unumstößlich da, als habe der Sturm sie ihm ins Gesicht gepeitscht. Und zu Joris Überraschung erleichterte ihn der Gedanke. Er führte die Hände zum Mund, formte damit eine Rundung, als wolle er Wasser schöpfen, und blies seinen Atem hinein, der das einzig Warme in seinem Körper geblieben war.

Man konnte das Kind immer noch verschwinden lassen, dachte

er. Runa hatte sich in den letzten Wochen gemacht, sie aß jetzt regelmäßiger, und ihr Blick wirkte an manchen Tagen klarer. Vorgestern hatte Jori sich sogar eingebildet, dass sie ihn ansah und nicht mehr nur durch ihn hindurchblickte, sie hatte die kleine Hand ausgestreckt, als wolle sie seinen Mantel berühren. Vielleicht war sie ja bald stabil genug, um in ein Heim zu kommen.

Er würde Luys gegenübertreten und ihm sagen, dass sie Runa nicht operieren würden. Dass der Neurologe sich ja mit Marguerite Desens brüsten könne, falls England ihm nicht doch noch zuvorgekommen sei. Und die restlichen Unterlagen aus dem Keller würde Jori verbrennen. Mit der Idee konnte er sich anfreunden.

Jori hatte den Artikel über die Konvulsionäre gelesen, diesen und alle anderen, die die Zeitungen füllten wie eine Fortsetzungsgeschichte aus dem Feuilleton. Die Presse strickte ihre Theorien um den Keller, um den Mörder des alten Waldschrats und um den Leierkasten. Doch auf Runa oder die Salpêtrière war noch niemand gekommen. Und wenn Jori sich nicht dumm anstellte, wenn er nur alles richtig machte und Zeit gewann, statt Dinge zu übereilen, die er später bereuen würde, konnte es auch so bleiben.

Hier im Schnee entschied Jori also, dass er gar nichts entscheiden, sondern alles dem Zufall überlassen würde, beziehungsweise Babinski. Sollte der also tatsächlich nicht kommen, würde die Operation nicht stattfinden.

Aber Babinski kam.

Seine rundliche Gestalt brach durch den Vorhang aus Schnee, keine fünf Meter von Jori entfernt. Joris Herz setzte aus, und er musste sich einreden, dass es aus Freude war. Babinski hielt die eine Hand am Hut und die andere am Kragen seines altmodischen langen Mantels. Als er vor Jori stand, blickte er blinzelnd auf. Auch ihm hingen Schneeflocken in den Brauen und in den Wimpern.

»Frohe Weihnachten«, sagte er, als hätten sie sich nur für ein Abendessen verabredet, und zog ein kleines Päckchen unter dem Mantel hervor, das die Größe eines Buchs hatte und in Papier gewickelt war. Sein Lächeln ging im Schneegestöber unter. Jori brachte erst gar keins zustande. Stumm nahm er das Geschenk entgegen und nickte. Er schämte sich, nichts im Gegenzug zu haben, was er Babinski hätte geben können. Für niemanden hatte er in diesem Jahr ein Geschenk gekauft und niemandem fröhliche Weihnachten gewünscht, nicht einmal Mme Villon, die ihm neuerdings aus dem Weg zu gehen schien. Jori biss sich auf die trockene Unterlippe, die in der Kälte aufgeplatzt war. Er hatte es auch verpasst, ein Päckchen an Pauline zu schicken. Über Weihnachten hatten die Bleulers ihre Tochter bestimmt nach Hause geholt. Jori stellte sich vor, wie Pauline zum Briefkasten lief, vielleicht schon seit Tagen. Wahrscheinlich würde sie morgen noch einmal zur Post gehen und übermorgen. Aber irgendwann würde sie aufhören, auf Joris Geschenk zu warten. Sie konnte ja nicht wissen, dass er das Paket nur vergessen hatte, weil er dabei war, sie zu retten.

»Danke«, sagte Jori gerührt. Er steckte Babinskis Päckchen unter seinen Mantel, ohne es zu öffnen, und es fühlte sich falsch an neben dem unförmigen Narkoseapparat, der dort ebenfalls steckte und den Mantel ausbeulte.

Gemeinsam ließen sie das Kirchengebäude hinter sich und gingen auf die Sektion Rambuteau zu, deren Bewohner man selbst an Heiligabend nicht mit in die Kirche Saint Louis nahm. Sie waren gefährlich, und es wäre den Aufwand nicht wert gewesen, umso weniger, da ihr Seelenheil ohnehin schon verloren war.

Der Schneesturm verschluckte die Laute der beiden Männer. In ihrem einträchtigen Schweigen und den schweren Schritten lag etwas Tragisches, das in Jori das Bild auslöste, er würde sein eigenes Schafott betreten, als er die Holzstufen zum überdachten Vorbau des Gebäudes Rambuteau emporstieg.

Runa und auch die anderen Frauen lagen wach in ihren Betten. Es sah aus, als hätten alle die beiden Männer erwartet.

Babinski und Jori blieben einen Moment zögernd in der Tür stehen, so dick in Mäntel gewickelt, dass sie kaum durch den Rahmen passten. Sie nickten sich zu, dann traten sie ans Bett, und Babinski hielt Runa fest, während Jori ihr die Flasche mit dem Äther vor Mund und Nase drückte. Das Mädchen wehrte sich nicht. Es blickte Jori ruhig an. In der Dunkelheit des Schlafsaals war nicht einmal der Unterschied von Runas Pupillen auszumachen. Schwarz und groß schwammen sie in der Iris. Man hätte sie für ein normales Kind halten können.

»Hast du sie heute gewogen?«, fragte Babinski, der keine Mühe hatte, Runas Beine herunterzudrücken. Doch Jori hörte ihn nicht. Er sah in Runas Augen und wusste, dass sie es wusste.

»Jo'annrischard?«

»26 Kilogramm.«

Er atmete durch, als die Narkose wirkte und das Mädchen die Augen schloss. Doch der Gedanke, dass er dabei war, die Qualen fortzuführen, mit denen Runa aufgewachsen war, erschien ihm falsch. Zusammen mit Babinski wickelte er das schlaff gewordene Kind in eine Decke.

Der Schneesturm draußen auf dem Hof war noch dichter als zuvor. Er klatschte ihnen in die Gesichter wie nasskalte Ohrfeigen, als sie das Bündel zum Operationssaal trugen. Der Zeitpunkt war günstig. Niemand außer den Frauen im Schlafsaal hatte sie gesehen. Jori und Babinski hatten es genau so abgepasst, dass alle in der Kirche versammelt waren.

Sie konnten nicht ahnen, dass ihnen ebendieser Umstand in einer anderen Kirche bald zum Verhängnis werden würde.

Rigoros wurde Joris Gastmutter mit der Menschenmasse durch die Flügeltür gedrückt, kaum dass diese sich öffnete. Mme Villon hielt ihren Hut fest und schnappte nach Luft. Sie wurde mehr geschoben, als dass sie ging. Am Eingang sah sie die Gesichter von zwei ratlosen Messdienern an sich vorbeiziehen, die beauftragt worden waren, die Besucher zu zählen. Jetzt schwebten ihre Zeigefinger reglos und überfordert über den Menschen.

Es war zunächst im Gespräch gewesen, die Geburt Christi in der Saint-Médard ausfallen zu lassen, nachdem die Polizei die Kirche durchsucht und verschiedene Würdenträger verhört und abgeführt hatte. Doch am Ende konnte sich die Gemeinde Médard die ungewohnte Aufmerksamkeit durch die Zeitungen gar nicht entgehen lassen. Es war eine einmalige Chance in der alljährlichen Buhlerei um die Messebesucher. Die kleine Kirche würde nach einem guten Jahrhundert zum ersten Mal wieder im Rampenlicht stehen. Nur dass die Anzahl der Zuschauer den Kegel des Rampenlichts übertreffen könnte, damit hatte niemand gerechnet.

Hinter sich hörte Mme Villon ein paar Frauen aufkreischen. Sie versuchte sich umzudrehen, um zu sehen, was geschehen war, doch in der schiebenden Masse war es ihr nicht möglich. Vielleicht ging es nicht schnell genug am Eingang, oder die Damen waren beim Versuch, durch die Tür zu kommen, gegen die Wand gedrückt worden. Mme Villon erkannte einzelne Gesichter in der Menge, doch sie hatte keine Chance, jemandem frohe Weihnachten zu wünschen. Zu sehr waren alle darum bemüht, einen Sitzplatz zu ergattern. Sie blickten sich ebenso hektisch wie gierig um und füllten die Reihen schnell. Die Messe sollte fünf Stunden dauern. Und es war offensichtlich, dass nicht genügend Platz für alle da war.

Jemand rempelte Mme Villon von der Seite an. Und als sie empört hinblickte, sah sie die beiden Kinder des Tabakverkäufers geduckt durch die Lücken zwischen den Beinen und Taschen schlüpfen. Automatisch drückte Mme Villon ihr Hab und Gut enger an den Körper, sie hatte schon einiges über dieses vorlaute Tabakmädchen mit dem verfilzten Zopf gehört. Es war schnell und erwischte eine Bank weit vorne. Der ältere Bruder folgte ihr auf den Fersen. Mme Villon wollte es ihnen gleichtun, aber sie war zu breit, um durch die Lücken zu schlüpfen. So nahm sie ihren Schirm und langte damit über zwei Bankreihen hinweg, um die Spitze in den Sitz ihrer Wahl zu stechen, als markiere sie erobertes Land mit einer Fahne. Jedenfalls hatte Mme Villon gehört, dass es auf der anderen Seite des Ozeans genau so gemacht wurde.

Eine Frau kam von der Seite, wollte sich setzen, bemerkte den Schirm und drehte den Kopf, um zu sehen, wer den Griff am anderen Ende hielt. Sie blickte Mme Villon böse an. Es war die Frau des Hutmachers aus der Rue Mouffetard, eine Spanierin. Mme Villon hatte nie persönlich mit ihr gesprochen, aber im Quartier erzählte man sich so einiges über sie. In einem der Hutkoffer im Laden sollte sie eine giftige Schlange halten, von der nicht einmal ihr Mann etwas wusste. Und wann immer eine Dame den Laden betrat, die hübscher war als sie und die dem Hutmacher schöne Augen machte, zapfte sie der Schlange etwas Gift ab und beträufelte damit heimlich den Innenrand des neuen Hutes, auf dass die Dame Haarausfall bekäme.

Mme Villon hob das Kinn. Sie nahm die Spitze ihres Schirms nicht von dem Sitzplatz, während sie sich mit lang gestrecktem Arm umständlich um die Bänke herum- und an der Spanierin vorbeimanövrierte. Doch sie schwor sich in diesem Moment, niemals einen Hut in jenem Laden in der Rue Mouffetard zu kaufen.

Als sie sich auf den erkämpften Platz fallen ließ und die Kleider zurechtrückte, war sie sehr zufrieden. Sie saß weit vorne, direkt bei den Wandschränken, von denen einer in den geheimnisvollen Keller führen musste. Mme Villon verglich die Türen miteinander, konnte aber nichts Auffälliges entdecken. Nichts außer einer kleinen Kerbe im Holz. Vielleicht hatte die Polizei dort die Brechstange angesetzt, als sie sich gewaltsam Zugang zu dem Gang verschafft hatte.

Neben Mme Villon streckte eine Frau ebenfalls ihren alten Finger zu der Vertäfelung aus und flüsterte der Sitznachbarin etwas zu. Doch sie deutete auf eine andere Tür als jene, die Mme Villon zu der verräterischen auserkoren hatte. Wer wusste schon, ob das alte Weib eine Ahnung hatte.

Vor ihnen war nur noch eine Reihe, die erste. Und in der saß das Mädchen des Tabakhändlers. Das Kind hatte die linke Hand mit den schmutzigen Fingernägeln auf den Platz neben sich gelegt. Wahrscheinlich hielt sie ihn für ihre Mutter frei. Rechts von ihr saß der Junge, der eigentlich auf die rechte Seite der Kirche gehört hätte, zu den Männern. Mme Villon dachte schon daran, ihn darauf hinzuweisen, dann aber sah sie, dass dort die Reihen ebenfalls durchmischt waren. Wo man froh sein musste, überhaupt einen Platz zu bekommen, rückte der Gedanke an Geschlechtertrennung offenbar in den Hintergrund.

Als die Kirche voll besetzt war, sahen sich die noch Stehenden fragend an. Doch da keiner Anstalten machte zu gehen, stellten sie sich an die Seiten, um von dort der Messe beizuwohnen.

Mme Villon faltete die Hände im Schoß und sah sich lächelnd um. Sie spürte instinktiv, dass sie das richtige Abendprogramm gewählt hatte.

Es war genau 22.30 Uhr, als wir das Lied anstimmten und der düstere letzte Orgelton zwischen allem hängen blieb. Der Organist hatte seine Finger wohl auswendig gesetzt, als er zu spielen begann. Er hatte nicht gesehen, dass der Liedtext unter den schwarz getupften Noten nicht mehr der war, den die Menschen kannten.

Dem Organisten sei Dank begann meine Vernissage mit einem düsteren Beben.

Dans une étable obscure – in einem dunklen Stall. Da war ein

Text über das Lied geschrieben, mit schwarzer Tinte, schwarz wie die Blumen des Bösen. Eine Botschaft, Zeilen, ein Gedicht. Ich spürte ein Kribbeln durch meinen Körper fahren, als ich sah, wie man sich zu mehreren über die Bücher beugte.

Aus der bestürzten Stille erwuchs ein Flüstern, das sich rasch ausbreitete, damit auch jene es erfuhren, die nicht lesen konnten oder die zu weit weg saßen, um die Zeilen entziffern zu können. Ich machte die Augen zu und sprach die Worte leise mit, die da fetzenweise zu mir hochflatterten.

Der Körperöffner geht im Keller um,
Er geht durch alle Räume.
Bei jedem Bette bleibt er stehn
Und zählt uns: achtzehn, sechzehn, zehn –
Geblieben nur noch neune.

Noch hinter den geschlossenen Lidern konnte ich spüren, wie Gustave sich zu mir umdrehte. Ich tastete nach seiner Hand, die er mir hastig entzog. Ich fühlte sein Entsetzen.

Er nennt uns die Frösche für sein Labor,
Weil wir zahnlos und wimpernlos sind.
Emma, Louise, Marie, Josephine,
Und ich bin sein Quecksilberkind.

Es war ein wunderbares Gefühl, die Worte hier in der menschenvollen Kirche flüstern zu dürfen. Worte, die nie zuvor die Dachkammer oder auch nur das Papier verlassen hatten.

Und »sinite« schallt's und »parvulos« kommt,
Wenn sein Helfer umhergeht, liebt der es zu singen,
»Ihr Kinderlein kommet, oh kommet zu mir«,
Hohl lässt er das Lied in dem Gang erklingen.

Er dreht an der Kurbel und sammelt sie ein,
Und vielhundert Mal durchdringt's die Stunde.
Doch drinnen im Grabe die Frösche schrein,
Schwarzgrau tropft das Blei aus neuer Wunde.

Der Körperöffner bleibt am Bette stehn
Unterm Kirchlein, wo der Wahnsinn wacht.
Er zählt uns: zwanzig, siebzehn, zehn –
Geblieben nur noch acht.

Nach »acht« schloss ich den Mund und horchte noch zwei Herzschläge lang. Dann öffnete ich die Augen. Die Jungen im Knabenchor starrten mich an. Sie waren entgeistert zurückgewichen. Sie alle hatten mein Flüstern gehört, mein Gedicht.

Dann brach in der Kirche die Hölle los.

Frauen und Männer sprangen auf und wussten nicht, wohin mit dem Grauen, das sie befallen hatte. Sie riefen durcheinander und redeten wild aufeinander ein. Es klang, als stritten sie. Keinem der Anwesenden waren die Ereignisse entgangen, die sich in den letzten Wochen in Paris zugetragen hatten. Keinem außer mir. Deshalb wussten sie die Zeilen besser zu interpretieren als ich: Emma, Louise, Marie, Josephine, das waren die Namen, die man mit den Konvulsionären in Verbindung gebracht hatte. Die Namen aus der Hütte im Wald. Und dann der Keller unter dem Kirchlein! Man hatte es doch gleich gewusst, dass die Kate des Waldschrats und die Saint-Médard etwas miteinander zu tun hatten. Ihr Entsetzen und ihre Worte flogen mir nur brockenweise zu, und ich begriff nicht, dass es nicht die Reime selbst waren, die sie so in Aufruhr versetzten, sondern die Ereignisse, die sie hinter den Worten vermuteten.

Wieder suchte ich hinten an der Tür nach meinem Vater. Doch im Kirchenraum war es jetzt nicht nur dunkel, sondern auch chaotisch. Die meisten Menschen standen in den Gängen und diskutierten über mehrere Reihen hinweg. »Verbrecher!«, hörte ich und: »Kinderschänder!« Und da endlich horchte ich auf. Ich drehte mich fragend zu Gustave um, aber der war wie die anderen Jungen vor mir zurückgewichen. Sie hielten sich an den Schultern fest und blickten mich noch immer ängstlich an.

Wie gebannt stand ich allein vorne am Bühnenrand und sah zu, wie die ersten Menschen sich daranmachten, aus der Kirche zu fliehen. Sie liefen bis zur Tür, aber dort verharrten sie. Die Neugier war größer als ihre Furcht.

In der ersten Reihe entdeckte ich zwei Kinder, von denen ich später erfahren sollte, dass sie Frédéric und Isabelle hießen. Vielleicht fielen sie mir auf, weil sie zu den wenigen im Raum gehörten, die noch saßen. Das Mädchen hatte einen verfilzten Zopf und war wohl die kleinere Schwester. Sie stieß ihrem Bruder unablässig den Ellbogen in die Seite und flüsterte ihm aufgeregt ins Ohr. Dabei legte sie die Hände zu einem Trichter zusammen. Sie schien ihn zu irgendetwas aufzufordern, die Aufregung war ihr mit puterroten Wangen ins Gesicht gemalt. Doch der Junge machte nur ein unglückliches Gesicht und blieb unter ihren Knuffen auf der Bank sitzen wie ein kleiner trotziger Vogel, der nicht aus dem Nest geschubst werden wollte.

»Verbrennen sollte man den Schurken!«, brüllte in diesem Moment jemand ganz unchristlich und riss mich aus meiner Beobachtung. Ich dachte: Verbrennen? Und: Schurke? Mein Kopf schnellte herum. Das Chaos in der Kirche verunsicherte mich nun doch. Ich trat einen Schritt zurück.

Der Ruf nach dem Verbrecher, der hinter alldem stecken musste, wurde immer lauter, und plötzlich verschob sich die ganze aufgeregte Menschenmasse vom Ausgang nach vorn zu der Wandvertäfelung, hinter der sich die Tür zum Keller versteckte. Die Tür, vor der der Knabenchor stand. Der Mob drängte auf uns zu, und die anderen Jungen sprangen erschrocken zur Seite. Nur ich stand noch immer wie gelähmt da und blickte ihnen mit offenem Mund entgegen. Meine Vernissage hatte Ausmaße angenommen, die ich so nicht geplant hatte.

Dann ging es plötzlich schnell. Ein Mann sprang nach vorne, hob die Hand und gebot den Menschen Einhalt, kurz bevor man mich umrennen konnte. In meiner Verwirrung registrierte ich nur vage, dass es Monsieur Dupont war. Er rief etwas und deutete auf jemanden in den Kirchenreihen, und die Leute drehten sich um. Alle sahen den Jungen, der nun nicht mehr neben seiner Schwester saß, sondern auf der Bank stand und den Finger hob, wie um sich in der Schule zu melden. Unter der plötzlichen Aufmerksamkeit schrumpfte er ein wenig, zog die Schultern ein und machte große Augen, doch sein Zeigefinger hing noch immer wie angenäht in der Luft.

Seine Schwester saß neben ihm, ihre Beine baumelten über dem Boden. Sie blickte zu ihrem großen Bruder auf, und ihr Gesicht glühte vor Erregung. Eine Frau wollte das Kind von der Bank herunterziehen, es war wohl die Mutter. Doch jemand aus der Menge rief: »Der Junge möchte etwas sagen!«, und so hielt sie inne und traute sich nicht mehr. Aus dem Geschrei wurde Gemurmel, und auf das Gemurmel folgte Stille. Jetzt wollte man hören, was das Kind zu sagen hatte. Und der Junge öffnete den Mund und sagte so leise, dass es kaum jemand verstand: »Sie suchen doch einen Verbrecher. Ich glaube, wir wissen, wo er ist.«

Die Geschichte, die Frédéric daraufhin zunächst stockend und leise, dann aber immer selbstbewusster erzählte, war so unglaublich, dass sie nur aus einem Kindermund stammen konnte: Ein Mann war zu den Geschwistern gekommen, der sich als Verbrecher vorgestellt hatte. Er hatte die Kinder in diese Kirche gelockt, und er hatte sie alle Liederbücher holen und zu ihm bringen lassen. Dieselben Bücher, in denen jetzt wie durch Zauberhand das Gedicht erschienen war. Vielsagende Blicke wurden ausgetauscht. Der Verbrecher hatte sie mit Zigaretten bezahlt, erzählte der Junge weiter. Und plötzlich rief vorn im Altarraum eine Stimme, die es gewohnt war, sich in der Kirche Gehör zu verschaffen:

»Es stimmt! Der Junge sagt die Wahrheit. Ich selbst habe die beiden Kinder zusammen mit einem Mann gesehen, der sich für den Spruch aus dem Markus-Kapitel interessierte.« Es war der Pfarrvikar der Kirche.

»Was für ein Spruch?«, rief jemand.

»Markus, Kapitel 10, Vers 14: Sinite parvulos venire ad me. Der Spruch draußen an der Wand unserer geliebten Kirche.«

Die Mutter des Jungen schrie auf. Sie schlug die Hände vor den Mund, und die Menschenmenge griff ihr Entsetzen mit Begeisterung auf. Man ahmte die Geste nach. Alles passte so wunderbar zusammen. Von irgendwo aus dem Chaos rief jemand: »Meine Kinder, Schwestern, Brüder! Beruhigt euch und nehmet wieder Platz! Es ist doch Weihnachten!«

Ich sah die erhobenen Hände des Pfarrers, doch er machte eher den Eindruck, als ertrinke er inmitten der Köpfe, die ihn umstanden. Man achtete nicht auf seinen Einwand. Niemand setzte sich. Im Gegenteil, eine alte Dame kletterte nun ungeschickt neben den Jungen auf die Bank. Ihre Stimme überschlug sich beinahe, als sie rief: »Ich kann ebenfalls bezeugen, dass der Junge die Wahrheit sagt. Tatsächlich kenne ich den Mann, von dem er spricht! Er hat sich als harmloser Mensch getarnt und meine Gastfreundschaft ausgenutzt, Jesus, Maria und Josef! Er wohnt in meiner Wohnung. Es ist ein Wunder, dass ich noch lebe.«

Wieder schrien die Kirchgänger auf, und die Frauen schlugen die behandschuhten Hände vor die Münder. Sie alle überschütteten die alte Dame mit Betroffenheit. Das war ja wirklich mal eine Geschichte!

»Wo ist der Mann jetzt?«, wollten sie wissen. »Wo ist er?« Und sie blickten sich um und betrachteten argwöhnisch die Umstehenden, als könne sich der Verbrecher unter dem Hut, dem Toupet oder dem Bart des Nächsten verbergen. Dabei wussten sie ja gar nicht, nach wem man Ausschau halten sollte. Sie wussten nicht einmal, dass der kleine Junge und die Dame nicht von derselben Person sprachen.

»Der Junge hat doch vorhin gesagt, er wüsste, wo sich der Mann versteckt!«, rief jemand, und alle Augen richteten sich wieder auf Frédéric, der in der Zwischenzeit gewachsen zu sein schien. Mit so viel Bestätigung im Rücken stand er da und nickte entschieden.

»Ja, ich weiß, wo er sich aufhält. Ich habe ihn selbst zu einem Schloss geführt, hier ganz in der Nähe.«

»Ein Schloss?« – »Hier in der Nähe?«, riefen die Leute verwirrt und hatten wohl plötzlich doch Sorge, der Junge könne sich das Ganze nur ausgedacht haben.

»Ein Schloss mit Alten, Kranken und Verrückten drin«, fiepte Isabelle, und Frédéric echote: »Ein Schloss mit Alten, Kranken und Verrückten drin!« Und dann zuckte er zusammen, erschrocken über die Lautstärke, mit der der Kirchenraum seine Worte zurückwarf.

»Es stimmt, dort arbeitet er!«, rief die alte Dame aufgeregt. »Die Salpêtrière!«, doch ihre Worte gingen unter. Man hatte längst erkannt, um welches Schloss es sich handelte. Ein Schloss mit Alten, Kranken und Verrückten, da kam nur eins infrage!

»Er soll uns hinführen!«, rief ein Mann. »Der Junge soll uns den Verbrecher zeigen!« Und Frédérics Brust schwoll an vor Stolz. Er tauschte einen Blick mit der alten Dame neben sich. Dann sprang er von der Bank herunter, nahm seine Schwester an die Hand und lief mit ihr zum Ausgang, gefolgt von dem Mob, der nach Fackeln und Waffen brüllte.

»Meine Kinder!«, rief der Pfarrer. »Bitte! Wir sind in einem Gotteshaus!«

Doch weder er noch das Weihnachtsfest konnten die Menschen aufhalten. Wo sie sich zwischen christlicher Harmonie und Skandal entscheiden mussten, fiel die Wahl leicht. Die Flügeltür wurde aufgestoßen, und die Menschen entzündeten Fackeln und Laternen.

»Halt!«, rief ich, noch nicht ganz aus der Erstarrung erwacht. »Halt! Ich war es doch, der das Gedicht geschrieben hat!« Doch der Großteil der Kirchenbesucher war schon draußen, und meine Stimme ging in ihren Rufen unter. Auf der Suche nach dem Körperöffner, von dem im Gedicht die Rede war, war niemand auf die Idee gekommen, sich zu fragen, wer die Texte überhaupt geschrieben hatte. Nur die Geistlichen vorne und die Jungen aus dem Knabenchor hörten meine Worte.

»Maxime hat es geschrieben«, flüsterten sie, und Monsieur Dupont trat vor und musterte mich mit hinter den Brillengläsern zusammengekniffenen Augen. Selbst er, der mir sonst vorbehaltlos alles Schlechte andichtete, konnte kaum glauben, was er da hörte.

»Stimmt das, Maxime Chevrier?«

Ich hatte mir diesen Moment ausgemalt. Ich hatte auf ihn gewartet und ihn geprobt, damit am Ende nicht ein Kiekser das feierliche Geständnis kaputt machen würde. Doch in meiner Vorstellung hatten die Leute in der Kirche bewundernd zu mir aufgesehen, zu mir, dem neuen Charles Baudelaire. Vielleicht hätten einige von ihnen die Kunst nicht verstanden, auch das gehörte dazu. Doch niemals hätte ich gedacht, dass sie in dem Moment, wenn ich die Worte ausspräche, aus der Kirche laufen würden, mit Fackeln in den Händen, ein schreiender Mob.

»Ja, ich war es. Ich habe das Gedicht geschrieben.«

Ich wurde am Arm gepackt und abgeführt, während die Menschen draußen in dem Schneesturm verschwanden, der an ihren Kleidern riss und an dem Feuer, das sie trugen. Sie machten sich auf den Weg, um jemanden zu lynchen, von dem ich nicht einmal wusste, wie er sich in mein Gedicht geschlichen hatte.

Joris Finger pulsierte, als er das Skalpell in die rasierte Kopfhaut stechen wollte. Vielleicht machte der Biss des Kindes sich selbstständig und beschützte es, dachte Jori. Die Idee war absurd, aber seit Runa in der Klinik war, hatte er sich fast an Absurditäten gewöhnt. Jori wechselte das Skalpell in die linke Hand und schüttelte die rechte. Er hatte den Verband durch ein Pflaster ersetzt, und der Biss heilte gut, wenn Jori auch nicht das Gefühl abschütteln konnte, nun für immer von Runa gezeichnet zu sein.

Babinski stand mit den Mullbinden bereit und blickte Jori an. Durch die Arbeit bei Charcot war er es gewohnt, stiller Handlanger zu sein. Er störte Jori nicht in seinem Tun und war trotzdem immer genau dort, wo man ihn brauchte. Er hatte Jori den Rasierer gereicht, noch bevor dieser danach fragte, und stumm die Locken zusammengefegt, die herunterschneiten. Es war nicht wie bei dem Vorversuch an Marguerite Desens. Heute würde Jori die gesamte Operation durchführen. Und er war immer weniger überzeugt davon, dass es das Richtige war.

»Glaubst du, wir hätten es auch anders lösen können?« Jori deutete auf das betäubte Mädchen. Mit der halben Glatze erweckte das Kind auf dem Tisch einen noch beklemmenderen Eindruck.

»Was meinst du?«, fragte Babinski, und Jori sagte: »Ich wollte wirklich, ich hätte einen Weg gefunden, sie zu heilen.«

Einen Moment lang standen sie stumm voreinander, Skalpell und Mullbinde erhoben, als warteten sie auf einen Startschuss oder darauf, dass jemand herunterzählte: drei, zwei, eins und …

»Ich mache das hier nicht für die Wette, Jo'annrischard«, sagte Babinski, »ich möchte, dass du das weißt.«

»Ich auch nicht«, sagte Jori, und beide wussten plötzlich nicht mehr, wofür sie es eigentlich taten. Vielleicht für die Wissenschaft, für die menschliche Neugierde. Oder vielleicht tat Babinski es für Jori und Jori für Pauline. Vielleicht tat aber auch jeder es für sich selbst.

»Die Narkose dauert schon 18 Minuten«, sagte Babinski.

»Ja. Ist ja gut. Wir fangen jetzt an.«

Joris Hand zitterte, als er das Skalpell auf die Kopfhaut setzte, doch der Schnitt war gerade, fast fürsorglich. Man hätte meinen können, er schneide den Kopf gar nicht, sondern streichele ihn. So hätte es nämlich sein sollen.

Eine feine Linie Blut quoll hervor, Babinski drückte die Mullbinde an.

»Versprich mir, dass sie nicht stirbt, Babinski«, sagte Jori plötzlich. Doch bevor Babinski irgendetwas versprechen konnte, bevor er auch nur antworten konnte, hörte Jori den Lärm. Er hielt in seiner Bewegung inne und lauschte. Das Skalpell schwebte über der frischen Wunde.

»Was ist los?«, fragte Babinski, doch im nächsten Augenblick lauschte auch er. »Ist die Messe schon vorbei?«

Jori legte das Messer zur Seite. Er wischte sich die Hände an der Schürze ab und ging zur Tür, die er aufsperrte, denn Fenster hatte der Raum keine. Er sah hinaus. Der Sturm schlug ihm ins Gesicht, und die Kälte schmerzte an Stirn und Nase. Jori kniff die Augen zusammen, doch außer Schneeflocken war nichts zu sehen.

»Es ist zu früh für das Ende der Messe. Vielleicht war es der Wind.« Er wollte die Tür wieder schließen, doch da hörte er den Lärm erneut. Es klang wie ein Rufen und Gebrüll, doch anders als das, was man sonst in dieser Klinik hörte, und es dauerte einen Moment, bis Jori begriff, woran das lag: Es waren Männerstimmen, die da brüllten. Noch einmal kniff er die Augen zusammen, und diesmal meinte er einen Feuerschein durch den dichten Schneevorhang zu sehen, Fackeln oder ein weit entfernter Brand.

»Ich weiß nicht, was da los ist.«

»Ich kann hier nicht weg, Jo'annrischard, ich muss die Blutung stillen.«

»Ich komme schon.« Jori schloss die Tür und ging zurück zum Operationstisch. Er nahm das Skalpell, doch mit den Gedanken war er noch immer draußen im Sturm. Der Lärm wurde lauter. Das Gebrüll von Menschen ließ sich nun immer deutlicher von dem Heulen des Windes unterscheiden.

»Was ist da los, verdammt?«

»Jo'annrischard, konzentrier dich bitte.«

»Was ist, wenn sie wegen uns kommen?«

So absurd diese Vorstellung auch war, jetzt wo sie zwischen ihnen hing und über dem Mädchen, machte sie beiden Männern Angst.

»Sie können nicht wissen, dass wir hier sind«, sagte Babinski, doch es klang nicht überzeugt.

»Nein.«

»Geht es mit deinem Finger?«

»Ja.«

»Deine Hand zittert.«

»Das ist wegen der Kälte, Babinksi!«

»Willst du die Operation abbrechen?«

»Ich weiß nicht. Willst du?«

Etwas krachte ganz in ihrer Nähe, und die Stimmen wurden lauter. Sie waren jetzt nicht mehr zu ignorieren.

»Scheiße!«, sagte Jori auf Deutsch.

»Psscht. Sie dürfen nicht wissen, dass wir hier sind.«

Jori und Babinski blickten sich an. Die Idee, jemand könne nach ihnen suchen, erschien ihnen noch immer abwegig, doch als einer jetzt die Angst des anderen sah, wagten sie kaum mehr zu atmen.

»Ich werde nachsehen«, sagte Babinski schließlich und drückte Jori die Mullbinden in die Hand. Er ging zur Tür, nahm auf dem Weg seinen Mantel vom Haken und war im Sturm verschwunden, noch ehe Jori begreifen konnte, dass er nicht nur hinaussehen, sondern ganz verschwinden wollte.

»Babinski! Babinski, verdammt!« Jori machte einen Schritt in Richtung Tür und rief Babinski hinterher, doch er konnte nicht weiter als eine Armlänge vom Operationstisch fort, weil er noch immer die Mullbinden halten musste, die das Blut aufsaugten. Jetzt, wo Babinski nicht mehr da war, überfiel ihn Panik. Das Kind lag reglos und mit geschlossenen Augen da, auf dem Kopf den Schnitt, den Jori ihm zugefügt hatte. Was hatte er da überhaupt getan? Jori begann die Wunde so liebevoll zu betupfen, als sei gar nicht er es gewesen, der sie Runa zugefügt hatte. Er wollte, dass sie aufhörte zu bluten, verheilte, sich am besten gleich schloss! Er hatte doch bei Marguerite Desens gesehen, dass die Operation selbst bei Erfolg zu keiner Besserung führte!

Die Tür flog auf, und Babinski stand wieder da, voller Schnee und mit gerötetem Gesicht. Er war gelaufen, schon wieder.

»Es müssen Hunderte sein, und sie haben Fackeln!«

»Wer?«

»Keine Ahnung. Ein Mob. Sie suchen irgendwen und durchforsten alle Gebäude!«

»Scheiße! Was wollen die denn?«

»Woher soll ich das wissen?«

»Kommen sie auch hierher?«

»Woher soll ich das wissen?«

»Wir müssen weg.«

»Ja.«

Dass der sonst so vernünftige Babinski ihm in diesem Vorschlag zustimmte, versetzte Jori in noch größere Panik. Er hatte gehofft, dass der Pole ihm widersprechen würde. Wie sollten sie hier weg? Das Kind lag betäubt und mit einer Schnittwunde am Kopf auf dem Tisch.

»Wir können sie doch nicht hierlassen!«, rief Jori.

»Wir müssen sie mitnehmen.«

»Mit der Wunde auf dem Kopf?«

»Mach sie zu.«

»Zumachen?«

»Jo'annrischard, diese Menschen da draußen sind wütend. Ich weiß nicht, worauf, geschweige denn, wen sie suchen. Aber so wie sie aussehen, wird es für sie keinen Unterschied machen, wen sie finden, wenn sie die Türen eintreten.« Babinski war laut geworden. Er stand mit ungewöhnlicher Entschlossenheit da und streckte den rot gefrorenen Finger in Richtung Ausgang.

Die Gedanken überschlugen sich in Joris Kopf. Die Vorstellung, die Operation nicht mehr durchführen zu müssen, heute nicht und wahrscheinlich gar nie mehr, brachte eine unerwartete Erleichterung mit sich. Aber er würde die Konfrontation mit Luys suchen müssen und ihm sagen, was er wusste. Das Mädchen würde er zuvor in Sicherheit bringen müssen. Doch wo war das, in Sicherheit? Und was würde aus seiner Doktorarbeit werden?

Hohes Geschrei gellte plötzlich durch den Sturm, das Geschrei von Frauen.

»Ich glaube, jetzt haben sie die Kirche eingetreten«, sagte Babinski, und sie sahen sich an. »Zumachen?«

»Zumachen.«

Sie arbeiteten schnell, und Joris Hand zitterte noch immer, deshalb wurde die Naht grob und ungenau. Sie sah Jori gar nicht ähnlich.

Weil das Mädchen noch betäubt war, musste er es hochheben und über die Schulter legen. Er hoffte nur, dass die frische Naht eine solche Behandlung aushalten würde. Als sie die Tür öffneten, hörten sie das Geschrei laut und deutlich, Männer und Frauen. Es klang wie ein Krieg. Dazu der Fackelschein, der nun deutlich von der Kirche zu ihnen herüberschien.

»Zum Ausgang an der Ostseite«, sagte Babinski, und Jori nickte.

»Aber wir können das Mädchen nicht mitnehmen. Es ist zu kalt.«

»Dann bringen wir es auf dem Weg zur Rambuteau.«

»Ich mache das, Babinski. Lauf du vor. Ich komme dann nach.«

Einen Augenblick lang sah Babinski so aus, als wolle er Jori nicht alleinlassen, und Jori kam der Gedanke, dass Babinski tatsächlich einen guten Freund abgegeben hätte, wenn die Umstände, unter denen sie sich kennengelernt hätten, andere gewesen wären. Dann nickte Babinski entschieden.

»Viel Glück, Jo'annrischard. Wir sehen uns gleich.«

Jori sah ihm nach, als er im Schneesturm verschwand, und zählte bis fünf, bevor er sich ebenfalls in Bewegung setzte. Das Kind wippte bei jedem Schritt auf seiner Schulter. Er ließ das Feuer und das Geschrei hinter sich. Er hatte nicht vor, Runa im Schlafsaal zu lassen, wenn der Mob tatsächlich überall einbrach. Er konnte nicht riskieren, dass man sie womöglich tötete.

Da der Mob aus Richtung Süden kam, musste er zum Nordausgang gelangen – am besten durch die Gebäude, um Runa vor dem Schnee zu schützen. Mit dem betäubten Mädchen auf der Schulter steuerte er auf die Wäscherei zu.

Jori hatte die Wäscherei noch nie verlassen erlebt. Die Salpêtrière wusch neben den eigenen Bettlaken und Kleidern auch jene aller umliegenden Kliniken, und so herrschte in der Lingerie an allen Tagen Hochbetrieb bis in den späten Abend hinein. Die langen Tische waren voll besetzt mit fast 900 nähenden und bügelnden Insassinnen der Klinik.

Jetzt aber lag alles da, als hätten die Arbeiterinnen das Gebäude fluchtartig verlassen.

Jori blieb kurz stehen und überprüfte, ob die Naht auf Runas Kopf nicht aufgeplatzt war. Es würde eine Narbe geben, eine unschöne, doch zumindest waren die Fäden fest und sicher vernäht. Kurz musste er daran denken, dass sie jetzt beide voneinander gezeichnet waren, Runa an der Stirn und er am Finger, und der Gedanke schuf eine eigentümliche Verbundenheit zu ihr.

Er sah ihre blauen Lippen, nahm kurz entschlossen eines der weißen Tücher vom Tisch und wickelte es ihr zusätzlich um. Es war aus dünner Baumwolle, doch es würde sie zumindest vor dem Schnee schützen, sobald sie draußen waren. Dann schulterte er das Kind neu.

Die Wäscherei war hufeisenförmig gebaut, und eine Halle erschien ihm länger als die andere. In der Mitte des Hufeisens gab es einen Durchgang, der in die Räume der Buanderie führte, wo die Waschkessel standen. Jori fiel die Tür ein, die in die Westseite des Raums eingelassen war. Dahinter befanden sich die Wäschespinnen zum Trocknen der Laken und Kleider, ein riesiges Gelände voll hölzerner Gerippe, fast so groß wie der Jardin Potager. Jori war noch nie dort gewesen, er kannte den Platz nur von der Karte der Klinik, doch er war sich fast sicher, dass es von dort einen Durchgang zum Chemin de Fer d'Orléans geben musste. Es wäre der kürzeste Weg aus der Klinik heraus.

Ohne die Männer und Frauen, die um die dampfenden Kessel herumstanden und mit Holzpaddeln in der Wäsche herumrührten, sah die Buanderie aus wie ein stillgelegtes Brauereigebäude. Um die Metallkessel herum war der Boden feucht und glänzte. Von der Decke tropfte es. In der Ecke fiepten Ratten erschrocken auf, als Jori den Raum betrat. Ihre Pfoten machten hektisch patschende Geräusche in den Pfützen.

Jori fasste die Beine des Mädchens fester. Die Kessel flankierten seinen Weg wie Wächter. Auf der anderen Seite des Raums rüttelte er an der Tür. Sie war verschlossen, und an seinem Bund fand Jori keinen Schlüssel, der passte. Er fluchte und rüttelte noch einmal, aber die Tür war massiv. Jori blieb nichts anderes übrig, als zurückzulaufen und doch den längeren Weg zu nehmen.

Er drehte sich um, da hörte er eine Tür klappern und erstarrte. Sein Herz schlug schnell. Sollte der Mob die Lingerie bereits erreicht haben, würde er ihm direkt in die Arme laufen. Doch hierbleiben konnte er auch nicht. Es gab keinen Ausgang aus dem Kesselraum. Er lauschte, doch bis auf das Tröpfeln von der Decke war jetzt nichts mehr zu hören. Der Mob konnte noch nicht im Gebäude sein, sagte Jori sich. Vorhin, im Operationssaal, da hatte er die Menschen durch die geschlossene Tür und trotz des Sturms schreien hören. Jetzt aber war es still. Er musste sich getäuscht haben. Vielleicht hatte ein Fenster geklappert vom Sturm draußen, oder eine große Ratte war ins Gebäude geschlüpft.

Er ging jetzt schneller, das Mädchen auf der Schulter wurde ihm schwer. Er erreichte die Stelle, wo er zuvor in die Buanderie abgebogen war, und spähte nach rechts und links, doch die Halle war leer. Er nahm den Weg zur Nordseite wie geplant. Immer wieder blieb er stehen, um zu lauschen. Dann hatte er das Ende des Gangs erreicht. Der letzte Teil des Gebäudes lag rechts von ihm in der Dunkelheit. Ganz dort hinten musste die Tür sein. Erleichtert beschleunigte Jori seine Schritte. Da vernahm er das Summen. Es war zunächst mehr die Ahnung von einem Geräusch als eine tatsächliche Melodie. So leise und subtil, dass er zunächst annahm, es käme von dem Kind auf seiner Schulter. Dann aber wurde das Summen zu einem Pfeifen. Da pfiff einer eine Melodie!

Jori glaubte, ein Zucken zu spüren, das durch Runas Körper ging, doch wahrscheinlich war nur er selbst es, der zusammenzuckte. Wie festgefroren blieb er stehen. Das Pfeifen wurde lauter. Jori kannte die Melodie nicht.

Er fasste die Beine des Mädchens fester, als könne es dem Ruf folgen wie die Kinder dem Rattenfänger von Hameln. Im nächsten Augenblick trat eine Gestalt ihm in den Weg. Sie kam zwischen den Mangelmaschinen und Körben voller Wäsche hervor. Jori erkannte die Umrisse des Schattens, die breite Figur. Es war Gérard.

Jori machte kehrt und wollte zurückrennen, doch er hatte zu lange gezögert. Gérard war schon bei ihm und erwischte ihn am Mantel. Jori brüllte auf und klammerte den Arm fester um das Mädchen, als er von den Beinen gerissen wurde. Noch während er stürzte, dachte er an nichts anderes als an die frische Wunde auf Runas Kopf. Er zog das Kind nach vorn, um es zu schützen, hatte dadurch aber keine Hand mehr frei, um den eigenen Sturz abzufangen. Hart knallte er mit dem Rücken auf die Kante eines Holzkorbs und riss eine Ladung gebügelter Wäsche mit sich zu Boden. Die Stoffe verteilten sich um ihn, das Mädchen und um Gérard, der mit zu Boden gegangen war. Jori hielt Runa sicher im Arm, doch als Gérard versuchte, sich auf ihn zu rollen, klemmte sie zwischen den beiden Männern. Jori schob seinen Angreifer mit dem Ellbogen fort, noch immer Runas Kopf schützend. Das Mädchen war zu seiner Hauptsorge geworden. Er wollte es weder hergeben, noch sollte etwas mit ihm geschehen. Seine Arme waren fest wie ein Käfig um Runa geschlossen, fester als Jori selbst es je für möglich gehalten hätte. Ihr Tod wäre eine Verschwendung, nach allem, was sie schon überlebt hatte! Da Jori zwei Körper schützen musste, war er seinem Gegner hoffnungslos unterlegen. Er konnte keine Schläge verteilen, sondern nur einstecken. Erst als Gérard ihn zu würgen begann, musste Jori Runa loslassen. Er griff nach Gérards Händen, doch Gérard war zu schwer, er stützte sich mit seinem ganzen Gewicht auf Joris Hals.

Runa rutschte halb von Joris Körper herunter, als dieser die Arme von ihr löste. Gérards Blick folgte der Bewegung, und für einen Moment war er abgelenkt, sodass er seinen Griff lockerte. Jori brüllte vor Anstrengung, als er noch einmal Gérards Hände packte und sie an den Handgelenken nach außen riss. Diesmal kippte Gérard nach vorn und stieß schmerzhaft mit dem Kinn auf Joris Stirn. Beide Gegner schrien auf, und Gérard ging neben Jori zu Boden. Er hielt sich den Mund. Ein Rinnsal Blut floss durch seine Finger und tropfte auf die weißen Laken, die rings um sie verteilt waren. Jori rieb sich den Hals und schnappte nach Luft.

»Was willst du?«, keuchte er, obwohl er es längst wusste. Es ging Gérard nicht mehr um die Dokumente, sondern um das Mädchen. Gérard spuckte etwas in seine Hände. Es war ein Zahn. Ungläubig starrte er darauf und taxierte dann wieder Jori, der versuchte, sich aufzurichten und zur Seite zu robben, um einem erneuten Angriff zu entgehen. Doch Gérard stürzte auf ihn zu und zog ein Skalpell aus der Tasche. Jori hob den

Arm, um den Stich abzuwehren, aber Gérard hatte es gar nicht auf ihn abgesehen. Er stolperte an Jori vorbei und auf das Mädchen zu, das jetzt schutzlos am Boden lag, halb unter der Mangelmaschine.

»Gérard!«, schrie Jori und packte den Angreifer mit nackter Angst an den Knöcheln, gerade als Gérard an ihm vorbeiwollte. Er riss ihn noch in der Luft von den Füßen, sodass Gérard bäuchlings auf dem Boden landete. Er brüllte vor Schmerz auf und hielt sich die Seite. Jori sah einen kleinen dunklen Fleck auf dem Boden, daneben das Skalpell. Gérard war in seine eigene Waffe gefallen. Winselnd wand er sich am Boden, während Jori endlich auf die Beine kam. Er war schockiert von dem, was er getan hatte, er hatte Gérard nur aufhalten wollen. Das Skalpell hätte leicht auch in der Brust seines Angreifers stecken können, und dann hätte es hier einen Toten gegeben. Jori bückte sich nach dem eingewickelten Mädchen und hob es hoch. Schlaff hing es in seinen Armen.

»Jori!«, brüllte Gérard und klang wie ein verletztes Tier. »Gib mir das verdammte Mädchen. Du weißt ja gar nicht, was es anrichten kann!«

Als Jori sich der Bedeutung dieser Worte bewusst wurde, hätte er am liebsten laut gelacht. Es gab wohl niemanden, der so gut wusste wie er, was das Mädchen anrichten konnte. Sein ganzes Leben hatte es auf den Kopf gestellt. Er hatte angefangen zu zweifeln, an sich selbst, an Charcot, an Luys, an der Salpêtrière und an dem ganzen System der Wissenschaftswelt. Er traute niemandem mehr. Er hatte seinen besten Freund verloren. Er war gebissen worden, war durch die Katakomben geirrt, vor eine Wand gelaufen und wurde nun von einem Mob verfolgt.

Jori drehte sich um. Er wollte gehen. Hinter ihm versuchte Gérard sich umständlich aufzurichten. Die linke Hand hatte er in den geöffneten Mantel geschoben und hielt sich die Seite. Mit der rechten versuchte er sich am Rad der Mangelmaschine hochzuziehen. Es quietschte und drehte sich unter seinem Gewicht.

»Wohin willst du denn mit ihr? Willst du sie mit nach Hause nehmen oder wie?«

»Das ist meine Sache.«

Gérard ließ sich schwer zurück auf den Boden fallen. Die Wunde an seiner Seite schmerzte zu sehr, als dass er hätte aufstehen können.

»Lass es gut sein! Es ist besser, wenn wir es beenden.«

»Hat Luys das gesagt?«

»Luys? Wieso Luys?« In Gérards verzerrtem Gesicht breitete sich ehrliche Verwirrung aus. »Luys hat den Ernst der Lage nicht erkannt. Jemand anders muss das hier in die Hand nehmen.«

»Und dieser Jemand bist du?« Jori zog spöttisch die Augenbrauen hoch. Unter Gérards Mantel tropfte das Blut auf den Boden.

»Du kennst die Regel. Was im Keller passiert … Wenn du sie am Leben lässt, wird sie dich verraten.«

»Und wenn du sie nicht am Leben lässt, werde ich dich verraten!« Jori hatte sich die Drohung nicht gut überlegt. Er hatte nicht nachgedacht, ob es klug war, Gérard auf die Unterlagen hinzuweisen, die sich in seinem Besitz befanden. Gérard verstand sofort, wovon er sprach. Aus seiner Kehle drang ein Knurren. Im Düstern der Halle meinte Jori nur zwei schwarze Flecken zu erkennen, wo Gérards Augen sein mussten.

»Du kannst mir nicht drohen. Du steckst selbst in der Sache mit drin!«

»Nicht in dieser!«

»Was soll das heißen?«

»Ich habe nichts von euren Experimenten gewusst. Ich habe nicht gewusst, dass ihr weitermacht. Ich war dafür aufzuhören.«

Als Gérard lachte, klang es, als schreie eine Möwe im Gang. Jori trat einen Schritt zurück.

»Du hast die Experimente mit initiiert.«

»Damals waren sie noch harmlos.«

»Ach ja?«

»Widerlich wurde die ganze Sache erst, als du dazugekommen bist, Gérard. Als die Frau gestorben ist, war ich dafür, dass wir aufhören.«

»Das war schon immer dein Problem, oder? Dass ich dazugekommen bin und Luys erkannte, dass ich mehr Potenzial habe als du.«

»Ach Himmel, Gérard!«

»Du warst bloß der Übersetzer.«

»Und du warst ein Sechzehnjähriger, der von nichts eine Ahnung hatte. Jetzt schreibe ich meine Doktorarbeit unter Charcot an der Salpêtrière. Was machst du, Gérard?«

»Ich habe in diesem Jahr meine erste Publikation rausgegeben.«

»Was denn? Über Tarotkarten?«

Gérard lief vor Wut dunkel an, und Jori drückte das Mädchen noch fester an sich.

»Ich habe den Jungen im Keller gesehen. Und ich hab von den Experimenten gelesen. Abartig ist das«, sagte Jori.

»Das ist nun einmal Wissenschaft.«

»Unsinn – Wissenschaft! Was hast du mit dem Jungen gemacht, als der Keller geräumt wurde?«

»Was glaubst du wohl, was ich mit ihm gemacht habe.«

»Ich kann es mir schon vorstellen.«

»Der Junge ist in Sicherheit.«

»In Sicherheit? Und wo soll das sein, in deiner Nähe?«

»In der Bicêtre. Es gab keinen Grund, ihn umzubringen, er ist harmlos.«

»Und das Mädchen ist es nicht?«

»Natürlich nicht.«

Jori schloss den Mund. Das fliegengewichtige Mädchen in seinen Armen schien plötzlich Tonnen zu wiegen. Natürlich wusste er, wovon Gérard sprach. Runa gab Dinge preis – schriftlich preis, das war das Schlimmste daran. So viele Frauen in der Klinik redeten unablässig, behaupteten Dinge, und niemand hörte ihnen zu. Doch Runa hatte eine andere Waffe gewählt. Man interessierte sich für das, was geschrieben wurde. Man interessierte sich für die Zeichen in der alten Kate im Wald.

»Ihr habt trotzdem Kinder gequält und getötet!«, sagte Jori.

»Und was hast du gemacht?«

Jori kniff die Lippen zusammen. Mit der betäubten Runa in den Armen wäre es absurd gewesen, Gérard zu widersprechen. Und da waren noch die drei anderen Frauen: Deborah, Adeline und Marguerite. Jori blickte auf das Blut, das sich neben Gérard auf den Laken verteilte. Die Stoffe schimmerten bläulich in der Dunkelheit, und die Flecken darauf wirkten schwarz. Als hätte Gérard mit seinem Blut Löcher in die Laken gebrannt. Man musste die Wunde verbinden. Der Schnitt war tief. Hoffentlich war kein Organ verletzt. Gérard grinste böse.

»Siehst du, wie viel wir gemeinsam haben? Unsere Versuche kommen nur in einem anderen Gewand daher. Ich habe meine im Keller, du hier in der Klinik.«

»Wir haben nichts gemeinsam! Ich habe das allein aus wissenschaftlichem Interesse getan.«

»Und für eine Wette.«

»Die Wette war nicht meine Idee! Ich wollte eine Doktorarbeit schreiben.«

»Nenn es, wie du willst. Aber das, was du auf dem Arm hast, gehört zu meiner Arbeit.«

»Deiner Arbeit? Du bist neunzehn, Gérard, und du hast kein Studium! Du warst immer nur der Handlanger für Luys. Was machst du schon? Du begräbst die Toten und darfst die Spritze halten.«

Aus den Flecken unter Gérards Brauen funkelte es düster. Seine Hand ging erneut zum Rad der Mangelmaschine. In seiner Wut schien er seine Verletzung gar nicht mehr wahrzunehmen. Dann glitten plötzlich seine Augen von Jori ab, und er starrte an ihm vorbei. Sein Kiefer klappte nach unten, und Jori sah die blutigen Zähne, zwischen denen irgendwo einer fehlen musste. Gérard sah geisteskrank aus, fand Jori, geisteskrank und unheimlich, umso mehr hier, in der Halle und in dem Chaos der vollgebluteten Laken. Instinktiv legte er eine Hand an den Kopf des Kindes, wie eine Mutter, und trat zwei Schritte zurück. Dabei stieß er gegen etwas Weiches. Für den Bruchteil einer Sekunde erlaubte ihm ein Teil seines Hirns zu glauben, es sei ein Wäschestapel, doch ein anderer Teil sagte ihm bereits, dass mitten im Gang keine Wäsche stehen konnte. Verblüfft blickte Jori sich um und begriff den Grund für Gérards Verwirrung im selben Moment, als er über dessen Schuhe stolperte. Da stand ein Mann im Gang! Ein Schlag traf Jori im Gesicht, noch ehe er die Gesichtszüge einordnen konnte. Der zweite Fausthieb traf ihn in die Nieren. Jori taumelte zur Seite und ging zu Boden. Er bekam gerade noch mit, dass der Fremde nach Runa griff, ehe Jori sie fallen lassen konnte. Er fasste sich an seinen Rücken, krümmte sich zusammen und glaubte einen Moment, er würde vor Schmerzen ohnmächtig werden. Kraftlos sah er zu, wie der Mann Runa auf die Platte der Mangelmaschine legte. Es sah gefährlich aus, wie sie da so neben der Walze lag. Jori wollte zu ihr, doch er vermochte nicht aufzustehen. Der Mann musste ein weiterer Handlanger von Gérard und Luys sein. Er war alt. Sie waren zu zweit gekommen, dachte Jori. Er hatte von Anfang an keine Chance gehabt.

Der Mann ging auf Gérard zu, der noch immer am Boden kniete. Er reichte ihm die Hand. Gérard starrte ihn offenen Mundes an. Zögernd hob er die Linke, dann fiel ihm die Wunde ein, und er streckte die Rechte hoch. Der Alte griff nach dem Handgelenk und drehte Gérard ganz unerwartet den Arm auf den Rücken. Gérard schrie auf und versuchte auszuweichen. Dabei musste er sich bücken, bis er mit dem Gesicht auf den Boden gedrückt wurde. Er wand sich zwischen den Laken und zappelte mit den Beinen.

Jori hockte wie benommen da und verstand überhaupt nichts mehr. Wenn der Mann nicht auf Gérards Seite stand, wer war er dann? Er musterte die Kleidung des Mannes, die grauen Haare, den Schnauzbart, den Hut und die Art, wie er Gérard mühelos den Arm auf den Rücken gedreht hielt. Nichts schien richtig zusammenzupassen. War der Mann Polizist? Oder Teil des Mobs draußen? Aber wieso war er dann allein hier?

Jori wollte zur Maschine kriechen, Runa packen und mit ihr verschwinden, solange die beiden Männer noch in ihren Kampf verwickelt waren. Doch der Fremde hatte seinen Versuch aufzustehen bemerkt. Augenblicklich ließ er von Gérard ab und wandte sich um. Als er diesmal ausholte, sprang Jori zurück. Die Faust verfehlte seinen Körper, und Jori erkannte, dass die Bewegungen des Alten zwar präzise und erlernt, aber auch vorhersehbar waren. Jori war jünger und schneller als er. Hinter dem Mann rappelte sich der stark lädierte Gérard auf. Jori sah, wie er sich an einem Wäschekorb hochzog und dann, ohne noch einmal zurückzublicken, in Richtung des südlichen Ausgangs humpelte, aus dem Jori gekommen war. So wie er ging, sah er aus wie ein geprügelter Hund. Jori wich dem nächsten Schlag des Mannes aus, und als er den glücklichen Ausdruck in dessen Augen sah, kam ihm der irritierende Gedanke, dass sein Gegner Spaß an diesem Kampf hatte. Er machte einen Schritt zur Seite, und der Alte folgte ihm, die Hände erhoben wie ein ausgedienter Boxkämpfer. Dann spürte Jori plötzlich ein Stück Metall unter seinen Füßen. Er blieb stehen. Er sah den Fremden vor sich. Hinter Jori stand ein weiterer Holzkorb. Er spürte ihn an der Rückseite seiner Beine. Die Wäsche darauf war so hoch aufgetürmt, dass man sich dagegenlehnen konnte. Aus einem Impuls heraus griff Jori hinter sich und bekam zwei Laken zu fassen. Er schleuderte sie dem Alten entgegen, nur um gleich darauf erneut zuzugreifen. Es regnete weiße und graue Stoffe. Einen Moment lang war der Alte seiner Sicht beraubt, und während er das Laken abwehrte, bückte Jori sich schnell und tastete nach dem Skalpell. Er richtete sich auf und streckte es in Richtung des Mannes. Er fühlte sich nun besser, stärker. Das Skalpell war sein Werkzeug. Etwas, womit er umgehen konnte. Der Mann war überrascht, als die Klinge auf ihn gerichtet war, doch er schien von Joris Ablenkungsmanöver einigermaßen beeindruckt.

»Was wollen Sie?« Die Aufregung machte Joris Stimme laut, er rief, obwohl sie direkt voreinander standen. Der Mann antwortete nicht. Er blickte Jori an und griff in die Tasche. Jori erschrak, hob das Skalpell drohend und verfluchte sich für seine zitternde Hand. Doch der Mann wirkte noch immer gelassen. In aller Ruhe holte er eine Zigarre aus dem Mantel und zündete sie an. Der Qualm hinterließ einen blauen Schleier in der Luft. Diese Gefasstheit machte Jori wahnsinnig. Warum trieben sich überhaupt alle in der Weihnachtsnacht in der Salpêtrière herum?

»Wer sind Sie, sind Sie von der Polizei?«

Zum ersten Mal machte sich so etwas wie Ärger auf dem Gesicht des Alten breit.

»Mein Junge, viel weiter hättest du die wahren Umstände wohl nicht verfehlen können.«

»Wer sind Sie dann?«

»Ich kläre einen Fall.«

»Also sind Sie Detektiv oder so etwas.«

»Nein. Ich tue das aus privaten Gründen. Interessehalber.« Der Mann stieß seinen Qualm aus, und Jori blinzelte verwirrt. »Das bedeutet, ich werde von niemandem beauftragt«, erklärte der Fremde geduldig, »oder zumindest nicht mehr. Am Anfang gab es einen Auftrag, aber den habe ich nicht angenommen, und das tut jetzt auch nichts mehr zur Sache. Eigentlich arbeite ich nämlich für die andere Seite, so wie du.«

Man hätte den Alten für einen Irren aus der ambulanten Station halten können oder aus dem Bicêtre, doch dafür sprach er zu deutlich.

»Und was wollen Sie von mir? Warum greifen Sie mich an?«

»Dich greife ich an, weil du es verdient hast, du Bengel! Ich beobachte dich schon seit einiger Zeit.« Er deutete mit der Zigarre zur Mangelmaschine. »Ich nehme doch an, in diesen Tüchern befindet sich das Mädchen?«

»Welches Mädchen?«

»Die Doppelmörderin, die ihre Zeichen in dem Waldhaus in Clamart hinterlassen hat.«

Jori wurde bleich.

»Nein, das ist eine Patientin unserer Klinik. Sie ist schon lange hier und war vorher in anderen Kliniken. Von einem Mord steht nichts in ihren Akten.«

»Natürlich nicht! Die Zusammenhänge habe ja auch erst ich herausgefunden.« Schalk blitzte in den Augen des Alten. Vom Qualm seiner Zigarre wurde Jori fast schlecht.

»Das Mädchen braucht intensive Pflege. Sie können es nicht verhaften.«

»Von deiner intensiven Pflege habe ich gelesen«, sagte der Mann. »Wenn ich hier überhaupt jemanden verhaften würde, dann dich, du rotzfrecher Bursche. Aber wie schon erwähnt: Ich arbeite nicht für die Polizei. Ich kann ganz allein über Recht und Unrecht entscheiden. Und um ehrlich zu sein, tut das ganz schön gut.« Er zog an seiner Zigarre, und sein Blick wurde versonnen. Nikotin schien eine weitere Sache zu sein, die ihm guttat. »Es ist schon interessant, wie Lombroso am Ende doch immer recht behält. Als ich dich zum ersten Mal gesehen habe, habe ich gleich gewusst, dass du ein Verbrecher sein musst. Jetzt versuchst du hier den Arzt zu spielen, aber das Kriminelle in dir kannst du doch nicht unterdrücken.«

Joris Verwirrung wurde immer größer. Er war sich fast sicher, dass dieser Mann einen geistigen Schaden haben musste!

»Wusstest du eigentlich, dass du dich ganz umsonst um ihre Genesung bemühst?«, fragte der Alte. »Die Idiotie des Mädchens ist nämlich nicht pathologisch, sondern physiologisch –

ebenso wie die von allen anderen Frauen hier. Denk mal über den Unterschied nach.«

»Wovon reden Sie denn?«

»Lombroso. Das, was ihr hier Geisteskrankheiten nennt, sind in – sagen wir – 90 Prozent der Fälle keine Krankheiten. Es ist eine Frage der Vererbung und der Physiognomie. Und darum sind diese Frauen auch nicht zu heilen.«

»Das sind doch längst überholte Theorien.«

»Im Gegenteil!«

»In der modernen Medizin reden wir sowieso schon lange nicht mehr von Geisteskrankheiten. Die Frauen in unserer Behandlung leiden an Krankheiten der Nerven oder des Gehirns.«

»Na so etwas. Jetzt sind es also die Nerven und das Gehirn. War es bis vor Kurzem nicht noch die Gebärmutter?« Der Alte grinste.

»Was wollen Sie?«

»Das Mädchen sehen.«

»Und wofür?«

»Man hat mir gesagt, es habe eine interessante Physiognomie.«

»Tut mir leid, aber ich bin der Arzt dieses Kindes, und ich kann nicht …«

»Mein Junge, ich habe gesehen, was für eine Art von Arzt du bist. Ich weiß, ich kann dir keinen Vorwurf daraus machen, denn du kannst nicht anders. Aber wenn du nicht möchtest, dass dieses Geheimnis bei der Presse oder der Polizei landet, dann zeigst du mir jetzt das Mädchen!«

Ehe Jori etwas erwidern konnte, stapfte der Alte an ihm vorbei. Jori schob erschrocken das Skalpell vor, doch es machte keinen Unterschied. Er würde nicht zustechen, und sie beide wussten es. Der Mann ging zur Mangelmaschine hinüber und blieb dann ganz plötzlich stehen. An seinen Schultern konnte Jori sehen, dass er stutzte. Er drehte sich auf dem Absatz um und blickte Jori an.

»Ich glaube, unsere kleine Freundin ist fort«, sagte er, und Jori stürzte entsetzt an ihm vorbei, um es selbst zu sehen. Da waren die Laken, in die das Kind eingehüllt gewesen war, doch sie lagen zerwühlt und zerknittert vor der Mangelwalze, als hätte diese ihre Arbeit nicht richtig gemacht. Joris Magen drückte sich zusammen, bis er so krumpelig war wie der Stoff vor ihm. Runa musste aus der Narkose aufgewacht sein, doch wieso hatten sie sie nicht gesehen oder gehört? Wild blickte er um sich, schaute unter die Tische und in die Körbe, doch von dem Kind war nichts zu sehen, und die Halle war groß. Jori begann umherzulaufen, während der Mann dastand und ihn interessiert beobachtete.

»Was haben Sie getan? Wo ist sie?«, rief Jori, als wäre der Alte ein Zauberer, der Dinge plötzlich verschwinden ließ. Doch das hier war keine Bühne im Pariser Varieté, sondern die Wäscherei der Salpêtrière. Jori war die ganze Zeit mit dem Mann zusammen gewesen. Er hatte ihn nicht aus den Augen gelassen.

»Wo ist sie?«, brüllte er trotzdem weiter. Und ihm fiel ein, dass Gérard die Halle verlassen hatte. Vielleicht hatte er das Mädchen mitgenommen, aber wie nur … Jori hatte ihn doch gehen sehen, und er war allein gewesen.

Er schaute unter allen Tischen und Maschinen nach. Vielleicht war es bereits in einen anderen Teil der Halle gekrochen, dorthin, wo die Nähtische standen, oder in den Kesselraum. Jori wollte nachsehen und zurücklaufen, da hörte er wieder den Lärm von draußen, und im nächsten Moment flog eine Tür auf. Er vernahm die Stimmen von Menschen, ihr Gebrüll. Es mochten hundert sein, zweihundert oder mehr. Sie kamen in die Halle, diesmal bestand kein Zweifel daran. Ihre Rufe hallten von den Wänden wider. Jori blickte den alten Mann an, der ebenso überrascht war wie er selbst. Er wollte nicht ohne das Mädchen gehen, doch jetzt schälten sich auch Worte aus dem Geschrei heraus. »Kinderschänder!«, rief der Mob, und der Mann blickte Jori lächelnd an und sagte: »Ich glaube, die meinen dich.«

Die Ersten aus der Gruppe konnten keine 50 Meter mehr von der Ecke entfernt sein, hinter der Jori und der Alte standen. Ihr Gebrüll schwappte wie eine tosende Welle durch den Gang. Der Alte trat einen Schritt zurück, zwischen die Maschinen, damit der Tross ihn nicht gleich umlief, wenn er um die Ecke kam. Dort blieb er und wartete interessiert das weitere Geschehen ab. Jori wandte sich in Richtung Ausgang und rannte um sein Leben. Er erreichte die Tür und riss sie auf. Sie war noch nicht ganz ins Schloss gefallen, da hörte er durch das allgemeine Kriegsgeheul ein Stimmchen dringen, es musste ein kleiner Junge sein. »Da ist er!«, rief er, und Jori blieb das Herz stehen, als er gleich darauf eine weitere Person heraushörte, die Stimme einer Frau, die er nur allzu gut kannte: »Wo? Wo?«, rief sie, und Jori hatte keinen Zweifel: Es war Mme Villon.

Lecoq kannte die alte Dame nicht, die in der Mitte der Menschenmenge stand und sich suchend umblickte, während alle anderen sich bereits für ihren Verbrecher entschieden hatten. Doch er kannte die beiden Kinder, die den Mob anführten. Und es erfüllte ihn mit Stolz zu sehen, dass Frédéric eines von ihnen war. Mit hochroten Wangen hatte er den Arm gehoben, auf ihn gezeigt und gerufen: »Da ist der Verbrecher!«

Lecoq lächelte ihm zu. Der Junge wirkte größer und forscher als beim letzten Treffen, fast so, als sei er in der Weihnachtsnacht ein Stück gewachsen. Wer hätte gedacht, dass Frédéric in der Lage war, eine Gruppe anzuführen.

Einige Sekunden lang genoss Lecoq die Aufmerksamkeit der Menschen, er genoss die Vorstellung, er könne tatsächlich der Verbrecher sein, den sie suchten. Tatsächlich war dies einer der glücklichsten Momente seines Lebens. Endlich einmal fragte niemand mehr, ob er nicht vielleicht doch bei der Polizei arbeite! Endlich erkannten sie, wer er wirklich war.

Der Mob brüllte los und stürzte sich mit Fackeln und Knüppeln auf ihn. Und etwas zu spät hob Lecoq die Hände, um ihnen Einhalt zu gebieten und sich zu erklären. Die Menschen hatten lange nach jemandem gesucht, an dem sie ihre Wut und ihren Ekel auslassen konnten. Und die Kälte und der Sturm draußen hatten ihre Ungeduld nur gesteigert. Sie waren nicht mehr zu bremsen, auch durch Lecoqs Hände nicht. Ehe er noch den Mund öffnen und etwas sagen konnte, spürte er den Knüppel an seiner Schläfe und wurde zu Boden gerissen. Die Verblüffung kam vor dem Schmerz. Und nach ihm kam nur noch Dunkelheit.

Unter Runas Füßen lagen tanzende Planken. Sie fiel. Lag. Fühlte. Da war ein Riss auf ihrem Kopf. Übelkeit drückte ihren Magen zusammen. Sie kannte das. Das und die Dunkelheit. Sie hielt beides aus. Aufrappeln. Auf die astdünnen Beine und weiter.

Sie hatte das Summen gehört. Der Helfer war gekommen.

Weiter, weiter, Mädchen. Warum hat man dich nicht festgemacht?

Die nackten Füße patschten auf dem Stein.

Um sie ein Gebräu aus Stimmen. Ein Meer aus Lärm.

»Wo ist sie?« »Wo ist er?« Warum hat man sie nicht festgemacht?

Eine Tür, ein Rütteln und Ziehen. Runa von der einen und die Tür von der anderen Seite. Zu. Immer zu die Türen. Immer, immer, immer.

Aber hier gab es auch Fenster. Runa hörte sie brüllen.

Der Sturm fuhr ihr mit Eisesfingern unter das graue Hemd. Er verfing sich an ihrem Körper.

Sie kauerte. Flocken stürzten auf ihren nackt rasierten Kopf. Weiße Splitter. Ihr Blick glättete sich.

Schnee!

Jori, sieh nur, es schneit!

Runa drehte sich um, kichernde Freude füllte das Loch in ihrem Gesicht. Sie hob es dem Schnee entgegen, hob die Arme und die nackten Beine und sprang.

Warum man Lecoq nicht gleich an Ort und Stelle vierteilte, darüber sollten seine und meine Meinung später auseinandergehen. Lecoq behauptete, er sei zu zäh, als dass er sich in Stücke reißen ließe. Ich dagegen glaube, dass es egoistische Neugierde war, die seine Peiniger irgendwann einhalten ließ. Sie wollten die ganze Geschichte hören, zu der ich ihnen in der Kirche so etwas wie den Vordruck geliefert hatte.

Sie warfen ihn also noch als Ganzes in die Zelle neben mir, aber viel hätte nicht gefehlt, ich sah es durch die Gitterstäbe. Er hatte eine blutige Nase, Schnitte und Quetschungen im Gesicht. Sein linker Arm war ausgekugelt. Zwischen den gescheitelten grauen Haaren nässte eine Platzwunde. Ich zog die Beine vor die Brust und machte mich ganz klein in meiner Ecke. Dass mein Gedicht so etwas auslösen konnte, hatte ich nicht geahnt und nicht gewollt. Das Flackern der Öllampe, die man zwischen unseren Zellen auf den Boden gestellt hatte, ließ seinen Körper aussehen, als zittere er. Tatsächlich aber lag er ganz still da. Ich sah nicht einmal, ob er noch atmete.

Das Einzige, was sich in den nächsten Stunden verändern sollte, war die Farbe seiner Blutergüsse. Ich sah dabei zu, wie sie sich verfärbten, von rot zu blau, während sich draußen der Sturm legte und die Wolken sich verzogen. Und als schließlich ein verspäteter Mond durch die schmalen, vergitterten Schlitze über unseren Köpfen fiel, war die ganze Gesichtshaut angeschwollen, wie in Tinte getaucht. Ich interpretierte das als gutes Zeichen. In einem Toten floss das Blut sicherlich nirgends mehr hin, dachte ich, ein Toter würde nicht blau, sondern blass und weiß werden.

Nach Stunden dann kam der Mann endlich zu Bewusstsein, und mit seinem Bewusstsein kamen die Wärter. Sie beredeten sich lange, verschwanden wieder und kamen mit einem Kollegen zurück, der eine höhere Stellung haben musste, ich sah es an seinem Gehrock, der zwei Knopfreihen hatte, wo bei den anderen nur eine war. Mein Blick wanderte die Reihe entlang, vom Saum bis zum Kragen, die Knöpfe glänzten golden im Licht der Lampe, die er trug. Dann sah ich sein Gesicht und erkannte den Inspektor aus der Saint-Médard. Heute blickte er nicht freundlich. Vielleicht war das sein Arbeitsgesicht, das Gesicht, mit dem er Verbrechern begegnete. Vielleicht war er aber auch wie alle anderen unglücklich darüber, ausgerechnet an Weihnachten zu arbeiten. Er warf einen kurzen Blick auf mich, registrierte mein Messgewand mit einem Stirnrunzeln, ohne mich aber zu erkennen. Dann blieb er vor den Stäben der Nachbarzelle stehen. Ich sah, dass er stutzte.

»Monsieur Lecoq?«, rief er verblüfft, und obwohl mir der Name bekannt vorkam, begriff ich in jenem Moment noch nicht. Der Angesprochene stöhnte zur Antwort. Er lag noch immer auf dem Boden. »Holt den Arzt!«, befahl der Inspektor und wies den Wärter an, die Zelle aufzuschließen. Er betrat den kleinen Raum, hockte sich neben den Verletzten und richtete ihn auf. Lecoq hielt sich den Arm.

»Was machen Sie denn, Monsieur? Das ist nun schon das zweite Mal innerhalb kürzester Zeit, dass ich Sie an einem Tatort aufsammle.« Der Mann wirkte besorgt. Er sprach leise, doch ich hörte jedes Wort. Die Zellen waren klein genug, um selbst ein Flüstern zu verstehen.

Der Arzt, der eine halbe Stunde später kam, war ein Mann mit Zylinder, schwarzer Tasche und fahlem Gesicht. Ich hätte ihm eher den Beruf eines Totengräbers zugeordnet. An seiner mürrischen Miene war abzulesen, dass auch er sich über den Zeitpunkt der Konsultation wenig freute. Er war geschickt und vorsichtig in der Untersuchung, doch als er Lecoq später im Licht der Öllampe den Arm einrichtete und in die Schulter zurückdrehte, tat er es ohne Betäubung. Ich presste die Hände auf die Ohren und wünschte mir, ich hätte das Gedicht nie geschrieben.

Als der Arzt ging, stand der Inspektor noch lange in der Tür zur Zelle. Dann löschte er das Licht der Öllampe, wies den Wärter an abzuschließen und ließ uns im Dunkeln zurück. Durch das Fenster über unseren Köpfen konnte ich den nachtfarbenen Himmel sehen und ein Stück Mond, der weitergerückt war und so blass aussah, als sei er lediglich aus einer Wolke geschnitten. Ich hatte jegliches Zeitgefühl verloren, schätzte aber, dass es nach fünf Uhr sein musste, der 25. Dezember. Es stank nach Urin und faulendem Keller. Ich wartete auf die Morgenröte und wünschte mir, man hätte uns zumindest eine Kerze dagelassen.

Das Stöhnen meines Zellennachbarn begleitete mich durch die kurzen Schlafphasen, ebenso wie die Geräusche der Ratten, die mich jedes Mal aufschrecken ließen. Ich hatte gesehen, was die Biester mit dem Neugeborenen unserer Nachbarin angestellt hatten. Ich hatte es durch die Wand schreien hören, als sie ihm die Ohren abgenagt hatten. Unsere Nachbarin aber hatte es nicht gehört, weiß der Himmel, wieso. Seitdem brachte sie das Kind selten mit sich, und wenn, dann hielt sie seinen Kopf an die Brust gepresst, die rechte Hand über dem weggeknabberten Ohr, als dürfe es nicht hören, was gesprochen wurde.

Ich versuchte wach zu bleiben, doch die meiste Zeit über wusste ich nicht einmal, ob ich die Augen geschlossen hielt oder nicht. Ich dachte an meinen Vater, dann träumte ich von Gustave, oder vielleicht war es auch umgekehrt. Mir war kalt. Doch ich war nicht wach genug, um die kratzende Decke besser über mich auszubreiten, die nach ungewaschenen Körpern roch. Mein rechter Fuß lag draußen auf dem kalten Steinfußboden. Einmal träumte ich, ich liefe im Schnee.

Als ich aufwachte, war es hell. Mein Zellennachbar saß an der Wand gelehnt und musterte mich. Jetzt im Morgenlicht sah er noch viel schlimmer aus. Sein Gesicht war geschwollen und zerschlagen. Ich traute mich nicht zu lächeln.

Ein Wärter kam, vielleicht derselbe von gestern Nacht, vielleicht auch nicht. Sie trugen alle die gleiche Uniform und hatten alle den gleichen strengen Haarschnitt. Ich hatte mir das Gesicht nicht gemerkt, und ich merkte mir auch dieses nicht. Es war nicht wichtig. Der Mann kam nur in seiner Funktion zu uns.

Er brachte zwei Schüsseln mit undefinierbarem Brei, und ich hatte so großen Hunger, dass ich mich sofort auf meine stürzte. Mein Zellennachbar aber warf nur einen abschätzigen Blick hinein und schob die Schüssel dann von sich.

»Ich nehme an, du bist mein junger Komplize«, sagte er, und es klang erstaunlich heiter, wenn man bedenkt, dass er den Kiefer kaum bewegen konnte. Mit der rechten Hand griff er durch die Stäbe. So schmal wie die Zelle war, musste er sich dafür nicht einmal vom Platz bewegen. Ich sah auf seine Finger, als könnten sie mich beißen. Doch als ich die angebotene Hand schließlich ergriff, war sein Händedruck fest und stark. Beinahe hätte ich geweint.

»Monsieur Lecoq«, stellte er sich vor. »Ich arbeite als Verbrecher.«

»Maxime Chevrier. Ich habe ein Gedicht geschrieben.«

»Du trägst ein Messdienergewand.«

»Das ist ein Chorknabengewand. Sie haben mich direkt von der heiligen Messe mitgenommen.«

Monsieur Lecoq zog die Augenbrauen hoch und ich die Hand zurück, um mich wieder in meine Ecke zu kauern und die Decke über mich zu ziehen. Dass der Mann gesagt hatte, er sei ein Verbrecher, beruhigte mich auf abwegige Weise. Ich konnte es besser ertragen, als wenn ein Unschuldiger meinetwegen so zugerichtet worden wäre.

Vielleicht war der Mann gar nicht wegen meines Gedichts hier, dachte ich. Vielleicht war er ein Mörder oder Schlimmeres.

»Was für ein Verbrechen haben Sie begangen?«, fragte ich zaghaft und ohne ihn anzusehen.

Schweigen.

»Möchten Sie nicht darüber reden?«

»Ich stecke noch in den Vorbereitungen.«

»Der Inspektor gestern schien Sie bereits zu kennen.«

»Unsere Wege haben sich in letzter Zeit einige Male gekreuzt, ja.«

»Das heißt, Sie sind öfter hier?«

»Nein. Wir sind uns außerhalb begegnet, sozusagen auf derselben Spur.«

»War er hinter Ihnen her, weil er weiß, dass Sie ein Verbrechen vorbereiten?«

»Nein, er war hinter mir her, weil ich seinen Fall aufdecken wollte.« Er lehnte sich an die Wand zurück, und unter den Schnitten und Quetschungen konnte ich tatsächlich so etwas wie ein selbstzufriedenes Lächeln erkennen. Er beobachtete meine Verwirrung einige Sekunden lang. Dann sagte er laut genug, dass auch der Wärter am Eingang es hören konnte: »Die Sûreté beobachtet mich nämlich, weil ich klüger bin als sie!« Er zwinkerte mir zu. Seine Augen lachten. Ich aber blickte nervös zur Tür. Der Wärter ließ sich nicht blicken.

»Und du bist also ein Gedichteschreiber?«

Ich nickte irritiert.

»Welche Art von Gedichten?«

»Böse Gedichte«, murmelte ich und legte den Kopf auf die Knie. Der Geruch der Decke kratzte mir in die Nase.

»Wie meinst du?«

»Kennen Sie Charles Baudelaires ›Die Blumen des Bösen‹? So eine Art von Gedichten.«

Monsieur Lecoq lächelte nachsichtig.

»Ein junger Charles Baudelaire also. So.«

»Das scheint Sie zu belustigen.«

»Im Gegenteil, nein. Es erklärt, warum du hier bist.«

Er legte den Kopf in den Nacken und blickte zu dem Fenster über sich, wo der Himmel hinter den Gitterstäben heute blau war. Wieder fiel mir auf, wie zufrieden er aussah.

»›Der Dichter im Kerker, zerrissen und krank,
Ein Schriftstück zertretend in krampfhaftem Drang,
Misst scheu mit dem Blick, drin Schrecken entbrennen,
Die Stufen, die ihn vom Wahnsinn trennen.‹

– Das ist doch von Charles Baudelaire, oder?«

Ich starrte ihn mit offenem Mund an.

»Kennen Sie etwa auch alle seine Gedichte auswendig?«

»Nun, ich würde nicht sagen, dass ich sie alle kenne. Aber doch zumindest die, in denen es um Verbrechen geht.«

»Ich habe mein halbes Leben damit verbracht, seine Gedichte zu lesen! Ich kenne alle seine Werke aus der Nationalbibliothek!«

Ich hockte mich an die Stäbe und ergriff das kalte Metall, um Monsieur Lecoq besser sehen zu können. In meiner Begeisterung bemerkte ich das belustigte Zucken um seine Mundwinkel zu spät. »Mein halbes Leben« war wohl nicht lang genug, um ihn zu beeindrucken.

»Ich kenne seine Werke nur aus der Polizeiakte. Charles wurde für einige seiner Gedichte verurteilt, wusstest du das? ’57 hatten wir ihn da. Er muss so um die 30 Jahre alt gewesen sein. Ich hatte gerade angefangen, bei der Sûreté zu arbeiten.«

»Wirklich?«

»So wahr ich hier sitze.«

»Sie kannten Charles Baudelaire persönlich?«

»Er war nie ein einfacher Zeitgenosse. Sein Verleger hat mir im Verhör gesagt, das läge daran, dass er als kleiner Junge durch den Tod seines Vaters zum Halbwaisen geworden sei. Aber natürlich lag der wahre Grund dafür in seiner Physiognomie.« Monsieur Lecoq tippte sich zwinkernd an die Nase, und es hätte nicht mehr viel gefehlt, und ich hätte ihm gestanden, dass auch ich Halbwaise war und oft ungehorsam.

»Hat er in einer Zelle wie dieser gesessen?«

»'57 meinst du?« Monsieur Lecoq ließ den Blick über die vier Quadratmeter schweifen, in die man uns eingesperrt hatte, und bewegte den Kopf nach rechts und links. »Nein. Schlimmer als diese. Vor dreißig Jahren waren es Löcher, in die man die Dichter warf. Du hast ihn doch gelesen. Meinst du, die Beschreibungen kämen von ungefähr?«

Ich konnte mir nicht vorstellen, wie etwas noch schlimmer sein konnte als die bettlose, dunkle Zelle, in der ich die letzte Nacht verbracht hatte. Doch als Lecoq von regenleckenden Wänden zu erzählen begann, von dem fensterlosen Verlies, in dem sich Charles Baudelaire das schimmlige Brot mit Dieben und Mördern teilen musste, war die Beschreibung so anschaulich, dass ich sie nicht infrage stellen wollte. Ich prägte mir die Worte ein und bemerkte, dass ich sie gedanklich in Zeilen umformte und Reime. Vielleicht würde ich ein Gedicht schreiben, wenn ich hier herauskam.

»Du kannst froh sein, heute ein Dichter zu sein«, schloss Lecoq seine Beschreibungen ab und nickte. »Dir werden sie keine Daumenschrauben anlegen, noch dazu in diesem Aufzug. Bei Baudelaire früher, da hatten wir weniger Skrupel. Wir wussten ja, dass kein Hahn nach ihm gekräht hätte, auch wenn er nie wieder aus den Kellern des Polizeipräsidiums aufgetaucht wäre: Schulden, ein Verhältnis zu einer Prostituierten, Syphilis. Das Erbe seines Vaters hatte er mit vollen Händen ausgegeben und ein, zwei Jahre als Dandy im Luxus gelebt. Danach war er wieder arm wie vorher.«

Die hockende Haltung wurde mir langsam unbequem. Meine Beine drohten einzuschlafen. Ich fror in meinen guten Schuhen und stellte mich auf die Fußspitzen, bis eine Falte im Leder entstand, die auf meine Zehen drückte.

»Ich weiß nicht, ob irgendein Hahn nach mir krähen würde«, sagte ich leise.

»Was ist mit deiner Familie?«

»Mein Vater ist enttäuscht von mir. Der würde mir sicher nicht helfen. Und Freunde habe ich keine. Es ist nicht mal jemandem aufgefallen, als mein Vater mich mehrere Wochen lang auf dem Dachboden eingesperrt hat.«

»Ein armer, vereinsamter Dichter.« Lecoq nickte, und diesmal lag keine Ironie in seiner Stimme. »Das muss so sein, Junge. Ich kenne keinen guten Dichter, der nicht schon einmal eine Gefängnisstrafe hinter sich gehabt hätte.«

»Wirklich?«

»Hast du nicht selbst gesagt, dein Vater habe dich mehrere Wochen lang eingesperrt?«

Ich nickte nachdenklich und wollte ihm so gern glauben, dass ich alle Skepsis beiseiteschob.

»Ich habe mein Gedicht auch auf dem Dachboden geschrieben.«

»Ich würde es gern einmal hören.«

»Jetzt?«

»Warum nicht? Wenn du deswegen eingesperrt worden bist, dürfte es doch höchst interessant sein.«

»Ich kann es nicht auswendig«, log ich. Doch Lecoq zog skeptisch die Augenbrauen hoch.

»Ich kann mir nicht vorstellen, dass ein Baudelaire jemals eines seiner Gedichte vergessen hätte.«

»Man muss es geschrieben lesen. Es ist nicht das Gleiche, wenn man es hört.«

»Da muss ich dir widersprechen. Als Charles uns seine ›Femmes Damnées‹ vorgetragen hat…«

»Charles Baudelaire hat Ihnen eins seiner Gedichte vorgetragen?«

»Er hat sich Zigaretten damit erkauft. Die ganze Belegschaft hat vor seiner Zelle gestanden und zugehört – und ich kann dir sagen, dort unten im Kerker und mit der Stimme des Dichters vorgetragen … Bis hin zum höchsten Polizeichef haben wir alle eine Gänsehaut bekommen! Es hätte nicht viel gefehlt, und wir hätten ihn laufen lassen, mitsamt seinen Texten.«

»Meine Gedichte liest man besser selbst. Ich kann nicht gut vortragen.«

»Wegen deines Stimmbruchs, meinst du?«

Ich kniff die Lippen zusammen. Diesem Monsieur Lecoq war es also auch schon aufgefallen.

»Nein, weil das Gedicht schon genug Schaden angerichtet hat.«

»Welchen Schaden?«

»Sie zum Beispiel!«

»Mich?«

»Die Leute haben gedacht, Sie seien der Körperöffner!«

Lecoq zog die Augenbrauen hoch, und ich konnte nicht anders, als loszuheulen. Es lag für mich auf der Hand, dass dieser Mann meinetwegen hier war.

»Junge, wer ist der Körperöffner?«

»Sie haben gedacht, mein Gedicht sei wahr!«, heulte ich. »Dabei war doch alles nur ausgedacht!«

»Schon gut, aber wer ist der Körperöffner?«

»Ich habe sie davonstürmen sehen, aus der Kirche. Mit ihren Fackeln. Es hat sie überhaupt nicht interessiert, wer das Gedicht geschrieben hat. Sie wollten einfach nur den Mann kriegen, der den Kindern das angetan hatte.«

»Junge, jetzt ist es genug! Reiß dich zusammen, man kann das ja nicht mitansehen. Du bist zu groß, um so zu flennen!«

Ich versuchte meine Tränen zurückzuhalten. Doch das Ergebnis war nur ein Japsen und Schniefen. Aus meiner Nase tropfte es. Ich machte einen jämmerlichen Eindruck.

»Der Körperöffner«, sagte Lecoq noch einmal. »Ist er aus dem Gedicht?«

Ich nickte verweint.

»Und du meinst, die Leute haben mich für ihn gehalten?«

»Ja.«

Es spielte keine Rolle mehr, dass ich mich wehrte. Lecoq wollte das Gedicht hören. Und ich fand weder die Argumente noch die Stimme, um mich gegen ihn durchzusetzen.

Zitternd und schluchzend begann ich die erste Zeile aufzusagen. Zweimal brach meine Stimme, und ich musste neu ansetzen. Dann aber ging es besser. Ich fand meinen Weg in die Verse, und irgendwie beruhigten mich die Worte. Sie standen sicher und fest da, wo sie hingehörten – als Einziges, wie mir schien. Nicht einmal meine Stimme kiekste. Ich hörte die Zeilen im Keller nachhallen, und er passte zu meinem Gedicht. Es kam mir vor, als hätte ich diesen Ort für meine Worte geschaffen, so wie ich das Gedicht selbst geschaffen hatte.

Der Körperöffner bleibt am Bette stehn
Unterm Kirchlein, wo der Wahnsinn wacht.
Er zählt uns: zwanzig, siebzehn, zehn –
Geblieben nur noch acht.

Als ich mein Gedicht beendet hatte, brach die Stille mit derselben Macht über mich herein wie zuvor in der Kirche. Ich öffnete die Augen, fühlte mich besser. Die Stille war noch immer da. Sie ging auch von Lecoq aus, der mit weit aufgerissenen Augen dasaß und mich ansah. Zweihundertvierzehn, dachte ich bei mir, denn es war jetzt noch eine Person mehr, die mein Gedicht kannten.

»Wo hast du das her, Junge?« Lecoqs Stimme hatte sich verändert. Sie hatte plötzlich etwas Bedrohliches. Innerlich wich ich zurück, obwohl mir die Zelle praktisch keinen Raum dazu ließ.

»Ich habe es selbst geschrieben!«

»Beim heiligen Nikolaus von Myra hoffe ich für dich, dass das nicht wahr ist.«

»Ist es aber.«

»Du solltest dich davor hüten, das dem Inspektor zu sagen.«

»Warum?«

»Weil du dann genau der Verbrecher wärst, den wir suchen.«

Die trotzige Haltung bröckelte von mir ab wie getrockneter Sand. Die Art und Weise, wie Lecoq es sagte, ließ keinen Zweifel daran, dass es ihm ernst war.

»Ich frage dich also noch einmal: Wo hast du das Gedicht her?«

»Aber ich habe es selbst geschrieben«, stammelte ich.

Lecoq fasste mit verzerrtem Gesicht in die Innentasche seines Mantels. Es war ein umständliches Unterfangen, denn sein linker, frisch eingekugelter Arm schien ihm große Schmerzen zu bereiten, und er musste den rechten benutzen, um an die rechte Seite zu kommen. Er zog ein Notizbuch hervor, aus dem er einen Zettel nahm und einhändig auseinanderfaltete.

»Hast du das dann auch geschrieben?«

Er hielt mir den Zettel hin. Ich erkannte die Größe der Seite und das Papier sofort. Sie stammte aus meinem Gesangbuch. Auch die Zeichen darauf passten zu jenen, über denen ich die letzten Wochen und Monate gehockt hatte. Das Gedicht hätte noch weitergehen müssen, dachte ich sofort und versuchte die Wörter zu entziffern. Ich griff durch die Gitterstäbe und wollte das Papier anfassen, doch da zog Lecoq es zurück.

»Kommt dir das bekannt vor?«

»Ja«, flüsterte ich. »Aber das habe ich nicht geschrieben.«

»Woher kommt es dir dann bekannt vor?«

»Ich habe den Rest dazu.«

Als ich Lecoq in die Augen sah, wurde mir klar, dass er lange über demselben Rätsel gebrütet hatte wie ich, auch wenn ich seine Beweggründe dafür nicht kannte. Wir waren wie zwei Mosaiksteinchen, die sich gefunden hatten. Lecoq leckte sich über die geschwollenen Lippen und war mit einem Mal sehr aufgeregt.

»Woher?«

»Aus einem Gesangbuch in der Saint-Médard.«

»Also doch! Was stand darin?«

»Das ist schwer zu sagen. Es war kein zusammenhängender Text. Dicht beschriebene Bleistiftreihen mit Namen, Formeln und Bildern. Dazwischen manchmal ein einzelnes Wort, Begriffe …«

»Begriffe?«

»Der ›Körperöffner‹, zum Beispiel«, gab ich kleinlaut zu und ließ den Kopf hängen. »Ich habe das literarische Potenzial darin erkannt und die Wörter übernommen. Aber das Gedicht ist trotzdem von mir!«

»Gab es irgendeinen Hinweis, wer der Körperöffner war?«

Ich schüttelte den Kopf.

»Was waren es für Namen?«

»Nur die, die ich in das Gedicht übernommen habe: Emma, Louise, Marie, Josephine. Und dann noch Burq.«

»Burq?«

»Doktor Burq, ein Arzt. Ich konnte ihn im Gedicht nicht unterbringen, weil ich keinen passenden Reim auf ihn gefunden habe.«

Lecoq schien es gar nicht zu interessieren, dass ich die Wörter aus dem Buch geklaut hatte. Er sah die Unmoral dahinter nicht.

»War auch ein Gérard dabei?«

»Nein. Wieso fragen Sie?«

»Weil ich glaube, dass dieser Doktor Burq einen Komplizen haben muss, der Gérard heißt.«

Ich war wie elektrisiert, als mir klar wurde, von welchem Gérard Lecoq sprechen könnte. Gérard Encausse hatte das Buch von Burq auf den Knien gehabt, als wir in der Bibliothek voreinander gesessen hatten. Und er hatte gesagt, er sei Burqs Erbe. Plötzlich schämte ich mich dafür, nie in die Bibliothek zurückgekehrt zu sein, um die Sache weiterzuverfolgen. Nachdem ich an Kaiserin Josephines Geheimnissen gescheitert war, hatte ich die Suche nach der Idee hinter den Worten einfach aufgegeben.

»Junge, es ist jetzt sehr wichtig, dass du mir verrätst, welche Wörter genau aus dem Gesangbuch sind.«

»Wieso?«

»Weil man die Namen, von denen du sprichst, auch in einem Haus gefunden hat, in dem ein Mann gestorben ist, groß an die Wand geschrieben: Emma, Louise, Marie und so weiter. Und wenn mich nicht alles täuscht, werden sie auch auf der Haut einer Leiche gestanden haben, die in einer Vorratskammer verdurstet ist. Also würdest du mir nun bitte sagen, für was davon du verantwortlich bist?«

Ich wurde blass.

»Ich habe doch schon gesagt, dass die Wörter aus dem Gesangbuch sind«, stammelte ich. »Die Verse, das Metrum, die Reime, all das ist aber von mir!«

»Also sind alle Wörter aus dem Gesangbuch?«

»Ich weiß es nicht.«

»Wieso weißt du es nicht?«

»Ich habe so lange an dem Gedicht herumgeschrieben. Ich weiß nicht mehr, was von mir ist und was nicht!«

»Besteht die Möglichkeit, dass du mir das Gesangbuch zukommen lässt?«

»Wie denn? Ich bin ja hier im Gefängnis!«

»Aber nicht für ewig. Jetzt hör schon auf zu weinen!«

»Ich habe niemanden umgebracht!«

»Das glaube ich dir ja. Du solltest dich nur später im Verhör ein wenig geschickter anstellen. Ob du ein anständiges Versmaß zustande gebracht hast oder nicht, interessiert den Inspektor nämlich nicht.«

»Ich werde nie ein guter Dichter sein!«, heulte ich. »Ich habe gedacht, ich wäre einer, aber nicht einmal die Worte sind von mir!« Es war eine Sache zu wissen, dass man Ideen geklaut hatte. Es nun aber allen preisgeben zu müssen, war eine ganz andere. Lecoq sah mir hilflos zu. Wahrscheinlich war ich der verheulteste Häftling, den er je gesehen hatte.

»Sie haben beim Aufräumen im Keller der Saint-Médard einen Leierkasten gefunden. Hast du in deinem Gedicht nicht etwas von einem Drehorgelspieler gesagt?«

»Ja«, heulte ich.

»Zitierst du mir die Stelle noch mal?«

Er musste lange warten, bis ich mich wieder beruhigt hatte. Und selbst dann brachte ich die Worte nur zwischen unregelmäßigen Japsern hervor: »... Während draußen der Spieler die Runde macht./Er dreht an der Kurbel und sammelt sie ein,/ Und vielhundert Mal durchdringt's die Stunde./Doch drinnen im Grabe die Frösche schrein./Schwarzgrau tropft das Blei aus neuer Wun...«

»Er sammelt sie ein!«

»Wen?«

»Seine Frösche.«

»Aber es ist ein Gedicht!«

»Nehmen wir an, der Körperöffner ist ein Drehorgelspieler. Und er sammelt die Kinder für seine Versuche ein. Es wäre eine leichte Sache. Kinder lieben Drehorgeln. Sie würden ganz freiwillig kommen. Sinite parvulos venire ad me ... Was für eine Ironie.«

Es machte mich nervös, dass Lecoq plötzlich von Annahmen, Indizien und Schlussfolgerungen sprach, wo ich zuvor nur Reime und Verse gesehen hatte. Zum ersten Mal wurde mir die Bedeutung der Botschaften bewusst, wenn man sie für wahr nahm und nicht für die Ausgeburt eines kreativen Hirns. Und die Vorstellung machte mir Angst. Vorsichtig blickte ich zu Lecoq herüber, doch der schien mein Gefühl nicht zu teilen. Die tiefen Falten auf seiner Stirn kamen vom Denken, nicht von Sorge. Seine Augen leuchteten.

»Die Zeichen in deinem Gesangbuch, sahen die aus wie von Kinderhand geschrieben?«

Ich nickte, und Lecoq nickte, und so nickten wir gemeinsam. Er schien mit meiner Antwort gerechnet zu haben.

»Ich vermute, dass ein Mädchen hinter alldem steckt. Eins, das in den Kellern, von denen du geschrieben hast, misshandelt wurde und das nun versucht, sich uns auf diese Art mitzuteilen.«

»Ein Mädchen?«, fragte ich entgeistert. Bis zu diesem Zeitpunkt war ich immer davon ausgegangen, die Worte und Zeichnungen stammten aus der Feder eines kleinen genialen Jungen. *Ils me disent que je suis folle*, dachte ich, folle, nicht fou – die weibliche Form von verrückt. Natürlich musste es ein Mädchen sein!

»Oder vielleicht versucht es auch gar nicht, sich uns mitzuteilen«, fuhr Lecoq fort. »Vielleicht schreibt es all das in Trance. Monsieur de Commarin hatte gesagt, das Kind sei öfter wie in Trance gewesen. Ein Kind wirft Steine in einen Brunnen. Tock. Tock. Tock…« Irgendetwas hatte Lecoq in der Hand, mit dem er bei jedem »Tock« auf den Steinboden klopfte. Es machte mir Angst, wie das Geräusch von den Wänden der Zellen widerhallte.

»Monsieur Lecoq?«

»Das Kind hat den alten Mann gesteinigt. Doch nicht aus böser Absicht. Ebenso wenig, wie es die Frau in der Vorratskammer töten wollte. Es hat einfach die Tür zugeschlossen. Aus Neugierde oder Abwesenheit. Vielleicht hat es darauf gewartet, dass es still wurde. Darauf, dass das Klopfen und Schreien hinter der Tür verebbten. Dann hat es den Schlüssel wieder gedreht, die Tür geöffnet, und die Tote ist herausgefallen. Verhungert oder verdurstet in der eigenen Speisekammer. Der perfekte Mord, nicht wahr? Es ist so einfach, jemanden zu töten, wenn man es nicht krampfhaft plant. Man muss sich nicht einmal die Hände dabei schmutzig machen.«

»Monsieur Lecoq, bitte hören Sie auf. Sie machen mir Angst.«

»Und dann hat sie mit dem geschrieben, was sie eben gerade fand. Mit toten Vögeln, die sie gegen die Wand presste. Mit einer Schreibfeder, die sie auf die Tasten eines Klaviers drückte, oder eben mit den Augen einer Toten.«

Mir wurde schlecht, doch Lecoq hatte zu seinem besonnenen Lächeln zurückgefunden. Er sprach die Worte sanft, als hätte er größtes Verständnis für die Schrecklichkeiten, die er da heraufbeschwor, und das machte die Bilder nur abartiger. Ich wollte mir die Hände auf die Ohren legen, doch die Finger klebten an den Gitterstäben, als seien sie dort festgefroren.

»Und dann dieser Junge, Frédéric, der die Zeichen in der Kutsche entdeckt hatte, auf dem Hof der Salpêtrière. Er hat mich zum ersten Mal auf die Fährte mit der Saint-Médard gebracht. Aber ich war der Annahme gewesen, ich müsste mich entscheiden: Es wäre entweder die Saint-Médard oder die Klinik. Was aber, wenn die Versuche im Keller der Kirche stattgefunden haben und man die Kinder erst später in die Klinik gebracht hat, aus welchem Grund auch immer? Und wie würde das zeitlich zusammenpassen? Wie sollte das Kind es geschafft haben, zwischen den Versuchen im Keller und denen in der Salpêtrière in mindestens drei verschiedenen Häusern gelebt zu haben: dem Waldhaus, bei den de Commarins und in der Mietwohnung mit der Vorratskammer? Und wann hat es das Gesangbuch beschrieben und den Aushang am Bahnhof gemacht?«

Lecoq griff mit der Hand seines intakten Arms in die Luft und versuchte die Stationen, die das Mädchen durchlaufen hatte, zusammenzubringen.

»Monsieur, Sie reden von den Versuchen, als stünde bereits fest, dass sie tatsächlich stattgefunden haben.«

»Das haben sie ja auch.«

»Was, wenn Sie sich irren? Wenn ich einfach die Informationen aus dem Gesangbuch falsch zusammengesetzt habe?«

Lecoq schüttelte den Kopf.

»Ich habe den Mann gesehen, den du und dieses Mädchen als Körperöffner bezeichnen. Und ich habe ihm Unterlagen abnehmen können, in denen ebendiese Versuche beschrieben werden. Man hat Kindern Metall in den Körper gespritzt, Quecksilber, und dann geprüft, wie sie darauf reagieren.«

Ich blickte mich um. Dies war kein Ort, um sich solche Dinge vorzustellen.

»Ich benötige dringend das Gesangbuch, Junge. Und dann muss ich das Mädchen finden.«

»Monsieur Lecoq, sind Sie sicher, dass Sie kein Polizist sind?«

Meine Frage riss ihn aus seinen Gedanken, und er sah mich perplex an. Dann wurde seine Miene finster und seine Stimme laut.

»Ja, da bin ich mir sicher! Ich liege verprügelt in einer Polizeizelle. Mein Arm war ausgekugelt und meine Rippen geprellt. Wie viel mehr muss man durchmachen, um endlich als Verbrecher gelten zu dürfen?«

»Ich meine ja nur, weil Sie vorhin sagten, dass Sie …«

»Ich habe mal für die Sûreté gearbeitet, ja. Aber ich habe auch mal für Baron Moser gearbeitet, und davor habe ich die Schulbank gedrückt. Deswegen fragt man mich doch trotzdem nicht, warum ich nicht immer noch mit meiner Kreidetafel unter dem Arm herumlaufe …«

Der Name Baron Moser läutete plötzlich eine Glocke in meinem Kopf. Ich hockte vor den Stäben und begriff. Und was ich begriff, machte mich wütend.

»Ihr Name ist Monsieur Lecoq«, wiederholte ich, und wir beide zogen die Augenbrauen hoch.

»Ja.«

»Und Sie haben für die Sûreté gearbeitet.«

»Ja.«

»Und vorher für Baron Moser, den Astronomen.«

Er sah mich an und verstand nicht, warum ich all diese Informationen wiederholte. Als er nicht antwortete, stieß ich mich von den Gitterstäben ab, um auf die Füße zu kommen. In meinem Chorknabengewand kam ich mir plötzlich lächerlich vor. Dieser Mann hatte mich auf den Arm genommen, vielleicht im Gegenzug dazu, dass ich mich mit Baudelaire verglichen hatte. Mochte ja sein, dass sein Name tatsächlich Lecoq war, zumindest hatte ihn der Inspektor so genannt. Doch dass all seine anderen Eigenschaften mit der Hauptfigur aus Émile Gaboriaus Detektivgeschichten übereinstimmten, das konnte er mir nicht erzählen. Mir nicht! Ich hatte Gaboriau bestimmt hundertmal gelesen. Monsieur Lecoq, dachte ich und schlug mir mit der flachen Hand vor die Stirn. Und plötzlich fragte ich mich, wie viel von dem, was dieser Lecoq mir erzählt hatte, überhaupt stimmen mochte. Die Geschichten über Baudelaire und auch über das Mädchen. Vielleicht war das alles ebenso erfunden wie seine ganze Identität!

Lecoq beobachtete mich mit Erstaunen, als ich mich wütend und schmollend auf meine Decke fallen ließ.

Jori verließ die Polizeistation, flankiert von zwei Männern in Uniform. Drei Tage lang war nur muffige Zellenluft durch seine Lungen gegangen, jetzt füllten sie sich mit Wintertag, mit dem Geruch nach Schnee und Kälte, vielleicht war dies das letzte Mal, dass er frei atmen würde. Er spürte einen Stoß im Kreuz. Unsanft wurde er in eine Kutsche gestoßen, sie war fensterlos, in einer Ecke lag ein Häufchen Stroh. Von außen wurde ein Riegel vor die Tür geschoben. Jori ging in die Hocke und fiel trotzdem hintenüber, als der Kasten sich in Bewegung setzte. Durch die Ritzen der Fußbodenbretter konnte er das Kopfsteinpflaster unter sich vorbeifliegen sehen. Wenn man zu lange hinsah, wurde einem schlecht davon.

Er blickte hoch, der Himmel über ihm war nur ein Astloch groß und diesig. Der Tag wagte es nicht, mit Sonne aufzuwarten, heute, wo man Jori unters Fallbeil legen wollte.

Als Jori in der Weihnachtsnacht in sein Zimmer bei Mme Villon gestürzt war und den Stapel Bücher auf dem Tisch in neuer Ordnung vorgefunden hatte, die Mappen mit den Versuchsberichten mittig zwischen den Medizinbüchern, hatte er geglaubt, einiges zu begreifen. Es war dumm gewesen, die Dokumente in seinem Zimmer liegen zu lassen – in einer Wohnung mit der neugierigsten alten Dame von ganz Paris. Jori hatte seine Koffer packen und verschwinden wollen, bevor der Mob auftauchen konnte, mit Mme Villon an der Spitze.

Doch am Ende waren es die Polizisten gewesen, die ihn aufgegriffen hatten, und Mme Villon hatte nur hinter ihnen gestanden. Aus sicherer Entfernung hatte sie beobachtet, wie sie sich auf den kofferpackenden Jori stürzten und sein Gesicht zwischen die Wäsche drückten, die er schon zusammengesucht und aufgestapelt hatte. Mme Villon hatte ihre erste reale Verhaftungsszene beobachtet und dabei sogar eine Hauptrolle spielen dürfen. Die Polizei hatte die Dokumente in Joris Besitz gefunden und in Mme Villon eine enthusiastische Zeugin. Mehr Beweise brauchte es nicht. Doch Jori hatte gedacht, dass es zumindest eine Anhörung geben würde. Dass er die Chance haben würde, die Dinge aufzuklären, bevor man ihn unter die Guillotine legte.

Er hörte die Pferdehufe auf dem Pflaster, hörte die Räder rattern und hörte sie nicht mehr, als die Kutsche hielt. Der Kasten wackelte leicht, als der Kutscher vom Kutschbock sprang. In Joris Körper krampfte sich alles zusammen. Er hörte den Kutscher grunzen und wartete darauf, dass sich die Tür öffnen würde, er wartete auf den Anblick des Schafotts.

Doch die Tür blieb geschlossen. Jori lauschte, er hörte etwas plätschern. Kurz darauf floss ein kleines gelbes Bächlein unter den Fußbodenbrettern her und versickerte zwischen den Steinen auf der Straße. Mit schweißnassem Rücken sank Jori gegen die Wand. Hätte er aufgeblickt, hätte er gesehen, dass es dieselbe war, in die Runa vor fünf Monaten ihre Zeichen geritzt hatte.

Die Richtbühne, die Jori eine halbe Stunde später zitternd betreten sollte, war Charcots Büro. Die Papageien waren da, der kleine weiße Hund, der Affe auf seinem Käfig und auch Luys. Er saß in einem gepolsterten Lehnstuhl auf der gegenüberliegenden Seite des Mahagonitischs und sah kleiner aus als sonst. Nicht einmal zur Begrüßung lächelte er. Sie waren alle zu Joris Hinrichtung gekommen.

Charcot stand am Fenster und drehte sich zur Tür um, als Jori eintrat. Die Bewegung war majestätisch wie immer und sein Blick noch düsterer als sonst. Mit diesem Blick hätte er einen imposanten Henker abgegeben. In der rechten Hand hielt er einen Stoß zusammengerollter Zettel. Er warf sie auf den Tisch, und Luys und Jori zuckten gleichzeitig zusammen. Es waren die Unterlagen über die Versuche im Keller.

»Johann Richard Hell.« Sicher war es kein gutes Zeichen, dass Charcot sich gerade heute an Joris korrekten Namen erinnerte. In der Ecke schlug einer der Papageien mit den Flügeln, und Jori dachte schon, er würde Charcot nachahmen. Doch der Vogel blieb still bis auf ein Krächzen, er musste die Anspannung im Raum spüren. Wenn Charcot in einer solchen Stimmung war, wartete man besser darauf, dass er einem das Wort erteilte.

Auf der anderen Seite der Tür hielt Mme Bottard Wache. Sie hatte Jori noch in der Tür der Kutsche am Arm gepackt und durch die Irren geführt, als sei er einer von ihnen. Ihr harter, abweisender Blick hatte ihn in Angst versetzt, wie alles andere auch. Mme Bottard hatte getan, als kenne sie Jori gar nicht und würde auch nicht hören, was er sagte. Als ginge sein Gebrabbel genauso an ihr vorbei wie das der anderen um sie herum. Dazu die Schreie, der Anblick der Gefesselten, die Wärterinnen mit ihren Baumstammarmen, denen man zutrauen konnte, dass sie auch Jori packten und forttrügen – er hatte die Salpêtrière heute aus einem anderen Blickwinkel kennengelernt.

Charcot stand plötzlich dicht vor ihm, und Jori blinzelte erschrocken. Ob man noch etwas zu sagen habe, wollte er wissen, und in seiner Aufregung vergaß Jori, dass Charcots Fragen keine Fragen waren, dass dieser immer nur verkündete. Er musste wieder an die Schlachtbank denken und an die Winterluft draußen vor dem Fenster, vielleicht waren das hier seine letzten Worte. Er könnte sagen, dass es ihm leidtue, dass er all das nur für Pauline getan und mit den Versuchen an den Kindern nichts zu schaffen habe. Das hatte er sich vorhin in der Kutsche so zurechtgelegt für die Guillotine. Doch das hier war nicht die Guillotine, und alles, was ihm einfiel, war eine Frage.

»Wo ist Runa?«

Aus den Augenwinkeln sah er, wie Luys sich aufrichtete. Mit der linken Hand klammerte er sich an die Stuhllehne.

»Sie ist nicht bei dir?«, fragte er, und Stimme und Gesichtsfarbe verrieten Entsetzen.

»Das hatte ich schon befürchtet.« Charcot nickte und klang wie einer, der in Wahrheit nichts zu befürchten hatte. In einer Position wie seiner ließ sich jedes Problem aus dem Weg räumen. Er hatte Geld, Ruhm und Kontakte. Wahrscheinlich war das der Grund, warum Jori überhaupt hier stand. Nur verärgert war Charcot. »Eine verschwundene Patientin haben wir also auch noch. Als hätte mich diese ganze Sache nicht schon genug gekostet.«

»Die Presse hat noch nichts von den Vorfällen mitbekommen«, wandte Luys ein, »und die Dokumente und der Junge sind jetzt hier. Wir können immer noch …«

»Zu riskant! Der Junge weiß zu viel.«

Jori roch Charcots Parfüm, als dieser sich abwandte, ein Moschusduft. Er selbst hatte immer noch dieselben Kleider an, mit denen er vor dem OP-Tisch gestanden hatte. Er fühlte sich schmutzig.

»Ich trage die Verantwortung für eine klinische Abteilung, die größer ist als manche Dörfer in diesem Land. Und ich habe einen internationalen Ruf zu vertreten! Der Name der Salpêtrière darf nicht in den Dreck gezogen werden wegen der Kopflosigkeit einiger Personen hier.«

Bei dem Wort Kopflosigkeit griff Jori sich unwillkürlich an den Hals und sah zu Luys hinüber. Er war sich nicht sicher, ob auch dieser zu den Personen zählte, von denen Charcot sprach. Das Gespräch glitt an ihm vorbei wie ein Stöckchen auf einem Fluss, das er nicht zu fassen bekam. Ging es um die Versuche im Keller oder um die heimliche Operation an Runa? Und wieso wurde Jori das Gefühl nicht los, dass Charcot weder besonders überrascht noch schockiert von den Versuchen war, die man hinter seinem Rücken im Keller der Saint-Médard unternommen hatte?

»Ich habe mich nach diesem Gedichteschreiber erkundigt«, sagte Charcot, und das Stöckchen trieb weiter an Jori vorbei. »Es soll wohl ein Junge gewesen sein, einer von den Chorknaben. Er sitzt ebenfalls in Untersuchungshaft. Ich frage mich, wie er von den Versuchen erfahren hat.«

Jori und Luys schwiegen zur Antwort. Doch der anklagende Blick, den Luys ihm zuwarf, war auch ohne Worte laut und deutlich.

»Ich?«, sagte Jori überrascht. »Ich weiß nichts von einem Gedichteschreiber!«

»Hast du die Unterlagen irgendwem gezeigt?«, fragte Luys.

»Nein!«

»Wie kommen sie dann in dieses Gedicht in der Zeitung?«

»Was denn für ein Gedicht! Meine Gastmutter …«

»Doktor Charcot, ich habe nicht gewusst, dass der Junge die Versuchsberichte überhaupt an sich genommen hat! Soweit ich informiert war, hatten sie den Versuchsraum nie verlassen!« Luys' Verhalten schwankte zwischen Hochmut und Demut wie ein Pendel, je nachdem, ob er sich in Joris oder Charcots Richtung wandte. In seinem Versuch, sich zu rechtfertigen, klang er wie ein Kind.

»Nun, jetzt liegen sie hier auf meinem Schreibtisch. Offensichtlich haben sie den Versuchsraum also verlassen«, wetterte Charcot. »Und was noch schlimmer ist – sie haben auch auf den Schreibtischen der Polizei gelegen!«

»Der Junge mag die Sache vermasselt haben, Docteur. Aber es gibt immer noch die Möglichkeit, dass wir die Ersten sind, die diesen Eingriff vornehmen. England …«

»*Wir* schon mal gar nicht, Doktor Luys! Die Berichte stammen aus Ihrer Feder, und damit waren Sie dafür verantwortlich, sie unter Verschluss zu halten. Und was England betrifft, das ist im Moment mein kleinstes Problem. Die Polizei war da und hat die gesamte Klinik auf den Kopf gestellt, wenn ich Sie daran erinnern darf.«

Luys sank in sich zusammen, bis seine Körpergröße ein Maß erreichte, das der Ungnade angemessen war, in die Charcot ihn gestoßen hatte. Jori stand zwischen den beiden streitenden Männern, als wäre er nur zufällig in ihre Schusslinie geraten.

Charcot wusste, dass Luys die Versuche im Keller der Saint-Médard initiiert hatte, dachte er. Vielleicht hatte er es die ganze Zeit gewusst.

Charcot ging hinüber zu seinem Äffchen, das ihn schnatternd begrüßte. Es reckte sich nach Charcots Hand und Aufmerksamkeit, als wäre es einer seiner Studenten.

»Erinnert er sich noch daran, was ich ihm über Unwissenheit und Furcht erzählt habe?«, fragte Charcot, und Jori brauchte einen Moment, bis ihm klar wurde, dass nur er selbst gemeint sein konnte – »der Junge«, über den die beiden Männer gesprochen hatten, als sei er gar nicht anwesend.

Der Affe kletterte auf Charcots Handrücken, und ein altbekanntes Schauspiel aus Zuwendung und Erniedrigung begann. Es kam Jori vor, als stamme es aus einer anderen Zeit. Hier stand er also wieder, bereit für die nächste Entscheidung, die er nicht treffen würde. Sie waren alle wie dieses Äffchen, dachte Jori: Luys, er und die anderen. Sie waren Charcots Marionetten. Affen und Papageien – plötzlich wunderte es ihn nicht mehr, dass Charcot ausgerechnet diese Tiere für sich ausgewählt hatte.

»Die Furcht beginnt da, wo wir unwissend und hilflos sind«, zitierte Charcot sich selbst. »Unwissenheit als Motor der Furcht. Es war interessant zu beobachten, wie die Furcht vor dem Mädchen in der Klinik um sich griff. Wie sie noch immer um sich greift, jetzt mehr denn je, möchte ich sagen, weil auch sein Verschwinden nicht logisch erklärbar scheint.« So analytisch, wie Charcot es sagte, hätte man meinen können, er hätte das ganze Treiben beobachtet wie ein Wissenschaftler einen Käfig voller Ratten, deren Verhalten er studieren wollte.

Und dabei hatte Charcot in der Vorlesung, in der er Runa zum ersten Mal begegnet war, die gleiche Hilflosigkeit und Furcht gezeigt, über die er sich jetzt erhob.

»Wir leben in einer neuen Ära«, sagte er, »in einer Ära der Wissenschaften. Unwissenheit ist der Feind, der vernichtet werden muss. Die Unerklärbarkeit eines Phänomens macht uns Angst. Sie macht uns selbst zu hilflosen Patienten.«

Jori konnte den Affen von seiner Position aus nicht mehr sehen, Charcot stand im Weg. Aber er wusste, was geschehen war, als er das Tier kreischen hörte. Charcot hatte es fallen lassen.

»Ich habe ihm eine Patientin anvertraut«, sagte Charcot, »und nicht nur eine. Schade um die Wette und um den Ruhm, den es ihm gebracht hätte, unter mir zu promovieren.«

Jori schluckte schwer und wandte den Blick ab, obwohl er doch nichts weiter sah als Charcots buckeligen Rücken. Und obwohl der abgewandte Blick ihn nicht von dem Gekreische des Äffchens abschirmen konnte. Zum hundertsten Mal am Galgen und immer noch nicht schlauer, dachte Jori.

Schade um die Wette, hatte Charcot gesagt. Schade um den Ruhm und die Promotion. Dass es schade um die Patientin war, die bei dem Vorversuch gestorben war, oder schade um Marguerite Desens, die jetzt nur noch schlafen, essen und sabbern konnte, sagte er nicht. Jori spürte Wut in sich aufsteigen. Sie schwoll in seinem Magen an und drückte sich hoch in seinen Hals, ohne hinauszudürfen, nicht hier in Charcots Heiligtum. Jori legte beide Hände auf den Bauch, Zeigefinger und Daumen berührten einander. Sie bildeten einen Käfig, in dem er die Wut festhalten wollte.

»Er sagte mir, er sei ein guter Chirurg«, erzählte Charcot dem hängenden Affen, »ich muss wohl ein bisschen vorschnell gewesen sein, ihm das zu glauben. Oder die vielen guten Erfahrungen mit den anderen Studenten haben mich blind gemacht. Ich dachte, übertriebener Ehrgeiz könne fehlende Reife ausgleichen, und habe mich getäuscht. Wie dem auch sei, jetzt müssen wir die Konsequenzen ziehen.« Er drehte sich um, ohne weiter auf das Äffchen zu achten. Und plötzlich wurde Jori klar, dass die Einzigen, die blind gewesen waren, er und Luys sein mussten. Sie hatten gedacht, die Versuche hinter Charcots Rücken durchführen zu können. Doch in Wahrheit gab es hinter dessen Rücken nichts, vielleicht gab es nicht einmal den Rücken, so musste es sein: Charcots Blickfeld war so groß, dass da für einen Rücken kein Platz blieb, nicht hier an der Salpêtrière und auch nicht ein paar Straßen weiter in dem Keller einer Kirche.

»Es wird notwendig sein, dass die Verantwortlichen sich von der Salpêtrière entfernen. Sie wissen zu viel und bringen die gesamte Klinik in Gefahr. Ich möchte nicht noch einmal ein Polizeiaufgebot in diesen Gebäuden sehen.«

»Die Verantwortlichen?«, sagte Luys, dem der Plural in diesem Ausdruck offensichtlich nicht gefiel.

»Sie fühlen sich schon zu Recht angesprochen, Doktor Luys«, sagte Charcot schlicht und ohne sich weiter zu erklären.

Luys schwieg betroffen, und Jori blickte beschämt zu Boden. Trotz allem war es ihm unangenehm mitanzusehen, wie Charcot dem großen Dr. Luys die Krone vom Kopf schlug.

»Der Zug geht in drei Stunden vom Gare de l'Est. Er wird unter falschem Namen ausreisen wegen der Polizei. Mme Bottard wird ihm den Pass von einem der Patienten drüben im Bicêtre aushändigen und die Fahrkarten ebenfalls. Nach der Grenze darf er den Pass dann entsorgen. Den Rest erledige ich.«

»Docteur, ich …«, sagte Luys.

»Seien Sie nicht albern, Doktor Luys«, sagte Charcot, und seine Handbewegung sah aus, als wolle er einen schlechten Geruch fortwedeln, »natürlich müssen nicht Sie in die Schweiz ausreisen. Es geht um den Studenten. Ihnen möchte ich nur dringend ans Herz legen, sich beizeiten an anderen Kliniken umzusehen. Ich glaube, Ihre Entfaltungsmöglichkeiten an der Salpêtrière sind erschöpft.«

Luys sah blass aus und so, als wäre er einem Zusammenbruch nahe. Und Jori konnte nicht sprechen, weil er noch immer die Wut in seinem Bauch festhalten musste. Luys warf einen Blick auf ihn und startete dann einen letzten Rettungsversuch, der wohl hauptsächlich ihm selbst galt: »Doktor Charcot, bei allem Respekt. Ich denke nicht, dass sich das Problem auf diese Weise aus dem Weg schaffen lässt. Die Polizei wird den Jungen suchen, sie wollen einen Schuldigen. Und wenn erst bekannt wird, dass er aus dem Land geflohen ist, dann …«

»Die Leute werden ihren Schuldigen bekommen, Doktor Luys«, unterbrach ihn Charcot, »dafür werde ich schon sorgen.« Er sagte es wie einer, dem der Ruhm die Mittel gegeben hatte, zu seinem Wort zu stehen.

Die Tür fiel hinter Jori und Luys zu wie ein letzter Vorhang. Draußen auf dem Flur wartete Mme Bottard und griff Jori am Arm. Als bestünde jetzt noch die Gefahr, dass er fliehen würde, er, der doch sowieso zur Flucht gezwungen wurde. Mit der Wärterin neben sich blickte Jori Luys an.

»Es tut mir leid, Johann«, sagte dieser und versuchte sich an seinem alten Lächeln. Jori zuckte die Schultern, und das, obwohl ihm eigentlich nichts gleichgültig war. Seine Arme baumelten jetzt rechts und links von seinem Bauch, und die Wut darin fiel langsam in sich zusammen. Sie machte Platz für eine Leere, von der er noch nicht wusste, wie er sie ausfüllen sollte.

Es hätte Gérard gefallen, die beiden Männer so zu sehen, wie sie sich zum Abschied wortlos zunickten. Charcot hatte sie von seinem Turm gestoßen. Er hatte beendet, wozu Gérard nicht in der Lage gewesen war. Jetzt musste man nur noch warten, bis Gras über die Flecken wuchs, die sie bei ihrem Aufprall hinterlassen würden.

Draußen auf dem Hof hüpften die Raben schwarz auf weiß über den antauenden Schnee, und drinnen in seinem Büro machte Charcot ein Feuer im Kamin. Er warf die Zettel hinein, alle zugleich. Die Flammen hüpften als Lichtpunkte über die Fensterscheiben, doch die Raben konnten sie nicht sehen, niemand konnte das. Die Gardinen waren zugezogen.

In den Tagen, die wir in Untersuchungshaft eingesperrt waren, während die Menschen draußen Weihnachtsgans aßen und Verwandte besuchten, entwickelte sich zwischen Lecoq und mir trotz allem eine seltsame Freundschaft. Lecoq erzählte viel über seine Arbeit oder murmelte in sich hinein, wenn er über seinen Fall nachdachte. Und obwohl ich mir sicher war, dass wahrscheinlich nicht die Hälfte davon stimmte, hatte ich bald das Gefühl, ihn sehr gut zu kennen. Hin und wieder stellte ich ihn auf die Probe, indem ich nach Dingen fragte, die ich aus Émile Gaboriaus Detektivgeschichten kannte. Und nicht einmal gab er eine Antwort, die von der Version des Monsieur Lecoq aus meinen Büchern abgewichen wäre. Vielleicht war er ein Irrer, der die Identität seines literarischen Vorbilds angenommen hatte. Aber ich ertappte mich dabei, wie ich sein Alter zu schätzen begann und mit dem des Kommissars aus den Detektivgeschichten verglich. Und widerwillig machte ich in meinem Kopf Platz für den absurden Gedanken, Monsieur Lecoq könne tatsächlich die Person sein, die zu sein er behauptete. Wahrscheinlich hatte ich mich inzwischen daran gewöhnt, Dinge für wahr zu halten, von denen ich ein paar Tage vorher noch angenommen hatte, ich hätte sie selbst erfunden.

Als man mich am Vormittag des 27. Dezembers zum Verhör aus der Zelle holte und ich dem Wärter mit steifen, kalten Beinen in das Zimmer des Polizeipräsidenten folgte, fühlte ich mich deshalb tatsächlich wie Lecoqs Komplize. Er zwinkerte mir zu, und ich lächelte schwach. Und dabei hatten weder er noch ich das Verbrechen begangen, dessen wir angeklagt waren.

Man entließ Lecoq noch am selben Tag nach einem Verhör, aus dem der ermittelnde Inspektor mit genervtem Gesichtsausdruck zurückkam. Ich kannte ihn inzwischen aus Lecoqs Erzählungen, es war Inspektor Gudin. Hinter ihm und Lecoq trat ein weiterer Mann in den Gang, ein rothaariger mit teurem Mantel und glänzenden Schuhen. Sein Zylinder stieß fast an die niedrige Decke.

Lecoq trat an meine Zelle und streckte die Hand durch die Stäbe. Diesmal ergriff ich sie sofort. Er stellte mir den Rothaarigen als Monsieur de Commarin vor und zwinkerte mir vergnügt zu, als er meinen entgeisterten Gesichtsausdruck wahrnahm.

»Monsieur de Commarin, das ist Maxime Chevrier.«

»Monsieur …«, stotterte ich, und de Commarin nickte zur Begrüßung. Ich hätte ihn nicht ungläubiger anstarren können, wenn Lecoq mir den Hutmacher aus Alice im Wunderland vorgestellt hätte.

»Sind Sie … «, kiekste ich und wusste nicht, wie ich den Satz beenden sollte. Ich konnte ihn ja schlecht fragen, ob er die Romanfigur de Commarin aus »Die Affäre Lerouge« war.

»Monsieur de Commarin ist gekommen, um eine Kaution für mich zu hinterlegen. Doch das wird nicht nötig sein. Ich wollte ohnehin gerade gehen. Nicht wahr, Inspektor Gudin?« Lecoq drehte sich zu dem Inspektor um. »Ich habe Monsieur de Commarin deswegen gebeten, die Kaution für dich zu hinterlegen.«

»Für mich?«

»Es wäre mir eine Freude«, sagte der Zylinder, doch es klang steif.

»Inspektor Gudin, wenn Sie uns bitte kurz allein lassen würden? Ich finde den Weg nach draußen.«

Gudin verzog das Gesicht und verschwand hinter der Tür, ohne sich zu verabschieden. Wahrscheinlich rechnete er damit, Lecoq ohnehin in Kürze wiederzusehen.

Lecoq drehte sich wieder zu mir, und mir wurde klar, dass er die ganze Zeit über meine Hand nicht losgelassen hatte. Jetzt griff er nach meinem Arm und zog mich zu sich heran, bis mich nur noch die Gitterstäbe von seinem bunt verfärbten Gesicht trennten. An seinem Atem konnte ich riechen, dass er im Zimmer des Polizeipräsidenten geraucht hatte.

»Du erinnerst dich hoffentlich noch an unsere Abmachung?«

»Abmachung? Welche Abmachung?« Wir waren uns in den letzten zwei Tagen nahgekommen, aber so nah war zu nah. Ich versuchte meinen Arm zurückzuziehen, doch er steckte eisern in Lecoqs Griff.

»Ich brauche dieses Gesangbuch, Maxime«, sagte er, und als ich in seine Augen sah, begriff ich, dass er besessen war von diesem Fall. Er fing meinen Blick auf, und endlich lockerte sich sein Griff. Ich rieb mir den Arm. Lecoq strich sich die Haare zurück.

»Du stehst in niemandes Schuld, Maxime. Ich möchte, dass du das weißt. Monsieur de Commarin ist gekommen, um mir einen Gefallen zu tun, und es ist gleichgültig, ob er das Geld für dich hinterlässt oder für mich. Er tut einen Gefallen damit. Aber es schadet dennoch nichts, sich beizeiten für gute Taten erkenntlich zu zeigen, und wenn diese Zeiten früher kommen, umso besser. Ich schlage deshalb vor, du gibst das Buch morgen in einem Café ab, dem Bon Sang. Du müsstest es kennen, es ist ganz in der Nähe deines Hauses. Du wickelst es in Papier oder Stoff oder was auch immer und gibst es dem Mann hinter dem Tresen. Sag einfach, es ist für Monsieur Lecoq. Er kennt mich gut und ist vertrauenswürdig.«

»Woher wissen Sie, wo ich wohne?«

Monsieur Lecoq lächelte zur Antwort, und da wusste ich, dass ich keine andere Wahl hatte, als ihm das Gesangbuch zu überlassen.

»Werde ich Sie dort treffen?«

»Ich weiß noch nicht, wie ich es morgen schaffe. Du kannst einfach dorthin gehen, wann es passt, und das Buch abgeben. Du kennst das Bon Sang also?«

Ich rieb mir erneut den Arm. Als ich leise sagte: »Ja, Monsieur«, kam ich mir vor, als stünde ich wieder Monsieur Dupont gegenüber, und etwas in mir rebellierte. Ich wollte das Buch nicht abgeben. Es war mir wichtig geworden.

»Sehr gut. Maxime Chevrier ist nämlich ein vielversprechender Dichter, Monsieur de Commarin. Prägen Sie sich seinen Namen ein. Wenn ich mich nicht irre, wird er schon sehr bald in allen Zeitungen stehen.«

Lecoq zwinkerte noch einmal, und unter dem Schnurrbart de Commarins lächelten die schmalen Lippen ein Lächeln, das nicht bis zu seinen Augen reichte.

Als sie gingen, blickte ich den beiden Männern in tiefster Verwirrung nach. Das Auftauchen von Monsieur de Commarin war für mich der letzte Beweis dafür, dass Lecoqs Geschichte stimmte, auch wenn ich nicht verstand, wie so etwas sein konnte. Doch es schien, als wären Émile Gaboriaus Lecoq und mein Lecoq am Ende doch dieselbe Person.

Als ich aus dem Polizeipräsidium auf die Straße trat, die verschneit war und belebt wie immer, fühlte ich mich, als gehörte ich nicht mehr dazu. Weihnachten war vorbei, doch die Tannengirlanden hingen noch an den Häusern und in den Schaufenstern der Geschäfte. Es fühlte sich wie Neujahr an. Ich sah einen Mann mit einem einspännigen Karren vorbeifahren und stellte mir vor, ich könnte dort aufspringen. Ich könnte gehen, wohin ich wollte, um zu tun, was ich wollte. Ich könnte in der Nationalbibliothek lesen. Ich könnte mir eine Arbeit bei der Zeitung suchen und von dem Geld ein kleines Zimmer mieten, in dem ich nachts an neuen Gedichten schreiben würde. Ich könnte das Gesangbuch mitnehmen und müsste es nicht Lecoq überlassen oder diesem Kellner im Bon Sang. Ich stellte mir vor, niemand würde wissen, wo ich war, nicht einmal die Polizei, und niemanden würde es interessieren. Ich blickte zum Himmel, an dem mir die Wolkendecke gerade einen letzten Fleck Blau entzog.

Dann schloss ich die Knöpfe meiner Jacke und ging nach Hause.

Jori fuhr. Die schneebedeckte Landschaft zog an seinem Fenster vorbei, doch es war die Abteiltür, die seine ganze Aufmerksamkeit einnahm. Was, wenn ein Schaffner kam, wenn ein Polizist kam? Er wusste nicht, ob er die Prüfung bestehen würde, Alfred Lesane zu sein.

Laut seinem Pass war Jori jetzt einen Meter siebzig groß und damit um fünf Zentimeter geschrumpft, er sollte dunkelblond sein mit ovalem Gesicht und hellem Teint. Er sollte in Paris geboren sein, als Sensenschmied gearbeitet haben, bevor er erkrankte, und als besondere Charakteristik sollte er einen Leberfleck unter der rechten Brust tragen, aber den würde wohl hoffentlich niemand sehen wollen. Seine Augenfarbe hatte Jori behalten dürfen, sie war blau, aber seine Nase sollte groß sein und sein Mund nichtssagend, so stand es in dem Pass. Wie sah ein nichtssagender Mund aus? Jori probte seine neue Identität, probte den irren Sensenschmied mit dem nichtssagenden Mund in der Spiegelung der verschmierten Scheibe, hinter der die ersten Berge auftauchten.

Sie passierten die Grenze ohne Kontrolle. Niemand interessierte sich für Jori. Niemand merkte, dass er eigentlich nicht verrückt war. Jori lehnte sich zurück und vergrub Alfred Lesane tief in seiner Tasche, wo noch eine Postkarte steckte. Jetzt, da man ihn nicht an der Ausreise gehindert hatte, konnte Jori seine Furcht neu ordnen. Er konnte sie neu ausrichten, nach vorn nämlich, und sich vor dem fürchten, was kommen würde.

Er wusste noch nicht, wie er seinem Vater entgegentreten sollte oder auch nur Paul. Er war ohne Promotion aus der Schweiz fortgegangen und kam ohne Promotion zurück, mit nichts weiter in den Händen als demselben halb leeren Koffer von damals und der Identitätskarte eines Verrückten.

Zwei Reihen vor sich erblickte er eine weißblonde Haarsträhne, die sich an der Kante eines Sitzes festgehangen hatte. Sie musste zu einem Kind gehören, einem kleinen Mädchen, dessen Kopf nur bis zur Hälfte der Lehne reichte. Jori rutschte einen Sitz weiter und lehnte sich nach rechts, bis sein Oberkörper im Gang hing. Doch er konnte nur eine blasse Wange erkennen und einen rechten Schuh, der über dem Boden baumelte. Dann trat eine Frau ins Abteil, und Jori zuckte zurück. Sie trug einen Säugling auf der Hüfte, der quengelte, und sie schaukelte ihn, um ihn zu beruhigen. Vertraute Worte drangen an Joris Ohr, Schweizerdeutsch. Die Frau nahm den Säugling von einer Seite auf die andere und bat das blonde Mädchen, ein wenig zur Seite zu rutschen, damit sie Platz hätte. Als das Mädchen zu ihr hochblickte, konnte Jori sein Gesicht im Profil sehen. Es hatte die gleichen feinen Gesichtszüge wie die Mutter und graue Augen. Erst jetzt merkte Jori, dass er die ganze Zeit die Luft angehalten hatte.

Er rutschte zurück zum Fenster und lehnte den Kopf an die kalte Scheibe. Schon am Bahnhof in Paris hatte er geglaubt, Runa plötzlich in der Menge zu sehen, ein kleines dürres Mädchen mit hellblonden Haaren. Und das, obwohl Runas Haare weiß gewesen waren, weiß, nicht blond. Und das auch nur, bis Jori ihr den Schädel rasiert hatte.

Was er nicht vergessen konnte, war der Blick, mit dem sie ihn angesehen hatte, als er sie betäubte. Dieser klare, alles durchschauende Blick. Einen verrückten Augenblick lang hatte Jori da an das alte Kutschpferd auf ihrem Hof in Fensterhennen denken müssen, und jetzt begriff er auch, wieso.

Es war da gewesen, so lange er denken konnte, ein mächtiges Kutschpferd mit Hinterbeinen wie Baumstämmen, das einen Pflug alleine ziehen konnte, wo sonst zwei Pferde nötig gewesen wären. Der Vater hatte es irgendwann einmal für einen Spottpreis erstanden, es kam aus schlechter Haltung, hatte man ihm gesagt, und der Vater hatte sich redlich darum bemüht, es in dieser Art auch fortzuführen.

Das Kutschpferd war wild und unnahbar gewesen. Nur für Mutproben hatten sich die Kinder in seine Nähe getraut. Doch jeden Tag, wenn der Vater mit der Trense in der Hand kam, um dem Gaul das dreckige Gebiss anzulegen, so ruppig, dass die Eisenstange laut an den Zähnen knackte, hatte es still gehalten und brav das Maul geöffnet. Jori hatte das Schauspiel an einigen Tagen beobachtet und sich jedes Mal gefragt, warum das Tier sich nicht wehrte. Ein Huftritt, und der Mann, der es täglich mit der Mistgabel prügelte, wäre dahin gewesen. Doch das Pferd hatte dagestanden und sich seinem Schicksal ergeben. Es hatte gewusst, was es zu erwarten hatte, und trotzdem mitgemacht. Und sein Blick war genauso ergeben und leer gewesen wie der des Mädchens in diesem Moment.

Vielleicht war es das, was Charcot gemeint hatte, als er damals in seinem Büro von der totalen Unterwerfung gesprochen hatte, dachte Jori, damals, als er noch blind vor Faszination alles geglaubt hatte, was Charcot sagte. Jetzt kamen ihm Zweifel, ob dieser nicht am Ende Demut mit Unfreiheit verwechselte.

Vor dem Fenster zogen Felder vorbei, in der Ferne ein einzelnes Gehöft. Es war die Ungewissheit, die Jori quälte. Nicht zu wissen, wo das Kind abgeblieben war, trieb ihn in den Wahnsinn.

Sie hielten in Olten und Aarau. Mit jeder Station, die sie näher an Zürich rückten, wurde der Schnee draußen weißer und wattiger. Er sah aus wie aus einem Bilderbuch. Der Schnee war hier anders als in Paris, war nicht braun, grau und matschig, sondern lag dick auf den Bäumen und den Dächern der Bahnhofshäuschen. Bestimmt war er hier leise gefallen, dachte Jori. Hier in der Schweiz hatte es keinen Schneesturm gegeben.

Er zog die Postkarte aus der Manteltasche und drehte sie zwischen Daumen und Zeigefinger, wie ein aufgestelltes Segel. Sie war nicht zwischen den Unterlagen gewesen, die die Polizei konfisziert hatte. Der Himmel über dem roten Gebäude war an einer Ecke abgeknickt, und in dem flackernden Sonnenlicht, das durch das Zugfenster fiel, machten die vier schwarz gekleideten Herren auf dem Bild noch ernstere Gesichter. Draußen zog ein Tannenwald vorbei. »Court House, London«, die Bilderklärung war mit roten Buchstaben in den grauen Himmel gedruckt.

An der nächsten Haltestelle stieg Jori aus und wollte den Pass von Alfred Lesane fortwerfen, bis ihm auffiel, dass es in der Schweiz noch gar keine Abfalleimer an den Bahnhöfen gab. Da verstaute er ihn wieder und stieg zurück in den Zug. Seine Fußspuren waren die einzigen, die sich am Bahnhof in den Schnee drückten.

Die Luft in Zürich war klar wie Glas, und wie eine Glaskuppel sah auch der Himmel aus. Tiefblau wölbte er sich über der Stadt, dem See und den Bergen. Jori sah auf seine Taschenuhr und konnte sich kaum vorstellen, dass in der Salpêtrière in diesem Moment die Glocke an den großen Treppen geläutet und die Alten und Kranken in die Speisesäle getrieben wurden. Das bunte Paris mit seinen Gerüchen, dem Menschengedränge und dem Theater an der Salpêtrière war ihm so fern wie nie. Kurz fragte er sich, was Babinski denken mochte, wenn Jori nicht mehr in der Klinik auftauchen würde, nicht im neuen Jahr und auch danach nie wieder. Dann sah er Paul am Bahnsteig unter der großen Bahnhofsuhr stehen. Der Freund hatte sein Telegramm erhalten.

Pauline saß im Café an einem kleinen Tisch und sah so schmal aus, dass Jori Sorge hatte, jemand könne sich auf ihren Stuhl setzen, ohne sie zu bemerken. Durchsichtig war sie.

Man hatte die Operation im Burghölzli schon im Spätherbst vorgenommen. Die Ärzte hatten sie nicht länger aufschieben können, hatte Paul gesagt und geknickt dabei ausgesehen, aber nicht geknickt genug, als dass zwischen ihnen nun alles wieder gut wäre. Der Eingriff hatte nicht die gewünschte Wirkung erzielt. Deshalb war Paul geknickt, nur deshalb. Sie hatten nicht darüber gestritten.

Ein Kellner kam und nahm Jori Hut und Mantel ab. Und als er Pauline so schutzlos entgegentrat, wünschte Jori sich, Paul hätte ihm gar nicht von der Operation erzählt. Dann hätte Jori Pauline noch einmal unbedarft begegnen können. Er hätte sie am Fenster sitzen sehen und sich noch einmal vorstellen können, dass sie heiraten würden und Kinder hätten. Jetzt aber setzte er sich ihr gegenüber und schämte sich dafür, dass er die ganze Zeit an das denken musste, was nicht mehr möglich war. Wie Paul sagte, hatte man ihr neben der Klitoris auch die Gebärmutter entfernt.

Als der Kellner kam, bestellte Jori sich einen Milchkaffee. Der Zigarettenqualm hing wie Nebel im Raum. Durch den Dunst blickte er zu Pauline hinüber. Ihre Haare waren nachgewachsen, doch sie waren noch immer kurz. Um es zu verbergen, trug sie selbst hier im Café einen Hut. Er passte farblich zu ihrem blauen Kleid. Es war ein Kleid, das Jori noch nicht kannte.

Pauline sah aus dem Fenster. Mit den dünnen Fingern umklammerte sie eine Teetasse, aus der sie nicht einmal genippt hatte. Ein Rand hatte sich an der Innenseite gebildet, und ein glänzender Film trieb oben auf dem braun gefärbten Wasser. Es schillerte in dem Licht, das durch die Butzenscheiben fiel, wie Öl in einer Pfütze.

Jori fragte sich, was Pauline draußen beobachten mochte. Man konnte kaum durch das bunte Mosaik der Scheiben sehen, und wenn, dann nur bis zur nächsten Häuserwand, wo der Metzgerladen heute geschlossen war.

Der Milchkaffee kam. Als der Kellner die Tasse auf den Tisch stellte, blickte Pauline zum ersten Mal auf, als habe das leise Geräusch des Porzellanbodens, der auf Holz traf, sie aufgeschreckt. Das Geräusch hatte geschafft, was Jori nicht geschafft hatte, und war zu ihr durchgedrungen, in diese Welt, von der Jori selbst nach all den Jahren an der Salpêtrière nur eine vage Vorstellung hatte, wie es darin aussehen mochte. Jetzt blickte Pauline ihn an, und Jori war irritiert von der Klarheit in ihren Augen. Sie nahm ihn wahr.

»Wo warst du?«, fragte sie, und im ersten Moment wusste Jori gar nicht, was er antworten sollte. Sie hatte ihre Frage so beiläufig gestellt, als sei er lediglich zu spät zu ihrer Verabredung gekommen oder als habe er nur schnell Briefe weggebracht und sei eine Stunde fort gewesen. Eine Stunde, nicht dreieinhalb Jahre. Der abgestandene Tee in ihrer Tasse fiel Jori ein. Er blickte auf Paulines Finger.

»In Paris, um Heilung für dich zu finden.« Jori hörte selbst, wie lächerlich das klang, wie der Anfang eines Märchens. Doch Pauline lachte nicht, sie sah ihm ins Gesicht, und ihm fiel auf, dass sie anders aussah. Gebrochen auf eine Art. Stärker auf eine andere.

»Und, hast du welche gefunden?«, fragte sie. »Du bist nämlich ein bisschen spät.«

»Ich weiß es schon. Paul hat es mir gesagt.«

»Natürlich hat er das«, sagte sie und nach einer Pause: »Ich hätte hier Heilung gebraucht. Hier in Zürich. Nicht in Paris.«

»Ich wollte meinen Doktortitel machen und dich dann zu mir nehmen. Als meine Patientin.«

»Als deine Patientin.«

»Ja.«

»Es gab eine Zeit, da dachte ich, du wolltest mich als deine Frau zu dir nehmen.« Die Einfachheit, mit der sie das sagte, riss Jori den Boden weg. Irritiert blickte er sie an und versuchte in ihrem Gesicht zu lesen, was sie dachte. Doch alles, was er sah, war, dass sie in den letzten drei Jahren schneller gealtert war als er. Der Kummer und die jahrelange Einnahme zu vieler Medikamente hatten ihr Gesicht aufgeschwemmt und sich dann furchenweise in Stirn und Wangen gegraben. Das Mädchenhafte war verloren gegangen. Jori gegenüber saß eine Fremde, die sich im nächsten Moment eine Zigarette anzünden konnte. Er konnte sich plötzlich vorstellen, wie sie mit ihren zitternden weißen Fingern in eine Schachtel griff und die Zigarette zwischen ihre Lippen schob. Und dabei hätte die Pauline, die er kannte, nie geraucht.

»Hättest du denn Ja gesagt?«, fragte er schließlich kleinlaut, und Pauline zuckte die Schultern. In seiner Vorstellung stieß sie den Rauch in Richtung Fensterscheibe aus. Die Asche würde sie am Rand ihrer Untertasse abklopfen.

»Ich habe dir immer gesagt, dass ich zu alt für dich bin.«

»Und ich habe dir immer gesagt, dass das nicht stimmt.«

»Warum hast du dann nicht gefragt?«

»Ich hatte Angst, du würdest Nein sagen.«

»Nun, Angst hatte ich auch.«

Jori nickte, mehr konnte er nicht tun. Etwas Faustgroßes zog sich in seiner Brust zusammen, und irgendwo tief aus den Windungen seines Hirns kroch ein leiser alter Gedanke hervor, ein altes Gefühl, Pauline und er gehörten noch immer zusammen. Doch heute wollte der Gedanke nicht ganz zu ihm durchdringen. Er blieb auf halbem Weg stecken, zwischen ihm und ihr, oder er ertrank in Joris Milchkaffee, der hier in Zürich viel mehr nach Milch schmeckte als in Paris.

Den Rest der Zeit, die ihnen blieb, plauderten sie über Belanglosigkeiten. Sie verzettelten sich darin, bis sie nicht mehr wussten, wie sie zu den wichtigen Dingen zurückfinden sollten. Und bis auf ein paar abwesende Momente, in denen Pauline nach draußen blickte und plötzlich weggetreten schien, redete sie klar. Um vier Uhr wollte Paul seine Schwester vor dem Café abholen. Um fünf vor vier sortierte sie den Löffel neben der nicht getrunkenen Tasse Tee neu und stand auf. Sie stützte sich mit den Händen auf dem Tisch ab und schob den Stuhl mit ihren Kniekehlen fort, bevor Jori herbeispringen und ihr helfen konnte.

Es kostete sie Kraft, Jori sah es an den Adern, die plötzlich am Hals und auf der Stirn ihres gebrochenen, fremd gewordenen Körpers hervortraten. Sie hob die Hand, um die Hilfe abzuwehren, doch er schob seinen Arm trotzdem sanft unter ihren.

Als sie stand und ihn verlegen aus dieser Nähe ansah, fiel Jori auf, dass sie gar nicht danach gefragt hatte, ob er seinen Doktor nun in der Tasche hatte oder warum er zurückgekommen war. Und er war nicht dazu gekommen, ihr zu sagen, dass er es mit der Promotion noch einmal hier in der Umgebung von Zürich versuchen wollte. Er wollte gerade den Mund öffnen und es nachholen, als ihm klar wurde, dass es für sie keinen Unterschied zu machen schien, ob er einen Doktortitel hatte oder nicht. Was sie vermisst hatte, waren die Gespräche mit ihm und vielleicht seine Nähe, damit sie etwas hatte, was sie auf Abstand halten konnte. Bei dem Gedanken daran brach etwas in Jori zusammen.

Sie löste ihren Arm aus seinem, um Jori zum Abschied die Hand zu geben, und sein erster Gedanke war es, sie festzuhalten. Doch da stand schon Paul vor dem Fenster und klopfte. Jori konnte ihn verschwommen durch die bunte Scheibe sehen. Die Kälte hatte den Platz draußen in eine Eisfläche verwandelt. Paul würde aufpassen müssen, dass Pauline nicht fiel, dachte Jori. Er ließ ihre Hand los.

»Sehe ich dich noch mal in den nächsten Tagen?«

Sie schüttelte den Kopf.

»Ich muss zurück ins Burghölzli.«

»Wann?«

»Schon übermorgen. Sie haben mich nur über Weihnachten nach Hause gelassen.« Sie drehte sich um, und Jori legte ihr den Mantel über die Schultern, die so schmal waren, dass er sich fragte, wie das Kleidungsstück darauf halten sollte, ohne herunterzurutschen. Unter dem Hut waren ihre Haare zu einem absurd kleinen Knoten zusammengesteckt. Zwei Spangen hatten gereicht, wo früher ein langer dichter Zopf gehangen hatte. Pauline richtete den Hut neu auf ihrem Kopf aus. Erst an der Tür drehte sie sich noch einmal um.

»Wirst du da sein, wenn ich aus der Klinik entlassen werde?«

Jori schluckte trocken und nickte. Da lächelte sie leicht und hob die Hand, bevor sie verschwand. Als die Tür hinter ihr zufiel, stand er noch lange neben seinem Stuhl. Durch das Fenster beobachtete er, wie Paul draußen auf seine Schwester zuging und ihr seinen Arm anbot, auf den sie sich stützte. Sie gingen langsam, als sie den Platz verließen, und wer das Drama nicht kannte, hätte es auf die Glätte schieben können; wer das Drama nicht kannte, hätte Paul und Pauline für ein untergehaktes Liebespärchen gehalten.

Als sie aus seinem Blickfeld verschwunden waren, zahlte Jori und nahm seinen Hut. Seltsamerweise musste er plötzlich an das Geschenk von Babinski denken, das er ungeöffnet im Operationssaal der Salpêtrière hatte liegen lassen. Er würde dem Polen einen Brief schreiben, vielleicht noch heute, und er würde eine Weihnachtskarte dazulegen. Vielleicht würde er ein Buch senden.

Am Tisch neben dem Eingang saß ein hellblondes Mädchen. Jori sah es nur von hinten. Das Mädchen war klein und hatte dünne Beine, die vom Stuhl herab leblos in der Luft hingen, eine Handspanne über dem Boden. Jori atmete durch. Er war in Versuchung, nach ihrem Gesicht zu schielen. Dann aber riss er sich zusammen und verließ das Café, ohne sich noch einmal umzudrehen. Die Luft draußen war frisch. Vielleicht würde er heute den Brief mit der Karte schreiben und morgen nach Finsterhennen fahren. Von seinem Vater hatte er die dreieinhalb Jahre nichts gehört, und seine Schwester musste inzwischen neunzehn sein. Er war sich nicht sicher, ob er sie überhaupt noch erkannte.

Paris, 11. Januar 1885

Lieber Johann Richard,

vielen herzlichen Dank für Deinen Brief und die lieben Neujahrsgrüße.

Als Du nach Weihnachten plötzlich verschwunden warst, habe ich mir Sorgen gemacht. Ich habe gehört, man habe Dich auf eine Polizeiwache gebracht, und hatte schon Angst, Du seiest der Mann gewesen, den der Mob verprügelte. Umso erleichterter bin ich zu hören, dass Du wohlauf bist.

Um gleich zu Anfang die Frage nach dem Mädchen zu beantworten, die Dir so wichtig scheint: Wir wissen noch immer nicht, wo es abgeblieben ist. Es gibt einige in der Klinik, die vermuten, dass Du das Kind mitgenommen und entführt habest. Und dann gibt es andere, die denken, Runa habe Dich mitgenommen. Leider werde ich weder die einen noch die anderen vom Gegenteil überzeugen können, solange ich Deinen Aufenthaltsort nicht verraten darf. Aber ich akzeptiere Deinen Wunsch.

Ob die Polizei hinter Dir her ist, kann ich nicht mit Sicherheit sagen. Es waren einige Inspektoren da, die sich die Klinik angesehen haben, und dabei ist auch Dein Name gefallen, doch mehr weiß ich nicht. Jedenfalls hoffe ich von ganzem Herzen, dass Du nichts mit den Geschehnissen zu tun hast, die man Dir vorwirft.

In der Salpêtrière hat sich einiges verändert, seitdem Du weg bist, doch nichts Offensichtliches. Charcot führt die Klinik weiterhin vorbildlich, und seine Vorlesungen finden mehr Besucher denn je, seit die Zeitung den Vorfall publique gemacht hat. Aber unterschwellig spüre ich dennoch, dass sich Misstrauen in den Köpfen eingenistet hat und zunehmend ausbreitet.

Das Gedicht, nach dem Du fragtest, hat mit alldem zu tun, es wurde in der Weihnachtsnacht in der Saint-Médard vorgelesen und anschließend in der Zeitung veröffentlicht. Da ich noch eine alte Ausgabe vom 27. Dezember gefunden habe, werde ich Dir den Ausschnitt beilegen. Wenn Du das Gedicht liest, wirst Du verstehen, dass es einen leicht falsche Schlüsse ziehen lässt. Da sie nach der Weihnachtsnacht den von uns in aller Eile verlassenen Operationssaal entdeckt haben, vermuten einige sogar, die Versuche an den Kindern hätten in der Salpêtrière stattgefunden, und so verdächtigen sie sich gegenseitig. Doch am schlimmsten ist ihre Angst vor dem Kind.

Vor vier Tagen hat man in der Hütte mit den Gartengeräten das alte Bettlaken und die Gardine gefunden, die vor einigen Wochen an Runas Bett gefehlt hatten. Sie waren mit Buchstaben und Zeichen beschmiert, und es sollen angeblich die gleichen sein, die man in dem alten abgebrannten Haus in Clamart entdeckt hatte. (Ich nehme an, Du hast, wie wir alle, von diesem Brand gehört?) Jetzt vermuten sie, Runa habe den alten Mann getötet. Sie haben Angst, das Mädchen könne noch irgendwo auf dem Klinikgelände umherstreichen, draußen im Garten oder hinter einem der Gebäude. Die Wärterinnen gehen deshalb tagsüber nur noch zu zweit über das Gelände und zu den Häusern – und nachts stellt man ihnen männliche Wärter aus dem Bicêtre an die Seite. Ich halte diese Maßnahmen für lächerlich, aber man lässt sich so leicht von dieser Furcht anstecken, besonders an einem Ort wie der Salpêtrière.

Auch Dr. Luys hat es erwischt, wenn Du mich fragst. Er scheint mir ruhelos, wenn ich ihn sehe. Sein Lächeln ist fahrig. Und als wir vor zwei Tagen miteinander gesprochen haben, hat er sich ständig umgesehen und ist zusammengezuckt, als hinter ihm ein Fenster geklap-

pert hat. Ich habe ihn dann recht freimütig auf Runa angesprochen, und er hat mich mit einer Bestürzung angesehen, als wolle ich ihm etwas unterstellen. Ich glaube, er sucht sogar eine neue Stellung deswegen, an einer anderen Klinik. Aber vielleicht ist das auch nur ein Gerücht. Jedenfalls hoffe ich, dass das Kind bald gefunden wird, damit der Spuk hier ein Ende hat. Um schließlich auch Deine letzte Frage zu beantworten, bevor ich müde bin und mich schlafen legen werde: Ich habe sowohl im Bicêtre als auch im Hôtel-Dieu Erkundigungen eingeholt.

Im Bicêtre gibt es einen Jungen, der Deinen Beschreibungen entspricht. Man hat ihn mir vorgeführt. Er ist im November unter dem Namen Philippe eingeliefert worden, mit Verhaltensstörungen und Blindheit durch Verätzung der Augen; ein bedauernswerter Fall. Ich frage mich, warum Du Dich wohl für ihn interessierst und was er mit dem Mädchen zu tun hat.

Im Hôtel-Dieu hat man mir keine Informationen über ein Kind namens Runa geben können. Aber wie Du schon selbst sagtest, mag es sein, dass sie dort nicht denselben Namen trug. Ich habe mich deshalb auch nach einer Mme Chirac erkundigt sowie nach einer Mutter, die sich mit ihrer Tochter in der Klinik aufgehalten haben mag, und war mit dieser Frage glücklicher. Mme Chirac hat noch bis vor zwei Jahren als Wärterin im Hôtel-Dieu gearbeitet. Und sie haben mir Kopien dreier Patientenakten geschickt, von der eine gut auf Runas Mutter zutreffen kann, denn sie hat 1875, kurz nach ihrer Aufnahme, ein Mädchen zur Welt gebracht, das fortan in den Räumen der Klinik aufwuchs. Von dem Kind selbst konnte man mir keine Akte senden, doch vielleicht interessiert es Dich zu hören, dass man die gleiche Anfrage vor Kurzem schon von anderer Seite bekommen hatte. Von wem, das konnte man mir nicht sagen.

Ich lege die Kopie der Patientenmappe bei und hoffe, Du kannst etwas mit diesen Informationen anfangen.

Nun muss ich aber aufhören. Morgen geht es früh weiter. Ich assistiere G. G. de la Tourette bei einer Elektrotherapie.

Lass von Dir hören, das würde mich freuen.

Es grüßt Dich aus Paris,

Dein Freund Joseph B.

PS: Charcot hat alle Schreibwerkzeuge aus den Schlafsälen entfernen lassen, als man die Laken in der Hütte entdeckt hatte. Du magst es lächerlich finden, aber in den letzten Tagen ist mir deshalb ein Gedanke gekommen. Erinnerst Du Dich daran, dass Du während unserer Vorbereitung auf die Operation einmal zu mir sagtest, das Skalpell sei das mächtigste Werkzeug des Arztes? Ich glaube, Du hattest unrecht. Es muss der Stift sein.

EPILOG

Es sollte mehr als fünfzehn Jahre dauern, bis ich damit begann, die Geschichte aufzuschreiben.

Am 29. September 1900, mitten im Trubel der Weltausstellung von Paris, kam ein Brief vom Notar, der mich dazu aufforderte, zu einer Testamentsvollstreckung zu erscheinen. Nach dem Tod meines Vaters kannte ich wenige Personen, die noch hätten sterben können. Und ganz bestimmt hätte ich niemals mit Monsieur Lecoq gerechnet, den ich seit unserer gemeinsamen Einkerkerung nicht mehr gesehen hatte.

Ich fühlte mich betäubt, als der Notar mir den schmalen Stoß von Zetteln überreichte, säuberlich eingeschlagen in braunes Papier. Es waren die Seiten aus den Versuchsberichten von 1884, die Beschreibungen der Experimente an dem Quecksilberkind.

»Was soll ich denn damit?«, fragte ich den Notar, als müsse der es wissen. Doch er zuckte nur mit seinen hochgezogenen Schultern wie ein Geier, zog sie noch näher an seine kleinen Ohren mit den Brillenbügeln heran und sah mich mitleidig an.

Ich las die Seiten auf einer Parkbank in der Sonne, weil ich nicht allein in einem Raum mit ihnen sein wollte. Und als ich fertig war, stützte ich den Kopf in die Hände und legte die Finger über die Augen, bis der Park um mich in Dunkelheit ertrank.

Später an diesem Tag ging ich zum Notar zurück, um nach dem Grab von Monsieur Lecoq zu fragen. Er wusste keine Antwort darauf, und wie sich schließlich herausstellte, hatte man einen Fehler gemacht. Lecoq war noch nicht verstorben. Vor einem Jahr hatte man ihn verwirrt und benommen auf dem

Bürgersteig vor dem Hôpital de la Charité gefunden und untersucht. Von dort aus war er zwei Tage später direkt ins Bicêtre eingeliefert worden. Halluzinationen und Größenwahn hieß die Diagnose in seinem Krankenbericht – ich habe die Patientenmappe gelesen: Monsieur Lecoq hatte behauptet, eine Romanfigur zu sein.

Ich ging am nächsten Besuchstag zum Bicêtre, mit klopfendem Herzen und dem Gesangbuch in der Tasche, dem Original, nicht der Abschrift, die ich Lecoq damals hatte zukommen lassen. Obwohl der alte Mann seine Aussage irgendwann revidiert hatte, war er nicht aus der Anstalt herausgekommen. Zu gut passte seine neue Erklärung, in Wahrheit sei er ein Verbrecher und doch keine von Gaboriaus Romanfiguren, in das Krankheitsbild, das die Ärzte für ihn gewählt hatten. Ein paar Monate lang hatte er darauf gewartet, dass die Sûreté ihn herausholen würde, doch niemand ließ sich blicken, und die Ärzte erhöhten lediglich die Medikamentendosis, als sie ihn darüber sprechen hörten. Vielleicht nahmen sie an, seine Krankheit verschlimmere sich. Vielleicht wussten sie aber auch, dass er die Wahrheit sagte.

Zwischen den vielen fahlgesichtigen Gestalten, die im Altentrakt des Bicêtre auf den Boden gesetzt oder dort vergessen worden waren, hatten die Medikamente Lecoq so gut eingepasst, dass ich ihn ohne die Hilfe des Wärters nicht erkannt hätte. Seine Augen waren trübe und seine Stimme schwerfällig. Statt seines Mantels trug er heute, wie alle Alten um ihn herum, einen Haufen grauer Lumpen, die aussahen, als seien sie nur eben so um seinen Körper gelegt. Ich hatte nicht viel Hoffnung, dass er in diesem Zustand ansprechbar wäre. Doch als der Wärter seinen und meinen Namen in einem Satz nannte, leuchtete Erkenntnis in Lecoqs Gesicht auf.

Ich blieb den ganzen Nachmittag bei ihm und ließ mir von ihm Geschichten zuflüstern – Fortsetzungen dessen, was er mir damals in der Zelle erzählt hatte. Lecoqs Atem roch schlecht, wie der ganze Raum um uns, und ich wandte meinen Kopf ab, so gut es eben ging, streckte ihm nur mein Ohr entgegen, denn das war interessiert.

Ich wusste nicht, wie viel von dem stimmte, was er mir erzählte, dort im Irrenhaus noch weniger als damals in Untersuchungshaft. Ich hörte, wie sich der Kloß, der einmal Lecoqs Zunge gewesen sein musste, schwer durch seinen Mund wälzte. Immer wieder schlief er für einige Sekunden ein, wie um Kraft zu schöpfen für die nächsten Worte. Die Medikamente hatten ganze Arbeit geleistet.

Als die Besuchszeit zu Ende ging, steckten das Gesangbuch und die Mappe mit den Versuchsberichten noch immer in meiner Tasche. Man hatte Lecoq keinen Stolz gelassen, den ich ihm noch hätte nehmen können. Er brauchte nicht zu wissen, dass er jahrelang getäuscht worden war. Dass er nur eine Abschrift des Gesangbuchs besessen hatte und nicht das Original. Und ebenso wenig musste er erfahren, dass er für das Paris da draußen bereits gestorben und sein Erbe verteilt war.

Ich besuchte Lecoq danach noch einige Male, bis die Ärzte misstrauisch wurden und mich für einen Enkel hielten, den sie zur Kasse bitten wollten. Daraufhin blieb ich der Klinik fern.

Die Medikamente führten schließlich zu Ende, was der Alkohol nicht geschafft hatte. Lecoq starb kurz nach meinem letzten Besuch, im Januar 1901, und es war ein stilles Ableben, ein überfälliges. Paris hatte ihn schließlich schon vier Monate zuvor für tot erklärt.

Noch am selben Tag, an dem man Monsieur Lecoq grabsteinlos beerdigte, zog ich die Zettel mit den Versuchsberichten aus dem Fach in meinem Schreibtisch. Ein Teil in mir verfluchte den alten Mann dafür, mir das Wissen um Victor Burqs Erbe auf die Schultern geladen zu haben und damit auch die Entscheidung, was damit anzufangen sei. Doch ein anderer Teil in mir wusste längst, was zu tun war. Dieser andere Teil hatte schon vor Wochen mit dem Schreiben begonnen.

So gut, wie Lecoq alle Involvierten bis zum Schluss beobachtet hatte, musste er wissen, dass sich meine Physiognomie nicht zum Kommissar eignete. Er konnte mir die Unterlagen nicht deshalb vermacht haben, er kannte meine Geschichte. Er wusste, dass meine Berühmtheit in der Presse '84 nicht lange angedauert hatte, dass sie nicht einmal meine Person erreicht hatte. Ein einziger Artikel damals erwähnte einen Jungen, welcher kurz vor Mitternacht von der Polizei festgenommen worden und vermutlich Verfasser der Verse gewesen sei. Doch namentlich genannt wurde ich nirgends. Alles, wofür sich Paris interessiert hatte, war der Inhalt des Gedichts. Und das Interesse hatte gerade so lange in der Stadt gebrodelt, bis man einen Schuldigen fand, den man verurteilen konnte.

Achtzehn Tage nach der Christmette griff man in Paris einen Leierkastenmann auf, der mit einer exakten Kopie der hohlen Drehorgel aus der Saint-Médard herumfuhr: blau mit weißen Zeichen darauf, Mond, Sterne und verschiedenen Planeten. Man hätte sie für eine Zauberkiste halten können. Der Mann behauptete, den Leierkasten erst vor wenigen Tagen von einem Unbekannten geschenkt bekommen zu haben. Aber nach einem dreitägigen Verhör brachte man ihn doch noch zu einem Geständnis. Er habe die Kinder mit Liedern angelockt, betäubt und sie in einer dunklen Ecke unbemerkt in den hohlen Leierkasten gepfercht, um sie dann zur Saint-Médard zu transportieren. Der hohle Leierkasten war eine Attrappe, Musik gespielt wurde nur mit dem anderen. Optisch war der Unterschied so gering, dass man ihn selbst in der Zeitung nur sah, wenn beide Instrumente direkt gegenübergestellt wurden. Der Leierkastenmann wurde auf die Guillotine gelegt, noch bevor jemand Fragen stellen konnte.

Danach, zum Beispiel, wie der alte Mann es mit Arthrose in den Knien geschafft haben mochte, die Treppe zum Keller hinabzusteigen, den schwer beladenen Leierkasten auf den knochigen Schultern.

Lecoq musste also gewusst haben, dass ich erfolgloser Autor geworden bin. Dass ich hier und dort ein paar Gedichte in Bänden veröffentliche, die größere Ähnlichkeit mit politischen Pamphleten als echten Büchern haben. Er muss gewusst haben, dass ich überlebe, indem ich Eintagsfliegen für die Zeitung schreibe und hier und dort einen Spruch für die Werbeindustrie. Jetzt hatte er mir Stoff für einen Text geliefert, einen wirklichen Text – einen, in dem er als Romanfigur überleben durfte.

Sieben Monate lang führte ich seine Tätigkeit fort und wühlte gründlich in Gegenwarten und Vergangenheiten, bevor ich mich am 6. August 1901, im Alter von 31 Jahren, an die Schreibmaschine setzte, die Wände gespickt mit Zeitungsartikeln aus Archiven und Abschriften aus Fachzeitschriften.

Eine davon war '89 zum Anlass der medizinischen Konferenz in Berlin erschienen. Nur wenige Jahre, nachdem die gleichen Experimente, von Jori und Luys durchgeführt, in Verschwiegenheit versickert waren, hatte Burckhardt sechs Patienten ein Stück ihrer Hirnrinde fortgeschnitten und die Überlebenden in Berlin vorgestellt. Doch der Erfolg war bescheiden, und die Methode erntete Kritik in der Presse und unter den Kollegen. Zu unbekannt waren Burckhardts Name und zu ehrlich seine Berichte, in denen er auch jene nicht verschwieg, die bei der Operation gestorben waren.

Von Jori las ich nichts, weder in der französischen noch in der Schweizer Presse. Aber als ich zu seinem Verbleib Recherchen anstellte, erfuhr ich, dass er nach seiner Rückkehr eine chirurgische Assistenzstelle in Zürich angenommen hatte und an den arbeitsfreien Tagen in der Burghölzli-Klinik ein und aus ging, deren Direktor '98 Paul Eugen Bleuler wurde. In seiner Antrittsrede dort sprach sich Paul dafür aus, Geisteskranken die Heirat zu verbieten und sie zu sterilisieren, um die Gefahr von einer Vermehrung der Psychopathen einzudämmen. Während er das sagte, standen Pauline und Jori am Rand des

Publikums. Und ich kann mir nicht vorstellen, dass ihr Beifall von Herzen kam.

Als Charcot am 16. August 1893 an einer Herz-Lungen-Krankheit starb, trauerte man um ihn wie um einen Heiligen. Die Nachrufe erschienen in allen Zeitungen Europas und sogar in der *New York Times*.

Nachdem der Leierkastenmann seinen Kopf für alle Schuldigen hingehalten hatte, war der Verdacht gegen die Salpêtrière mit einiger Erleichterung fallen gelassen worden. Charcots Ansehen in politischen und wirtschaftlichen Kreisen war wie ein großer Schutzschild gewesen, der nicht nur seinen eigenen untersetzten Körper, sondern gleich eine ganze Klinik verdeckte. Paris war hypnotisiert von seinem Hypnotiseur. Und so wundert es mich nicht, dass sie Angst vor dem einzigen Kind bekamen, das sich nie von den Künsten des großen Jean-Martin Charcot hatte beeindrucken lassen.

In der Folge versuchten verschiedene Ärzte erfolglos, die Lücke zu füllen, die Charcots Tod in den Dienstagabend gerissen hatte. Unter ihnen war auch Dr. Jules Bernard Luys.

Nur kurze Zeit nachdem Runa verschwunden war, hatte er die Salpêtrière überraschend verlassen. Er nahm eine Stelle an der Charité an und eröffnete bald darauf eine Hypnoseschule, in der er, ähnlich wie Charcot, Vorstellungen gab und Frauen einem interessierten Publikum vorführte. Doch seine glanzvolle Karriere war vorbei und sein Lächeln längst nicht mehr das alte. Man begann ihn kritisch zu beobachten, als er Gérard Encausse zum Chef seines Hypnoselabors ernannte. Und die Ergebnisse der extravaganten Versuche, die aus dem Bauch dieses Labors geboren wurden, stießen in medizinischen Kreisen auf mehr Kritik als Anerkennung.

Luys und Gérard wollten herausgefunden haben, dass hypnotisierte Personen beim bloßen Anblick von Medikamenten oder toxischen Substanzen starke emotionale Reaktionen und sogar Anzeichen von Vergiftung zeigten. Und Luys achtete nicht auf die Warnungen, die ihn '88 vonseiten der Hypnosekommission und aus den Reihen der Académie de Médecine erreichten. Mit Gérard an seiner Seite sank er immer tiefer in die verlockend düsterbunte Welt des Irrationalen, ganz so als habe sein vorher nüchtern denkendes Hirn es aufgegeben, nach wissenschaftlichen Erklärungen zu suchen, wo Geister der Vergangenheit aus Kellern auferstanden und ihn verfolgten.

Er suchte nach Antworten im Spiritismus, im Magnetismus und im tierischen Magnetismus. Er setzte metallene Kronen auf die Köpfe seiner Patientinnen, um geistige Energien und Krankheiten von einer auf die andere zu übertragen. »Lebende Reagenzien« nannte er seine jungen Frauen. Sie waren Luys' Laborfrösche in neuer Gestalt, und er machte den Fehler, es nicht für sich zu behalten.

Aber es war nicht mehr die Zeit, um solche Dinge öffentlich zu sagen. Charcot wäre der Einzige gewesen, der es gedurft hätte. Und Charcot war tot.

Luys starb vier Jahre nach ihm, am 21. August 1897, im Alter von 69 Jahren. Er war in seinen Sommerferien in Divonne-les-Bains und bis auf eine zunehmende Taubheit bester Gesundheit, so kam sein Tod für alle überraschend. Vielleicht für alle, außer für Runa.

Gérard, der sich jetzt »Mage Papus« nennt, eröffnete nach Luys' Tod eine eigene Praxis in der Rue Rodin, doch sein Können scheint vergleichbar mit jenem alter Frauen, die im Zirkuszelt hinter aufgehängten Decken sitzen und einem aus der Hand lesen wollen. Manchmal sehe ich ihn noch in der Nationalbibliothek, aber seine Besuche werden seltener, und ich setze mich nie zu ihm, erst recht nicht, seit ich damit begonnen habe, in seiner Vergangenheit zu wühlen.

Den Tabakladen in der Rue de la Glacière gibt es noch immer. Frédéric hat ihn von seinem Vater übernommen. Ich bin dort gewesen, nicht um etwas zu kaufen, sondern um mir den Jungen anzusehen, der damals vor mir auf der Kirchenbank gesessen hatte und der inzwischen, wie ich, erwachsen ist. Er hat weniger Verkaufstalent als sein Vater, dafür aber die geputzteren Schaufensterscheiben.

Isabelle konnte ich im Laden nicht entdecken. Wenn ich diesen Teil von Lecoqs Erzählungen glauben kann, ist sie fünf Jahre nach jener Weihnachtsnacht plötzlich wie aus dem Nichts bei ihm aufgetaucht und hat verlangt, von ihm zur Verbrecherin ausgebildet zu werden. Lecoq hatte gesagt, sie habe die Physiognomie dazu. Und er hatte stolz dabei geklungen.

Als mein Vater starb, verkaufte ich die Wohnung und mietete mir ein Zimmer. Ich hatte keine Verwendung für ein Haus ohne Fenster und einen Dachboden, für den ich zu groß gewachsen war. Das Zimmer ist bescheiden, aber ich bin zufrieden. So zufrieden, wie man als Künstler eben ist.

Ich habe ein Bett, einen Tisch, einen Stuhl, eine Schreibmaschine und eine Kiste vor dem Fenster, in der ich Knoblauch anpflanze. Es gibt keinen Herd, auf dem ich ihn zubereiten könnte, und roh esse ich ihn nicht. Doch ich mag es, wenn die grünen Stängel aus dem Boden sprießen, und mir gefällt der scharfe Duft, den er verströmt, wenn er erntereif ist.

Was Runa betrifft, habe ich zunächst angenommen, sie sei ein Hirngespinst, das in Lecoq weiterlebte, damit er nicht ohne Aufgabe blieb. Doch Fakt ist, dass sie seit der Weihnachtsnacht verschwunden ist und dass sie jene verfolgt, die ihretwegen ein schlechtes Gewissen haben müssen.

Ich selbst habe Runa ein- oder zweimal flüstern gehört, nachts, wenn alle schlafen. Ich habe sie das Lied summen hören, das sie durch die Kindheit begleitet hat: Sinite Parvulos venire ad me. Sie klopft leise mit den Fingerspitzen an mein Fenster, wenn ich am Schreibtisch sitze, oder steht plötzlich hinter mir und haucht mir ihren Atem in den Nacken.

Wenn ich mich umdrehe, ist niemand da. Doch in der Luft

hängt ein Metallgeruch, den auch der Knoblauch nicht überdecken kann.

Manchmal glaube ich, sie kommt zu mir, um sich zu rächen. Dafür, dass ich damals nicht die Wahrheit gesagt habe in der Kirche. Dafür, dass ich sie verleumdet habe. Ich wollte ihre Worte für mich, und dabei hätte ich ihr helfen können, auch später noch, als ich in der Polizeistation eine Ahnung davon bekam, dass ihre Sätze im Gesangbuch wahr waren.

Dann wieder glaube ich, sie kommt zu mir, damit ich nicht allein bin. Sie flüstert mir Sätze ins Ohr, wie Lecoq es getan hat. Dinge, die geschehen sind, und solche, die vielleicht nicht geschehen sind, die es aber trotzdem wert sind, erzählt zu werden – damit man sie nie mehr vergisst.

ANMERKUNGEN UND DANK

Obwohl viele der hier handelnden Figuren tatsächlich gelebt haben und die wissenschaftlichen Hintergründe zur Hysterie, zur Physiognomie der Verbrecher und zu den Anfängen der Psychochirurgie recherchiert sind, ist das Buch als Werk der Phantasie zu lesen; es ist – um im Wortfeld der Neurologie zu bleiben – ein *Hirngespinst* und kein Ausschnitt aus der Geschichte.

Paulines Aufenthalt im Burghölzli, Pauls Reise nach Paris oder auch Victor Burqs Metallotherapie-Experimente an der Salpêtrière mögen tatsächlich stattgefunden haben. Hier gibt sich aber – wie bei so vielem, was sich hinter den Klinikmauern abgespielt hat – viele geschichtlichen Lücken und Widersprüche, die ich bedenkenlos ausgenutzt und frei dazu erfunden habe. Die Verschränkung von Realität und Fiktion, wie sie aus Charcots Vorlesungen nicht wegzudenken wäre, spielt also auch in diesem Roman eine wichtige Rolle. Und: Alle möglichen Irrtümer gehen selbstverständlich auf die Kappe von Monsieur Lecoq.

Einem neugierigen Leser, dem diese Aussage zur Wahrheitsfindung nicht reicht, sei folgende Literatur ans Herz gelegt:

- Susanne Apelt-Riel: Der Briefwechsel zwischen Ludwig Binswanger und Eugen Bleuler von 1907–1939 im Spannungsfeld von Psychoanalyse und Psychiatrie in der ersten Hälfte des 20. Jahrhunderts. Dissertation an d. Eberhard-Karls-Universität zu Tübingen, 2009.
- Bergmann, König & Richter (Hrsg.): Centralblatt für Chirurgie. Breitkopf & Härtel, Leipzig, 1890.

- Bleuler & Lehmann: Zwangsmässige Lichtempfindungen durch Schall und Verwandte Erscheinungen auf dem Gebiete der andern Sinnesempfindungen. Fues's Verlag, Leipzig, 1881.
- Julien Bogousslavsky (Hrsg.): Following Charcot – A Forgotten History of Neurology and Psychiatry. Karger, Basel, 2011.
- Bogousslavsky, Walusinski &Veyrunes: Crime, Hysteria and Belle Époque Hypnotism – The Path Traced by Jean-Martin Charcot and Georges Gilles de la Tourette. Karger, Basel, 2009.
- Gottlieb Burckhardt: Ueber Rindenexcisionen, als Beitrag zur operativen Therapie der Psychosen. G. Reimer, Berlin, 1891.
- Victor Burq: Metallotherapie: Behandlung der Nervenkrankheiten, Paralysen, chronischen Rheumatismen, durch Application von Metallen. E. Schäfer, Leipzig, 1854.
- Victor Burq: Des origines de la métallothérapie, part qui doit être faite au magnétisme animal dans sa découverte – le burquisme et le perkinisme. Paris, 1882.
- Goetz, Bonduelle & Gelfand: Charcot – Constructing Neurology. Oxford Univ. Press, 1995.
- Carl F. Canstatt: Handbuch der medicinischen Klinik, Bd.4. Ferdinand Enke Verlag, Erlangen, 1845.
- Canstatt & Eisenmann (Hrsg.): Jahresbericht über die Fortschritte der gesammten Medicin in allen Ländern im Jahre 1843, Bd.4. Ferdinand Enke Verlag, Erlangen, 1844.
- 202 Jahre alt- Kurzgeschichte zur Konservendose. In: Hartwig, von der Linden & Skrobisch (Hrsg.): Thermische Konservierung in der Lebensmittelindustrie. Behr's Verlag, Hamburg, 2009.
- Jean Martin Charcot: Klinische Vorträge über Krankheiten des Nervensystems. J.B.Metzler'sche Buchhandlung, Stuttgart, 1874.
- Jean Martin Charcot: Ueber die Localisationen der Gehirn-Krankheiten. Verl. Adolf Bonz & Comp, Stuttgart, 1878.
- Jean Martin Charcot: Neue Vorlesungen über die Krankheiten

des Nervensystems insbesondere über Hysterie. Toeplitz & Deuticke, Leipzig & Wien, 1886.

- Jean Martin Charcot: Leçons du mardi à la Salpêtrière. Progrés Médical, Paris, 1887.
- Georges Didi-Hubermann: Erfindung der Hysterie – Die photographische Klinik von Jean-Martin Charcot. Wilhelm Fink Verlag, München, 1997.
- Victoria Fairclough: Women's Suffrage – The Shut Mouth and Forced Ingestion. 2012. https://brontehoroine.wordpress.com/2011/08/26/women's-suffrage-the-shut-mouth-and-forced-ingestion/. Abgerufen am 03.07.2013.
- Émile Gaboriau: Das Verbrechen von Orcival. Frauenmünster-Verlag, Zürich, 1942.
- A. García-Molina: Phineas Gage and the enigma of the prefrontal cortex. Sociedad Española de Neurologia, Barcelona, 2010.
- Thomas Huonker: Anstaltseinweisungen, Kindswegnahmen, Eheverbote, Sterilisationen, Kastrationen – Fürsorge, Zwangsmassnahmen, Eugenik und Psychiatrie in Zürich zwischen 1890 und 1970. Editon Sozialpolitik Nr. 7, Sozialdepartement der Stadt Zürich, 2002.
- David G. Horn: The Criminal Body – Lombroso and the Anatomy of Deviance. Routledge, New York, 2003.
- Rick Lai: The Monsieur Lecoq Chronology. http://www.pjfarmer.com/woldnewton/Lecoq.htm. Abgerufen am 15.02.2013.
- Langlois & Pimpaud: La Pitié-Salpêtrière. AP-HP Pitié-Salpêtrière, Paris, 2012.
- Jules Bernard Luys: Traité Clinique et Pratique des Maladies Mentales. Paris, 1881.
- Albert Mairet: De la démence mélancolique : contribution à l'étude de la périencéphalite chronique localisée et à l'étude des localisations cérébrales d'ordre psychique. G. Masson, Paris, 1883.

- Marc S. Micale (Hrsg.): The Mind of Modernism – Medicine, Psychology and the Cultural Arts in Europe and America, 1880–1940.
- Friedrich J. Otto: Ausführliches Lehrbuch der anorganischen Chemie, 4. Aufl., Bd. 2. Braunschweig, 1863.
- Parent & Parent: Jules Bernard Luys – A Singular Figure of 19th Century Neurology. The Canadian Journal of Neurological Sciences, Vol.29/3. Québec, 2002.
- Theodor Piderit: Wissenschaftliches System der Mimik und Physiognomik. Klingenbergsche Buchhandlung, Detmold, 1867.
- Gilles de la Tourette: Die Hysterie nach den Lehren der Salpêtrière. Franz Deuticke, Leipzig und Wien, 1894.
- Ricou, Leroux-Hugon & Poirier: La Bibliothèque Charcot à la Salpêtrière. Éditions Paradel, Paris, 1993.
- Lara Rzesnitzek: Psychochirurgie und tiefe Hirnstimulation – Ein historischer und begrifflicher Überblick. Disserstation an d. Eberhard-Karls-Universität, Tübingen, 2008.
- Maximilien Vessier: La Pitié-Salpêtrière – Quatre siècles d'histoire et d'histoires. AP-HP Pitié-Salpêtrière, Paris, 1999.
- R. Virchow (Hrsg.): Archiv für pathologische Anatomie und Physiologie und Klinische, Bd. 20. Georg Reimer, Berlin, 1861.

Ein besonderer Dank geht an Michèle, Erina, Catalin, Lars und meine Eltern fürs erste kritische Lesen und fürs Mitspinnen der Geschichte, sowie an Aurelie Prevost und Reni Sabathier für die Ermöglichung meiner Recherchen an der Salpêtrière und in der Bibliothek Charcot. Ein großes Dankeschön auch an Judit für den Schlafplatz in Paris. Für seine bedingungslose Unterstützung, seine Begeisterung und seine Liebe danke ich Roman.

ZITATNACHWEIS

Die Zitate in diesem Buch stammen aus folgenden Ausgaben:

Seite 11: Klaus Bergdolt: Das Gewissen der Medizin – Ärztliche Moral von der Antike bis heute. C.H. Beck, München, 2004

Seite 48 ff.: Vgl. J.M. Charcot: Neue Vorlesungen über die Krankheiten des Nervensystems. Leipzig & Wien, 1886, S. 70 f.

Seite 50: J.M. Charcot: Neue Vorlesungen über die Krankheiten des Nervensystems, S. 178

Seite 86: Wilhelm Wundt: Grundzüge der Physiologischen Psychologie, Leipzig, 1874 (Vorwort mit römischer Seitenzahl III)

Seite 88: Bleuler & Lehmann: Zwangsmässige Lichtempfindungen durch Schall und Verwandte Erscheinungen auf dem Gebiete der andern Sinnesempfindungen. Fues's Verlag, Leipzig, 1881; S. 59

Seite 88: Bleuler & Lehmann: Zwangsmässige Lichtempfindungen durch Schall und Verwandte Erscheinungen auf dem Gebiete der andern Sinnesempfindungen. Fues's Verlag, Leipzig, 1881; S. 1

Seite 147: Victor Burq: Metallotherapie: Behandlung der Nervenkrankheiten. E. Schäfer, Leipzig, 1854, S. 19

Seite 174: Angelehnt an: G. Burckhardt: Ueber Rindenexcisionen, als Beitrag zur operativen Therapie der Psychosen. Berlin, 1891, S. 6

Seite 177: Von Bergmann, die Lehre von den Kopfverletzungen. In: von Pitha, Billroth, eds.: Handbuch der allgemeinen und speziellen Chirurgie. 3. Band, 2 Abteilung, Ferdinand Enke, Stuttgart, 1866–1873, S. 300 ff.

Seite 239: Gottlieb Burckhardt: Ueber Rindenexcisionen, als Beitrag zur operativen Therapie der Psychosen. Berlin, 1891, S. 32

Seite 272 f.: Finkelnburg: Chronische Hirntuberkulose bei einem an Mania Instinctiva leidenden Irren, in: R. Virchow (Hrsg.), Archiv für pathologische Anatomie und Physiologie und für klinische Medizin. Bd. 20, Berlin, 1861, S. 525

Seite 303: Victor Burq: Metallotherapie: Behandlung der Nervenkrankheiten. E. Schäfer, Leipzig, 1854, S. 23 f.

Seite 387: J. M. Charcot: Neue Vorlesungen über die Krankheiten des Nervensystems. Leipzig & Wien 1886, S. 1–3

Seite 513: Gutachten im Staatsarchiv Zürich, Burghölzli-Patientendossier Nr. 25341; zitiert in: Thomas Huonker, Diagnose »Moralisch Defekt«. Zürich, 2003, S. 182

Seite 556: Charles Baudelaire, die Blumen des Bösen, übersetzt von Therese Robinson, München 1925, Kapitel 105 (http://baudelai/blumen/book.xml)